U0225265

国家出版基金项目
NATIONAL PUBLICATION FOUNDATION

中國茶書全集校證

方健　匯編校證

中州古籍出版社

·鄭州·

圖書在版編目(CIP)數據

中國茶書全集校證 / 方健匯編校證．—鄭州：中州古籍出版社，2015. 7（2021. 3重印）

ISBN 978-7-5348-4654-0

Ⅰ. ①中…　Ⅱ. ①方…　Ⅲ. ①茶－文化－研究－中國

Ⅳ. ①TS971

中國版本圖書館CIP資料核字（2014）第004711號

ZHONGGUO CHA SHU QUANJI JIAOZHENG

中國茶書全集校證

著　　者　方　健
題　　簽　丁偉志
責任編輯　馬　達　王建新　劉　曉
責任校對　李接力

出 版 社　中州古籍出版社（地址：鄭州市鄭東新區祥盛街 27 號 6 層
郵編：450016　電話：0371-65723280）
發行單位　新華書店
承印單位　河南新華印刷集團有限公司
開　　本　787 mm × 1092 mm　1/16
印　　張　250.250
字　　數　4000 千字
印　　數　2 001—2 500 册
版　　次　2015 年 7 月第 1 版
印　　次　2021 年 3 月第 2 次印刷
定　　價　1200.00 元（全七册）

本書如有印裝質量問題，請與出版社調换。

方健，1947年生於蘇州，1968年大學畢業，現爲蘇州市經信委退休幹部，高級經濟師。1984年曾考取過上海師範大學宋史研究生，因故未能入學。同年，被選拔爲江蘇盱眙縣商業局副局長。1988–1989年考取“日本國際交流基金”資助資格，由江蘇省政府公派赴東瀛學習商業企業管理，爲訪問學者。歸國後，調蘇州市工作。業餘從事宋史、茶史研究近40年。現爲北京大學歷史文化研究所、杭州社科院兼職研究員，上海師範大學文學院、河北大學宋史研究中心兼職教授。出版學術專著10餘部，在海内外發表學術論文百餘篇，凡1000餘萬字。曾參加“國家社科基金重大項目”兩項。現個人藏書約5萬册，2011年曾被文化部評爲全國“優秀藏書讀書家庭”（姑蘇唯一獲獎者）。曾當選中國商業史學會副會長、顧問，中國經濟史學會理事，中國范仲淹研究會理事、岳飛研究會理事等。代表作《范仲淹評傳》（南京大學出版社2001年版），被雲南大學、浙江大學資深教授李埏、徐規先生譽爲寫“范仲淹最好的一部書”；所撰《南宋農業史》、《北宋士人交遊録》等亦獲得學界廣泛好評。關於茶史的論著，被中國宋史研究會原會長朱瑞熙教授譽爲：“皆史料翔實，具有獨特的觀點，在大量茶文化論文中顯得十分突出。”（《宋史研究》，福建人民出版社2006年版第364–367頁。）

雲南現存的古茶樹

法門寺地宫出土唐代宫廷部分茶具

題文會圖
儒林華國古今同
吟詠飛毫醒醉中
多士作新知入彀
畫圖猶喜見文雄
臣京謹依
韻和進
明時不與有唐同
八表人歸大道中
可笑當年十八士
經綸誰是出群雄

北宋・趙佶《文會圖》

宋・佚名《鬥茶圖》

南宋・劉松年《攆茶圖》

北京石景山金代壁畫之點茶圖

河北宣化遼代壁畫之備茶圖

宋・佚名《鬥茶圖》（清人摹本）

元・劉貫道《消夏圖》（局部）

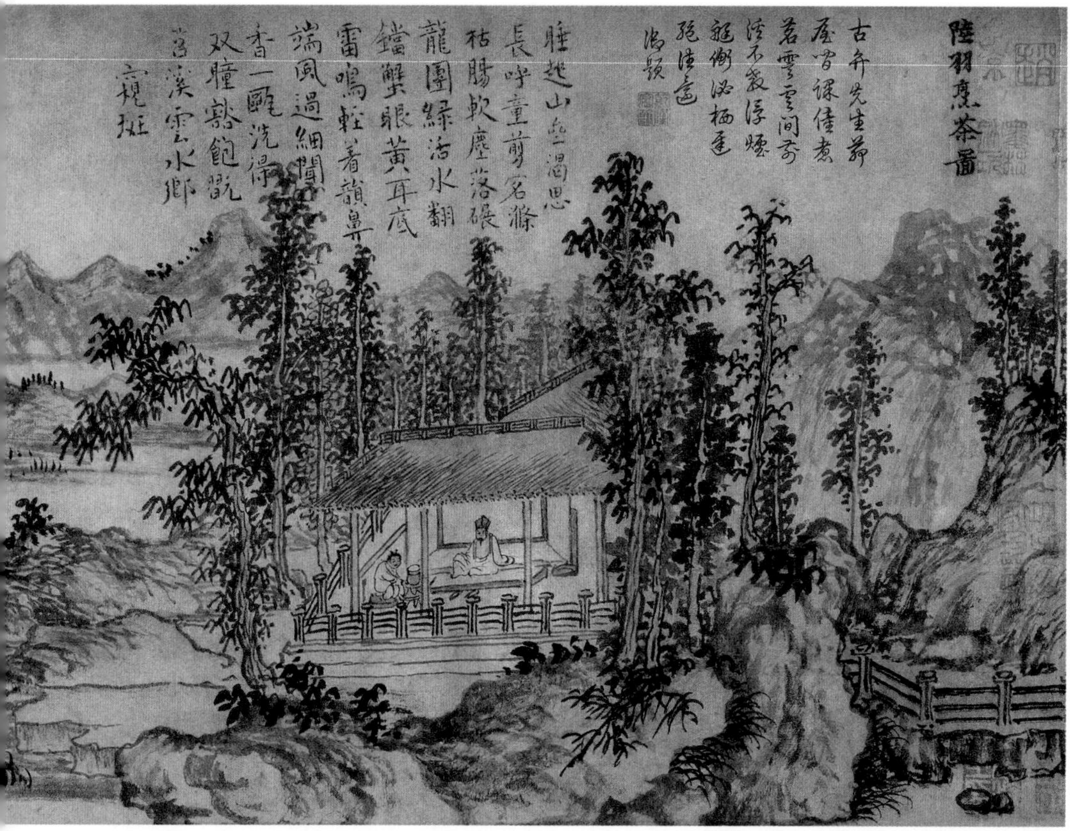

元・趙原《陸羽烹茶圖》

明・仇英《寫經換茶圖》

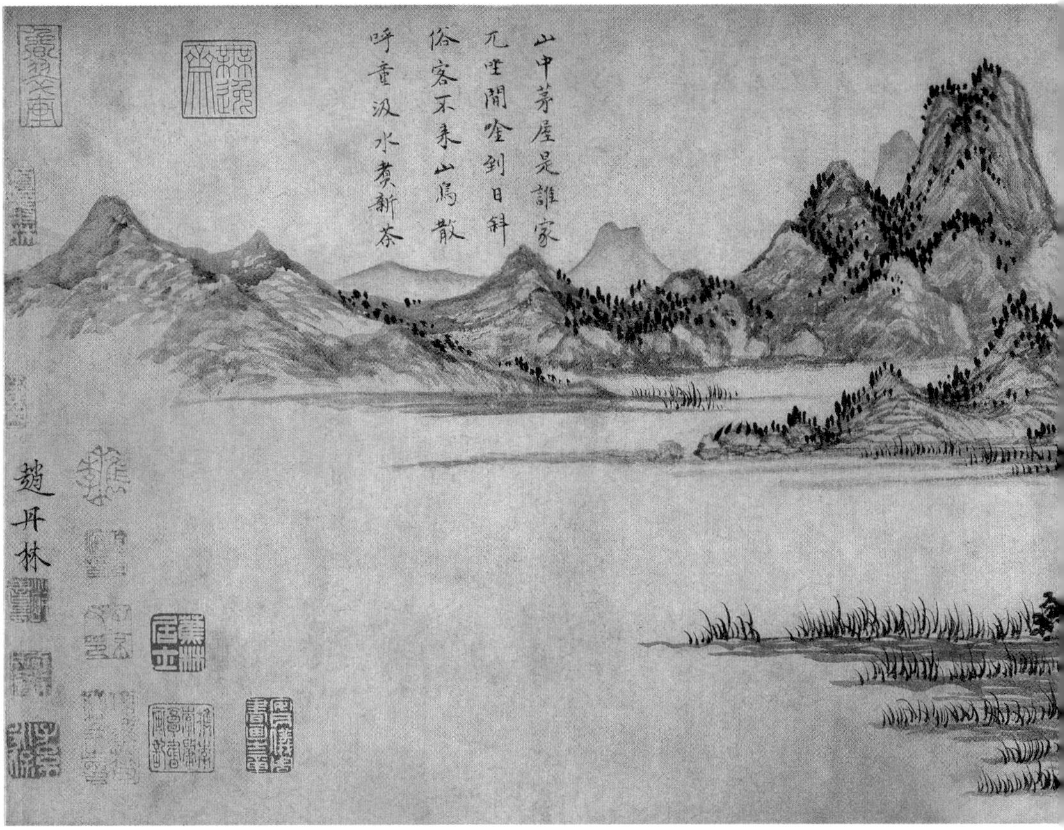
山中茅屋是誰家
兀坐閒吟到日斜
俗客不來山鳥散
呼童汲水煮新茶
趙丹林

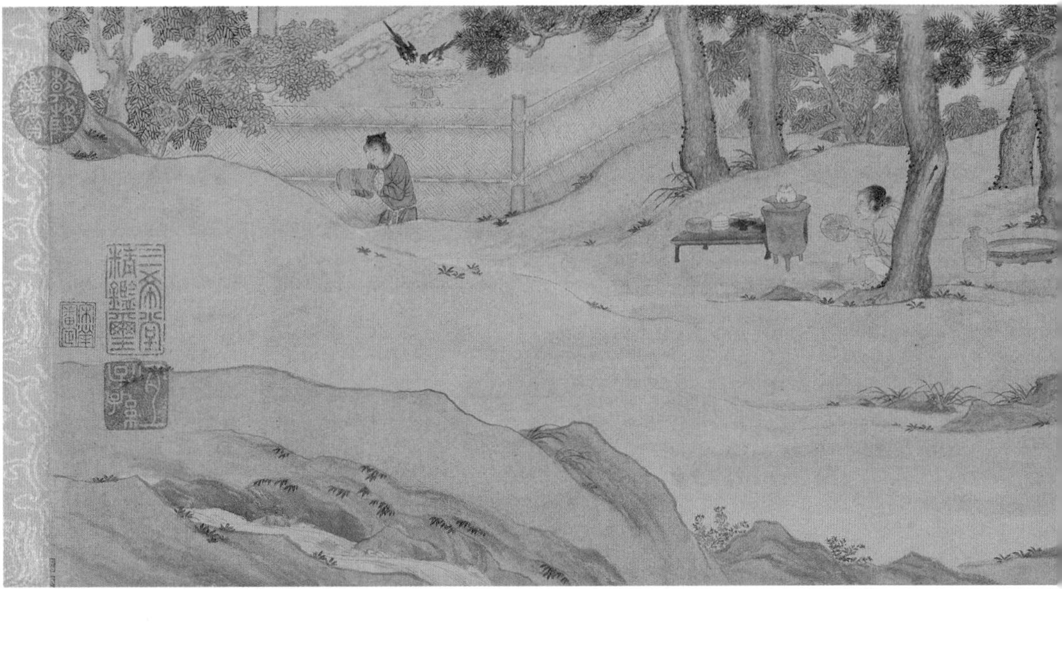

明·文徵明《品茶圖》

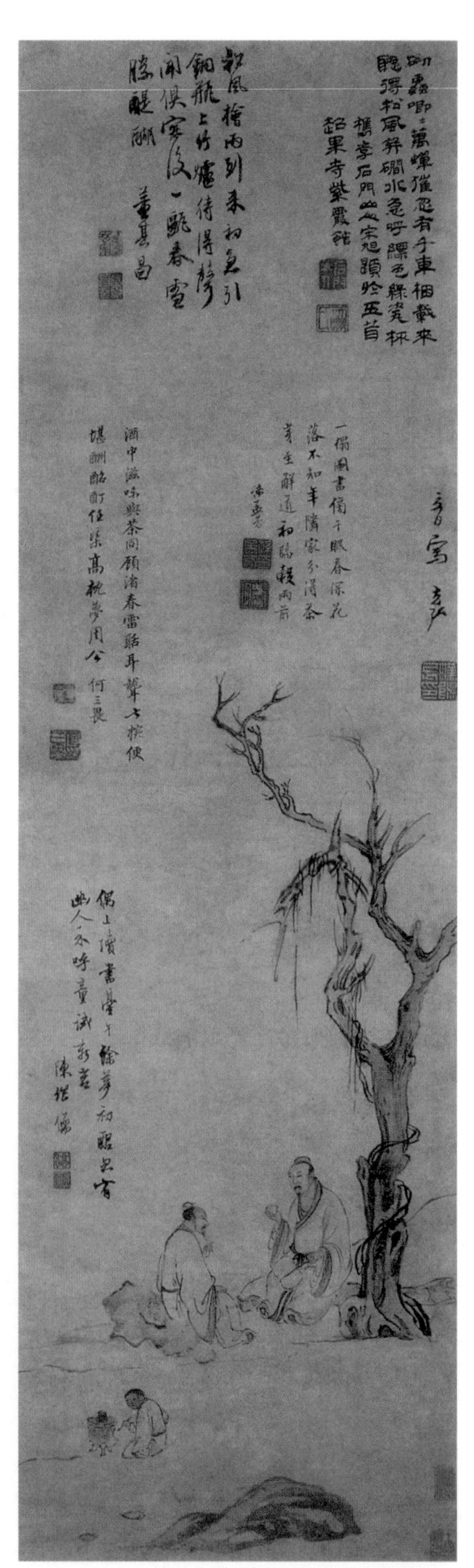

明·孫克弘《品茶圖》

明・陳洪綬《品茶圖》

清・錢慧安《烹茶洗硯圖》

方健　匯編校證

中國茶書全集校證

1

上編　唐宋茶書

中州古籍出版社

導言

中國是茶的原産地，也是茶文化的發源地，這是毋庸置疑的史實。但關於茶的起源問題，卻被蒙上了神秘色彩，長期得不到科學的確證。在我國曾長期流傳神農發明茶的説法，茶經歷了由藥用、食用到飲用的演變，遂成爲風靡全球的三大飲料之一。許多茶人乃至有些茶史學者迄今仍深信不疑，奉之爲不刊之論。但這實在不過是經歷代渲染，不斷重複，有多個版本的神話或傳説而已。而在將茶道奉作『國粹』的日本則另備一説，認爲茶乃佛祖釋迦牟尼所『發明』。其説云：佛祖有一次在沉思中睡着了，醒後十分懊喪，便割下自己的眼瞼扔在地上，生根長成茶樹。其葉浸泡於熱水，飲後即有卻睡之功。這並非筆者杜撰，而是見之於《簡明不列顛百科全書》第二册（中文本，頁二〇五，中國大百科全書出版社，一九八五）的記載，堪稱言之鑿鑿，信而有徵。但顯而易見，那不過是一種神話而已。無獨有偶，與此異曲同工的神農發明茶之説，卻在我國廣泛流傳，迄今對此深信不疑者仍大有人在。似乎將中國飲用茶的歷史向前推得愈久遠，就愈能證明我國是茶飲唯一的發源地，這不過是某些茶人一廂情願的美好願望而已。正是這種虛妄的茶起源説使海內外的學者産生了困惑，從而對多起源説起了推波助瀾的作用。因此探索茶之爲飲起源於何時何地，就成爲茶史研究首先需要搞清楚的重要問題。

一

神農發明茶之説，究竟由誰提出，今已難確考，但最先將此説形之於文字，並加以闡述者首推大名鼎鼎的陸羽。他在《茶經·六之飲》中指出『茶之爲飲，發乎神農氏』，在同書《七之事》中又提出『三皇、炎帝、神農氏』爲茶祖的觀點，又引相傳爲神農所撰的《神農食經》云：『茶茗久服，令人有力悦志。』其實神農、三皇、炎帝皆爲傳説和神話中的人物，是先秦至秦漢間言人人殊的人們『想像中的人物』（顧頡剛《古史辨·自序》）。其發明農業、醫藥等傳説，不過是人神合一的蒙昧時代的象徵。《白虎通·號篇》就已指出，神農不過是教民農耕、神而化之的人物。西漢劉安主編的《淮南子·修務訓》就已指出：『世俗之人，多尊古而賤今，故爲道者，必託之於神農、黄帝而後能入説。』一語道破僞託神農者的虛妄和迷信者的可悲！兩千年前的古人實在比篤信神農發明茶的今人高明許多。《漢書·藝文志》雖著録《神農》二十篇，班固自注卻云：『六國時，諸子疾時怠於農業，道耕農事，託之神農。』顔師古注更引劉向《別録》之説謂：『疑李悝、商君所説。』陸羽提出神農發明茶之説後，即遭到唐宋時人的痛斥。如南宋著名思想家葉適在其讀書筆記中明確指出，所謂神農發明農業、商業之説，實在不過是漢代易學家的僞造。其説見《習學記言序目》卷四《周易四·繫辭下》。陸羽曾被譽爲茶聖、茶祖、茶仙，《茶經》更被奉爲茶學百科全書、不二法門，但『盛名之下，其實難副』。由於其所處時代的認知局限，留下不少經不起推敲的似是而非之論，神農發明茶之説，即爲典型一例。但《茶經》產生於一千二百多年前，其爲茶學經典之作，當非不虛之譽。早在七十餘年前，有『當代茶聖』之譽的吴覺農先生就指出：對於神農嚐百草，遇毒得茶而解的神話，『自然没有信奉的必要』（《中國茶業復興計畫》，商務印書館，一九三五）。約略稍前，曾學過醫的魯迅先生也指出：『我們一向喜歡恭維古人，以爲藥物是一個神農皇帝嚐出來的。他曾經一天遇到七十二毒，但都有解法，没有毒死。這種傳説，現在不能主宰人心了。』（《南腔北調集·經驗》，人民文學出版社，一九七二年）二十世紀已有定論的事，在信息時代卻被有些人在互聯網上反復炒作，信其説者仍大有人在，不能不説是一大悲劇。是從可信的歷史文獻出發，還是信從人云亦云的傳説，這是科學的史學研究與所謂『茶人』的『茶文化研究』的根本區别。

不妨從文獻學的角度考察一下神農發明茶之説的虛妄，這必然涉及茶學界另一個爭論已久的問題：『茶從藥用進化到食用』，還是從食用進化到飲用？文獻考證的結果，答案應以後者爲妥。關於神農嚐百草的傳説，最初的記載中，只是爲了解決果腹的問題，然後教民耕種，發展栽培農業。這種傳説，當始見於《淮南子·修務訓》：『古者，民茹草飲水，采樹木之食，食蠃蛖之肉，時多疾病、毒傷之害。於是神農乃始教民播種五穀，相土地宜，燥濕肥墝高下。嘗百草之滋味，水泉之甘苦，令民知所避就，當此之時，一日而遇七十毒。』類似之記載還見於《新語·道基》：『至於神農，以爲行蟲走獸，難以養民，乃求可食之物，嘗百草之實，察酸苦之味，教民食五穀。』《逸周書》等也有相似的載述。這裏並未提到過『茶』字，而且茶也根本不會有解植物之毒和水毒之功能。神農其人，儘管子虛烏有，但上述記載似乎反映了這樣的史實：在由漁獵時代向農耕時代過渡的漫長歲月，古代先民，歷盡艱辛，嚐百草，採樹食，首先是爲了解決吃飯的問題。由於環境的惡劣，生活的困苦，才在同疾病的鬥爭中逐步發現了中草藥。在較早的可信資料中，並没有神農嘗百草而中毒的記載。《詩經》中保存了一張從西周到春秋時期人們食用各種食物的『菜單』，其中並無茶。迄今在西南少數民族中仍保留着食用醃茶的習俗，也許即爲古人食用茶的餘風流韻。綜合上述兩方面的情形，比較合乎情理的結論似是：所謂嘗百草，首先應是食用。在長期的食用過程中，人們發現某些草本或木本植物的藥理功能及療疾作用，才把它們遴選出來作爲中草藥。茶的演變過程似乎應是從食用到飲用。雖然《本草》中有茶，但按現代標準，與其説茶有藥用功能，不如説茶有保健作用更加切合實際些。

值得注意的是《孔叢子·連叢子下》有記載稱：『伏羲始嘗草木可食者，一日而遇七十二毒，然後五穀乃形。』這裏雖説神農换成了伏羲，七十毒也變成了七十二毒，但仍然没有茶。只説明這類傳説有多種版本，並會在長久的口耳相傳中變换其内容，力求其『可信』性而已，但這絲毫改變不了其虚妄性。

今考《本草》之名，似始見於《漢書·樓護傳》，時間約在漢平帝元始五年（公元五年）；梁《七録》始著録《神農本草》三卷。但因是書所載郡縣已有東漢地名而令時人懷疑。《顔氏家訓·書證》已認爲出於後人附益。宋人張耒則已有《本草》起東漢之説。（《梁溪漫志》卷九，頁一〇二，上海古籍出版社，一九八五）《隋書·經籍志三》又著録《神農本草》八卷，附注云『梁有《神農本草》五卷，《神農本草屬物》二卷，《神農明堂圖》一卷』，當爲這三種書的合編。注中又著録東漢以下十五家《本草》，還有託名雷公集注的《神農本草》四卷。上述諸書今已全佚，古本《神農本草經》中的零星佚文，今可考見者，始於《楚辭章句》東漢王逸注。余嘉錫先生曾據鄭玄注《周禮·天官》稱：『治合之齊，存乎神農、子儀之術。』進而推測，《神農本草經》或即《子儀本草經》。子儀爲戰國名醫扁鵲的弟子。其説見《四庫提要辨證》卷十二（中華書局，一九八〇）。余説雖不無道理，今之治中藥史者亦據以立説，謂《神農本草經》當撰於戰國時期。但甄志興撰文指出：《本草經》並非出於一時一人之手筆，應是秦漢以來醫藥家採集藥物，並在醫療實踐中加以總結整理而成的集大成之作。從書中所記採藥時間以寅月爲歲首考察，則是書完成的時間上限，當不早於始定曆法通行以寅月爲歲首的西漢武帝太初元年（前一〇四），而從書中所提及地名多東漢時郡縣名，且書中所云重視養生、服石、煉丹等也與東漢的社會風尚吻合。其又稱《本經》佚文以三國吴《本草》所存爲早，則似可斷言《神農本草經》當編定於東漢之世。其説詳見王勇主編《中日交流史大系·科技卷》頁六八—六九（浙江人民出版社，一九九六）。其説雖仍未得到出土文獻的確證，但這也許是最有説服力的論述之一。

重要的是，《本草》經歷代傳承，由《唐本草》—《開寶本草》—《嘉祐本草》—《政和本草》的逐步發展完善過程，距今約九百年前終於有了里程碑式的定本。但從《神農本草經》起至《政和本草》，均無神農日遇七十二毒，得茶而解的片言隻字。令人難以置信的是，這條記載竟出於清人孫璧文的僞造（詳見周樹斌《『神農得茶解毒』考評》，《農業考古》一九九一年第二期）。當代茶學泰斗吴覺農先生在遺著《茶經述評·前言》中論定：『茶樹原産地是在我國的西南地區，而在戰國以前的歷史條件下，還不可能把西南地區的茶葉傳播到中原地區。至於《茶經》説的春秋時代晏嬰曾食用過茗已不能使人置信；則神農最先使用茶葉之説，就更難以成立了。』其説尚矣！

二

目前，茶學界關於茶的起源時間仍衆説紛紜，分歧很大。有主張上古、西周、春秋説的，也有主張戰國、秦漢、魏晉説的。究其原因，實乃主春秋以前説者，對史料進行了隨心所欲的曲解、臆解。可以斷言：先秦古籍中的『茶』字，均不是今之『茶』，九經無『茶』字，是完全可以成立的不易之論。文獻資料和考古成果都顯示，茶應起源於戰國或秦漢之際。但這一問題的含混不清由來已久，關鍵在於搞清楚古代文獻中『茶』字之形、音、義。雖然我國的古文字十分豐富又很複雜，但皆有形可識，有音可讀，有義可究。最早對古文獻中的『茶』字作出比較正確釋讀的是北宋末人王觀國，他在其學術名著《學林》卷四中考辨了『茶』字的五種義項，四種讀音：苦菜之茶、茅莠之茶，皆音『徒』；塗玉之茶，音舒（方案：茶通古舒字，即玉之上圓下方者。《荀子·大略》『諸侯禦茶』是其證）；蕈蕁之茶，音食遮反；櫝之苦茶，音茶，宅加反。只有最後一種別名櫝的苦茶，才能與今之茶畫上等號，但這乃始見於晉郭璞《爾雅注》。稍後，南宋人王楙（一一五一—一二一三）也指出：『《詩》曰「誰謂茶苦，其甘如薺」者，乃苦菜之茶，如今苦苣之類；《周禮》「掌茶」、《毛詩》「有女如茶」者，乃茗茶之茶也，正萑葦之屬；唯茶櫝之茶乃今之茶也。』（《野客叢書》卷二一，頁二三五，中華書局，一九八七）此與王觀國之説如出一轍，只是更簡明扼要而已，王觀國之論則更爲嚴謹而縝密。

南宋著名學者魏了翁（一一七八—一二三七）有《邛州先茶記》（《鶴山先生大全集》卷四八，四部叢刊本）一文，值得注意的是他説：雖然『傳注例謂茶爲「茅莠」、爲「苦茶」』，而且蘇軾早就有云：『周詩記苦茶，茗飲出近世』，『其義亦已著明』；　但有人仍然把古之『茅莠』、『苦菜』之茶與茶飲之『茶』混爲一談，所以他感歎：　『予雖言之，誰實信之？』這種由來已久的歧見實在難以廓清辨明。　明代楊慎（一四八八—一五五九）、明末清初方以智（一六一一—一六七一）分别在其《丹鉛録》、《通雅》中也對『茶』字作了考析，其不過沿襲宋人陳説，既無發明，甚至不如王觀國所論詳實，故不具論。　清初學術大師顧炎武（一六一三—一六八二）在《唐韻正》卷四、《日知録》卷七中，旁徵博引，集古之大成，指出茶有苦菜之茶（又可借作『茶毒之茶』）、茅莠之茶、蕢莠之茶、委葉之茶、虎杖之茶、檟之苦茶等七種含義，又引經據典，不厭其煩地對茶字的形音義進行辨析。　最後得出結論：　『檟之苦茶，不見於《詩》、《禮》……是知自秦人取蜀，而後始有茗飲之事。』（《日知録集釋》卷七，頁三四四，花山文藝出版社，一九九〇）顧氏所謂『秦人取蜀』，當指秦惠文王後元九年（前三一六）司馬錯伐蜀，滅之。（《史記》卷五《秦本紀》，頁二〇七，中華書局，一九五九）從王褒《僮約》『武都買茶』、揚雄《方言》、司馬相如《凡將篇》已出現『茶』字分析，蜀地當爲茶的原産地之一。　武都，即武陽（治今四川彭山東），是我國最早的茶葉集散中心。《僮約》是公元前五十九年的作品，距今已二千餘年。　這表明隨着秦漢帝國的相繼建立，原産於西南的茶也沿着長江向東南拓展，作爲飲料，日益流傳和推廣。　武陽作爲著名的茶葉集市和流轉中心，充分表明：　作爲茶原産地之一的蜀地，已有相當長時間的飲茶史了。　因此筆者認爲：茶的起源始於距今約二千五百年前的戰國時代。　就其具體地點而言，學者又有雲南、貴州、雲貴高原或川西、鄂北等諸説，就較大的地域範圍而論，似可概括爲起源於我國西南地區。

總之，『茶』在古代文獻中是一個多義字，讀音也各不相同，有莽茗之含義的『茶』，僅爲其七個義項之一。

又，歷來的學者多認爲繼中唐以後，尤其是陸羽《茶經》行世以來，釋作檟、茗、茶的『茶』字才減去一畫成爲『茶』字，此亦失考之言。不僅上述王褒《僮約》已作茶字，《三國志·吴書·韋曜傳》、晉左思《嬌女詩》、王羲之書《蕲茶帖》等，早已作『茶』字。上世紀以來出土的東漢茶具上已刻有『茶』字，晉、唐碑刻上亦多已出現『茶』字。衆所周知，專用茶具總比茶飲略晚些問世，據陶瓷史專家頗爲一致的研究成果，我國出土的茶具最早爲東漢時燒造，亦可爲上述戰國或秦漢茶起源説提供有力的佐證。

三

令人費解的是，迄今爲止，無論文獻或考古，尚無任何可以確證漢代以前有茶的可信資料。王褒《僮約》爲今存唯一最早的茶事資料，雖僅有寥寥四字，却又那麼成熟。無非只有兩種可能：一是由於秦始皇的焚書坑儒，大量先秦文獻已被毁滅，或是有些先秦古文字尚未出土或被釋讀，如迄今被釋讀的甲骨文字僅一千餘個，僅占已出土的甲骨文三分之一左右，但這種可能性畢竟太小。二是西漢以前確實無茶。令人困惑不解的是：一個多世紀以來的田野考古，取得舉世矚目的成就，絲綢、陶瓷、水稻及酒的起源問題已全可據以論定，唯獨茶，却難覓任何蛛絲馬迹，豈非咄咄怪事！

馬王堆漢墓的發掘，是二十世紀七十年代的重大考古成果，其一、三號漢墓中出土有標『梋』及『梋一笥』字樣的簡册、木牌及其他已灰化的實物。湖南的考古學者周世榮先生將『梋』釋讀爲『檟』，筆者不能無疑，遂求教於裘錫圭先生，得到裘先生親筆答覆云：『這個字的右旁，與三號墓遣策中「介冑」的「冑」字十分相似，似可隸定爲「梢」，釋爲「柚」。』又説：『梢衹可能是水果一類東西，而不可能是茶。』（裘文刊《朱德熙古文字論集》頁一二八，中華書局，一九九五）馬王堆漢墓出土的漆耳杯上，書有『君幸食』、『苦羹』的字樣，周世榮先生還牽强附會將杯上之『苦』説成『苦茶』，即今之茶；『苦羹』則釋爲『以苦茶作爲羹飲』，將這顯而易見的食具或餐具，隨心所欲地釋爲『既可飲酒』的『茶杯』。這種曲解衹能給茶的起源問題製造新的混亂，而絲毫無助於通過深層的學術討論而求得圓滿的結果。（參見拙文《關於馬王堆漢墓出土物考辯二題》，刊《中國歷史地理論叢》一九九七年第一期）

今人類似的誤解充斥於茶學界的論著之中，因茶的起源問題關乎我國的學術聲譽，有必要略作辨析。其一，所謂巴族貢茶於周武王。茶學界有一種流行已久的説法，稱周武王伐紂時，從征的巴族等向周王室貢茶，從而將茶的起源和貢茶之始上溯到公元前十一世紀。（陳椽《茶業通史》頁四一九，農業出版社，一九八四）實際上，這是對《華陽國志·巴志》中所載的一段史料未能正確點讀、解釋而導致的誤解，任乃强先生是書校補本早已作出正確的解讀，云：

周武王伐紂，實得巴蜀之師，著乎《尚書》。巴師勇鋭，歌舞以淩殷人，殷人倒戈……武王既克殷，以其宗姬〔封〕於巴，爵之以子。

任按：『以上《巴志總序》之首章，記巴國古史，是《巴漢志》舊文。於巴國本源未詳。』

其地，東至魚復，西至僰道，北接漢中，南極黔涪。土植五穀，牲具六畜。桑蠶、麻苧、魚鹽、銅鐵、丹漆、茶蜜……皆納貢之。

任按：以上『《巴志總序》第二章，述故巴國界所至與其特産和民風。其述民風，時間性頗不明晰，大抵取材於譙周之《巴記》，通巴國地區秦、漢、魏、晉時代言之。』（引自《華陽國志校補圖注》卷一，頁四至六，上海古籍出版社，一九八七）

《華陽國志》，晉常璩（約二九一—三六一）撰。引文第一段，任注稱出《巴漢志》，此書亦常璩所撰。第一段『武王伐紂』云云，與第二段所引貢物十八種（其中之一爲『茶』），兩者乃判然不同的二事，顯然不能混爲一談。

任注指出：兩段話所據史源不同，前者出常璩《巴漢志》，後者出譙周（約二〇一—二七〇）《巴記》；兩段引文論述的對象不同，前者述巴之古史，後者記巴國疆域四至及其特産、民風；兩段引文所指時間也不同，前者指周武王伐紂時的牧野之戰（公元前十一世紀），後者乃通指秦漢、魏晉時代而言之，兩者時差一千四百年之久。更重要的是，從征周武王伐紂者，其中並無巴族。常璩所云乃得之傳聞，不足置信。《尚書·牧誓》記載周武王伐紂前會師於孟津的出師盟誓，從征諸族爲庸、蜀、羌、髳、微、盧、彭、濮八族，當時僅爲部落氏族而已。何有巴族、巴國？前輩學者認爲：彭、巴雙聲，巴即可能爲彭，彭在四川彭縣，春秋後已不見彭，而只見巴，且往往巴漢連用。（説詳《中國通史》第三卷，頁一〇三九—一〇四〇，上海人民出版社，一九九四）可見巴、彭即使同一族源，巴族始見於史料也已是春秋後之事了。故『巴』始見於《左傳·桓公九年》絶非偶然，此已是公元前七〇三年，上距伐紂已三百餘年之久了。對《左傳》有精深研究的楊伯峻先生指出：『巴國當在楚之西北，春秋之世，巴國可能在今湖北省襄樊市附近，遷入夔門，則戰國時事。』楊先生還認爲，巴國故城在江州，即今重慶市。（《春秋左傳注》頁一二四——一二五，中華書局，一九九〇）可信史料揭示，以彭爲巴，不過是一種附會，戰國後，巴纔從鄂西向四川遷移。如果彭、巴同源，其遷移路線應完全相反。結論很清楚：巴師從征牧野之戰純屬子虛烏有，更遑論貢茶。

更重要的是，上引貢物十八種，實乃巴王舊所徵取其族民之物品，絶非巴向周武王所貢之物。其上所云四至地名據《漢書·地理志》所載，全爲秦漢時地名，與任注所云十分吻合。其地爲巴國全盛時的疆域，在今黔、鄂、川、陝交界之處。而巴國早就爲秦統一時所滅，又何來『貢品』！我國歷史上最早的貢茶實乃始於晉溫嶠，『上表貢茶千斤，茗三百斤』（見四部叢刊本《政和本草》卷一三引宋寇宗奭《本草衍義》）。近年，有人走得更遠，在引了上述巴族向周武王貢茶之謬説後，竟隨心所欲地臆説爲巴即『布朗族先民濮人部落』，又將雲南邦葳古茶樹的歷史前推至『三四千年以前的新石器時代』，全然不顧專家已論定的這不過是近千年前的古茶樹（這據年輪測定並不困難）。爲爭普洱茶的『正宗』地位，竟可以如此信口開河。（見《農業考古》一九九三年第四期頁一一二——一一七黄桂樞文）實際上，今存關於普洱茶的最早記載，當見於唐·樊綽《蠻書》卷七，其云『茶出銀生城界諸山』，指唐銀生節度使司轄地，即今西雙版納自治州及思茅地區諸縣，正是普洱茶的産地。信口臆説，留下的衹能是笑柄！

其二，《詩經》中的『荼』，今見七例，其義項有五，無一可釋爲今之茶。原因很簡單，在《詩經》所反映的時代（公元前十一世紀至前六世紀的五百餘年間），根本就没有作爲飲料的茶存在。現分述《詩》中『荼』之例證如下：（一）苦菜。《詩·邶風·谷風》的『誰謂荼苦』，《詩·豳風·七月》的『采荼薪樗』，《詩·大雅·綿》中的『堇荼如飴』，其中的『荼』均爲苦菜。釋見朱熹《詩集傳》、王應麟《困學紀聞》卷三、《太平御覽》卷九八〇。作爲蔬菜的『苦荼』，在漢末起就已有人工栽培。如曹植《藉田賦》稱：『夫凡人之爲園，植其所好焉。好甘者植乎薺，好苦者植乎荼』，『好辛者植乎蓼』。（《太平御覽》卷八四二引）這就充分證明，荼作爲一種味苦的蔬菜，至遲在漢末，已開始人工種植，成爲特殊風味的蔬菜品種，而且一直延續至今。薺菜和苦菜今天仍有野生和人工種植之分，是廣泛被食用的蔬菜品種。（二）茅秀，亦稱茅華，即茅草花。《詩·鄭風·出其東門》『有女如荼』，朱熹《詩集傳》云：『荼，茅華。』是其證。《國語·吴語》『望之如荼』之『荼』，亦爲相同意思。（三）蘆葦花，亦作萑苕。《詩·豳風·鴟鴞》：『予所捋荼。』上述兩種用法，其義相近，常被混爲一談，細辨仍有不同。（四）殘害生民或毒害生靈。《詩·大雅·桑柔》『寧爲荼毒』，寧，釋乃；荼毒，指殘害生民。《尚書·湯誥》『弗忍荼毒』，其義正同。（五）泛指田間雜草。《詩·周頌·良耜》：『以薅荼蓼，荼蓼朽止。』見孔穎達疏。又，其上句云『其鎛斯趙』，《太平御覽》卷八二三引《釋名》曰：『鎛，亦鋤類，迫也，迫地去草也。』

其三，《周禮》『掌荼』、『聚荼』、『用荼』，茶學界歷來認爲此即今之茶，且將茶與喪葬禮儀相聯繫，這又是一種誤解。（見陳椽《茶業通史》頁三、十三，農業出版社，一九八四）《周禮·地官·掌荼》云：『掌以時聚荼，以共喪事。』《儀禮·既夕禮》：『茵著用荼。』據鄭注賈疏，這裏所説的『荼』，都是茅秀，即茅草花，同上舉

《詩經》中義項（二）。因爲茅花與蒹葭、澤蘭一樣，兼具禦濕功能和香味，故在下葬之時，用染成淺黑色的帶毛邊的布二幅，縫合成雙層袋狀物；其中置放茅花、蒹葭、澤蘭三種東西，二豎於下，三横於上，墊在墓穴的底部，然後將棺材置於其上，既能防潮，又有茅香，可起延遲棺木及屍體腐朽時間的作用。也許是茶亦有吸濕的功能，茶也有真香，故今人誤以爲此『茶』即今之茶。『既夕禮』的『用茶』，就指上述的下葬過程。而所謂『掌茶』，指職司掌『聚茶』之官，即專門負責周王室成員葬禮中所需茅秀等物的採集及儲存，以備葬禮時使用的官員。『用茶』，即指使用茅花爲『茵』。與今之茶乃風馬牛不相及。此『茶』，與《周禮・考工記・鮑人》『欲其茶白』及《詩》『有女如茶』的用法完全一致，也即成語『如火如茶』的出典。又，茶之始用於葬禮，始見於南朝齊武帝遺詔，見《南齊書》卷三《武帝本紀》。陳椽《茶業通史》（頁十五）却又將《尚書・顧命》中『王三宿、三祭、三吒』這種純粹的祭拜行爲，稱爲『死後三祭三茶的活動』。此實應作如下解讀：前行爲『宿』，返回爲『吒』，如是者『三』而已。將『吒』誤解作『茶』，真乃匪夷所思。

其四，《晏子春秋》中『苔菜』、『茗菜』的聚訟紛紜。晏子（？——前五〇〇），名嬰，春秋齊人。爲齊靈、莊、景公三朝元老，執政五十餘年。爲春秋時期著名政治家。約戰國中期，後人集其言行編爲《晏子》一書，凡内外篇八卷，二百一十五章。《漢書・藝文志》已著録。《隋書・經籍志》始著録爲《晏子春秋》。是書因無唐以前人注疏，故竄亂誤脱甚夥，有些章節至難以卒讀。今傳版本較多，但迄今仍無一公認爲權威性的本子。僅四庫本及清人吳則虞《集釋》、張純一《校注》本爲通行本。因世無善本，遂導致數百年聚訟已久的一樁公案，因爲事關春秋時期是否有茶，故言人人殊。始作俑者仍是陸羽，《茶經・七之事》引《晏子春秋》云：『嬰相齊景公，時食脱粟之飯，炙三弋（方案：原誤作『戈』）五卵、茗菜而已。』此據南宋末《百川學海》本（今存《茶經》祖本）録文。《茶經·七之事》所輯茶事資料，見於《太平御覽》者凡三十一條，皆有異文；唯此條與《御覽》卷八六七是條引文全同而一字不差。顯然，《御覽》當轉引自《茶經》。至少，宋初存世《茶經》版本已作『茗菜』。但南宋末著名學者王應麟指出，這『茗菜』，應作『苔菜』，乃形近而譌。二字是否魯魚之譌似無從論定，因而春秋是否有茶也爭論了七百餘年。筆者三十年前偶檢《太平御覽》卷八四九亦見《晏子》這條引文，與《茶經》所引《晏子春秋》文完全不同。顯然，《晏子》爲較早版本，此文亦首尾完整，文從字順，比較可信。這條引文中既無『茗』字，亦無『苔』字，足以爲春秋是否有茶畫上可以論定的圓滿句號。其文如下：

《晏子》曰：晏子相景公，食脱粟之飯，炙三弋，五卵菜耳。公曰：『嘻，夫子家如此貧甚乎，而寡人之罪。』對曰：『脱粟之食飽，士之一足也；炙三弋，士之二足也；菜五卵，士之三足也。嬰無倍人之行，而有三士之食，君之賜厚矣。嬰之家不貧！』再拜而辭。（《太平御覽》卷八四九，頁三七九四上，中華書局影印本）

晏子有節儉、謙恭的美德，著稱於當時，故唐·柳宗元、宋·薛季宣稱其有墨家思想。上引之文，與其思想、行爲準則完全吻合，因此而更可信。這條引文在茶文化史上有極爲重要的意義，遠非校勘學上的文字訂誤證訛可比。這段話並不難理解。春秋時期，貴爲宰相的晏嬰十分滿足於以脱粟之飯爲主食，三種禽肉、五種蔬菜爲副食品的平常飲食。與貴族王侯的酒池肉林的奢侈形成了鮮明對照。主張儉樸、淡泊生活方式的晏子，以知足常樂的方式回應了齊景公略帶愧疚的故作姿態。兩人間的對話完全是如聞其聲，如見其人，其真實性毋庸置疑。這裏的『五卯菜』和『菜五卯』是同義語，後者只不過爲倒裝句而已。『卯』同『茆』，即爲『蓴菜』（蒓菜）之類的水生蔬菜。如加上『茗』，或『苔』字，反而讀不通而點不斷了。因此，好事者據此『茗』字證明春秋有茶，或據『苔』字證明無茶，實在是無謂的爭論，均是上了誤本《晏子春秋》的當。（參見本書《茶經》校證〔一四三〕）春秋無茗飲，斯可斷言！孔子飯蔬食飲水，《孟子·告子上》云：『冬日則飲湯，夏日則飲水。』豈非明證！如有茶，孔子能捨而不飲？

其五，『《春秋》書齊荼』中的『齊荼』實爲人名。此語始見於魏了翁《鶴山先生大全集》卷四八《邛州先茶記》，他説：『《春秋》書齊荼，《漢志》書荼陵。』博學如魏氏，已誤認『齊荼』爲今之茶，但其後句説《漢書·地理志》所記載的『荼陵』乃産茶之地是正確的。此姑置勿論。因此，這兩句話被廣泛流傳作爲《春秋》就已有茶的力證，但顯然前者是完全錯誤的。這乃記載了一個『兄弟鬩於牆』的故事。哀公五年（前四九〇），已在位五十八年之久的齊景公燕姬所生之子未冠而卒，遂立寵妾鬻姒（芮姬）所生孺子『荼』（人名）爲太子。齊景公晚年得此幼子，寵愛幼子荼堪稱無以復加。一次，與荼游戲，嘗自己作牛，在地上爬行，令荼牽之，景公跌倒，折斷牙齒。此即《左傳·哀公六年》所載『君之爲孺子牛而折其齒』，亦『孺子牛』一詞始出之典。同時，景公又放逐諸子於齊東鄙邑萊（今山東煙臺龍口市東南萊山），諸子相繼出逃衛、魯。次年，公子陽生自魯入齊，遣朱毛殺荼（景公臨終時立荼爲君）而奪其位，自立爲悼公。其事始作俑者乃大臣陳乞，他迎立陽生。故

《左傳·哀公六年》直書『齊陳乞弑其君荼』，乃爲尊者諱而指陳乞爲罪魁禍首。（以上參見楊伯峻《春秋左傳注》頁一六八〇—一六八九，《史記·齊世家》所述略不同）因此，這作爲人名的『齊荼』，實在與今之茶毫無共同之處。

其六，還有所謂『神荼』，是上古傳説中鎮鬼的門神。張衡《東京賦》注云：『上古有神荼與鬱壘昆弟二人，能執鬼度朔，〔禁〕山鬼所出入。』（《御覽》卷八八四引）蔡邕《獨斷》卷上也有類似之説：『海中有度朔之山……卑枝東北有鬼門，萬鬼所出入也。神荼與鬱壘二神居其門，主閱領諸鬼。』令人匪夷所思的是，這傳説中鎮鬼的門神，竟也被與茶畫上了等號。總之，漢代以前古籍中出現的『荼』字，既有植物名，又有地名、人名等，如不加考證辨析，恣意曲解臆説爲茶，就免不了會鬧大笑話。其關鍵在於對衆多涉茶文獻資料認真考證，正確釋讀。

《茶經·一之源》中曾列舉茶的四種别名檟、蔎、茗、荈。檟，其本義爲楸，又作梓，指一種可做棺材的落葉喬木，見《説文》。《孟子·告子上》云『舍其梧檟』，即其例。檟是一種速生樹種，各地多有。以檟爲茶之别名，乃其後起之義。始見於《爾雅·釋木》，是書雖僞託周公，但學界公認爲漢代之書。其『檟，苦荼』條下，晋郭璞注云：『樹小似梔子，冬生葉，可煮作羹飲。』這種叢生灌木纔是茶，而自《爾雅》中的『苦荼』始，才能與茶畫上等號。茶的别名檟和其本義梓、楸也有區别，引申義是後起的。

蔎，作爲茶的别名，始見於《茶經·七之事》引揚雄《方言》：『蜀西南人謂茶爲蔎。』則『蔎』用作茶的别名，當始於漢。蔎的本義爲香草或草香。《説文》云：『蔎，香草也。』段注曰：『香草，當作草香。』《楚辭·

九嘆・愍命》有云：『懷椒聊之蔎蔎兮。』王逸注曰：『蔎，香貌。蔎，一作藹。』則又似以段玉裁注爲是。蔎的本義爲草香，其被借用爲茶，可能是兼取其有香味之本義，而又同蜀西南人方言茶字之音而然。

葭萌，也歷來被認爲是茶的代名詞，同樣始見於《方言》：『蜀人謂茶曰葭萌。』葭萌，原亦爲人名，後演變成地名。《華陽國志・蜀志》載：『蜀王別封弟葭萌於漢中，號苴侯。命其邑曰葭萌。……周慎靚王五年（前三一六）秋，秦大夫張儀、司馬錯，都尉墨等從石牛道伐蜀。蜀王自於葭萌拒之，敗績。王遁走至武陽，爲秦所害。冬十月，蜀平。司馬錯等因取苴與巴焉。』其事亦見《戰國策・秦策》及《史記・張儀列傳》，雖所載事頗有不同，但諸書所載葭萌初爲人名（蜀王之弟），後轉作地名（封邑名）則無二致。此事，常璩乃據譙周《蜀記》之説立論。周安王十五年（前三八七），蜀王始封其弟葭萌於漢中。營邑，治今四川劍閣東北。秦兵至則國滅。葭萌作爲地名，至少存在了七十一年。作爲人名、地名的葭萌原與茶了不相涉。但『葭』之本義爲蘆科植物，如《詩・秦風・蒹葭》，朱熹《詩集傳》云：『葭，蘆也。』《説文》：『葭，葦之未秀者。』即葦之初生者。萌，《説文》曰：『草芽也。』茶芽，與初生的蘆芽頗相似。葭萌，其地原屬巴蜀，蜀人方言又用以指稱茶。葭萌其地與鄰近之武陽皆産茶，故取其萌芽之義而借作茶名。今人仍知取茶芽爲飲稱佳，當即始於蜀地。所以顧炎武《日知録》卷七説：『是知自秦人取蜀，而後始有茗飲之事。』至少可以認爲，飲茶從戰國秦滅蜀時起，就開始自西向東逐漸流傳。至西漢時，鄰近葭萌的武陽已成茶之集散中心。葭萌作爲茶的代稱是與茶的起源問題密切相關的，而我國西南地區的巴蜀無疑是茶的原産地之一。當代關於茶生長的氣候、土壤、温濕度、緯度等必需指標的研究成果也證明了這一點。

四

兩漢的茶事資料見於文獻者，僅寥寥數條。與此形成鮮明對照的是，魏晉南北朝史料中，茶事資料明顯增多。這表明，茗飲作爲一種生活方式和文化現象，已呈漸成氣候及穩步發展的態勢。故唐宋時人主張茶起源於魏晉説者頗有人在。

約與陸羽同時代的韓翃曾代田神玉作《謝茶表》，中有一聯名句稱：『吴主禮賢，方聞置茗；晉臣愛客，纔有分茶。』（《文苑英華》卷五九四引）前句指吴主孫皓密賜韋曜（原名昭）以茶代酒的故事，後句指晉臣分茶給友人。此乃中國文人間常見之禮俗，又稱『分甘』或『分貺』等。而有學者竟又與宋代纔有的茶藝形式分茶混爲一談。（關劍平《茶與中國文化》頁五，人民出版社，二〇〇一）唐宋時人仍有將把名茶贈給友人稱作『分茶』者。如邵雍《擊壤集》卷五《謝城中張孫二君惠茶》：『仍攜二友所分茶，每到煙嵐深處點。』即爲明顯之例證。韓翃，字君平，南陽人。天寶十三載（七五四）進士。大曆九年（七七四），爲節度使田神玉（？—七七六）從事，《謝茶表》當代撰於這三年間。韓翃爲『大曆十才子』之一，約卒於貞元初。他就主張茶飲始於魏晉。無獨有偶，歐陽修亦以爲：『茶之見載前史，蓋自魏晉以來有之。』（《歐陽修全集》卷一四二《集古録跋尾·唐陸文學傳》）《茶經·七之事》凡輯録茶事資料四十五條，其中三十九條爲魏晉南北朝時期的茶事，占百分之八十七的絶對多數。茶事記載的增多，與茶飲的由南向北逐漸推廣應是同步的。故陸羽卒後約半個世紀，楊曄在《膳夫經·茶録》中寫道：『茶，古不聞食之。近晉宋以降，吴人採取其葉煮，是爲茗粥。至開元、天寶之間，稍稍有茶；至德、大曆遂多；建中以後盛矣。』《膳夫經·茶録》約撰於大中十年（八五六），作者認爲晉宋間吴人還保留着茶葉菜食的習俗，可能是指尋常百姓人家，也許當時茶還是貴族、文士的專享品，猶如『舊時王謝堂前燕』，尚未『飛入尋常百姓家』。他還認爲，中唐以後，茶事始盛。此乃頗有見地之論。楊曅是書人編爲茶書，始於本書。

在陸羽《茶經》成書以前，關於餅茶的製作及煮飲，僅見一條獨家記載，據稱出之於《廣雅》：『荆巴間採茶作餅，既成，以米膏出之。〔若飲，〕先炙令色赤，搗末置瓷器中，以湯澆覆之，用葱、薑、橘子芼之。其飲醒酒，令人不眠。』這段引文，始見於《茶經·七之事》。日本學者布目潮渢教授早在六十年前就已指出，此文與張揖《廣雅》之文體完全不同，不可能是《廣雅》中文字，疑是書名有誤。此文亦見宋本《太平御覽》卷八六七、《太平寰宇記》卷一九三等，皆引作《廣雅》。是否在唐以前還存在另一種同名爲《廣雅》之書呢？三國魏·張揖不可能如此詳盡地記載餅茶的製作、煮飲法及其功效，殆無可疑。但是南朝後期乃至隋唐間，隨着茗飲的推廣，人們對餅茶的認識有可能達到這樣的水準。但畢竟某種程度承繼了《修文殿御覽》資料彙編功能的《太平御覽》，完全有可能據同名之《廣雅》記録下這條可貴的資料。這條唐以前的史料最值得注意者有二：一是茶以『米膏出之』，這是茶米一詞最合理的詮釋；二是以葱薑等『芼之』，即保持茶菜食的孑遺。可認爲是從菜食到飲用的過渡方式。誠如明人曹學佺《蜀中廣記》卷六五所云，這一搗末煮飲餅茶之法，一直流傳到明代，『蜀人飲擂茶是其遺制』。上引資料的重要性還反映了魏晉南北朝時從茗粥到茶飲的過渡期，也是中國茶文化史上的奠基期。

所謂『魏晉風流』，即主張個性的解放和張揚。《世説新語》中的許多故事，堪稱其代表。這種『風流』，並非終於東晉，南朝仍一脈相承。茶文化就在這樣的人文環境中得以充分展示其獨特魅力。正如陳寅恪先生所論，魏晉與兩宋是中國思想文化史上的黄金時代。其先後輝映的基本特徵，即爲『獨立精神，自由思想，批評態度』。（轉引自卞僧慧《陳寅恪先生年譜長編》頁三六二，中華書局，二〇一〇）發人深思的是，這兩個時代堪稱茶文化史上的兩大轉折期，前一個轉折以茗飲從王公貴族到士大夫間的流行爲其特徵，後一個轉折則以茶飲的精緻化、普及化、平民化爲主要特徵。茶，成爲像米鹽一樣不可一日或缺的生活必需品，茶飲遍佈全國城鄉各地，點茶、鬥茶、分茶等技藝及以貢茶爲代表的製造技術均達到空前絶後的程度。如果説魏晉還是茶飲的發軔期，宋代無疑已是其成熟的頂峰期。盛行於日本的茶道，正是由於南宋茶藝東傳，經其本土化的改造孕育而成的。但其核心技藝如代表性茶具茶筅的運用，早在宋徽宗的《大觀茶論》中就有高度成熟、出神入化的描繪，可見一斑。這比日本茶道的萌芽期早了一百餘年。今有國人對日本茶道推崇不已，實有捨本逐末、數典忘祖之嫌。

無獨有偶，魏晉與兩宋，又都是對釋、道比較寬容或包容的時期，是儒、釋、道三教並存交流、融合滲透的時期。茶作爲三家共同嗜飲的飲料，絶非偶然。三教茶飲方式的各不相同，也將我國的茶藝水準推向極致。而今天如雨後春筍般湧現的茶藝館展現的，無非是不得要領的程式化表演而已，猶如『假古董』一樣，完全失去了唐宋茶藝的真韻，甚至也遠不如魏晉風流的真率。魏晉玄學的興起，也與茶不無關係：以茶養廉，以茶示儉，藉以爲媒；服食祛疾，參禪打坐，藉茶以助；甚至以茶爲祭品，亦始見於齊武帝祭母及遺囑。茶之爲功，又不僅在醒酒卻睡而已。

五

中唐以後，『茶道大行』。這絶非如封演小説家言所謂，禪教盛行爲之推波助瀾。（見《封氏聞見記》卷六《飲茶》）如是，則唐武宗滅佛，作爲『三武滅佛』中規模最大的一次，則相伴隨之茶飲豈非也要絶迹？封氏其説之妄，不值一駁，但其説亦爲今之『茶人』奉若圭臬，深信不疑。中唐以後，茶文化的發展並步入繁榮期有着更爲深刻的社會原因。

長慶元年（八二一），李珏（七八四—八五二）曾論：『茶爲食物，無異米鹽，人之所資，遠近同俗。既祛渴乏，難舍斯須。至於田閭之間，嗜好尤切。』（《册府元龜》卷四九三）消費需求的激增，必然刺激生産的發展，這是商品經濟的規律。據今存唐、宋時人著作中涉及的唐、五代産茶之地，已近七十州，遍及今秦嶺、淮河以南的十四省區，與當今全國的産茶區比較，除臺灣省外幾乎在唐、五代都有産茶的記載。（參見張澤咸《漢唐時期的茶葉》，刊《文史》第十一輯）至唐末、五代，人工栽培茶的技術已相當成熟，已接近於現代的水準，而每畝的茶産量，更高達一百二十斤（折合今量約一百八十三斤），令人吃驚。（見韓鄂《四時纂要》卷二《種茶》）這也許是毛茶的畝産量而已。中唐以前，未見有茶税，唐德宗建中三年（七八二）趙贊始建議徵收茶税，爲十一税率。貞元時，茶税約爲四五十萬貫。唐代最大的茶葉集散中心饒州浮梁縣，『每歲出茶七百萬馱，税十五萬餘貫』。（《元和郡縣圖志》卷二八）頗疑此『百』字衍，或『馱』乃『斤』字之譌。一縣流轉之茶達七百萬斤，已近乎天文數字，唐茶的産量也絶無可能達到七億斤。如是，則唐代之茶亦已達到二千餘萬斤，已接近南宋初東南六路六十六州郡二百四十二縣茶産量的水準。唐茶的最高年産量約在四五千萬斤。當然，因南宋國土僅北宋的三分之二，比唐幅員更小，但無論産茶地區及産量較唐均已有大幅增長。據筆者最近研究成果，南宋産茶地區極爲廣泛，據不完全統計，凡十六路，一百二十一州郡，三百三十三縣産茶，分别占南宋州郡數的百分之六十一和縣數的百分之四十六。至南宋中期，茶的産量高達二億斤左右。總之，宋代茶産地和産量比唐大幅增加已是不爭的史實。

宋代的茶，已成爲人們日常生活必需品。所謂『開門七件事，柴米油鹽醬醋茶』的民諺就産生在宋代。而王安石已云：『茶之爲民用，等於米鹽，不可一日以無。』（《王文公文集》卷三一《議茶法》）李覯也説：『君子小人靡不嗜也，富貴貧賤靡不用也。』（《李覯集》卷一六《富國策第十》）其普及程度則又遠勝於唐。茶的栽培、加工製造技術，宋代也有明顯的進步。如趙汝礪《北苑别録・開畬》指出：茶園在六月要中耕除草追肥，茶宜與桐木、竹間作。採茶最宜清晨、陰天，操作上要以甲不以指，採茶應剔除紫芽、白合、烏蒂等，否則有害茶之色香味。未見唐以前人採夏秋茶的記載，宋人則普遍開採。黄庭堅、陸游、范成大等人的遊記中均有關於賣秋茶的記載。茶的一年數採，即始於宋人，不僅可大幅提高産量，而且有利於茶樹之新陳代謝，生長發育，此已爲當代茶樹栽培理論所證實。宋代的製茶工藝已達到精緻化、藝術化的程度，以北苑貢茶爲代表。當然唐代已開大規模製造貢茶的先河，如湖州顧渚紫筍茶，歲貢達一萬八千餘斤；『役工三萬人，累月方畢』。（分見《嘉泰吴興志》卷一八《食用故事・茶》、《元和郡縣圖志》卷二五）所謂『役工三萬人』，疑有誇張，即使算上採茶的茶農，也未必會達到這一數字。但其規模之大可與宋代北苑貢焙相頡頏則無疑。歷代的貢茶製作則以宋代工藝水準最高，也最爲奢華和精美，茶甚至成爲可供賞玩的工藝品。更爲令人歎爲觀止的是，北宋已有茶苗異地移栽成活的範例，南宋人工栽培茶苗異地移栽技術已相當成熟，達到當代水準。當時已大規模推廣，在四川甚至有頗具規模的茶苗走私貿易。（以上參閲拙撰《南宋農業史》頁六三四—六五九，人民出版社，二〇一〇）

唐宋時期，因茶的規模生産已達到較高的水準，故水到渠成産生了一批産茶專業户，稱茶户或園户（方案：宋代文獻中，園户又指種蔬菜或種花專業户等）。如唐文宗（八二七—八四〇在位）時，『江淮人什二三以茶爲業』（《册府元龜》卷五一〇）。在我國紅茶的主産地歙州祁門縣，唐懿宗咸通初（八六〇—八六三），編户齊民約五千四百餘户，『業於茶七八矣』。（參見《文苑英華》卷八一三，張途《祁門縣新修閶門溪記》）如以農村人户二分之一保守估計，則也有二千七百餘户業茶，茶户人口至少在萬人以上。當然，其中也必有從事運銷的商户。

宋茶生産與加工，較之唐五代有劃時代的進步。主要表現在：産茶地區拓展，産量提高；經營規模擴大，生産、運銷專業户成批湧現；製作技術進步，茶品質量提高，不僅北苑貢焙一枝獨秀，各地名品也相繼湧現，推陳出新。宋代名茶各地多有，據不完全統計，品種已逾百。尤值得注意者，宋已大規模利用水磨加工茶葉，以解決東京等大城市一百餘萬人口的食茶問題，及如雨後春筍般湧現的城鄉茶館的消費需求。宋代官私茶園的規模很大。北宋初，福建建安的民焙就達到一千三百餘所。（丁謂《北苑茶録》）如以每焙役工十人保守估計，則一縣已逾萬人，已是茶葉生産的專業縣。而在北宋中期，在彭州，竟出現年産三五萬斤的『茶園人户』（《淨德集》卷一《奏具置場買茶旋行出賣遠方不便事狀》），顯然規模已遠過唐代。

宋代茗飲的風尚、習俗和茶藝，《大觀茶論》有一概括性的述評：『本朝之興』，『百廢俱舉，海内晏然』。『薦紳之士，韋布之流，沐浴膏澤，薰陶德化，咸以高雅相從事茗飲。故近歲以來，採摘之精，製作之工，品第之勝，烹點之妙，莫不咸造其極。』宋代的茶藝，大致有以下幾種形式：

鬥茶，即審評茶葉品質及比試茶技藝高低的一種活動，各地多有。范仲淹《和章岷從事鬥茶歌》，即詠睦州（治今浙江桐廬）的名作，令人有身臨其境，栩栩如生之感。鬥茶往往十分講究茶的色香味，用作鬥茶者均爲極品名茶，也頗講究水質和茶器。如福建建州專門生産有『鬥盞』，以鬥茶的水痕先退者爲負，耐久者爲勝，故論勝負則云『相去一水兩水』。（蔡襄《茶録》卷上《點茶》）

點茶，是宋代最爲流行的茶藝活動，包括炙茶、碾羅、烘盞、候湯、擊拂、烹試等一整套複雜程序。其關鍵在於候湯和擊拂，茶筅、湯瓶、茶盞成爲最具代表性的重要茶具。各地還有不同的點法，如流行於衢州的衢點、饒州的饒點，甚至不産茶的汝州汝點（汝州有著名的汝窯，或因産茶器而盛行點茶），在北宋末已聲名鵲起，與官焙貢茶交相輝映。（分見曾幾《茶山集》卷四《迪侄屢餉新茶》之二及《石門文字禪》卷八《無學點茶乞詩》）客來點茶，成爲宋代城鄉最普遍的風俗，如王安石弟子陸佃《依韻和趙令畤三首》之一詩云：『鸜鵒逢君要點茶。』（《陶山集》卷二）連養在家裏巧舌如簧的八哥也知道呼唤『客來要點茶』，足見點茶普及程度之一斑。亡國昏君宋徽宗堪稱點茶高手，他妙於擊拂，將茶筅運用至爐火純青程度，茶面呈『疏星皎月』狀態。他將所點之茶，分賜群臣，而稱之爲『自布茶』。在《大觀茶論》中還有精彩獨到的點茶經驗之談。在這樣的點茶大師面前，頂級的日本茶道高手也會自愧不如。

分茶，則是始於宋初，盛行於宋元的一種高級茶藝，又稱『茶百戲』或『幻茶』。即下湯運匕，使茶面幻出蟲魚花鳥之類，纖巧如畫，但須臾即散。如沙門福全一次表演分茶絶技，在茶面點化成七絶一首，無情嘲笑煎茶博士陸羽無非浪得虚名。詩云：『生成盞裏水丹青，巧畫功夫學不成。欲笑當時陸鴻漸，煎茶贏得好名聲。』（見《清異録》卷下《荈茗録·茶百戲》）可見分茶是遠比煎茶複雜難學的茶技。曾幾二侄曾迪、曾造，陸游及其子子約，南宋初分任宰執的史浩、陳與義，著名女詞人李清照等均爲宋代分茶好手。看來，和琴棋書畫一樣，分茶也成爲宋代文雅之士的必修課。楊萬里《誠齋集》卷二《澹菴坐上觀顯上人分茶》記載了在胡銓家見到的這位禪門分茶專家的絶技表演：『二者相遭兔甌面，怪怪奇奇真善幻。紛如擘絮行太空，影落寒江能萬變。銀瓶首下仍尻高，注湯作字勢嫖姚。』八百多年後的今人仍能領略分茶的神韻之一斑，不能不驚歎詩人出神入化的描繪及其驚人的觀察力。原來其關鍵還在於名茶、名泉、茶具；而神來之筆則在於擊拂及以銀瓶注湯作字畫，全在於手法及指法上的『運用之妙，存乎一心』。

煎茶、點茶、鬥茶、分茶是既有區别又相聯繫的四種茶藝形式。煎茶，是唐宋時代最爲盛行的茶藝，又稱煮茶、烹茶等。後三種均是宋代始有的茶藝，其共同特徵是均需擊拂。點茶須用末茶，而煎茶則可用散茶即芽茶或葉茶。點茶是分茶、鬥茶的基礎，皆須注重茶、水、具等要素。點茶頗着意於審品茶的色香味及浮於盞面的沫餑，與煎茶有某種共同之處，其區别只是在於有無擊拂與對候湯分寸的把握。鬥茶則重在看是否咬盞，以水痕的有無及持久程度爲評判標準，意在分出茶品及技藝的高下。分茶則難度最大，能幻化出字畫、花鳥、魚蟲者均爲分茶高手。宋代點茶、鬥茶、分茶的風靡，表明茶已不僅作爲日常生活的必需品，又升華爲富涵文化氣息的精神慰藉和社會風尚，且又成爲時尚的生活方式。宋代茶文化在物質和精神兩個層面均達到前所未有的高度。茶藝的精緻化、藝術化，其廣泛普及與平民化的雙向張力，便導致宋代茶館盛況空前的大發展，並奠定了今日茶館的基礎。星羅棋布在大小城市的茶樓、茶肆、茶鋪、茶坊，有的還兼營飯店、旅館、浴室等。在北宋京城東京（治今河南開封）及南宋都城臨安（治今浙江杭州）就有滿足各色人等消費需求的茶坊。甚至還有不少爭妍賣笑、極爲曖昧的花茶坊。在南宋中期，杭州四百四十行中，有一行專賣『茶坊吊掛』——茶館裝飾用品，可見其業之盛之一斑。（宋·佚名《西湖老人繁勝録·諸行市》，《永樂大典》卷七六〇三）宋代茶藝非常講究或追求藝術境界，往往與文人雅集、吟詩作畫、賞花聽琴、焚香插花，相輔而行。宋徽宗《文會圖》、劉松年《鬥茶圖》、張擇端《清明上河圖》及河北宣化遼墓出土的《茶道圖》均有極爲細緻、逼真、生動的描摹。

宋代茶文化的鼎盛，是毋庸置疑的。文學是生活的真實寫照。不妨考察一下茶詩的盛衰就頗能説明問題。唐前期的玄宗開元末之前，很少有茶詩，李白、杜甫等天才詩人僅有茶詩寥寥數首；唐中期，即元和末以前，茶詩大增，作者五十八人，存一百五十八首；唐後期即穆宗至唐亡，茶詩盛行，見於《全唐詩》者五十五人，存詩二百三十三首。白居易有數十首，杜牧也有十餘首，皮、陸各有十餘首。（參見李斌城《唐人與茶》，《農業考古》一九九五年第二期）宋人茶詩數以萬計，幾無人無之。陸游一人就有茶詩三百二十餘首之多，是創紀録的數字。梅堯臣、蘇軾、黄庭堅、蔡襄、曾幾、黄裳、楊萬里、范成大、李之儀等均有數十首茶詩，上百首的也不乏其人。黄庭堅又有茶詞數十首，是歷朝寫茶詞最多也最好的一位。其反映茶事生活面的深廣度也遠勝唐人，膾炙人口的名作也遠較唐人爲多。這與中國茶文化莫盛於宋的狀況是完全吻合的。文學作品如果没有一定的數量，也就談不上高質量。何況宋代茶詩的精品力作數以千計，更非唐代茶詩佳作僅盧仝、李白、白居易等的寥寥數首所能及。哲理化、藝術化、精緻化的茶藝、茶俗、茶禮、茶道以及文士和民衆的豐富多彩的茶事實踐，爲宋代文人提供了縱横馳騁的廣闊天地，成爲傳世傑作成批湧現的豐富源泉。

六

朱元璋出身貧寒，發迹前備嚐民間疾苦。登基後，即詔令罷貢龍鳳團餅茶，只貢少量茶芽。上有所好，下必甚焉。從此開創了茶文化史上葉茶、散茶沖泡烹飲的新時代，因其簡便易行，此法一直沿襲至今。明人重視貯藏置頓之法，無論在茶品審評，採摘炒焙，擇泉煮水，火候湯候，烹點飲啜，品飲時宜禁忌，人文環境等方面均有與宋元不同之處，即已從以烹飲末茶爲主過渡到以散、葉茶爲主。以蘇州爲中心的長江三角洲六府成爲新的名茶産地，茶人茶侣亦群聚於此，把文人茶推向極致，成爲領導潮流的新的茶藝中心。與此同時，江西、福建等地也有一批文士嗜茶成習，以喻政、徐𤊹爲代表的茶人在探求茶藝的同時，還匯刻《茶書》。這是我國歷史上最早的茶書叢刊，所收茶書多達數十種，對總結唐至明代文人茶的茶藝、茶道，推動我國茶文化的發展有着不可磨滅的貢獻。同時，在明人的别集中，還有遠較茶書内容豐富的茶詩文，充分展示了飲茶在追求優雅閒適生活方式的明代士大夫心中，成了不可或缺的必修之課。正如陸紹珩所總結的那樣：『幽人清課，詎但啜茗焚香。』以退休官僚、文人隱士、書畫與賞鑒名家及茶商爲主體構成的茶人集團，其生活方式無非就是：『明窗之下，羅列圖史琴尊以自娱。有興則泛小舟，吟嘯覽古於江水之間。渚茶野釀，足以消憂；蓴鱸稻蟹，足以適口。又多高僧隱士，佛廟絶勝。家有園林，珍花奇石，曲沼高臺，魚鳥留連，不覺日暮。』（《醉古堂劍掃》卷五《集素》，臺北：老古文化事業公司影印日本嘉永常足齋藏版，一九九〇）烹茗爲這種優雅精緻的生活方式注入了活力，充當了潤滑劑或助推劑的角色。

講求器具、泉水，自陸羽《茶經》以來，即一脈相承，代代相傳。有『天下第二泉』之譽的惠泉，自陸羽品泉以來即長盛不衰。明代李日華發起『集資運泉公約』，比李德裕利用特權置『水遞』更體現了商品經濟的意識。無錫惠山泉亨有盛名長達一千餘年，充分證明茶、泉、器具相得益彰，缺一不可，共同構成茶藝的三要素。而茶器具則各代均有其特色。陸羽《茶經》所述之二十四具，乃日常用品；法門寺出土的皇家茶具之精美，令千載而下的今人歎爲觀止。宋代極重建盞鬥器及長沙白金茶具等，又發明了茶藝的核心器具茶筅。茶筅成爲日本茶道中必備之首選茶具。我國各個時代對茶具的顔色也有不同的要求。如唐代崇尚緑茶，選用茶具以越窯、岳窯爲上，以其色青，可益茶色。而宋代尚白茶，則以建盞黑瓷爲宗，因其『咬盞』分明，宜於鬥茶。當時的一種兔毫盞，尤集萬千寵愛於一身。後來流傳到日本，被稱爲『天目碗』，今已是『國寶』級文物，其窯變産品就更是拱璧之珍，秘不示人。明初王寵家藏茶鼎，與供春紫砂壺、惠山竹爐、宣窯茶具齊名。竹爐最能體現返璞歸真的茶藝思想，因而深得明代南方茶人的喜愛，詩酬吟詠，歷久未衰，綿延明清兩代五百多年尚餘音繚繞。其盛況可見本書所收之《竹爐圖詠》，此堪稱明清的代表性茶具之一。如同中國傳統文化一樣，茶文化發展的鼎盛期應在宋代，這在本書所收茶書中也有所體現。如《續茶經》等書中所搜輯的宋代茶事資料最多，即爲明顯例證。在《全宋文》、《全宋詩》、《全宋詞》及《全宋筆記》中收集的宋代茶詩文詞賦和涉茶軼事中尤有充分體現。略加搜輯，已逾數十萬言，這仍是有待繼續整理的珍貴文化遺産。

明人張源將茶道總結爲『造時精，藏時燥，泡時潔』的『精、燥、潔』三字經茶道。《茶録》堪稱深得茶道真諦的經驗之談，這是他長期飲用名茶碧螺春而總結出來的茶藝心得，雖語言樸素，却不失爲『放之四海而皆準』的藝茶準則。而杜濬（一六一一—一六八七）所謂『茶有四妙』，『湛、幽、靈、遠』（清·計發《魚計軒詩話》，適園叢書本），却更多其對空靈幽遠境界的精神寄託，代表了明清文人對茶道的追求，頗具心靈慰藉、精神層面的嚮往。這與日本茶道有某種相似之處。總體而言，明人茶藝，追求環境優雅，白石清泉，烹煮得法，善於觀賞，將其視爲茶人茶道的精粹。杜濬，字于皇，號茶村。明清之際著名詩人，以嗜茶而著稱於世，撰有《變雅堂集》等。他是明末清初最享盛名的茶人之一。清代的茶文化，在『君不可一日無茶』的清高宗乾隆時代達到了高潮。體現在《紅樓夢》等小説中的茶藝，也達到了較高的水準。老舍先生的《茶館》，僅以三幕就抒寫三個不同時代的衆生相和社會百態，是真正的大手筆。從這個角度而言，茶館某種意義上也是社會的縮影，故歷代的茶館也是社會學及史家關注的對象。

七

本書的補編中，主要收録了關於歷代茶政、茶制、茶税等及茶馬貿易、馬政的資料，而且進行了比較詳盡的會證性質的校證，這主要是出於兩方面的考慮：一是海内外學術界對茶馬貿易及馬政的研究關注不夠，成果較少，與持續的絲綢之路研究熱極爲不相稱。近年始見學術界對『茶馬之路』頗感興趣，但亦屬剛起步的初級階段。筆者旨在給有志於這一重要課題研究的學者，提供些史料搜集整理方面的便利，筆者自己也計劃在不太長的時間内撰寫《茶馬貿易研究》、《中國茶史》二書，作爲史料考辨的一種前期準備。二是筆者個人對宋代的百科全書——《宋會要》心儀已久，在長期的使用過程中深感《輯稿》檢閲不便，錯譌太多，切盼有經過點校整理的善本早日問世。今欣聞已有學者在從事這一難度極大而又功德無量的工作。翹首期盼之際，將是書《食貨類・茶門》、《兵類・茶馬》、《職官類・都大提舉茶馬司門》等部分先整理出來，因筆者沉浸於宋代茶事、茶馬史料中已歷三十餘年之久，在史料的搜輯和考辨上略有積累和心得，今擬將初步的研究成果先公之於世，爲自己及有志於研究茶史、茶馬貿易的學者提供些經過整理的資料。不敢説填補空白，只能説篳路藍縷，心嚮往之。這裏先略述筆者對茶馬貿易這一研究課題的初步認識。

黄庭堅詩云：『蜀茶總入諸蕃市，胡馬常從萬里來。』（《山谷集》卷一二《叔父給事挽詞十首》之七）比較生動貼切地概括了我國歷史上的茶馬貿易。茶馬貿易制度始行於宋神宗熙寧七年（一〇七四），時值王安石變法高潮之際。王韶建開河湟之策，爲了籌集大規模戰爭所必需的戰馬和軍費，宋神宗遣李杞入蜀相度經畫，專以川茶博馬，對原自由貿易的蜀陝之茶實行禁榷專賣，其後還設置了茶、馬兩司主持其事，後合併爲茶馬司，不久又升格爲權重事專的都大茶馬司。茶馬貿易成爲一代典制，一直延續到清乾隆元年（一七三六），存在了近七百年之久。這段歷史，值得研究。

我國歷史上的茶馬貿易之始，向來已有『定論』，即始於中唐以後。封演《封氏聞見記》卷六《飲茶》云：『回鶻入朝，大驅名馬，市茶而歸。』封演隨心所欲的小説家言，被歐陽修抄入《新唐書·陸羽傳》，後又分別被宋末王應麟、元初馬端臨據以寫入《玉海》（卷一八一）及《文獻通考·征榷五》，遂不脛而走。封演之説歷來被視爲不刊之典，一千二百年來，無數次被人們奉爲耳熟能詳的不易之論而篤信無疑。但細究其實，這無非是一種毫無史料根據的主觀臆説。

安史之亂後，回鶻大驅名馬入唐，確爲史實，但無論是貢賜貿易抑或易貨貿易，作爲交換物，唐政府支付的均爲絹帛而不是茶。安史之亂前後，茶還只是一種奢侈消費品，尚未普及到民間，絶無可能用相對而言比較昂貴的茶去交換西馬。唐代徵收茶税，雖始於建中三年（七八二），但爲權宜之計；正常開徵十一税率茶税始於貞元九年（七九三），至長慶元年（八二一）又將茶税税率提高到百分之十五。文宗大和九年（八三五）王涯進行了一次不成功的榷茶試驗，不到一年即告失敗，自己也招致了殺身之禍。直到宣宗大中六年（八五二），裴休立『税茶十二法』，唐代茶法才稍具規模。唐德宗時全國茶税四五十萬貫，《新唐書》卷五四載，宣宗大中年間，茶税已『增倍貞元』，即至少已爲八十萬貫，但宋人吕夏卿《唐史直筆》云茶錢爲『六十餘萬』，疑已有『虚估』。而《通鑑》卷二四九載：大中時，全國兩税及茶、鹽、酒税等歲入總額只有九百二十五萬貫，除去記載明確的租税、鹽利、榷酤外，即使全爲茶税，也僅十五萬貫。（參見張澤咸《唐代工商業》，頁三九八）當然這一數據未必正確，但大中年間茶税是否能有八十萬貫尚是疑問。而更重要的是，茶馬貿易具有某種封建國家財政計劃體制性質，作爲由政府組織或主持的易貨互市的經濟模式，是以官方榷茶爲必要前提的。而在唐代則没有史料可以證實茶爲易馬之物，相反，絹馬貿易的史料却比比皆是。絹帛，是唐代實行兩税制度徵收的主要實物税，府庫充盈，是唐政府與西北少數民族交换馬的主要償付物，在唐代有一專有名詞，稱之爲『馬價絹』。確切而言，唐代實行的是絹馬貿易，而絶非茶馬互市。

中原王朝與少數民族的市馬貿易似始於漢，三國曹魏黄初三年（二二二），曾有過一次規模很大的互市，鮮卑曾『驅牛馬七萬餘口交市』，交易物不外乎錢、絹帛等。回紇向唐貢馬，當始於貞觀十七年（六四三）。回紇部落薛延陀向唐請婚，一次就獻馬五萬匹，這是和親方式的貢賜貿易，數額雖大，却是偶一爲之。盛唐以前，並不缺馬。由於張萬歲等經營有方，自貞觀至麟德（六二七—六六五）『馬蕃息至七十萬匹』，『天下以一縑易一馬』。唐玄宗即位之初，『牧馬有二十四萬匹』，以太僕卿王毛仲主之。至開元十三年（七二五）即達到四十三萬匹。（《通鑑》卷二一二）是年玄宗東封，從行之馬竟達數萬匹之多，可見其盛之一斑。

安史之亂後，大唐精兵逐鹿中原，邊備盡撤。昔日水草豐美的牧馬勝地隴右淪失殆盡，吐蕃乘虚而入，『苑牧蓄馬皆没』，『馬政一蹶不振，國馬唯銀州河東是依』。（見《新唐書》卷五〇《兵志》，《册府元龜》卷六二一《監牧》）大規模的持續戰争，又消耗損失許多戰馬。回紇曾出兵協助郭子儀收復兩京，同時盛唐開展以和親爲主的貢賜貿易，唐以絹帛、銀錢支付馬價，逐漸成爲一種偏離價值規律的比價畸高的不平等交易。

安史之亂平息後，仍難以改變戰馬奇缺的困窘局面。爲了維持國防，須保持一支相當規模的騎兵，除了國内括馬外，就只有向回紇、吐蕃等市馬一策。絹馬互市就在這樣的歷史條件下應運而生。

《舊唐書・回紇列傳》記載：『（回紇）仍歲來市，以馬一匹，易絹四十匹，動至數萬馬。』絹馬貿易的規模如此之大，絹馬比價又如此不合理，較之唐初上漲了近四十倍，嚴重影響到唐政府的財政收支，出現了大幅的透支。大曆八年（七七三），代宗詔令，止許歲市馬六千匹。（以上除注明出處外，引文皆見《册府元龜》卷九九九《互市》）上引同書記載了貞元六年至大和元年（七九〇—八二七）總共支付回紇馬價絹達一百三十一萬二千疋，如仍以四十比一的折價率計算，可市馬三萬二千八百匹。如以實際發生市馬的六年計，則平均每年爲五千四百六十七匹，大致與唐代宗規定的限以六千匹相符。《全唐文》卷六六五收有白居易《與回鶻可汗書》一文，談到回鶻一次進馬六千五百匹，而唐歷年積欠的二萬匹馬的馬價絹，即達五十萬疋之多。按此計算，又爲平均二十五疋絹易馬一匹。可證馬價絹對唐王朝是一項十分沉重的財政負擔。但在任何唐代文獻及出土資料中，迄今尚無真實可信的茶、馬互市資料。因此，所謂乾元以後唐與回紇始行茶馬貿易，不過是封演心血來潮向壁虚構的小説家言。即使從史料學而言，孤證是不足以採信的。正如陳寅恪先生早就指出過的治史原則：『通論吾國史料，大抵私家纂述易流於誣妄。』我們無法苛求封演之類小説家言與史實相吻合，重要的是史家必須對史料『詳辨而慎取之』。（《金明館叢稿二編》頁七四，上海古籍出版社，一九八〇）切忌人云亦云，如將封演所説的『市茶而歸』，改動一字作『市絹而歸』，就與史實相符若契了。

但這種絹馬貿易，如上所考則早已始於漢魏，而並不始於中唐，也是無可置疑的史實。即使到五代，甚至宋代中期，高昌回鶻以馬换回的仍然只是錢和絹帛。絹馬貿易在宋代仍不乏其例。

明確記載茶馬互市的史料似始見於李燾《續資治通鑑長編》卷二四：宋太宗太平興國八年（九八三），「沿邊歲運銅錢五千貫於靈州（治今寧夏靈武西南）市馬」，因路途遥遠，運錢不便；又恐「戎人」得銅錢後熔鑄成兵器，故應鹽鐵使王明之請，「自今以布帛、茶及他物市馬，從之」。而茶馬貿易真正形成制度則在真宗咸平元年（九九八）。《長編》卷四三有載：應楊允恭之請，正式置估馬司，主管市馬，定河東、陝西、川陝諸路市馬之處凡十九州軍，皆置市馬務，遣官主其事。重申「以布帛、茶、他物準其直」，歲市五千餘匹。又在邊境設招馬之處，遣牙吏入蕃招募，給路券，至估馬司定價。這是歷史上最早出現的有比較完備機構、制度和具體規定的茶馬貿易資料，作爲一代典制的要素均已具備。不久還産生了與唐代「馬價絹」相對應的「馬價茶」一詞。如景德二年（一〇〇五）八月二十九日真宗詔令中，明確規定了沿途諸州「所給蕃部馬價茶，沿路免其税算」。（《宋會要輯稿》食貨一七之一四）這一「馬價茶」，堪稱茶馬互市的標誌物，距今已有一千餘年的歷史了。其後關於茶馬貿易中茶作爲主要交易物的史料屢見於載籍，本書所收的《宋會要輯稿》中就有很多條，堪稱不勝枚舉。

茶馬貿易的高潮迭起，是在熙寧、元豐年間（一〇六八—一〇八五），這是爲了適應神宗開邊拓地積極進取的軍事需要。李杞、蒲宗閔相繼入蜀主持榷茶、買馬，在成都和秦州（治今甘肅天水）分别置茶、馬兩司，榷茶買馬。作爲熙豐新法的措施之一，大張旗鼓在川陝展開，並作爲趙宋王朝的不易之典。李杞因病離職後，劉佐代其事，不久，又以李稷主持茶馬之政。李稷於元豐五年（一〇八二）死於永樂城，詔令陸師閔代其職。

李杞經畫一年，已獲茶利五十萬緡，相當於唐朝全年茶稅；李稷年均獲利八十餘萬緡，至陸師閔則增至百萬緡。茶、馬初爲兩司，各行其是，其間矛盾重重，經多次反復實踐，纔合併爲茶馬司，並於崇寧元年（一一〇二）升格爲都大提舉茶馬司，秩比都轉運使，權重事專，富甲一方。主官稱都大提舉，在分工上仍有側重，川司主要負責榷茶，秦司主要主持買馬，由都大提舉統一籌劃、調度、指揮、協調。茶馬司屬員較多，都大提舉甚至有辟置屬員之權。北宋買馬年額約在一萬五千至二萬匹，最初易馬茶用一馱（一百斤）易一馬，後比價不斷上升，至南宋數十馱茶尚換不到一匹善馬。最多時年用博馬茶逾一千萬斤，約爲蜀茶産量的三分之一。通常以雅州名山、洋州等四色茶爲主。北宋易馬多在西北，西馬多良駿。南宋每年的買馬額約在一萬匹，最高不過一萬二千匹，因西北易馬之地喪失殆盡，市馬之處以西南爲主，多爲不及格尺的駑馬，難以上陣。戰馬不充，質劣數少，没有强大的騎兵軍團，是宋軍在宋遼、宋夏、宋金、宋蒙之戰中屢戰屢敗的重要原因之一。宋臣多有激憤痛切之論，然馬政弊壞，茶馬之政也每況愈下。

茶馬貿易作爲一代成典，體現了宋政府以無用之物易有用之物的經濟觀念，即用宋朝相對過剩的茶，交換少數民族掌握的戰略物資軍馬，不僅可以補充戰馬，增强國防實力，還用買茶賣茶中赢得的巨額利潤改善了捉襟見肘的財政狀況。同時也對提高少數民族地區百姓生活水準，促進邊境地區與中原王朝的經濟文化交流，發揮互補作用，無疑有積極而深遠的意義。宋代的茶馬貿易也影響到明清兩朝，尤其是明代，基本上是蕭規曹隨，借鑒了宋代製茶技術。其茶馬貿易的制度，亦踵步宋代而略有調整、改進。如名山茶成爲各族人民十分喜愛的暢銷茶，湖南安化等地的茶磚等緊壓茶亦創造於宋代，數百年來一直成爲暢銷邊茶的主要品種之一。當然，宋代茶馬貿易常會令人付出生命的代價，在蜀道上運茶的軍兵首當其衝。榷茶必然導致的嚴刑峻法往往陷人以入法網，宋政府帶有超經濟壟斷性的茶馬貿易政策也必然會蒙上民族壓迫的陰影。但茶馬互市作爲一種歷史現象畢竟利大於弊，其長盛不衰，達七百年之久，絶非偶然。

八

中國茶文化，以其長盛不衰的獨特魅力，很早就傳往海外，在韓國形成了茶禮，在日本形成了茶道。今風靡世界的茶文化均直接或間接源自我國，這也是毋庸置疑的事實。英國著名歷史學家湯因比説得好：『文明不是條件，是活動；不是港口，是航行。』文明是可以傳承和影響的。現在，全球有五十餘國産茶，有一百六十餘個國家和地區的約三十餘億人口飲茶（約占全球人口之半），年産量達到二百五十萬噸左右（以上爲二十世紀八十年代數據）。當今世界三大無酒精飲料中，茶作爲緑色飲料越來越受到人們的喜愛，中國茶葉外傳的歷史，亦很悠久。

中國茶最早外傳所到之處，應是韓國。據金富軾《三國史記·新羅本紀》載：善德王（六三二—六四六年在位）時已有茶，雖未必可信，但東國大學博物館藏崇嚴山聖住寺碑片已有『茶香手』之類詞語出現。《海東釋史·大東詩選》收録的金地藏茶詩，已出現『烹茶』字樣，時間約在公元六五三年。因此，説公元七世紀中葉東鄰三國王朝已有茶，當非鑿空臆説。公元七五六年，一然禪師《三國遺事》有關於『烹茶』的記載。在韓國慶州雁鴨池出土的八世紀新羅土器杯上，有『貞言茶』字樣，當可判定爲茶杯。《三國史記

·新羅本紀》興德王三年(八二八)十二月載:入唐使大廉帶回了茶種,植於地理山上。九世紀一些禪師的塔銘碑刻中相繼出現了『茶』、『茶藥』、『漢茗』等字樣,可證在七八世紀之際,約當我國唐代的高麗三國時期,韓國通過入唐使已傳入烹茶及茶種。(參見〔韓〕釋龍雲《茶名的考察》,刊《茶的歷史與文化》,浙江攝影出版社,一九九一)

最能體現高麗茶文化創始期水準的,當首推撰於唐光啟二年(八八六)正月的高麗入唐學者崔致遠《謝新茶狀》:『伏以蜀岡養秀,隋苑騰芳,時興採擷之功,方就精華之味。所宜烹綠乳爲金鼎,泛香膏於玉甌。若非清揖禪翁,即時閑邀羽客;豈期仙貺,猥及凡儒。不假梅林,自然愈渴;免求萱草,始得忘憂。』(《桂苑筆耕錄》卷一八,四部叢刊本)此謝表,充分體現了作者深受唐文化熏陶,具有很高的漢學素養,即使在唐代著名作家的奏狀中,也不失爲十分出色的作品。可貴的是,其文顯示,作者的茶文化造詣已極深;遠較三百年後始問世的日本名僧榮西的《喫茶養生記》爲勝。榮西更多地論述了茶的藥理和養生作用。而崔致遠則已具備了晚唐時期的茶學素養,此可充分證明茶在韓國的傳入更早於日本,茶文化的水準也更高。高麗王朝茶禮至遲在十二世紀初已形成。

徐兢(一〇九一—一一五三)《宣和奉使高麗圖經》卷三二《器皿三·茶俎》記其親身見聞云:『土産茶,味苦澀,不可入口。唯貴中國蠟茶,并龍鳳賜團。自錫賚之外,商賈亦通販,故邇來頗喜飲茶。益治茶具,金花烏盞,翡色小甌,銀爐湯鼎,皆竊效中國制度。』對使者也是『日嘗三供茶而繼之以湯』。可見在北宋末,高麗王朝通過貢賜貿易及商賈販運,大量從中國進口名茶及茶具。宋代的茶藝傳入高麗而形成茶禮,尤其是茶供三巡之後繼之以湯，與宋代茶俗設茶點湯如出一轍，足見兩者幾乎是同步形成的茶禮儀，較之日本茶道的形成，早了許多年。

日本最早從中國傳入茶，始見於隨遣唐使藤原入唐的最澄（七六二—八二二），他曾到過天台宗的聖地台州天台山，師從佛隴寺住持行滿（七三五—八二二）。雖時間不長，但他於公元八〇五年五月回國後，把從天台山帶回的茶籽，種於京都比睿山麓，稱之爲日吉神茶，這是日本有茶之始。嵯峨天皇（七八六—八四二）對唐文化十分崇拜，最澄在傳教的同時，曾向嵯峨天皇獻茶，並將在天台山見到的佛門茶禮儀作了介紹。嵯峨天皇在創作於弘仁（八一〇—八二四）間的《和澄上人韻》中提到了『羽客未離席，山精供茶杯』，可略見一斑。公元八〇六年，空海（七七四—八三五）從唐代長安歸國，不僅帶回了茶籽，而且將茶磨也攜歸日本。他和嵯峨天皇亦有茶茗之緣，不僅講經，而且論茶。這是最早傳入中國茶的兩位日本高僧，分稱傳教大師和弘法大師，均有文集傳世，是中國茶最早東渡日本的友好使者。

據《日本書紀》記載，日曆弘仁六年（八一五）四月，留學長安三十年並已回國十年的都永忠（七四三—八一六），在他住持的崇福寺和梵釋寺，奉迎款待了因遊幸近江國滋賀韓崎港而途經兩寺的嵯峨天皇，並在梵釋寺親手煎茶獻嵯峨天皇，相傳這是都永忠親自栽培和製作的茶。天皇不久便敕令關西地區普遍植茶。但嵯峨天皇宣導的『弘仁茶風』僅爲曇花一現，九世紀初茶便銷聲匿迹，其後很久，在日本極少有關於茶的記載，這是令許多日本茶史研究學者感到困惑不解的事。九世紀三十年代至十二世紀末，被日本茶史學者稱爲『衰微停滯期』。

對中日茶文化交流作出卓越貢獻的是日僧榮西（一一四一——一二一四）。他曾兩次西渡入南宋，在天台山萬年寺及寧波天童寺，師從懷敞禪師，鑽研禪宗教義，學習蔚然風行的南宋茶藝。在宋期間，曾被宋孝宗封爲『千光法師』。公元一一九一年歸國後，成爲日本臨濟宗的創始人，撰有《興禪護國論》等。榮西又因撰有《喫茶養生記》及將宋茶東傳而被譽爲日本的『茶祖』或『中興茶祖』，其書也被稱作日本的『茶經』，足見其在日本茶學第一人的至尊地位。《喫茶養生記》二卷，其上卷以中醫藥的理論論證了五味各有所養、苦味養心的觀點，從而提出了茶爲治百病良藥的觀念。其卷下則從《太平御覽》卷八六七中引我國宋初以前茶事資料二十六條之多，介紹了中國茶的起源、沿革、採製及功效等。其所引爲宋本《御覧》無疑，文字較今傳本爲勝，故筆者曾取以校《茶經》。此外，榮西還在書中記述了蠟茶和草茶的製法，尤其是談到了南宋中期流行的點茶法之精髓在於：茶末可多少隨意，但須用『極熱湯服之，但湯少爲好』，力主『殊以濃爲美』。（《喫茶養生記》卷下）這就奠定了日本蒸青散茶的製法及抹茶道所特有的嗜濃湯少的特色。無論茶的製法或點茶之藝，榮西均是將南宋天台茶東傳的第一人，稱其爲茶祖乃實至名歸，絕非徒有虛名。榮西歸國時，剛到日本九州的平户港，就將攜回的茶種撒播在富春院後的山上；同年，他又將茶種播植於東脊振山的靈仙寺。迄今這兩處遺址仍存，分别樹有『榮西禪師遺迹之茶園』、『日本最初之茶樹栽培地』兩碑。一一九五年，榮西還在他創建的九州博多聖福寺種下茶，茶園遺址流傳至今，歷八百餘年而成爲宋茶東傳的歷史見證。他還將茶籽贈送給京都名僧明惠上人（一一七三——一二三二），明惠將茶種植在京都栂尾山的高山寺。栂尾茶成爲日本門茶中的『本茶』，茶山栂尾也成爲茶道發源的『聖地』。約在一二一七年，明惠栽培的栂尾茶又被移植到京都東南的宇治，宇治茶成爲日本超一流的名茶而聲震日本列島。不久，宇治茶又傳到静岡，静岡成爲日本茶的主産地，産量約占全國之半。值得一提的是，榮西回國後不忘師恩，遵守諾言，托商船運來日本巨木，用於修繕天童寺。他也是中日友好交往史上值得紀念的歷史人物。

中國茶傳到歐洲就要晚得多，據黄時鑒先生的考證，最早把中國茶介紹給歐洲的是意大利人拉木學（Ramusio）。十分博學的他，從一位波斯人哈只·馬合木（Chaggi Mehomel）那裏聽到作爲藥用的中國茶後，即寫入其名著《航海與旅行》，是書撰於一五五九年。他畢竟只是道聽途説，主要記述了茶的藥用功能爲消滯化積，但稱其又有鎮痛和祛除痛風之效則未確。稍後，葡萄牙傳教士加斯帕·達·克路士（Gaspar da Cruz）也記述了中國茶。他於一五五六年訪問廣州並在中國沿海地區游歷數月，一五七〇年病逝於葡國。半個月後，其遺著《中國志》在其故鄉恩渥拉正式出版。因是親聞目睹，也多次受到過茶飲的款待，他的記載就更爲具體而準確。他喝的大約是烏龍茶，在他的描述中已是『藥味很重』的飲料。此外，西班牙人拉達（Mardin de Rada）在他的《記大明的中國事情》中也提到了茶。他作爲傳教士，於一五七五年被派往中國，到過廈門、泉州、福州等地，那裏正是武夷茶十分流行的地區。最早把中國茶介紹給歐洲的時間約在十六世紀中葉。

一六〇二年，荷蘭東印度公司在安南成立，通過巴達維亞（即今雅加達）與中國有轉口貿易。約在一六〇六—一六〇七年，東印度公司將茶從澳門運到巴達維亞；約在一六一〇年，荷蘭商人開始將華茶輸往歐洲，但開始數量很少。到一七三四年，輸入荷蘭的華茶已達八十八萬五千餘磅（約合四百噸）。一七八五—一七九一年間，年均輸入荷蘭的華茶激增至三百五十萬磅。但英國後來居上，十八世紀輸入的中國茶已遠超過荷蘭。這是歐洲從海上輸入中國茶的概況。中國茶約在一六三六年傳到法國巴黎，約在十七世紀末，法國開始從中國販茶。在十八世紀『中國風尚』席捲法國時，茶輸入量激增，堪與英商從廣州輸入茶的數量比肩而超過荷商。茶葉從陸路輸入歐洲主要是通過俄國。一六一八年，一位明朝使臣向沙皇贈茶，大概是華茶入俄之始。清初，俄使臣來華，攜茶歸國，有少量華茶運銷俄國，尚屬貢賜貿易範疇。一六八九年，中俄《尼布楚條約》簽訂後，華茶正式開始輸俄，至十九世紀初，則上升到十萬普特。一七三七年起，恰克圖成爲華茶輸入俄國的貿易中心。以上參考黄時鑒《茶傳入歐洲及其歐文稱謂》。（《學術集林》卷五，上海古籍出版社，一九九五）黄先生另有《關於茶在北亞和西域的早期傳播》（刊《歷史研究》一九九三年第一期），亦是頗具功力之作。

九

以上概略回顧了我國茶史的發展進程，作爲中國茶文化載體的茶書，也有大致相類似的演變軌迹。但歷代的茶詩詞文賦所承載和傳遞的茶文化資訊量無疑要豐富、深刻、全面得多，這是首先需要説明的。

《茶經》作爲茶書的開山之作，顯示了其氣度非凡的高起點、大容量，涉及了茶的各方面因素或元素，正是在這一意義上，《茶經》被賦予『小百科全書式的茶書之祖』的美譽，也被冠以『經典』的桂冠。自五經、六經、九經、十三經之名相繼出現，且被『定於一尊』後，各種以『經』命名的書就成批湧現，如《茶經》、《水經》、《花經》、《相馬經》、《蟋蟀經》之類等，不一而足。究其實，不過提綱挈領，綱舉目張，其中多爲譜録類書，或含有『經典』、『經驗』之意。但向來不太爲人所重視。

繼《茶經》之後，與異彩紛呈、趨向鼎盛的唐宋茶文化相適應，此後大量茶書應運而生。如楊曄《膳夫經手録·茶録》（此爲本書首次作爲茶書收録）、毛文錫《茶譜》堪稱唐五代茶書的代表作。而丁謂《北苑茶録》、周絳《補茶經》、曾伉《茶苑總録》、蔡襄《茶録》、黄儒《品茶要録》、趙佶《大觀茶論》、熊蕃《宣和北苑貢茶録》、趙汝礪《北苑别録》、桑莊《茹芝續茶譜》、佚名《北苑修貢録》等均是宋代茶書的佼佼者。如果説唐五代三種茶書以全面見勝的話，宋代茶書則以專業性和論述精微爲特色。但唐宋茶書的共同之處乃頗具獨創性，言之有物。《茶經》迄今已有近百個版本，乾隆時，清宫中就已藏有蒙文本《茶經》（見《秘殿珠林》卷二四）。《茶經》又被譯成多種外文文本，流傳於海外。據網站已收録不同文字電子本《茶經》等看來，《茶經》無疑是流傳最廣且長盛不衰的茶書。

明代茶書的作者，多爲今江南即明代的蘇、松等六府之文人。在環太湖的長江三角洲地區，歷來就是名優茶的産區，茶文化的積澱很深，兼頗具人文薈萃的傳統，此乃退休官僚、文人學士、書畫名家、釋道隱士聚居之地，講究烹飲環境，注重茶、水、器的相得益彰。明代茶書一般篇幅較短，但種數較多，有濃郁的小品文風格，有精緻化的共性，如陸樹聲《茶寮記》即其代表作。也有像朱權《茶譜》、許次紓《茶疏》、張源《茶録》等茶道專家據切身體驗而撰成的獨創性茶書，但更多平庸之作，尤其是文名很高的作者，『輾轉稗販，以至冗瑣舛訛』，『大抵剽竊餖飣，無資實用』。（分見《四庫全書總目》卷一三六《古儷府》提要、同卷《説略》提要）一位前賢曾以十分生動的妙喻評騭宋明之學：宋人著述，如開採優質礦石，往往可精煉成真金白銀；明人治學，如走街穿巷收購廢銅爛鐵，回爐冶煉，終究富含雜質，成色不足。此喻如移用於對宋明兩代茶書的評價，也非常貼切。最令人惋惜的是徐𤊹《茗笈》三十卷已佚，這部大型茶事資料匯編的失傳，不僅是明代茶文化寶貴遺產的流失，也是中國茶文化史不可彌補的損失。高元濬《茶乘》或許尚存其梗概，但顯然無法與之頡頏。清代茶書就只有陸廷燦的《續茶經》一枝獨秀，劉源長的《茶史》不過是顧影自憐的自娱劄記。《茶譜輯解》，乃清末四川茶商收集編刊，全據《廣群芳譜》抄録，不過次序略有調整，内容偶有增删而已。本書棄而不收亦乃情理之中。又如清輯茶書《茶苑》，雖有二十卷，却編輯無法，錯譌衍奪太多，校證難度極大，則姑以存目。吴騫的《陽羨名陶録》專述紫砂，吴鉞輯《竹爐圖詠》富含文化氣息，尚值得一讀。後書也首次作爲茶書收録。

本書補編收新編茶書二十三種（包括附録五種），是全書中最具史料價值的部分。尤其是《宋會要輯稿》中三書（含附録二種，可析出單行六種），點校會證，費時逾年，反復審訂，整理成宋代茶史、茶馬資料且具長編性質。《大元馬政記》幸賴徐松從《永樂大典》中輯出，雖篇幅無多，但爲宋明馬政資料中間不可或缺的重要一環，而且此乃孤本，柯紹忞《新元史·兵志·馬政》取資於是書者實多。明代馬政、茶馬之書繁多，本書所收，乃頗具代表性的數種，已足見明代茶馬、馬政全貌之一斑。

更值得一提的是，宋代類書或詩話中的茶門、詠茶部分，均是名實相符且精華備見的原創性茶書。如《全芳備祖》、《古今合璧事類備要》、《詩話總龜》、《海録碎事》等，經逐條比對、校核收入。所用版本，多爲罕見善本、孤本。加上今首次作爲茶書編入本書的約四十種茶書，總字數已達二百餘萬字，遠超過海内外已出茶書的總篇幅。本書還剔除了數十種大量重複或胡亂拼凑的茶書及單篇茶文。請參見本書附録一《已佚存目或未收茶書(文)敍録》。本書所收諸書内容,卷數、版本沿革及其作者小傳,請詳各書卷首『提要』。關於本書的編排、校點整理等需要説明的問題,請參閲《凡例》,這裏就不再一一贅述了。

中國茶書的彙編,古代僅有明代喻政、徐𤊹主編的《茶書》一種。這部叢書,是彙集唐、宋、明三代凡二十七種茶書而成的專題茶事資料叢刊,凡甲、乙兩本,分刊於萬曆四十年(一六一二)和四十一年。乙本是甲本的增補本,收書二十七種,凡三十三卷,完全涵蓋甲本的十七種茶書。甲乙本均始刻於福州,其子目,已見《中國古籍善本書目》卷一七著録。時喻政知福州,後來未能再刻重印。原書海内僅南京圖書館、湖南圖書館分藏乙本各一部,今《四庫存目叢書》已據後者藏本影印,爲通行本。

我國近代茶書的彙編始於胡山源《古今茶事》,是書始刊於民國三十年(一九四一),有世界書局標點本,上海書店一九八五年影印本。是書第一輯爲專著,收陸羽《茶經》等唐代茶書四種,蔡襄《茶録》等宋代茶書六種,顧元慶《茶譜》等明代茶書十三種,合計爲二十三種,已初具規模。又因其所選多爲善本,標點斷句也大致無誤,故當時頗流行。尤稱善者,乃其首次將李時珍《本草綱目·茶》收録,如他能將李書換成《政和本草·茗》加以收録,似就更好些。因爲李書基本據唐慎微是書改寫而成。就史源學而言,早出資料價值更高。而且,唐書當時已被收入《四部叢刊》,善本輕易可見。又如屠隆《茶箋》也直接録自《考槃餘事·茶》,就頗具識力,其文本已遠勝喻政《茶書》本《茶箋》。但有些茶書所據以收録的版本如《茶解》等,就不敢恭維。他又未能匯校諸本,爲該書一大缺憾。但作爲普及性小型茶書彙編選編,自有其輯録凡例,似不應苛責。是書第二輯《藝文》,輯録歷代茶文、詩、詞選句。第三輯《故事》,分列方法、水泉、地域、店室、官政、品名、效能、飲酬、詩文、嗜習、器物等十一目，每條皆括注書名出處，是一部頗切實用、基本合乎近代學術要求的小型茶事資料彙編。其開創之功，尤不可没。

陳祖槼、朱自振編《中國茶葉歷史資料彙編》，作爲《中國農史資料彙編》之一，一九八一年由農業出版社刊行，是書編定於十年浩劫之前，延擱十八年才獲出版。是書亦分爲三輯：其一，茶書。收歷代茶書凡五十八種，但多有删節，《續茶經》、《茶譜輯解》等篇幅較大的茶書僅著録於存目。其二，茶事。從現存四部書中輯録四百五十一條資料，頗具史料價值。搜輯範疇也超過清人《續茶經》等書。其三，茶法。從典籍中輯録茶法、茶政、茶制、茶馬等資料凡六十七條，全書共約四十五萬餘字，爲迄於二十世紀八十年代海内現存茶書中規模最大的茶事資料彙編。但更值得一提的是，早在一九四一年，日本著名漢學家佐伯富教授已編成《宋代茶法研究資料》巨編（日本東方文化研究所刊行），是書廣搜博採宋代茶法、茶政、茶制、茶馬資料，全書約六十餘萬字；以編年爲綱，頗類似於編年紀事本末體。精思卓識，功德無量，爲宋代茶史研究提供資料長編，尤便學者。

『生活與博物叢書』中的茶書，一九九九年由上海古籍出版社刊行，署『本社編』。是書凡二百萬字，分爲四編：花卉果木編、禽魚蟲獸編、器物珍玩編、飲食起居編。又分裝爲兩册。其下册《飲食起居編》收《茶經》以下歷代茶書一十八種，是書首次收入清人陸廷燦的大型茶事彙編性茶書《續茶經》，實開其後多種茶書必收陸書之先河。但是書所收茶書不著明版本，亦無序跋，更不校注，排印時刊誤甚多，尤乏考訂。如目録中已將《北苑别録》的作者趙汝礪誤著爲『無名氏』，將《茶疏》的作者許次紓誤作『許次忬』，又將《岕茶牋》的作者馮可賓誤署爲清人等。

日本著名學者布目潮渢（一九一九—二〇〇一）教授編《中國茶書全集》，是薈萃善本最具特色的一部茶書。布目教授，一九一九年生於美國夏威夷，一九四三年畢業於東京大學，治中國隋唐史。先後任立命館大學、大阪大學、攝南大學教授，一九七一年獲東京大學文學博士學位。一九八三年在執教十六年之久的大阪大學退休，榮獲大阪大學名譽教授。布目教授畢生攻治中國隋唐史、中國茶史，成果纍纍，有很深的學術造詣。其論著主要有《隋唐史研究》、《隋煬帝與唐太宗》、《中國品茶文化史》（初版原名《緑芽十片》）、《中國名茶紀行》、《中國茶文化與日本》、《中國茶文化史》、《茶經詳解》、《布目潮渢中國史論集》上下卷，與中村喬合著有《唐才子傳研究》、與平野美子合著有《中國茶和茶館之旅》等。

《中國茶書全集》上下二卷，一九八七年東京汲古書院刊行。布目教授在退休前後六年間發凡起例，多方努力，纔編成是書。此書有四大特色：一是收書多；二是版本佳；三是同一書收有多種版本；四是中日合璧，有和刻本。是書上下卷凡收書三十八種，喻政等編《茶書》甲本十七種（原爲十八種，其中《茗笈品藻》乃析置誤計），乙本十種，均用日本内閣文庫藏本影印。上卷還收録《茶書》未收之書六種，下卷則收《續茶經》、《茶董》等五種，合計爲三十八種。所收多爲善本，《茶經》共收五個版本，其中《百川學海》乙集下本爲孤本，今藏日本宫内廳書陵部，爲《茶經》現存善本之一。與國内今藏三種《百川學海》本均有異同，布目教授用作其《茶經詳解》的底本，殊爲有識。此外，如杏雨書屋藏竟陵本《茶經》，日本和刻本祖本鄭熜校本，亦國内罕見之本。《茶録》的版本亦同收三本，古香齋蔡帖本，《百川學海》本不失爲珍本，可校自書墨本的筆誤。《宣和北苑貢茶録》、《北苑別録》，各收兩本，這二種書的《讀畫齋叢書》本，均爲今存之精校善本。本書亦取作底本。《大觀茶論》兼收《説郛》二本，可互校而整理成善本。喻政《茶集》則《茶書》甲本與和刻文化元年本兼收，頗具卓見。尤可貴者收入日本較早的三種《茶經》譯注本及圖文本，即大典禪師的《茶經詳説》注本，頗多發明，佚名撰《茶經圖考》、春田永年《茶經》中卷《茶器圖解》，給中國讀者以耳目一新之感。總之，布目教授幾乎將現藏日本的中國茶書精善之本，囊括殆盡，而且全部影印製版，附有詳盡解題。其上卷所收的十七種喻政《茶書》甲本亦僅見於此。是舉堪稱功德無量，給筆者美不勝收、不勝流連之感。三十餘年前筆者有幸拜識布目教授，且因其介紹，購到汲古書院僅存一套之樣書，得以常置案頭，對於本書的編輯與校證極具參考價值。追思異國前賢，不勝感銘！關於本書編纂的緣起及校證之坎坷經歷，請詳見本書後記，不復贅言。

初草於二〇〇四年歲杪

修改於二〇一一年初春

改定於二〇一二年端午

凡例

一、本書收中唐至民國間所成茶書一百零一種，按時代及内容以類相從，分爲四編：上編，唐宋茶書，收三十五種，内二十種爲輯本，其中九種首次收録爲茶書。中編，明代茶書，收三十七種，最後一種爲新收茶書。下編清代茶書，收十種，其中附收一種爲民國茶書，新收三種。補編共收書十九種，均爲筆者從四部書中輯出而編入本書中，歷來未見著録爲茶書者。其内容大致有三類：一爲茶法、茶政、茶制類茶書，二爲茶馬、馬政類茶書，三爲筆者新輯或改編的兩種書，分别輯自子部及集部，附於卷末，其共同點均爲新編茶書。全書合計收書一百零一種。其中，如《宋會要·食貨類·茶門》等有極高的史料價值。其明細書目詳本書目録。本書補編中有五種書各收附録書一種，完全是獨立成編之書，只是因輯於同書，而省其作者、卷數、提要而已。因此，補編實際收書凡二十四種。又《宋會要·食貨類·茶門》中至少包含了《政和茶法》等六種茶書，如也計算在内的話，本書已收茶書凡一百一十二種，其中新收四十四種。

二、本書收書原則，上編唐宋茶書從寬，有聞必録，其中近半數爲輯佚。明清茶書從嚴，而且不少書或有删節，或不收。如《茶苑》，因其文字舛誤已甚，乃至無法卒讀而勿收。

三、本書一般只收專著，不收單篇茶文。但約有六種事實上已是單文，因歷代均著録作茶書，本書酌予收入。

四、本書之末有附録四種。附録一爲《已佚存目或未收茶書敍録》，凡著録今知茶書九十六種，其中今存四十一種，已佚五十五種。今存者未收入本書之原因，大致有三：一是與已收入内容大量重複。二是篇幅過大，文字錯譌過多；三是僅有善本、孤本，「深藏館閣人難識」，雖經多方努力，終難見其「廬山真面目」，或將來有條件時可再編一部續編。附録二則爲《主要參考或引用書目録》。因本書校證中引用書目極多，書名過長的用簡稱，除首次出現外，一般不注明版本，故有編此附録二之必要。附録三是筆者個人二十餘年來公開發表的《本人茶史、茶文化史論著目録》。附録四是本書有幸列入二〇一二年度國家出版基金資助項目時的專家推薦書三份，或有助於讀者瞭解本書的學術水準。

五、本書編排，以成書或刊行時間先後爲序，如無法確定其成書或刊行時間，則以作者生卒年、科第或交遊，作序跋者之署年，甚或書中之内容推定。仍無法確考或性質實屬單文者，均編排於各編之末。附録一著録存目之茶書，亦按上述原則排列，個别有所調整。

六、每書均分提要、正文、校證三部分。提要分述作者生卒年、籍貫、科第、宦歷、著作、交遊及其茶書的内容、卷次、版本沿革等項，不作煩瑣考證。正文，擇一善本爲底本，按當代學術規範進行校勘、標點。校證，即校記和箋釋二部分。箋釋涉及面較寬，除一般意義上的注以外，還儘可能就茶書涉及的人、事乃至典章制度進行考釋，以便爲學者提供更多的資料和信息。其中，對上編及中編的某些書如《茶經》、《茶乘》，下編的如

《續茶經》，補編的如《宋會要・食貨類・茶門》等書的校證尤爲詳細，已近乎會證之體。原則是『寧失之於繁，毋失之於簡』，校證涉及資料的深度、廣度遠超過茶書正文，這從參考和引用書目亦可略見一斑。

七、本書的校勘，以存真復原，校必有據爲原則。針對各編存世茶書文字之不同情形，在嚴格按照校勘通則處置的前提下，略作變通。如上編儘可能會校現存諸本，校記中不僅出是非校，同時酌出異同校。除非有確據，一般不輕改底本。底本中衍誤字用圓括號表示，改補字用六角括號表示。尤其是《茶經》，雖流傳至今，版本今存已近百種，但同出一源，其祖本乃宋末咸淳九年（一二七三）刊《百川學海》本。原已『先天失調』，後又復經竄亂，已遠非陸羽原本之舊。前賢今人雖已竭盡全力，但仍留下許多遺憾。本書校證另闢蹊徑，從現存宋人詩注、方志、類書中《茶經》引文的考訂着手，即在注重對校、本校的同時，尤重視他校、理校，解決了前人從未述及的文字奪誤衍倒至少一百餘處。每一條校記皆言必有據，反復審訂，同時對前人的校勘成果予以總結性梳理，力求近乎原本之舊。凡引前人校記內容，皆注明出處，以示不敢掠美。輯佚書則可以毛文錫《茶譜》爲代表，從唐宋文獻中廣搜博採，逐字比對，擇其條文完善者作底本，再參校諸書所採，凡有異文，皆録存於校記。文本差異較大者，列參見條。明代茶書因多爲轉相傳抄，版本亦較多，一般在比勘現存諸本的基礎上，選一較完善之本，參校數本，僅出是非校，一般不出異同校，以免煩瑣。但少數原創性茶書，如張源《茶録》、許次紓《茶疏》等則視同上編茶書出校。對於《茶乘》、《續茶經》等資料輯録類茶書，則在對校諸本的基礎上，尤注重於校其所引資料的始出之書，充分重視資料的原典性。但這些原書同樣有版本問題，今首選中華書局、上海古籍出版社等今人點校本，次則宋、明本或文淵閣《四庫全書》影印本，其餘書則分別注明其版本。各書不同側重的處理原則，請詳見各書卷首提要。

八、本書補編，具有某種專題資料匯編性質。故校釋中尤注重相關資料的輯集。如《宋會要·食貨類·茶門》，就將《長編》、《朝野雜記》等書關於宋茶的資料附注於校記之中，或排比異同，或分辨其是非，或提出新的研究線索，雖費時甚多，也稍稍突破了一般意義上校證規則，但旨在爲學界提供更爲詳盡豐富的專題研究資料，也爲《宋會要》的校點整理作一嘗試。《文獻通考·征榷考·榷茶》及《宋史·食貨志·茶》等書，雖以今人標點本爲底本，但因注重相關史料的會證和他校，已成爲全新的校本。

九、本書收入歷代茶書，其編排體例、文字、水準等存在較大差異，今儘可能統一體例而匯集衆書成一書。音義完全相同、僅字形有異的異體字及古體、或體、帖體、俗體、手寫體、避諱字等，一律徑改，僅必要時出校，以免煩瑣。個別當時通行的簡體字則適當保留，以存古文獻面貌之真一斑。有些古籍刊刻中經常混用或誤用之字，如『輒』作『輙』，『嘗』作『常』，『大』作『太』，『嬴』作『羸』、『簋』；『己』、『已』、『巳』、『乙』，『土』、『士』，『未』、『末』，『正』、『止』，『日』、『曰』、『目』，『戊』、『戌』、『戍』，『刺』、『剌』，『籍』、『藉』，『侯』、『候』，『史』、『吏』之類形近易混淆之字，皆徑改，一般不出校。

十、原應附於每頁之末的校證，因其字數有許多已大幅超過正文，由於技術上的原因，只能逐條一併移置於各書之卷末。尤其是一些字數較多、卷帙頗繁的書，需時時前後翻檢，給讀者的閱讀帶來諸多不便，特致以深切的歉意。

十一、歷代各朝年號，如用干支紀年者，一律改用年號。並在每條始見時括注公元紀年，同條或同頁重出該年年號省略，僅承上稱某年，也不再括注公元紀年。

十二、地名，一般只在作者籍貫或主要宦歷地名之後括注今地名。所據主要爲《中國歷史大辭典・歷史地理》卷（上海辭書出版社，一九九六）。因是書編寫較早，有些地名今已改，儘可能據最新改定地名出注，所據爲《辭海》二〇〇九年版本及該社編《中國地名大詞典》等。

十三、本書目録，一般僅列書名、作者，不再分列篇章。附録則不再分列書名與對應頁碼。

十四、原收茶書，多未分段。今視篇幅而定，數十百字的短文，一般不分段。其餘則以文意酌分段落。校證文字亦按同上原則處理。

十五、本書前言、校證、附録一中涉及大量引用書目，其書名過長或有約定俗成者，均用簡稱或略稱。而在附録二中則標明其作者、書名全稱、版本或出版機構、出版時間，並注明簡稱。

十六、本書中凡引各省省志，除注明版本外，均據文淵閣《四庫全書》（上海古籍出版社影印本），不再一一注明，凡引是書者，皆簡稱爲『四庫本』。

十七、本書編纂和校證中使用了大量體現最新學術成果的工具書，在附録二中多已一一標明，特此對編纂者深表感謝。

十八、校證中，凡加『方案』二字者，乃筆者之考證或案語，以與一般之校勘文字相區別。

目録

上編　唐宋茶書

第一册

中編　明代茶書

第二册

第三册

下編　清代茶書

第四册

補編

第五册

茶經

〔唐〕陸　羽

〔提要〕

《茶經》，中國乃至世界歷史上第一部茶書，中國茶學的開山或奠基之作。陸羽撰，三卷，今存。陸羽（七三三—約八〇四），唐代茶學專家、文學家。字鴻漸，又字季疵，一名疾，自稱桑苧翁，又號東岡子、竟陵子。復州竟陵（治今湖北天門）人。相傳其爲棄嬰，但友人卻稱之爲陸三，其生平尚有不少難解之謎。其早年經歷，見其自傳，但歐陽修已認爲難以置信。而《新唐書·陸羽傳》中關於陸羽前半生的經歷卻又全本自《陸文學自傳》。至德初，陸羽過江避亂，來到湖州，與詩僧皎然結爲忘年交。稍後，陸羽在今江浙一帶考察茶事，撰寫《茶經》。他在湖州與顔真卿等名士頗多交往，預修《韻海鏡源》，互有詩文唱酬。他和大曆詩人皇甫曾兄弟、戴叔倫、劉長卿、權德輿、耿湋等也有交誼，今《全唐詩》中尚可考見陸羽與上述諸人的交遊詩、聯句詩多首。陸羽又先後到今蘇南、江西、湖南、嶺南等地遊歷，足迹頗廣，閱歷豐富。陸羽早年曾被寄養於寺院，一度漂泊爲伶。性詼諧，喜文學，工書法。頗得一些名人援助和薦拔，刻苦力學，自學成才，潛心著述。其著作有《警年》、《君臣契》、《源解》、《江表四姓譜》、《南北人物志》、《吴興歷官記》、《湖州刺史記》、《吴興圖經》、《占夢》、《教坊録》、《顧渚山茶記》、《水品》等二十餘種，凡百餘卷。可惜比較完整流傳至今的只有《茶經》，其餘多已散佚，只能輯得一些殘簡逸文。

《茶經》是中國茶學的開山之作，幾乎涉及茶學各相關學科的全部知識，被譽爲茶學百科全書。陸羽也被尊奉爲『茶聖』、『茶仙』、『茶祖』。正如歐陽修《集古録跋尾》卷九所説：『言茶者必本陸鴻漸，蓋爲茶著書，自其始也！』陳師道《茶經序》也云：『夫茶之著書，自羽始；其用於世亦自羽始。羽誠有功於茶者也！』梅堯臣《次韻和永叔》詩曰：『自從陸羽生人間，人間相學事春茶。』比較恰當地概括了陸羽倡導茶學的歷史功績。

《茶經》初稿，約撰寫於乾元二年至廣德二年（七五九—七六四）間。這從《茶經·八之出》所涉地名大致可以判定，大曆末又經過修訂。尤其是《七之事》，因預修《韻海鏡源》而得以檢閲大量史料，對這部分進行了重寫。《茶經》三卷十節，原文約七千餘字。注文情況較複雜，僅個别爲陸羽原注，多爲後人增入。是書卷上三節，分述茶的性狀、名稱、品質，採茶器具，茶葉種類及其採制方法。卷中分論烹飲器具，介紹了唐代常用茶具二十八種。卷下《五之煮》論烹飲方法及選水標準，《六之飲》論茶飲方式和風俗。《七之事》雜引古籍中關於茶的典故、史實，有些古籍早已佚亡，僅見於此，彌足珍貴。但由於《茶經》已無善本存世，這部分存在問題極多。《八之出》介紹茶之産地及其優劣，今傳本注中已大量引用《茶譜》、《郡國志》等書之文，已非《茶經》原文，尤需細加辨别。《九之略》論烹飲、採制器具中哪些可以省簡。《十之圖》指將前述九部分寫在絹帛上，掛起來，並非確有其圖。清·陸廷燦已誤解其意，在《續茶經》卷下增設《十之圖》一篇，分列二目：一爲圖畫名目，分列唐、宋、元、明涉茶名畫之目；二爲宋、明茶具凡十八圖，採自宋·審安老人《茶具圖讚》等書，實有狗尾續貂之嫌。

《茶經》在宋代，已有多種刊本流傳，據陳師道（一〇五三—一一〇二）《茶經序》記載，他就見過其家藏一卷本，畢氏、王氏收藏的三卷本，張氏收藏的四卷本，詳略殊異，陳氏曾據這四種版本《茶經》，手校一遍，録爲定本。這些兩宋之際尚存的宋本《茶經》早已亡佚。雖臺灣張宏庸先生著録有宋刊本，但迄今仍未有人見其真面目。今存最早的《茶經》，當爲南宋咸淳九年（一二七三）刊《百川學海》叢書本，也是萬國鼎先生著録的二十五種版本和今存海内外近百種版本的共同祖本。由於刊本極夥，産生了大量異文及衍誤譌奪，至今尚無善本。《茶經》很早就傳到了海外，成爲享有國際聲譽的名著。如日本有據明・鄭熜校本刊印的寶曆八年（一七五八）刻本，成爲今存日本各種版本《茶經》的共同祖本。主要注釋本有：江户時代大典禪師《茶經詳説》，春田永年有《茶經中卷・茶器圖解》，諸岡存《茶經詳釋》及《茶經詳釋外篇》等。一九三五年，美國威廉・烏克斯有《茶經》英譯本，刊於《茶葉全書》之中。日本布目潮渢主編的《中國茶書全集》薈萃了現存海外的《茶經》主要版本。近三十餘年來，海内《茶經》注家蜂起，主要有雲南張芳賜《茶經淺釋》，湖北傅樹勤等《茶經譯注》、湖南周靖民《茶經校注》、吴覺農《茶經述評》等諸本刊行，儘管各具特色，但仍存在許多不盡如人意之處。在底本選擇、諸本互校及他校、輯佚、識别注文等方面仍有待努力。現存《茶經》版本較好者：一爲《百川學海》民國十六年（一九二七）陶氏影宋本（壬集），二爲藏於日本宫内廳書陵部的《百川學海》本，三爲藏於南京圖書館及湖南省圖書館各一部的明・喻政主編《茶書全集》乙本，四爲文淵閣《四庫全書》影印本。

關於陸羽的生平、交遊、著作及《茶經》的内容、撰寫時間、版本流傳等情況，僅略述如上。筆者另有未刊稿《陸羽及其〈茶經〉研究》，此處不贅。這裏僅簡單介紹與《茶經》校勘相關的幾個問題。

《茶經》，堪稱中國古籍中流傳最廣、刊本最多的書之一；同時，也是竄亂最爲嚴重、錯譌極多的古籍之一。因此，校勘整理的難度極大。《茶經》問世以來，唐代是否有刻本行世，今已難考其詳。以筆者的蠡測，最初似乎是以寫本、抄本流傳於世的。從毛文錫《茶譜》有多條已被採入《茶經》作注文，宋初樂史撰寫《太平寰宇記》即已難分辨《茶經・八之出》哪幾條注文出於《茶譜》來分析，似乎最早的《茶經》刊本産生在北宋初或稍前；北宋開寶年間（九六八—九七六),已有卷帙浩繁的佛學經典——《開寶藏》蜀刻本刊行,刻印不足萬字的《茶經》刊本行世乃順理成章之事。如作進一步的揣測:《茶經》最早的刊本,其上限在《茶譜》成書的公元九〇七年(説詳拙輯《茶譜》提要),其下限則在公元九九七年以前。當時,大量援引《茶經》的樂史《太平寰宇記》及吴淑《事類賦·茶賦注》均已完成。换言之,在距今一千餘年前的公元十世紀,《茶經》有了最早的刊本,上距《茶經》成書,已有二百年左右的時間了。

陳師道《茶經序》(宋本《後山居士文集》卷一六),是今存《茶經》序跋中最早也最重要的一篇。其序稱:兩宋之際,他曾據收藏的四種版本《茶經》,整理出一個二卷的新本。《序》曰:『陸羽《茶經》,家書一卷,畢氏、王氏書(各)三卷,張氏書四卷,内外書十有一卷。其文繁簡不同:王、畢氏書繁雜,意其舊文;張氏書簡明,與家書合而多脱誤;家書近古,可考正。自《七之事》,其下亡。乃合三書成之,録爲二篇,藏於家。』這段話可給我們三點啓示:宋代《茶經》版本之多,遠超出我們的想象;宋代《茶經》各版本間的差異已很大;宋代《茶經》卷數之分有一卷(不分卷)、二卷、三卷、四卷之别。不幸的是,陳師道據以校正的陳、王、畢、張四種版本《茶經》(北宋本),及其校定録存的二卷本《茶經》(南宋初本),均早已蕩然無存。陳序還告訴我們:他所見到的宋本《茶經》,《七之事》其下多亡。今存《百川學海》影印宋本,或即據這種不完之殘宋本編成,乃至其《七之事》以下多據明本《百川學海》模補。這從『桓』、『峘』等字不避宋諱,似可以得到證明。又,宋本《茶經》明初已佚,這從楊士奇等於正統六年(一四四一)編成的《文淵閣書目》卷一三著録有《茶經》,但已注明『闕』,可得到證明。

近三十年來,筆者在海内外師友的鼎力相助下,得到了數十種版本《茶經》的影印本或複印件,逐一進行了對校,結果發現:現存所有版本的《茶經》有共同的祖本——始刊於咸淳九年(一二七三)的《百川學海》本。即使是《百川學海》本《茶經》,筆者所見的也有十種之多,其中最重要的是兩種:一爲傅增湘先生原藏、編入《百川學海·壬集》

的宋刊《茶經》；自陶湘民國十六年（一九二七）影印本出，即爲海内外通行之本，其最新刊本爲中國書店二〇一一年影印陶本，今簡稱百川甲本。另一爲現藏日本宫内廳書陵部、編入《百川學海·乙集》的古本，幸賴日本布目潮渢教授刊布於《中國茶書全集》（汲古書院，一九八七）而得見。今簡稱百川乙本。據傅增湘《藏園羣書經眼録》卷一一著録，稱此本亦宋刊。《百川學海》凡一百種，一七九卷，日本宫内廳藏本原缺五册，約十餘種，有狩谷望之手跋。其目録和編次，與明弘治十四年（一五〇一）華珵刊本全不同。原藏瀋陽東陵行宫、後爲傅氏藏園所得之宋刊《百川學海》（缺九種），因首册序目已佚，遂以明華珵刊本補之。宋本目録每集十種，華本則多寡不一，編次完全不同；甚至宋、明本所收書也頗有不同。陶氏民國影宋本以華氏明本目録充數，實乃不得已而爲之。以百川二本逐字對校，發現異文三十餘處，除個別異體、俗體字之不同，及兩本均誤，但譌字有異（如《七之事》黄山君之「黄」，分别形譌作「青」、「責」）外，甲本是而乙本誤者凡十三處，乙本是而甲本非者十四處。這兩個百川本均可充作底本。但與四庫本對校，百川甲本是而四庫本誤者凡十七處，其中四庫本有避忌諱而臆改、刊誤者，真正校勘學意義上的舛誤就更少些。四庫本是而百川甲本非者則多達二十八處。也就是説，四庫本的譌誤衍脱要少一半。另有二十三處是四庫本與百川甲本同誤的，表明兩者肯定出於同一版本來源。否則，不可能有如此多的相同譌誤。因此，選擇錯誤最少的四庫本作點校的底本。以上述三種百川本及民國十年（一九二一）上海博古齋影印明本《百川學海》本，作爲主要校本。

用作主校本的還有非《百川學海》系列的明人刊本多種，其中比較重要的有：今藏臺灣「故宫博物院」的明嘉靖壬寅（二十一年，一五四二）新安吴旦刊本。此本竟陵覆刻本卷首有魯彭序，明言覆刻自《百川學海》而欲廣其傳。此本最大特色乃有增注十二條，爲宋刊本所無。雖仍難判定出於誰手，但爲明人增注，斯可斷言矣！此本又有萬曆十三年（一五八五）後之遞修本，今藏日本大阪杏雨書屋，布目潮渢已刊入《中國茶書全集》下卷。在筆者所見明本中，以此本爲最早。其後，則有孫大綬、程福生明萬曆刊本，汪士賢《山居雜志》本，胡文煥《百家名書》、《格致叢書》本，明·喻政《茶書全集》甲、乙種本：明·陸元聲刻本、明·鄭熜校刊本。又有日本寶曆八年（一七五八）翻刻本。這不僅是《茶經》的第一個海外刊本，也是日本其後各種《茶經》校注本的祖本。這一日本刊本，改正了鄭熜本的一些譌誤。明新安程榮校本，其版式、行款、頁數全同鄭熜本，當亦其影刊本。《四庫全書總目》卷一一五著録有别本《茶經》，舊題玉茗堂主人閱，此乃湯顯祖（一五五〇——一六一六）之别號，《提要》已譏其附録《水辨》、《外集》各一卷，去取無藝，『冗雜顛倒，毫無體例』，疑爲『庸劣坊賈託名』而射利之坊刊本。題玉茗堂主人訂的别本《茶經》，已收入《四庫存目叢書·補編》。此本原藏臺灣。《四庫全書》及《提要》，其最大弊病即爲不著版本源流，删除序跋，也許是出於文化專制主義的政治需要，但其惡果則爲古書亡矣。順便指出：《四庫總目提要》卷一一五稱：陸羽『貞元初卒』，實乃『貞元末卒』之譌。又云：『此本（方案：指四庫本底本原浙江鮑士恭家藏本）三卷，其王氏、畢氏之書歟？抑《後山集》傳寫多譌，誤三篇爲二篇也！』此説大誤。今考明傳諸本均從《百川學海》出，通校現存版本無不源出於百川本。陳師道手自校定本及其底本和參校本共五種《茶經》，今早已蕩然無存。其於今傳本的是非異同之處，僅存在於宋代詩注、方志、類書所引宋刊《茶經》的零簡殘章中。據此而進行他校，是對《茶經》存真復原的惟一有效途徑，惜古往今來的海内外學者無一人留意於此。陳師道序明言，手自校定本合三書爲二篇（卷）無疑，宋代《後山居士文集》亦作二篇。《提要》之説可休矣！屬於明本的還有馮夢龍《五朝小説》本、鍾人傑《唐宋叢書》本等。明本《茶經》轉相遞刻，亦可自成系列。若細究，又以嘉靖吴旦刊本——竟陵本——《山居雜志》——《百家名書》本——喻政本——鄭熜校刊本——程榮刊本爲一脈相承。其顯著特徵是皆有增注十二條；小有不同，則注前是否有〇標識，及幾個字之有無而已。誠如布目潮渢教授指出的那樣，明刊各本間互有異同。其中，竟陵本、喻政本和鄭熜本是頗有特色的重要版本；但明刊各本，較之《百川學海》各本間的異文要少得多，明刊與宋刊百川本及四庫本間的差異就更大些。明刊各本《茶經》往往還附録《茶具圖讚》、《水辨》、《外集》、《茶譜》、《茶譜外集》等，不過所收附録多少不等，編排各異而已。這是區别於百川、四庫、説郛本的又一顯著標誌。

另外，值得一提的還有説郛本二種《茶經》：一爲明・陶宗儀編纂，據目録有明鈔本六種以上傳世（中有缺卷，未必都有《茶經》；凡一百卷，《茶經》收入卷八三）。今以張宗祥先生校本稱善，以民國十六年（一九二七）上海商務印書館據涵芬樓本排印本爲通行。另一爲清初陶珽重編宛委山堂本一百二十卷本（方案：此一百二十卷本明代至少已有二本行世，其中之一已署陶珽重輯），《茶經》收入卷九三。今有上海古籍出版社《説郛三種》本行世。又，四庫本《説郛》收入者乃據陶珽宛委本《茶經》卷九三上，僅較宛本改正明顯錯字十餘而已。商務張校本後出，注一律删除，卻又在作者下加注『字鴻漸，竟陵人』；在《二之具》下加注『赤與尺同』；又在《四之器》標目下加注『二十三器』。前二處，不必注；第三處則誤注。通校滬、京影印《説郛》兩本，基本相同，宛委本《説郛》保留了宋本舊注和明人增注。商務涵本與宛委本比較，前者有三大弊病：其一，正文有删節；其二，原注文全删，卻又加注三條，皆不應出注或誤注；其三，錯字遠較宛委本爲多。對於《説郛》二本全書，未通讀，更談不上通校，自無從比較其優劣。但就《茶經》及《大觀茶論》等茶書而言，顯然宛委本遠勝商務本。因此，在評價《説郛》兩本時，切忌一概而論。清刻《茶經》亦有多種，除個别有校勘價值（如陸廷燦雍正壽椿堂刻本）外，乏善可陳。有些版本，如陳世熙輯《唐人説薈》本、陳夢雷等《古今圖書集成》本等錯譌尤多，幾不可卒讀。清光緒二十八年（一九〇二）吴其濬《植物名實圖考長編》（有中華書局一九六三年影印本），收有《茶經》，不失爲清刊《茶經》中不可多得的佳本。民國十二年（一九二三）盧靖《湖北先正遺書》本，則爲影印明華氏《百川學海》本，其所缺卷下之第九頁則用别本配補，故亦列爲參校本。此外還有西塔寺本，此本無注，可以肯定並非源自明嘉靖寺僧真清所編之本。據民國八年（一九一九）寺僧常樂之序，此本有道光元年（一八二一）續刻本，隨邑志而行。今傳本乃民國二十二年（一九三三）新明禪師覆刻本。此本脱誤字數以十計，但亦間有可取處，今亦姑列爲參校本。隨着歲月的流逝，宋本除百川殘本外已不復可見，明本亦多亡佚。如明·陳文燭序本、楊維楨序本《茶經》已亡佚而僅存序。張睿卿跋《茶經》有云：『學海刻非全本，而竟陵本更煩穢，余故删次，雕於埒參軒。』這一張氏刻本今亦不復可見矣。尤足惜者，爲清·吴騫藏本的失傳。《拜經樓藏書題跋記》卷四曰：《茶經》三卷，簡莊先生鈔本。校正，見遺先君子。書簽云：『善本，簡莊贈。』原本作卷上、卷中、卷下，此作卷之一、二、三，每卷前有總目。卷前有目，今傳百川本、四庫本已然；分爲卷一、二、三，則極罕見。亦不知此本今尚存天壤間否？

今人點校、注釋本《茶經》，筆者所見者不下十餘種，良莠不齊。除個别外，其共同點是不著校改版本依據，但間有可取之處。今選擇五種作爲參校本，其中較好的當推周靖民先生校注本，但其所見版本不多，又過分推許鄭熜本，且誤以爲明人增注出於鄭熜。遺憾的是，有些人根本不具備古籍整理常識，也率爾操觚，糟蹋古籍，莫此爲甚。這樣的『校注』，識者唯有歎息而已！

筆者以存真復原、言必有據爲原則，以不同版本間的逐字對校爲主，而以本校、他校、理校爲輔。需要説明的是，筆者格外留意於他校。在《七之事》、《八之出》等陸羽原文已佚的情況下，對宋人增補的章節則更是如此，尤注重從宋代文獻中輯録引用《茶經》的内容，主要是宋人詩注、方志、類書中引録宋本《茶經》的文字。也有不少讀不通、點不斷的地方或難以判斷是非的異文，往往賴此迎刃而解。在具體校釋中，則嚴格遵守校勘通則，一般不輕改底本，凡確有把握又信而有據者，方改動底本。凡底本不誤，校本有誤者，一律不出校記。筆者在這一問題上曾走過一段彎路。在逐字對校過的八十餘本中，凡有異文，有聞必録，即使明顯的譌誤衍奪文字，也一律寫入校記。如《唐人説薈》獨有的舛誤就有一百餘處，不少是刊誤。凡異體、古體、俗體、簡體、通假字、避諱字，一般徑改而不出校。但今仍流行的異體、簡體字酌予保留，以存古籍之原貌。必要時，在校記中説明。鑒於《茶經》在茶文化史上的重要地位，本書校釋以校是非和校異同並重，凡底本與校本間有異文又不能斷其是非者，均在校記中説明，絶不妄下雌黄。凡疑底本有誤，又乏力證時，亦僅於校記中略陳己見。即使是自己發現的衍誤譌奪（今人注本最近寫定校記時才檢閲），凡前賢今人已提到的，一律在校記中説明，以免掠美之嫌，以合學術規範。本書仍以文本校勘爲主，僅對一些難解的字詞、典章制度、人名、地名、書名等作必要的注釋。《茶經》之注，可肯定爲陸羽原注的僅寥寥數條而已，餘則多爲宋人之注。凡底本和百川本原有之注文，一律保留，且視同正文出校。凡明人增注，均移入校記，而且注明不同版本的異文。對《八之出》的注，更是隨條出校記，盡力辨析其所自出。具體均見校記，此勿贅及。《八之出》有一處錯簡，已據確證乙正。兹將用作校勘的主要版本及其簡稱，附列如下，以便讀者對照檢核。

一、古代版本

（一）宋本《百川學海·壬集》，民國十六年（一九二七）陶湘據宋咸淳本影刊，今有中國書店影印本；有缺卷據明弘治華珵覆宋本模補。此宋本原藏瀋陽東陵行宫，後歸傅氏藏園。簡稱百川甲本。

（二）影宋本《百川學海·乙集》，原藏日本宫内廳書陵部。〔日〕布目潮渢教授主編《中國茶書全集》下卷有影印本，汲古書院，一九八七年版。簡稱百川乙本。

（三）明刊《百川學海·壬集》，明弘治十四年（一五〇一）華珵刊本，原藏上海涵芬樓。簡稱百川丙本。

（四）影印明本《百川學海·壬集》，民國十年（一九二一）上海博古齋據無錫華氏刊本影印。簡稱百川丁本。以上又合稱百川四本。

（五）明嘉靖二十一年（一五四二）新安吴旦刊本。《茶經》三卷，附録《水辨》、《茶經外集》，又有增注十二條。乃現存明本中年代最早者。今藏臺灣「故宫博物院」。此本西塔寺僧真清編，汪可立校。而傅增湘《藏園羣書經眼録》卷七卻又誤以爲柯雙華刊，實非是。此乃誤讀汪跋之失。柯僅問起《茶經》存佚而已。此本又有明萬曆十三年（一五八五）以後翻刻本，僅抽换《外集》二頁，藏日本大阪杏雨書屋，編入布目潮渢《中國茶書全集》下卷。簡稱竟陵本。

（六）明萬曆二十一年序汪士賢《山居雜志》本，簡稱山居本。

（七）明萬曆三十一年序胡文焕《百家名書》本，簡稱百家本。

（八）同年，又收入胡文焕《格致叢書》本。簡稱格致本。

（九）明陶宗儀原編、張宗祥校訂《説郛》。原藏上海涵芬樓，民國十六年（一九二七）商務印書館排印本，今又有一九八六年北京中國書店和一九八八年上海古籍出版社《説郛三種》兩個影印本。簡稱《説郛》涵本。

（一〇）清初陶珽重校《説郛》，順治三年（一六四六）宛委山堂本。通行本有《四庫全書》本（文本與電子版不同），又有上述《説郛三種》影印本。四庫本比三種本稱善，改正了宛委本的一些錯誤。今簡稱爲《説郛》宛本。涵、宛二本又合稱《説郛》二本。

（一一）明·喻政《茶書全集》本。初刻本有萬曆四十年序，稱甲本；又有萬曆四十一年序增修本，稱乙本。丁丙八千卷樓原藏一部乙本，現藏南京圖書館。日本内閣文庫現藏甲、乙種本各一部。甲本全部及乙本溢出甲本的十種書，凡二十七種書，布目潮渢《中國茶書全集》已影印。今簡稱喻甲本。

（一二）明·鄭熜校琅嬛齋刻本，今有布目潮渢藏本及其《中國茶書全集》影印本，簡稱鄭熜本。

（一三）日本春秋館寶曆八年（一七五八）翻刻明·鄭熜校本。此和刻本有假名標注，且改正了鄭熜本的一些舛誤。簡稱和刻鄭本。

（一四）别本《茶經》，原浙江鮑士恭家藏本，舊題玉茗堂主人閲。《四庫全書總目》卷一一五著録，列《子部·譜録類·存目》。今齊魯書社版《四庫存目叢書·補編》收入，簡稱存目本。

（一五）明·佚名《五朝小説本》，清重編本。又有民國十五年（一九二六）掃葉山房石印本。簡稱小説本。

（一六）明·鍾人傑《唐宋叢書》本，明刊本。蘇州圖書館古籍部藏本，簡稱唐宋本。

（一七）清·張海鵬《學津討原》本，嘉慶十年（一八〇五）照曠閣刊本，又有掃葉山房石印本。簡稱學津本。

（一八）清·陳世熙輯《唐人説薈》本，清乾隆五十七年（一七九二）挹秀軒刊本，道光二十三年（一八四三）序刊本，又有民國十一年（一九二二）上海掃葉山房石印本。簡稱説薈本。

（一九）清·吴其濬《植物名實圖考長編》本，清刊本，又有中華書局一九六三年影印本。簡稱長編本。

（二〇）盧靖《湖北先正遺書》本，民國十二年（一九二三）影印無錫華氏明弘治百川本，缺頁（卷下第九頁）據明本抄補。簡稱遺書本。

（二一）西塔寺刊本《陸子茶經》，其版本源流待考。今知道光元年（一八二一）有續刊本，民國二十二年（一九三三），爲紀念陸羽誕生一千二百周年有覆刻本；今又有一九九三年覆印線裝本。可據補是本所附録的徐、曹二序。簡稱寺本。

二、今人標點校注本

（二二）胡山源《古今茶事》本，上海世界書局一九四一年版，上海書店一九八五年影印本。簡稱胡本。

（二三）陳祖槼、朱自振標點本，刊《中國茶葉歷史資料選輯》，農業出版社一九八一年版。簡稱陳朱本。

（二四）張芳賜、趙從禮等《茶經淺説》本，雲南人民出版社一九八一年版。簡稱張趙本。

（二五）吴覺農《茶經述評》本，農業出版社一九八七年版。簡稱吴本。

（二六）周靖民《茶經校注》本，刊《中國茶酒辭典·附録》，湖南出版社一九九一年版，簡稱周本。

以上四本，又合稱爲今注四本。

三、海外校注本

（二七）〔日〕大典禪師《茶經詳説》本，安永甲午（三年，一七七四）正二位香海序，平安書林刻本，原藏日本淺草文庫，布目潮渢《中國茶書全集》下卷影印本。簡稱大典本。

（二八）〔日〕青木正兒《茶經選録》本，收入《青木正兒全集》第八卷，又刊《中華茶書》，〔日〕東京春秋社一九六二年版。此本缺卷上《二之具》，及卷下《七之事》以下，凡五節，僅存其半。卷首有解題，是附有原文的日文校注本，雖間有發明卻頗有臆改者。以上底本，均爲鄭熜校和刻本。簡稱青木本。

（二九）布目潮渢《茶經詳解》本，〔日〕淡交社二〇〇一年版。此乃集大成的日文佳本，簡稱布目本。

以上合稱海外三本。

（三〇）〔日〕春田永年《茶經中卷·茶器圖解》本，其不僅對《茶經》卷中進行圖解，而且有關於茶器的説明文字，又以按語的形式糾正《茶經詳説》中的一些曲解臆斷。原藏日本國會圖書館，僅有寫本。福田宗位《中國·茶書》（東京堂一九七四年版）首刊其圖於《茶經》卷中各條下。布目潮渢始將全書影印於《中國茶書全集》卷下。簡稱春田本。

四、他校書目

請參閲本書末附録二《主要參考或引用書目録》，恕不贅列。

最後，爲便於讀者對《茶經》中《二之具》、《四之器》兩篇有更直觀的認識和理解，特將日本春田永年《茶經中卷·茶器圖解》（原藏日本國會圖書館）和日本佚名撰《茶經圖考》（原布目潮渢收藏），分别從布目主編《中國茶書全集》卷下影印移録至本書《茶經》卷末（附録一之上）。這是筆者所見關於《茶經》器具圖最好的二種，特録以與讀者分享。

茶經卷上

一之源

茶者，南方之嘉木也〔一〕。〔自〕一尺、二尺〔二〕，迺至數十尺。其巴山峽川有兩人合抱者〔三〕，伐而掇之。其樹如瓜蘆〔四〕，葉如梔子，花如白薔薇〔五〕，實如栟櫚，蒂如丁香〔六〕，根如胡桃。瓜蘆木〔七〕，出廣州，似茶，至苦澀。栟櫚，蒲葵之屬〔八〕，其子似茶。胡桃與茶，根皆下孕，兆至瓦礫，苗木上抽〔九〕。

其字：或從草，或從木，或草木并。從草，當作茶，其字出《開元文字音義》〔一〇〕。從木，當作𣘻〔一一〕，其字出《本草》〔一二〕。草木并，作荼〔一三〕，其字出《爾雅》。

其名：一曰茶，二曰檟，三曰蔎，四曰茗，五曰荈。周公云〔一四〕：『檟，苦荼。』揚執戟云〔一五〕：『蜀西南人謂茶曰蔎〔一六〕。』郭弘農云〔一七〕：『早取爲茶，晚取爲茗，或一曰荈耳〔一八〕。』

其地〔一九〕：上者生爛石，中者生礫壤〔二〇〕，下者生黄土。凡藝而不實，植而罕茂，法如種瓜，三歲可採。野者上，園者次。陽崖陰林〔二一〕，紫者上，緑者次；筍者上，芽者次〔二二〕；葉卷〔者〕上，葉舒〔者〕次〔二三〕。

陰山坡谷者，不堪採掇。性凝滯，結瘕疾〔二四〕。

茶之爲用，味至寒。爲飲，最宜精行儉德之人。若熱渴凝悶，腦疼目澁，四肢煩〔二五〕，百節不舒，聊四五啜，與醍醐、甘露抗衡也。採不時，造不精，雜以卉莽，飲之成疾〔二六〕。

茶爲累也，亦猶人參。上者生上黨，中者生百濟、新羅，下者生高麗。有生澤州、易州、幽州、檀州者，爲藥無效，況非此者。設服薺苨〔二七〕，使六疾不瘳〔二八〕。知人參爲累，則茶累盡矣。

二之具

籯，加追反。一曰籃，一曰籠，一曰筥。以竹織之，受五升，或一㪷、二㪷、三㪷者，茶人負以採茶也。籯，《漢書》音盈。所謂『黄金滿籯，不如一經』。顔師古云：『籯，竹器也，受四升耳〔二九〕。』

竈，無用突者〔三〇〕。釜，用脣口者。

甑，或木或瓦，匪腰而泥。籃以箄之〔三一〕，篾以系之。始其蒸也，入乎（箄）〔箅〕〔三二〕；既其熟也，出乎（箄）〔箅〕。釜涸，注於甑中。甑不帶而泥之。又以榖木枝三椏者制之〔三三〕，散所蒸芽筍并葉，畏流其膏〔三四〕。

杵臼，一曰碓，惟恒用者佳。

規，一曰模，一曰棬。以鐵制之，或圓，或方，或花。

承，一曰臺，一曰砧。以石爲之，不然，以槐、桑木半埋地中，遣無所搖動。

襜〔三五〕，一曰衣。以油絹或雨衫、單服敗者爲之。以襜置承上，又以規置襜上，以造茶也。茶成，舉而易之。

芘莉，音杷離。一曰羸子〔三六〕，一曰篣筤〔三七〕。以二小竹，長三尺，軀二尺五寸，柄五寸；以篾織方眼，如圃人土羅，闊二尺，以列茶也。

棨，一曰錐刀。柄，以堅木爲之，用穿茶也。

撲，一曰鞭。以竹爲之，穿茶，以解茶也。

焙，鑿地深二尺，闊二尺五寸，長一丈。上作短墻，高二尺，泥之。

貫，削竹爲之。長二尺五寸，以貫茶焙之〔三八〕。

棚，一曰棧。以木構於焙上，編木兩層，高一尺，以焙茶也。茶之半乾，昇下棚；全乾，昇上棚。

穿，音釧。江東、淮南剖竹爲之，巴川峽山紉穀皮爲之。江東以一斤爲上穿，半斤爲中穿，四兩、五兩爲小穿〔三九〕。峽中以一百二十斤爲上穿〔四〇〕，八十斤爲中穿，五十斤爲小穿。〔穿〕字〔四一〕，舊作釵釧之『釧』字，或作『貫』、『串』。今則不然，如『磨、扇、彈、鑽、縫』五字〔四二〕，文以平聲書之，義以去聲呼之。其字，以『穿』名之。

育，以木制之，以竹編之，以紙糊之。中有隔〔四三〕，上有覆，下有牀，傍有門，掩一扇。中置一器，貯煻煨火，令煴煴然。江南梅雨時，焚之以火。育者，以其藏養爲名。

三之造

凡採茶，在二月、三月、四月之間。茶之筍者，生爛石沃土，長四五寸，若薇蕨始抽，凌露採焉。茶之芽者，發於叢薄之上，有三枝、四枝、五枝者，選其中枝穎拔者，採焉。其日有雨不採，晴有雲不採，晴，採之。蒸之，擣之，拍之，焙之，穿之，封之，茶之乾矣。

茶有千類萬狀〔四四〕，鹵莽而言〔之〕〔四五〕：如胡人鞾者蹙縮然，言鞾文也〔四六〕。犎牛臆者廉襜然〔四七〕，浮雲出山者輪囷然〔四八〕，輕飈拂水者涵澹然。有如陶家之子，羅膏土以水澄泚之；謂澄泥也。(又)〔有〕如新治地者〔四九〕，遇暴雨流潦之所經。此皆茶之精腴〔者也〕〔五〇〕。有如竹籜者，枝幹堅實，艱於蒸擣，故其形籭簁然。上〔音〕離，下〔音〕師〔五一〕。有如霜荷者，莖葉凋沮〔五二〕，易其狀貌，故厥狀委萃然〔五三〕。此皆茶之瘠老者也。自採至於封，七經目〔五四〕，自胡鞾至於霜荷〔五五〕，八等。

或以光黑平正言嘉者〔五六〕，斯鑒之下也。以皺黃坳垤言佳者，鑒之次也。若皆言嘉及皆言不嘉者〔五七〕，鑒之上也。何者？出膏者光，含膏者皺；宿製者則黑，日成者則黃；蒸壓則平正，縱之則坳垤。此茶與草木葉一也。茶之否臧〔五八〕，存於口訣。

茶經卷中

四之器〔五九〕

風爐灰承　筥　炭檛　火筴　鍑　交牀　夾　紙囊　碾拂末　羅合　則　水方　漉水囊　瓢　竹筴　鹺簋揭　熟盂　盌　畚　札　滌方　滓方　巾　具列　都籃

風爐 灰承

風爐，以銅鐵鑄之，如古鼎形。厚三分，緣闊九分，令六分虛中，致其圬墁。凡三足，古文書二十一字：一足云『坎上巽下離于中』，一足云『體均五行去百疾』，一足云『聖唐滅胡明年鑄〔六〇〕』。〔凡四窗〕〔六一〕，其三足之間設三窗，底一窗，以爲通飈漏燼之所〔六二〕。上並古文書六字：一窗之上書『伊公』二字，一窗之上書『羹陸』二字，一窗之上書『氏茶』二字，所謂『伊公羹，陸氏茶』也。置墆埭於其內〔六三〕，設三格，〔各畫卦〕〔六四〕。其一格有翟焉，翟者，火禽也，畫一卦曰『離』；其一格有彪焉，彪者，風獸也，畫一卦曰『巽』；其一格有魚焉，魚者，水蟲也，畫一卦曰『坎』。巽主風，離主火，坎主水。風能興火，火能熟水〔六五〕，故備其三卦焉。其飾，以連葩、垂蔓、曲水、方文之類。其爐，或鍛鐵爲之〔六六〕，或運泥爲之。其灰承，作三足鐵柈，擡之〔六七〕。

筥

筥，以竹織之。高一尺二寸，徑闊七寸。或用藤，作木楦，如筥形，織之，六出圓眼〔六八〕。其底，蓋若利篋〔六九〕，口鑠之〔七〇〕。

炭檛

炭檛，以鐵六稜制之。長一尺，銳上豐中〔七一〕。執細，頭系一小鍰〔七二〕，以飾檛也。若今之河隴軍人木吾也。或作鎚，或作斧〔七三〕，隨其便也。

火筴

火筴，一名筯，若常用者。圓直一尺三寸，頂平截，無葱臺勾鏁之屬，以鐵或熟銅製之。

鍑 音輔。或作釜，或作鬴。

鍑，以生鐵爲之。今人有業冶者〔七四〕，所謂急鐵。其鐵，以耕刀之趄鍊而鑄之〔七五〕。内模土而外模沙〔七六〕，土滑於内，易其摩滌；沙澁於外，吸其炎焰。方其耳，以正令也；廣其緣，以務遠也；長其臍，以守中也。臍長則沸中，沸中則末易揚，末易揚則其味淳也。洪州以瓷爲之，萊州以石爲之。瓷與石皆雅器也，性非堅實，難可持久。用銀爲之，至潔，但涉於侈麗。雅則雅矣，潔亦潔矣，若用之恒，而卒歸於鐵也〔七七〕。

交牀

交牀，以十字交之。剜中令虚，以支鍑也。

夾

夾，以小青竹爲之。長一尺二寸，令一寸有節，節已上剖之，以炙茶也。彼竹之篠，津潤於火，假其香潔，以益茶味，恐非林谷間莫之致。或用精鐵熟銅之類，取其久也〔七八〕。

紙囊

紙囊，以剡藤紙白厚者夾縫之。以貯所炙茶，使不泄其香也。

碾 拂末

碾，以橘木爲之，次以梨、桑、桐、柘爲之〔七九〕。臼内圓而外方〔八〇〕。内圓，備於運行也；外方，制其傾危也。内容墮而外無餘。木墮，形如車輪，不輻而軸焉。長九寸，闊一寸七分；墮徑三寸八分，中厚一寸，邊厚半寸。軸中方而執圓〔八一〕。其拂末，以鳥羽製之。

羅合

羅末，以合蓋貯之。以則置合中。用巨竹剖而屈之，以紗絹衣之。其合，以竹節爲之，或屈杉以漆之。高三寸，蓋一寸，底二寸，口徑四寸。

則

則，以海貝、蠣蛤之屬，或以銅、鐵、竹匕策之類。則者，量也，準也，度也。凡煮水一升，用末方寸匕。若好薄者減之，嗜濃者增之〔八二〕，故云則也。

水方

水方，以椆木、槐、楸、梓等合之〔八三〕，其裏并外縫漆之，受一斗。

漉水囊〔八四〕

漉水囊，若常用者。其格，以生銅鑄之，以備水濕。無有苔穢、鉎澀意〔八五〕。以熟銅苔穢，鐵鉎澀也。林棲谷隱者，或用之竹木。木與竹，非持久涉遠之具，故用之生銅。其囊，織青竹以捲之，裁碧縑以縫之，紉翠鈿以綴之〔八六〕，又作緑油囊以貯之。圓徑五寸，柄一寸五分。

瓢

瓢，一曰犧杓。剖瓠爲之，或刊木爲之。晉舍人杜毓《荈賦》云：『酌之以匏。』匏，瓢也。口闊，脛薄，柄短。永嘉中，餘姚人虞洪入瀑布山採茗，遇一道士云：『吾丹丘子，祈子他日甌犧之餘〔八七〕，乞相遺也。』犧，木杓也。今常用，以梨木爲之。

竹筴

竹筴，或以桃、柳、蒲葵木爲之，或以柿心木爲之。長一尺，銀裹兩頭。

鹺簋 揭〔八八〕

鹺簋，以瓷爲之，圓徑四寸，若合形〔八九〕。或瓶，或罍，貯鹽花也。其揭，竹制，長四寸一分，闊九分。揭，策也。

熟盂

熟盂，以貯熟水。或瓷，或沙〔九〇〕，受二升。

盌

盌，越州上，(鼎)〔明〕州次，婺州次；岳州上〔九一〕，壽州、洪州次。或者以邢州處越州上，殊爲不然。若邢瓷類銀，〔則〕越瓷類玉〔九二〕，邢不如越一也；若邢瓷類雪，則越瓷類冰，邢不如越二也；邢瓷白而茶色丹，越瓷青而茶色緑，邢不如越三也。晉杜毓《荈賦》所謂『器擇陶揀，出自東甌〔九三〕』。甌，越也。甌，越州上〔九四〕，口脣不卷，底卷而淺，受半升已下。越州瓷、岳瓷皆青，青則益茶，茶作白(紅)〔緑〕之色〔九五〕。邢州瓷白，茶色紅；壽州瓷黄，茶色紫；洪州瓷褐，茶色黑；悉不宜茶〔九六〕。

畚

畚，以白蒲捲而編之，可貯盌十枚。或用筥，其紙帊以剡紙夾縫，令方。亦十之也。

札

札，緝栟櫚皮，以茱萸木夾而縛之；或截竹，束而管之，若巨筆形。

滌方

滌方，以貯滌洗之餘。用楸木合之，制如水方，受八升。

滓方

滓方，以集諸滓，製如滌方，處五升[九七]。

巾

巾，以絁布爲之。長二尺，作二枚，互用之，以潔諸器。

具列

具列，或作牀，或作架。或純木、純竹而製之，或木或竹，黄黑可扃而漆者[九八]。長三尺，闊二尺，高六寸。具列者，悉斂諸器物，悉以陳列也[九九]。

都籃

都籃，以悉設諸器而名之。以竹篾内作三角方眼，外以雙篾闊者經之，以單篾纖者縛之，遞壓雙經作方眼，使玲瓏。高一尺五寸，長二尺四寸，闊二尺。底闊一尺，高二寸[一〇〇]。

茶經卷下

五之煮

凡炙茶，慎勿於風燼間炙〔一〇一〕。熛焰如鑽，使炎涼不均。持以逼火，屢其翻正，候炮普教反。出培塿狀〔如〕蝦蟆背〔一〇二〕，然後去火五寸。卷而舒，則本其始，又炙之。若火乾者，以氣熟止；日乾者，以柔止。

其始，若茶之至嫩者，蒸罷熱搗，葉爛而牙筍存焉。假以力者，持千鈞杵亦不之爛。如漆科珠，壯士接之，不能駐其指〔一〇三〕。及就，則似無穰骨也〔一〇四〕。炙之，則其節若倪倪如嬰兒之臂耳。既而，承熱用紙囊貯之，精華之氣無所散越，候寒末之。末之上者，其屑如細米；末之下者，其屑如菱角。

其火，用炭，次用勁薪。謂桑、槐、桐、櫪之類也。其炭，曾經燔炙，爲膻膩所及，及膏木敗器不用之。膏木，謂柏、桂、檜也〔一〇五〕；敗器，謂朽廢器也〔一〇六〕。古人有勞薪之味〔一〇七〕，信哉！

其水，用山水上，江水次〔一〇八〕，井水下。《荈賦》所謂：『水則岷方之注，挹彼清流〔一〇九〕。』其山水，（揀）乳泉石池漫流者上〔一一〇〕，其瀑湧湍漱，勿食之。久食〔一一一〕，令人有頸疾。又多別流於山谷者，澄浸不洩，自火天至霜郊以前〔一一二〕，或潛龍蓄毒於其間。飲者可決之，以流其惡。使新泉涓涓然，酌之。其江水，取去人遠者；井，取汲多者〔一一三〕。

凡候湯有三沸〔一一四〕：如魚目微有聲爲一沸，緣邊如湧泉連珠爲二沸，騰波鼓浪爲三沸。已上，（水）〔湯〕

老不可食也〔一一五〕。初沸，則水合量調之以鹽味，謂棄其啜餘。啜，嘗也。市稅反，又市悅反。無迺䶣𪊍而鍾其一味乎！上，古暫反；下，吐濫反。無味也〔一一六〕。第二沸，出水一瓢，以竹筴環激湯心，則量末當中心而下〔一一七〕。有頃，勢若奔濤濺沫，以所出水止之，而育其華也。

凡酌，置諸盌，令沫餑均。字書并《本草》：『〔沫〕餑，均茗沫也〔一一八〕。〔餑〕，蒲笏反〔一一九〕。』沫餑〔者〕，湯之華也〔一二〇〕。華之薄者曰沫，厚者曰餑，細輕者曰花〔一二一〕。如棗花漂漂然於環池之上，又如迴潭曲渚青萍之始生，又如晴天爽朗，有浮雲鱗〔鱗〕然〔一二二〕。其沫者，若綠錢浮於水湄〔一二三〕，又如菊英墮於樽俎之中。餑者，以滓煮之，及沸，則重華累沫皤皤然若積雪耳。《荈賦》所謂『煥如積雪，燁若春藪』有之〔一二四〕。

第一煮水沸而棄其沫，之上有水膜如黑雲母〔一二五〕，飲之，則其味不正。其第一〔者〕〔煮〕爲雋永〔一二六〕，徐縣、全縣二反。至美者，曰雋永。雋，味也；永，長也。史長曰雋永〔一二七〕。《漢書》蒯通著《雋永》二十篇也。或留熟〔盂〕以貯之〔一二八〕，以備育華、救沸之用。諸第一與第二、第三盌次之〔一二九〕，第四、第五盌外，非渴甚莫之飲。

凡煮水一升，酌分五盌，盌數少至三，多至五，若人多至十，加兩爐。乘熱連飲之。以重濁凝其下，精英浮其上。如冷，則精英隨氣而竭，飲啜不消亦然矣。茶性儉，不宜廣，〔廣〕則其味黯澹〔一三〇〕。且如一滿盌，啜半而味寡，況其廣乎！

其色緗也，其馨𩡷也。香至美曰𩡷。𩡷音使〔一三一〕。其味甘，檟也；不甘而苦，荈也；啜苦咽甘，茶也。一本云：其味苦而不甘，檟也；甘而不苦，荈也〔一三二〕。

六之飲

翼而飛，毛而走，呿而言〔一三三〕，此三者俱生於天地間。飲啄以活，飲之時義遠矣哉！至若救渴，飲之以漿；蠲憂忿，飲之以酒；蕩昏寐，飲之以茶。

茶之爲飲，發乎神農氏，聞於魯周公。齊有晏嬰，漢有揚雄、司馬相如，吳有韋曜，晉有劉琨、張載、遠祖納、謝安、左思之徒，皆飲焉。滂時浸俗，盛於國朝。兩都并荆(俞)〔渝〕間〔一三四〕，以爲比屋之飲。

飲有觕茶、散茶、末茶、餅茶者，乃斫、乃熬、乃煬、乃舂，貯於瓶缶之中，以湯沃焉，謂之痷茶。或用葱薑、棗橘皮、茱萸、薄荷之等，煮之百沸，或揚令滑，或煮去沫，斯溝渠間棄水耳，而習俗不已。於戲！

天育萬物，皆有至妙，人之所工，但獵淺易。所庇者屋，屋精極；所着者衣，衣精極；所飽者飲食，食與酒皆精極之。茶有九難：一曰造，二曰别，三曰器，四曰火，五曰水，六曰炙，七曰末，八曰煮，九曰飲。陰採夜焙，非造也；嚼味嗅香，非别也；羶鼎腥甌，非器也；膏薪庖炭，非火也；飛湍壅潦，非水也；外熟内生，非炙也；碧粉縹塵，非末也；操艱攪遽，非煮也；夏興冬廢，非飲也。

夫珍鮮馥烈者，其盌數三；次之者，盌數五。若坐客數至五，行三盌；至七，行五盌。若六人以下，不約盌數，但闕一人而已，其雋永，補所闕人。

七之事

三皇　炎帝神農氏。

周　魯周公旦，齊相晏嬰。

漢　仙人丹丘子、黃山君，司馬文園令相如，揚執戟雄。

吴　歸命侯韋太傅弘嗣。

晉　惠帝，劉司空琨，琨兄子兗州刺史演，張黃門孟陽，傅司隸咸，江洗馬統，孫參軍楚，左記室太冲，陸吴興納，納兄子會稽内史俶，謝冠軍安石，郭弘農璞，桓揚州温，杜舍人毓，武康小山寺釋法瑶，沛國夏侯愷，餘姚虞洪，北地傅巽，丹陽弘君舉，樂安任育長〔一三五〕，宣城秦精，燉煌單道開，剡縣陳務妻，廣陵老姥，河内山謙之。

後魏　瑯琊王肅。

宋　新安王子鸞，鸞弟豫章王子尚，八公山沙門曇濟〔一三六〕；　鮑照妹令暉。

齊　世祖武帝。

梁　劉廷尉，陶先生弘景。

皇朝　徐英公勣〔一三七〕。

《神農食經》：「茶茗〔宜〕久服〔一三八〕，令人有力悦志。」

周公《爾雅》：「檟，苦荼。」

《廣雅》云〔一三九〕：『荆巴間採（葉）〔茶〕作餅〔一四〇〕，（葉老者餅）〔既〕成，以米膏出之〔一四一〕。欲煮茗飲，先炙令色赤，擣末置瓷器中〔一四二〕，以湯澆覆之，用葱薑、橘子芼之。其飲醒酒，令人不眠。』

《晏子春秋》：『嬰相齊景公，時食脱粟之飯，炙三弋、五（卵）〔卯〕，茗菜而已〔一四三〕。』

司馬相如《凡將篇》〔一四四〕：『烏喙桔梗□芫華，款冬貝母木蘗蔞。芩草芍藥桂漏蘆，蜚廉雚菌□荈詫〔一四五〕。（白斂）〔赤蘞〕白芷□菖蒲〔一四六〕，芒消□莞椒茱萸。』

《方言》：『蜀西南人謂茶曰蔎〔一四七〕。』

《吴志·韋曜傳》〔一四八〕：『孫皓每饗宴〔一四九〕，坐席無不率以七升爲限〔一五〇〕，雖不（盡）〔悉〕入口〔一五一〕，皆澆灌取盡。曜〔素〕飲酒不過二升〔一五二〕，皓初（見）禮異〔一五三〕，密賜茶茗以當酒〔一五四〕。』

《晉中興書》：『陸納爲吴興太守，時衛將軍謝安嘗欲詣納〔一五五〕。《晉書》云，納爲吏部尚書。納兄子俶怪納無所備，不敢問之，乃私蓄十數人饌。安既至，〔納〕所設惟茶果而已〔一五六〕。俶遂陳盛饌，珍羞畢具。及安去，納杖俶四十云：「汝既不能光益叔父，奈何穢吾素業！」』

《晉書》：『桓温爲揚州牧，性儉〔一五七〕，每讌飲，惟下七奠柈茶果而已〔一五八〕。』

《搜神記》：『夏侯愷因疾死。宗人（字）〔兒〕苟奴，察見鬼神。見愷來收馬〔一五九〕，并病其妻。著平上幘、單衣，人坐生時西壁大牀，就人覓茶飲。』

劉琨《與兄子（南）兖州刺史演書》云〔一六〇〕：『前得安州乾〔茶二斤，〕薑一斤〔一六一〕，桂一斤，黄芩一斤〔一六二〕，皆所須也。吾〔患〕體中（潰）〔煩〕悶〔一六三〕，（常）〔恒〕仰真茶〔一六四〕，汝可〔信信〕（置）〔致〕之〔一六五〕。』

傅咸《司隸教》曰〔一六六〕：『聞南方有（以困）蜀嫗作茶粥賣〔之〕〔一六七〕，（爲）〔廉事〕打破其器具〔一六八〕，（嗣又）〔使無爲〕賣餅於市〔一六九〕，而禁茶粥，以〔困〕蜀姥。何哉〔一七〇〕？』

《神異記》〔一七一〕：『餘姚人虞洪，入山採茗。遇一道士，牽三青牛〔一七二〕，引洪至瀑布山〔一七三〕。曰：「吾丹丘子也，聞子善具飲，常思見惠，山中有大茗，可以相給。祈子他日有甌犧之餘〔一七四〕，乞相遺也。」因立奠祀〔一七五〕，後（常）〔嘗〕令家人入山〔一七六〕，獲大茗焉。』

左思《嬌女詩》〔一七七〕：『吾家有嬌女〔一七八〕，皎皎頗白皙〔一七九〕。小字爲紈素，口齒自清歷。有姊字惠芳〔一八〇〕，眉目粲如畫〔一八一〕。馳騖翔園林〔一八二〕，果下皆生摘〔一八三〕。貪華風雨中〔一八四〕，倏忽數百適〔一八五〕。心爲茶荈劇〔一八六〕，吹嘘對鼎䥶。』

張孟陽《登成都〔白菟〕樓詩》云〔一八七〕：『借問楊子舍，想見長卿廬。程卓累千金，驕侈擬五侯。門有連騎客，翠帶腰吴鈎。鼎食隨時進，百和妙且殊。披林採秋橘，臨江釣春魚。黑子過龍醢，果饌踰蟹蝑。芳茶冠六清〔一八八〕，溢味播九區。人生苟安樂，兹土聊可娛。』

傅巽《七誨》：『蒲桃宛柰，齊柿燕栗，峘陽黄梨，巫山朱橘〔一八九〕，南中茶子，西極石蜜。』

弘君舉《食檄》：『寒温既畢，應下霜華之茗；三爵而終，應下諸蔗、木瓜、元李、楊梅、五味、橄欖、懸豹、葵羹各一杯〔一九〇〕。』

孫楚《出歌》〔一九一〕：『茱萸出芳樹顛，鯉魚出洛水泉。白鹽出河東，美豉出魯淵〔一九二〕。薑桂茶荈出巴蜀，椒橘木蘭出高山。蓼蘇出溝渠，精（稗）〔粺〕出中田〔一九三〕。』

華佗《食論》：『苦茶久食益意思。』

壺居士《食忌》〔一九四〕：『苦茶久食羽化，與韭同食，令人體重〔一九五〕。』

郭璞《爾雅注》云：『樹小似梔子，冬生葉，可煮〔作〕羹飲〔一九六〕。今呼早採者爲茶〔一九七〕，晚取〔者〕爲茗〔一九八〕，（或）一（曰）〔名〕荈〔一九九〕，蜀人名之苦茶〔二〇〇〕。』

《世説》〔二〇一〕：『任瞻，字育長。〔年〕少時，〔甚〕有令名〔二〇二〕。自過江，〔便〕失志〔二〇三〕。既下飲，〔便〕問人云〔二〇四〕：「此爲茶，爲茗？」覺人有怪色〔二〇五〕，乃自申明云〔二〇六〕：「向問飲爲熱，爲冷〔耳〕。」〔二〇七〕』

《續搜神記》〔二〇八〕：『晉〔孝〕武（帝）世〔二〇九〕，宣城人秦精，嘗入武昌山〔中〕採茗〔二一〇〕。遇一毛人，長丈餘，引精至山（下）〔曲〕〔二一一〕，示以叢茗而去。俄而復還，乃探懷中橘，以遺精。精怖，負茗而歸〔二一二〕。』

《晉四王起事》〔二一三〕：『惠帝蒙塵，還洛陽，黄門以瓦盂盛茶，上至尊。』

《異苑》〔二一四〕：『剡縣陳務妻，少與二子寡居〔二一五〕。好飲茶茗〔二一六〕，以宅中有古塚〔二一七〕，每飲〔二一八〕，輒先祀之〔二一九〕。二子患之曰：「古塚何知？徒以勞意〔二二〇〕。」欲掘去之，母苦禁而止。其夜，夢一人云〔二二一〕：「吾止此塚三百餘年〔二二二〕，卿二子恒欲見毀〔二二三〕，賴相保護，又享吾佳茗〔二二四〕。雖（潛）〔泉〕壤朽骨〔二二五〕，豈忘翳桑之報！」及曉，於庭中獲錢十萬〔二二六〕，似久埋者，但貫新耳〔二二七〕。母告二子，〔二子〕慚之〔二二八〕。從是，禱饋愈甚〔二二九〕。』

《廣陵耆老傳》〔二三〇〕：『晉元帝時，有老姥每旦獨提一器茗〔二三一〕，往市鬻之。市人競買，自旦至夕〔二三二〕，其器不減〔茗〕〔二三三〕。所得錢，散路傍孤貧乞人〔二三四〕，人或異之。州法曹〔執而〕縶之〔於〕獄中〔二三五〕，至夜，老姥執所鬻茗器〔二三六〕，從獄牖中飛出〔二三七〕。』

《晉書·藝術傳》〔二三八〕：『燉煌人單道開，不畏寒暑，恒服小石子〔二三九〕。所服藥有松桂蜜之氣〔二四〇〕，所飲茶蘇而已〔二四一〕。』

釋道該《説續名僧傳》：『宋釋法瑶，姓楊氏，河東人。元嘉中過江〔二四二〕，遇沈臺真。請〔真〕居武康小山寺〔二四三〕，年垂懸車〔二四四〕，飯所飲茶。永明中，勑吴興，禮致上京，年七十九〔二四五〕。』

宋《江氏家傳》〔二四六〕：『江統，字應元，遷愍懷太子洗馬〔二四七〕，嘗上疏諫云〔二四八〕：「今西園賣醯麪、藍子、菜茶之屬，虧敗國體〔二四九〕。」』

《宋録》〔二五〇〕：『新安王子鸞、豫章王子尚，詣曇濟道人於八公山〔二五一〕。道人設茶茗〔二五二〕，子尚味之曰：「此甘露也，何言茶茗〔二五三〕！」』

王微《雜詩》〔二五四〕：『寂寂掩高閣〔二五五〕，寥寥空廣厦。待君竟不歸，收領今就檟〔二五六〕。』

鮑照妹令暉，著《香茗賦》〔二五七〕。

南齊世祖武皇帝《遺詔》〔二五八〕：『我靈座上，慎勿以牲爲祭〔二五九〕，但設餅果、茶飲、乾飯、酒脯而已〔二六〇〕。』

梁劉孝綽《謝晉安王餉米等啓》〔二六一〕：『傳詔李孟孫宣教旨，垂賜米、酒、瓜、筍、菹、脯、酢、茗八種。氣苾新城，味芳雲松〔二六二〕。江潭抽節，邁昌荇之珍；疆埸擢翹，越茸精之美。羞非純束，野麏裛似雪之（驢）〔鱸〕〔二六三〕；鮓異陶瓶，河鯉操如瓊之粲。茗同食粲〔二六四〕，酢類望柑〔二六五〕，免千里宿舂，省三月糧聚〔二六六〕。

小人懷惠，大懿難忘。』

陶弘景《雜録》〔二六七〕：『苦茶輕〔身〕换骨〔二六八〕，昔丹丘子、黄山君服之〔二六九〕。』

《後魏録》〔二七〇〕：『琅琊王肅仕南朝，好茗飲、蓴羹。及還北地，又好羊肉、酪漿。人或問之：「茗何如酪？」肅曰：「茗不堪與酪爲奴。」』

《桐君録》〔二七一〕：『西陽、武昌、廬江、晉陵〔皆出〕好茗〔二七二〕，皆東人作清茗〔二七三〕。茗有餑，飲之宜人〔二七四〕。凡可飲之物，皆多取其葉〔二七五〕。天門冬、菝葜取根〔二七六〕，皆益人。又巴東别有真茗茶〔二七七〕，煎飲令人不眠〔二七八〕。俗中多煮檀葉并大皁李作茶，並冷。又南方有瓜蘆木，亦似茗，至苦澀，取爲屑茶飲〔二七九〕，亦可通夜不眠〔二八〇〕，煮鹽人但資此飲〔二八一〕。而交廣最重，客來先設，乃加以香芼輩〔二八二〕。』

《坤元録》〔二八三〕：『辰州漵浦縣西北三百五十里無射山，云蠻俗當吉慶之時，親族集會，歌舞於山上。山多茶樹〔二八四〕。』

《括地圖》〔二八五〕：『臨（遂）〔蒸〕縣東一百四十里，有茶溪〔二八六〕。』

山謙之《吴興記》〔二八七〕：『烏程縣西二十里有温山〔二八八〕，出御荈。』

《夷陵圖經》：『黄牛、荆門、女觀、望州等山，茶茗出焉。』〔二八九〕

《永嘉圖經》：『永嘉縣東三百里，有白茶山〔二九〇〕。』

《淮陰圖經》：『山陽縣南二十里，有茶坡〔二九一〕。』

《茶陵圖經》云〔二九二〕：『茶陵者，所謂陵谷生茶茗焉〔二九三〕。』

《本草・木部》：『茗，苦茶〔二九四〕。味甘苦，微寒，無毒。主瘻瘡，利小便，去痰渴熱〔二九五〕，令人少睡。秋採之苦，主下氣消食〔二九六〕。《注》云：「春採之。」〔二九七〕』

《本草・菜部》：『苦茶，一名荼〔二九八〕，一名選，一名游冬。生益州川谷山陵道傍，凌冬不死，三月三日採，〔陰〕乾〔二九九〕。《注》云：「疑此即是今茶，一名荼，令人不眠。」《本草注》按，《詩》云〔三〇〇〕「誰謂荼苦」，又云「堇荼如飴」，皆苦菜也〔三〇一〕。陶謂之苦茶，〔苦茶〕木類，非菜流〔三〇二〕。茗，春採，謂之苦梌。途遐反〔三〇三〕。』

《枕中方》：『療積年瘻，苦茶、蜈蚣並炙，令香熟；等分，搗篩，煮甘草湯洗，以末傅之。』

《孺子方》：『療小兒無故驚蹶，以苦茶、葱鬚煮服之。』

八之出〔三〇四〕

山南以峽州上〔三〇五〕，峽州生遠安、宜都、夷陵三縣山谷〔三〇六〕。襄州、荊州次〔三〇七〕，襄州生南漳縣山谷〔三〇八〕，荊州生江陵縣山谷。衡州下，生衡山、茶陵二縣山谷〔三〇九〕。金州、梁州又下〔三一〇〕。金州生西城、安康二縣山谷，梁州生褒城、金牛二縣山谷〔三一一〕。

淮南以光州上〔三一二〕，生光山縣黃頭港者，與峽州同〔三一三〕。義陽郡、舒州次〔三一四〕，生義陽縣鍾山者，與襄州同〔三一五〕。舒州生太湖縣潛山者，與荊(山)〔州〕同〔三一六〕。壽州下〔三一七〕，盛唐縣生霍山者，與衡(山)〔州〕同(也)〔三一八〕。蘄州、黃州又下〔三一九〕。蘄州生黃梅縣山谷，黃州生麻城縣山谷，並與金州、梁州同〔三二〇〕。

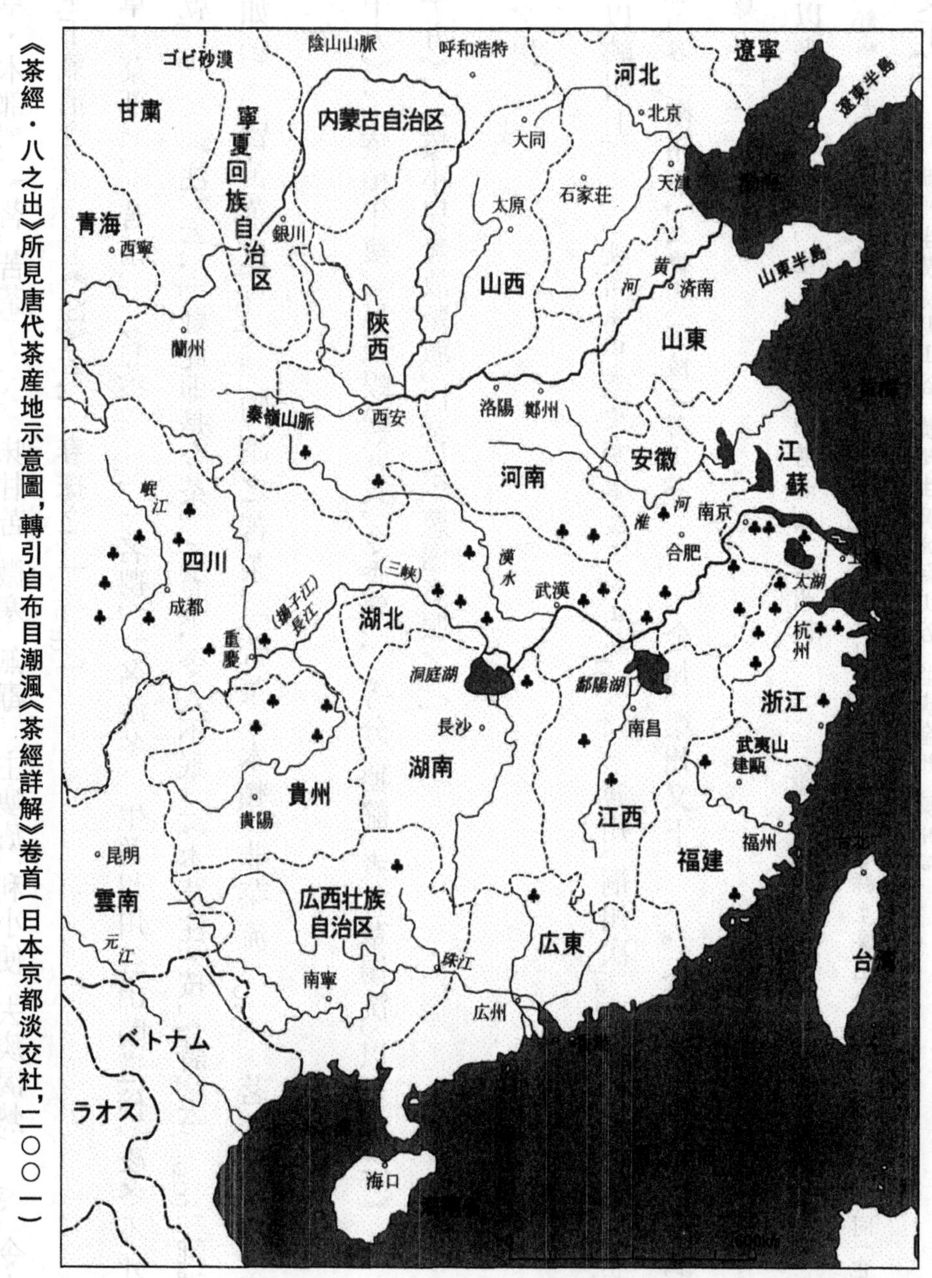

《茶經·八之出》所見唐代茶産地示意圖，轉引自布目潮渢《茶經詳解》卷首（日本京都淡交社，二〇〇一）

浙西以湖州上〔三二一〕，湖州生長城縣顧渚山中，與峽州、光州同〔三二二〕。生山桑、儒師二塢，白茅山、懸脚嶺者，與襄州、荆州、申州同〔三二三〕。生鳳亭山伏翼澗，飛雲、曲水二寺，〔青峴〕、啄木〔二〕嶺〔者〕，與壽州、（常州）同〔三二四〕。生安吉、武康二縣山谷，與金州、梁州同。常州次，常州義興縣生君山懸脚嶺北峯下，與荆州、義陽郡同〔三二五〕。生圈嶺、善權寺、石亭山，與舒州同〔三二六〕。宣州、杭州、睦州、歙州下，宣州生宣城縣鴉山，與蘄州同〔三二七〕。太平縣生上睦、臨睦，與黄州同〔三二八〕。杭州臨安、於潛二縣生天目山〔者〕，與舒州同〔三二九〕。錢塘生天竺、靈隱二寺，睦州生桐盧縣山谷，歙州生婺源山谷，與衡州同。潤州、蘇州又下。潤州江寧縣生傲山〔三三〇〕，蘇州長洲縣生洞庭山〔者〕，與金州、蘄州、梁州〔味〕同〔三三一〕。

浙東以越州上〔三三二〕，餘姚縣〔茶〕生瀑布（泉）嶺〔者號〕曰仙茗，大者殊異，小者與襄州同〔三三三〕。明州、婺州次，明州鄮縣生榆筴村，婺州東陽縣〔生〕東白山，與荆州同〔三三四〕。台州下。台州始豐縣生赤城〔山〕者，與歙州同〔三三五〕。

劍南以彭州上，〔彭州〕生九隴縣馬鞍山、至德寺、堋口〔鎮者〕，與襄州同〔三三六〕。綿州、蜀州次，綿州龍安縣生松嶺關〔者〕，與荆州同〔三三七〕。其西昌、昌明、神泉縣〔連〕西山生〔者〕並佳，有過〔獨〕松嶺者不堪採〔三三八〕。蜀州青城縣生丈人山，與綿州同。青城縣有散茶、末茶，〔尤好〕〔三三九〕。邛州（次）、雅州、瀘州下〔三四〇〕，雅州百丈山、名山〔二者尤佳〕〔三四一〕。瀘州〔生〕瀘川者，與金州同〔三四二〕。眉州、漢州又下。眉州丹稜縣生鐵山者，漢州綿竹縣生竹山者，與潤州同〔三四三〕。

黔中生思州、播州、費州、夷州〔三四四〕。

江南生鄂州、袁州、吉州。

嶺南生福州、建州、〔泉州〕、韶州、象州。福州生閩縣方山之陰也〔三四五〕。其思、播、費、夷、鄂、袁、吉、福、建、泉、韶、象十二州未詳〔三四六〕。往往得之，其味極佳〔三四七〕。

九之略

其造具，若方春禁火之時，於野寺、山園叢手而掇，乃蒸、乃舂、乃□，以火乾之〔三四八〕，則又棨、撲、焙、貫、棚、穿、育等七事皆廢。其煮器，若松間，石上可坐，則具列廢。用槁薪、鼎櫪之屬，則風爐、灰承、炭檛、火筴、交牀等廢〔三四九〕。若瞰泉臨澗，則水方、滌方、漉水囊廢。若五人已下，茶可末而精者，則羅〔合〕廢〔三五〇〕。若援藟躋嵓，引絙入洞，於山口炙而末之，或紙包、合貯，則碾、拂末等廢。既瓢、盌、筴、札、熟盂、鹺簋，悉以一筥盛之，則都籃廢。但城邑之中，王公之門，二十四器闕一，則茶廢矣。

十之圖

以絹素或四幅，或六幅，分布寫之，陳諸座隅。則茶之源、之具、之造、之器、之煮、之飲、之事、之出、之略，目擊而存於是〔三五一〕。茶經之始終備焉。

〔日〕春田永年《茶經中卷・茶器圖解》寫本

風爐

爐足銘

坎上巽下離于中

體均五行去百疾

爐銘

伊公羹陸氏茶

一足ノ銘ノ説上巻風爐ノ註ニ見タリ

風爐ノ文飾圖スル所ニ拘ルヘカラス甑文ニ據テ造ルヘシ

爐內半旁之圖

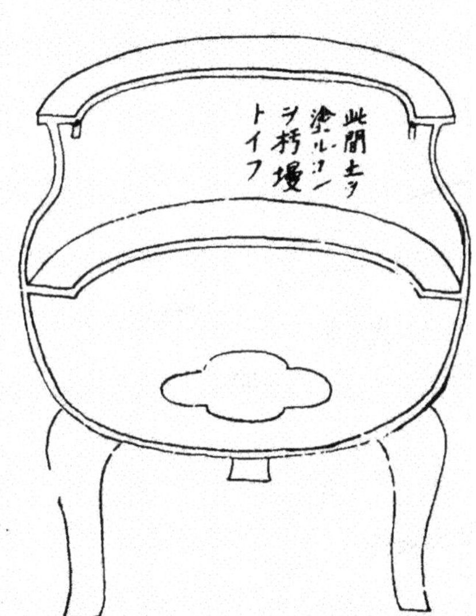

墆線

墆線底孔之圖

帶線ノ三格ノ文別ニ圖ヲ出スヿ左ノ如シ

三格之圖

鐵柈

筥

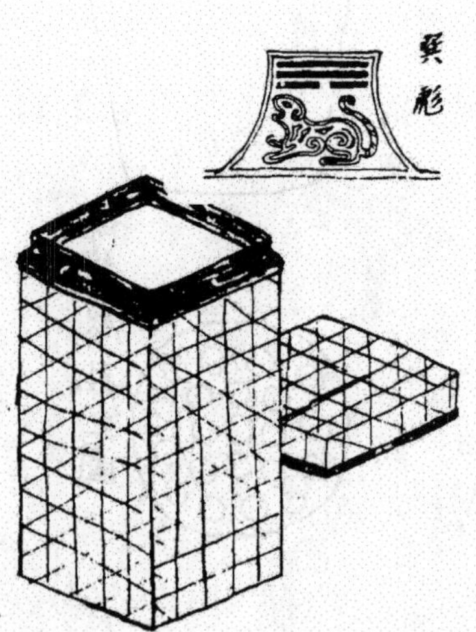

炭檛

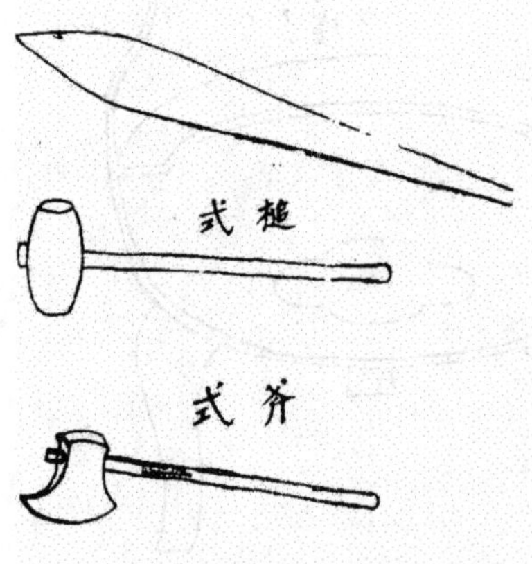

火筴

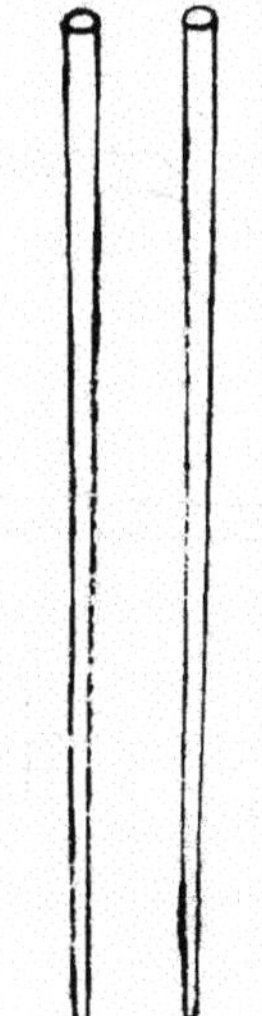

鍑

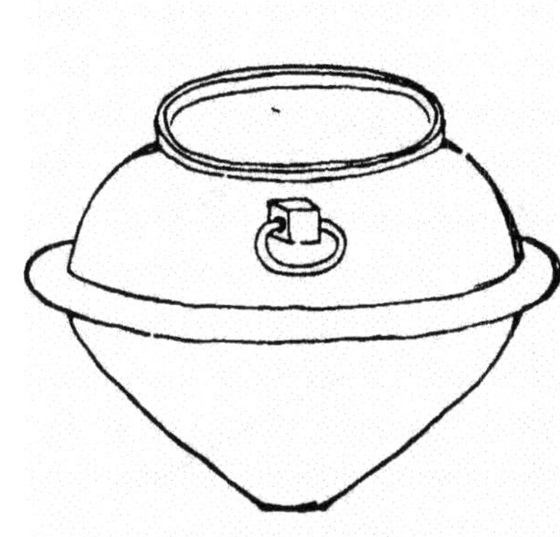

交床

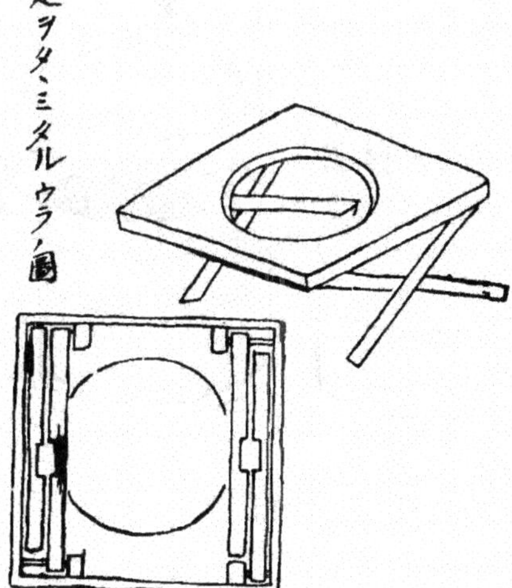

小竹夾

銅鐵夾

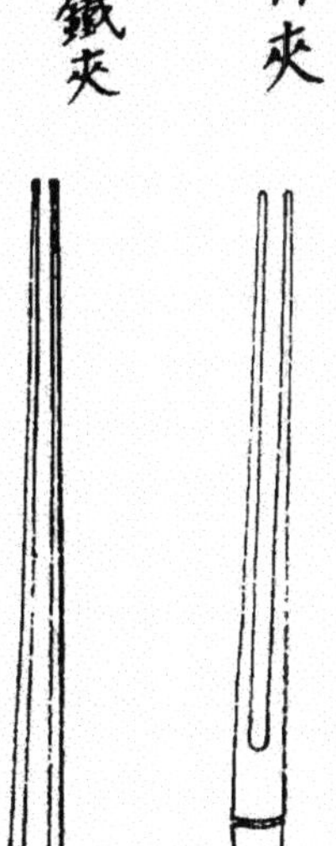

碾

紙囊

墮

羅合

合漆杉屈

蓋合

羅末

合底

拂末

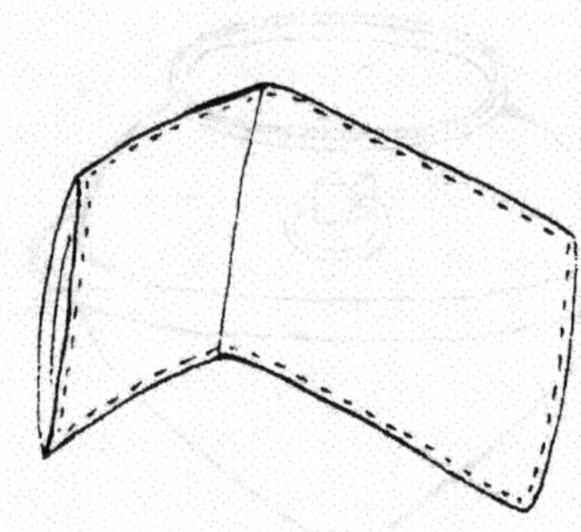

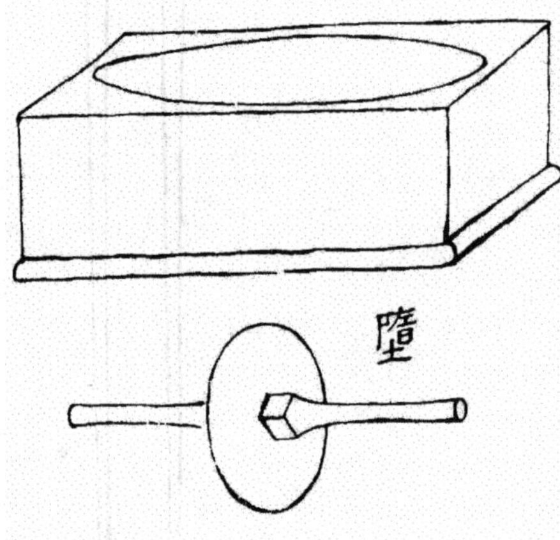

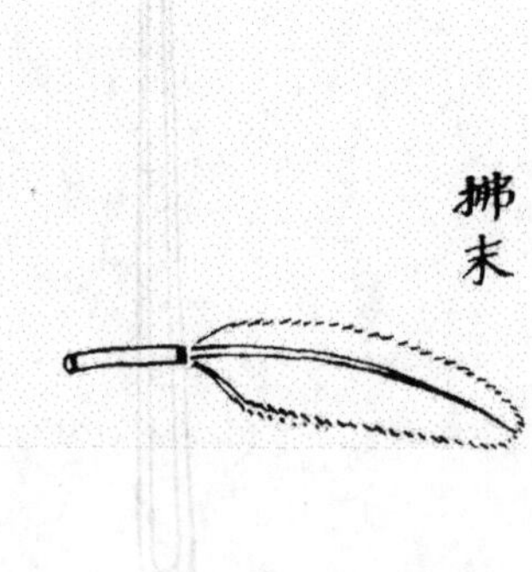

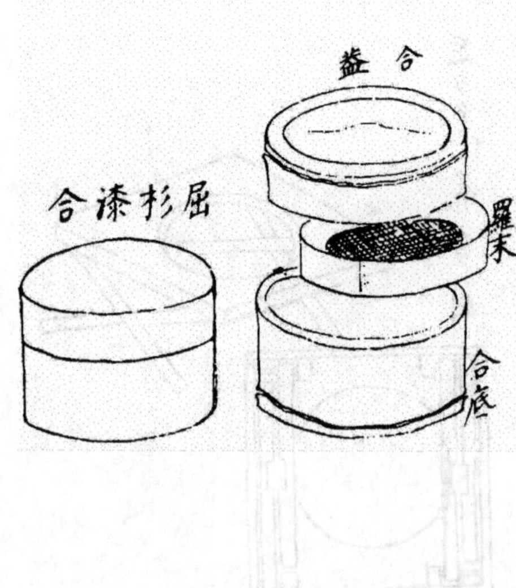

則

海貝ヲ以テ作ルモノハ其形貝ニナラヒテ工ヲ加フレハ圖ノ如クナラサルモ有ヘシ

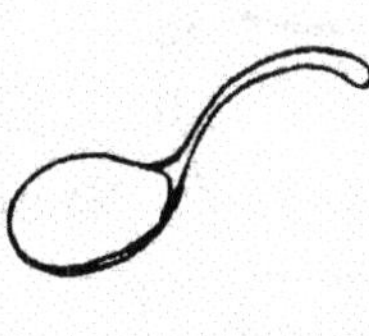

水方

水一斗ヲ入（今ノ一升三合九勺四撮八一ニアタル）

コレヲ作ルニ内ノリニテ

口ノ徑五寸四分

底ノ徑四寸八分

深サ三寸五分（今ノ曲尺ヲ用）

右ノ如ク作レハ唐量ノ一斗ヲ入少シ餘計アリ

ソレニテ瓢（ヒシャク）ヲ入テ汲テモ溢レサルナリ

漉水囊

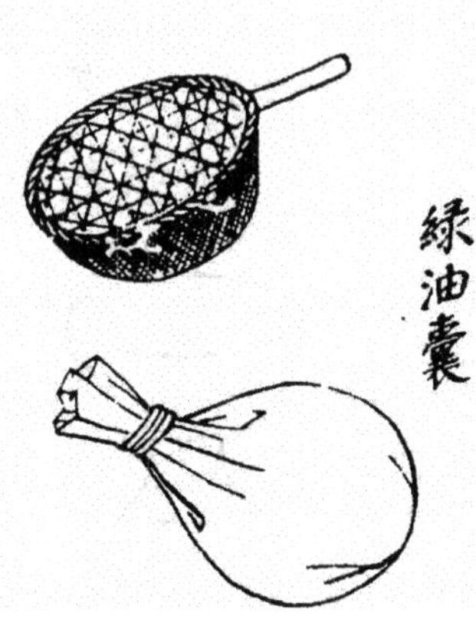

緑油囊

瓢

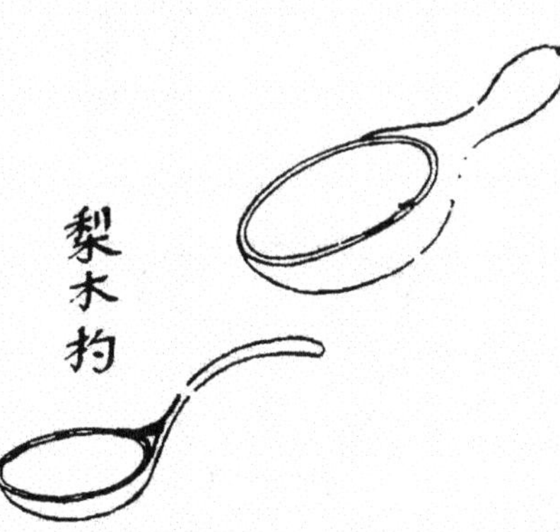

梨木杓

竹夾

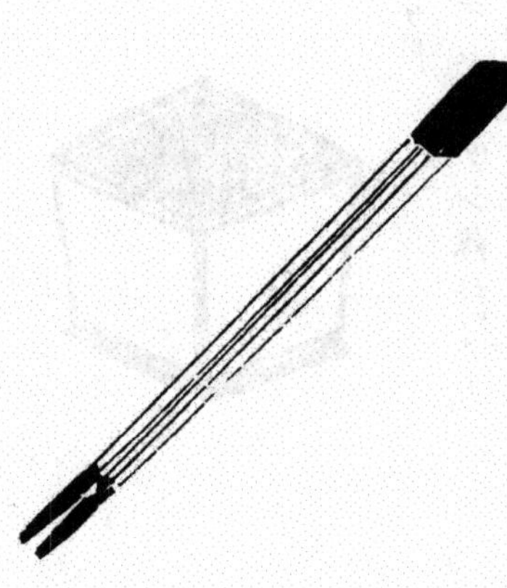

鹺簋

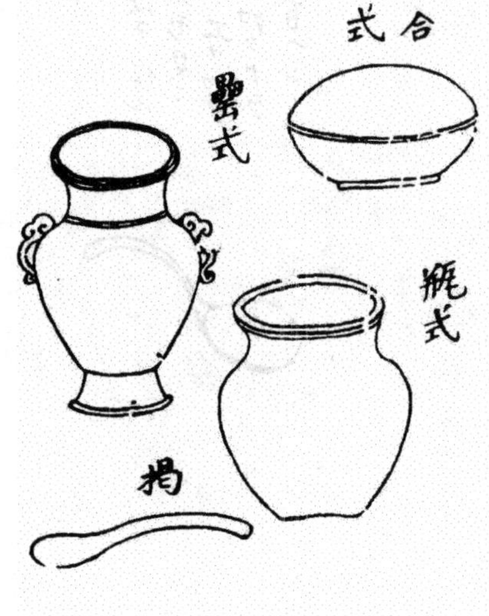

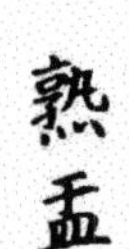

熟盂

經文ニ二升ヲ受クトアレハ
今ノ二合七勺ホト入モノヲ
用ユヘシ

盌

經文ニ半升以下ヲ受ルトアレハ
今ノ六勺九撮ホトヨリ少ナク
入ル盌ヲ用ユヘシ

畚

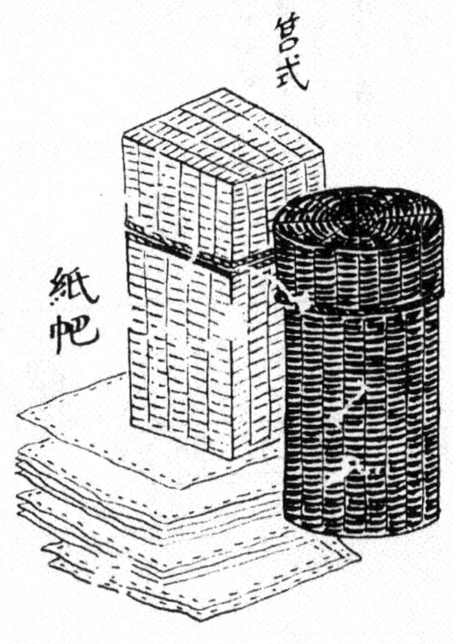

札

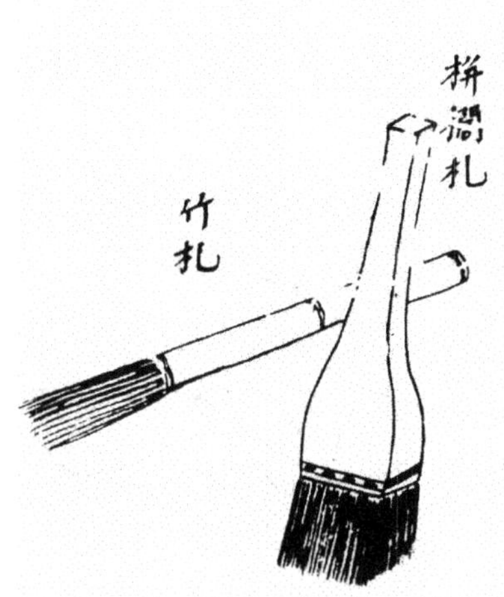

滌方

水八升ヲ入　今ノ一升零一勺五撮八四八ニアタル

コレヲ作ルニ内ノリニテ

口ノ径四寸八分

底ノ径四寸二分

深サ三寸三分　今ノ曲尺ヲ用

餘水方ノ説ノ如シ

滓方

五升ヲ入　今ノ六合九勺七撮四〇奇ニアタル

コレ作ルニ内ノリニテ

口ノ径四寸二分

底ノ径三寸六分

深サ三寸　今ノ曲尺ヲ用

餘水方ニ倣フ

巾

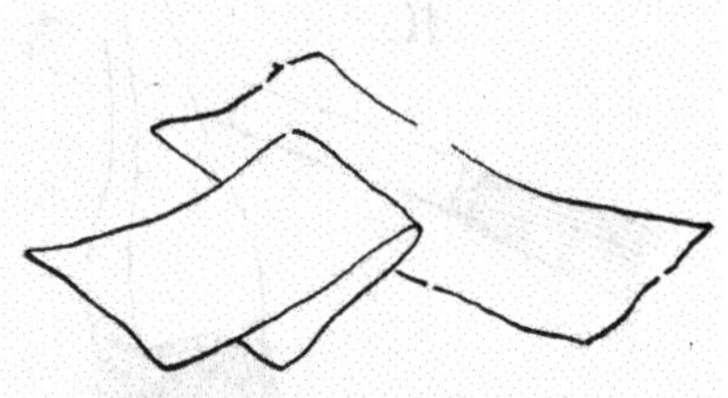

具列

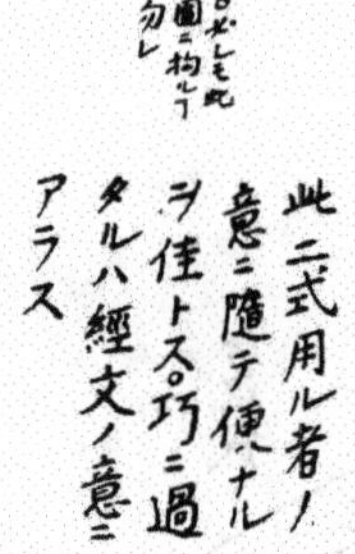
○必シモ此圖ニ拘ルヿ勿レ
此二式用ル者ノ意ニ隨テ便ナルヲ佳トス。巧ニ過タルハ經文ノ意ニアラス

床式

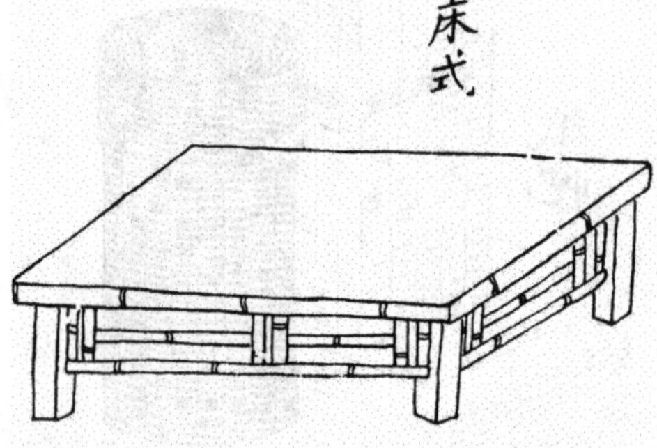

都籃

架式

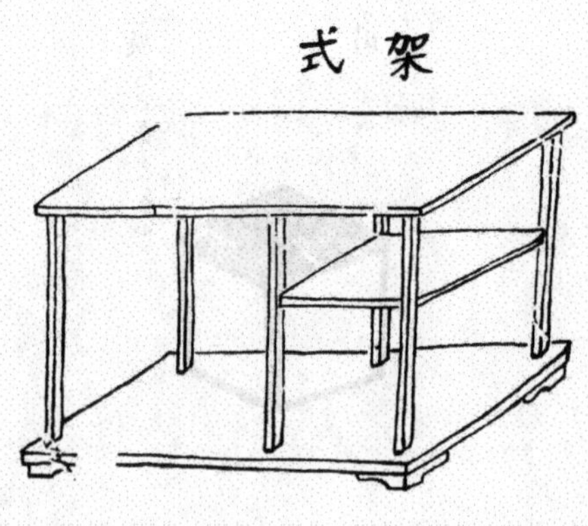

茶經圖考

籯 籃 籠 筥 同
茶人負テ以採茶
穀木枝三椏
茶ヲ散器
箄 コシキノス
篾系
甑 コシキ 木或瓦ニテ造ル
釜涸注於甑中ニ
甑ノ腰帯ヲセズ泥ス
竈 カマド
堗アルヲ不用
杵臼
碓 同
規 カタ
鉄ニテ造ル
模 棬 同

附録一　《茶經》序跋十一篇〔三五二〕

（一）茶經序　〔宋〕陳師道〔三五三〕

陸羽《茶經》，家書一卷〔三五四〕，畢氏、王氏書三卷，張氏書四卷，内外書十有一卷。其文繁簡不同，王、畢氏書繁雜，意其舊文；張氏書簡明，與家書合而多脱誤；家書近古，可考正。自《七之事》其下亡。乃合三書以成之，録爲二篇，藏於家。夫茶之著書自羽始，其用於世亦自羽始，羽誠有功於茶者也。上自宫省，下迨邑里，外及戎夷蠻狄，賓祀燕享，預陳於前。山澤以成市，商賈以起家，又有功於人者也。可謂智矣！《經》曰：『茶之否臧，存之口訣〔三五五〕。』則書之所載，猶其粗也。夫茶之爲藝下矣！至其精微，書有不盡，況天下之至理，而欲求之文字紙墨之間，其可得乎〔三五六〕！

昔者，先王因人而教，同欲而治，凡有益於人者，皆不廢也。世人之説曰：先王詩書，道德而已，此乃世外執方之論，枯槁自守之行，不可羣天下而居也。史稱羽持具飲李季卿，季卿不爲賓主，又著論以毁之。夫藝者，君子有之，德成而後及，所以同於民也。不務本而趨末，故業成而下也。學者慎之〔三五七〕！

（一一）刻茶經叙　〔明〕魯彭[三五八]

粤昔己亥，上南狩郢，置荆西道[三五九]。無何，上以監察御史青陽柯公來莅厥職[三六〇]。越明年，百廢修舉，迺觀風竟陵，訪唐處士陸羽故處龍盖寺。公喟然曰：『昔桑苧翁名於唐，足跡遍天下，誰謂其産兹土耶？』因慨茶井失所在，迺即今井亭而存其故。已，復構亭其北，曰茶亭焉。他日公再往，索羽所著《茶經》三篇。僧真清者，業録而謀梓也，獻焉。公曰：『嗟，井亭矣，而經可無刻乎！』遂命刻諸寺[三六一]。

夫茶之爲經要矣，行於世，膾炙千古。迺今見之《百川學海》集中，兹復刻者，便覽爾。刻之竟陵者，表羽之爲竟陵人也。按羽生甚異，類令尹子文。人謂子文賢而仕，羽雖賢，卒以不仕；又謂楚之生賢大類后稷云。今觀《茶經》三篇，其大都曰源、曰具、曰造、曰飲之類，則固具體用之學者。其曰：『伊公羹，陸氏茶』，取而比之，寔以自況。所謂易地皆然者，非歟？向使羽就文學、太祝之召，誰謂其事不伊且稷也！而卒以不仕，何哉？昔（方案：寺本作『古』）人有自謂不堪流俗，非薄湯武者，羽之意豈亦以是乎？厥後茗飲之風行於中外，而回紇亦以馬易茶，由宋迄今，大爲邊助，則羽之功固在萬世，仕不仕，奚足論也！或曰：酒之用，視茶爲要，故北山亦有《酒經》三篇。曰酒始諸祀，然而妹也已有酒禍，惟茶不爲敗。故其既也，《酒經》不傳焉[三六二]。羽器業顛末，具見於傳；其水味品鑒，優劣之辨，又互見於張、歐《浮槎》等記，則並附之經，故不贅。僧真清，新安之歙人。嘗新其寺，以嗜茶，故業《茶經》云。

皇明嘉靖貳拾壹年，歲在壬寅，秋重九日，景陵後學魯彭叙。

（三）茶經序 〔明〕陳文燭[三六三]

先通奉公論吾沔人物，首陸鴻漸，蓋有味乎《茶經》也。夫茗久服，令人有力悦志，見《神農食經》。而曇濟道人與〔豫章〕王子尚設茗八公山中[三六四]，以爲甘露。是茶用于古，羽神而明之耳。人莫不飲食也，鮮能知味也。稷樹藝五穀而天下知食，羽辨水煮茶而天下知飲，羽之功不在稷下，雖與稷並祀可也。及讀《自傳》，清風隱隱（方案：寺本作『清清泠泠』）起四坐。所著《君臣契》等書不行于世，豈自悲遇不禹稷若哉！竊謂禹稷、陸羽易地則皆然。昔之刻《茶經》、作郡志者，豈未見兹篇耶？今刻于《經》首，次《六羡歌》，則羽之品流概見矣。玉山程孟孺善書法，書《茶經》刻焉；王孫貞吉繪茶具；校之者，余與郭次甫。結夏，金山寺飲中泠第一泉。

明萬曆戊子夏日，郡後學陳文燭玉叔撰。

（四）茶經序 〔明〕李維楨[三六五]

徐微休尚（嘗？）論邑之先賢，於唐得（方案：寺本有『處士』二字）陸鴻漸。井泉無恙，而《茶經》漶滅不可讀，取善本覆校，鍥諸梓。屬余爲序。蓋茶名見《爾雅》。而《神農食經》、華陀《食論》、壺居士《食志》（方案：《茶經》作《食忌》）、桐君及陶弘景《録》、《魏王花木志》胥載之，然不專茶也。晉杜育《荈賦》、唐顧況《茶論》，然不稱經也。韓翃《謝茶啓》云：『吴主禮賢置茗，晉人愛客分茶。』其時，賜已千五百串。常魯〔公〕使西蕃，蕃人以諸方産示之。茶之用已廣，然不居功也。其筆諸書而尊爲經，而人又以功歸之，實自鴻漸始。夫揚子雲、王文中一代大儒，《法言》、《中説》自可鼓吹六經，而以擬經之故，爲世詬病。鴻漸品茶小技，與經相提而論，人安得無異議？故溺其好者，謂窮《春秋》、演《河圖》，不如載茗一車，稱引並於禹稷。而鄙其事者，使與傭保雜作，不具賓主禮。《氾論訓》曰：伯成、子高辭諸侯而耕，天下高之。今之時，辭官而隱處爲鄉邑下，於古爲義，於今爲笑。豈可同哉！

鴻漸混迹牧豎、優伶，不就文學、太祝之拜，自以爲高，此難爲俗人言也。所著《君臣契》三卷、《源解》三十卷、《江表四姓譜》十卷、《南北人物志》十卷、《占夢》三卷，不盡傳而獨傳《茶經》，豈以他書人所時有，此爲觭長，易於取名，如承蜩、養雞、解牛、飛鳶、弄丸、削鐻之屬，驚世駭俗耶？李季卿直技視之，能無辱乎哉！無論季卿，曾明仲《隱逸傳》且不收矣。

費袞云：鞏有甆偶人，號『陸鴻漸』。市沽茗不利，輒灌注之。以爲偏好者戒。李石云：鴻漸爲《茶論》并煎炙法，常伯熊廣之。飲茶過度，遂患風氣，北人飲者，多腰疾偏死。是無論儒流，即小人且求多（方案：寺本作『多求』）矣。後鴻漸而同姓魯望嗜茶，置園顧渚山下，歲收租，自判品第，不聞以技取辱。鴻漸嘗問張子同孰爲往來，子同曰：太虚爲室，明月爲燭，與四海諸公共處，未嘗少别，何有往來？兩人皆以隱名，曾無尤悔。僧晝對鴻漸，使有宣尼博識，胥臣多聞，終日目前，矜道侈義，適足以伐其性。豈若松巖雲月，禪坐相偶，無言而道合，志静而性同，吾將入杼山矣。遂束所著燬之。度鴻漸不勝伎倆磊塊，沾沾自喜，意奮氣揚，體大節疏。彼夫外飾邊幅，内設城府，寧見容耶！

聖人無名，得時則澤及天下，不知誰氏。非時則自埋於民，自藏於畔，生無爵，死無謚。有名，則愛憎是非、雌雄片合紛起。鴻漸殆以名誨妬（方案：寺本作『誨詬』）耶？雖然，牧豎優伶，可與浮沉，復何嫌于傭保？古人玩世不恭，不失爲聖。鴻漸有執以成名，亦寄傲耳。宋子京言：放利之徒，假隱自名，以詭禄仕，肩摩於道，終南、嵩山，成仕途捷徑。如鴻漸輩，各保其素，可貴慕也。太史公曰：富貴而名磨滅，不可勝數，惟俶儻非常之人稱焉。鴻漸窮阨終身，而遺書遺蹟百世之下寶愛之，以爲山川邑里重。其風，足以廉頑立儒，胡可少哉！夫酒食禽魚，博塞摴蒱，諸名經者夥矣。茶之有經也，奚怪焉！

（五）茶經序 〔明〕徐同氣

余曾以屈、陸二子之書付諸梓而毁於燹，計再有事而屈郡人陸里人也。故先鐫《茶經》。客曰：『子之於《茶經》，奚取？』曰：『取其文而已。陸子之文，奥質奇離，有似《貨殖傳》者，有似《考功記》者，有似《周王傳》者，有似《山海》、《方輿》諸記者。其簡而該，則《檀弓》也；其辨而織，則《爾雅》也。亦似之而已。如是，以爲文而能無取乎？』客曰：『其文遂可以爲經乎？』曰：『經者，以言乎其常也。水以源之盈竭而變，泉以土脈之甘澀而變，瓷以壤之脆堅、焰之浮燼而變，器以時代之刓削、事工之巧利而變，其鷩之爲經者，亦以其文而已。』客曰：『陸子之文，如《君臣契》、《源解》、《南北人物志》及《四悲歌》、《天之未明賦》諸書，而蔽之以《茶經》，何哉？』曰：『諸書或多感憤，列之經傳者，猶有猴冠傖父氣。《茶經》則雜於方技，迫於物理，肆而不厭，傲而不忤，陸子終古以此顯，足矣！』客曰：『引經以繩茶，可乎？』曰：『凡經者，可例百世而不可繩一時者也。孔子作《春秋》，七十子惟口授其傳旨。故《經》曰：「茶之臧否，存之口訣。」則書之所載，猶其粗者也，抑取其文而已。』客曰：『文則美矣，何取乎茶乎？』曰：『茶，何所不取乎？神農取其悦志，周公取其解醒，華佗取其益意，壺居士取其羽化，巴東人取其不眠，而不可概於經也。陸子之經，陸子之文也。』

（六）茶經序　〔清〕曾元邁

人生最切於日用者有二：曰飲，曰食。自炎帝制耒耜，后稷教稼穡，烝民乃粒，萬世永賴，無俟覼縷矣。唯飲之爲道，酒正著於《周禮》，茶事詳於季疵。然禹惡旨酒，先王避酒禍，我皇上萬言諭曰：酒之爲物，能亂人心志，求其所以除痟去癘，風生兩腋者，莫韻於茶。茶之事，其來已舊。而茶之著書，始於吾竟陵陸子；其利用於世，亦始於陸子。由唐迄今，無論賓祀燕饗，宫省邑里，荒陬窮谷，膾炙千古，逮茗飲之風行於中外，而回紇亦以馬易茶，大爲邊助。不有陸子品鑒水味，爲之分其源，制其具，教其造與飲之類，神而明之，筆之於書，而尊爲經，後之人烏從而飲其和哉！

余性嗜茶，喜吾友王子閒園宅枕西湖，其所築儀鴻堂，竹木陰森，與桑苧舊址相望。月夕花晨，余每過從賞析之餘，常以西塔爲遺懷之地。或把袂偕往，或放舟同濟，汲泉煎茶，與之共酌於茶醉亭之上。憑弔季疵當年披閱所著《茶經》，穆然想見其爲人。昔人謂其功不稷下，其信然歟？邇時，余即欣然相訂有重刻《茶經》之約，而貲斧難辦。厥後予以一官匏繫金臺，今秋奉命典試江南，復蒙恩旨歸籍省覲。得與王子焚香煮茗，共話十餘載離緒。王子因出平昔考訂音韻，正其差譌，親手楷書《茶經》一帙示余，欲重刻以廣其傳，而問序於余。余肅然曰：『《茶經》之刻，嚮來每多脱誤，且漶滅不可讀，余甚憾之。非吾子好學深思，留心風雅韻事，何能周悉詳核至此！亟宜授之梓人，公諸天下後世，豈不使茗飲遠勝於酒而與食並重之，爲最切於日用者哉！』同人聞之，應無不樂勸盛世以誌不朽者！是爲序。

（七）茶經後序　〔明〕汪可立[三六]

侍御青陽柯公雙華蒞荆西道之三年，化行政洽，乃訪先賢遺逸而追崇之。巡行所治郡邑，至景陵之西禪寺，問陸羽《茶經》。時僧真清類寫成册以進，屬校讎于余。將完，柯公又來命修茶亭。噫，固千載嘉會也！

按陸羽之生也，其事類后稷。稷之於稼穡，羽之於茶，是皆有相之道，存乎我者也。后稷教民稼穡，至周武王有天下，萬世賴粒食者，春之祈，秋之報，至今祀之不衰。夫飲，猶食也；陸之烈，猶稷也。不千餘年，遺迹堙滅，其《茶經》僅存諸殘編斷簡中，是不可慨哉！及考諸經，爲目凡十。其要則品水土之宜，利器用之備，嚴採造之法，酌煮飲之節，務聚其精腴（欸）〔豓〕美，以致其雋永焉。其味於茶也，不既深乎。矧乃文字，類古拙而實細膩，類質殼而實華腴，蓋得之性成者不誣，是可以弗傳耶？余聞昔之鬻茶者，陶陸羽形，祀之爲茶神，是亦祀稷之遺意耳。何今之不爾也！雖然，道有顯晦，待人而彰，斯理之在人心不死，有如此者。

柯公《茶經》之問，茶亭之樹，夫豈偶然之故哉！今經既壽諸梓，又得儒先之論，名史之贊，羣哲之聲詩，彙集而彰厥美焉！要皆好德之彝，有不容默默焉者也。予敢自附同志之末云。

嘉靖壬寅冬十月朔，祁邑芝山汪可立書。

（八）茶經跋　〔明〕童承叙〔三六七〕

余嘗過竟陵，憩羽故寺，訪雁橋，觀茶井，慨然想見其爲人。夫羽少厭髡緇，篤嗜墳素，本非忘世者。卒迺寄號桑苧，遁迹苕霅，嘯歌獨行，繼以痛哭，其意必有所在。時迺比之接輿，豈知羽者哉！至其性甘茗荈，味辨淄澠，清風雅趣，膾炙今古。張顛之於酒也，昌黎以爲有所託而逃，羽亦以是夫？

（九）茶經跋　〔明〕張睿卿〔三六八〕

余嘗讀東坡《汲江煎茶》詩，愛其得鴻漸風味。再讀孫山人太初《夜起煮茶》詩，又愛其得東坡風味。試於二詩三詠之，兩腋風生，雲霞泉石，磊磈胸次矣。要之，不越鴻漸《茶經》中。《經》舊刻入《百川學海》。竟陵龍蓋寺有茶井在焉，寺僧真清嗜茶，復掇張、歐浮槎等《記》，并唐宋題詠附刻於《經》。但《學海》刻非全本，而竟陵本更煩穢，余故删次，雕于埒參軒。時於松風竹月，宴坐行吟，眠雲吸花，清譚展卷，興自不減東坡、太初。奚止六腑睡神去，數朝詩思清哉！與茶侶者，當以余言解頤。

（一〇）茶經跋　〔明〕吴旦

予聞陸羽著《茶經》舊（久？）矣，惜未之見。客竟陵，於龍蓋寺僧真清處見之，三復披閲。甚有益於人，欲刻之而力未逮。乃求同志程子伯容共集請（諸？）梓，以公於天下，俾慕之者無遺憾焉。刻完，敬敍數語，紀歲月於末簡(簡末?)。

嘉靖壬寅歲一陽月望日,新安後學吴旦識〔三六九〕。

(一一)唐處士陸鴻漸祠記 〔明〕李維楨〔三七〇〕

唐處士陸鴻漸者,邑人也。其生平,具宋子京《唐書·列傳》及所自爲傳中。鴻漸生類子文,收畜於大師積公禪院。禪院故名龍華寺,或曰龍蓋,今邑西湖禪寺,相傳謂其遺址。趙璘《因話録》云:竟陵龍蓋寺僧姓陸,於堤上得一初生兒,收育之,遂以陸爲姓。聰俊多能,學贍詞逸,詼諧縱横,東方曼倩之儔也。鴻漸遺文,獨《茶經》行世。而又嘗爲歌,所深羡者,西江水向竟陵城來而已。以故邑有覆釜洲,有陸子泉,或曰文學泉,皆指目漸所品水、烹茶處。

嘉靖間,邑人魯孝廉刻行《茶經》,而以沔陽童庶子傳附之。其後,沔陽陳廷尉更刻之豫章,爲玉山程光録書。邑人徐茂才復臨刻之。校童傳,更宋傳者十六字,增者十二字,後有童讚而遂以傳。童作或亦《漢書》之用《史記》文耳。

泉久没湖中,隆慶間,某某以治湖堤得之,搆亭其上,鴻漸之迹日彰顯矣。顧未有爲祠,祠之者,則自邑人周藩伯始。既新其所託迹寺,更計之曰:『寺因鴻漸名,至今而身無地受血食,何耶?聞昔鬻茶者陶鴻漸形,以神事之煬突間。吾黨小子,尸祝而俎豆之,爲邑魁杓,奚所不可!』於是,就寺後創祠,爲堂某楹,後有臺,前有某,旁有廡,有庖湢,遂成勝地,既落成,使余記之。

附録二〔三七一〕 陸羽傳記四篇

（一）陸文學自傳

陸子名羽，字鴻漸。不知何許人也。或云字羽，名鴻漸。未知孰是。有仲宣、孟陽之貌陋，而有相如、子雲之口吃。而爲人才辯，爲性褊躁，多自用意。朋友規諫，豁然不惑。凡與人宴處，意有所適，一作擇。不言而去。人或疑之，謂生多瞋。又與人爲信，縱冰雪千里，虎狼當道而不僭也。

上元初，結廬於苕溪之濱〔一〕，閉關讀書，不雜非類。名僧高士，談讌永日。常扁舟往來山寺，隨身唯紗巾藤鞵，短褐犢鼻。往往獨行野中，誦佛經，吟古詩。杖擊林木，手弄流水，夷猶徘徊，自曙達暮，至日黑興盡，號泣而歸。故楚人相謂：陸子蓋今之接輿也。

始三歲，一作載。惸露，育於竟陵大師積公之禪〔二〕。自九歲學屬文〔三〕，積公示以佛書出世之業。子答曰：『終鮮兄弟，無復後嗣，染衣削髮，號爲釋氏。使儒者聞之，得稱爲孝乎？羽將授孔聖之文〔四〕。』公曰：『善哉！子爲孝，殊不知西方染削之道，其名大矣。』公執釋典不屈，子執儒典不屈。公因矯憐撫愛〔五〕，歷試賤務。掃寺地，潔僧廁，踐泥污牆，負瓦施屋，牧牛一百二十蹄。竟陵西湖，無紙學書，以竹畫牛背爲字。他日，於學者得張衡《南都賦》，不識其字，但於牧所倣青衿小兒危坐展卷，口動而已。公知之，恐漸漬外典，去道日曠，又束於寺中。令芟剪卉莽，以門人之伯主焉。或時心記文字，懵然若有所遺，灰心木立，過日不作。主者以爲慵墮，鞭之。因歎云：『恐歲月往矣，不知其書。』嗚咽不自勝〔六〕。主者以爲蓄怒，又鞭其背，折其楚乃釋。因倦所役，捨主者而去。卷衣詣伶黨，著《謔談》三篇，以身爲伶正，弄木人假吏藏珠之戲。公追之曰：『念爾道喪，惜哉！吾本師有言：「我弟子十二時中，許一時外學，令降伏外道也！」以吾門人衆多，今從爾所欲〔七〕，可捐樂工書。』

天寶中，郢人酺於滄浪〔八〕，邑吏召子爲伶正之師。時河南尹李公齊物黜守，見異，提手撫背〔九〕，親授詩集。於是，漢沔之俗亦異焉。後負書於火門山鄒夫子別墅，屬禮部郎中崔公國輔出竟陵〔一〇〕，因與之遊。處凡三年，贈白驢、烏犎一作犁，下同。牛一頭〔一一〕，文槐書函一枚〔一二〕。白驢、犎牛，襄陽太守李憕一云澄，一云棖〔一三〕。見遺；文槐函，故盧黄門侍郎所與。此物皆己之所惜也，宜野人乘蓄，故特以相贈。

洎至德初，泰一作秦。人過江〔一四〕，子亦過江。與吳興釋皎然爲緇素忘年之交。少好屬文，多所諷諭。見人爲善，若己有之；人不善，若己羞之。忠言逆耳，無所迴避。繇是俗人多忌之。自祿山亂中原，爲《四悲詩》；劉展窺江淮，作《天之未明賦》。皆見感激當時，行哭涕泗。著《君臣契》三卷，《源解》三十卷，《江表四姓譜》八卷，《南北人物志》十卷，《吳興歷官記》三卷，《湖州刺史記》一卷，《茶經》三卷，《占夢》上中下三卷，並貯於褐布囊。上元年辛丑歲子陽秋二十有九日。

（《文苑英華》卷七九三）

〔校勘記〕

〔一〕茗溪之濆　底本、中華本均譌作『茗溪之湄』，據《全唐文》本改。

〔二〕竟陵大師積公之禅　『竟陵』，中華本原譌作『境陵』。『大師』，底本、中華本原譌作『太師』，據《全唐文》本改。『之禅』其下，《全唐文》本有『院』字。

〔三〕自九歲學屬文　『九歲』，《全唐文》本作『幼』。

〔四〕羽將授孔聖之文　『之文』其下，《全唐文》本有『可乎』二字。

〔五〕公因矯憐撫愛　『撫』，《全唐文》本作『無』。

〔六〕嗚咽不自勝　『嗚咽』，中華本譌作『嗚呼』，從底本及《全唐文》本。

〔七〕今從爾所欲　『今』，底本譌作『令』，據中華本、《全唐文》本改。

〔八〕郢人餔於滄浪　『滄浪』下，《全唐文》本有『道』字。

〔九〕提手撫背　『提』，《全唐文》本作『捉』，義勝。

〔一〇〕崔公國輔出竟陵　『出』下，《全唐文》本有『守』字。方案：《新唐書·藝文志》著録有《崔國輔集》。其下小注云：『坐王鉷近親，貶竟陵郡司馬。』則『守』字乃《全唐文》編者臆補，非是。

〔一一〕烏犎一作犁下同牛一頭　『犎』，底本、中華本均譌作『幇』，《全唐文》本作『幫』。據《茶經·三之造》『犎牛』改，參見校證〔四七〕。注文云『一作犁』，尤誤。下徑改，勿再出校。

〔一二〕文槐書函一枚　『函』，底本、中華本原譌作『凾』，據《全唐文》本改。下徑改。

〔一三〕李憕一云澄一云棖　方案：作李憕是。《寶刻叢編》卷三引《集古録目》録存《唐放生池石柱銘》：『天寶十載，李憕爲襄陽太守。』是其證。參見《歐陽修全集》卷一四〇《集古録跋尾·唐放生池碑》。

〔一四〕泰一作秦人過江　方案：作『秦』是。

（二）唐陸文學傳　咸通十五年〔一〕　〔宋〕歐陽修

右《陸文學傳》，鴻漸自撰。茶之見前史〔二〕，蓋自魏、晉以來有之。而後世言茶者必本陸鴻漸，蓋爲茶著書自其始也。至今俚俗賣茶肆中，嘗置一甆偶人於竈側，云此號陸鴻漸〔三〕。鴻漸以茶自名於世久矣〔四〕，考其傳，著書頗多，曰《君臣契》三卷、《源解》三十卷、《江表四姓譜》十卷、《南北人物志》十卷、《吴興歷官記》三卷、《潮州刺史記》一卷、《茶經》三卷、《占夢》三卷〔五〕。其多如此〔六〕，豈止《茶經》而已哉！然其他書皆不傳〔七〕。

〔校勘記〕

〔一〕此文諸本載《集古録跋尾》卷八，卷後注云：『元第五百四十七。』

〔二〕『見』上，周本、叢刊本卷後校：『一有「載」字。』

〔三〕周本、叢刊本卷後校：『此下一有「至飲茶客稀，則烹茶沃之，云可祝利市」十五字。』按此校所引異文，與此文别本文字略同。

〔四〕『鴻漸』上，周本、叢刊本卷後校：『一有「蓋」字。』

〔五〕『潮州』，周本、叢刊本卷後校：『一作「湖州」。』（方案：『湖州』是，應據改。）

〔六〕周本、叢刊本卷後校：『一無「其多如此」四字。』

〔七〕周本、叢刊本注云『右集本』，卷後校云：『此下一有「獨《茶經》著於世，宜其自傳於此名也。治平元年七月二十日書」二十四字。』其後又附録别本作：『右《陸文學傳》，題云自傳，而曰：「名羽，字鴻漸，或云名鴻漸，字羽，未知孰是。」然則豈其自傳也？茶載前史，自魏、晉以來有之，而後世言茶者必本鴻漸，蓋爲茶著書自羽始也。至今俚俗，賣茶肆中，多置一甆偶人，云是陸鴻漸，至飲茶客稀，則以茶沃此偶人，祝其利市。其以茶自名久矣，而此傳載羽所著書頗多，云《君臣契》三卷、《源解》三十卷、《江表四姓譜》十卷、《南北人物志》十卷、《吴興歷官記》三卷、《湖州刺史記》一卷、《茶經》三卷、《占夢》三卷，豈止《茶經》而已也。然他書皆不傳，獨《茶經》著於世爾。』（方案：此周必大刊廬陵本《歐集》文字，顯比李校本所據底本文字爲佳。）

（李逸安點校《歐陽修全集》卷一四二，頁二三〇三，中華書局，二〇〇一）

（三）陸羽傳 〔宋〕宋　祁

陸羽，字鴻漸，一名疾，字季疵。復州竟陵人。不知所生，或言有僧得諸水濱，畜之。既長，以《易》自筮，得《蹇》之《漸》，曰：『鴻漸於陸，其羽可用爲儀。』乃以陸爲氏，名而字之。

幼時，其師教以旁行書，答曰：『終鮮兄弟，而絶後嗣，得爲孝乎？』師怒，使執糞除圬塓以苦之，又使牧牛三十，羽潛以竹畫牛背爲字。得張衡《南都賦》，不能讀，危坐效羣兒囁嚅若成誦狀。師拘之，令薙草莽。當其記文字，懵懵若有遺，過日不作，主者鞭苦，因歎曰：『歲月往矣，奈何不知書！』嗚咽不自勝，因亡去，匿爲優人，作詼諧數千言。

天寶中，州人酺，吏署羽伶師。太守李齊物見異之，授以書，遂廬火門山。貌侻陋，口吃而辯。聞人善，若在己，見有過者，規切至忤人。朋友燕處，意有所行輒去，人疑其多嗔。與人期，雨雪虎狼不避也。上元初，更隱苕溪，自稱桑苧翁，闔門著書。或獨行野中，誦詩擊木，裴回不得意，或慟哭而歸，故時謂今接輿也。久之，詔拜羽太子文學，徙太常寺太祝，不就職。貞元末，卒。

羽嗜茶，著經三篇，言茶之原、之法、之具尤備，天下益知飲茶矣。時鬻茶者，至陶羽形置煬突間，祀爲茶神。有常伯熊者，因羽論復廣著茶之功。御史大夫李季卿宣慰江南，次臨淮，知伯熊善煮茶，召之，伯熊執器前，季卿爲再舉杯。至江南，又有薦羽者，召之，羽衣野服，挈具而入，季卿不爲禮，羽愧之，更著《毀茶論》。其後尚茶成風，時回紇入朝，始驅馬市茶。

（《新唐書》卷一九六《隱逸傳》）

（四）陸羽傳箋

羽字鴻漸，不知所生。

陸羽，見《新唐書》卷一九六《隱逸傳》：『陸羽字鴻漸，一名疾，字季疵，復州竟陵人。不知所生。』皮日休《茶中雜詠》詩自序亦稱：『自周以降，及於國朝茶事，竟陵子陸季疵言之詳矣。』（《全唐詩》卷六一一）《太平廣記》卷二〇一引《大唐傳載》：『太子文學陸鴻漸，名羽，其生不知何許人。』《因話録》卷三同。《陸文學自傳》（《全唐文》卷四三三）：『陸子名羽，字鴻漸，不知何許人也。或云字羽，名鴻漸。未知孰是。』《自傳》作於上元辛丑歲（七六一），時陸羽『陽秋二十有九』，可推知其生年爲開元二十一年（七三三）。此時陸羽尚未爲太子文學，題目當是後人所加。晚唐詩僧齊己《過陸鴻漸舊居》詩（《全唐詩》卷八四六）題注云：『陸生自有傳於井石。』詩云：『如今若更生來此，知有何人贈白驢。』用《自傳》所載竟陵司馬崔國輔贈羽白驢事，據此可知《自傳》曾刻於陸羽竟陵舊居之井石，或即因此而得以流傳。

《新唐書》卷四〇《地理志四》，山南東道有復州竟陵郡，所屬有竟陵縣（今湖北省天門縣治附近）。

初，竟陵禪師智積得嬰兒於水濱，育爲弟子。及長，恥從削髮，以《易》自筮，得《蹇》之《漸》曰：『鴻漸於陸，其羽可用爲儀。』始爲姓名〔二〕。

《新傳》：『或言有僧得諸水濱，畜之。既長，以《易》自筮，得《蹇》之《漸》曰：「鴻漸於陸，其羽可用爲儀。」乃以陸爲氏，名而字之。』此當爲《才子傳》之所本。然《自傳》僅云：『始，三歲惸露，育乎竟陵大師積公之禪院。』無『以《易》自筮』一節。《新傳》當採自野史，疑其不實，故冠以或然之詞。今按李肇《國史補》卷中有云：『竟陵僧有於水濱得嬰兒者，育爲弟子。稍長，自筮，得《蹇》之《漸》，繇曰：「鴻漸於陸，其羽可用爲儀。」乃令姓陸名羽，字鴻漸。』此當爲『以《易》自筮』説之最早記載。然《因話録》卷三商部下則云：『竟陵龍蓋寺僧，姓陸，於堤上得一初生兒，收育之，遂以陸爲氏。』《太平廣記》卷二〇一引《傳載》同。然則陸羽乃從龍蓋寺僧積公之俗姓。《因話録》作者趙璘之外祖父柳中庸與陸羽『交契至深』（見《因話録》卷三），其言自較可信。又，時人稱羽爲陸三。顔真卿、陸羽、潘述等人有《水堂送諸文士戲贈潘丞聯句》詩（《文忠集》卷一五），長城丞潘述之詩句下有注云：『潘丞上陸三。』戴叔倫亦有《贈陸三》、《勸陸三飲酒》等詩，均指陸羽。羽既有行第，自有兄弟，其兄弟當即是陸僧之諸姪。考之《自傳》、《因話録》及上引諸詩題，『以《易》自筮』説實不足據。

『恥從削髮』一節，《自傳》敍之甚詳，《新傳》因之而省其文，曰：『幼時，其師教以旁行書，答曰：「終鮮兄弟，而絶後嗣，得爲孝乎？」師怒，使執糞除圬墁以苦之，又使牧牛三十，羽潛以竹畫牛背爲字。得張衡《南都賦》，不能讀，危坐效羣兒囁嚅若成誦狀。師拘之，令薙草莽。當其記文字，懵懵若有遺，過日不作，主者鞭苦，因歎曰：「歲月往矣，奈何不知書！」嗚咽不自勝。」

龍蓋寺僧之法號，《自傳》僅云「積公」，《因話録》稱之爲「陸僧」，唯《國史補》云：「羽少事竟陵禪師智積。」

有學，愧一事不盡其妙。

《國史補》：「羽有文學，多意思，恥一物不盡其妙，茶術尤著。」王讜《唐語林》卷四：「羽有文學，多意思，狀一物，莫不盡其妙。」

性詼諧。

《因話録》：「（羽）學贍辭逸，詼諧縱辯，蓋東方曼倩之儔。」周愿《牧守竟陵因遊西塔著三感説》（《全唐文》卷六二〇）：「（羽）方口謇謇，坐能諧謔。」

少年匿優人中，撰《談笑》萬言〔二〕。

《自傳》：「因倦所役，捨主者而去，卷衣詣伶黨，著《謔談》三篇。以身爲伶正，弄木人假吏藏珠之戲。」《新傳》：「因亡去，匿爲優人，作《詼諧》數千言。」辛《傳》之《談笑》，《新傳》之《詼諧》，當均是《謔談》之誤。又《白孔六帖》亦作「詼諧」，卷六一云：「陸羽爲優人，作《詼諧》數千言。」

天寶間，署羽伶師，後遁去。古人謂潔其行而穢其跡者也〔三〕。

《自傳》：「天寶中，郢人酺於滄浪道，邑吏召子爲伶正之師。時河南尹李公齊物出守，見異，捉手拊背，親授詩集。於是漢沔之俗亦異焉。」《新傳》略同。

顏真卿有《金紫光禄大夫守太子太傅兼宗正卿贈司空上柱國隴西郡開國公李公（按：即李齊物）神道碑銘》（《文忠集》卷六）碑文云：『拜河南尹，仍水陸運使，屬左相李公適之、尚書裴公寬、京兆尹韓公朝宗與公爲飛語所中，公遂貶竟陵郡太守。時陸羽鴻漸隨師郡中，説公下車召吏人戒之曰：「官吏有簠簋不修者，惜道有戒律不精者，百姓有泛駕蹶弛者，未至之前，一無所問，而今而後，義不相容。」數年間，一境大變，熙然若羲皇之代矣。』據《舊唐書·玄宗紀》，天寶五載（七四六）七月『李適之貶宜春太守，到任，飲藥死』。李齊物之貶竟陵太守，亦在同時，是知天寶五載，陸羽始入士子伍中，時年十四。

《自傳》又云：『後負書於火門山鄒夫子别墅，屬禮部郎中崔公國輔出守竟陵，與之遊處凡三年。贈白驢烏犎牛一頭，文槐書函一枚。』崔國輔坐王鉷近親，於天寶十一二載（七五二、七五三）貶竟陵郡司馬，陸羽與之遊處，當在此後三年間。

上元初，結廬苕溪上，閉門讀書。名僧高士，談讌終日。

《自傳》：『洎至德初，秦人過江，子亦過江。』至德元載（七五六），亂軍入據關中，關中士大夫紛紛渡江南下，陸羽亦隨之避亂，輾轉至越中，於上元元年（七六〇）隱居於吴興苕溪之旁。故《自傳》又云：『上元初，結廬於苕溪之濱，閉關讀書，不雜非類。名僧高士，談讌永日。』

貌寢，口乞而辯。聞人善[四]，若在己。與人期，雖阻虎狼不避。

《新傳》：『貌侻陋，口吃而辯。聞人善，若在己。見有過者，規切至忤人。朋友燕處，意有所行輒去，人疑其多嗔。與人期，雨雪虎狼不避也。』此當亦本《自傳》：『有仲宣、孟陽之貌陋，相如、子雲之口吃，而爲人才辯篤信……凡與人宴處，意有所適，不言而去。人或疑之，謂生多嗔。及與人爲信，雖冰雪千里，虎狼當道，而不僁（愆）也。』又曰：『見人爲善，若己有之；見人不善，若己羞之。』

自稱桑苧翁，又號東崗子。

《新傳》：『上元初，更隱苕溪，自稱桑苧翁。』《國史補》：『羽於江湖稱竟陵子。於南越稱桑苧翁。』顏真卿《浪跡先生玄真子張志和碑銘》（《文忠集》卷九）：『竟陵子陸羽，校書郎裴修，嘗詣問有何人往來。』又宋王象之《輿地紀勝》卷二一引《寰宇記》，云陸鴻漸宅『在上饒縣東五里』；又引《郡國志》云：『居此號東崗子。』

工古調歌詩，興極閑雅。

陸羽詩集已佚，《全唐詩》卷三〇八録有古調歌詩一首；此詩見於《國史補》、《因話録》、《唐詩紀事》諸書。《因話録》云：『余幼年尚紀識一復州老僧，是陸僧弟子。常諷其歌云：「不羨黄金罍，不羨白玉杯，不羨朝入省，不羨暮入臺，千羨萬羨西江水，曾向竟陵城下來。」』辛氏評語，或即據此歌詩而發。

著書甚多。

《自傳》：『自禄山亂中原，爲《四悲詩》，劉展窺江淮，作《天之未明賦》，皆見感激當時，行哭涕泗。著《君臣契》三卷、《源解》三十卷、《江表四姓譜》八卷、《南北人物志》十卷、《吴興歷官記》三卷、《湖州刺史記》一卷、《茶經》三卷、《占夢》上中下三卷，並貯於褐布囊。』此處所記諸書，至北宋，除《茶經》外，皆已不傳（見歐陽修《集古録跋尾》卷八）。又曾撰《湖州圖經》，見顧況《湖州刺史廳壁記》：『其舊紀，吏部李侍郎紓撰；其圖經，竟陵陸鴻漸撰。』（《全唐文》卷五二九）并參與編修顏真卿主編之《韻海鏡源》（見《文忠集》卷四《湖州烏程縣杼山妙喜寺碑銘》）。《新唐書》卷五九《藝文志》三録陸羽所著《茶經》三卷、《警年》十卷。據《宋史・藝文志》等，又有《窮神記》、《顧渚山記》、《杼山記》、《吴興志》等多種，亦多亡佚。

扁舟往山寺〔五〕，唯紗巾籐鞋，短褐犢鼻，擊林木，弄流水。或行曠野中，誦古詩，裴回至月黑，興盡慟哭而返。當時以比接輿也。

《自傳》：『常扁舟往來山寺，隨身惟紗巾籐鞋，短褐犢鼻。往往獨行野中，誦佛經，吟古詩，杖擊林木，手弄流水，夷猶徘徊，自曙達暮，至日黑興盡，號泣而歸。故楚人相謂：陸子蓋今之接輿也。』《新傳》文字有删節。

與皎然上人爲忘言之交〔六〕。

《自傳》：『與吴興釋皎然爲緇素忘年之交。』贊寧《高僧傳》卷二九《唐湖州杼山皎然傳》：『以陸鴻漸爲莫逆之交。』今按皎然集中有贈陸羽之詩多首。陸羽之交遊極廣，周愿《牧守竟陵因遊西塔著三感説》云：『天下賢士大夫，半與之遊。』《國史補》云：『與顔魯公厚善，及玄真子張志和爲友。』其餘如皇甫冉、皇甫曾、劉長卿、戴叔倫、權德輿、崔載華、鮑防、吴筠、孟郊、柳中庸以至女詩人李季蘭等，均與之交往甚密。

有詔拜太子文學。

《新傳》：『久之，詔拜太子文學，徙太常寺太祝，不就職。』陸羽拜太子文學之年月已不可考。大曆中羽在吴越時，諸人均稱之爲『山人』、『處士』，無稱之爲『文學』者，此或是建中以後事。

建中末或貞元初（七八三—七八五），陸羽曾移居上饒（今江西省上饒市）。孟郊貞元元年（七八五）至上饒，有《題陸鴻漸上饒新開山舍詩》（《孟東野集》卷五，參見華忱之《孟郊年譜》）。《輿地紀勝》卷二一《江南東路·信州·人物門》（按，上饒爲信州屬縣）：『唐太子文學陸鴻漸居於茶山，刺史姚欽多枉駕。又按唐《孟東野集》亦有《題陸鴻漸上饒新開山舍》詩。《圖經》云：今城北三里廣教寺有茶數畝，相傳鴻漸所種也。』

後移居洪州（今江西南昌市）。權德輿《蕭侍御喜陸太祝自信州移居洪州玉芝觀詩序》（《權載之文集》卷三五）云：『太祝陸鴻漸以詞藝卓異，爲當時聞人。凡所至之邦，必千騎郊勞，五漿先饋。嘗考一畝之宫於上饒，時江西上介殿中蕭侍御公瑜權領是邦，相得歡甚。會連帥大司憲李公入覲于王，蕭君領廉察留府，太祝亦不遠而至，聲同而應隨故也。』大司憲李公即李兼。據《唐方鎮年表》卷五引《舊紀》，貞元元年至六年（七八五—七九〇），李兼爲江西觀察使。據前引《輿地紀勝》及權德輿《詩序》，陸羽居上饒時曾歷姚欽、蕭瑜二州牧（瑜爲『權領』），爲時頗久。其移居洪州，則不得遲於貞元四年（七八八），以貞元五年初權德輿即已奉母喪歸葬潤州故也。此時陸羽已『徙太常寺太祝』，權德輿、戴叔倫諸人詩文均以太祝稱之。

曾入湖南觀察使幕。《唐詩紀事》卷四〇『陸鴻漸』條引權德輿《送陸太祝赴湖南幕》詩云：『不憚征路遥，定緣賓禮重。新知折柳贈，舊侣乘籃送。此去嘉句多，楓江接雲夢。』貞元五年，德輿護喪歸潤州，服闋，應徵爲太常博士，自此即在京供職，無由與陸羽相見，故疑此詩作於洪州，時當貞元五年春日。此時湖南觀察使爲裴胄。據《舊唐書·裴胄傳》（卷一二二），胄大曆年間曾爲浙西觀察使李栖筠從事，當是陸羽故交。

又曾爲李復從事。周愿《牧守竟陵因遊西塔著三感説》：『愿與百越節度使扶風馬公（按即馬總）曩時俱爲南海連率李公復從事。公詔移滑臺，扶風公洎予又爲幕下賓。』又云：『愿頻歲與太子文學陸羽同佐公之幕，兄呼之。』李復乃李齊物之子，羽往依之，自在情理之中。據李罕《容州刺史李公去思頌》（《全唐文》卷六二一）及舊史，貞元二年（七八六）秋八月，李復自容州刺史遷嶺南節度使（《唐方鎮年表》繫於貞元四年，誤），八年（七九二），徵拜宗正卿；十年，爲義成軍節度使，十三年卒。周愿並未明言陸羽爲嶺南從事或滑州從事（義成軍治滑州），然裴胄貞元七年始罷湖南、徙江西，而李復貞元八年即已離嶺南，自七年至八年，不得言『頻歲』，故頗疑陸羽所入乃義成軍節度使幕，或始在嶺南，後又隨往滑州。

其後陸羽之事跡無考，卒年不詳，《新傳》僅云：『貞元末卒。』今按孟郊有《送陸暢歸湖州因憑題故人皎然塔陸羽墳》詩（《孟東野集》卷八），詩云：『不然洛岸亭，歸死爲大同。』據華忱之《孟郊年譜》，孟郊元和元年（八〇六）冬至洛，卜居立德，跨寒溪置生生亭。上詩有『洛岸亭』之語，當作於洛陽新居，其時則在元和二年至元和九年孟郊卒世之間。陸暢，《登科記考》卷一六轉引《蘇州府志》，謂暢『元和元年登第』。韓愈亦有《送陸暢歸江南》詩（《全唐詩》卷三四〇），詩云：『舉舉江南子，名以能詩聞。一來取高第，官佐東宫軍。』是陸暢登第授官後不久即歸鄉省覲，頗疑上引孟詩亦作於同時。《新傳》

『貞元末卒』之語，大致可信。又《全唐詩》卷二一〇有《哭陸處士》詩，作皇甫曾詩，不確（曾卒於貞元初），當爲其友人，詩中有云：『從此無期見，柴門對雪開。』

羽嗜茶，造妙理〔七〕，著《茶經》三卷，言茶之原、之法、之具，時號『茶仙』，天下益知飲茶矣。鬻茶家以瓷陶羽形祀爲神〔八〕。買十茶器，得一鴻漸。

《新傳》：『羽嗜茶，著經三篇，言茶之原、之法、之具尤備，天下益知飲茶矣，時鬻茶者，至陶羽形置煬突間，祀爲茶神。』《新傳》當本於《封氏聞見記》、《因話録》諸書。《聞見記》卷六『飲茶』條載：『楚人陸鴻漸爲《茶論》，説茶之功效并煎茶、炙茶之法，造茶具二十四事，以都統籠貯之，遠近傾慕，好事者家藏一副。有常伯熊者，又因鴻漸之論廣潤色之，於是茶道大行，王公朝士無不飲者。』《因話録》：『性嗜茶，始創煎茶法，至今鬻茶之家，陶爲其像，置於煬器之間，云宜茶足利。』《太平廣記》卷二〇一引《傳載》：『今爲鴻漸形貌，因目爲茶神。有交易則茶祭之，無以釜湯沃之。』（《唐詩紀事》卷四〇『陸鴻漸』條作：『有售則祭之，無則以釜湯沃之。』）《國史補》又云：『鞏縣陶者多爲甆偶人，號陸鴻漸。買數十茶器，得一鴻漸。市人沽茗不利，輒灌注之。』

初，御史大夫李季卿宣慰江南，喜茶，知羽，召之。羽野服挈具而入〔九〕。李曰：『陸君善茶，天下所知。揚子中泠水，又殊絶。今二妙千載一遇，山人不可輕失也。』茶畢，命奴子與錢。羽愧之，更著《毁茶論》。

《封氏聞見記》：『御史大夫李季卿宣慰江南，至臨淮縣舘，或言（常）伯熊善茶者，李公請爲之。伯熊著黄披衫、烏紗帽，手執茶器，口通茶名，區分指點，左右刮目。茶熟，李公爲歃兩杯而止。既到江外，又言鴻漸能茶者，李公復請爲之。鴻漸身衣野服，隨茶具而入。既坐，教攤如伯熊故事，李公心鄙之。茶畢，命奴子取錢三十文酬煎茶博士。鴻漸遊江介，通狎勝流，及此羞愧，復著《毁茶論》。』《新傳》亦載此事，乃據《聞見記》删節成文。然二書均未及李季卿之語。今按張又新《煎茶水記》(《全唐文》卷七二一)云，又新元和中嘗於薦福寺一楚僧處見數編書，其一題曰《煮茶記》，云：『代宗朝李季卿刺湖州，至維揚，逢陸處士鴻漸。李素熟陸名，有傾蓋之歡。因之赴郡，抵揚子驛，將食，李曰：「陸君善於茶，蓋天下聞名矣，況揚子南零水又殊絶，今者二妙千載一遇，何曠之乎！」命軍士謹信者，挈瓶操舟，深詣南零。陸利器以俟之。俄水至，陸以杓揚其水曰：「江則江矣，非南零者，似臨岸之水。」使曰：「某擢舟深入，見者累百，敢虚紿乎？」陸不言。既而傾諸盆，至半，陸遽止之，又以杓揚之曰：「自此南零者矣。」使蹶然大駭，伏罪曰：「某自南零齎至岸，舟蕩覆半，懼其尠，挹岸水增之，處士之鑒神鑒也，其敢隱焉！」李與賓從數十人皆大駭愕。』辛氏之文，蓋本於此。然張又新此説類小説家言，歐陽修《大明寺水記》(《歐陽永叔集·居士外集》卷一三)已辯其妄，實不足據。

與皇甫補闕善。時鮑尚書防在越，羽往依焉，冉送以序曰：『君子究孔釋之名理[一〇]，窮歌詩之麗則。遠墅孤島，通舟必行；魚梁釣磯，隨意而往。夫越地稱山水之鄉，轅門當節鉞之重，鮑侯知子愛子者，將解衣推食，豈徒嘗鏡水之魚[一一]，宿耶溪之月而已！』

上文節自皇甫冉《送陸鴻漸赴越》詩序，全文見《全唐詩》卷二五〇，此處不具引。

集并《茶經》今傳。

《茶經》，《新唐書》卷五九《藝文志》三、《郡齋讀書志》卷三上、《宋史》卷二〇五《藝文志》四均有著録，陸羽詩文集則均無著録。《全唐詩》卷三〇八僅收陸羽詩二首，斷句三聯。另有聯句詩若干。

(儲仲君、陳耀東箋)

〔校勘記〕

〔一〕始　《四庫》本作『以』。

〔二〕談笑　《四庫》本作《笑談》。

〔三〕古人謂　《四庫》本『謂』上有『所』字。

〔四〕聞人善　『聞』字原脱，從《四庫》、三間、《指海》本補，與《新唐書》本傳合。

〔五〕往山寺　《四庫》本『往』下有『來』字，與陸羽《陸文學自傳》合。

〔六〕言　《四庫》本作『年』，與《陸文學自傳》合。（方案：作『年』是。）

〔七〕造妙理　《四庫》本無此三字。

〔八〕茶　《四庫》本作『茗』。

〔九〕挈具　三間本《考異》謂《四庫》本『挈具』作『黄冠』。

〔一〇〕究　佚存本作『窮』。

〔一一〕嘗　《四庫》本作『當鱠』。

（録自《唐才子傳校箋》卷三，中華書局本，第一册，頁六二一至六三三）

陸羽傳補箋

有詔拜太子文學。

箋云：『曾入湖南觀察使幕。……權德輿《送陸太祝赴湖南幕》詩云：「不憚征路遥，定緣賓禮重。」……疑此詩作於洪州，時當貞元五年春日。』按權德輿貞元四年六月喪母（見《全唐文》卷五〇六權德輿《先公先太君靈表》），守制期間無作詩送陸羽之可能，詩必貞元四年春作，蓋五年夏，羽即已在嶺南（參後）。

箋云：『又曾爲李復從事。周愿《牧守竟陵因遊西塔著三感説》：「愿與百越節度使扶風馬公曩時俱爲南海連率李公復從事。……」又云：「愿頻歲與太子文學陸羽同佐公之幕，兄呼之。」……頗疑陸羽所入乃義成軍節度使幕……』按戴叔倫有《容州回逢陸三別》：『西南積水遠，老病喜生歸。此地故人別，空餘涙滿衣。』（《全唐詩》卷二七四）陸羽行三，貞元初與戴叔倫同在江西有詩唱酬，原箋已及，詩中陸三即羽無疑。戴叔倫於貞元五年四月容州任上被代，六月道薨於清遠峽（參《戴叔倫傳》原箋），峽在廣州清遠縣境，故戴、陸之會必在嶺南，其所參爲李復嶺南幕亦可無疑。《輿地碑記目》卷三韶州碑記：『陸羽題名，在仙人石室中，古傳鴻漸嘗水至此。』亦羽至嶺南之證。

箋云：『《新傳》「貞元末卒」之語，大致可信。又《全唐詩》卷二一〇有《哭陸處士》詩，作皇甫曾詩，不確（曾卒於貞元初），當爲其友人，詩中有云：「從此無期見，柴門對雪開。」』蓋箋意謂詩當爲陸羽之友人所作，《全唐詩》作皇甫曾詩不確也。然此詩爲姚合《極玄集》卷下、《文苑英華》卷三〇三收入，均作皇甫曾詩，指爲僞作無據。該詩後六句爲：『二毛逢世難，萬恨掩泉臺。返照空堂夕，孤城弔客迴。漢家偏訪道，猶畏鶴書來。』未及陸羽徵拜太子文學、太常寺太祝事；且據陸羽《陸文學自傳》，羽於至德初避難過江，時年僅二十四，與詩『二毛逢世難』之語相去甚遠。詩中之陸處士決非陸羽。

（陶敏補箋，録自《唐才子傳校箋》卷三，第五册，頁一三九至一四一）

〔校證〕

〔一〕南方之嘉木也　吴淑《事類賦注》卷一七《茶》（下簡稱《茶賦注》）、唐慎微《政和經史證類備用本草》

（下簡稱《政和本草》）卷一三引《茶經》均無『之』、『也』二字，《政和本草》『嘉』作『佳』。二書均宋本。

〔二〕自一尺二尺　『一』之上原脱『自』字，據宋本《太平御覽》（下簡稱《御覽》）卷八六七《茗》、《茶賦注》、晏殊《晏公類要》（下簡稱《類要》）卷二八、《政和本草》卷一三、《淵鑑類函》（下簡稱《類函》）卷三九〇及〔日〕大典本補。

〔三〕其巴山峽川有兩人合抱者　『巴山峽川』，諸本皆同。但上注引諸書引《茶經》（除大典本外）及明・彭大翼《山堂肆考》（下簡稱《肆考》）卷一九三均作『巴川峽山』，證諸《茶經・二之具》有『巴川峽山』之説，北宋人吴淑《事類賦注・茶賦》、唐慎微《政和本草・茗》等皆引作『巴川峽山』，似宋本《茶經》已作『巴川峽山』，且又義勝。似應據改。

〔四〕其樹如瓜蘆　『樹』，宋・羅願《爾雅翼》卷一二、〔日〕釋榮西《喫茶養生記》卷上（下簡作榮西本）引作『木』。方案：瓜蘆，又名皋蘆、睪蘆、遇羅、過蘆、高蘆、果洛（均音之轉或方言俗語）等，産於今廣東、湘南、桂北、贛南、川南等地。晉・裴淵《廣州記》云：『睪蘆，茗之别名。〔葉大而澀〕，南人以爲飲。』（《北堂書鈔》卷一二九、《御覽》卷八六七、《政和本草》卷一二、《類要》卷二八引）《政和本草》卷一四引《南越志》則曰：『皋蘆，葉似茗，土人謂之過羅。』同書『苦菜』條注引陶弘景之説云：『又有瓜蘆木似茗，取葉煎飲，通夜不寐。按：此木一名皋蘆，而葉大似茗，味苦澀。南人煮爲飲，止渴，明目，除煩，不睡，消痰，和水當茗用之。』這種似茗而實非茶、堪充飲料的植物，當代學者已考證爲冬青科大葉冬青植物，與山茶科的茶有明顯區别。（參見陳興琰《中國皋蘆（苦丁）茶的真僞及其源流考》，刊《農業考古》一九九二年第二期。)

〔五〕花如白薔薇　諸本皆同。唯唐·皮日休《茶中雜詠·茶塢》詩末注引《茶經》云:『(其)花白如薔薇。』(《松陵集》卷四、《皮子文藪》頁一六四,《全唐詩》卷六一二同。)無獨有偶,《事文類聚·續集》卷一二及〔日〕榮西本引宋本《茶經》亦作『花白如薔薇』,『如』、『白』二字互乙,雖兩通之,但含義已不同。又,證諸南朝梁·任昉《述異記》卷上『其花白色如薔薇』之説,或作『花白如』是。陸羽似本任昉之説,參見本書校證〔二七七〕條。似應據乙。

〔六〕蒂如丁香　『蒂』(異體作『蔕』),底本及存目本、寺本、長編本、周本,〔日〕榮西、大典、青木本,《御覽》、《茶賦注》、《類要》、《政和本草》、《類函》作『蒂』,是。《説郛》二本、陳朱本、張趙本、吴本、〔日〕布目本作『莖』,明·屠本畯《茗笈》卷上、盧之頤《本草乘雅半偈》卷七引作『蕊』;其餘諸校本皆誤作『葉』。今考《政和本草》卷一二引《圖經》曰:『丁香,出交廣、南蕃,今惟廣州有之。木類桂,高丈餘;葉似櫟,(陵)〔凌〕冬不凋;花圓細,黄色。其子出枝蕊上,如釘子,長三四分,紫色。』方案:經比對丁香與茶之圖形與實物,丁香之葉對生,莖稍粗,蕊上有釘狀物,均與茶(茗)無共同之處;唯蒂兩者有相似之處。如此『蒂』字確爲陸羽《茶經》原本所有,則我們不能不欽佩作者觀察之精細入微。

〔七〕瓜蘆木　諸本皆同。唯〔日〕大典本作『瓜蘆,木名』,增一『名』字,未審其何所據。

〔八〕栟櫚蒲葵之屬　『蒲』,百川四本譌作『藏』,據底本及諸校本改。蒲葵,棕櫚科常緑喬木。葉似棕櫚,可製蒲扇或簑笠等。果、根、葉均可作藥用,又名扇葉葵。栟櫚,即棕櫚,兩者同科植物。《政和本草》卷一四引《圖經》曰：『棕櫚，亦曰栟櫚。出嶺南及西川，江南亦有之。木高一二丈，傍無枝條，葉大而圓，歧生枝端。』『六七月生黄白花，八九月結實作房如魚子，黑色。九月十月採其皮、木用。』則栟櫚實有殼，黑色，圓形，極似茶籽。

〔九〕苗木上抽　『木』，底本刊誤作『本』，據諸校本改。又，注文：『瓜蘆……上抽』，〔日〕大典本改爲分注於各句下，以清眉目。

〔一〇〕開元文字音義　『音』，僅百川甲本、學津本、今注四本及〔日〕青木本作『音』，是。底本及其餘校本均形近而譌作『者』，據右引諸本改。是書，《唐會要》卷三六著録，凡三十卷；修成於開元二十三年（七三五），因此得名。宋·魏了翁《鶴山大全文集》卷四八《邛州先茶記》云：『自陸羽《茶經》、盧仝《茶歌》、趙贊《茶禁》以後，則遂易茶爲茶。』此説實非，不僅《茶經》成書前之《開元文字音義》已將『茶』寫作『茶』；在《茶經》已流傳相當長時間内，『茶』字仍未被『茶』字取代。顧炎武《唐韻正》卷四已指明了這一點，《唐代墓誌匯編》等碑拓中更有許多例證。

〔一一〕從木當作梌　『梌』，似應作梌。不僅《唐本草》以前的本草書中均作梌，《茶經》成書後近三百二十年之久的唐慎微《大觀本草》卷一三仍作『苦梌』，從《政和本草》卷一三引《茶經》『一曰茶』，作『茶』而不作『茶』分析，似應作『梌』爲是。當然也不排除陸羽減一劃作『梌』的可能。在筆者所寓目的諸本《茶經》中只有周本作『梌』，疑當從。『梌』即『茶』，亦今所謂之茶。徐中舒主編的《漢語大字典》仍未收『梌』字。

〔一二〕其字出本草　『《本草》』，當指九世紀中葉唐官修《新修本草》，凡五十四卷，後世稱爲《唐本草》。是書已佚，正文二十卷的全部佚文仍基本完整保存在《政和本草》中。此外，《千金翼方》、《醫心方》及敦煌出土的《唐本草》殘卷中也保留了其部分佚文。《本草》，是我國最古老的醫藥學專著。被託名爲《神農本草經》，即使在宋代官修時，也仍不忘冠以神農之名。關於《本草》的始修時間及其作者，學者作了大量研究，仍莫衷一是。有定爲戰國時期，即公元前三四世紀之際者，如馬繼興《神農本草經輯注·説明》（刊是書卷首，人民衛生出版社，一九九五）。余嘉錫先生據蘇頌《蘇魏公集》卷六五《補注本草總序》之説——《本草》之名，始見於《漢書·樓護傳》，又據晉·荀勖《中經簿》著録有《子義本草經》一卷，認爲乃戰國名醫扁鵲弟子子儀所撰，約成書於公元前四世紀初（詳《四庫提要辨證》卷一二，中華書局，一九八〇）。與馬説不謀而合。甄志亞《中國醫學史》指出：《神農本草經》並非出於一時一人之手筆，應是秦漢以來醫藥家採集藥物並在醫療實踐中加以總結的集大成之作。從其書中所記採藥時間以寅月爲首考察，則成書的上限，當不早於始行以寅月爲歲首的西漢武帝太初元年（前一〇四）。從書中所涉多東漢時地名分析，（方案：《四庫提要》指出，東漢地名乃後人附益；但未舉出力證，似臆度之詞，未必可信。）兼之書中重視養生、服石、煉丹等内容看，也與東漢時尚相合。今存佚文又以三國吴普《本草》爲最早，因而論定爲編成於東漢之世。筆者也認爲此説較合乎情理。因《本草》載有苦𣘻（茶）條，此關係到茶的起源問題，故對《本草》的始修撮述如上。請參見拙文：《芻議茶的起源》、《戰國以前無茶考》、《神農的傳説和茶的起源》，分見《中國農史》一九九一年第三期、一九九八年第二期,《農業考古》一九九六年第四期。

〔一三〕草木并作茶 『茶』,底本及諸校本皆作『茶』,誤。核《古逸叢書》本影宋蜀大字本《爾雅》卷下作『檟,苦荼』,據改。今注四本及〔日〕大典本正作『荼』,是。下之注文引《爾雅》『檟,苦荼』,百川甲本正作『荼』,是其證,從改。不另出校。

〔一四〕周公云 周公,西周初人。姬姓,名旦,又稱叔旦。周文王子,武王弟,曾助武王滅商。武王子成王繼位時年幼,由其攝政。相傳他曾制禮作樂,建立典章制度,力主『名德慎罰』,其政治主張多見於《尚書》。因其采邑在周(今陝西岐山北),故世稱周公;又因成王曾封其於魯,故又稱魯周公。如同《本草》託名神農一樣,《爾雅》的作者也被嫁名於西周聞人周公。實際上,《爾雅》是中國最早解釋詞義的一部字書,是由漢初學者綴集先秦至漢初相關諸書,遞相增益而成的一部博物詞典。今傳本凡十九篇,保存了許多考證古代名物及詞義的資料。唐宋時被列爲九經、十三經之一。《爾雅》注本,以晉·郭璞注、宋·邢昺疏《十三經注疏》本最爲流行。今風靡世界的茶,即最早見於此書,作『檟,苦荼』。

〔一五〕揚執戟云 『揚執戟』,即揚雄(前五三—一八),西漢文學家、語言學家、哲學家。揚,一作楊。除吴本、周本、〔日〕布目本外,《茶經》諸本均作『揚』,今據改。字子雲,蜀郡成都人。因其成帝時爲給事黄門郎,漢制,郎官皆持戟,黄門郎又别稱執戟郎,故稱揚執戟(《茶經》有些版本誤作『楊執戰』或『楊報戰』,皆形近而譌)。王莽時曾校書天禄閣,官大夫。以文章名世,以辭賦名家。曾仿《論語》作《法言》,仿《易經》作《太玄》。曾著《方言》,述西漢時古今各地方言;是書與《爾雅》、魏·張揖《廣雅》、漢·劉熙《釋名》,並稱我國訓詁學四大要典。揚雄又續《蒼頡篇》成《訓纂篇》。其文集已佚,明人輯有《揚子雲集》,其作品,以清·嚴可均編《全漢文》所收四卷爲備。其生平,具見《漢書》卷八七本傳。

〔一六〕蜀西南人謂茶曰蔎　此揚雄《方言》之説。《方言》,我國最早的方言專著。其全名爲《輶軒使者絕代語釋别國方言》,今傳本十三卷。據《四庫提要》及錢繹的考證(見《方言箋疏》卷首郭璞序之疏語),是書揚雄編纂,歷時二十七年,似尚爲未完之書。據揚雄與劉歆的來往書信,此書已具十五卷規模,其十二卷(篇)之下爲未寫定之稿。其體例仿《爾雅》,資料來源既有典籍載録,亦有得自實地考察者。尤可貴者,十二卷前還注明了方言的通行範圍。晉·郭璞有《方言注》,清·戴震有《方言疏證》,錢繹有《方言箋疏》,王秉恩有《宋本方言校勘記》,孫詒讓《札迻》也有《方言校記》,均不失爲《方言》之功臣。此句,今本《方言》已無。蔎,《説文》:『香草也。』王筠句讀:『當作草香。劉向《九歎》:「懷椒聊之蔎蔎兮。」王注云:「蔎蔎,香貌。」』《廣韻》:『識列切。』蜀西南爲茶的發源地之一,可能當地人因茶有真香而借用香草之『蔎』而名之。又,正文『三曰蔎』下,《茶賦注》有『注:「蔎」音「設」』四字,而《政和本草》有『音設』二字。此北宋本《茶經》已有音注之證。

〔一七〕郭弘農云　『郭弘農』,指郭璞(二七六—三二四)。東晉文學家、語言學家。字景純,河東聞喜人。博學多才,通陰陽卜筮之術,精於古文奇字。東晉初爲著作佐郎,後被王敦任爲記室參軍。因諫敦謀反而被殺。復被追贈爲弘農太守。事具《晉書》卷七二。又《蘇軾詩集合注》卷三〇《次韻黄夷仲茶磨》

『前人初用茗飲時』句下，〔山公注〕引宋本《茶經》：『郭弘農』，作『郭璞』。方案：宋本與今傳本注文的不同，似亦可證，此注非陸羽原注。〔日〕大典《茶經詳説》注稱其官弘農縣令，誤。弘農，郡名，取弘大農桑之意而得名，西漢元鼎四年（前一一三）始置，西晉後轄境漸小，治弘農縣（今河南靈寶市北舊靈寶西南）。北魏避拓跋弘之諱曾改爲恒農郡。其又有《爾雅注》等，集《爾雅》學之大成。又有《山海經注》、《穆天子傳注》等。文集已佚，今傳《郭弘農集》，系明人輯本。古代文獻中的人物，常以名、字、號、地望、官名、封贈、追謚等名目出現，此即以贈官指代郭璞。

〔一八〕早取爲茶晚取爲茗或一曰荈耳　此《茶經》節引郭璞《爾雅注》注文。核影宋蜀大字本《爾雅注》卷下作：『今呼早採者爲茶，晚取者爲茗，一名荈。』『今呼』，脱。此反映東晉人對茶的認識。『茶』，作『荼』；前『採』字，作『取』；前『採』、後『取』字下，又脱二『者』字。『一名荈』，《御覽》引作『一曰荈』，均無『或』、『耳』二字。此郭注全文，《茶經·七之事》已全文收録，與本注節引文字基本相同（僅少一『耳』字）。《七之事》似爲後人增補（説詳該節之校證），則此注亦疑已爲宋人增注而非陸羽原注，故與郭氏原注文已大異。

〔一九〕其地　諸本皆同。但《御覽》無『地』字，作『其上者』；《錦繡萬花谷·前集》（下簡作《萬花谷》）卷三五引作『其茶』，《記纂淵海》卷九〇引作『茶』，《全芳備祖·後集》卷二八引作『茶有三品』；似作『其茶』義長。《説郛》涵本又作『其生地』，似因其上下文義未允而作改寫。

〔二〇〕中者生礫壤　『礫』，底本及百川四本原作『櫟』；竟陵、《説郛》宛本其下有小注：『櫟，當從石爲礫。』小説、唐宋、説薈、吴本注云：『按：櫟，當從石爲礫。』山居、百家、格致、鄭熅、喻甲、存目、周本及〔日〕大典本注曰：『櫟字，當從石爲礫。』《説郛》涵本、寺本、陳朱本、〔日〕青木本、布目本則徑改『櫟』爲『礫』，餘校本則仍作『櫟』而無注。另外，《記纂淵海》卷九〇、《古今合璧事類備要·外集》（下簡作《備要》）卷四二、《萬花谷》、宋本《全芳》、《肆考》、《類函》、《格致鏡原》（下簡稱《鏡原》）卷二一下、《茗笈》、《茶乘》諸書引《茶經》均作『礫』，故從改。又吴淑《事類賦注·茶》、《蘇軾詩集合注》卷三四《夜讀朱博士詩》〔王注〕引《茶經》亦作『櫟』，可見北宋初至南宋初刊本均作『櫟』，自南宋中類書及明本《茶經》始或增注，或徑改爲『礫』。

〔二一〕陽崖陰林　諸本皆同。唯大典本有注稱：『疑當作「陽崖者上，陰林者次」』。方案：此句似既有脱文，又錯簡，似應先補『者上』二字，作『陽崖陰林者上』；再乙正移至下文『陰山坡谷者』之前，庶幾文從字順而無誤。今考《大觀茶論·地産》有云：『植産之地，崖必陽，圃必陰。蓋石之性寒，其葉抑以瘠，其味疏以薄，必資陽和以發之。土之性敷，其葉疏以暴，其味强以肆，必資陰蔭以節之。（原注：今圃家皆植木，以資茶之陰。）陰陽相濟，則茶之滋長得其宜。』趙佶此論，説清了生於陽崖陰林者之茶爲上（品質優良）的道理，成爲筆者據以補、乙的他校力證。且可與下文之『陰山坡谷者，不堪採掇』文意豁然貫通。

〔二二〕芽者次　『芽』，原作『牙』，通假字。清·馮應榴《蘇軾詩集合注》（下簡稱《合注》）卷四〇《種茶》〔王注〕引《茶經》作『芹』，或『芽』之形近而譌。因《三之造》有『茶之芽者發於叢薄之上』的説法，亦作

『芽』，而不作『芹』。

〔二三〕葉卷者上葉舒者次　二『者』字，諸本皆脱，據《御覽》、《茗笈》、明・李時珍《本草綱目》卷三二引《茶經》補。

〔二四〕結瘕疾　諸本同。《説郛》涵本張校在其前據文意補『令人』二字。

〔二五〕四肢煩　『肢』原作『支』，通假字，據竟陵本、鄭熜本、喻甲本、今注四本及〔日〕大典、青木本改。又『煩』下，唯《説郛》涵本有一『懣』字，諸本皆無，未審何據。或其前後皆四字成句，故張宗祥先生校補，今録以備考。

〔二六〕雜以卉莽飲之成疾　『卉』，唯喻甲本作『草』。『飲之成疾』，諸本同，但《大觀茶論・外焙》引作『飲之成病』。

〔二七〕設服薺苨　『薺苨』，一種酷似人參、幾可亂真的草本植物。音齊尼，《政和本草》卷九稱：味甘寒，主解百藥毒。又引陶説云：『根、莖都似人參而葉小異，根，味甜。』同書引《本草圖經》曰：今（方案：指北宋。）川蜀、江浙皆有之。尤以産潤州（治今江蘇鎮江）、蜀州者爲有名。據陶弘景之説，三國時，魏文帝已言：『薺苨亂人參。』而蘇頌《本草圖經》所謂杏參、《救荒本草》所謂杏葉沙參，皆此薺苨也。李時珍曰：『薺苨苗似桔梗，根似沙參，故奸商往往以沙參、薺苨通亂人參。』（《本草綱目》卷一二）

〔二八〕使六疾不瘳　『瘳』，原作『瘳』，異體字，據《説郛》涵本改。

〔二九〕籯漢書音盈……籯竹器也受四升耳　方案：此注據《漢書》卷七三《韋賢傳》。但已文注不分，且歸納之意已與原書大相徑庭。今直録原書相關文、注，以存其真。《漢書·韋賢傳》：

故鄒魯諺曰：『遺子黄金滿籯，不如一經。』（如淳曰：『籯，竹器，受三四斗。今陳留俗有此器。』蔡謨曰：『滿籯者，言其多耳，非器名也。若論陳留之俗，則我陳人也，不聞有此器。』師古曰：『許慎《説文解字》云：「籯，笭也。」揚雄《方言》云：「陳、楚、宋、魏之間謂筲爲籯，然則筐、籠之屬是也。今書本籯字或作盈，又是盈滿之義，蓋兩通之。」』）

方案：《茶經·二之具》注文誤以如淳注爲師古注；又誤『受三四斗』作『受四升耳』，此『升』或『斗』之譌。又，師古注云『今書（方案：當指唐初寫本。）本籯字或作盈，又是盈滿之義，蓋兩通之』，指在《漢書·韋賢傳》中籯、盈同音而義不同，可兩通之。但在《茶經》中只能作竹器解，不通盈義。籯、籝字通。『受』，竟陵本、喻甲本、鄭煾本、存目本、寺本、《説郛》宛本、周本、吴本作『容』，據上引《漢書》如淳注，作『受』是。

〔三〇〕竈無用突者　《松陵集》卷四陸龜蒙《茶竈》詩題注引《茶經》云『茶竈無突』，與今傳諸本文字顯有不同。又，『無用』，諸本同，唯寺本作『用無』。『突』，百川乙本、竟陵本作『宊』，俗字；餘明本又譌作『窔』，非是。

〔三一〕籃以箄之　諸本皆同。『箄』之本義指簍、籠之類的竹器。《説文》：『箄，簁箄，從竹，卑聲。』段注云：『纍呼曰簁，單呼曰箄。』《方言》卷一三：『箄，簍也。』『簍小者，南楚謂之簍；自關而西，秦晉之間謂之箄。』郭璞注曰：『今江南亦名籠爲箄。』戴震疏證：『江東呼小籠爲箄。』箄的一個引申義同

『析』。這是既可用作名詞，也能用作動詞的字，亦見《方言》卷一三：『箄，析也。』清·錢繹箋疏：『析謂之箄，析竹爲器亦謂之箄，編竹浮水亦謂之箄。』據上下文義，此『箄』似應作動詞解，即析竹編成籃狀之竹屜。周本改『箄』作『箅』，未允。

〔三二〕入乎箅『箅』，底本及諸校本皆作『箄』，唯周本改作『箅』，是。箅之本義，指蒸鍋中的竹屜，後泛指有空隙而可起阻隔作用的器具，未必竹製。《説文》：『箅，蔽也，所以蔽甑底。』《玉篇》：『箅，甑箅也。』箄，也有可解作甑箅的假借義。《集韻》：『箄，甑蔽。』方成珪考正：『箅，譌箄。』認爲二字不可通用。但元·王禎《農書》卷一七：『甑或乏七穿，編竹以爲箄。』今姑從周本改『箄』爲『箅』，以合其本義。下之『出乎箄』，亦從改爲『箅』，但仍保留《茶經》各本之原字，不另出注。

〔三三〕又以穀木枝三椏者制之　『椏』，諸本原作『亞』，當爲同音假借。其句末，竟陵、小説、唐宋、説郛宛、説薈及吴本均有注文：『亞，當作椏，木椏枝也。』而山居、百家、格致、喻甲、鄭熜、存目及周本則有注文：『亞字，當作椏，木椏枝也。』〔日〕大典本則簡作：『亞，通椏，木椏枝。』此增注始於明人無疑，現存版本中似以竟陵本爲最早，其後諸本有從之，或增一『字』者，大典本雖簡，卻指出了兩字相通。底本及餘校本均無此增注，今據改『亞』作『椏』。

〔三四〕散所蒸芽笋并葉畏流其膏　關於陸羽此論，宋人黄儒《品茶要録·後論》有一述評，録如下：『昔者陸羽號爲知茶，然羽所知者，皆今所謂草茶。何哉？如鴻漸所論「蒸〔芽〕笋并葉，畏流其膏」。蓋草茶味短而淡，故常恐去膏；建茶力厚而甘，故惟欲去膏……由是觀之，鴻漸未嘗到建安歟！』其説尚矣。

〔三五〕襜　諸本作『檐』，誤。檐，屋檐也；或可解作四周冒出如屋檐狀物。但陸羽接着又云：『一曰衣……茶成，舉而易之。』顯然，應是『襜』之形近而譌。襜，指衣之蔽前者。《詩·小雅·采緑》：『不盈一襜。』毛傳：『衣蔽前謂之襜。』《説文》：『襜，衣蔽前。從衣，詹聲。』亦即蔽膝、圍裙。《爾雅·釋器》同毛傳之説，郭璞注曰：『今蔽膝也。』其另一義亦指衣袖，見《方言》卷四：『襜，謂之袩。』郭璞注：『衣袩下也。』〔日〕大典本『檐』下注云：『疑當爲襜字，襜，衣之蔽前者也。』吴本注稱：『檐，應是襜的誤植。』周本注曰：『應是襜字。』其説均是，從改。下之二『襜』字亦徑改，不另出校。

〔三六〕芘莉一曰嬴子　『芘莉』，諸本皆同。芘、莉，均草名，於此無義。疑當爲『笓筣』之譌。笓筣，指用竹編成的障礙物，又稱笓籬或籬笓。今寫作笆籬，故此注音『杷離』。此用作列茶具的笓筣，其形、音、義皆同今之竹編籬笆，作爲屋之竹障，晉代已有。周本釋爲『指籃盤一類器具』，『指放置茶餅的盤子』，大誤。『嬴』，乃『籯』之假借字。『籯』又通『籝』，參見本篇校證〔二九〕。嬴，泛指竹器箱籠之類。清·朱駿聲《説文通訓定聲·鼎部》：『嬴，假借爲籯。』故百川甲乙本、學津本作『羸』，誤。

〔三七〕一曰篣筤　其下竟陵、山居、百家、格致、喻甲、鄭熜、周本有注云：『篣，音崩；筤，音郎。篣筤，籃籠也。』但周本謂此注乃鄭熜所加，實非。此注爲明人所加無疑，但竟陵本等在鄭熜本前，已有此注，可證鄭氏非始作俑者。篣，籠也。見《廣雅·釋器》。《廣韻》：薄庚切。《方言》卷一三：『籠，南楚江、沔之間謂之篣。』郭璞注：『今零陵人呼籠爲篣。』筤，《説文》：『筤，籃也。從竹，良聲。』《廣韻》：

魯當切。故筹筤合稱爲籃籠。此陸羽乃用其鄉語方言也。

〔三八〕以貫茶焙之　唯《説郛》涵本張校改作『以貫焙茶也』。

〔三九〕四兩五兩爲小穿　『小穿』，喻甲、説薈本作『下穿』；〔日〕大典本作『下穿』，『穿』上注云：『一本作小。』

〔四〇〕峽中以一百二十斤爲上穿　『穿』字，唯百川甲乙本、學津本奪。

〔四一〕穿字　『穿』，諸本皆無。據張趙本、〔日〕大典本及上下文義補。

〔四二〕如磨扇彈鑽縫五字　諸本皆同，唯《説郛》宛本『鑽』作『鎖』。

〔四三〕中有隔　諸本皆同。『隔』，《茗笈》引作『槅』。在作『房屋或器物隔板』這一釋義上，兩字通。

〔四四〕茶有千類萬狀　『類』，諸本皆誤奪，據宋本《御覽》、《茶賦注》及《肆考》、《本草綱目》卷三二、《茶董》、《類函》引《茶經》及〔日〕青木本補。

〔四五〕鹵莽而言之　『之』，諸本皆無。據《御覽》、《茶賦注》補。吴淑《茶賦注》此句作『略而言之』，似因未解『鹵莽』而改『略』。

〔四六〕言錐文也　百川四本、學津本、遺書本作『京雖文也』，『雖』，乃『錐』之形近而譌。餘校本皆作『京錐文也』。方案：其中，《説郛》涵本所有注全删，唯保留了這條注。但兩者義均不通，與所釋之上文『如胡人鞾者蹙縮然』毫無關聯，則必有誤字。四庫本編者也許意識到『京』爲誤字，遂改『謂』，但令人費解的是竟又脱其下之『錐』字，作『謂文也』，仍殊不可解。今注本中，吴本釋『蹙縮然』爲『褶皺』，周本作皺縮的狀態，甚是。但其對『京錐文也』的詮釋，卻未免曲解之嫌。如吴本作『像箭矢上所刻的紋理』，周本則謂『大鑽子刻劃的紋綫』，文、注了不相關；而張趙本則臆改成『京雖反也』。其實，關鍵在於『京』字乃『言』之形近而譌。〔日〕大典本發千古之覆，指出：『京，當作言字。』極是。而〔日〕青木本則審慎地注云：『京錐，未詳。』但仍指出『文』通『紋』。方案：『蹙縮然』，乃指像胡人之鞾上鞾底時，用錐刺穿針引綫而形成針縫處的綫紋那樣的皺縮狀。故改爲『言錐文也』，『文』通『紋』。四庫本如不誤奪『錐』字，作『謂錐文也』亦通。這是對『蹙縮然』極爲形象化的注釋。清初詩宗王士禛《精華録》卷三《愚山侍講送敬亭茶》有云：『鞾紋隱蹙縮，犎臆垂廉襜。』正巧用此典，亦一佐證。據改。

〔四七〕犎牛臆者廉襜然　句末竟陵、山居、百家、格致、喻甲、鄭煾、存目、小説、唐宋、説薈、吴、周本有注文：『犎，音朋，野牛也。』今考『犎牛，』始見於《漢書》卷九六上《西域傳》：『〔罽賓〕出封牛。』宋·戴侗《六書故》卷一七曰：『犎，《漢書》單作封。』是漢代僅有『封』字。《爾雅注疏》卷一一：『漢順帝時，疏勒王來獻犎牛及獅子。〔音義〕：　犎，音封。』則其字似始見於晉。又，《爾雅·釋畜》郭注云：『〔犦牛，〕即犎牛也。領上肉犦胅起，高二尺許，狀如駱駝。肉鞍一邊，健行者日三百餘里。今（方案：指晉）交州、合浦、徐聞縣出此牛。』清·郝懿行義疏：『又名一封駱駝，大月氏國出之。』則晉時今山西、河北已有此牛。唐·釋慧琳《一切經音義》卷五九云：『《漢書·西域傳》有（犎）〔封〕牛。鄧屋曰：脊上有肉鞍，如駱駝，又獻（云？）一封駝。鄭氏曰：　脊上有封也。〔周成〕（據同書卷七三補）《難字》作犎牛也，音妃封反。今有此牛，形小，髆上有犎，是也。』則似『犎』字又出周成《難字》（書已佚）。故又稱之單峯駝（即一封駝）。明人注名之曰野牛者，已始見於《玉篇·牛部》：『犎，野牛也。』但其注云『音朋』，則誤。上舉皆曰音『封』，是。

〔四八〕浮雲出山者輪囷然　『輪囷』，底本、《説郛》涵本、長編本、周本及宋本《御覽》、《茶賦注》作『輪囷』，餘校本皆作『輪菌』。實二詞同義，兩通之。今考『輪囷』有三解：其一，《史記》卷八三《魯仲連鄒陽列傳》裴駰《集解》引張晏曰：『輪囷離詭，委曲槃戾也。』其二，《漢書》卷二六《天文志》：『輪囷是謂慶雲，慶雲，見喜氣也。』（方案：《史記集解》卷二七《天官書》作『卿雲』，同音假借。）其三，《禮記·檀弓下》：『美哉輪焉！』鄭注：『輪，輪囷，言高大。』而『輪菌』則僅同其第一義。見《文選》卷三四『中鬱結之輪菌』注引張晏《漢書注》曰：『輪菌，委曲也。』全同輪囷之義。又《魏書》卷九一《張淵傳》賦注云：『形狀似蛇，故曰輪菌。』此指屈曲蜷成一團狀。此陸羽以蛇蜷曲盤成團狀形容圓形的餅茶，十分生動形象。〔日〕大典本正文作『菌』，注文作『囷』，不知是否已意識到兩字相通。今從宋本《御覽》、吴淑《茶賦注》作『囷』。

〔四九〕有如新治地者　『有』，諸本皆作『又』，唯〔日〕青木本謂當作『有』，似是。且上下三句均作『有』，當從，據改。『地』，《御覽》引作『田』，兩通之。

〔五〇〕此皆茶之精腴者也　『者也』二字，諸本皆脱，據宋本《茶賦注》及下文『茶之瘠老者也』補。此上下對文，必有『者也』二字。《御覽》僅有『也』字，疑亦脱其上之『者』字。〔日〕青木本亦補此二字，是。

〔五一〕故其形籭簁然上音離下音師　『籭簁』，朱熹《韓集考異》卷二引《茶經》同，唯同時之方崧卿（一一三五—一一九四）《韓集舉正》卷二則引作『籬簁』，或二字通。注文，諸本原作『上離下師』，二『音』字，據宋本《御覽》補。宋本《茶賦注》則注於本節之末，即在『八等』下注云：『籭簁，音離師。』是其佐證。又，此注宋初已有，但仍無法判定是否陸羽原注。

〔五二〕莖葉凋沮　『莖』，唯百川甲本譌作『至』。『沮』，諸本皆同。凋沮，乃枯萎敗壞之意。但《御覽》卻引作『趄』。《茶經·四之器》有『耕刀之趄』，均與『沮』義同，或唐代二字通歟？

〔五三〕故厥狀委萃然　『萃』，喻甲本作『瘁』，《説郛》涵本作『悴』，底本及餘校本皆作『萃』。《御覽》引作『萎萃』。周本據存目本斷『萃』爲誤字，改爲『悴』，未免失之武斷。其實同『委』通『萎』一樣，『萃』亦通『悴』。還可用作『瘁』、『顇』等。『萃』通『顇』，見清·朱駿聲《説文通訓定聲》：『萃，假借爲顇。』如《荀子·富國》：『勞苦頓萃。』楊倞注：『萃與顇同。』《論衡·異虚》：『知冬之枯萃。』皆『萃』、『悴』字通之例。《説文》段玉裁注在列舉了『憔悴』一詞可作『蕉萃』、『焦瘁』、『顦顇』的例證後指出：『其字各不同，今人多用憔悴字。』其説頗通達。在整理古籍時，尤忌以今律古而改字，出異同校不失爲上策。

〔五四〕七經目　諸本皆同，《御覽》引作『曰七經』，脱一『目』字。似有『曰』字義勝。

〔五五〕自胡鞾至於霜荷　『胡鞾』，《御覽》引作『胡人〔鞾〕』，本節上云『如胡人鞾者』似宜據補『人』字。

〔五六〕或以光黑平正言嘉者　『嘉』，《説郛》涵本作『佳』，張趙、周本據改作『佳』。二字通。

〔五七〕若皆言嘉及皆言不嘉者　《説郛》涵本二『嘉』字均改『佳』，張趙、周本從改。涵本據張宗祥校又在前『嘉』字下補『者』字。方案：嘉、佳字通，似可换用。

〔五八〕茶之否臧　『否臧』，底本譌倒作『臧否』，據諸校本及陳師道《茶經序》乙正。

〔五九〕四之器　其下之目録，僅底本、百川四本、長編本、今注三本（吴本亦無）、〔日〕布目本有。百川四本列二十三器，炭檛下脱火筴，巾上脱滓方，故《説郛》涵本在『四之器』下據注『二十三器』。底本『碾』下脱注附器『拂末』，『鹾簋』下誤注附器『撖』作『楬』，據正文補改。不另出注。陳朱本『羅合』間誤加頓號，此爲一器，且目録不應有標點。張趙本正文、注文不分，正器、附器並列，成二十八器。周本則誤分『羅合』爲二器，誤書附器『撖』爲『揭』，又將『盌』誤置於『熟盂』之前。方案：《茶經·四之器》正文著録茶器實乃二十五種，而其《九之略》卻稱：『二十四器闕一，則茶廢矣。』自相抵牾的原因有三：一是陸羽原書不誤，書中出現三者不相符，乃刊本奪誤所致；　二是古人數量概念較差，在合計時往往會有誤計，出現前後不一致情形，這在古籍中已司空見慣；　三是火筴肯定爲二十四器之一，目録偶脱，滓方，或因陸羽認爲與滌方完全相同僅容量稍異而只計爲一種，遂將二十五器合稱爲二十四器。目前這三種可能均無法排除。　吴本雖未列目録，但合茶器之三種附器在正文中合稱『二十八器』，也許不失爲一種權宜之計。　今目録和正文均作二十五器，附三器。　另外，〔日〕春田永年有《茶器圖解》（下簡作春田本）一卷，列爲本節校本，並附其圖於正文後。以便讀者有較直觀的認識（據布目潮渢主編《中國茶書全集》下卷，汲古書院一九八七年版）。

〔六〇〕聖唐滅胡明年鑄　諸本皆同。四庫本編者忌諱『胡』、『虜』等字，臆改爲『聖唐年號某年鑄』。這是清代文化專制主義的産物，今回改。《説郛》宛本『胡』字缺文，亦同一原因。關於這『聖唐滅胡』爲何年，因涉及《茶經》的寫作年限，學術界有不同意見，主要有二説。一指上元二年（七六一），是年史思明被縊殺；　二指寶應二年（七六三），是年史朝義傳首京師（事具《資治通鑑》卷二二二）。筆者認爲當以後者爲是，是年七月，大赦天下，改元廣德元年（七六三），封賞平叛諸將，標誌着安史之亂的徹底平定。其明年，即廣德二年（七六四）才有鑄風爐、其足書古文字之事。《茶經》之成當在此年。這一問題比較複雜，在《八之出》校證中還將涉及，請參閲。

〔六一〕凡四窗　三字，諸本皆脱。據黄庭堅《山谷詩集》卷六《謝黄從善司業寄惠山泉》任淵注引《茶經》補。

〔六二〕以爲通飈漏燼之所　『以爲』，同上引作『以備』，義勝。

〔六三〕置墆埭於其内　『埭』，百川甲本及今注三本（吴本作『埭』）作『埭』，餘本皆作『埭』。由於字書上查不到這個埭字，便有對『墆埭』的各種詮釋。如青木本以爲埭通線，墆埭，乃凸起的線。大典本則注云：墆，通垤；　埭，字書無此字，疑當作『堤』字。謂乃『垤堤』，即小山狀底座，似皆未允。吴本謂：墆，貯藏之意；　埭，查無此字，卻引申稱爲『設有放燃料的爐牀』。周本云『指風爐口緣上所置的支撑物』，張趙本同周本作『墆埭』，所釋也與周本大同小異，曰：『指爐上形如牆垜用以放鍋的支撑物。』疑亦未得其真。方案：　檢《漢語大字典》縮印本頁一九五（湖北辭書出版社、四川辭書出版社，一九九二），稱埭乃埭之譌字，所引例證正爲《茶經》『置墆埭於其内』句。惜未舉另證，似未必言之成理。今姑從百川甲本作『坲㙇』。《廣韻》：『坲，特計切。坲，坲翳，隱蔽貌。』《廣雅·釋訓》：『坲翳，障蔽也。』《玉篇·土部》：『㙇，小山也。』則此句可否試釋爲：置小山般障蔽的設置於其内，以免風吹散、吹滅爐中之火。因《茶經·五之煮》有云：『凡炙茶，慎勿於風燼間炙。熛焰如鑽，使炎涼不均。』或風爐應有此防風設施歟？未敢言必，仍俟博洽。

〔六四〕各畫卦　三字，諸本皆無，據《説郛》宛本及上下文意補。

〔六五〕火能熟水　『熟』，喻甲、《説郛》涵本、〔日〕大典、春田本皆形近而譌作『熱』。

〔六六〕或鍛鐵爲之　『鍛』，原譌作『鍜』，底本及古代諸本多誤。從胡本、今注四本及〔日〕布目本改。

〔六七〕作三足鐵柈擡之　『柈』下，〔日〕大典本有注云：『同盤。』《漢語大字典》頁四九九亦云：『柈』，同槃、盤。則至遲在宋代，已有了『柈』這一箇體字。『擡』，底本及百川本作『檯』，從參校諸本改。

〔六八〕或用藤作木楦如筥形織之六出圓眼　『楦』字其下，竟陵本有注：『楦，古箱字。』山居、百家、格致、鄭煾、喻甲、存目本，吴本注云：『古箱字。』小説、唐宋、《説郛》宛、説薈及周本則注曰：『楦，古筥字。』〔日〕大典本兩取其説，注云：『古箱字，一本注：楦，古筥字。』餘本則無注。方案：明人始出此注，實有蛇足之嫌。不加注，文意已清楚；加注，反而令人如墜霧中。楦，古作箱或筥字，均未審何據，皆誤。楦，古今之義相同，均爲制鞋用的模具，又稱楦子，吴語作楦頭。又作楥。《集韻》：『楥，《説文》〔云〕履法也，或從宣』，『呼願切』。清·朱駿聲《説文通訓定聲》：『楥，字亦作楦。蘇俗謂之楦頭，削木如履，置履中，使履成式，平直不皺。』後亦泛指填塞、撑大物體的中空部分之模架或實物。用作動詞則指這種行爲本身，如楦鞋。『筥』，《説文》：『𥳓也，從竹，吕聲。』《廣韻》：『居許切。』筥，指可盛放食物等物的圓形或圓底筲箕。〔日〕春田本圖作方形，未允。《詩·召南·采蘋》：『于以盛之，維筐及筥。』毛傳：『方曰筐，圓曰筥。』《淮南子·時則訓》：『具撲曲筥筐。』高誘注：『員底曰筥，方底曰筐。』《急就篇》卷三顔師古注云：『竹器之盛飯者，大曰篅，小曰筥。筥，一名𥳓，受五升。』王應麟補注引徐鍇曰：『今(方案：指宋初)言𥳓箕，𥳓，飯筥也。秦謂筥曰𥳓。』又，筥在唐以前通箱。《一切經音義》卷一五引《聲類》：『筥，箱也，亦盛杯器籠曰筥。』證諸《茶經·九之略》有云：『瓢、盌、筴、札、熟盂、鹾簋，悉以一筥盛之。』此乃比都籃小的圓形盛茶器具。與《聲類》此釋極相吻合。方案：據此，明人此注似錯簡，『古箱字』三字應注於筥下。注『古筥字』者乃以爲古箱字不通楦，遂臆改而導致錯中再誤。亟應删此明人二注。〔日〕大典、春田本之説均未允。『或用藤，作木楦，如筥形，織之』句，似應解作：『或可用藤編製，先作木模，再如筥形編織之。』『圓眼』，百川四本、學津本、遺書本譌作『固眼』。此句指用竹篾片編出六角形圓眼狀花樣。

〔六九〕蓋若利篋 『利篋』，諸本皆同。唯張趙、周本作『筣篋』，未審其版本依據。疑『利』乃『筣』之譌字或借字。筣，乃一種似藤細竹。《廣韻》：『筣，竹名。』《正字通》：『筣，竹。蔓生，似藤。』篋，乃盛放器物的竹編小箱。《玉篇》：『篋，笥也。』《廣韻》：『篋，箱篋。』又匧、篋字通，見《説文》。筣篋，當爲用筣竹編成的小箱。惜周本將下之『口』字誤點而上讀。〔日〕大典本則誤解『利篋』爲似屠隆《考槃餘事》中記載的小文具匣一類物，也許是誤解下文『口鑠之』中的『鑠』字而產生的一種聯想。

〔七〇〕口鑠之　諸本皆同。『鑠』，釋義之一爲磨。《方言》卷七：『鑠，摩也。』清·錢繹箋疏：『摩，通作磨。』《廣雅·釋詁三》：『鑠，磨也。』此可引申作不光滑、毛糙。〔日〕青木本不解其意，徑改『鑠』爲『鑲』，非是。

〔七一〕鋭上豐中　『上』，諸本均誤作『一』，乃涉上或下之『一』而譌。唯吴其濬長編本作『上』，極是。今注三本（除張趙本外）均從之作『上』，據改。今考《蘇軾詩集合注》卷四五《予初謫嶺南，過田氏水閣，東南一峯豐下鋭上，俚人謂之鷄籠山，予更名獨秀峯，今復過之，戲留一絶》，詩題中有『一峯豐下鋭上』之説，可爲此作『鋭上豐中』之佐證。此乃唐宋時人常用之語。鋭上指上端尖細，豐中、豐下指中端或下端粗壯。此蘇軾命名之獨秀峯，與陸羽喻形似炭檛（砸碎炭塊的工具）的河隴軍人手持的木吾，均有『鋭上』的特徵。〔日〕大典本注云：『一，疑應作上。』極是。

〔七二〕頭系一小鍜　『鍜』，諸本皆同。鍜，其本義爲油燈盛油的燈盤。陸羽則指炭檛上手持細頭上端的金屬飾物。〔日〕大典、青木本因字書無此字而改作『鐶』，非是。徑改字，校書之大忌。且此飾物也未必就一定是圓鐶狀物。春田本則以爲『鍜』通輾，謂指轆轤，尤誤之甚。

〔七三〕或作斧　『斧』，底本刊誤作『釜』，據諸校本改。

〔七四〕今人有業冶者　諸本皆同。惟〔日〕青木本注云：『人』字恐爲衍文。似是。

〔七五〕其鐵以耕刀之趄鍊而鑄之　『趄』，或通沮，敗壞。〔日〕大典、青木本謂『趄』乃『鉏』字之誤，實未解通假字之失，非是。

〔七六〕内模土而外模沙　句中二『模』字，諸本皆誤作『摸』。據唐宋本、張趙本及〔日〕大典、青木、春田本改。周本改作『抹』，亦非。

〔七七〕而卒歸於鐵也　『鐵』，諸本皆誤作『銀』。僅喻甲本據上下文意作『鐵』，是。今注四本，〔日〕大典、青木、春田、布目本均作『鐵』，從改。方案：青木本誤奪一『於』字，遂疑『而』前有脱文，非是。

〔七八〕取其久也　『久』，底本原脱，據諸校本補。

〔七九〕次以梨桑桐柘爲之　『之』字，百川四本，學津、《説郛》涵、遺書本誤奪。

〔八〇〕臼内圓而外方　『臼』，底本及其餘各校本均脱，據上注〔七七〕引諸校本補。百川丁本，『臼』形近而譌作『曰』。

〔八一〕軸中方而執圓　『執』，《説郛》涵本作『外』，雖亦通，疑其不明『執』之義而改。

〔八二〕若好薄者減之嗜濃者增之　竟陵、鄭煾、喻甲、存目、小説、唐宋、説薈、《説郛》宛本，吴本，〔日〕大典、春田本無二『之』字。

〔八三〕以椆木槐楸梓等合之　『椆』下，上引各本及周本有注：『音胄，木名也。』鄭煾、喻甲本，吴本，〔日〕青木、布目本字又誤作『稠』。〔日〕大典本注下又有增注：　椆，疑當作稠，言其紋理稠密之木也。似云本句作稠，椆兩通之。方案：　椆，《説文》云：『木也。從木，周聲』。《集韻·尤韻》：『椆，木名，寒而不凋。』清·吴其濬《植物名實圖考長編·木類》云：『椆，其木質重而堅，耐久不蛀。葉亦似樟稍小，亦似山茶枝幹，皮光而灰黑，木紋似栗而斜。』

〔八四〕漉水囊　唐代煮茶及民間淨化食用水時使用的濾水器。由水袋、框格、油套囊三件組成。陸羽忘年交皎然早已有之，爲唐時『禪家六物』之一。《杼山集》卷七《春夜賦得漉水囊歌送鄭明府》曰：『吴縑楚練何白晳，居士持來遺禪客。禪客能裁漉水囊，不用衣工秉刀尺。先師遺我式無缺，一濾一翻心敢賒。』可見其發明權並非陸羽。

〔八五〕無有苔穢鉎澀意　『鉎』，原作『腥』，諸本皆同。〔日〕青木本謂『腥』乃『鍟』之假借字，宜用其本字，其説當是。方案：『鍟』同『鉎』，又作『鏉』，俗稱鐵銹。《集韻》：『鉎，鐵衣，或從星。』《玉篇》：『鉎，鏉也。』《説文通訓定聲》：『鉎，俗曰鐵銹。』蔡襄《茶録·茶碾》正作『銅及碖石皆能生鉎（音星）』，是其證，據改。下『腥』字，徑改。

〔八六〕紉翠鈿以綴之　『紉』，底本及諸本多誤作『細』。唯《説郛》涵本、〔日〕青木本作『紉』，極是，據改。百川甲、乙本又形近而譌作『紐』；〔日〕布目本又誤從之。首先，其上二句首字分別爲『織』、『裁』；其下句首字又爲『作』，皆動詞起句。按上下文法，斷無此以形容詞起句之理，故作『細』必誤。其次，紐，乃打活結、纏束。凡結之可解者，曰紐。此《急就篇》顔師古注之説。紐，象也，束也，結也。下云『翠鈿』，亦不通。唯有作『紉』才文義貫通。紉，即縫紉、連綴、聯結，又可引申爲鑲嵌。作『紉翠鈿』則文從字順。鈿，《説文新附》：『金華也，從金，田聲。』《集韻》：『鈿，金華飾。』翠鈿，指用玉石、金銀製的小首飾、小工藝品，珠貝金銀類裝飾品。又，『鈿』，諸本皆同，唯《説郛》涵本及〔日〕布目本誤作『紬』。

〔八七〕祈子他日甌犧之餘　『甌犧』，諸本皆誤作『甌犠』。犧，指宗廟祭祀中用的牲畜。此陸羽明言木杓也，當從『木』，作『檥』。但此爲『欚』字之異體字。《集韻》：『欚，或作檥。』唐·陸龜蒙《再抒鄙懷用伸酬謝》：『酌茗煩甌檥』，乃作檥字之證。核《御覽》卷八六七引王浮《神異記》，『甌檥』卻作『甌蟻』；但《太平廣記》卷四一二卻又引作『甌檥』。《笠澤叢書》卷一《甫里先生傳》曰：『歲入茶租十許，薄爲甌檥之費。』毛文錫《茶譜》和元·辛文房《唐才子傳·陸龜蒙》卻又引作『甌蟻』。雖兩通之，意義卻不同。甌蟻，指浮在盞面的茶沫，甌檥卻爲茶碗與杓的合稱，是唐代煮茶用的茶具，當然兩者均可指代煮茶飲用這一行爲。陸羽所見的《神異記》當作『甌檥』。上、下文之『犧』，從改爲『檥』，不另出注。

〔八八〕撖　底本及百川丙、丁本脫，餘校本皆誤作『揭』。據是條正文及陳朱、張趙本改補爲『撖』。

〔八九〕若合形　句下，竟陵、山居、百家、格致、喻甲、鄭煾、存目本有注：『合，即今盒字。』小説、唐宋、説薈、《説郛》宛、長編本有注云：『或即今盒字。』〔日〕大典本則注曰：『合，通盒。』

〔九〇〕或沙　〔日〕大典本其下注云：『沙，義未審。』方案：沙通砂，指砂土燒製的砂鍋類器皿，亦泛指陶器。

〔九一〕鼎州次婺州次岳州上　今考公元七〇〇—九〇七年的二百餘年間，唐無鼎州郡之設。陸羽（七三三—八〇五？）《茶經》不可能出現『鼎州次』之文。故作鼎州必誤。又，史容《山谷外集詩注》卷二《招子高二十二韻》注引《茶經》云：『盌，越州上，明州次，婺州次，岳州次。』則『鼎州』應爲『明州』之誤，據改。另一種可能爲陸羽原作『朗州』，宋真宗時改稱鼎州，宋本《茶經》已據改。後一『上』字，諸本皆誤作『次』。《茶經》下文有『越州瓷、岳瓷皆青，青則益茶』之説，則陸羽以青瓷爲上品，越瓷、岳瓷並列爲上品，理之所然。此『次』，當爲涉其上下之『次』字而譌。據今注三本（唯張趙本仍誤作『次』）及上下文義改。據上引史容注引《茶經》文，似南宋本已誤。

〔九二〕則越瓷類玉　『則』字諸本原脱，據下文『則越瓷類冰』句有『則』字及〔日〕青木本補。

〔九三〕器擇陶揀出自東甌　『揀』，底本誤作『棟』，形譌。據諸校本改，唐宋本亦譌作『棟』。檢《藝文類聚》卷八二、《北堂書鈔》卷一四四皆引作『器擇陶簡，出自東隅』。《蜀中廣記》卷六五、《廣羣芳譜》卷一九、《類函》卷三九〇引《荈賦》皆同《類聚》、《書鈔》。唯《茶經》二字引作『揀』、『甌』，差不同。

〔九四〕甌越州上　諸本同。〔日〕大典本其下注云：『此四字衍文，或僅有「盌」一字。』〔日〕青木本則認爲與本節首句重複，又與上『甌』字易誤解，二甌字義不同。故改作『盌』。其説似是，似應從大典説删此四字，僅保留一『甌』或『盌』字。

〔九五〕茶作白紅之色　『白紅』，諸本皆同。但〔日〕大典本『紅』下注云：『疑當作緑。』〔日〕青木本則改作『白緑』，注云：原作『紅』，理應作『緑』。其説是。方案：唐人茶色尚緑，如白居易詩：『渴飲一盞緑昌明。』是其證。應據改。

〔九六〕悉不宜茶　『悉』，底本原作『皆』，據諸校本改。

〔九七〕處五升　諸本皆同，唯《説郛》涵本及吴本作『受五升』。

〔九八〕黄黑可扃而滲者　『扃』，底本及百川四本譌作『局』（俗字又作『扄』），從諸校本改。扃，《説文》：『外閉之關也。從户，冋聲。』王筠句讀：『扃，與《木部》楗蓋内外相對，皆關閉之器，在門内者謂之楗，在門外者謂之扃也。』其俗字作『扄』。亦釋作固定器物的横杠。

〔九九〕悉以陳列也　方案：此『悉』字，與上句『悉斂諸器物』語意重複，疑涉上而衍。

〔一〇〇〕底闊一尺高二寸　方案：此句原在『高一尺五寸』下，疑錯簡，應乙正至本節末『濶二尺』下。〔日〕春田本《茶器圖解》都籃下畫四滑輪，並不符合陸羽原意。〔日〕佚名《茶經圖考》所畫的都籃有底，當是。〔日〕大典本在『闊一尺』下注：『三字衍文。』〔日〕青木本從其説，並認爲底的闊比都籃本身之闊狹些爲不合理。他們將『底高二寸』理解爲底的厚度，雖未嘗不可，但總覺牽强。方案：周本認爲，『底闊一尺，高二寸』乃插入之文，似亦未允。愚以爲這句話既錯簡，似還有脱文。這種都籃爲了承重和保潔，不能直接接觸地面，應有一高二寸，長一尺二寸，寬一尺的底；或者是兩根闊一尺、高(厚)二寸的竹片作底。可惜，陸羽設計的這種都籃今已無實物傳世，無從驗證拙釋是否正確。姑作錯簡而乙正處理。

〔一〇一〕慎勿於風燼間炙　『風燼』下，〔日〕青木本注云：『諸本皆作「風燼」，疑爲「風爐」之誤。』方案：此疑所不當疑者，作『風燼』是。『燼』通『㶳』，字又解作『薪』，『風燼間炙』，乃在風口用燃燒之薪炙茶也。《玉篇·火部》：『㶳，薪也。燼，同㶳。』《文選·張協〈雜詩十首〉之十》『尺燼重尋桂』，李善注：『《説文》曰：燼，薪也。』

〔一〇二〕候炮出培塿狀如蝦蟆背　『如』，諸本原脱，據《海録碎事》卷六引《茶經》補。其下之『然後』，上引作『即』。

〔一〇三〕如漆科珠壯士接之不能駐其指　『如漆科珠』，殊難索解，疑文有奪誤。吴本今譯作：『如漆小小的圓珠。』張趙本作：『像圓滑的漆樹子一樣。』周本作：『如用漆器量珠子。』似均未允。〔日〕青木本又疑『科』乃『顆』之同音假借。方案：此雖有音譌的可能，『顆』亦指小而圓物的形狀，科珠，有可能爲『顆珠』之音譌，但似仍牽强。〔日〕大典本句下注云：『漆科珠未考，句意難解，以俟博洽君子。』今以存疑爲妥。『接』，〔日〕青木本以爲乃『挼』之形近而譌。檢《説文》：『挼，推也，從手，委聲。一曰兩手相切摩也。』《玉篇》、《廣韻》引《説文》則作『摧也』。又作挼搓、按摩。《廣韻·灰韻》：『挼，手摩物也。』章炳麟《新方言·釋言》：『今謂按摩曰挼。』方案：雖所言不無道理，但無版本依據改字，校書之大忌，今不從。

〔一〇四〕則似無穰骨也　『穰』，諸本多誤作『禳』，據《説郛》涵本、寺本，今注四本，〔日〕大典、青木本改。穰，禾莖也。《説文》：『穰，黍梨已治者。』段注：『已治，謂已治去其箬皮也。謂之穰者，莖在皮中如瓜瓤在瓜皮中也。』穰又通瓤，即指果類之肉，見《正字通·禾部》。穰還指禾類的皮殼碎屑。《集韻·清韻》：『穰，践禾黍之餘。』周本取此義，但陸羽指『蒸罷熱搗，葉爛而牙筍存焉』，則謂如禾莖果肉有風骨者也。周説未允。

〔一〇五〕謂柏桂檜也　『謂』，底本、百川甲、百川丁、百川丙、竟陵、唐宋、學津、説薈、張趙本作『爲』，同音之譌。據百川乙本及其餘各校本改。又『桂』，百川乙本、〔日〕布目本等作『樫』。

〔一〇六〕謂朽廢器也　『器』，底本原誤作『等』，據諸校本改。百川乙本作『⿰口等』，丙、丁本作『⿰口寺』。

〔一〇七〕古人有勞薪之味　『勞薪之味』，即敗器朽木爲薪之炊。典出春秋時師曠與晉平公的對話。《隋書·王劭傳》：劭上表請變火曰：『昔師曠食飯，云是勞薪所爨。晉平公使視之，果然車輞。』余嘉錫《世説新語箋疏·術解》：『荀勖嘗在晉武帝坐上食筍進飯，謂在坐人曰：「此是勞薪炊也。」坐者未之信，密遣問之，實用故車脚。』又見《晉書·荀勖傳》，略同。

〔一〇八〕江水次　諸本原作『江水中』，唯百川乙本及〔日〕布目本作『江水次』，極是。可以得到多種宋代文獻引宋本《茶經》的印證。如歐陽修《文忠集》卷六三《大明水記》、李光《莊簡集》卷一六《瓊州雙泉記》、黄震《黄氏日鈔》卷六一、張舜民《畫墁集》卷七《郴行録》、《錦繡萬花谷·前集》卷三五、《記纂淵海》卷一、《事林廣記·癸集》卷一〇等，據改。

〔一〇九〕挹彼清流　『挹』，諸本皆形近而譌作『揖』，據《藝文類聚》卷八二、《北堂書鈔》卷一四四引《荈賦》改。

〔一一〇〕其山水乳泉石池漫流者上　『山水』下原有『揀』字，乃衍字；『漫』原譌作『慢』。據《歐陽修全集·居士集》卷四〇《浮槎山水記》、同書卷六三《大明水記》、《萬花谷·前集》卷三五、《事文類聚·續集》卷一二、《苕溪漁隱叢話·後集》卷一一引《茶經》文删改。又，唐宋、《説郛》宛、説薈、寺本，今注三本（陳朱本作『慢』）亦作『漫』，是。但皆仍衍『揀』字。又，《景定建康志》卷一九引作：『其山水、乳泉漫流者飲之甘。』無『石池漫流者上』六字，或宋本《茶經》已如此，也可能爲《建康志》編者的改寫。《蘇詩合注》卷三五《上巳日與二子迨過遊塗山荆山記所見》自注云：『真陸羽所謂

「石池漫流者」也。』此蘇軾已見之北宋本《茶經》，有此句也。均作『漫』。又，李壁《王荆文公詩注》卷一八《試茗泉》引作：『山水，乳泉石池漫流者爲上。』

〔一一一〕其瀑湧湍漱勿食之久食　諸本均同。但《文忠集》卷六三《大明水記》『久食』引作『食久』，且其上『之』字無。

〔一一二〕自火天至霜郊以前　諸本皆同。唯《説郛》涵本改『火天』作『大火』，『霜郊』作『霜降。』〔日〕青木本從改爲『霜降』。今考『火天』有二解：其一，指仲夏，即盛夏。《書·堯典》：『日永星火，以正仲夏。』《詩·豳風·七月》：『七月流火。』毛傳：『大火也。』高亨注：『火星名，又名大火，即心宿。』沈括《夢溪筆談》卷七曰：『星有三類：一經星，北極爲之長；二舍星，大火爲之長；三行星，辰星爲之長。』(注云：『大火，天王之座，故爲舍星之長。』)故『七月流火』、『火天』均爲盛夏的典雅喻稱，唐宋時人詩文中屢及之。如：《李羣玉詩集》卷下《與濮陽夏侯吴三山人夜話》：『茶芳向火天。』宋庠《元憲集》卷八《苦熱》：『溽暑南方侯，貞光大火天。』李覯《盱江集》卷三五《避暑》：『大熱火天下，虛堂枕山阿。』皆其例證。故『火天』不必改『大火』，改了反韻味全失。另外，陸羽這裏的『火天』，是否指仲夏七月流火季節，尚頗成問題。因爲『火天』還可作禁火天即寒食的省稱。宋·周紫芝《太倉稊米集》卷一九《寒食自歸郡舟中作二首》之一有：『淚落澆山酒，愁生禁火天。』寒食過後即清明，正是萬物復蘇，蟄蟲潛毒的活動期，聯係下文『或潛龍蓄毒於其間』，尚不能排除『火天』指禁火天的可能性。『霜郊』爲『霜降』的喻指。典出《陶淵明集》卷四《擬挽歌辭》三首之三：『嚴霜九月中，送我出遠郊。』唐宋詩人用其典者屢有佳作。如：元稹《元氏長慶集》卷八《恭王故太妃挽歌二首》之二：『霜郊夜更寒。』陸游《劍南詩稿》卷三七《感舊》：『霜郊熊撲樹。』李廌《濟南集》卷四《楊元忠和葉秘校臘茶詩相率偕賦》：『風駕已馳供御品，霜郊未卷喊山旗。』此詩指出，兩宋之際，在福建路建州（治今福建建甌），霜降季節仍有秋茶生產，是茶史上的可貴資料。因此，『霜郊』亦無必要改爲『霜降』。〔日〕青木本指『霜郊』爲誤，似乃不明其出典。

〔一一三〕井取汲多者　『井』下，底本原誤衍一『水』字，據諸校本删。明・陸樹聲《茶寮記》亦作『井，取汲多者』，是其證。

〔一一四〕凡候湯有三沸　『三沸』，諸本皆誤作『其沸』。據《蘇軾詩集合注》卷八《試院煎茶》『蟹眼已過魚眼生』句下〔王注任居實曰〕、朱勝非《紺珠集》卷一〇、曾慥《類説》卷一三及《山谷詩注・内集》卷六《省中烹茶懷子瞻用前韻》任淵注引南宋刊本《茶經》改。《類説》及任淵注無『凡』字。

〔一一五〕已上汤老不可食也　『湯』，原作『水』，諸本皆同。但上引《蘇詩合注・試院煎茶》任居實注引《茶經》、《紺珠集》卷一〇作『則湯老』；《類説》卷一三作『湯老矣』，《海録碎事》作『過是老矣』；《蘇詩合注》卷三四《病中夜讀朱博士詩》〔王注〕引《茶經》作：『湯經三沸爲老。』義勝，當從。其『水』字必誤，唐宋人煎茶均稱『湯』而不説『水』。或『已上』前誤奪『三沸』兩重字，惜無版本依據。總之，『已上水老』四字必誤，故宋代類書所引皆據上下文意作一定改動。愚以爲似當作『〔三沸〕已上則湯老』爲是。今僅改『水』爲『湯』，以示慎重而不輕改原文。又，上文『緣邊如湧泉連珠爲二沸』，四庫本《東坡詩集注》卷七及《施注蘇詩》卷五《試院煎茶》：『緣邊』，均引作『四向』（卷九《石塔戲作》又作『四邊』），義長，似當從。

〔一一六〕上古蹔反下吐濫反無味也　方案：此乃注『䤗艦』二字的音義。『古蹔反』，諸本皆譌作『古暫反』。䤗，《集韻》：『古蹔切。』是其證。據改。又，艦，《廣韻》正作『吐濫切』。據字書，這二字，單獨均釋作『咸』，或『過咸』。合用組成一詞，釋作『無味也』，字書始見於宋·陳彭年等《廣韻·闞韻》，但《廣韻》乃據隋·陸法言及唐·李舟兩種《切韻》增廣修訂而成。因此，尚無從判斷這條注究竟是陸羽原注還是宋人之注。

〔一一七〕則量末當中心而下　『末』，底本及明本刊誤作『未』，據諸校本改。

〔一一八〕沫餑均茗沫也　上『沫』字，諸本皆脱。〔日〕青木本注云：『疑均上有脱誤之字。』方案：其説是。應據上文『令沫餑均』補『沫』字。但〔日〕布目本以爲『均』字誤衍，似非是。

〔一一九〕餑蒲笏反　『餑』，諸本皆脱。當據上下文意補。餑，《切韻·没韻》：『茗餑。』《廣韻》作『蒲没切』。

〔一二〇〕沫餑者湯之華也　『者』，諸本皆脱。據宋本《全芳備祖·後集》卷二八、《合璧事類備要·外集》卷四二引《茶經》補。《山谷詩注·内集》卷一《次韻劉景文登鄴王臺見思五首》之四『茗花浮曾坑』句下任淵注引《茶經》正作：『沫餑者，湯之華也。』又，同書卷六《慈孝寺餞子敦席上奉同孔經父八韻》任注引《茶經》亦作『沫餑者』，是其證。宋本《茶經》有『者』字，故據補。

〔一二一〕華之薄者曰沫厚者曰餑細輕者曰花　句中三『曰』字，上引《全芳》和《備要》均作『爲』，但《茶經》各本皆作『曰』。又，同上引任淵《山谷詩注》引《茶經》卻作：『華之薄者曰沫，厚者爲餑，輕細者曰花。』其中句『曰』作『爲』，末句『細輕』倒作『輕細』，差不同。上引《全芳》、《備要》及《萬花谷·前集》卷三五均作『輕細』，似應據宋本《茶經》乙正。

〔一二二〕又如晴天爽朗有浮雲鱗鱗然　今存各本《茶經》皆誤奪一重字『鱗』。首先，其上有『如棗花漂漂然於環池之上』，其下又有『則重華累沫皤皤然若積雪耳』。前后兩句中『漂漂』、『皤皤』均雙聲，則『鱗鱗』必爲雙聲無疑。其次，宋人詩注中多引作『鱗鱗然』。如：陳與義《簡齋集》卷六《與周紹祖分茶》『共此晴雲碗』句下胡穉注引《茶經》曰：『如晴天爽朗，有浮雲鱗鱗然。』《山谷詩注·内集》卷六《慈孝寺餞子敦席上奉同孔經父八韻》任淵注引《茶經》全同上引，亦作『鱗鱗然』。另外，《事文類聚·續集》卷一二又引作『〔則〕鱗鱗然』，亦其佐證。又增一『則』字，孤證不取補。

〔一二三〕若緑錢浮於水湄　『湄』，諸本皆譌作『渭』，《説郛》涵本、〔日〕布目本作『濱』；今據〔日〕大典、青木本及今注四本改。

〔一二四〕荈賦所謂焕如積雪燁若春藪有之　『春藪』，《藝文類聚》卷八二引作『春敷』。

〔一二五〕第一煮水沸而棄其沫之上有水膜如黑雲母　諸本皆同。『而棄其沫之上』，《説郛》涵本作『突其沫之上』。方案：疑『之上』前脱一重字，似應據補。標點爲：『第一煮水沸而棄其沫，〔沫〕之上有水膜如黑雲母』，則文從字順。〔日〕青木本將『其沫』二字下讀，標點爲：『第一煮水沸而棄，其沫之上有水膜如黑雲母』，雖亦通，但意義不同。『其沫』上讀，乃棄其沫；下讀，則棄其水也。

〔一二六〕其第一者爲雋永　句下〔日〕青木本有注：諸本皆作『者』，疑『煮』之誤。方案：據上下文意，應作『者』。

〔一二七〕史長曰雋永　各本同。唯〔日〕大典、布目本，吴本『史』作『味』。任淵《山谷内集詩注》卷二引《次韻子由績溪病起被召》引《茶經》注卻作：『味長謂之雋永。雋，味也；永，長也。』不僅作『味』，且已文句互乙，録以備考。似任注引《茶經》原注是。『史』乃『味』字之譌；似句文亦應據乙。

〔一二八〕或留熟盂以貯之　『盂』，諸本原脱，據文意及張趙、周本補。

〔一二九〕諸第一與第二第三盌次之　方案：『次之』，似應作『次第之』，疑二字間脱一『第』字。

〔一三〇〕茶性儉不宜廣廣則其味黯澹　下『廣』字，諸本皆脱。據文意及周本補。

〔一三一〕其馨𩡋也香至美曰𩡋𩡋音使　三『𩡋』字，各本皆作『欸』，據百川甲本改。方案：正文與注文中三個『𩡋』字，諸本皆作『欸』，唯百川其餘三本及學津本、遺書本、底本注作『音使』，其他校本皆誤作『音備』。今考『𩡋』，通『𩡖』(shǐ)。《廣韻》：疏吏切。《集韻·止韻》：『香之美者，謂之𩡖。』宋·洪芻《香譜》曰：『香之美者曰𩡋。』可見宋代仍有這種用法。陸羽或借用『香之美』來形容茶香之完美。後人不察𩡋乃𩡖之通假字，遂臆改作『欸』。據《字彙補》，其字音『心子切』，字無解。而明人又改注其音『備』，尤妄。此正宋本之可貴也。

〔一三二〕一本云其味苦而不甘檟也甘而不苦荈也　方案：此必非陸羽原注。當爲宋人或其以前人所注，以宋人注可能性最大，因此注宋本百川本已有。

〔一三三〕呿而言　呿，《廣韻》：丘倨切，又丘伽切，去刼切。《玉篇》：『呿，張口貌。』《莊子·秋水》：『公孫龍口呿而不合，舌舉而不下。』呿而言，謂張口説話也。

〔一三四〕兩都並荆渝間　『荆渝間』，當泛指今鄂西、渝東一帶。正是我國茶與茶文化的發源地之一。荆州，在唐上元元年（七六〇）已置南都而升爲江陵府，直到宋代，仍是茶的集散中心之一。因此荆、渝均不可能是實指，應是泛稱，更大範圍也可稱是楚地與巴渝的合稱。『渝』，諸本皆作『俞』。竟陵本及其以降的山居、百家、格致、喻甲、鄭熜、小説、唐宋、存目、《説郛》宛、説薈本，〔日〕大典、青木本，周、吴本『俞』後均有注云：『俞，當作渝，巴渝也。』陳朱、〔日〕布目本改『俞』爲『渝』。張趙本則注稱：俞，不是渝，乃古國名，故城在今山東平原縣西南。實大誤，其一，所據資料乃《封氏聞見記》卷六的一段話，此小説家言，未足置信。其二，即使封演之説能成立，其所謂自今山東兗州至河北滄州一帶，也不包括『荆』（今鄂西之地），『荆俞』仍無所指。其三，其所指地區，自古至今不産茶，似有曲解之嫌。今並不取，而僅改『俞』爲『渝』。

〔一三五〕樂安任育長　『樂』，底本原脱。余嘉錫箋疏本《世説新語·紕漏》注引《晉百官名》曰：『任瞻，字育長，樂安人。父琨，少府卿。瞻歷謁者僕射、都尉、天門太守。』據補『樂』字。樂安，郡國名，東漢永元七年（九五），改千乘郡置；本初元年（一四六），國除改郡。西晉復改爲國，治高苑縣（今山東鄒平縣東北）。東漢時，其轄境相當於今山東博興、高青、桓台、廣饒、壽光、濱州、利津等市縣地。『樂安』，底本、百川四本、喻甲本、遺書本、學津本均誤奪『樂』字。竟陵本『安』上有一方圍，表示缺字。鄭熜本方圍作空格，亦表缺字；而日本春秋館影刊鄭熜本在此空格中誤補『新』字，成『新安』。〔日〕大典本及今注吴本又誤從之作『新安』。其餘各校本則誤補『高』字，作『高安』。唯陳朱、周本及〔日〕布目本作『樂安』，是。且周本注與拙考不謀而合。『任育長』，『長』字，百川四本、遺書本、學津、長編本均脱。餘本有『長』，且下有注：『育長，任瞻字。元本遺長字。今增之。』此注似始見於竟陵本。今從底本，而將明人注一概移入校記。

〔一三六〕八公山沙門曇濟　『曇濟』，諸本皆音近而譌作『潭濟』，唯張趙本作『曇濟』，是。據《茶經·七之事》下文及《御覽》卷八六七引《宋録》改。且此句錯簡，今乙正至『子尚』下，即與『鮑照妹令暉』句互乙。

〔一三七〕皇朝徐英公勣　方案：《七之事》卷首至此句，乃本節的提要或目録。但其中所列的晉『杜舍人毓』及唐『徐英公勣』，以下卻缺相應的正文；而正文中提到的《食論》作者三國·華佗及《食忌》作者壺居士，在提要中卻付之闕如。這種前後脱節、不相統一的情況，可能有兩方面原因所導致：其一，據陳師道序，在兩宋之際（即距今約九百年的十二世紀初），陳據以用作底本的《茶經》《七之事》以下已佚，他對校了四個版本，才整理出一個上下二卷的新本。不幸的是亦早已蕩然無存。故即使是宋本《百川學海》，其《七之事》、《八之出》等部分均非宋本之舊，已爲南宋末人所擬補。其二，即陸羽寫作這兩部分時本來已爲全書的難點，由於資料的缺乏等條件限制，或陸羽先在原稿中有此提要，修訂時才補正文，而未能劃一。所以，在成書時就已『先天不足』，在流行過程中又『後天失調』。這兩種原因導致了《茶經》卷下令學者棘手的現狀。拙釋在卷下這兩部分主要依靠他校，即唐宋類書、方志、詩注中的引文，尤其是宋人或宋刊資料中的相關部分，以期達到正本清源，提供給學術界、茶學界一個比較可信、最接近於陸羽原本的新校本之初衷。又，以下《七之事》史料中涉及的『荼』字，均應作『茶』字，爲免煩瑣，一律不再回改。特此説明。

〔一三八〕茶茗宜久服　『宜』，諸本皆奪。據宋本《御覽》、《茶賦注》及《鏡原》卷二一、《肆考》卷一九三、《類函》卷三九〇（以下均省卷數）、《茗笈》卷下補。

〔一三九〕廣雅云　方案：以下引文並非《廣雅》之文。約六十年前，日本學者布目潮渢教授就已明確指出：這段文字與《廣雅》體例不同，不可能是《廣雅》引文，恐是其書名有誤。説詳布目《茶經注釋》，見《茶道古典全集》第一卷第六三頁，注一五；又見《茶經詳解》頁一八六注一。（分刊〔日〕淡交社，一九五七、二〇〇一年版。）其説是。故各種版本《廣雅》，乃至清·王念孫《廣雅疏證》均不見此條，體例不合也。本條引文出處，因書闕有間，已難考其詳。

〔一四〇〕荊巴間採茶作餅　『茶』，諸本原作『葉』，誤。據宋本《御覽》、《太平寰宇記》卷一九三、《方輿勝覽》卷六八、《輿地紀勝》卷一八七及《蜀中廣記》卷六五引文校改。

〔一四一〕既成以米膏出之　『既成』，諸本原作『葉老者餅成』，於上下文義不通，據上引《御覽》、《勝覽》改。《紀勝》無『既』字，『成』字則上讀，作『採茶作餅成』，亦其證。

〔一四二〕先炙令色赤擣末置瓷器中　「色赤」，原譌倒作「赤色」，據上引《御覽》、《寰宇記》、《紀勝》改。《勝覽》作「色變」，是其證。「瓷器」，《勝覽》卷六八引作「甕器」。

〔一四三〕嬰相齊景公時食脱粟之飯炙三弋五卯茗菜而已　「卯」，底本誤作「卵」，據百川四本改。方案：《晏子春秋》中這段話，自被收入《茶經》後，歷來被認爲春秋時期有茶的力證。但這是一種由來已久的誤解。首先，唐·柳宗元、宋·薛季宣等人早就論定，此書乃出於戰國時齊人墨子之徒手筆，並非春秋時人著作。更重要的是，其文本既經嚴重竄亂，並不可信。如王應麟《困學紀聞·集證八》就認爲「茗菜」乃「苔菜」之譌。儘管宋人張淏《雲谷雜記》卷二注曰：「讀《晏子春秋》者，多疑此文闕誤，予後見《太平御覽·茗事》中亦載此，其文正同，初非闕誤也。」但張淏忽略了一個基本的事實：《茶經·七之事》見於《御覽》者凡三十一條，其餘三十條皆有異文，唯獨此條兩者一字不差。唯一合乎情理的解釋是，《御覽》此條録自《茶經》。即其誤出於同源。早在二十餘年前，筆者檢核《御覽》卷八四九，發現也有《晏子》這條引文，其文字遠較現存各本《晏子》爲勝，且文意完備，足可爲「苔菜」、「茗菜」之爭及春秋是否有茶畫上圓滿的句號。這條引文之重要性已遠出文本校勘學上的糾謬證譌，它無可爭議地推翻了春秋有茶的謬説。不幸的是，筆者雖早已發表論文，公開了這一研究成果，卻迄今仍未引起學術界、茶學界的重視。近年來，沿譌踵謬者仍不乏其人，今再録其文於下。《御覽》卷八四九：「《晏子》曰：　晏子相景公，食脱粟之飯，炙三弋，五卯菜耳。公曰：『嘻，夫子家如此貧甚乎，而寡人之罪。』對曰：『脱粟之食飽，士之一足也；　炙三弋，士之二足也；　菜五卯，士之三足也。嬰無倍人之行，而有三士之食，君之賜厚矣！嬰之家不貧。」再拜而辭。』炙三弋，乃指炙烤三種禽肉；　菜五卯，乃倒裝句，即以五種蔬菜爲下飯之菜。卯，乃茆之借字，茆，即蓴菜，乃類似蒓菜的水生蔬菜。這段話文從字順，可見無論『苔菜』、『茗菜』，均是戰國以後人因《晏子》讀不通、點不斷臆加妄補而産生的衍誤之文。詳見拙文《芻議茶的起源》、《戰國以前無茶考》，分刊《中國農史》一九九一年第三期，一九九八年第二期。此勿贅述。

〔一四四〕司馬相如凡將篇　方案：　今考《演繁露》卷五《凡將》曰：『漢小學家司馬相如作《凡將篇》，其後元帝時史游又作《急就篇》，《凡將》今不可見矣。』《藝文類聚》載：『《凡將》一語曰：「鐘磬竽笙筑坎侯。」與《急就》記樂之言，所謂「竽瑟箜篌琴筑箏」者，其語度、規制全同。率皆立語總事，以便小學。即《急就》也者，正規模《凡將》也。』程大昌之説表明，南宋時，《凡將篇》已佚。其文同今仍殘存之史容《急就篇》一樣，皆七字成句的韻文，以便於記誦。其所引《類聚》文今存，見卷四四，唯『坎侯』二字似爲『箜篌』之譌，上引《急就篇》可證。今存《急就篇》文，此條外，還可另見二條：其一，《説文》卷二：『淮南宋蔡舞嗙喻。』（《通雅》卷四『宋』作『鄭』。）其二，《文選·蜀都賦》注引：『黄潤纖美宜製襌。』可爲上説之證。《四庫總目提要》卷四一《篆隸考異》稱：『觀陸羽《茶經》所引司馬相如《凡將篇》亦以韻語成句，知古小學之書，其體如是。』此説亦然。但令人費解的是，同書卷一一五《茶經》提要曰：『《七之事》所引古書，如司馬相如《凡將篇》一條三十八字，爲他書所無。』上云『韻語成句』，此云僅『三十八字』，《茶經》今傳本皆三十八字，但現存六句，應爲四十二字，顯奪四字，何來『韻語成句』？四庫館臣的這種自相矛盾，是其治學粗率的表現。當時，已無可能有存四十二字的别本《茶經》存世。古往今來，無人注意及此。幸賴清·嚴可均發千古之覆，在其編纂的《全上古三代秦漢三國六朝文·全漢文》卷二二據《茶經》卷下收入《凡將篇》此條時，補所缺四字作方圍，並首次正確斷句，復加按語云：『此轉寫脱四字。白芷之「白」，後人妄補。《漢〔書〕·藝文志》言，《凡將篇》無複字。』其説極是。今據以標點，從補方圍。唯『白斂』，乃『白蘞』之譌；且『白蘞』及『白芷』兩『白』字中，必有一字爲誤。亦有可能『白蘞』乃『赤蘞』之譌，未必一定是『白芷』之『白』字誤寫。説詳下。此又聊補嚴氏所未及也。《凡將篇》大體上本《蒼頡篇》而『頗有出矣』（《漢書·藝文志》語）。今考《蒼頡篇》凡五十五篇，約三千八百五十字，則《凡將篇》存世文字已不到千分之五，《茶經》保存此條佚文彌足珍貴。被後世廣泛認同的茶之别稱——荈字，即始見於是書。餘詳拙文《戰國以前無茶考》。

〔一四五〕蜚廉雚菌□荈詫　『蜚廉』，疑爲『蜚蠊（音廉）』之譌。其名見《政和本草》卷二一。

〔一四六〕赤蘞白芷□菖蒲　『赤蘞』，原作『白斂』，『斂』爲『蘞』之譌，已如上述。今考《政和本草》卷一〇引《圖經》云：『濠州有一種赤蘞，功用與白蘞同，花實亦相類，但表裏俱赤耳。』白蘞，或爲『赤蘞』之譌。因『白芷』未見有類似之物，姑改『白』爲『赤』，俟更考。餘詳校證〔一四四〕。

〔一四七〕蜀西南人謂茶曰蔎　『蔎』，百川乙本作『葭』，此或爲『蔎』之譌，或爲『葭萌』之脱字。葭萌，原爲人名，後演變成地名。《華陽國志·蜀志》載：『蜀王别封弟葭萌於漢中，號苴侯，命其邑曰葭萌矣。』

此常璩據三國·譙周《蜀紀》之説。葭之本義爲蘆科植物。《説文》:「葭,葦之未秀者。」萌者,《説文》:「草芽也。」可能因葭萌(漢中)其地産茶,又取其萌芽之義,蜀人遂借作茶名。「蔎」,《説文》:「香草也。」段注:「香草,當作草香。」《楚辭·九嘆·愍命》:「懷椒聊之蔎蔎兮。」王逸注云:「蔎,香貌。蔎,一作藹。」洪興祖補注曰:「蔎,桑葛切。」此語的本意是:劉向以椒聊——一種香草喻屈原之身潔行修,志存高遠。蔎之本義爲草香,被蜀西南人借用爲茶之别名,可能取其茶有真香即茶香,而用此字之義;兼又有蜀西南人方言的發音而然。此條已不見於今傳本《方言》,玩其文意,當爲郭璞之注文而非揚雄之原文,因爲《方言》亦乃七字成句的韻文。即使是注文,也仍有兩種可能:一爲確是郭注之文。但在長期流傳過程中已佚;二是陸羽誤記出處,並非《方言》郭注之文,唐代以前的字書,今已失傳者實在是太多。

〔一四八〕吴志韋曜傳　諸本皆同。是條見陳壽《三國志》卷六五。今考韋曜原名昭。陳壽,晉人,避晉諱司馬昭之「昭」,而追改爲韋曜,似應恢復其原名作韋昭。又,「韋曜傳」三字,《御覽》、《藝文類聚》(下簡作《類聚》)卷八二及《吴書·韋傳》均無。

〔一四九〕孫皓每饗宴　「孫皓」,《類聚》及《吴書》均無「孫」字,僅作「皓」。《御覽》無「饗」字,作「每宴」。

〔一五〇〕坐席無不率以七升爲限　「坐席無不率」,《類聚》作「坐席無能否每率」;《御覽》作「席無不能酒」。文意大相徑庭。

〔一五一〕雖不悉入口　「悉」,《類聚》、《御覽》、《吴書》作「悉」,是。原諸本皆譌作「盡」,當涉下「盡」字而誤，據上注引三書改。

〔一五二〕曜素飲酒不過二升　『曜』，《類聚》、《御覽》作『韋曜』，當是。『曜』下，《吴書》有『素』字。素，殆平時也。義勝。據補。

〔一五三〕皓初見禮異　『見』字諸本原脱，據《類聚》、《吴書》補。二書均無『皓』字。句下，《吴書》有『時常爲裁減，或』六字，此引已删。

〔一五四〕密賜茶茗以當酒　『茗』原作『荈』，據《類聚》、《御覽》改。『當』，原作『代』，據上引三書改。

〔一五五〕時衛將軍謝安嘗欲詣納　『嘗』，原譌作『常』，據《類聚》、《御覽》、《事類賦·茶賦注》改。《晉書》卷七七《陸曄傳·陸納附傳》亦載斯事，文異而意同。時納『徙吏部尚書加奉車都尉』。中華書局點校本《晉書》竟將『衛將軍』上讀，誤點爲陸納之官銜，故其下有注云：『納爲吏部尚書。』

〔一五六〕納所設惟茶果而已　『納』，原誤脱，據上注引補。

〔一五七〕桓温爲揚州牧性儉　諸本同。方案：『爲揚州牧』四字，似衍。理由如次：核《晉書》卷九八《桓温傳》相關記載曰：『加揚州牧、録尚書事，使侍中顔旄宣旨，召温入朝參政，温上疏〔辭〕。』同書又云：『温遂城赭圻，固讓内録，遥領揚州牧。』則桓温僅是遥領，爲加官，而並非實授。更重要的是，桓温並非在加官揚州牧後才『性儉』，而是其秉性一貫性儉。故宜删此四字。又，『性儉』，《御覽》引作『性儉素』。此四字，或因删節失宜而誤存之。

〔一五八〕惟下七奠柈茶果而已　『柈』，諸本多誤作『拌』。『柈』，通『盤』。據《御覽》及〔日〕大典本，今注吴、周本改，張趙本徑改爲『盤』。參見本書校證〔六七〕。

〔一五九〕夏侯愷因疾死宗人字苟奴察見鬼神見愷來收馬　檢《搜神記》卷一六，此數句多有異文，併録如下：『夏侯愷，字萬仁，因病死。宗人兒苟奴，素見鬼。見愷數歸，欲取馬……』其下與此並同。僅改『字』爲『兒』，餘均作異同校。干寶《搜神記》，據《學津討原》本、掃葉山房《百子全書》石印本、中華書局汪紹楹校注本對校，文全同，已録如上。

〔一六〇〕劉琨與兄子南兖州刺史演書云　方案：『與』下九字，宋本《全芳備祖》後集卷六及《事文類聚·續集》卷一二皆引作『羣弟書』三字，差不同。又，劉琨（二七一—三一八），字越石，晉中山魏昌（治今河北定州東南）人。少與祖逖爲友，枕戈待旦，中夜聞鷄起舞，勵志建功立業。與石崇等號爲『二十四友』。官至司空、大都督，後被段匹磾殺害，謚愍。有集十卷，别集十二卷，已佚。其侄演，曾官兖州刺史。事具《晉書》卷六二《劉琨傳·附演傳》。琨此書乃其西晉時所修，當時尚無僑置州郡，東晉南渡後才有南兖州。故『南』字誤衍，上文《七之事》提要（目録）亦無『南』字，據删。《全晉文》卷一〇八嚴可均案語云：『南』字疑衍，是。今據《御覽》、《書鈔》及《全晉文》出校。

〔一六一〕前得安州乾茶二斤薑一斤　『安州』，諸本皆同。但其州西魏大統十六年（五五〇）始置，治今湖北安陸。西晉劉琨時不可能有此地名。疑應從高元濬《茶乘》引作『安豐』，似應據改。『茶二斤』，諸本原脱。據《御覽》、《全晉文》補。

〔一六二〕桂一斤黄芩一斤　『黄芩一斤』，《御覽》、《太平寰宇記》、《全晉文》無此四字。

〔一六三〕吾患體中煩悶　『患』，原脱，據《北堂書鈔》卷一四四補。『煩』，底本原作『潰』，乃『憒』字之譌。除百川四本，學津、遺書、長編本，陳朱、張趙本外均有注：『潰，當作憒。』周本既出注，又改『憒』。今不取，從上注引三書改作『煩』，義勝。

〔一六四〕恒仰真茶　『恒』，諸本原作『常』，乃避宋諱而改『常』，今據上引三書回改。『仰』，上引三書作『假』，但四庫本《御覽》作『仰』，疑從《茶經》改『假』爲『仰』。兩通之。

〔一六五〕汝可信信置之　『信信』，原脱，據《御覽》、《書鈔》補。《全晉文》無重字，只有一『信』字，疑脱一重字。『置』，諸本皆同誤，乃『致』字同音之譌，據上引三書改。

〔一六六〕傅咸司隸教曰　傅咸（二三九—二九四），字長虞，傅玄子。西晉北地泥陽（治今陝西耀縣東南）人，曾任尚書左丞、御史中丞、司隸校尉等官。顧榮稱其『爲司隸，勁直忠果，劾按驚人』。原有集三十卷，已佚，明人有輯本《傅中丞集》。事附具《晉書》卷四七《傅玄傳》。司隸，晉代官名司隸校尉的簡稱。與御史中丞共同職司糾察皇太子以下内外百官。司隸教，全稱爲司隸校尉教。據明·張溥編《漢魏六朝百三家集》卷四六《傅咸集·司隸教》輯録的數則文字看，乃介乎公告及令文間的一種文書，由在任的司隸校尉發布。如《御覽》卷二五〇引《傅咸集》的一則司隸教云：『司隸校尉舊號「卧虎」，誠以舉綱而萬目理，提領而衆毛順。』就是類似於今就職演説而闡明司隸職責的告白。

〔一六七〕聞南方有以困蜀嫗作茶粥賣之　諸本皆誤衍『以困』二字，據《書鈔》卷一四四、《御覽》、張溥《百三家集》卷四六引《傅咸集》（下簡稱《傅集》）、《全晉文》卷五二删。『南方』，《書鈔》、《全晉文》卷五二引作『南市』，疑是，孤證而僅出異同校。『之』，據《書鈔》、《傳集》補，《御覽》無。

〔一六八〕廉事打破其器具　底本作『爲羣吏』，乃以私意改寫，非是。諸校本作『爲簾事』，『簾』乃『廉』之譌，『爲』又衍字，從上引四書及〔日〕大典、布目本改作『廉事』。『打破其器具』，《書鈔》略同，唯『具』作『物』；但《御覽》作『（歐）〔毆〕其器具』，《傳集》則作『毁其器具』。後二書義勝。

〔一六九〕又賣餅於市　『又』上，諸本或作空格，或缺字，或墨釘；存目本、鄭熜本、〔日〕大典本、今注四本補『後』字，《説郛》宛本作『乃』，底本又作『嗣』，均誤補。『嗣又』，乃『使無爲』三字之譌，據同上引《書鈔》等四書及《晉書·傅玄傳》改。

〔一七〇〕以困蜀姥何哉　『困』，諸本皆奪，據同上引四書及明·梅鼎祚《西晉文紀》卷一〇〇補。『蜀姥』，《書鈔》、《傳集》、《西晉文紀》引作『老姥』，義勝。『姥』下，《傳集》及《西晉文紀》有『獨』字，諸本及《御覽》、《書鈔》皆無。

〔一七一〕神異記　其上，《御覽》卷八六七有作者名『王浮』二字，宜據補。按《七之事》體例，所引書名前多有作者名。《御覽》卷四一引此條書名作《神異經》，疑刊誤。明·董斯張《廣博物志》卷四一注引出《異苑》，似誤注出處。

〔一七二〕牽三青牛　『牛』，《御覽》卷四一、《輿地紀勝》卷一二、《太平寰宇記》卷九八引作『羊』。

〔一七三〕引洪至瀑布山　『瀑布山』，疑乃『天台山瀑布泉』之譌脱。《御覽》卷四一及《廣博物志》卷四一均作『引洪至天台瀑泉』，是其證。義勝，當從。又，《輿地紀勝》卷一二作『瀑布之下』，亦其證。《嘉定赤城志》卷二一：『瀑布山，在〔天台〕縣西四十里。山有瀑布，垂流千丈，遥望如布。蓋與福聖觀、國清寺二瀑爲三，其山出奇茗。』尤可證。

〔一七四〕祈子他日有甌蟻之餘 『甌蟻』，原誤作『甌犧』，據《御覽》卷八六七、上引《寰宇記》及《茶董》卷下引文改。或可作『甌犠』。餘詳本書《四之器・瓢》及本書校證第〔八七〕條。

〔一七五〕因立奠祀 句上，《格致鏡原》卷二一、《山堂肆考》據文意補一『洪』字。

〔一七六〕後嘗令家人入山 『嘗』，諸本皆作『常』。據《寰宇記》改。《御覽》卷八六七無『常』字，是其證。

〔一七七〕嬌女詩 方案：以下《七之事》所引之詩，均據中華書局本逯欽立輯校之《先秦漢魏晉南北朝詩》及其引書出校，主要校異同，間或斷是非。

〔一七八〕吾家有嬌女 『嬌』，《御覽》卷八六七及《事類賦・茶賦注》作『好』。

〔一七九〕皎皎頗白皙 『皎皎頗』，《御覽》卷三八一作『嬌女皦』，同書卷八六七作『皎皎常』。

〔一八〇〕有姊字惠芳 『惠芳』，《御覽》卷八六七作『蕙芳』，似是，當從改。

〔一八一〕眉目粲如畫 『眉』，《玉臺新詠》卷二作『面』；『粲』，同上引作『燦』，似當從改。

〔一八二〕馳鶩翔園林 『鶩』，《御覽》卷八六七作『騖』。

〔一八三〕果下皆生摘 『果下』，《御覽》卷八六七作『草木』，似誤。

〔一八四〕貪華風雨中 『華』，《御覽》卷八六七及《茶賦注》作『走』。

〔一八五〕倏忽數百適 『忽』，《玉臺新詠》作『眒』。

〔一八六〕心爲茶荈劇　《玉臺新詠》作『止爲茶菽據』。

〔一八七〕張孟陽登成都白菟樓詩云　『孟陽』，西晉張載字。載，安平武邑（治今河北武邑）人，累官中書侍郎，領著作。與弟協、亢，俱以文學見稱，時人並稱爲『三張』，又與弟協被譽稱爲『二張』。有集七卷，已佚，明人輯爲《張孟陽集》。『白菟』諸本皆脱，據《類聚》卷二八補。

〔一八八〕芳茶冠六清　『清』，諸本皆譌作『情』，據《御覽》卷八六七改。『六清』，指古代的六種飲料，在茶普及前以水、漿爲主。《周禮·天官·膳夫》：『凡王之饋』，『飲用六清』。鄭玄注云：『六清，水、漿、醴、䣼、醫、酏。』孫詒讓正義云：『此即《漿人》六飲也。』張載詩『冠六清』，是説茶作爲飲料遠超過『六清』。但直至茶極爲普及的宋代，漿仍是不可或缺的主要飲料之一。唯周本及〔日〕布目本作『六清』，是。

〔一八九〕巫山朱橘　『巫山』，《廣羣芳譜》卷六四引作『閩山』。

〔一九〇〕寒温既畢……各一杯　方案：　弘君舉《食檄》此文，僅見《茶經·七之事》引録。唐宋類書茶茗門中均失收。其來歷既可疑，其文字亦令人費解。如『霜華之茗』，指深秋之茶，很難設想，在茶茗僅爲王公貴族專享品的隋代，已有深秋採製的茶。疑此『茗』字有誤。今檢《御覽》卷八四九引弘君舉《食檄》，其文與《茶經》完全不同，今將相關文字録於下：『滋味遠來，百（四庫本作『日』）醉之後，談悶不除，應有蔗、薑、木瓜、元李、楊梅、五味、橄欖、石榴、玄枸、葵羹脱煮，各（四庫本作『茗』）下一杯。』其『滋味』等三句十二字，《茶經》引作『寒温既畢』等三句十四字，不僅文字全不同，意義亦風馬牛不相及。『應有』，《茶經》引作『應下』；『蔗蕫』，《茶經》作『諸蔗』；『石榴』，《茶經》無；『玄枸』，《茶經》作『懸豹』。文字差不同。今姑録以存疑，以俟博洽。

〔一九一〕孫楚出歌　孫楚（約二一八—二九三），字子荆，太原中都（治今山西平遥西南）人。累官至馮翊太守。有集十二卷，已佚。明人輯有《孫馮翊集》。《出歌》，『出』字諸本皆誤奪，據《御覽》卷八六七補。

〔一九二〕美豉出魯淵　『豉』，《御覽》作『鼓』，形譌。『淵』，《御覽》作『川』。

〔一九三〕精稗出中田　『精稗』，《御覽》作『秕粺』。方案：『秕』，似『粃』之形近而譌，四庫本《御覽》正作『粃』，是。『粺』，原譌作『稗』，據改。

〔一九四〕壺居士食忌　方案：《政和本草》卷五《代赭》有『胡居士』，不知是否即同一人之音譌。

〔一九五〕與韭同食令人體重　《海録碎事》卷六『與』上有『不可』二字；『體重』，《御覽》卷八六七及《類函》卷三九〇作『身重』，《海録碎事》及《格致鏡原》卷二一作『耳聾』。

〔一九六〕可煮作羹飲　『作』，諸本原脱。據《御覽》、《古逸叢書》影宋蜀大字本《爾雅》（下簡稱宋本《爾雅》）卷下、《政和本草》卷一三引《唐本注》轉引《爾雅》補。

〔一九七〕今呼早採者爲茶　『早採者』，原作『早取』，誤。據同上引三書改。

〔一九八〕晚取者爲茗　『者』，原脱。據同上引三書補。

〔一九九〕或一名荈　『或』，似衍；『名』，原作『曰』。據同上引三書删、改。

〔二〇〇〕蜀人名之苦茶　『之』，《御覽》作『爲』。

〔二〇一〕世説　方案：《世説》，即南朝宋·劉義慶著、梁·劉孝標注《世説新語》。此條見是書《紕漏》門，今用余嘉錫先生箋疏本（上海古籍出版社，一九九三）作校，並校《御覽》引文。

〔二〇二〕年少時甚有令名　諸本原作『少時有令名』，據《世説》箋疏本補『年』、『甚』二字。

〔二〇三〕自過江便失志　『便』，諸本皆脱，據同上引補。

〔二〇四〕既下飲便問人云　『既』，《世説》無；但其上有『坐席竟』三字。殆《茶經》引時删改爲『既』。『便』，原脱，據《世説》補。『下飲』下，明本有注，但錯簡至『爲冷耳』句下，詳校證〔二〇七〕。

〔二〇五〕覺人有怪色　《世説》作『覺有異色』，義勝。

〔二〇六〕乃自申明云　『申』，諸本原作『分』，《世説》、《御覽》作『申』，是。據改。

〔二〇七〕向問飲爲熱爲冷耳　『耳』，原無。據《世説》補。除百川四本，學津、遺書、長編、《説郛》涵本，寺本，〔日〕布目本及今注三本（吴本有，但『爲』誤作『謂』）外，句末有注：『下飲，謂設茶也。』此注，諸本自竟陵本起即已錯簡，應據〔日〕大典本及《世説》箋疏本引李詳按語乙至上文『既下飲』句下。注文六字，今依凡例移此。

〔二〇八〕續搜神記　即《搜神後記》，又名《搜神録》、《搜神續記》。古代志怪小説集，凡十卷，舊題東晉·陶潛撰。《四庫提要》考其乃嫁名僞託。然梁·釋慧皎《高僧傳序》已稱陶潛有《搜神録》，或後人增益其書而嫁其名歟？《隋書·經籍志》有載而唐志、宋志已無載。今傳本始見於明·胡震亨《秘册匯函》，又有《津逮秘書》、《學津討原》、《百子全書》等本。今以汪紹楹校注《搜神後記》（中華書局，一九八一）允稱精善。今並以《百子全書》本及《類聚》卷八二、《御覽》卷八六七出校。

〔二〇九〕晉孝武世　諸本原作「晉武帝」，譌誤已甚，據上引三書及《太平寰宇記》卷一一二改補。《類聚》有「帝」字。

〔二一〇〕嘗入武昌山中採茗　「嘗」，原誤作「常」，古籍中此兩字常混淆不清，然其義有别。「常」，乃經常、常常之意；「嘗」，爲曾經之意。今據《類聚》、《寰宇記》改。「中」，原脱，據同上注引三書及《寰宇記》補。

〔二一一〕引精至山曲　諸本原作「山下」，據《類聚》、《寰宇記》、《百子全書》本改「山曲」，義長。

〔二一二〕晉孝武世……負茗而歸　方案：《茶經》引《搜神後記》這段文字與宋本《御覽》、《寰宇記》基本相同，但與《類聚》所引及是書百子本頗有異同。今録遠早於《茶經》的《類聚》之引文，酌校百子本（二者同源），據百子本所補之文字，用〔〕表示。可見《茶經》引文已有大量删改。《類聚》引《續搜神記》曰：「晉孝武帝世，宣城人秦精，嘗入武昌山中採茗。忽見（百子本作「遇」）一人，身長一丈（百子本作「丈餘」），通體皆毛，〔從山北來〕。精見之大怖，〔自謂必死〕。毛人徑牽其臂，將至山曲，〔入〕大叢茗處，放之便去，〔精因採茗〕。須臾復來，乃探懷中〔二十枚〕橘與精，〔甘美異常〕。精甚怖（百子本作「怪」），負茗而歸。」

〔二一三〕晉四王起事　方案：《晉四王起事》四卷，《隋書·經籍志二》著録，稱「晉廷尉盧綝撰」。其前又著録《晉八王故事》十卷，不著撰人。但《新唐書·藝文志二》則著録爲『盧琳：《晉八王故事》十二卷』。而《山谷詩注》卷六《雙井茶送子瞻》任淵注則曰：『盧琳《四王起事》（方案：『王』原誤作『注』），一名《晉八王故事》。』三書所載各不同。從此條紀事中『惠帝蒙塵』云云，當爲八王之亂後事，如確爲二書，則似出《晉八王故事》。

〔二一四〕異苑　方案：《異苑》十卷，南朝宋·劉敬叔撰。敬叔，彭城（治今江蘇徐州）人。晉義熙（四〇五—四一八）中，拜南平國郎中令。入宋，召爲征西長史，元嘉三年（四二六），官給事黄門郎。泰始（四六五—四七一）中卒。《異苑》，志怪小説集，《隋書·經籍志》著録爲十卷，兩《唐書》及宋元書目均無著録，乃久佚之書。今傳本爲明·胡震亨從宋抄本録出，刻入《秘册匯函》，又有《津逮秘書》、《學津討原》、《説庫》等叢書本，又被《四庫全書》收入。清·王仁俊《經籍佚文》輯録佚文一卷。《茶經》引録此條見《異苑》卷七。此外《類聚》卷八二，宋本《御覽》及《茶賦注》、《天中記》卷四四、《廣羣芳譜》卷一八均録此條，匯校諸本，發現《天中記》與《茶經》僅二字不同，而其『恒』字避宋諱缺筆。可以斷定《天中記》及《茶經》録文均據宋本《異苑》。四庫本《異苑》前半與《茶經》異同較少，後半則與《類聚》相同較多。而《類聚》與《茶經》此條異同最多。今匯校諸書，斷其是非，校其異同。《類聚》卷八二引文，肯定别有所據，與《茶經》非同出一源，今全文録存於陸羽《顧渚山茶記》校證第〔三五〕條，此勿再據《類聚》出校，以免煩瑣。另外，《顧渚山茶記》因是輯佚，底本是而校本誤者亦出校，此則底本是而校本誤者一律不出校。仍可參閲《茶記》輯佚本校證第〔一四〕至

〔三五〕各條。

〔二一五〕少與二子寡居　宋本《御覽》、《茶賦注》及《天中記》、《廣羣芳譜》皆作「少寡，與二子同居」，疑是，當從。《類聚》作「少寡，與二兒爲居」，是其證。唯《茶經》與《太平廣記》卷四一二、《異苑》卷七引如底本。

〔二一六〕好飲茶茗　「茗」，《類聚》、《御覽》、《茶賦注》無。

〔二一七〕以宅中有古塚　「以宅中」，《御覽》、《茶賦注》作「家」，《異苑》作「宅中先」。

〔二一八〕每飲　《異苑》作「每日飲之」。

〔二一九〕輒先祀之　《異苑》無「先」字。「祀」，《御覽》、《茶賦注》作「祠」。

〔二二〇〕徒以勞意　「意」，《異苑》、《廣記》作「祀」。

〔二二一〕其夜夢一人云　《異苑》、《廣記》作「及夜，母夢一人曰」，《御覽》作「夜夢人云」。

〔二二二〕吾止此塚三百餘年　「三」，諸本、各書引文皆同，唯四庫本《異苑》作「二」，似譌。

〔二二三〕卿二子恒欲見毁　「卿」，《類聚》作「賢」，《廣記》作「母」，《御覽》作「今」，均較底本義長。

〔二二四〕又享吾佳茗　《廣記》作「又饗吾嘉茗」。

〔二二五〕雖泉壤朽骨　《御覽》、《茶賦注》作「雖潛朽壤」，《茶賦注》句前且有「吾」字。「潛壤朽骨」，《廣羣芳譜》作「潛身朽壤」，《異苑》、《廣記》「潛」又作「泉」，疑是。今常稱「九泉之下」，即其證。「潛」似乃「泉」之音譌。今注三本（唯吴本作「潛」）作「泉」，是，據改。

〔二二六〕及曉於庭中獲錢十萬　《異苑》作「遂覺，明日晨興乃於庭内獲錢十萬」。

〔二二七〕但貫新耳　《異苑》作「而貫皆新」。「但」，《類聚》、《茶賦注》、《廣記》、《廣羣芳譜》均作「唯」，義勝，應據改。

〔二二八〕母告二子二子慙之　《異苑》作：「告其兒，兒並有慙色。」《御覽》無「慙之」二字。《廣記》「二子」下，又有重字「二子」，當是，據補。

〔二二九〕禱饋愈甚　《異苑》、《廣記》作「禱酹愈至」，《類聚》作「禱饌愈謹」，《天中記》引作「禱祠愈切」。各不相同。方案：「饋」，《茶經》諸本多作「饋」，百川乙本作「饋」，乃形近而譌。竟陵、小説、唐宋、《説郛》宛本作「欽」，當爲「飲」字之形近而譌。説薈本無「饋」字，似並非誤奪而作闕字。綜上，「饋」字似誤，作「酹」、「祠」義長，作「饌」、「飲」亦可通。今注四本皆從作「饋」，非是。

〔二三〇〕廣陵耆老傳　《廣羣芳譜》卷一八引作《廣陵耆舊傳》。

〔二三一〕有老姥每旦獨提一器茗　「獨提」，宋本《茶賦注》及《御覽》作「擎」，當是。

〔二三二〕自旦至夕　「夕」，上引二書及《廣羣芳譜》作「暮」，義勝。

〔二三三〕其器不減茗　「茗」，諸本皆無，據宋本《御覽》補。

〔二三四〕所得錢散路傍孤貧乞人　「錢」下，《廣羣芳譜》有一「盡」字，爲諸本所無。

〔二三五〕州法曹執而縶之於獄中　「執而」二字，諸本皆脱，據《御覽》、《茶賦注》補；但二書均無「州法曹」三字。「於」，亦奪，據上引二書及《廣羣芳譜》補。

〔二三六〕老姥執所鬻茗器　『茗器』之上，《御覽》、《茶賦注》作『夜擎所賣』，義勝，但其上似脱『老姥』二字。

〔二三七〕從獄牖中飛出　《御覽》、《茶賦注》作『自牖飛去』，義長。

〔二三八〕晉書藝術傳　『晉書』二字，諸本原脱，據《御覽》及今傳《晉書》補。核此條記事，見中華書局點校本《晉書》卷九五《藝術·單道開》，但文字已頗有異同。今先據以録相關文字，可與《茶經》引文對照：『單道開，敦煌人也。不畏寒暑，晝夜不眠。恒服細石子。……〔日服〕藥有松蜜、薑桂、伏苓之氣，時復飲茶蘇一二升而已。』顯然，《茶經》收録時作了删節和改寫，而且在流傳過程中産生了一些誤字，今並校《御覽》，詳以下校記。

〔二三九〕恒服小石子　句上，《晉書》有『晝夜不眠』四字，疑《茶經》收録時删去。『恒』，諸本皆作『常』，此乃避宋真宗趙恒諱而改。《晉書》及《茶經》均唐人所修，不應避宋諱，故應回改作『恒』。這可證明，百川本及用作底本的四庫本均源自宋本。

〔二四〇〕所服藥有松桂蜜之氣　《御覽》『藥』作『者』。『松桂蜜之氣』，四庫本《御覽》作『桂花氣』，而宋本《御覽》則作『□心氣』，『心』前缺一字，疑譌。

〔二四一〕所飲茶蘇而已　《御覽》作『兼服茶酥而已』。義勝，似當從。『飲』，諸本原誤作『餘』，唯今注吴、周二本作『飲』，是，據上引《晉書》文改。

〔二四二〕元嘉中過江　『元嘉』，諸本皆誤作『永嘉』，據雍正《浙江通志》卷一九九引明·徐獻忠《吴興掌故集》改。唯周本及〔日〕布目本不誤，説詳周本《七之事》注〔一一二〕，不贅。

〔二四三〕遇沈臺真請寘居武康小山寺　方案：『請寘居』，諸本多作『請真君』，於上下文義扞格不相通，故底本四庫本改作『臺真在』；　而喻甲本、〔日〕大典本又臆删作『遇沈臺真君』，均非是。又，〔日〕布目本據《梁高僧傳》卷七《法瑶傳》作『請還』，亦非。『真君』，當爲『寘居』之形近涉上而譌。上引《吴興掌故集》正作『請居』，偶脱其間之『寘』字耳，是其證。據上考補『寘』。『寘』，乃『置』之異體字。

〔二四四〕年垂懸車　句下，竟陵、山居、百家、格致、喻甲、鄭熜、《説郛》宛、唐宋、小説、説薈本、〔日〕大典本，周、吴本有注：『懸車，喻日入之候，指人垂老時也。《淮南子》曰：「日至悲泉，爰息其馬。」亦此意也。』（明本多無末『也』字。）

〔二四五〕年七十九　上引《吴興掌故集》作『年過七十』，且在『永明中』上。差不同。存目本是條全脱。

〔二四六〕宋江氏家傳　方案：《隋書》卷三三《經籍志》著録爲：《江氏家傳》七卷，江祚等撰。而《新唐書》卷五八《藝文志》卷數、書名同，而作者異，著録爲江饒撰。《御覽》作《江氏傳》。

〔二四七〕江統字應元遷愍懷太子洗馬　『元』字，諸本奪誤。《御覽》作『統遷愍懷太子洗馬』，是。據《晉書》卷五六《江統傳》及〔日〕大典本注、布目本，今注四本補。江統（？—三一〇），陳留圉（治今河南開封東南）人。襲父爵，除山陰令。元康間，爲華陰令。累官至黄門侍郎、散騎常侍、領國子博士。原有文集，已散佚。嚴可均輯存其文十五篇，編入《全晉文》卷一〇六。其中就有據《晉書·江統傳》輯録的《諫愍懷太子疏》。其文字已與《江氏家傳》頗有異同，如《茶經·七之事》引文中的『菜茶』作『葵菜』。《御覽》、《茶賦注》同《茶經》，頗有可能即從《茶經》轉録，檢《御覽》卷首引書目録中有《茶經》而無《江氏家傳》，只有《江偉家傳》，不知是否即同一書。餘詳校記。

〔二四八〕嘗上疏諫云 『嘗』，諸本譌作『常』，據《御覽》、《茶賦注》改。

〔二四九〕今西園賣醯麪藍子菜茶之屬虧敗國體 諸本皆同，《茶賦注》、《御覽》則僅『藍子』與『菜茶』二詞互乙。『菜茶』，上引二書又作『茶菜』。《天中記》卷四四引文全同《茶經》。但《晉書·江統傳》則作：『今西園賣葵菜、藍子、鷄麪之屬，虧敗國體，貶損令問。』此作『葵菜』，而無所謂『菜茶』或『茶菜』。或宋人所補之《江氏家傳》已誤。又檢《晉書》卷五三《愍懷太子傳》作『令西園賣葵菜、藍子、鷄麪之屬』。《資治通鑑》卷八三、《通志》卷八〇等所引皆同。如有異文，司馬光《考異》和胡注不會不拈出。疑北宋本已無『菜茶』之説。

〔二五〇〕宋録 方案：周本稱此書爲南朝齊·王智深撰，未審其何所據。今考《宋録》不見於《隋書·經籍志》、《新唐書·藝文志》著録，僅見《新唐書》卷五八著録王智深《宋書》、《宋紀》各三十卷。略早於《新唐志》的還見於《御覽》卷首引用書目中有王智深這兩種書，但稱書名爲《宋記》，或字之譌。未著卷數。明·胡應麟《少室山房筆叢·正集》卷三稱王智深《宋書》原六十一卷，至唐僅存三十卷；實乃臆度附會之説，不足爲據。核《隋書》卷三三《經籍志》著録沈約《宋書》一百卷條下有注云：『梁有宋大明(四五七—四六四)中所撰《宋書》六十一卷，亡。』此即胡説所據，是書隋已無存，又未著作者，胡説妄矣。今考此條已被多種書引用，較早的即見《茶經》，《御覽》及《茶賦注》極有可能均據《茶經》録文。今尚無法排除唐代有《宋録》之書存在。今存的另一條佚文見《廣羣芳譜》卷六六引《宋録》，謂元嘉十九年（四四二）揚州王濬州治後有兩蓮駢生。而據《御覽》卷四〇八引王智深《宋紀》所載孔淳之隱居三山與法崇結爲得意之交的内容判斷，《茶經》這條記事亦有出於《宋紀》的可能。即使是確出《宋録》，其作者也未必就一定是王智深。總之，此條流傳很廣的茶史資料其出處之書名和作者，仍以待考爲宜，目前尚無法輕下結論。

〔二五一〕詣曇濟道人於八公山　『詣』，宋・陳與義《簡齋集》卷八《陪諸公登南樓啜新茶》胡穉注引作『訪』。義勝。

〔二五二〕道人設茶茗　『道人』，宋本《茶賦注》作『濟』。

〔二五三〕何言茶茗　『茗』下，《御覽》有『焉』字。

〔二五四〕王微雜詩　方案：王微（四一五—四五三），字景玄，琅琊臨沂（治今山東臨沂）人。曾官司徒祭酒、太子中舍人，父死，去官不就。能書畫，通音律、術數、醫方。以詩鳴，鍾嶸《詩品》列其詩爲中品。原有集十卷，已佚。今存文九首，見清・嚴可均輯《全宋文》卷一九；存詩五首，見逯欽立輯校《先秦漢魏晉南北朝詩・宋詩》卷四。《茶經》所録乃其《雜詩二首》之一中的『廈』、『櫝』二韻四句，今據以出校。

〔二五五〕寂寂掩高閣　『高閣』，《玉臺新詠》卷三作『高門』。

〔二五六〕收領今就櫝　『領』，《玉臺新詠》作『顔』，當是。

〔二五七〕鮑照妹令暉著香茗賦　方案：鮑照（約四一四—四六六），字明遠，東海郡（治今山東剡城北）人。

出身寒微，少有文思，以詩爲臨川王劉義慶所知。後爲始興王劉濬侍郎。孝建中，爲太子博士，兼中書舍人，出爲秣陵令；大明中轉永嘉令。後又爲臨海王劉子頊前軍參軍，故世稱其爲『鮑參軍』。晉安王劉子勛舉兵反叛宋明帝，劉子頊起兵響應，事敗，鮑照爲亂軍所殺害。有《鮑參軍集》傳世，今以錢仲聯《鮑參軍集注》爲通行善本。事具《宋書》卷五一、《南史》卷一三《本傳》。其妹令暉，南朝著名女詩人。《詩品》稱其詩曰：『嶄絶精巧，擬古尤勝。』其《香茗賦》尤爲時人所重，因以名集，惜並賦而久佚失傳，即使唐代中期的陸羽亦未見其賦而只存目，今僅存詩七首，見逯欽立輯校《先秦漢魏晉南北朝詩·宋詩》卷九。

〔二五八〕南齊世祖武皇帝遺詔　方案：齊武帝蕭賾（四五〇—四九三），字宣遠，小名龍兒，高帝長子。仕宋爲江州刺史，進爵聞喜縣公。入齊爲太子，建元四年（四八二）即位，在帝位十一年（四八二—四九三）。即位次年改元永明，由於武帝的倡導，重視文學、教育事業，『永明體』詩，在我國文學史上有一席之地。卒謚武皇帝，廟號世祖。事具《南齊書》卷三及《南史》卷四。《遺詔》亦見此二書，據以出校。

〔二五九〕我靈座上慎勿以牲爲祭　『座』字，上引二書無。

〔二六〇〕但設餅果茶飲乾飯酒脯而已　『但』，上引二書作『唯』；『果』，上引二書無。句末，仍有『天下貴賤，咸同此制』八字。《茶經》已删不録。嚴可均《全齊文》收武帝蕭賾文二卷。《遺詔》見卷四，全同上引書。

〔二六一〕梁劉孝綽謝晉安王餉米等啓　方案：劉孝綽（四八一—五三九），原名冉，以字行，小字阿士，彭城人。七歲能文，有『神童』之譽。天監初，爲著作佐郎，累官至秘書監。因少負盛名，仗氣陵忽，仕途多蹇，先後五次免官。但以辭章爲世所宗，尤爲梁武帝父子所賞識。詩文俱佳，其《昭明太子集序》尤膾炙人口。有集十四卷，已佚，明人輯有《劉秘書集》。事具《梁書》卷三三、《南史》卷三九。晉安王，乃梁武帝第三子蕭綱（五〇三—五五一），字世纘，小字六通，南蘭陵（治今江蘇常州西北）人，昭明太子蕭統同母弟。天監五年（五〇六），受封爲晉安王。歷任荆州、徐州、揚州刺史等。中大通三年（五三一），昭明太子卒，繼立爲皇太子。太清三年（五四九），侯景叛亂，攻陷建康，武帝死難，綱繼位。大寶二年（五五一），即被侯景殺害，追謚簡文帝，廟號太宗。綱與其兄昭明太子均以文學名世。其詩創爲『宫體』，創作古體樂府詩達八十七首之多，擅四六，文精巧典雅，爲時所重。出入儒釋道三教，是十分淵博的學者。原有集八十五卷，另有《毛詩十五國風義》二十卷，《長春義記》一百卷，《老子私記》十卷，《莊子講疏》二十卷，《談疏》六卷，《竈經》十四卷等，惜多已佚。僅明人輯存《梁簡文帝集》。已百不存一。事具《梁書》卷四、《南史》卷八。《茶經》卷下《七之事》收録的《謝晉安王餉米等啓》僅見於此，無别本可校。雖明·張溥《漢魏六朝百三家集》卷九六、《梁文紀》卷一二、清·嚴可均《全梁文》卷六〇均收此啓，但皆據《茶經》，儘管略有異同，但仍無法斷其是非，姑出校記，仍有難解之處，以俟博洽。

〔二六二〕味芳雲松　上引三書作『味芳雲杜』，形近必有一譌。

〔二六三〕野麏裛似雪之驢　『野』，《百三家集》作『埜』。『麏』，麞也，即獐子。《玉篇·鹿部》：『麇，麞也。麏，同麇。』《楚辭·淮南小山〈招隱士〉》：『白鹿麏麚兮，或騰或倚。』洪興祖補注：『麏，麞也。』『驢』，方案：似當爲『鱸』字之譌，但諸本皆作『驢』，唯四庫本《説郛》卷九三上引作『鱸』，應從改。

〔二六四〕茗同食粲　『粲』，精米，上白之米，稻谷加工後出米率最低之精白米。引申爲美食，精美的食品。『粲』，上引三書或注缺，或空格。似爲涉『茗』上『粲』字而譌，故作缺字。〔日〕大典本注云：『粲字恐誤。』其疑甚是。不應有兩『粲』字。

〔二六五〕酢類望柑　底本、山居、百家、格致、存目、喻甲、《説郛》宛本，〔日〕大典本、布目本，陳朱、周本同，是；百川四本、遺書本、學津本作『酢顔望楫』，竟陵、《説郛》涵、説薈、唐宋、小説本，張趙、吴本作『酢顔望柑』，寺本作『酢類望梅』，似均形近而譌。

〔二六六〕免千里宿春省三月糧聚　方案：此句典出《莊子·逍遥遊》：『適百里者宿春糧，適千里者三月聚糧。』郭象注云：『所適彌遠則聚糧彌多，故其翼彌大則積氣彌厚也。』宋·林希逸《口義》則曰：『將爲百里之往，則必隔宿舂擣糧米而去，非可三餐而已。爲千里之行，則須三月聚糧。』『糧聚』，諸本誤作『種聚』。據上引《莊子》改。唯吴、周本作『糧聚』，〔日〕大典本、布目本出是非校，陳朱本出異同校。

〔二六七〕陶弘景雜録　方案：陶弘景（四五六—五三六），字通明，丹陽秣陵（治今江蘇南京）人。宋末爲諸王侍讀，入齊奉朝請。永明十年（四九二），退隱句容句曲山（即今茅山），自號『華陽隱居』，故後世亦稱之陶隱居，創立道教茅山派。梁武帝屢詔不起，國有大事，無不遣人徵詢，故時人譽爲『山中宰相』。陶酷愛山水之遊，每有登臨之詠。卒贈中散大夫，謚曰貞白先生。詩文精雅素約，精醫藥學，對道教經典素有研究，著作豐厚。有《三禮目録注》一卷，《論語集注》十卷，《真誥》十卷，《本草》十卷，《本草經集注》七卷，《太清草木集要》二卷，《補闕肘後百一方》九卷，《練化雜術》一卷，《服餌方》三卷，《集》三十卷，《内集》十五卷。著作多佚，僅《真誥》收入《道藏》，《本草》和《本草經集注》被收入《政和本草》及有敦煌殘本而幸存。其詩文、雜著，明人輯有《陶隱居集》。事具《梁書》卷五一、《南史》卷七六。『《雜録》』，《御覽》、《緯略》卷四、《類函》卷三九〇作《新録》。

〔二六八〕苦茶輕身换骨　『苦茶』，諸本同，《御覽》、《類函》作『茗』，《緯略》作『茶茗』，宋・李光《莊簡集》卷二《飲茶歌序》引作『茶』；　明・李時珍《本草綱目》卷三二、《廣羣芳譜》卷二一、《肆考》卷一九三又引作『芳茶』。『輕身换骨』，《茶經》底本及諸校本多脱誤作『輕换膏』，據《御覽》、《茶賦注》、上引宋・李光《飲茶歌序》、宋・謝維新《合璧事類備要》外集卷四二、明・高元濬《茶乘》、明・屠本畯《茗笈》卷上、《本草綱目》、《天中記》卷四四、《鏡原》卷二一、《廣羣芳譜》、《肆考》、《類函》諸書引文補改。唯〔日〕榮西本、大典本、布目本及寺本，今注三本（陳朱本『骨』誤作『膏』）是。

〔二六九〕昔丹丘子黄山君服之　『黄山君』，底本及百川三本譌作『責山君』；　百川甲本則形譌作『青山君』，據餘校本及上引諸書改。但上引宋・李光《飲茶歌序》引陶隱居云：　作『黄石君服之仙去』，當是，應據改。明・李時珍《本草綱目》卷三二曰：『陶隱居《雜録》言：　丹丘子、黄山君服茶輕身換骨,壺公《食忌》言苦茶久食羽化者,皆方士謬言誤世者也。』其説甚是。

〔二七〇〕後魏録　方案:是書及其作者不詳,待考。但這條紀事當源出於北朝魏·楊衒之《洛陽伽藍記》卷三,今據周祖謨校釋本録其文,以資比較:『〔王〕肅初入國,不食羊肉及酪漿等物,常飯(《紺珠集》引作『食』)鯽魚羹,渴飲茗汁。京師士子道(一作見)肅一飲一斗,號爲漏卮。經數年已(津逮本作『以』)後,肅與高祖殿會,食羊肉、酪粥甚多。高祖怪之,謂肅曰:「卿中國之味也,羊肉何如魚羹?茗飲何如酪漿?」肅對曰:「羊者是陸産之最,魚者乃水族之長。所好不同,並各稱珍。以味言之,甚是(《紺珠集》作『有』)優劣。羊比齊魯大邦,魚比邾莒小國,唯茗不中與酪作奴。」』顯然,兩者除了詳略殊異,並無實質性的不同。《茶經》所引《後魏録》當即據此删節改寫而成。此即後世所謂『酪奴』一詞的出典。王肅在南朝嗜茗飲,至北朝則以酪漿爲飲,如果説生活習慣的改變,乃環境所致;那麽他貶詆茗汁遠不如酪漿,則表達了他急切想討好以取寵北朝統治者的心態。因此,後世的詩人對他進行了無情的嘲諷。宋·梅堯臣《宛陵集·李國博遺浙薑建茗》詩云:『啜味可奴酪。』范鎮《金蓮泉》詩曰:『爲我烹茶敵酪奴。』皆反其意而用之。《茶經》諸本録文基本一致。今僅用《事類賦》卷一七《茶賦注》出校,但其書名作《魏録》,其文亦頗有異同。《魏録》曰:『瑯琊王肅,昔仕南朝,好茗飲蓴羹。及過北,又好羊肉、酪漿。嘗云:「羊,陸産之宗;魚,水族之長。」羊比齊魯之大邦,魚比邾莒之小國,唯茗飲不中與酪粥作奴。」』

〔二七一〕桐君録　方案:又名《桐君藥録》,乃公元六世紀初以前的古中藥書。桐君,乃傳説中人物,相傳爲黄帝醫師，曾採藥於今浙江桐廬縣東山，結廬於桐樹下，人問其姓名，則指桐樹示意，遂稱桐君。另一説，見於晉王嘉《拾遺記》，謂道家傳説中的採石服丹之古仙人。《桐君藥録》又名《採藥録》，其名，始見於陶弘景《本草序》。此條始見於陶弘景《本草經集注》，今傳佚文則以《政和本草》卷二七《苦菜》陶隱居云引文爲善。參見校證第〔二六七〕條。陶引《桐君録》，與《茶經》文字頗多異同，據以校勘。並校宋本《御覽》、《茶賦注》等。

〔二七二〕西陽武昌廬江晉陵皆出好茗　方案：『西陽』，即西陽國或西陽郡，西晉惠帝（二九〇—三〇六年在位）時分弋陽郡置，治西陽縣（治今河南光山西，後移治今湖北黄州東）。屬豫州，東晉改置爲郡。南朝劉宋轄境相當於今湖北長江以北、蘄水以西地區。『武昌』，即武昌郡。孫權於公元二二一年分江夏、豫章、廬陵置，治武昌縣（今湖北鄂州市）。屬荆州，不久，改名爲江夏郡。晉太康元年（二八〇），又改名武昌郡。轄境相當於今湖北長江以南嘉魚、咸寧、通山等市縣地。東晉屬江州，南朝劉宋至陳屬郢州。廬江，即廬江郡，秦末楚漢之際，分秦九江郡置。轄境相當於今皖南的涇縣、宣州以西，江西信江流域及其以北地區。漢武帝時，廢江南廬江郡，另於江北置郡。三國時曹魏及孫吴分别於江南、北即其境而各置郡。西晉統一（二八〇年）後，復治舒城（治今安徽舒城縣），轄境相當於今安徽廬江、舒城、霍山、六安、灊山、岳西及蕪湖以西等市縣，還包括今湖北武穴、蘄春、羅田、麻城等市縣以東之地。晉陵，指晉陵郡，西晉永嘉五年（三一一），因避東海王越世子毗諱，改毗陵郡置。治丹徒縣（治今江蘇鎮江東南丹徒鎮），東晉大興（三一八—三二一）初徙治京口（治今江蘇鎮江市），義熙九年（四一三）又移治晉陵縣（治今常州市），轄境相當於今江蘇鎮江、丹陽、常州、江陰、無錫、金壇等市之地。以上四郡，自晉至今，爲我國主要産茶區之一。從以上四郡的置廢時間綜合考察，《桐君録》的成書時間約在公元三一一—五三六年間（始引此書的陶弘景卒之前）。是書應是晉代之書。據《新唐書》卷五九著録有《桐君藥録》三卷，與《本草》僞託神農一樣，這部古醫藥書當亦僞託古代神話中人物桐君所撰，其作者佚名。又『西陽』，《説郛》涵本等譌作『西陽』。『晉陵』，除底本、《説郛》二本及今注四本外，諸本又多譌作『昔陵』，而《政和本草》卷二七陶弘景《本草經集注》又引作『晉熙』，亦誤。是書在『西陽』上還有一句：『今茗極似此。』在『晉陵』下則作『皆好』，文意完備，當從。《茶經》引文已删『今茗』句，句末又作『好茗』，上下文意不通，應據《御覽》在『好茗』上補『皆出』二字，但已非原文，乃宋初《御覽》編者的删改。

〔二七三〕皆東人作清茗　『皆』，《御覽》、《政和本草》均無。『作清茗』，《政和本草》作『正作青茗』，差不同。

〔二七四〕茗有餑飲之宜人　『茗有餑』，《政和本草》作『茗皆有浡』。《大觀茶論·點》則引作『茗有餑』。

〔二七五〕凡可飲之物皆多取其葉　《政和本草》引作『凡所飲物，有茗及木葉』。

〔二七六〕天門冬菝葜取根　『天門冬』，《政和本草》其下有『苗』字。『菝葜』，底本及諸校本多譌作『扶揳』，百川甲本、學津本、今注三本及〔日〕大典、布目本作『拔揳』，亦音譌。今據《政和本草》及周本改。又，『取根』二字，《政和本草》無之，作『天門冬苗並菝葜皆益人』，與下之『皆益人』三字上讀而成句，義勝。

〔二七七〕又巴東别有真茗茶　『巴東』下,《政和本草》有『間』字。『真茗茶』,《御覽》、《茶賦注》作『真香茗』,《政和本草》作『真茶』,疑脱『茗』字。『又』上,《政和本草》有『餘物並冷利』五字,爲諸本所無。又,南朝梁·任昉《述異記》卷上曰:『巴東有真香茗,其花白色如薔薇,煎服令人不眠,能誦無忘。』《茶經》或又據此而引申改寫。

〔二七八〕煎飲令人不眠　句下,《茶賦注》又有『白茶狀如梔子,其色稍白』十字,爲諸本所無。但與上下文意不相貫通,即使有此十字,亦不在『不眠』句下。《政和本草》句前又有『火煏作卷結』五字;『煎飲』,作『爲飲』;『不眠』下,有『恐或是此』四字。

〔二七九〕取爲屑茶飲　《政和本草》引作『取其葉作屑,煮飲汁』。疑《茶經》已有删改。

〔二八〇〕亦可通夜不眠　《政和本草》引作『即通夜不睡』。

〔二八一〕煮鹽人但資此飲　『但』,《政和本草》作『唯』。

〔二八二〕俗中……乃加以香芼輩　方案:此數句,疑非《桐君録》中之文,殆或劉宋以前人之增注而竄入正文歟?

〔二八三〕坤元録　方案:今考《坤元録》即《括地志》,原書五百五十卷,由唐太宗子魏王李泰主持修纂。《宋史》卷二〇四《藝文志》著録有魏王〔李〕泰《坤元録》十卷,《玉海》卷一五引《中興館閣書目》注稱:『即《括地志》也,其書殘闕。』是南宋初,此書已殘。鄭樵《通志》卷六六著録有《坤元録抄》二十卷。疑或宋人節抄《括地志》而成,《宋志》著録時作『十卷』,或前又有脱字歟?檢《新唐書》卷五八《藝文志》著録《括地志》五百五十卷(《玉海》「卷」作「篇」),又《序略》五卷,注云:「魏王泰命著作郎蕭德言、秘書郎顧胤、記室參軍蔣亞卿、功曹參軍謝偃、蘇勗撰。」作者還有宗岌等。《唐會要》稱:貞觀十五年正月上,《通鑑》則作十六年正月上進。是書乃唐初一統天下時的大規模地理總志。卷首《序略》五卷,總敍歷代州郡劃分制度。正文則以《貞觀十三年大簿》爲綱,按當時區劃三百六十州、一千五百五十七縣(内含貞觀十四年平高昌所增置的二州六縣)。按十道排比,述各州縣建置沿革,山川形勝,風物古迹及人物等,爲世所重。唐宋類書、地志,多所稱引。原書當佚亡於兩宋之際。本條佚文僅見於此,從《茶經》的這條佚文考察,似唐代已是《坤元録》、《括地志》一書二名並行不悖。李泰(六一八—六五二),唐太宗第四子,長孫皇后所生。字惠褒,小字青雀。武德三年(六二〇),封宜都王。徙封衛、越、魏王。好士,善文辭,有盛譽,太宗寵異之。貞觀十七年(六四三),因圖太子位,貶東萊郡王,遷順陽王、濮王,謫居均州。有文集二十卷,與《括地志》並佚。今僅《全唐文》卷九九存其文一篇。《括地志》有清·孫星衍輯本八卷及中華書局一九八〇年版賀次君輯校本四卷。多從《史記正義》等書輯得些斷簡零句而已。

〔二八四〕山多茶樹　宋本《御覽》引作「山上多茶樹」。《御覽》僅節引此條佚文。

〔二八五〕括地圖　方案:是書作者及成書時間未詳,待考。周本稱《括地圖》即《括地志》,此説大誤。早在《括地志》成書前一百餘年,北魏·酈道元(約四七〇—五二七)《水經注》中就已引用《括地圖》一書内容,故二書並非同書異名則顯而易見。

〔二八六〕臨遂縣東一百四十里有茶溪　『臨遂縣』，諸本皆同。當爲『臨蒸縣』之譌。據宋本《寰宇記》卷一一五引文改。《御覽》又音譌作『臨城』，是其證。『蒸』又作『烝』。東漢建安中分酃、烝陽兩縣地置，以臨烝水而得名。治今湖南衡陽。由此可見，《括地圖》成書的時間上限在東漢末（一九六—二二〇）。『東』下，《御覽》有『北』字；『茶溪』上，《御覽》有『茶山』二字。

〔二八七〕山謙之吴興記　山謙之，南朝劉宋人。其生卒、字號、籍貫未詳。《宋書》及《南史》均無傳。武帝（四二〇—四二二在位）初，曾官奉朝請，文帝元嘉（四二四—四五三）中，何承天發凡起例撰《宋書》紀、傳及《天文》、《律曆》二志，止於武帝時。所缺紀、傳、志，由山謙之踵繼而補之，未成而卒。撰有《吴興記》三卷，已佚。今唐宋類書、地理總志等書中可輯得佚文五十餘條。吴興郡，三國吴寶鼎元年（二六六）分吴、丹陽郡置，治烏程縣（今浙江湖州市南，東晉義熙初移今湖州市）。轄境約當今浙江臨安、餘杭、德清等市縣一綫西北之地，兼有今江蘇宜興市之地。其地後略有縮小。山謙之《吴興記》所載乃晉宋時吴興郡及其屬縣的地理沿革、山川風物、古迹人物等。

〔二八八〕烏程縣西二十里有温山　宋本《茶賦注》及《紀勝》卷四全同。《御覽》、《類聚》卷八二無『二十里』三字，《寰宇記》『二十』作『四十』。

〔二八九〕夷陵圖經黄牛荆門女觀望州等山茶茗出焉　底本『圖』上原誤衍一『州』字，據諸校本删。夷陵州，明洪武九年（一三七六）始改峽州置。四庫本編者太粗率，居然誤改隋唐時地名爲明代地名。夷陵郡，隋大業三年（六〇七）改峽州置，治夷陵縣（今湖北宜昌市西北）。轄境約當今湖北宜昌、枝城、遠安等市縣地。（唐武德（六一八—六二六）復改爲峽州，天寶（七四二—七五六）又改爲夷陵郡，乾元元年（七五八），復改峽州。因此，《夷陵圖經》當纂修於隋末（六〇七—六一八年）或唐天寶年間。夷陵不僅隋唐産茶，宋代延續至今仍産茶。如歐陽修景祐三年（一〇三六）貶官夷陵知縣時曾有《與尹師魯第一書》云：『梨栗、橘柚、大筍、茶荈，皆可飲食。』其《夷陵書事寄謝三舍人》詩：『春秋楚國西偏境，陸羽《茶經》第一州。』就更是膾炙人口的名句。分見《歐陽修全集》卷六九、卷一一。『黄牛』，指黄牛山（峽），在今湖北宜昌西。《水經注》卷三四有云：『江水又東逕黄牛山，下有灘名曰黄牛灘。南岸重嶺疊起，最外（宋本《寰宇記》卷一四七引劉宋·盛弘之《荆州記》作『大』）高崖間有石，色如人負刀牽牛，人黑牛黄。』宋人歐陽修、蘇軾、黄庭堅、陸游、范成大等均有詩文對黄牛峽及其茶進行描述，僅録黄、陸兩家記敘。《黄庭堅全集》卷一九《黔南道中行紀》：『（紹聖二年三月）壬子之夕，宿黄牛峽。明日癸丑……陸羽《茶經》紀黄牛峽茶可飲，因令舟人求之。有媪賣新茶一籠，與草葉無異。』此云黄牛峽茶之劣，但夷陵寺院茶亦有頗佳者。同書又曰：『初，余在峽州，問士大夫夷陵茶，皆云䩺澀不可飲。試問小吏，云：「唯僧茶味善。」試令求之，得十餅，價甚平也。攜至黄牛峽，置風爐清樾間，身候湯，手捓得味。既以享黄牛神，且酌元明、堯夫（方案：其兄大臨及三山尉辛紘字），云不減江南茶味也。』《陸游集·入蜀記》卷六：『晚次黄牛廟，山復高峻，村人來賣茶葉者甚衆……茶則皆如柴枝草葉，苦不可入口。』兩位大詩人均嗜茶者且不失爲品茶專家。喝慣家鄉所産雙井、日鑄名茶，自然覺得這種茶粗惡難飲。但陸游及范成大的相關記載則印證了《茶經》所引《圖經》之説。且在宋代夷陵，不僅已有秋茶，産量亦頗可觀，唯因製作技術的落後，亦質量不佳之重要原因。又，「望州」之「州」字，底本原脱，據諸校本補。

〔二九〇〕永嘉縣東三百里有白茶山　《御覽》引作「縣東有白茶山」。《海録碎事》卷六則作「永嘉縣東有白茶山」，均無「三百里」三字。疑誤衍。永嘉縣，治今温州，其東三百里，應是東海。今考《寰宇記》卷九九有云：「白茶山，在邑界。」疑《圖經》「東」下誤奪一「北」字，白茶山應在永嘉縣（治今浙江温州）東北的栝蒼山，此山乃隋唐臨海、樂安（治今浙江仙居）與永嘉的界山。參見《中國歷史地圖集》第五册第二五至二六頁、第五八至五九頁，中華地圖學社一九七五年版。

〔二九一〕山陽縣南二十里有茶坡　方案：《御覽》卷八六七、《寰宇記》卷一二四、《輿地紀勝》卷三九引文同。山陽縣，東晉義熙九年（四一三）置，因境内有地名山陽而得名。治今江蘇淮安市，隋唐至宋爲楚州治所。南宋紹定元年（一二二八）改爲淮安縣。

〔二九二〕茶陵圖經云　《御覽》引作《茶陵縣圖經》，卷首引用書目又簡作《茶陵縣圖》。茶陵縣，西漢武帝元朔四年（前一二五）始置，治今湖南茶陵縣東北茶王城，始名茶陵。封長沙定王子訢（一作欣）爲茶陵侯，改屬桂陽郡。太初元年（前一〇四）侯湯（一作陽）死，無後而國除爲縣，仍屬長沙國。《漢書・地理志》茶陵下，顔師古注云「弋奢切，又音丈加反」，讀茶音。東漢「茶陵」改作「茶陵」，屬長沙郡。隋開皇九年（五八九）廢入湘潭縣，唐武德四年（六二一）復置；貞觀九年（六三五）廢，聖曆元年（六九八）又置，移今治，屬衡州。據此，《圖經》之纂修當在隋初（五八九年前）、唐初（六二二—六三四年），或在公元六九八—七六〇年間。

〔二九三〕茶陵者所謂陵谷生茶茗焉　方案：《御覽》引同此，但次句無首、末二字『所』、『焉』。宋本《寰宇記》卷一一五則曰：『按《圖經》云，「茶陵者，所謂陵谷名也」。』與《茶經》引文完全不同。《輿地紀勝》卷六三同《御覽》，《方輿勝覽》卷二六則曰：『郡志：茶陵者，陵谷名也。』如上條校證所述，據《漢書·王子年表》：茶陵，乃封長沙定王子訢爲茶陵侯而得名，後乃以爲陵谷地名。考其得名，似『生茶茗』而得名茶陵之説乃後人附會，或所據《圖經》已非原本之舊。但附近又確有茶水、茶山、茶溪，則茶陵産茶殆無可疑。

〔二九四〕茗苦茶　《政和本草》卷一三作『茗，苦搽』。

〔二九五〕去痰渴熱　《政和本草》作『去痰熱渴』。

〔二九六〕主下氣消食　『消食』，《政和本草》作『消宿食』。

〔二九七〕注云春採之　方案：《政和本草》『春採之』乃正文，非注文。又，《政和本草》注引陳藏器《本草拾遺》云：『茗，苦搽，寒。破熱氣，除瘴氣，利大、小腸。食之宜熱，冷即聚痰。搽是茗嫩葉，擣成餅，併得火良。久食令人瘦，去人脂，使不睡。』差不同。

〔二九八〕苦茶一名茶　《政和本草》卷二七作『苦菜，一名茶草』。《寰宇記》卷七二亦作『苦茶』。此『茶』字，均爲『荼』字之譌。

〔二九九〕三月三日採陰乾　『陰』，諸本皆譌奪，據《政和本草》及《神農本草經》卷二補。又，《神農本草經》

『凌冬不死』至『陰乾』十一字作注文而非正文。

〔三〇〇〕本草注按詩云　『按』下，《政和本草》有『苦茶』二字，疑脱。

〔三〇一〕皆苦菜也　《政和本草》作『皆苦菜異名也』，當是，疑脱『異名』二字。

〔三〇二〕陶謂之苦茶苦茶木類非菜流　《政和本草》作『陶謂之茗，茗乃木類，殊非菜流』，則《茶經》似已改寫。又脱『苦茶』重字，據補。

〔三〇三〕茗春採謂之苦𣘻途遐反　《政和本草》作『茗，春採爲苦茶。音遲遐反。非途也』。其説當是。下又云：『《爾雅·釋草》云：「茶，苦菜」；《釋木》云：「檟，苦茶」。二物全別，不得爲例。』此乃駁正陶弘景將苦菜之茶與檟茗之茶混爲一談之誤。『𣘻』，原譌作『𣘻』，據改。『途』乃『遲』之譌，亦應據改。

〔三〇四〕八之出　方案：　陸羽此列四十三州茶品，並比較其茶品質量等第。鑑於《八之出》對《茶經》寫作時間的考證有決定性意義，拙釋儘可能注出其相關州縣置廢、改名時間。由於唐宋方志、地理書中抵牾已多，故未必盡確。另外，《八之出》之注，多已非陸羽原注，有不少條出於毛文錫《茶譜》，已在本書輯佚本中隨條出注，餘則凡能考其出處者，均一一注明。是否出注，以涉及《茶經》寫作時間及注文是否原注爲標準。

〔三〇五〕山南以峽州上　『峽州』，《輿地廣記》（下簡作《廣記》）卷二七、《輿地紀勝》（下簡稱《紀勝》）卷七三云：　天寶元年（七四二），曰夷陵郡；　《舊唐書》卷三九《地理志》（下省稱《舊唐·志》）云：　乾元元年（七五八），復爲峽州。

〔三〇六〕峽州生遠安宜都夷陵三縣山谷　『夷陵縣』，《廣記》卷二七：天寶八載（七四九）省入長陽，五代時復置。方案：如《廣記》此條記載屬實的話，則此必非出於陸羽原注，當爲五代或宋初人之注無疑。

〔三〇七〕襄州荆州次　『襄州』，《舊唐·志》：天寶元年（七四二），改爲襄陽郡；乾元元年（七五八），復爲襄州。『荆州』，《舊唐·志》：乾元元年，復〔稱〕荆州；上元元年（七六〇），置南都，以荆州爲江陵府。《廣記》卷二七則云：尋罷〔南〕都。

〔三〇八〕襄州生南漳縣山谷　『漳』，底本，百川甲、乙本，遺書、學津本作『鄭』，誤；喻甲本作『部』，疑爲『鄣』之誤刊；百家、格致又刊誤作『郭』；餘校本皆作『鄣』，乃『漳』之同音而譌。《舊唐·志》卷三九作『漳』，是，據改。在筆者所寓目的數十個《茶經》版本中，只有周本及〔日〕布目本作『漳』。南漳縣，隋開皇十八年（五九八）改思安縣置，治今湖北南漳。屬襄州，大業（六〇五—六一八）時屬襄陽郡。唐貞觀八年（六三四），廢入義清縣；開元十八年（七三〇），移荆山縣於南漳故城，仍併置爲南漳縣，屬襄州。北宋末，隸襄陽府。

〔三〇九〕生衡山茶陵二縣山谷　『衡山』，底本涉上而譌作『衡州』，據諸校本改。

〔三一〇〕金州梁州又下　『金州』，西魏廢帝三年（五五四）改東梁州置，因其地産金而得名，治西城縣（後曾改名吉安、吉川，即今陝西安康）。《廣記》卷八：唐武德元年（六一八）曰金州，天寶元年（七四二）曰安康郡。至德二載（七五七），改曰漢陰郡（《舊唐·志》三九、《寰宇記》卷一四一作『漢南』）。後復曰安康。又，《紀勝》卷一八九：乾元元年（七五八）復爲金州。從陸羽仍名金州看，其改安康當在七八三年後。唐代，其轄境約當今陝西石泉縣以東、旬陽縣以西之漢水流域。『梁州』，隋大業三年（六〇七）廢，唐武德元年（六一八）復置。轄境約相當於今陝西漢中、城固、南鄭、勉縣等市縣地及寧强縣北部。天寶元年（七四二），改爲漢中郡；乾元元年（七五八），復爲梁州。興元元年（七八四），升爲興元府。

〔三一一〕金州生西城安康二縣山谷梁州生褒城金牛二縣山谷　『安康』，據《舊唐書·志》卷三九、《廣記》卷八記載，本漢安陽縣，晋改爲安康，後改曰寧都。南齊又置安康，屬西城郡。唐屬金州。至德二載（七五七）二月，以避安禄山姓，改爲漢陰縣。據此，此注亦非陸羽自注，他寫作《茶經》時，已改漢陰。又，唐代安康縣，治今陝西漢陰縣西南，而金州及西城，則治今陝西安康。『褒城』，諸本皆誤作『襄城』，形近而譌。《廣記》卷九：襄城縣，隸唐武德元年（六一八）所置的汝州，貞觀元年（六二七）州廢，改屬許州。開元二十六年（七三八）回隸汝州，天寶元年（七四二）汝州改臨汝郡，仍隸屬。襄城，唐河南道屬地，治今河南襄城，不産茶。與山南道梁州屬縣風馬牛不相及，此必爲褒城之誤。據改。唯周本及〔日〕布目本改作褒城，是。《廣記》卷三二：褒城縣，隋仁壽元年（六〇一）以褒内改名，後改褒中。唐貞觀三年（六二九）復曰褒城，屬梁州。興元元年（七八四）隸興元府。褒城，治今陝西漢中市西北。金牛縣，《廣記》卷三二：唐武德三年（六二〇）析綿谷置，屬褒州；八年，改隸梁州。寶曆元年（八二五）省入西〔城〕縣，爲金牛鎮，後改屬三泉縣。

〔三一二〕淮南以光州上　光州，南朝梁武帝時置，治光城縣（今河南光山）。隋大業初改弋陽郡，唐武德三年（六二〇）復爲光州。太極元年（七一二）移治定城縣（今河南潢川）。轄境約當今之河南光山、潢川、固始、新縣、商城等縣地。天寶元年（七四二）改曰弋陽郡，乾元元年（七五八）復爲光州。

〔三一三〕生光山縣黄頭港者與峽州同　《廣記》卷二一載：光山，漢爲西陽縣，屬江夏郡。晉爲弋陽郡治。梁置光州及光城郡。隋開皇初，郡廢，置光山縣。大業初置弋陽郡，唐初爲光州治，乾元元年（七五八）屬光州。

〔三一四〕義陽郡舒州次　義陽郡，三國魏文帝置，治安昌（今湖北棗陽市南），屬荊州。後屢有置廢，治所亦多次徙移。隋開皇初郡廢，大業二年（六〇六）改曰義州，尋爲義陽郡。唐初爲申州，天寶元年（七四二）、至德（七五六—七五八）時又稱義陽郡。後又改申州。宋開寶九年（九七六）降爲義陽軍，太宗太平興國元年（九七七年元月十二日改元）改爲信陽軍（治今河南信陽）。舒州，唐武德四年（六二一）改同安郡置，治懷寧縣（今安徽潛山縣）。《舊唐書·志》卷四〇：至德二載（七五七）改爲盛唐郡，乾元元年（七五八）復爲舒州。

〔三一五〕生義陽縣鐘山者與襄州同　方案：考唐至德（七五六—七五八）時，義陽郡領有二縣：一曰義陽，二曰鐘山。作爲山名的鐘山，正在鐘山縣境内。因此，當時正寫作《茶經》的陸羽，決不可能不知道鐘山在鐘山縣境内而誤繫於義陽縣。合理的答案只有一個，即此注非陸羽原注。所幸今存古籍中尚存力證可證明乃宋初人所注。北宋·歐陽忞《輿地廣記》是一部詳於沿革地理的總志，其書卷九就提供了這樣一條力證：『〔北齊〕置齊安郡。隋開皇初郡廢，改縣曰鍾山，屬義陽郡。唐屬申州。（方案：天寶元年和至德中兩度復改爲義陽郡，見上條。）皇（宋）朝開寶九年省入義陽〔縣〕。有鍾山、桐柏山、淮水。』這裏十分明確記載北宋開寶九年（九七六）省鍾山縣入義陽縣，才有可能將山名鍾山稱作義陽縣鍾山。而在太平興國元年（當年十月太祖死，太宗即位，十二月改元，時已爲公元九七七年元月十二日）又改義陽縣爲信陽縣。則除非《廣記》記載有誤，這條注應出於開寶九年的某種地志（如《郡國志》之類），即爲宋初人之注而非陸羽原注可斷言矣。當然另一種可能是確爲陸羽自注，但應作『生義陽、鍾山二縣者，與襄州同』。但這種既脱字又譌倒的概率實在太小，幾乎無此可能。

〔三一六〕舒州生太湖縣潛山者與荊州同　方案：今考潛山不在太湖縣境，而在舒州治所懷寧縣境。宋本《寰宇記》卷一二五明確記載：『潛山在縣西北二十里，其山有三峯：一天柱山，一潛山，一皖山；三山峯巒相去隔越。』其縣唐宋間産『開火茶』，列於土産。懷寧，治今安徽潛山，潛山與今安徽岳西鄰近。唐代至今，與太湖毫無關係，由於這種歷史地理常識上的錯誤，疑這條注亦非陸羽自注。唯吴本失考，仍認定潛山在太湖。懷寧縣另有一山迤邐綿延與太湖相連。同上引書又載：『多智山，在〔懷寧〕縣西北三百里……自壽州霍山縣西南入懷寧、太湖界，西接蘄州。……小山迤邐一百里連太湖縣，山南有水一道流入太湖縣界。其山有茶及蠟。』如果把此注中的『潛山』换成『多智山』，則尚可。否則，『太湖』就應是『懷寧』之誤，兩者必有一誤。

〔三一七〕壽州下　壽州，隋開皇九年（五八九）置，治壽春縣（今安徽壽縣）。大業初改爲淮南郡，唐武德三年（六二〇）復稱壽州。轄境約當今安徽淮南、壽縣、六安、霍邱、霍山等市縣地。天寶元年（七四二）改曰壽春郡，乾元元年（七五八），復稱壽州，屬淮南道。

〔三一八〕盛唐縣生霍山者與衡州同也　盛唐縣，《廣記》卷二一載：本漢（潛）〔灊〕、安豐二縣地。隋開皇初郡廢，改縣爲霍山，屬廬州。開元二十七年（七三九）改爲盛唐。皇（宋）朝開寶四年（九七一），改爲六安縣（治今安徽六安）。盛唐縣所屬霍山鎮，唐天寶初析盛唐别置霍山縣。宋開寶元年（九六八）仍省簡爲鎮。『入盛唐，〔始〕有霍山。』方案：據此，則此注亦非出於陸羽自注。因爲陸羽撰《茶經》時，霍山（山名）仍在霍山縣境，不可能説『盛唐縣生霍山者』。與這一歷史地理沿革狀况相符者，只有在宋初開寶元年（九六八）省霍山爲鎮入盛唐縣後，才無抵牾。故此條注當亦出於宋初時人手筆。『衡州』，諸本皆誤作『衡山』，核《茶經·八之出》體例，凡稱産茶與某地同者，均爲州郡之名，僅此作縣名，爲唯一的例外，故『衡山』必爲『衡州』之譌。據改。又，『同也』之『也』字，其他注文均無句末之『也』字，唯此條有『也』字，疑爲誤衍，據存目、遺書本删。

〔三一九〕蘄州黄州又下　蘄州，南朝陳改羅州置，隋大業初改爲蘄春郡，唐初又改蘄州，治蘄春縣（今湖北蘄春蘄州鎮西北）。轄境約當今長江以北羅田縣、黄州市及巴河以東之地。唐天寶、至德時曾兩度又改爲蘄春郡，上元二年（七六一）改蘄州。

〔三二〇〕並與金州梁州同　『金州』，諸本皆音譌作『荆州』，據周本改。其説以上云『荆州次』、『金州又下』作本校，是。金州、梁州爲同一品級（又下）之茶，荆州則同襄州爲上二品級（次）之茶。又，吴本、〔日〕布目本未改而已出注説明。

〔三二一〕浙西以湖州上　方案：宋・趙彦衛《雲麓漫鈔》卷四引陸羽《茶經》作：『浙西〔以〕湖州爲上，常州次之。湖州出長城（作者原注：『今長興。』）〔縣〕顧渚山中，常州出義興（趙注：『今宜興。』）〔縣〕君山懸脚嶺北（岸）〔崖〕下。』這條引文並非孤證，宋・談鑰《嘉泰吴興志》（下簡稱《談志》）卷一八《食用故事・茶》引陸羽《茶經》曰：『浙西以湖州上，常州次。湖州生長（興）〔城〕縣顧渚山中，常州義興縣生君山懸脚嶺北峯下。』兩相對校，基本一致。唯首句一作『爲上』、『次之』，一作『上』、『次』。《咸淳毗陵志》卷一三亦引作『以湖州爲上，常州次之』。同趙書而異《談志》。又，趙書二『出』字，《談志》作『生』。另外，末句一作『北崖』，一作『北峯』而已。值得重視的是，序於嘉泰元年（一二〇一）的《談志》和再版於開禧二年（一二〇六）的《漫鈔》，其兩位作者所見之《茶經》南宋刻本，至遲應在十二世紀末，較之現存最早的咸淳九年（一二七三）《百川學海》本《茶經》，至少早七十餘年。兩人所見或並非同一版本，這從引文中有異文可證，但共同之處有二：一是『常州次』以下之文，作正文而不作注文；二是『湖州生』至『北峯下』一段文字，當爲陸羽原文。南宋晚期刊本或《百川學海》本《茶經》刊行時，將這段文字調整次序，改爲注文，分注於『湖州上』、『常州次』之下，造成了正文與注文不分的混亂。從這條可貴的引文，還可得出另一個推論，凡有『與某某州同』

之類文字的注文均非出於陸羽手筆，這類注文有的是出於樂史《太平寰宇記》及其子樂黄目《聖朝（宋）郡國志》，有的則出於毛文錫《茶譜》，説詳以下校證及拙輯《茶譜》相關各條注。據這兩條可貴而又可信的引文，還可推知：《茶經·八之出》，陸羽原書似無注文，注文均爲後人所增，既非出於一手，亦非成於一時。在長期流傳過程中，既有正文摻入注文，又有注文竄入正文的情況，甚至還有錯簡。《八之出》成爲《茶經》最爲混亂，因而也是校證難度最大的篇章之一，絲毫也不亞於《七之事》。據陳師道序，其家藏本《茶經》已缺卷下，我們有理由相信，《茶經》卷下的編輯實出於宋人之手，今欲將一千二百餘年前的古籍存真復原，又談何容易！

〔三二二〕湖州生長城縣顧渚山中與峽州光州同　「山中」，底本和諸校本多作「山谷」，百川甲、乙本作「上中」，實乃「山中」之形譌。據上注所引《漫鈔》及《談志》、《萬花谷·前集》卷三五、《全芳·後集》卷二八、《事林廣記·癸集》卷一〇校改。如上注所考，「山中」下六字，應爲宋人增注。

〔三二三〕生山桑儒師二隖白茅山懸脚嶺者與襄州荊州申州同　方案：底本作「生烏瞻山、天目山、白茅山、懸脚嶺，與襄州、荊南、義陽郡同」。諸校本「烏瞻山、天目山」多作「山桑、儒師二寺」。但「寺」字，百川甲、乙本作墨釘，竟陵本、遺書本作空格；〔日〕大典本誤補「縣」字，句首「生」上衍一「若」字；喻甲、鄭熜本則無「寺」字，也不空格，句不通，句首也誤衍一「若」字；周本也衍「若」字。「者」，諸本皆脱。「荊州」，除〔日〕布目本外，諸本皆誤作「荊南」。「荊南」，乃唐、五代方鎮名。唐至德二載（七五七）置荊南節度使，又稱荊澧節度使，治荊州（治今湖北江陵縣），領荊、澧等十州。

上元二年（七六一），增領潭、衡、涪等七州；廣德二年（七六四），以衡、潭等五州別置湖南觀察使，以夔、忠、涪、萬等四州地別置都防御使。後曾降爲防御使，開成三年（八三八）復升節度使。五代後梁時，以高季興爲節度使，荆南爲十國之一；南唐時則稱南平。宋初乾德三年（九六五）滅南平國，遂廢。因此，作爲節鎮的荆南與治所荆州是不能换用的。如上所述，荆州，在上元元年（七六〇）置南都，升爲江陵府，故荆州、南都、江陵府是可以换用的，不過荆州已成『古』稱。設荆南節度使及荆州升爲南都、江陵府時，陸羽正寫作《茶經》，他又爲荆南節鎮所領十州之一的復州竟陵縣（治今湖北天門市）人，故決不會將荆州誤稱爲荆南，將兩個不同的概念混爲一談。用一不太恰當的比喻，如將兩者等同，猶如説湖北省就是今江陵縣一樣可笑。這條注顯然不是陸羽自注。今考這條注實出宋初樂史（九三〇——一〇〇七），其《太平寰宇記》卷九四《湖州·金沙泉》載：『金沙泉，按：《郡國志》云：「即每歲造茶所也。」〔今〕按：「茶産在邑界：有生顧渚〔山〕中者，與峡州、光州同，生山桑、儒師二隖，白茅山（縣）〔懸〕脚（山）〔嶺〕者，與襄、荆、申三州同；生鳳亭山、伏翼（閣）〔澗〕，飛雲、曲水二寺，青峴、啄木二嶺者，與壽州同。」』方案：此云《郡國志》，當指唐、五代時人所撰的書名或簡稱，自《後漢書》改《地理志》爲《郡國志》以來，沿用其名作書名者極夥。如《玉海》卷一五引《中興書目》著録唐人曹大宗有《郡國志》二卷，始於關内，終於嶺南。同書又著録唐·劉子推《郡國志》十卷。《寰宇記》卷三則列有賈耽《郡國志》，雖《寰宇記》卷九四所引《郡國志》文未標明作者，但應爲上列三者之一或其他佚名者之書。值得注意的是，《談志》卷一八在上引陸羽《茶經》文下(參見校證〔三二一〕條)又引《郡國志》之文,這段文字與上引樂史按語基本相同,除有奪誤外,僅『儒師』作『獳師』;『白茅山』作『白苧山』。而『懸脚嶺』之『懸』,『伏翼澗』之『澗』,正可校正四庫本《寰宇記》的刊誤(此卷宋本已佚)。《談志》標出處爲《郡國志》而不是樂史按語,有兩種可能,一是誤讀下『按』字爲《郡國志》中文字,誤以樂史按語爲唐人撰《郡國志》文。另一種可能是,《談志》是條文字並非引自《寰宇記》卷九四,而是引自樂史子樂黄目的《聖朝郡國志》,聖朝,即宋朝,宋人稱本朝常見之例,或稱皇朝。是書亦簡稱爲《郡國志》,凡二十卷。王文楚先生認爲,即其父《太平寰宇記》與《坐知天下記》(亦樂史撰,四十卷)之節略。其説詳《宋版〈太平寰宇記〉前言》,刊《宋本〈太平寰宇記〉》影印本卷首(中華書局,二〇〇〇)。樂黄目《郡國志》至南宋末尚存。宋·董嗣杲《西湖百詠》卷上《保叔塔》詩序引《郡國志》文,敘及宋初開寶、咸平中事,即爲顯證。又,董氏同書卷上《豐樂樓》詩序有云『淳祐九年(一二四九)改建』,則其南宋末人也。因此,《嘉泰吴興志》的纂修者談鑰也有可能據此《郡國志》轉引樂史的按語。兩者必居其一,兩種可能性均無法排除。因《談志》的援引,此注出於樂史之按語已非孤證,可以論定。當然,另一種無法排除的可能是,出於中唐以後至宋初人撰著的《郡國志》,但這種可能較小。此乃宋初人樂史之語被南宋人改寫入《茶經·八之出》注文,各種版本的注文衍誤譌奪,緣此而產生。今據《寰宇記》及《談志》引文作對校後進行校改。以見正本清源之微意。又,南宋人爲造成乃陸羽原注之假象,妄改『襄、荆、申三州』原文爲『襄州、荆南、義陽郡』。『義陽郡』,乃陸羽《茶經·八之出》唯一以郡名出現的地名。至德（七五六—七五八）時，正陸羽撰《茶經》之際，當時正改申州爲義陽郡，唐代的大部分時間均稱申州，故樂史稱『襄、荆、申三州』無可非議。這種弄巧成拙的臆改，又從另一側面證明，此注必非陸羽自注。爲符合宋人所作本篇注文之體例，今姑變通作『襄州、荆州、申州』。

〔三二四〕生鳳亭山伏翼澗飛雲曲水二寺青峴啄木二嶺者與壽州同　『澗』，底本誤作『閣』，諸校本作『閣』，乃形譌。但二者均誤，説詳下。『青峴』、『二』、『者』四字，據上引《寰宇記》及《談志》引文補，諸本皆脱。底本及諸校本『同』上均有『常州』二字，必誤衍。此乃『湖州』條下注文，以下才是『常州次』，《八之出》無據下文産茶州作比較之例；　況且，『壽州下』與『常州次』並非同一等茶品，二者難以並列而作比較標準，故删。又，〔日〕布目本據海内某校注本稱：『常州』，應作『衡州』。實誤。衡州，屬山南道；　壽州，屬淮南道，下又有婺州茶同衡州之説。以上小地名，唐宋地理書中多有載，今録如下，亦作他校之證。上條『懸脚嶺』，《談志》卷四：　在長興縣西北七十里。《山墟名》云：『以嶺脚下懸爲名。』本條『鳳亭山』，《談志》卷四載：　在縣西北五十里。《山墟名》云：『昔有鳳棲山上。』『伏翼澗』，《談志》卷五：　在長興縣西三十九里。《山墟名》云：『澗中多産伏翼。』據此，可證作『澗』是，作『閣』誤。『飛雲寺』，《寰宇記》卷九四：　飛雲山在長興縣西二十里，劉宋元徽五年（四七七）置飛雲寺。『青峴山』，雍正《浙江通志》卷一二引《吴興掌故》：　在縣西六十里。『啄木嶺』，《談志》卷四：　在縣北五十里。《山墟名》云：『其山萬木叢薄，多鳥，故名。』《浙江通志》卷一二引《吴興掌故》則曰：　在縣西北六十里，山多啄木鳥。

〔三二五〕常州義興縣生君山懸脚嶺北峯下與荆州義陽郡同　『義興縣』，《元豐九域志》卷五：　太平興國元年（九七六），改義興縣爲宜興。故此注必出於是年以前。懸脚嶺乃長城、義興二縣界山。唐時湖、常二州太守會茶於此。餘詳上二條注。

〔三二六〕生圈嶺善權寺石亭山與舒州同　『圈嶺』，疑其上當脱一『善』字。説詳下。『善權寺』，一稱『善卷寺』。《咸淳毗陵志》卷二五曰：　廣教禪院在善卷山，南齊建元二年（四八〇）以祝英臺故宅建。唐會昌中廢。此即善卷寺也，《明一統志》卷一〇略同。《江南通志》卷四五則云：　善權寺在宜興縣西南五十里。宋名廣教禪院。唐·羊士諤及宋·程俱（方案：程詩見《北山集》卷二）均有《善權寺》詩。唐代義興縣有善卷山或又稱『善圈嶺』，又有善權寺，皆音之轉歟？今宜興有善卷洞，爲江南名勝古迹。

〔三二七〕宣州生宣城縣鵶山與蘄州同　『鵶山』，諸本皆作『雅山』，音譌。《寰宇記》卷一〇三載：『鵶山出茶，尤爲時貢（貴？）。』引《茶經》云：『味與蘄州同。』則樂史所見《茶經》，已有此注，疑亦出《郡國志》，否則，當爲誤引《茶譜》之文。惜《寰宇記》未明著此條出處。鵶山茶，其名始見於唐·楊曄《膳夫經手録·茶録》：『宣州（鴨）〔鵶〕山茶，亦天柱之亞也。』『鵶』又譌作『鴨』。無獨有偶，毛文錫《茶譜》又譌作『丫山茶』。其云：『宣城縣有丫山小方餅，横鋪茗芽裝面。其山東爲朝日所燭，號曰陽坡，其茶最勝。太守嘗薦於京洛人士，題曰：「丫山陽坡横紋茶。」』（據《事類賦注》卷一七引，餘詳拙輯《茶譜》第二一條及注〔二五〕。）宋·梅堯臣《宛陵集·答宣城張主簿遺鵶山茶次其韻》：『昔觀唐人詩，茶詠鴉山嘉（《紀勝》卷一九引作『佳』）。鴉銜茶子生，遂同山名鴉。』此將鴉山茶得名之原因説得很清楚。《輿地紀勝》卷一九轉引《寰宇記》載梅詢詩佚句：『茶煮鴉山雪滿甌。』則這種唐宋時譽滿天下的鴉山茶似爲白茶。梅詢、堯臣叔侄皆宣城人，其所云當得其實。『雅』據改爲『鴉』。

〔三二八〕太平縣生上睦臨睦與黄州同　『上睦、臨睦』，疑是『上涇、下涇』之譌。《寰宇記》卷一〇三曰：『上涇、下涇，邑《圖〔經〕》云：「産茶，味與黄州同。」』　方案：據樂史這條記載，可知此注又出中唐以後、宋初以前的太平縣《圖經》，此當爲南宋人取《寰宇記》轉引自邑《圖經》的這一記載，作爲《茶經》注，在抄録或轉刻過程中，譌『上涇、下涇』爲『上睦、臨睦』，又脱或删一『味』字。

〔三二九〕杭州臨安於潛二縣生天目山者與舒州同　方案：此條注文，《寰宇記》卷九三云出《茶譜》，文全同。唯抄入《茶經》時，脱一『者』字，今據補。

〔三三〇〕潤州江寧縣生傲山　『江寧縣』，據《廣記》卷二四、《紀勝》卷一七記載：〔武德〕九年（六二六），改金陵曰白下，屬潤州。貞觀九年（六三五），復改白下曰江寧。肅宗上元二年（七六一），改曰上元縣。

〔三三一〕蘇州長洲縣生洞庭山者與金州蘄州梁州味同　宋本《寰宇記》卷九一載：洞庭山，按《蘇州記》云：『山出美茶，歲爲入貢。』故《茶説》云：『長洲縣生洞庭山者，與金州、蘄州、梁州味同。』『長洲』，底本誤作『長州』，據百川四本等校本及此《寰宇記》引文改。『者』、『味』諸本皆脱，據上引補。

值得注意的是，宋・朱長文《吴郡圖經續記》卷下引此文已稱《茶經》云，文全同，唯『味同』上脱『梁州』二字而已。《寰宇記》稱此文出《茶説》，今考唐宋之際確有此書。宋・葉清臣《述煮茶泉品・序》有云：『予少得温氏《茶説》，嘗識其水泉之目有二十焉。』清臣，北宋蘇州人，故温氏《茶説》中完全有可能有關於洞庭茶的記載。從其文内容判斷，亦無法排除《寰宇記》所謂《茶説》實乃《茶譜》之譌。故拙輯《茶譜》仍將此條輯録而存疑。從朱長文（一〇三九—一〇九八）所見此文已入《茶經》看，北宋中期以前，這條《茶説》或《茶譜》佚文，已被宋人取以爲《八之出》之注。具體時間當在《寰宇記》（約九八七年成書）和《續記》（一〇八四年完成）兩書撰成的近百年間。

〔三三二〕浙東以越州上　方案：自此句至『黔中』之上一段文字，乃錯簡。浙西與浙東同屬江南道，不可能中間隔一劍南道而分置。明代地理學家王士性（一五四七—一五九八）在《廣志繹》卷二引《茶經》文中，即將此句接『蘇州又下』之下，又將『劍南』句接於『台州下』之下，極是。今據以乙正。諸本皆錯簡。幸賴王士性發覆而得以厘正。今不詳王士性是否有版本依據。

〔三三三〕餘姚縣茶生瀑布嶺者號曰仙茗大者殊異小者與襄州同　方案：諸本皆脱『茶』、『者』、『號』三字，『嶺』上又衍一『泉』字，據《寰宇記》卷九六及《王十朋全集》卷一六《會稽風俗賦》引《茶經》補、删。《寰宇記》脱『縣』字，王十朋《風俗賦》又脱『曰』字，二者可互補。《風俗賦》又無『大者』至『同』十字。今考王十朋紹興二十七年（一一五七）狀元及第，是年冬赴官越州簽判，二十九年臘月七日離越歸里，則《風俗賦》必撰於此二年間。可見在北宋和南宋初樂史、王十朋所見之《茶經》刊本是條已入《茶經》，從文字内容分析，疑亦出於《茶譜》。當然，也有可能出於《郡國志》之類地理書。《寰宇記》有多條將《茶譜》文誤注出處爲《茶經》，而可得到他書的證明，乃宋人將《茶譜》文抄入《茶經》爲注。樂史所見《茶經》已如此，則宋初之本已然。詳拙輯《茶譜》相關各條及注。但《嘉泰會稽志》卷九另具一説，稱瀑布嶺不在餘姚縣而在嵊縣（治今浙江嵊州，北宋時稱剡縣）。其書云：太白山在嵊縣西六十里，舊〔圖〕經云：此山極峻。〔有〕瀑泉飛下，號瀑布嶺。土人亦稱西白山。（原按：《宋書》：『褚伯玉隱身求志，居剡縣瀑布山三十餘載。』即此。華初平《瀑布嶺》詩序云：『在嵊縣西六十里。福善所集，蔚有靈氣。昔産仙茗。』《寰宇記》〔以〕瀑布嶺屬餘姚縣，蓋此山聯接餘姚縣界。）此聊備一説，姑録存以作考異，但餘姚縣在嵊縣之東北方，疑『西』或『北』之誤歟？或餘姚、嵊縣皆有瀑布嶺歟？

〔三三四〕明州鄮縣生榆筴村婺州東陽縣生東白山與荆州同　『鄮縣』，底本、百川甲乙本，竟陵、山居、百家、格致、喻甲、鄭煾、存目、遺書本，〔日〕大典、布目本，今注陳朱、吴本均作『貿縣』；唐宋、《説郛》宛、説薈、長編本作『鄞縣』，皆誤。《廣記》卷二三曰：唐武德四年（六二一），以句章縣置鄞州，八年州廢，更置鄮縣，屬越州。開元中置明州，五代時改曰鄞縣。又唐·李吉甫《元和郡縣圖志》（下簡稱《元和志》）卷二六曰：明州，本會稽之鄮縣及句章縣地也。武德四年於縣立鄞州，八年廢。開元二十六年（七三八）分越州之鄮縣置明州，以境内四明山爲名。同書又云：鄮縣，本漢舊縣也，屬會稽郡。隋平陳，省入句章。武德八年再置。仍移理句章城，後屬明州。《舊唐書》卷四〇載，明州屬縣有鄮縣。而鄮縣則五代時始置，據改。唯周本作『鄮縣』，是。『東白山』，《嘉泰會稽志》卷九：『在〔諸暨〕縣東九十里，一名太白峯。連跨三邑，其在剡曰西白，在東陽曰北白。雍正《浙江通志》卷一七引萬曆《金華府志》：東白山，在〔東陽〕縣東北八十里，與會稽、天台連屬。同書又引《東陽縣志》曰：西白山，在縣東北六里，諸暨諸山皆在其下。據此可知，東白山乃跨越州諸暨、剡（嵊）縣，婺州東陽縣三邑之山。底本及百川甲、乙本譌作『東自山』，餘本又誤作『東目山』，據改。皆形近而譌。唯〔日〕布目本、周本不誤，作『白』。『東白山』之上，諸本又脱一『生』字，據上下文意補。

〔三三五〕台州始豐縣生赤城山者與歙州同　『台州』，百川甲、乙本誤作『始山』。『始豐』，竟陵、唐宋、説薈、小説、《説郛》宛本誤作『始曹』，當爲『豐』之形近而譌。底本及餘校本則誤脱『始』字，張趙本作『丰』，又刊誤形譌作『米』。始豐縣，《元和志》卷二六：三國時，吴分章安置南始平縣。晉武帝以雍州有始平，改爲始豐。上元二年（七六一）改爲唐興。《廣記》卷二三述其沿革尤詳。其云：吴置始平縣，晉太康元年（二八〇），改曰始豐。後省廢。唐武德四年（六二一），析臨海縣復置，八年省。貞觀八年（六三四）復置，上元二年改爲唐興。朱粱改爲天台，後唐復故，石晉改爲台興。建隆元年（九六〇），復改天台。《舊唐書》卷四〇、《嘉定赤城志》卷一、《紀勝》卷一二略同。今據補作『始豐』。如果此條注是陸羽自注，那麽《茶經》應完成於上元二年（七六一）前，這就與《四之器》所謂『聖唐滅胡明年鑄』相抵牾，説詳校證第〔六〇〕條。比較合理的解釋是此注亦出宋人之手，爲了造成《茶經》原注的假象，遂改『天台』作『始豐』，後百川學海等本刊行時，又誤奪『始』字成『豐』縣，又形譌作『曹』、『米』（轉譌『丰』）之類，遂致不可卒讀。『赤城山』之『山』字，底本及諸本俱脱，據《嘉定赤城志》卷三六《物産·茶》引《茶經》『生赤城山者與歙〔州〕同』及上下文意補。天台和台州因赤城山而又別稱赤城，故應補此字。《元和志》卷二六：『赤城山，在縣北六里，實爲東南之名山。』《嘉定赤城志》卷二一：『山在縣北六里，一名燒山，又名消山。石皆霞色，望之如雉堞，因以爲名。孫綽賦所謂「赤城霞起以建標」，是也。』

〔三三六〕彭州生九隴縣馬鞍山至德寺堋口鎮者與襄州同　《寰宇記》卷七三、《晏公類要》卷八引《茶經》作：『茶出彭州九隴縣馬鞍山、至德寺、堋口鎮者，與襄州茶同味。』『生』，作『茶出』；『同』，《寰宇記》作『茶同味』，《類要》作『同茶味』，較今傳本《茶經》義勝。今據補『彭州』、『鎮者』四字。又，『堋』，諸本皆誤作『棚』，唯周本、〔日〕布目本不誤。今據上引作『堋口』改。

〔三三七〕綿州龍安縣生松嶺關者與荆州同　『者』，諸本原脱。據《寰宇記》卷八三引《茶譜》補。

〔三三八〕其西昌昌明神泉縣連西山生者並佳有過獨松嶺者不堪採　『連』、『者』、『獨』三字，諸本皆脱，據同上引補。『有過〔獨〕松嶺者不堪採』，《寰宇記》引《茶譜》作：『生獨松嶺上者，不堪採擷。』義勝。此條與上條均《茶譜》文：宋人取以爲《茶經》作注時，既有脱誤，亦有改寫。顯然已非陸羽自注。餘詳拙輯《茶譜》第一〇條及注〔一三〕。

〔三三九〕青城縣有散茶末茶尤好　『末茶』，底本及諸本皆形近而譌作『木茶』。唯陳朱、周本作『末茶』，是，據改。『尤好』諸本皆脱，據晏殊《晏公類要》卷八及明·曹學佺《蜀中廣記》卷六五引《茶經》補。《晏公類要》無『末茶』二字，疑傳寫偶脱。

〔三四〇〕邛州雅州瀘州下　方案：『邛州』之下，諸本有『次』字，似誤衍。上文云『蜀州次』，其下即雙行小注。如邛州茶爲『次』，則應置『蜀州』下。應據《八之出》體例删『次』字。邛州茶似屬『下』。

〔三四一〕雅州百丈山名山二者尤佳　《寰宇記》卷七七、《類要》引《茶譜》作：『雅州百丈、名山二者尤佳。』『名山』下，據補四字。

〔三四二〕瀘州生瀘川者與金州同　『生』，諸本皆無。據上下文意及《八之出》體例補。

〔三四三〕眉州丹稜縣生鐵山者漢州綿竹縣生竹山者與潤州同　『丹稜』，諸本多形近而譌作『丹校』。《廣記》卷二九：『南齊置齊樂縣，後周因之。隋開皇初改曰丹稜，屬嘉州。唐武德二年（六一九）來屬〔眉州〕。』《元和志》卷三二略同。今據改。唯陳朱、周本及〔日〕布目本作『丹稜』，是。方案：檢核多種地理書，未見眉州丹稜縣有鐵山。如明·曹學佺《蜀中廣記》載今四川井研、資縣，永川、普慈、達州、邛州等州縣有鐵山。『竹山』疑當爲綿竹山。《元和志》卷三一：綿竹縣，『有紫嵓山，綿水所出』。《蜀中廣記》卷九：『綿竹縣北三十里〔有〕紫嵓山，極高大，亦謂之綿竹山，亦謂之武都山。』是其證。

〔三四四〕黔中生思州播州費州夷州　『思州』，諸本皆形近而譌作『恩州』。《元和志》卷三〇：思州，『武德四年（六二一），於〔務川〕縣置務川郡；貞觀四年（六三〇）改爲思州，以思邛水爲名』。天寶元年

（七四二）改爲寧夷郡。乾元元年（七五八）復曰思州，治務川縣（今貴州沿河土家族自治縣東北）。轄境相當於今四川酉陽、秀水和貴州沿河、務川、印江等縣地。唐屬黔中道，唐末廢州。《寰宇記》卷一二二《思州·土産》云：『〔原貢〕：茶。』又，境内有白茶水，在州務東一百七十里，北接黔州黔江縣。當應産白茶而得名。恩州，唐屬嶺南道。其沿革見《輿地紀勝》卷九八。唐貞觀二十三年（六四九）置。（方案：《元和志》稱永徽元年置。王象之按語云，有可能爲貞觀復置，或《元和志》誤。）治齊安縣（廣東恩平縣東北）。轄境約當今廣東陽江、恩平二縣地。宋慶曆八年（一〇四八）因河北路已有恩州而改名南恩州。據改。〔日〕布目本及今注四本作『思州』，是。

〔三四五〕福州生閩縣方山之陰也　原諸本誤作『生閩方山之陰縣也』。『縣』字錯簡，今乙正。唯陳朱、周本及〔日〕布目本作『閩縣』，不誤。方山，在福州州治閩縣。《輿地紀勝》卷一二八曰：『方山，在州南重江之外。九鼻東向，遠望，突兀端方，直下數千尺，故名。宋人王逵詩云：「衆狀皆窮險，兹形獨擅方。坦夷中砥礪，端正外青蒼。」』據《輿地廣記》卷三四載：宋太平興國二年（九七七），析閩縣置懷安縣，有方山、洪塘江。可證唐時方山在閩縣。又可參見明·黄仲昭《八閩通志》卷四。據梁克家《淳熙三山志》卷二，方山在閩縣南七十里崇善西鄉的待仕里。又，《三山志》卷三九云：唐時土貢有茶、橄欖等。據毛文錫《茶譜》：福州方山有露芽。參見拙輯《茶譜》第一條、第二〇條及注〔二四〕。

〔三四六〕其思播費夷鄂袁吉福建泉韶象十二州未詳　『思』，諸本多形譌作『恩』，據校證〔三四四〕條改。

『泉』，除底本，百川四本，《説郛》二本，竟陵、唐宋、遺書等本外，均誤奪。『十二州』，底本及校本皆譌作『十一州』。以上所列包括泉州，實乃十二州，是其本證。又，楊億《楊文公談苑》曰：『建州，陸羽《茶經》尚未知之，但言福、建等十二州未詳，往往得之，其味極佳。』（《宋朝事實類苑》卷六二、《苕溪漁隱叢話·後集》卷一一、《詩話總龜·後集》卷二九引《談苑》，全同《茶經》。）是其佐證。可見宋初楊億所見之《茶經》有泉州而作十二州，後脱『泉』字，遂臆改作十一州。今據改補。〔日〕布目本注雖已指出這一點，卻仍從誤本作無泉州而稱十一州，惜哉！

〔三四七〕往往得之其味極佳　方案：《茶經·八之出》所列唐代産茶之地凡四十三州。其中區分上、次、下、又下四等茶品者，共三十一州。又有十二州所産茶爲『未詳』，但『往往得之，其味極佳』。故清·厲鶚《樊榭山房全集》卷二《試天目歌同蔣丈雪樵徐丈紫山作》云：『四十三種列高下，天目品與舒州鄰。』亦可佐證『未詳』之産茶地爲十二州，而並非十一州。

〔三四八〕於野寺山園叢手而掇乃蒸乃舂乃□以火乾之　方圍缺字，底本及鄭熼、〔日〕大典本原作『煬』，似非是。核《茶經·六之飲》有云：『飲有觕茶、散茶、末茶、餅茶者，乃斫、乃熬、乃煬、乃舂。』是相對於四種茶類在飲用前不同的加工方式而言。『乃煬』，爲對應末茶的加工方式。煬，即烘烤或曝曬之意。《六之飲》中隨手而採者顯然爲葉茶或芽茶，而非末茶。下又云『以火乾之』故作『煬』，似誤。寺本作『炙』，似亦非是。諸校本多作『復』字，其始當出於陶宗儀《説郛》本，雖文意豁通，但未審其何據。今姑仍從作墨疔的百川四本、竟陵本，略作變通，改爲以方圍表闕字，以示慎重。

〔三四九〕則風爐灰承炭檛火筴交牀等廢　『風爐』，底本譌作『風燼』，似刊誤，據諸校本改。

〔三五〇〕若五人已下茶可末而精者則羅合廢　『末』，從底本及百川四本、《説郛》涵本，今注張趙、周本作『末』。餘校本作『味』，因下文又有『於山口炙而末之』，『末』不當重複也，似亦不無道理。今姑作『末』，俟更考。『合』，底本及諸校本多脱，據《茶經·四之器》及《説郛》涵本、今注吳本補。

〔三五一〕目擊而存於是　方案：典出《莊子·田子方》：『目擊而道存矣。』郭注云：『目裁往，意已達。』《疏》：『擊，動也。』《釋文》：司馬云：『見其目動而神實已著也。』陸羽巧用此典，極相契合。謂將《茶經》之文字抄寫在絹素上，張掛於座隅，注目視之，則茶道已爛熟於胸，何勞再費辭詮釋！無意中流露作者對《茶經》自視甚高。確實，千百年來，茶人奉之爲不易之典，稱之爲茶學的百科全書。而對茶文化繼往開來、發揚光大作出重要貢獻的陸羽，也被後人譽爲『茶祖』、『茶聖』，實乃當之無愧。在海内外流傳最廣、版本最多的古籍中，《茶經》無疑占有一席之地。『於是』，今注四本均下讀，據上考似以上讀爲是。

〔三五二〕茶經序跋十一篇　方案：明刻《茶經》多附序跋，以《茶書全集》本爲最，凡七篇。但皮日休《茶中雜詠序》乃其與陸龜蒙唱酬詩序，與《茶經》無涉，今不取。從景陵本補三篇，寺本補二篇，凡十一篇，大致按寫作年代或作者時代先後編排，先序後跋。（方案：從寺本所收二序，則排在最後，因看校樣時補收入之故。）其作者，僅在校記中略作簡介。序跋文字儘可能採用作者文集中原文並略事校勘。明顯的錯字及異體、俗體、古體、避諱字徑改，不出校。序在明本《茶經》中，或在卷首或在卷末，今一律移至正文後，校記前。序跋注碼承前而不另排。

〔三五三〕陳師道　方案：陳師道（一〇五三—一一〇二），字履常，一字無己，號後山居士。少學文於曾鞏，無意仕進。元祐初，以蘇軾論薦，爲太學博士、徐州教授，改潁州，旋被論罷。元符三年（一一〇〇）召爲秘書省正字，逾年病卒。師道一生坎坷，貧病交加，但詩文俱佳。其詩宗杜而學黄，乃江西派代表作家之一；文似曾鞏，高古典雅。爲『蘇門六君子』之一。著有《後山集》、《後山談叢》、《後山詩話》等。宋本《後山居士文集》二十卷，今藏國圖，有上海古籍出版社一九八四年影印本。詩集又有宋·任淵注、今人冒廣生箋《後山詩注補箋》（中華書局一九九五年點校本）行世。其生平具見師道門人撰《彭城陳先生集記》（刊《詩注》卷首）。今據影宋本《文集》卷一六録序文，校以影宋本吕祖謙《宋文鑑》卷九一《茶經序》，可改正明刻《茶經序》的一些譌誤。

〔三五四〕家書一卷　『家書』，《宋文鑑》、喻甲本作『家傳』。

〔三五五〕存之口訣　『之』，《茶經》諸本皆作『於』。

〔三五六〕其可得乎　『可』，《宋文鑑》、喻甲本作『有』。

〔三五七〕學者慎之　『慎』，底本缺筆，乃避宋孝宗趙昚（『慎』之古字）諱。師道卒於北宋，原序必作『慎』。南宋本《宋文鑑》避諱改作『謹』，喻甲本等明本皆同。當回改，從底本作『慎』。

〔三五八〕魯彭　方案：魯彭，字壽卿，竟陵（治今湖北天門）人。祭酒鐸之子。正德十一年（一五一六）舉人。曾任廣東樂會令，《千頃堂書目》卷七著録其撰有《樂會志》八卷。事具四庫本《湖廣通志》卷四九小傳，又見《廣東通志》卷二八。其序全文刊竟陵本卷首，今據以迻録。喻甲本卷首及《續茶經》卷上之一刊其序之摘要。

〔三五九〕粤昔己亥上南狩郢置荆西道　方案：己亥，指嘉靖十八年（一五三九）。上指明世宗朱厚熜（一五二一—一五六六年在位）。『南狩郢』，指南下巡幸郢州。郢州（治今湖北鍾祥），乃其古稱。西魏大統十七年（五五一）始置，唐時轄境約當今湖北鍾祥市、京山縣地。元至元十五年（一二七八），升爲安陸府，明洪武九年（一三七六）降爲安陸州，嘉靖十年（一五三一），因此州乃嘉靖帝出生地而升爲承天府。十八年，又即其地置荆西道。安陸州因是嘉靖帝出生之地而一再升格，明武宗因無後裔，遂迎封生於安陸州的興王之子繼統。嘉靖十七年，明世宗贈其生父睿宗廟號，翌年，值其生父陵墓落成，乃南下巡幸，參拜顯陵於承天府。其地鄰近陸羽出生之地竟陵，相距約八十公里。竟陵又爲荆西道之屬邑。

〔三六〇〕上以監察御史青陽柯公來涖厥職　方案：柯公，乃指柯喬，字遷之，池州青陽（今屬安徽）人。嘉靖八年（一五二九）進士，官御史，出爲湖廣僉事，駐節沔陽。丁艱歸，喪除，復補福建僉事、兵備副使，力主抗倭剿匪，爲忌者所論罷歸。事具四庫本《江南通志》卷一四八小傳等。『來涖厥職』，指嘉靖十八年（一五三九），柯任官湖廣，分巡荆西道。後三年，即二十一年按部至竟陵，命刻《茶經》，見汪可立《後序》。

〔三六一〕遂命刻諸寺　方案：以上本節文字喻甲本全删，此述竟陵本《茶經》刊刻之緣由，頗重要，不應删削。

〔三六二〕酒經不傳焉　方案：蒙上文，當爲《北山酒經》。考是書當爲宋·朱肱（字翼中，號大隱先生）撰，三卷。今仍有多種版本行世，如明代《程氏叢書》，清《四庫全書》、鮑廷博《知不足齋叢書》等皆收此書。不知何以稱『不傳』。明代行世的版本應更多。

〔三六三〕陳文燭　方案：陳文燭，字玉叔，號五嶽山人。沔陽（治今湖北仙桃）人。嘉靖四十四年（一五六五）進士，授大理評事。萬曆初出守淮安，遷江西左布政使、四川學使。終官南京大理寺卿。致仕歸，建五嶽山房。有《二西園詩集》十二卷，《文集》十四卷，《續集》二十三卷。《四庫全書總目》卷一七八著録於存目。其集，又名《五嶽山房集》。還有《淮安府志》十六卷，《楊慎年譜》等（《明史》卷九七、卷九二著録）。詩文創作風格頗受王世貞影響，又自成一家。事具李維楨《大泌山房集》卷二九《壽序》、《明詩紀事》己簽卷一五、錢謙益《列朝詩集小傳》丁集上，四庫本《江南通志》卷八八、《江西通志》卷一九等。今據《四庫存目叢書》本《二西園續集》卷一《刻茶經序》録文，喻甲本刊其序於卷首，經校全同。其序末署萬曆戊子（十六年，一五八八）撰，則此本之刊行，尚在汪士賢《山居雜志》本前三年矣。據其序可知此本由書法家程福生（字孟孺）手書，又有宗室朱多炡（字貞吉）所繪茶具圖，由作序者和郭第（字次甫）校訂。是頗具特色的版本，惜此本今未見，疑已佚。又據寺本卷首陳序出校。

〔三六四〕而曇濟道人與豫章王子尚設茗八公山中　『豫章』二字原無，疑脱。據《茶經·七之事》補。

〔三六五〕李維楨　方案：李維楨（一五四七—一六二六），字本寧，號翼軒，又號大泌山人。京山（今屬湖北）人。隆慶二年（一五六八）進士，由庶吉士授編修。萬曆時，出爲陝西右參議，遷提學副使。浮沉外僚近三十年。天啓初，以布政使家居。起爲南京禮部右侍郎，終官尚書。不久即乞歸，卒於家。著有《大泌山房集》一百三十四卷，《四庫總目》卷一七九著録，以其品格不高，應酬之序文及碑誌多達六十餘卷而斥之於存目。今《四庫存目叢書》已全收其書（齊魯書社，一九九七）。又有《史通評釋》二十卷、《黄帝祠額解》等。事具清・錢謙益《牧齊初學集》卷五一《李公墓誌銘》、《明史》卷二八八《文苑傳》等。其《茶經序》爲多種明刊《茶經》附録，但均有删節，甚至改寫，無一完篇；今從《大泌山房集》卷一四録其全文。此序乃爲徐同氣刻本所撰，文末未署時日，當在萬曆年間。其《文集》卷五四上，另有一篇《唐處士陸鴻漸祠記》長文。其中第一段述及《茶經》明刻竟陵本沿革，於研究《茶經》甚要，且爲中外學者均所未及，故亦節録其文。《祠記》於陸羽生平、交遊亦頗有學術價值。

〔三六六〕汪可立　方案：汪氏生平待考。僅見《千頃堂書目》卷八及《明史》卷九七同著録其有《九華山志》二卷。據序可知，竟陵本《茶經》乃西禪寺僧真清類編清寫成册上進，汪氏則任校勘之責者也。此後序原刊竟陵本《茶經》，今據以迻録。

〔三六七〕童承叙　方案：童承叙，字漢臣，一字士疇，號内方。沔陽（治今湖北仙桃市西南沔城）人。稟有異質，弱冠知名。舉正德十六年（一五二一）進士，選庶吉士，授編修。晉國子司業，與祭酒吕柟訓士以實學。嘗預修《寶訓》、《實録》、《會典》諸書。終官春坊右庶子兼侍讀，工詩文雅。有《平漢録》一卷、《沔陽州志》十八卷（《千頃堂書目》卷七作《縣志》）、《內方集》十卷（《書目》卷二二誤作《内外集》）。以上據《明史》卷九七、九九著録。生平事迹略具《大泌山房集》卷一二《童庶子集序》、《二酉園文集》卷一一《內方童先生傳》、《列朝詩集小傳》丁集上、《明詩綜》卷四二、《明一統志》卷六〇、《湖廣通志》卷五三等。《續茶經》卷上之一亦載有童承敘《題陸羽傳後》，校之全同。或即喻政編《茶書全集》時，改題爲《茶經跋》而附刻歟？今仍其舊，録文從喻甲本《茶經》附録迻録。童氏另有《與夢野論茶經書》，原附嘉靖竟陵刊本《茶經》，今見本書下編《續茶經》校證〔七四九〕録文。

〔三六八〕張睿卿　方案：張睿卿，字通雅，號心嶽、嘯翁、廣名園。歸安（治今浙江湖州）人。有《峴山志》六卷、《詩疏》一卷，又有《吴興唐五家集》、《易説》、《經鑑正宗》、《長超山志》、《五大遊記》、《吴興風雅》、《茗記》等。見《四庫全書總目》卷七六、《明史》卷九六、《千頃堂書目》卷八、《池北偶談》卷一六等著録，事略具四庫本《浙江通志》卷一七九《人物·文苑二》。其跋於《茶經》流傳史上最值得重視者有二：其一，謂竟陵本編輯、刊行者西塔寺僧真清，乃將《水辨》、《茶經外集》附刻於《茶經》之後的始作俑者。其後明人競起效尤，乃至附《茶譜》、《茶譜外集》，甚至將《茶具圖贊》等插入卷中（如存目、鄭熜本等）。張跋斥竟陵本爲『煩穢』，殊爲有識。其二，鑒於『《學海》刻非全本，而竟陵本更煩穢』，張氏删次這些附加的『煩穢』文字，重『雕於埒參軒』。十分遺憾的是，這一介於嘉、萬間的明代早期刻本，今已蕩然無存。從其没有提到是否補完《百川學海》這一殘闕之本推測，張氏似亦無力回天。因爲更早的明刻如明刊《百川》、《説郛》等本均已是未完之本。但張睿卿跋還使我們知道在竟陵本以後、山居本以前，仍有這一《茶經》流傳史上的重要版本。此跋録自喻甲本《茶經》。

〔三六九〕新安後學吴旦識　方案：吴旦跋及徐同氣序、曾元邁序凡三者，乃十餘年前初閲校樣時所補。吴旦跋原刊布目教授編《中國茶書全集》卷下，幸得上海《文匯報》資深名記者、文物及書畫研究專家鄭重先生識讀，始能標點録入。鄭先生三復披閲，識力非凡，高情隆誼，誌之申謝。徐曾二序，原載西塔寺本，賴歐陽勳先生賜贈寺本一九九三年影印本而得見並收入，亦誌謝忱。今僅就此二序一跋及其作者，併補出校記如下：吴旦，休寧人。嘉靖七年（一五二八）舉人。吴旦跋新安刊本，今藏臺灣圖書館善本部。這一刻本得之於真清，刊刻時得到友人程伯容的資助，時間上略晚於魯彭序本。徐同氣，天門人，明貢生。其序以『答客問』的形式，闡明了《茶經》的重要價值。徐刻本乃據萬曆十六年（一五八八）陳文燭本臨刻。惜此極具特色的陳、徐二本已書亡而僅存序。曾元邁，亦天門人，清康熙五十七年（一七一八）進士，雍正中，官至御史。據其序，此本乃其同邑友人王子閒校刊本，約刻於雍正末，與陸廷燦《續茶經》本迭相先後行世也。惜曾序本亦已佚。正是這種鄉梓之情，導致《茶經》的再三重刻。

〔三七〇〕李維楨　方案：見校證〔三六五〕。這篇《祠記》在《茶經》流傳史上的重要價值並不亞於魯彭序。

其最重要的是以下文字：『嘉靖間，邑人魯孝廉刻行《茶經》，而以沔陽童庶子傳附之。其後，沔陽陳廷尉更刻之豫章，爲玉山程光禄書。邑人徐茂才復臨刻之。校童傳，更宋傳者十六字，增者十二字，後有童讚而遂以傳。』首先，李《記》肯定了竟陵本的始刊者爲魯彭（即《記》文中之魯孝廉），而並非新安人吴旦。這一竟陵始刻本，由汪可立校，據其後序，還附有時賢的論、讚和詩。李《記》與魯《敍》相符若合，可互相印證。其次，魯彭序本附有童承敍（李《記》稱之爲童庶子）的《陸羽傳》，此傳較之宋祁《新唐書·陸羽傳》（李《記》簡稱爲宋《傳》）更改十六字，增加十二字，由於童有《讚》文附後，故其後之陳玉燭、徐同氣刻本相繼以童《傳》换用真清始刊時所附的宋《傳》。同時，童承敍此文應題爲《陸羽傳讚》，《續茶經》已改爲《題陸羽傳後》，喻政更臆改爲《茶經跋》，已面目全非，文不符題。再次，陳廷尉，即陳文燭，據竟陵本再刻於豫章（治今江西南昌），此本即陳序提到的由玉山人程福生（字孟孺）所書，陳與長洲（治今江蘇蘇州）人郭第同校，附有明宗室朱多炡（字貞吉）所繪茶具圖的刻本，這一豫章刻本不僅書法典雅，且爲附有茶器具圖的精校本。惜早已佚亡。但其圖，較之日本春田永年的《茶器圖解》至少早二百年。最後，徐同氣（即李《記》所謂徐茂先者）又據陳本臨刻。刻於萬曆十六年（一五八八）的陳本及稍後之徐本，亦早於汪士賢山居本。總之，李氏《祠記》記述了明代《茶經》三個早期刊本的演變，以有十二條增注及多種附録爲主要標志的竟陵本，乃明刻《茶經》祖本。這三個刊本構成了不同於百川本的另一系列。這一《茶經》流傳史上的明刊本嬗遞軌跡，亦賴此《祠記》而愈益明晰。

〔三七一〕附録二　方案：　收入有關陸羽的傳記四種。（一）《陸文學自傳》（《文苑英華》卷七九三），（二）歐陽修《唐陸文學傳》（中華書局點校本《歐陽修全集》卷一四二），（三）《陸羽傳》（中華書局點校本《新唐書》卷一九六），（四）《陸羽傳箋》（元・辛文房撰；　儲仲君、陳耀東箋，陶敏補箋，刊中華書局本《唐才子傳校箋》第一册、第五册）。除（一）由筆者以四庫本爲底本，據中華書局影印明本及《全唐文》卷四五三等本出校外；　餘皆保留原校，間有已意出之。原校分録於附録二各篇之後，校記每篇單獨排序，不再與拙釋校證序碼合併，以表不敢掠美之意也。

百川學海

乙集

李國紀厚德錄 河東先生龍城錄

竹坡詩話 王文正公遺事

胡太初晝簾緒論

曹衡齋法帖譜系

李肇翰林志 陸鴻漸茶經

竇子野酒譜 戴慶豫竹譜

影宋百川學海本咸淳刊本《茶經》，原編在壬集，此乙集乃民國陶湘據明本華珵之目臆改。説詳本書提要。

茶經卷上

竟陵陸　羽　撰

一之源　二之具　三之造

一之源

茶者南方之嘉木也一尺二尺迺至數十尺其巴山峽川有兩人合抱者伐而掇之其樹如瓜蘆葉如梔子花如白薔薇實如栟櫚葉如丁香根如胡桃瓜蘆木出廣州似茶至苦澀栟櫚蒲葵之屬其子似茶胡桃與茶根皆下孕兆至瓦礫苗木上抽其字或從草或從木或草木并從草當作茶其字出開元文字音義從木當作搽其字出本草草木并作荼其字出爾雅其名一曰茶二曰檟三曰蔎四曰茗五曰荈周公云檟苦荼揚執戟云蜀西南人謂茶曰蔎郭弘農云早取為茶晚取為茗或一曰荈耳其地上者生爛石中者生櫟壤下者生黃土凡藝而不實植而罕茂法如種瓜三歲可採野者上園者次陽崖陰林紫者上綠者次筍者上牙者次葉卷上葉舒次陰山坡谷者不堪採掇性凝滯結瘕疾茶之為用味至寒為飲最宜精行儉德之人若熱渴凝悶腦疼目澀四支煩百節不舒聊四五啜與醍醐甘露抗衡也採不時造不精雜以卉莽飲之成疾茶為累也亦猶人參上者生上黨中者生百濟新羅下者生高麗有生澤州易州幽州檀州者為藥無效況非此者設服薺苨使六疾不瘳知人參為累則茶累盡矣

二之具

籯加追反一曰籃一曰籠一曰筥以竹織之受五升或一斗二斗三斗者茶人負以採茶也籯漢書音盈所謂黃金滿籯不如一經顏師古云籯竹器也受四升耳

竈無用突者釜用脣口者

甑或木或瓦匪腰而泥籃以箄之篾以系之始其蒸也入乎箄既其熟也出乎箄釜涸注於甑中甑不帶而泥之又以穀木枝三亞者制之散所蒸牙筍并葉畏流其膏

杵臼一曰碓惟恒用者佳

規一曰模一曰棬以鐵制之或圓或方或花

承一曰臺一曰砧以石為之不然以槐桑木半埋地中遣無所搖動

檐一曰衣以油絹或雨衫單服敗者為之以檐置承上又以規置檐上以造茶也茶成舉而易之

芘莉音杷離一曰籝子一曰筹筤以二小竹長三赤軀二赤五寸柄五寸以篾織方眼如圃人土羅闊二赤以列茶也

棨一曰錐刀柄以堅木為之用穿茶也

撲一曰鞭以竹為之穿茶以解茶也

焙鑿地深二尺闊二尺五寸長一丈上作短墻高二尺泥之

貫削竹為之長二尺五寸以貫茶焙之

棚一曰棧以木構於焙上編木兩層高一尺以焙茶也茶之半乾昇下棚全乾昇上棚

穿音釧江東淮南剖竹為之巴川峽山紉穀皮為之江東以一斤為上穿半斤為中穿四兩五兩為小穿峽

中以一百二十斤爲上八十斤爲中穿五十斤爲小穿字舊作釵釧之釧字或作貫串今則不然如磨扇彈鑽縫五字文以平聲書之義以去聲呼之其字以穿名之

育以木制之以竹編之以紙糊之中有隔上有覆下有床傍有門掩一扇中置一器貯煻煨火令煴煴然江南梅雨時焚之以火（育者以其藏養爲名）

三之造

凡採茶在二月三月四月之間茶之笋者生爛石沃土長四五寸若薇蕨始抽凌露採焉茶之牙者發於藂薄之上有三枝四枝五枝者選其中枝頴拔者採焉其日有雨不採晴有雲不採晴採之蒸之擣之拍之焙之穿之封之茶之乾矣茶有千萬狀鹵莽而言如胡人鞾者蹙縮然（京錐文也）犎牛臆者廉襜然浮雲出山者輪菌然輕飇拂水者涵澹然有如陶家之子羅膏土以水澄泚之（謂澄泥也）又如新治地者遇暴雨流潦之所經此皆茶之精腴有如竹籜者枝幹堅實艱於蒸擣故其形籭簁然（上離下師）有如霜荷者至葉凋沮易其狀貌故厥狀委萃然此皆茶之瘠老者也自採至于封七經目自胡靴至于霜荷八等或以光黑平正言嘉者斯鑒之下也以皺黃坳垤言佳者鑒之次也若皆言嘉及皆言不嘉者鑒之上也何者出膏者光含膏者皺宿製者則黑日成者則黃蒸壓則平正縱之則坳垤此茶與草木葉一也茶之否臧存於口訣

茶上　三

茶經卷上

四

茶經卷中

竟陵陸　羽　撰

四之器

風爐（灰承）　筥　炭檛　鍑
交床　夾　紙囊　碾（拂末）
羅合　則　水方　漉水囊
瓢　竹筴　鹺簋（揭）　熟盂
盌　畚　札　滌方
巾　具列　都籃

風爐（灰承）

風爐以銅鐵鑄之如古鼎形厚三分緣闊九分令六分虛中致其杇墁凡三足古文書二十一字一足云坎上巽下離于中一足云體均五行去百疾一足云聖唐滅胡明年鑄其三足之間設三窓底一窓以爲通飈漏燼之所上並古文書六字一窓之上書伊公二字一窓之上書羹陸二字一窓之上書氏茶二字所謂伊公羹陸氏茶也置墆埭於其内設三格其一格有翟焉翟者火禽也畫一卦曰離其一格有彪焉彪者風獸也畫一卦曰巽其一格有魚焉魚者水蟲也畫一卦曰坎巽主風離主火坎主水風能興火火能熟水故備其三卦焉其飾以連葩垂蔓曲水方文之類其爐或鍛鐵爲之或運泥爲之其灰承作三足鐵柈檯之

筥

筥以竹織之高一尺二寸徑闊七寸或用藤作木楦如筥形織之六出固眼其底蓋若利篋口鑠之

炭檛

炭檛以鐵六稜制之長一尺銳一豐中執細頭系一小鋠以飾檛也若今之河隴軍人木吾也或作鎚或作斧隨其便也

火筴

火筴一名筯若常用者圓直一尺三寸頂平截無葱臺勾鏁之屬以鐵或熟銅製之

鍑（音輔或作釜或作鬴）

鍑以生鐵爲之今人有業冶者所謂急鐵其鐵以耕刀之趄鍊而鑄之内摸土而外摸沙土滑於内易其摩滌沙澁於外吸其炎焰方其耳以正令也廣其緣以務遠也長其臍以守中也臍長則沸中沸中則末易揚末易揚則其味淳也洪州以瓷爲之萊州以石爲之瓷與石皆雅器也性非堅實難可持久用銀爲之至潔但涉於侈麗雅則雅矣潔亦潔矣若用之恒而卒歸於銀也

交床

交床以十字交之剜中令虛以支鍑也

夾

夾以小青竹爲之長一尺二寸令一寸有節節已上剖之以炙茶也彼竹之篠津潤于火假其香潔以益茶味恐非林谷間莫之致或用精鐵熟銅之類取其久也

紙囊

紙囊以剡藤紙白厚者夾縫之以貯所炙茶使不泄其香也

碾 拂末

碾以橘木爲之次以梨桑桐柘爲臼內圓而外方內圓備於運行也外方制其傾危也內容墮而外無餘木墮形如車輪不輻而軸焉長九寸闊一寸七分墮徑三寸八分中厚一寸邊厚半

茶中 三

寸軸中方而執圓其拂末以鳥羽製之

羅合

羅末以合蓋貯之以則置合中用巨竹剖而屈之以紗絹衣之其合以竹節爲之或屈杉以漆之高三寸蓋一寸底二寸口徑四寸

則

則以海貝蠣蛤之屬或以銅鐵竹匕策之類則者量也准也度也凡煮水一升用末方寸匕若好薄者減之嗜濃者增之故云則也

水方

水方以椆木槐楸梓等合之其裏并外縫漆之受一斗

漉水囊

漉水囊若常用者其格以生銅鑄之以備水濕無有苔穢腥澁意以熟銅苔穢鐵腥澁也林栖谷隱者或用之竹木木與竹非持久涉遠之具故用之生銅其囊織青竹以捲之裁碧縑以縫之紐翠鈿以綴之又作綠油囊以貯之圓徑五寸柄一寸五分

瓢

瓢一曰犧杓剖瓠爲之或刋木爲之晉舍人杜毓荈賦云酌之以匏匏瓢也口闊脛薄柄短永嘉中餘姚人虞洪入瀑布山採茗遇一道士云吾丹丘子祈子他日甌犧之餘乞相遺也犧木

茶中 四

杓也今常用以梨木爲之

竹筴

竹筴或以桃柳蒲葵木爲之或以柿心木爲之長一尺銀裹兩頭

鹺簋 揭

鹺簋以瓷爲之圓徑四寸若合形或瓶或罍貯鹽花也其揭竹制長四寸一分闊九分揭策也

熟盂

熟盂以貯熟水或瓷或沙受二升

盌

盌越州上鼎州次婺州次岳州次壽州洪州次或者以邢州處越州上殊爲不然若邢瓷類銀

越瓷類玉邢不如越一也若邢瓷類雪則越瓷類氷邢不如越二也邢瓷白而茶色丹越瓷青而茶色綠邢不如越三也晉杜毓荈賦所謂器擇陶揀出自東甌甌越也甌越州上口脣不卷底卷而淺受半升巳下越州瓷岳瓷皆青青則益茶茶作白紅之色邢州瓷白茶色紅壽州瓷黃茶色紫洪州瓷褐茶色黑悉不宜茶

畚

畚以白蒲捲而編之可貯盌十枚或用筥其紙帊以剡紙夾縫令方亦十之也

札

札緝栟櫚皮以茱萸木夾而縛之或截竹束而管之若巨筆形

滌方

滌方以貯滌洗之餘用楸木合之制如水方受八升

滓方

滓方以集諸滓製如滌方處五升

巾

巾以絁布爲之長二尺作二枚互用之以潔諸器

具列

具列或作床或作架或純木純竹而製之或木法竹黃黑可扃而漆者長三尺闊二尺高六寸其到者悉斂諸器物悉以陳列也

都籃

都籃以悉設諸器而名之以竹篾內作三角方眼外以雙篾闊者經之以單篾纖者縛之遞壓雙經作方眼使玲瓏高一尺五寸底闊一尺高二寸長二尺四寸闊二尺

茶經卷中

茶經卷下

竟陵陸　羽　撰

五之煑

凡炙茶慎勿於風燼間炙熛焰如鑽使炎涼不均持以逼火屢其飜正候炮（普教反）出培塿狀蝦蟇背然後去火五寸卷而舒則本其始又炙之若火乾者以氣熟止日乾者以柔止其始若茶之至嫩者茶罷熱搗葉爛而牙笋存焉假以力者持千鈞杵亦不之爛如漆科珠壯士接之不能駐其指及就則似無穰骨也炙之則其節若倪倪如嬰兒之臂耳既而承熱用紙囊貯之精華之氣無所散越候寒末之（末之上者其屑如細米末之下者其屑如菱角）其火用炭次用勁薪（謂桑槐桐櫪之類也）其炭曾經燔炙為膻膩所及及膏木敗器不用之（膏木為柏桂檜也敗器謂朽廢器也）古人有勞薪之味信哉其水用山水上江水中井水下（荈賦所謂水則岷方之注挹彼清流）其山水揀乳泉石地慢流者上其瀑湧湍漱勿食之久食令人有頸疾又多別流於山谷者澄浸不洩自火天至霜郊以前或潛龍蓄毒於其間飲者可決之以流其惡使新泉涓涓然酌之其江水取去人遠者井取汲多者其沸如魚目微有聲為一沸緣邊如湧泉連珠為二沸騰波鼓浪三沸已上水老不可食也初沸則水合量調之以味謂弃其啜餘（啜嘗也市稅反又市悅反）無迺䤄䶢而鍾其一味乎（上古暫反下吐濫反無味也）第二沸出水一瓢以竹筴環激湯心則量末當中心而下有頃勢若奔濤濺沫以所出水止之而育其華也凡酌置諸盌令沫餑均（字書并本草餑均茗沫也蒲笏反）沫餑湯之華也華之薄者曰沫厚者曰餑細輕者曰花如棗花漂漂然於環池之上又如迴潭曲渚青萍之始生又如晴天爽朗有浮雲鱗然其沫者若綠錢浮於水渭又如菊英墮於鐏俎之中餑者以滓煑之及沸則重華累沫皤皤然若積雪耳荈賦所謂煥如積雪燁若春藪有之第一煑水沸而弃其沫之上有水膜如黑雲母飲之則其味不正其第一者為雋永（徐縣全縣二反至美者曰雋永雋味也永長也史長曰雋永漢書蒯通著雋永二十篇也）或留熟以貯之以備育華救沸之用諸第一與第二第三盌次之第四第五盌外非渴甚莫之飲凡煑水一升酌分五盌（盌數少至三多至五若人多至十加兩爐）乘熱連飲之以重濁凝其下精英浮其上如冷則精英隨氣而竭飲啜不消亦然矣茶性儉不宜廣則其味黯澹且如一滿盌啜半而味寡況其廣乎其色緗也其馨歎也（香至美曰歎歎音使）其味甘檟也不甘而苦荈也啜苦咽甘茶也（一本云其味苦而不甘檟也甘而不苦荈也）

六之飲

翼而飛毛而走去而言此三者俱生於天地間飲啄以活飲之時義遠矣哉至若救渴飲之以漿蠲憂忿飲之以酒蕩昏寐飲之以茶茶之為飲發乎神農氏聞於魯周公齊有晏嬰漢有楊雄司馬相如吳有韋

曜晉有劉琨張載遠祖納謝安左思之徒皆飲焉滂時浸俗盛於國朝兩都并荆俞間以爲比屋之飲飲有觕茶散茶末茶餅茶者乃斫乃熬乃煬乃舂貯於瓶缶之中以湯沃焉謂之痷茶或用葱薑棗橘皮茱萸薄荷之等煮之百沸或揚令滑或煮去沫斯溝渠間棄水耳而習俗不已於戲天育萬物皆有至妙人之所工但獵淺易所庇者屋屋精極所著者衣衣精極所飽者飲食食與酒皆精極之茶有九難一曰造二曰别三曰器四曰火五曰水六曰炙七曰末八曰煮九曰飲陰採夜焙非造也嚼味嗅香非别也羶鼎腥甌非器也膏薪庖炭非火也飛湍壅潦非水也外熟内生非炙也碧粉縹塵非末也操艱攪遽非煮也

夏興冬廢非飲也夫珍鮮馥烈者其盌數三次之者盌數五若坐客數至五行三盌至七行五盌若六人已下不約盌數但闕一人而已其雋永補所闕人

七之事

王皇炎帝神農氏周魯周公旦齊相晏嬰漢仙人丹丘子黄山君司馬文園令相如楊執戟雄吳歸命侯韋太傅弘嗣晉惠帝劉司空琨琨兄子兖州刺史演張黄門孟陽傅司𨽻咸江洗馬充孫參軍楚左記室太沖陸吳興納納兄子會稽内史俶謝冠軍安石郭弘農璞桓揚州温杜舍人毓武康小山寺釋法瑶沛國夏侯愷餘姚虞洪北地傅巽丹陽弘君舉安任育宣城秦精燉煌單道開剡縣陳務妻廣陵老姥河内山謙之後魏瑯琊王肅宋新安王子鸞鸞弟豫章王子尚鮑昭妹令暉八公山沙門譚濟齊世祖武帝梁劉廷尉陶先生弘景皇朝徐英公勣

神農食經茶茗久服令人有力悦志

周公爾雅檟苦茶廣雅云荆巴間採葉作餅葉老者餅成以米膏出之欲煮茗飲先炙令赤色擣末置瓷器中以湯澆覆之用葱薑橘子芼之其飲醒酒令人不眠

晏子春秋嬰相齊景公時食脱粟之飯炙三弋五卵茗菜而已

司馬相如凡將篇烏喙桔梗芫華款冬貝母木蘗蔞芩草芍藥桂漏蘆蜚廉雚菌荈詫白斂白芷菖蒲芒

消芫椒茱萸

方言蜀西南人謂茶曰蔎

吳志韋曜傳孫皓每饗宴坐席無不率以七勝爲限雖不盡入口皆澆灌取盡曜飲酒不過二升皓初禮異密賜茶荈以代酒

晉中興書陸納爲吳興太守時衛將軍謝安常欲詣納晉書云納爲吏部尚書納兄子俶怪納無所備不敢問之乃私蓄十數人饌安既至所設唯茶果而已俶遂陳盛饌珍羞必具及安去納杖俶四十云汝既不能光益叔父柰何穢吾素業

晉書桓温爲揚州牧性儉每讌飲唯下七奠拌茶果而已

搜神記夏侯愷因疾死宗人字苟奴察見鬼神見愷來收馬并病其妻著平上幘單衣入坐生時西壁大床就人覓茶飲

劉琨與兄子南兗州刺史演書云前得安州乾薑一斤桂一斤黄芩一斤皆所須也吾體中潰悶常仰眞茶汝可置之

傅咸司隸教曰聞南方有以困蜀嫗作茶粥賣爲簾事打破其器具　又賣餅於市而禁茶粥以蜀姥何哉

神異記餘姚人虞洪入山採茗遇一道士牽三青牛引洪至瀑布山曰予丹丘子也聞子善具飲常思見惠山中有大茗可以相給祈子他日有甌犧之餘乞

茶下　五

相遺也因立奠祀後常令家人入山獲大茗焉

左思嬌女詩吾家有嬌女皎皎頗白晳小字爲紈素口齒自清歷有姊字惠芳眉目粲如畫馳騖翔園林果下皆生摘貪華風雨中倏忽數百適心爲茶荈劇吹噓對鼎鑩

張孟陽登成都樓詩云借問楊子舍想見長卿廬程卓累千金驕侈擬五侯門有連騎客翠帶腰吴鉤鼎食隨時進百和妙且殊披林採秋橘臨江釣春魚黑子過龍醢果饌踰蟹蝑芳茶冠六情溢味播九區人生苟安樂茲土聊可娛

傅巽七誨蒲桃宛柰齊柿燕栗峘陽黄梨巫山朱橘南中茶子西極石蜜

弘君舉食檄寒温既畢應下霜華之茗三爵而終應下諸蔗木瓜元李楊梅五味橄欖懸豹葵羹各一杯

孫楚歌茱萸出芳樹顛鯉魚出洛水泉白鹽出河東美豉出魯淵薑桂茶荈出巴蜀椒橘木蘭出高山蓼蘇出溝渠精稗出中田

華佗食論苦茶久食益意思

壺居士食忌苦茶久食羽化與韮同食令人體重郭璞爾雅注云樹小似梔子冬生葉可煮羹飲今呼早取爲茶晚取爲茗或一曰荈蜀人名之苦茶

世説任瞻字育長少時有令名自過江失志既下飲問人云此爲茶爲茗覺人有怪色乃自分明云向問飲爲熱爲冷

茶下　六

續搜神記晉武帝宣城人秦精常入武昌山採茗遇一毛人長丈餘引精至山下示以叢茗而去俄而復還乃探懷中橘以遺精精怖負茗而歸

晉四王起事惠帝蒙塵還洛陽黄門以瓦盂盛茶上至尊

異苑剡縣陳務妻少與二子寡居好飲茶茗以宅中有古塚每飲輒先祀之二子患之曰古塚何知徒以勞意欲掘去之母苦禁而止其夜夢一人云吾止此塚三百餘年卿二子恒欲見毁賴相保護又享吾佳茗雖潛壤朽骨豈忘翳桑之報及曉於庭中獲錢十萬似久埋者但貫新耳母告二子慚之從是禱饋愈甚

廣陵耆老傳晉元帝時有老姥每旦獨提一器茗往
市鬻之市人競買自旦至夕其器不減所得錢散路
傍孤貧乞人人或異之州法曹縶之獄中至夜老姥
執所鬻茗器從獄牖中飛出
藝術傳燉煌人單道開不畏寒暑常服小石子所服
藥有松桂蜜之氣所餘茶蘇而已釋道該説續名僧
傳宋釋法瑶姓楊氏河東人永嘉中過江遇沈臺眞
請眞君武康小山寺年垂懸車飯所飲茶永明中勑
吴興禮致上京年七十九
宋江氏家傳江統字應遷愍懷太子洗馬常上疏諫
云今西園賣醯麪藍子菜茶之屬虧敗國體
宋録新安王子鸞豫章王子尚詣曇濟道人於八公

山道人設茶茗子尚味之曰此甘露也何言茶茗
王微雜詩寂寂掩高閣寥寥空廣厦待君竟不歸收
領今就檟
鮑昭妹令暉著香茗賦
南齊世祖武皇帝遺詔我靈座上愼勿以牲爲祭但
設餅果茶飲乾飯酒脯而已
梁劉孝綽謝晉安王餉米等啓傳詔李孟孫宣教旨
垂賜米酒瓜筍葅脯酢茗八種氣苾新城味芳雲松
江潭抽節邁昌荇之珎壃場擢翹越葺精之美羞非
純束野麏裛似雪之驢鮓異陶瓶河鯉操如瓊之粲
茗同食粲酢顔望楫免千里宿舂省三月種聚小人
懷惠大懿難忘陶弘景雜録苦茶輕換膏昔丹丘子

青山君服之
後魏録瑯琊王肅仕南朝好茗飲蓴羹及還北地又
好羊肉酪漿人或問之茗何如酪肅曰茗不堪與酪
爲奴
桐君録西陽武昌廬江昔陵好茗皆東人作清茗茗
有餑飲之宜人凡可飲之物皆多取其葉天門冬拔
揳取根皆益人又巴東別有眞茗茶煎飲令人不眠
俗中多煑檀葉幷大皁李作茶並冷又南方有瓜蘆
木亦似茗至苦澀取爲屑茶飲亦可通夜不眠煑鹽
人但資此飲而交廣最重客來先設乃加以香芼輩
坤元録辰州溆浦縣西北三百五十里無射山云蠻
俗當吉慶之時親族集會歌舞於山上山多茶樹

括地圖臨遂縣東一百四十里有茶溪
山謙之吴興記烏程縣西二十里有温山出御荈夷
陵圖經黄牛荆門女觀望州等山茶茗出焉
永嘉圖經永嘉縣東三百里有白茶山
淮陰圖經山陽縣南二十里有茶坡
茶陵圖經云茶陵者所謂陵谷生茶茗焉本草木部
茗苦茶味甘苦微寒無毒主瘻瘡利小便去痰渴熱
令人少睡秋採之苦主下氣消食注云春採之
本草菜部苦茶一名茶一名選一名游冬生益州川
谷山陵道傍凌冬不死三月三日採乾注云疑此即
是今茶一名茶令人不眠本草注按詩云誰謂茶苦
又云堇茶如飴皆苦菜也陶謂之苦茶木類非菜流

茗春採謂之苦搽（途遐反）

枕中方療積年瘻苦茶蜈蚣並炙令香熟等分擣篩煑甘草湯洗以末傅之

孺子方療小兒無故驚蹶以苦茶葱鬚煑服之

八之出

山南以峽州上（峽州生遠安宜都夷陵三縣山谷）襄州荊州次（襄州生南鄭縣山谷荊州生江陵縣山谷）衡州下（生衡山茶陵二縣山谷）金州梁州又下（金州生西城安康二縣山谷梁州生襃城金牛二縣山谷）

淮南以光州上（生光山縣黃頭港者與峽州同）義陽郡舒州次（生義陽縣鍾山者與襄州同舒州生太湖縣潛山者與荊州同）壽州下（盛唐縣生霍山者與衡山同也）蘄州黃州又下（蘄州生黃梅縣山谷黃州生麻城縣山谷並與荊州梁州同也）

浙西以湖州上（湖州生長城縣顧渚上中與峽州光州同生山桑儒師二■白茅山懸腳嶺與襄州荊南義陽郡同生鳳亭山伏翼閣飛雲曲水二寺啄木嶺與壽州常州同生安吉武康二縣山谷與金州梁州同）常州次（常州義興縣生君山懸腳嶺北峯下與荊州義陽郡同生圈嶺善權寺石亭山與舒州同）宣州杭州睦州歙州下（宣州生宣城縣雅山與蘄州同太平縣生上睦臨睦與黃州同杭州臨安於潛二縣生天目山與舒州同錢塘生天竺靈隱二寺睦州生桐廬縣山谷歙州生婺源山谷與衡州同）潤州蘇州又下（潤州江寧縣生傲山蘇州長洲縣生洞庭山與金州蘄州梁州同）

劍南以彭州上（生九隴縣馬鞍山至德寺棚口與襄州同）綿州蜀州次（綿州龍安縣生松嶺關與荊州同其西昌昌明神泉縣西山者並佳有過松嶺者不堪採蜀州青城縣生丈人山與綿州同青城縣有散茶木茶）邛州次雅州瀘州下（雅州百丈山名山瀘州瀘川者與金州同也）眉州漢州又下（眉州丹校縣生鐵山者漢州綿竹縣生竹山者與潤州同）

浙東以越州上（餘姚縣生瀑布泉嶺曰仙茗大者殊異小者與襄州同）明州婺州次（明州貨縣生榆筴村婺州東陽縣東自山與荊州同）台州下（始豐縣生赤城山者與歙州同）

黔中生恩州播州費州夷州

江南生鄂州袁州吉州

嶺南生福州建州韶州象州（福州生閩方山之陰縣也）

其恩播費夷鄂袁吉福建泉韶象十一州未詳往往得之其味極佳

九之略

其造具若方春禁火之時於野寺山園叢手而掇乃蒸乃春乃■以火乾之則又棨樸焙貫相穿育等七事皆廢其煑器若松間石上可坐則具列廢用槁薪鼎鑡之屬則風爐灰承炭檛火筴交床等廢若瞰泉臨澗則水方滌方漉水囊廢若五人已下茶可末而精者則羅廢若援藟躋嵒引絙入洞於山口炙而末之或紙包合貯則碾拂末等廢既瓢盌筴札熟盂鹺簋悉以一筥盛之則都籃廢但城邑之中王公之門二十四器闕一則茶廢矣

十之圖

以絹素或四幅或六幅分布寫之陳諸座隅則茶之源之具之造之器之煑之飲之事之出之略目擊而存於是茶經之始終備焉

茶經卷下

現藏日本的另一影印本《百川學海·乙集》，收書較今藏本少四種，編次及目錄行款均不同。

茶經卷上

竟陵陸　羽　撰

一之源　二之具　三之造

一之源

茶者南方之嘉木也一尺二尺迺至數十尺其巴山峽川有兩人合抱者伐而掇之其樹如瓜蘆葉如梔子花如白薔薇實如栟櫚葉如丁香根如胡桃（瓜蘆木出廣州似茶至苦澀栟櫚蒲葵之屬其子似茶胡桃與茶根皆下孕兆至瓦礫苗木上抽）其字或從草或從木或草木并（從草當作茶其字出開元文字音義從木當作楺其字出本草草木并作荼其字出爾雅）其名一曰茶二曰檟三曰蔎四曰茗五曰荈（周公云檟苦荼楊執戟云蜀西南人謂茶曰蔎郭弘農云早取爲茶晚取爲茗或一曰荈耳）其地上者生爛石中者生櫟壤下者生黃土凡藝而不實植而罕茂法如種瓜三歲可採野者上園者次陽崖陰林紫者上綠者次筍者上牙者次葉卷上葉舒次陰山坡谷者不堪採掇性凝滯結瘕疾茶之爲用味至寒爲飲最宜精行儉德之人若熱渴凝悶腦疼目澀四支煩百節不舒聊四五啜與醍醐甘露抗衡也採不時造不精雜以卉莽飲之成疾茶爲累也亦猶人參上者生上黨中者生百濟新羅下者生高麗有生澤州易州幽州檀州者爲藥無效況非此者設服薺苨使六疾不瘳知人參爲累則茶累盡矣

二之具

籝（加追反）一曰籃一曰籠一曰筥以竹織之受五升或一斗二斗三斗者茶人負以採茶也（籝漢書音盈所謂黃金滿籝不

構亭其北曰茶亭焉他日公再謹索羽所著茶經三篇儈真清者業録而謀梓也獻焉公曰嗟井亭是而經可無刻乎遂命刻諸寺夫茶之為經要矣行於世膾炙千古迺今見之百川學海集中茲復刻者便覽爾刻之竟陵者表羽之為竟陵人也按羽生甚異類令尹子文人謂子文賢而

仕羽雖賢卒以不仕又謂楚之生賢大類后稷云今觀茶經三篇其大都曰源曰具曰造曰飲之類則固具體用之學者其曰伊公羹陸氏茶取而比之寔以自況所謂易埊皆然者非歟向使羽就文學太祝之召誰謂其事不伊且稷也而卒以不仕何哉答人有自謂不堪流俗非薄湯武

者羽之意豈夫以是哉厥後茗飲之風行於中外而回紇亦以馬易茶由宋迄今大爲邊助則羽之功固在萬世仕不仕奚足論也或曰酒之用視茶爲要故北山亦有酒經三篇曰酒始諸祀然而妹也己亦有酒禍惟茶不爲敗故其既也酒經不傳焉羽器業顛末具見於傳其性味之鑒優劣之辨又互見於張歐浮槎等記則並附之經故不贅曾真清新安之歙人嘗新其寺以嗜茶故業茶經云

皇明嘉靖弍十弍年歲在壬寅秋重九日景陵後學魯彭敘

顧渚山茶記

〔唐〕陸　羽

〔提要〕

《顧渚山茶記》，唐代茶書。陸羽撰，一卷。亦分别簡稱爲《顧渚山記》或《茶記》。始見於唐·皮日休《松陵集》卷四《茶中雜詠·序》：『余始得季疵書，以爲備矣。後又獲其《顧渚山記》二篇，其中多茶事。後又太原温從雲、武威段碣之各補茶事十數節，並存於方册。』（又見《皮子文藪》和《全唐詩》卷六一一。）據此，可知是書所記『多茶事』；温、段又所『補茶事十數節』，可見其體例爲分節，即獨立成條，正與今所存佚文相合。袁本《郡齋讀書志》後志卷二則稱：『羽與皎然、朱放輩論茶，以顧渚爲第一。』又，史容《山谷外集詩注》卷一五《今歲官茶極妙而難爲賞音者戲作兩詩用前韻》之一注稱：『陸鴻漸，名羽。有《顧渚山記》二篇，盛言顧渚茶之美，爲江左第一。』今存佚文中已不見上述内容，似佚存之文已是片羽吉光。但是書在南宋後期仍存則無疑。

關於此書的書名和卷數，宋代目録學書有作《顧渚山記》者，如南宋初《祕書省續編到四庫闕書目》卷一、《宋史》

卷二〇四《藝文志三》、陳振孫《直齋書録解題》卷一四等均著録爲一卷，而趙希弁《讀書後志》卷二則稱爲二卷。馬端臨則兩存其説，其《文獻通考》卷二〇六《經籍考》據陳氏《解題》著録爲一卷，又在《通考》卷二一八據晁氏（方案：趙希弁後志二卷，乃摘録晁志衢本而成，與袁本晁志四卷、後志二卷、附志一卷合爲袁本七卷）著録爲二卷。著録爲陸羽《茶記》的則有：《崇文總目》卷六作二卷，《宋史》卷二〇五《藝文志四》則稱一卷，鄭樵《通志》卷六六《藝文略》又稱三卷。筆者認爲，此書應是一卷，稱爲二卷者，乃誤以篇爲卷。同樣，蔡襄《茶録》也分二篇，但實爲一卷可證。《通志》著録爲三卷，當爲傳寫之譌。清人周中孚《鄭堂讀書記》卷五〇和錢侗《崇文總目・輯釋補正》都以爲《茶記》乃《茶經》之譌，其根據也許就是鄭樵所説的三卷，但實際上這是一種誤解。因爲南宋的多種類書在收録此書佚文時，均稱書名爲《顧渚山茶記》。尤其是南宋初成書的《紺珠集》卷一〇、曾慥《類説》卷一三、葉廷珪《海録碎事》卷二二上均如此；此外，還見於《記纂淵海》卷九〇、《萬花谷》前集卷三五等書，無一例外均稱此書爲《顧渚山茶記》。上述諸書輯録的《報春鳥》條文字頗有出入，可證並非互相轉引，而是據南宋仍存世的陸羽此書進行不同程度的删節、改寫而成。明人陸樹聲《茶寮記》、類書《山堂肆考》卷八、《格致鏡原》卷八一亦引作《顧渚山茶記》。董斯張《吴興備志》卷二六雖據《太平御覽》引作《顧渚山記》，但在同書卷二二卻又著録是書爲《茶記》一卷，必有所據。而杜牧《樊川詩集》卷三《茶山下作》一詩，清人馮集梧注引此書又稱爲《顧渚茶山記》，當爲譌倒偶誤。

綜上所述，似可論定：陸羽此書書名應是《顧渚山茶記》，《顧渚山記》及《茶記》均爲簡稱，古人引書常見之例。今從《太平廣記》等宋代類書、方志、詩注中輯得數條佚文，經校勘後録存於左。其中『報春鳥』一條尤爲十餘種書引録，産生大量異文，詳見校注。個别條目標題爲編者所擬。

顧渚山茶記 佚文輯存

一、獲神茗〔一〕

《神異記》曰〔二〕：餘姚人虞洪入山採茗〔三〕，遇一道士牽三(百)青羊〔四〕，引洪至瀑布山〔五〕。曰：『吾丹丘子也〔六〕，聞子善茗飲〔七〕，常思見惠〔八〕。山中有大茗，可以相給。祈子他日有甌犧之餘〔九〕，必相遺也〔一〇〕。』因立奠祀〔一一〕，後與人往山〔一二〕，獲大茗焉。

二、饗茗獲報〔一三〕

劉敬叔《異苑》曰〔一四〕：剡縣陳務妻〔一五〕，少與二子寡居〔一六〕，好飲茶茗〔一七〕。以宅中有古冢〔一八〕，每飲，輒先祀之〔一九〕。二子恚之〔二〇〕，曰：『古冢何知〔二一〕，徒以勞意〔二二〕。』欲掘去之〔二三〕，母苦禁而止〔二四〕。及夜〔二五〕，母夢一人曰〔二六〕：『吾止此冢三百餘年，母二子恒欲見毀〔二七〕。賴相保護，又饗吾嘉茗〔二八〕，雖泉壤朽骨〔二九〕，豈忘翳桑之報！』及曉〔三〇〕，於庭中獲錢十萬〔三一〕，似久埋者，唯貫新耳〔三二〕。母告二子，二子慚之〔三三〕。從是〔三四〕，禱酹愈至〔三五〕。

三、**甘露**〔三六〕

《宋録》：新安王子鸞、豫章王子尚〔三七〕，訪曇濟道人於八公山〔三八〕。道人設茶茗〔三九〕，子尚味之云〔四〇〕：『此甘露也，何言茶茗也〔四一〕！』

四、**報春鳥**〔四二〕

顧渚山中有鳥〔四三〕，如鴝鵒而小〔四四〕，蒼黄色〔四五〕。每至正月、二月〔四六〕，作聲云〔四七〕：『春起也！』至三月、四月〔四八〕，作聲云〔四九〕：『春去也！』採茶人呼爲報春鳥〔五〇〕。

五、**一槍二旗**〔五一〕

團黄茶，有一槍二旗之號。

六、**緑蛇**〔五二〕

顧渚山頳石洞，有緑蛇長三尺餘。大類小指，好棲樹杪。視之若鞶帶，纏於柯葉間。無螫毒，見人則空中飛。

〔校證〕

〔一〕獲神茗　本則以影印文淵閣四庫全書本（下簡稱四庫本）《太平廣記》卷四一二爲底本，條目名亦據此，下同。參校陸羽《茶經·七之事》、《太平御覽》卷八六七、《太平寰宇記》卷九八引文（校證中書名均用簡稱）。唯《廣記》稱出《顧渚山記》，餘書均云出王浮《神異記》。實乃陸羽引王《記》之文。

〔二〕神異記曰　書名前，《御覽》有作者『王浮』二字。『曰』，《寰宇記》作『云』。王浮《神異記》，原書已佚。

〔三〕餘姚人虞洪入山採茗　『虞洪』，原誤作『虞茳』，據參校諸書改。

〔四〕遇一道士牽三百青羊　『百』字誤衍，應據參校諸書删。『羊』，《茶經》、《御覽》作『牛』。

〔五〕引洪至瀑布山　底本誤作『飲瀑布水』，據參校諸書改。

〔六〕吾丹丘子也　『吾』，《茶經》作『予』。

〔七〕聞子善茗飲　『茗飲』，《茶經》、《寰宇記》作《具飲》，《御覽》作『具飯』，疑形近刊誤。

〔八〕常思見惠　『見』字原奪，據參校諸本補。『常』，《寰宇記》作『嘗』。

〔九〕祈子他日有甌犧之餘　『甌犧』，《御覽》、《寰宇記》作『甌蟻』，義勝。

〔一〇〕必相遺也　『必』，《茶經》作『乞』，義長。《御覽》、《寰宇記》作『不』，疑應作『不必』，似與底本各奪一字。

〔一一〕因立奠祀　『奠祀』，原誤作『茶祠』，據參校三書改。

〔一二〕後與人往山　《茶經》作『後常令家人入山』；《御覽》同，惟無『常』字，《寰宇記》略同，但『常令』作『嘗與』。似應據參校諸書改。請參見《茶經·七之事》是條拙釋。

〔一三〕饗茗獲報　方案：本則底本同上條，參校諸書爲《茶經》、《御覽》（卷數同上條）及吴淑《事類賦注·茶賦》卷一七。另外，《藝文類聚》卷八二亦引此則，文字頗有出入，今附存於『校注』之末。

〔一四〕劉敬叔異苑曰　參校三書均未著作者之名，上三字無。『曰』字，《茶經》、《御覽》無。

〔一五〕陳務妻　『陳務』底本原誤作『陳婺』，據《類聚》、《茶經》、《事類賦》改。《御覽》又形近而譌作『陳矜』。

〔一六〕少與二子寡居　《茶經》同，但《御覽》、《事類賦》則作『少寡，與二子同居』，似是，應據改。

〔一七〕好飲茶茗　『茶茗』，《茶經》同，《御覽》、《事類賦》無『茗』字。

〔一八〕以宅中有古冢　《茶經》同，《御覽》、《事類賦》『宅』作『家』。

〔一九〕輒先祀之　『輒先』，原譌倒作『先輒』，據參校諸書乙正。『祀之』，《事類賦》作『祠之』。

〔二〇〕二子恚之　《茶經》、《類聚》作『患之』。

〔二一〕古冢何知　『古冢』，原作『冢』，據《茶經》、《類聚》補『古』字，義長。《類聚》作『古墓』，是其證。

〔二二〕徒以勞意　原作『勞祀』，據《茶經》、《類聚》改。

〔二三〕欲掘去之　《御覽》、《事類賦》作『欲掘之』，《類聚》作『欲掘除之』。

〔二四〕母苦禁而止　《御覽》、《事類賦》作『母禁之』。

〔二五〕及夜 《茶經》作「其夜」，《御覽》、《事類賦》無「及」字。

〔二六〕母夢一人曰 《茶經》、《御覽》均無「母」字；《御覽》又無「人」字，「母禁之」句下作「夜夢人曰」。「曰」，《茶經》作「云」； 而《事類賦》作「夜夢人致感云」，疑已改寫。

〔二七〕母二子恒欲見毀 「母」，《茶經》作「卿」，《類聚》作「賢」，《御覽》作「今」。

〔二八〕又饗吾嘉茗 《茶經》、《御覽》均作「享吾佳茗」。

〔二九〕雖泉壤朽骨 《茶經》作「潛壤朽骨」，《御覽》、《事類賦》作「潛朽壤」，原底本作「泉」，似義長。

〔三〇〕及曉 「曉」，原誤作「報」，涉上而誤。據右引諸書改。

〔三一〕於庭中獲錢十萬 「庭中」，原作「庭内」，據右引三書改。《類聚》又作「外屋」。

〔三二〕唯貫新耳 「耳」，原奪，據右引三書補。又，「唯」，《茶經》作「但」。《事類賦》節引至此，無以下文。

〔三三〕二子慚之 《茶經》無「二子」兩字，《御覽》四字全無。

〔三四〕從是 《御覽》無此二字。

〔三五〕禱酹愈至 《類聚》作「設饌愈謹」，《茶經》作「禱饋愈甚」，《御覽》作「禱祠愈切」。又，《藝文類聚》卷八二亦録此則，文字頗異，難以出校，此書爲唐初類書，必有可取，今並收録於下，姑兩存之。

《異苑》曰： 剡縣陳務妻，少寡，與二兒爲居。宅中先有古冢，每日作茗摶，輒先以著墳上。二子患之，曰：「古墓何知，徒以勞意。」欲掘除之，母苦禁乃止。夜即夢見一人，自説：「没來三百餘年，謬蒙惠澤，賢二子恒欲見毀，相賴保護。雖潛壤與朽骨，敢忘翳桑之報！」明日晨興，於外屋得錢十萬，似久埋者，而貫皆新。提還，告其兒，並有慙色。自是設饌愈謹。

〔三六〕甘露　本則據〔宋〕潘自牧《記纂淵海》卷九〇（四庫本）録文。注稱出陸羽《顧渚山記》。其下録『報春鳥』條，注稱出《顧渚山茶記》；《茶記》、《山記》亦爲同一書之顯證。又，《錦繡萬花谷·前集》卷三五亦引此二條，稱所出書同《淵海》卷九〇。益可證，此兩簡稱，實皆《顧渚山茶記》一書無疑。本則以《茶經》、《太平御覽》、《事類賦注》參校，合稱『右引三書』。均稱出《宋録》，是書已佚，僅唐宋類書中留存些殘簡佚文。條目名據《萬花谷》。

〔三七〕宋録新安王子鸞豫章王子尚　『王子尚』上，凡九字，原本無。據右引三書補。又，《御覽》、《事類賦》、《宋録》其下有『曰』字。

〔三八〕訪曇濟道人於八公山　『訪』，右引三書作『詣』。

〔三九〕道人設茶茗　『道人』，《事類賦》作『濟』。『茗』，原脱，據右引三書補。

〔四〇〕子尚味之云　『子尚』，《御覽》、《事類賦》簡作『尚』。『云』，右引三書作『曰』。

〔四一〕何言茶茗也　『茗』原誤作『名』，據右引三書及《萬花谷》改。末『也』字，《茶經》無，《御覽》作『焉』。

〔四二〕報春鳥　本則出《太平廣記》卷四六三，《吴興備志》卷二六誤注其出處爲引《太平御覽》。《廣記》所録文字最詳。明清類書《山堂肆考》卷八、《格致鏡原》卷八一據《廣記》，文字基本相同，可判斷爲同出一源，不列爲參校書。宋代有多種類書録此則，文字有不同程度删節、改寫。大致又可分爲兩類：其一，爲《紺珠集》卷一〇、曾慥《類説》卷一三、《記纂淵海》卷九〇等，引文最簡，且文字差異較大；

清初汪灝《廣羣芳譜》卷二一本此。其二，爲《海録碎事》卷二二上、《錦繡萬花谷·前集》卷三五等，刪節較少，且文字差異較小，顯然出於兩種不同來源，但皆非據《廣記》録文則可斷言。尤值得注意的是：宋人周弼編《三體唐詩》（下簡稱周弼注），其書卷六收陸龜蒙《茶人》詩，注引此則文字又與上兩類書略有不同。而《續通志》卷一八〇和《淵鑑類函》卷四二八均收録此則，文末又多一句「又名唤春鳥」，爲諸本所無。上述十餘種書收録《報春鳥》除個别外，均稱出《顧渚山茶記》，此乃編者判斷《顧渚山記》與《茶記》爲同書異名的主要依據。今據《廣記》録文，僅參校宋代類書中有代表性的引文，以免煩瑣。

〔四三〕顧渚山中有鳥　《紺珠集》、《類説》、《海録碎事》無「顧渚」二字，《萬花谷》、周弼注作「山有鳥」，《淵海》作「顧渚山有鳥」，無「中」字。

〔四四〕如鴝鵒而小　《紺珠集》、《類説》無此句，《海録》、周弼注無「而小」二字，《淵海》有「而」無「小」，與下「色蒼」成句。又，「鴝鵒」，又作「鸜鵒」，俗稱八哥。

〔四五〕蒼黄色　《紺珠集》、《類説》無此句，《海録》、周弼注作「色蒼」。

〔四六〕每至正月二月　《淵海》、《萬花谷》、周弼注無上之「月」字。

〔四七〕作聲云　《紺珠集》、《類説》作「鳴云」，《萬花谷》、《淵海》無「云」字。

〔四八〕至三月四月　《類説》作「至三四月」，《淵海》、《萬花谷》作「至三月止」，周弼注作「三月」。

〔四九〕作聲云　《類説》僅作「云」，《淵海》、《海録》無此三字，《萬花谷》、周弼注無「云」字。

〔五〇〕採茶人呼爲報春鳥　『採茶人』,《紺珠集》、《類説》作『採茶者』,《紺珠集》『者』下有『咸』字,爲諸本所無。『報春鳥』,杜牧《樊川詩集》卷三《茶山下作》,清人馮集梧注引此條作『唤春鳥』。證諸《續通志》、《淵鑑類函》,『報春鳥』下有『又名唤春鳥』句,爲宋代諸書所無,殆其别有所據歟?

〔五一〕一槍二旗　本則始見於《蘇軾詩集》卷四〇《新年五首》之四王注引《顧渚山記》。其後,尚有本注引《茶譜》『蘄州團黄茶,有一槍兩旗之號者』云。此則不能排除王注誤引出處之可能,顧渚也不産團黄茶。但李壁《王荆公詩注》卷三七《送福建張比部》亦引《顧渚山記》:『團茶有一槍兩旗之號。』僅稱『團茶』,故極有可能確爲《顧渚山茶記》佚文,或王注蘇詩引時僅誤加『黄』字耳?另,謝維新《古今合璧事類備要·外集》卷四二又引《茶譜》作『蘄門團黄有一旗二槍之號,言其一葉二芽也』。此説是,宋人茶書中也有二芽抱一葉之説。而吴淑《事類賦注》卷一七引《茶譜》也作『一槍兩旗』。餘詳拙輯《茶譜輯本》第三十二條及校注〔三六〕。

〔五二〕緑蛇　本則始見於《朝野僉載》卷五,《太平廣記》卷四五六引文注稱出《顧渚山記》。本條可證此書確有非茶事之内容,佚文僅存此則,兩者所引文字全同,姑録存之。

水品

〔唐〕陸　羽

〔提要〕

《水品》，唐代評品宜茶之水的茶書。陸羽撰，一卷，已佚。此書始見於唐・張又新《煎茶水記》。歐陽修已斥又新其説之妄，但陸游在《入蜀記》中留下過目驗諸水的實録。陸羽神鑒中泠水的故事固然虚妄難信，但陸羽善於品水之事尚或有之。如《王荆文公詩李壁注》卷三《次韻徵之即席》注引張又新《水録》（方案：即《煎茶水記》）云：『陸又曰：楚水第一，晉水最下，李因命筆吏，口占而次第之。』宋代此書嘗廣爲刊行，陸游《戲書燕几》詩云：『《水品》、《茶經》常在手。』《雨晴》詩又云：『《水品》、《茶經》手自擕。』是此書南宋猶存的力證。趙彦衛《雲麓漫鈔》卷一〇載：『陸羽别天下水味，各立名品，有石刻行於世。』則是書南宋中期石本猶存之證。今見於張又新《煎茶水記》中陸羽品水之内容，似已非《水品》原文。《水品》，諸家書目著録皆稱一卷。南宋高似孫《剡録》卷一〇云：陸羽《水品》，其内容爲品水二十目，而張又新《水記》則稱其所得遺書爲《煮茶記》，或宋人析出單行，又改題爲《水品》歟？今據高似孫《緯略》卷一收録的陸羽《水品》録文，以《水記》引文參校。兩者異文頗多，出入較大，似非同源。或高氏據南宋尚存的刊本或石刻録文歟？今《水品》僅存此本，無以確證，姑存疑並與《水記》兩存之。宋人詩文中，曾多次提到《茶經》

中有品水内容。如陳舜俞《廬山記》卷三有云：『康王谷之水，見於陸羽之《茶經》。』可見北宋本《茶經》附刊《水品》，或其中有品水之内容，此爲力證。又如任淵《山谷内集詩注》卷六《省中烹茶懷子瞻》注云：『陸鴻漸《茶經》嘗第其水爲天下第一。』朱熹《晦菴集》卷七《康王谷水簾》詩自注曰：『《茶經》第此水爲天下第一。』皆南宋本《茶經》與《水品》合刊之力證。或宋本《茶經》有二書合刻而刊行者。但除《百川學海》本外的宋本《茶經》今已佚亡殆盡，惜已無從驗證。

水品

一　廬山康王谷水簾水〔一〕

二　無錫惠山石泉水〔二〕，東坡詩：『閒攜天上小團月，來試人間第二泉。』

三　蘄州蘭溪石下水

四　峽州扇子峽蝦蟆口水

五　武丘寺井水〔三〕

六　廬山招賢寺下方橋潭水

七　揚子江南零水

八　洪州西山瀑布水〔四〕

九　桐柏淮源水〔五〕

十　廬州龍池山頂水〔六〕

十一　丹陽觀音寺井水〔七〕

十二　揚州大明寺井水〔八〕

十三　漢江中零水〔九〕

十四　歸州玉虚洞香谿水〔一〇〕

十五　商州武關西洛水

十六　吴松江水

十七　天台千丈瀑布水〔一一〕

十八　郴州圓泉水

十九　嚴陵灘水〔一二〕

二十　雪水〔一三〕

附録　劉伯芻《水品》　張又新《煎茶水記》曰：劉伯芻謂水之宜茶者有七，較之陸氏品，固有異同也。

一　揚子江南零水

二　惠山石泉水〔一四〕

三　武丘石井水〔一五〕

四　丹陽觀音寺井水〔一六〕

五　揚州大明寺井水〔一七〕

六　吴松江水

七　淮水最下〔一八〕

【校證】

〔一〕廬山康王谷水簾水　上『水』字，原脱，據四庫本張又新《煎茶水記》（下簡稱《水記》）補。又，李壁《王荆公詩注》卷二《題晏使君望雲亭》及祝穆《方輿勝覽》卷一七均引《茶經》云：『其水爲天下第一。』可見宋本《茶經》已有品水内容，或《水品》已附《茶經》而行世。

〔二〕無錫惠山石泉水　句下原附注有蘇軾詩二句，爲《緯略》作者南宋高似孫所加，應删。

〔三〕武丘寺井水　『武丘』，原名虎丘，唐初避李淵之父李虎諱，改爲武丘。作爲唐人著述，應作『武丘』。此或高似孫據宋代尚存的《水品》刊本或石本録文之證。今傳張又新《水記》已無唐本傳世，故作『虎丘』。又，『井水』，《水記》作『石泉水』。

〔四〕洪州西山瀑布水　『西山』，《水記》其下誤衍『西東』二字。

〔五〕桐柏淮源水　『桐柏』，《水記》誤作『唐州柏巖縣』；『淮源水』，《水記》作『淮水源』，似譌倒。

〔六〕廬州龍池山頂水　『廬州』，原誤『廬山』，據《水記》改。『山頂』，《水記》作『山嶺』。

〔七〕丹陽觀音寺井水　《水記》無『井』字，疑奪或删。

〔八〕揚州大明寺井水　《水記》無『井』字，疑奪或删。

〔九〕漢江中零水　『江』下，《水記》有『金州上游』四字。

〔一〇〕歸州玉虚洞香谿水　『洞』，《水記》作『洞下』。

〔一一〕天台千丈瀑布水　『天台』其下，《水記》有『山西南峯』四字。

〔一二〕嚴陵灘水　句上，《水記》有『桐廬』二字。

〔一三〕雪水　『水』下，《水記》又有注文『用雪不可，太冷』六字。今考《海録碎事》卷六《茶門·雪山滯》條注曰：『陸羽品第水，以雪水爲第二十。云：煎茶滯而太冷也。』方案：此七字雖與《水記》所述不同，但可證兩宋之際陸羽《水品》猶存，或附《茶經》之末以刊行歟？遺憾的是葉廷珪此條未注出處，對《水品》是合刊抑或單行尚無法作出判斷。

〔一四〕惠山石泉水　《水記》無『泉』字。

〔一五〕武丘石井水　『武丘』，《水記》作『虎丘』，又無『井』字。

〔一六〕丹陽觀音寺井水　《水記》無『井』字。

〔一七〕揚州大明寺井水　《水記》無『井』字。

〔一八〕最下　《水品》作注文，《水記》作正文。

茶述

〔唐〕裴汶

〔提要〕

《茶述》，唐代茶書。裴汶撰，一卷。已佚。裴汶，生卒不詳，唐河東人。元和元年（八〇六），官禮部員外郎（《五禮通考》卷二四七）。元和六年（八一一），自澧州刺史改任湖州刺史；八年，徙常州刺史，又爲左司員外郎（《郎官石柱題名考》卷二，《嘉泰吴興志》卷一四）。是書，始見於宋·劉弇《龍雲集》卷二八《策問中》：『温庭筠、張又新、裴汶之徒，或纂《茶録》，或著《水經》，或述顧渚。』似乎是關於顧渚茶的論述。又見於熊蕃《宣和北苑貢茶録》：『陸羽《茶經》、裴汶《茶述》，皆不第建品。』宋·談鑰《嘉泰吴興志》卷一八《食用故事·茶》引録是書之文，則又稱其書爲《茶録》，似誤。其佚文云：『顧渚、蘄陽、蒙山最上；其次，壽州、陽羡。』《茶述》佚文，始見於南宋謝維新《古今合壁事類備要·外集》卷四二《香茶門·茶》。又見於清·陸廷燦《續茶經》卷上之一。今存佚文凡二百餘字，謝書文字稍勝，且多數句。今用作底本，校以《續茶經》引文。味其内容，此文似爲自序，疑《茶述》正文已佚。清初劉源長《茶史》卷上已誤稱裴汶爲宋人。《全唐文》失收此文，陳尚君《全唐文補編》卷六一已輯入此文。北宋人劉弇（一〇四八—一一〇二）尚見其書，南宋初鄭樵嘗著録其書於《通志·藝文略》，則似是書兩宋之際尚存於世。

茶述

茶起於東晉，盛於今朝。其性精清，其味浩潔。其用滌煩，其功致和[一]。參百品而不混，越衆飲而獨高。烹之鼎水，和以虎形，過此皆不得[二]。千人服之[三]，永永不厭，與粗食爭衡[四]。得之則安，不得則病。彼芝術黄精，徒云上藥，致效在數十年後，且多禁忌，非此倫也。或曰：『多飲令人體虚病風。』余曰：『不然。夫物能祛邪，必能輔正，安有蠲逐叢病而靡保太和哉[五]！今宇内爲土貢實衆：而顧渚、蘄陽、蒙山爲上，其次則壽陽[六]、義興、碧澗[七]、灉湖、衡山，最下有鄱陽、浮梁。今其精者，無以尚焉。得其粗者，則下里兆庶，瓶碗紛糅[八]。苟未得[九]，則謂百病生矣[一〇]。人嗜之如此者[一一]，兩晉已前無聞焉[一二]，至精之味或遺也。』作《茶述》[一三]。

〔校證〕

〔一〕其性……致和　此數句，《續茶經》、《格致鏡原》卷二一引文全同。

〔二〕過此皆不得　此句，《續茶經》無。

〔三〕千人服之　『千人』，《續茶經》作『人人』。

〔四〕與粗食爭衡　此句，《續茶經》無。

〔五〕安有蠲逐叢病而靡保太和哉　「靡保」，《續茶經》作「靡裨」。

〔六〕其次則壽陽　「壽陽」，《續茶經》同，但《吴興志》作「壽州、陽羨」，當是。疑謝、陸兩書奪誤作「壽陽」，下又加「義興」，據上下文意，從《吴興志》義長，參見本篇提要。

〔七〕碧澗　原誤「碧潤」，形近而譌，據《續茶經》改。

〔八〕瓶碗紛糅　「瓶碗」，《續茶經》作「甌碗」；「糅」，原誤作「揉」，據同右引改。

〔九〕苟未得　《續茶經》作「頃刻未得」。

〔一〇〕則謂百病生矣　「百」，《續茶經》作「甫」。

〔一一〕人嗜之如此者　「如此」，《續茶經》作「若此」。

〔一二〕兩晉已前無聞焉　「兩晉」，《續茶經》作「西晉」。

〔一三〕作茶述　《續茶經》「作」前有「因」字，義長。

煎茶水記

〔唐〕張又新

〔提要〕

《煎茶水記》，唐代關於品評水質的茶書。張又新撰，一卷，今存。又新，字孔昭，深州陸澤（治今河北深州）人，父張薦，曾祖張鷟。《唐才子傳校箋》卷六詳考其生平如下：元和九年（八一四），狀元及第；十二年，博學鴻詞科第一；因其又爲京兆解頭，時號「張三頭」；嘗爲隴西軍賓客、廣陵從事。長慶（八二一—八二四）中，歷左右補闕，轉祠部員外郎。性傾邪，諂事李逢吉，爲之鷹犬，陷害李紳等。《全唐詩》卷四八〇録李紳《趨翰苑遭誣搆四十六韻》詩自注云：「張又新、蘇景修，〔李逢吉〕朋黨也。」又注云：「又新等，連爲搏噬之徒。」寶曆二年（八二六），被表爲山南節度使行軍司馬，隨李逢吉至襄陽。大和元年（八二七），坐田玢事貶汀州刺史。大和五年，回京任主客郎中。開成（八三六—八四〇）初，貶刺温州。會昌（八四一—八四六）間，任江州刺史，終官左司郎中。又新善爲詩，但人品不足道。既入牛黨，傾陷正士；又文人無行，見於孟棨《本事詩·情感第一》。在温州有《永嘉百詠》，今存佚詩凡二十三首，佚句二聯。《煎茶水記》見於《新唐書·藝文志三》、《郡志》卷三上、《通志·藝文略》、《解題》卷一四等著録。陸龜蒙《甫里先生傳》書名引作《水説》，《太平廣記》卷三九九、宋·葉清臣《述煮茶泉品》又引作《水經》，陸游《入蜀記》則又引作《水品》，可證唐宋時期是書已有多種版本流傳。歐陽修《大明水記》認爲張氏《水記》之説與陸羽《茶經·五之煮》之説『山水上，江水次，井水下』不符，又語涉誕妄，並其人品而斥之。陳振孫《解題》、《四庫總目提要》有類似説法。《水記》今存《百川學海》、《説郛》(二種)、《茶書全集》、《四庫全書》諸本；嘉靖竟陵刊本《茶經》又將《水記》題作《茶經·水辨》附刻於其後，明·鄭熜校本《茶經》則又收爲附録，實乃節略本。陸心源《皕宋樓藏書志》卷五三著録有宋刊本一卷，今已無可考見。宋《黄山谷詩任淵注》卷一四注引又新《水記》之文，其文字與今傳本文字有異，《全唐文》卷七二一亦録存其文。此雖價值不大，畢竟乃今存論水書之始，實有必要匯校諸本，整理出一個較好的文本。又新此書前列劉伯芻所品七水，次列陸羽所品二十水，稱代宗時李季卿命吏筆録陸羽之説，又題作《煮茶記》，元和九年在薦福寺得之於楚僧云。其所論品水法，則與現代科學原理、品飲習俗大相徑庭。

煎茶水記〔一〕

故刑部侍郎劉公諱伯芻，於又新丈人行也。爲學精博，頗有風鑒。稱較水之與茶宜者，凡七等：

揚子江南零水第一，

無錫惠山寺石〔泉〕水第二，

蘇州虎丘寺石〔井〕水第三，

丹陽縣觀音寺〔井〕水第四，

揚州大明寺〔井〕水第五〔二〕，

吴松江水第六，

淮水最下第七。

斯七水，余嘗具瓶於舟中親挹而比之，誠如其説也。客有熟於兩浙者，言搜訪未盡，余嘗志之。及刺永嘉，過桐廬江，至嚴子瀨，溪色至清，水味甚冷（泠？）。家人輩用陳黑壞茶潑之〔三〕，皆至芳香。又以煎佳茶，不可名其鮮馥也，又愈於揚子南零殊遠。及至永嘉，取仙岩瀑布用之，亦不下南零，以是知客之説誠哉信矣。夫顯理鑑物，今之人信不迨於古人，蓋亦有古人所未知而今人能知之者。元和九年春，予初成名。與同年生期於薦福寺〔四〕，余與李德垂先至，憩西廂玄鑒室〔五〕。會適有楚僧至，置囊有數編書〔六〕，余偶抽一通覽焉，文細密，皆雜記。卷末又一題云《煮茶記》云〔七〕：代宗朝，李季卿刺湖州。至維揚，逢陸處士鴻漸。李素熟陸名，有傾蓋之歡。因之赴郡〔八〕，至揚子驛〔九〕。將食，李曰：『陸君善於别茶〔一〇〕，蓋天下聞名矣。況揚子南零水又殊絶，今日二妙〔一一〕，千載一遇，何曠之乎！』命軍士謹信者〔一二〕，挈瓶操舟〔一三〕，深詣南零〔一四〕，陸利器以俟之〔一五〕。俄水至，陸以杓揚其水曰：『江則江矣，非南零者，似臨岸之水。』使曰：『某棹舟深入，見者累百〔一六〕，敢虚紿乎〔一七〕？』陸不言，既而傾諸盆，至半，陸遽止之。又以杓揚之曰：『自此南零者矣！』使蹶然大駭，馳下曰〔一八〕：『某自南零齎至岸，舟蕩覆半〔一九〕，懼其尠〔二〇〕，挹岸水增之，處士之鑒神鑒也，其敢隱焉〔二一〕！』李與賓從數十人〔二二〕，皆大駭愕。李因問陸：『既如是〔二三〕，所經歷處之水〔二四〕，優劣精可判矣〔二五〕。』陸曰：『楚水第一，晉水最下。』李因命筆，口授〔二六〕而次第之〔二七〕：

廬山康王谷水簾水第一；

無錫縣惠山寺石泉水第二；

蘄州蘭溪石下水第三；

峽州扇子峽石中突而洩水，獨清泠〔二八〕，狀如龜形〔二九〕，俗云蝦蟆口水〔三〇〕，第四；

蘇州虎丘寺石泉水第五；

廬山招賢寺下方橋潭水第六；

揚子江南零水第七；

洪州西山瀑布水第八〔三一〕；

唐州桐柏縣淮水源第九〔三二〕；淮水亦佳。

廬州龍池山頂水第十〔三三〕；

丹陽縣觀音寺水第十一〔三四〕；

揚州大明寺水第十二〔三五〕；

漢江金州上游中零水第十三〔三六〕；水苦。

歸州玉虛洞下香溪水第十四；

商州武關西洛水第十五；未嘗，泥。

吴松江水第十六；

天台山西南峯千丈瀑布水第十七；

郴州圓泉水第十八；

桐廬嚴陵灘水第十九；

雪水第二十。用雪不可，太冷。

此二十水，余嘗試之。非繫茶之精粗，過此不之知也。夫茶烹於所産處，無不佳也。蓋水土之宜，離其處水功其半，然善烹潔器全其功也。李賓諸筍焉，遇有言茶者即示之。又新刺九江，有客李滂、門生劉魯封言，嘗見説〔茶〕[三七]，余醒然思往歲僧室獲是書，因盡篋，書在焉。古人云：瀉水置瓶中，焉能辨淄澠。此言必不可判也[三八]，萬古以爲信然，蓋不疑矣。豈知天下之理，未可言至。古人研精，固有未盡，强學君子，孜孜不懈，豈止思齊而已哉！此言亦有裨於勸勉，故記之。

〔校證〕

〔一〕煎茶水記　張又新《煎茶水記》（下簡稱《水記》）今存約十餘個版本，文字差異不大。今以《四庫全書》本爲底本，以《百川學海》、《説郛》、《茶書全集》等本參校。尤以《太平廣記》卷二九九（注云出《水經》），《元和郡縣圖志》卷二一，《輿地紀勝》卷二六、卷四五，宋本《方輿勝覽》卷四八，《緯略》卷一引《水品》，《苕溪漁隱叢話·後集》卷一一，任淵《注黄山谷詩》卷一四，説郛本《採茶録》，《續茶經》卷下之三（四庫本），《全唐文》卷七二一等書引文作他校，可糾正《水記》不少奪誤。他校諸書書名均用簡稱。

此外，附録的歐陽修二《記》，也可視爲是書宋代校本。題下署「唐·張又新」，陸心源《皕宋樓藏書志》卷五三署：「唐江州刺史張又新。」或據《水記》自述「又新刺九江」而云。

〔二〕無錫惠山寺……揚州大明寺井　以上四條中泉、井凡四字，原脱，據附録的歐陽修二《記》及下文陸羽《水品》、《續茶經》卷下補。

〔三〕家人輩用陳黑壞茶潑之　「輩」，原誤作「皆」，當爲涉下「皆至」而誤。據《茶書全集》甲本、《全唐文》卷七二一改。

〔四〕與同年生期於薦福寺　「同年生」，《廣記》作「同恩生」，均指同科進士。

〔五〕憇西廂玄鑒室　「西廂」，右引作「西廊」，其下有一「僧」字。

〔六〕置囊有數編書　同右引作「置囊而息，囊有數編書」。義勝，疑《水記》奪三字。

〔七〕卷末又一題云煮茶記　「《煮茶記》」，《廣記》作「煮茶處」，誤。

〔八〕因之赴郡　右引作「固赴郡」。

〔九〕至揚子驛　右引作「抵揚子驛中」，《續茶經》「至」作「泊」。

〔一〇〕陸君善於别茶　「别」字原無，右引作「善茶」；《採茶録》作「别茶聞」，據補「别」字。

〔一一〕今日二妙　「今日」，《廣記》、《採茶録》、《續茶經》皆作「今者」，義勝。

〔一二〕命軍士謹信者　「謹信」，《廣記》作「信謹」，《採茶録》作「謹慎」，當是。疑《水記》及《廣記》均爲宋本之舊，避南宋孝宗趙昚嫌諱而改「慎」作「信」。唐人著書不應避宋諱，似應回改作「謹慎」。

〔一三〕挈瓶操舟　《廣記》、《續茶經》皆倒作『操舟挈瓶』。

〔一四〕深詣南零　《採茶録》作『深入南濡』,《水記》『南零』後有『取水』兩字。

〔一五〕陸利器以俟之　『利器』,《廣記》作『潔器』,《漁隱叢話》作『執器』,義長。

〔一六〕見者累百　『累百』,《廣記》作『累百人』,義勝。

〔一七〕敢虚紿乎　《廣記》無『虚』字,《採茶録》『虚』作『有』。

〔一八〕馳下曰　説郛本《水記》、《續茶經》、《全唐文》皆作『伏罪曰』。

〔一九〕舟蕩覆半　《廣記》無『覆』字,《採茶録》作『蕩覆過半』。

〔二〇〕懼其尠　《漁隱叢話》『懼』作『愧』,説郛本『懼』前有『至』字。

〔二一〕其敢隱焉　《採茶録》『其』上有『某』字;『隱焉』,《廣記》作『隱欺乎』。

〔二二〕李與賓從數十人　《廣記》作『李大驚,賞從者。數十輩「皆大駭愕」』。方案:疑《水記》有奪誤,當從《廣記》。但《廣記》『數十輩』前似删『賓從』二字。

〔二三〕既如是　《廣記》作『既如此』。

〔二四〕所經歷處之水　《廣記》『處』上有『之』字。

〔二五〕優劣精可判矣　《廣記》作『優劣可判』,義勝。或《水記》『精』下疑奪『粗』字,後文雖有『茶之精粗』云,但稱水之精粗,似未允。故《水記》『精』字疑衍,似應删。或『精』乃『粗』字之譌歟?

〔二六〕李因命筆口授　下四字,《廣記》作『命口占』。

〔二七〕而次第之　其後，右引有注語：『出《茶經》。』殆此書原或作《水經》，以追步《茶經》而名之，後人因與桑欽《水經》同名，又改作《水記》歟？據此，則宋初仍有名其爲《水經》者。

〔二八〕峽州扇子峽石中突而洩水獨清冷　底本誤作『扇子山下有石突然洩水』，據任淵《山谷詩注》卷一四及宋本《方輿勝覽》卷二九改。今考《山谷詩注》卷一四《鄒松滋寄苦竹泉橙麪蓮子湯》三首之一：『巴人漫説蝦蟆培，試裹春芽來就煎』句下，任注云：張又新《水記》曰：『扇子峽石中突而洩水，獨清冷，石狀如龜頭，俗謂之蝦蟆石，其水煎茶爲第一。』《方輿勝覽》卷二九引文幾全同，僅删『石狀如龜頭』五字。歐陽修《大明水記》亦引作『扇子峽蝦蟆口水』，是其證。末句『其水煎茶爲第一』云，今傳諸本已無。又考清·馮應榴《蘇軾詩集合注》卷一《蝦蟆培》題注〔山公注〕引《峽州志》，其文同。惟『龜頭』作『圭頭』，『俗謂』下脱『之』字。似爲《峽州志》引張又新《水記》之文，末句或爲《峽州志》編者之語歟？否則，似《水記》已非完本。當是陸羽《水品》以此水爲第四，又新則以爲第一。『蝦蟆培』，又作蝦蟆背、蝦蟆碚、蝦蟆口、蝦蟆窟等。歐陽修、蘇軾、陸游、范成大等均有題詠。

〔二九〕狀如龜形　右引二書作『石狀如龜頭』。

〔三〇〕俗云蝦蟆口水　右引二書作『俗謂之蝦蟆石』。其下，又有『其水煎茶爲第一』句，似是對陸羽品爲第四的修正。右引二書乃據《水記》宋本，似可信從。

〔三一〕洪州西山瀑布水第八　『西山』其下，原誤衍『西東』二字，據歐陽修《大明水記》、説郛本《水記》及《緯略》卷一引《水品》删。今考《輿地紀勝》卷二六引宋人余靖《西山記》云：『西山，在〔新建〕縣西四十里，巖岫四出，千峯北來，嵐光染空，連屬三百里。其所經行，盡西山之景。』洪朋（字龜父）《西山》詩曰：『雲中聽鷄犬，不見有人家。野水侵官道，山雲惹客衣。』這『侵官道』的『野水』，當即西山瀑布。唐宋詩人題詠極多，如王安國《滕王閣感懷》：『極目煙波吟不盡，西山重疊亂雲飛。』又如汪藻《西山》詩：『相逢百里還相見，只有西山似故人。』

〔三二〕唐州桐柏縣淮水源第九　『桐柏』，原誤作『柏巖』，據《元和郡縣圖志》卷二一、歐陽修《大明水記》及《緯略》卷一引《水品》改。唐州無柏巖縣。今考《元和圖志》卷二一：『桐柏縣，漢平氏縣之東界也。梁於此置〔淮安縣，北周建德三年（五七四）置〕義鄉縣。隋開皇十八年（五九八）改爲桐柏，取桐柏山爲名也。』（方案：據原書點校本注〔六二〕校補。）同書又云：『淮水，出〔桐柏〕縣南桐柏山，一名大復山。』是其證。又，《輿地廣記》卷八引《禹貢》云：『桐柏山，淮水所出，縣因山爲名。』則桐柏縣古已有之，亦其顯證。

〔三三〕廬州龍池山頂水第十　『山頂水』，原誤作『山顧水』，據《水記》附録歐陽修《大明水記》及《緯略》卷一引《水品》改。説郛本《水記》作『山嶺水』，義近。今考《輿地紀勝》卷四五《廬州·龍池山泉》云：『龍池山泉，在廬州合肥縣，即龍穴山〔泉〕也。』又稱：『其龍池之山泉甘洌，張又新《水記》以龍〔池〕山水〔爲〕第十。』又，宋本《方輿紀覽》卷四八稱龍池山爲龍穴山，其云：『〔龍〕穴〔山〕上有池，張又新以此水爲第十。』據此二書，則龍池山又稱龍穴山；『頂水』，實應作『泉水』，或『池水』，義勝。

〔三四〕丹陽縣觀音寺水第十一　『寺水』，歐陽修《大明水記》作『寺井〔水〕』，義勝。

〔三五〕揚州大明寺水第十二　『寺水』，右引作『寺井〔水〕』，並上條似皆應補『井』字。

〔三六〕漢江金州上游中零水第十三　『中零水』，《水記》附録歐陽修《大明水記》作『南零水』，疑是。

〔三七〕嘗見説茶　『茶』字原脱，據説郛本《水記》補。

〔三八〕此言必不可判也　『必不』，説郛本作『不必』。

茶録

〔唐〕楊　曄

〔提要〕

唐代茶書，一卷。是《膳夫經手録》中的一篇。作者楊曄，曾爲唐巢縣令（治今安徽巢湖），生平待考。《新唐書》卷五九《藝文志三》著録爲陽曄，「陽」，當爲「楊」傳寫之誤。同書卷五八《藝文志二》還著録楊曄有《華夷帝王紀》三十七卷，當即同一人。四庫本《崇文總目》卷七亦著録爲四卷，但「手録」誤作「手論」，且已注云「闕」字，則北宋仁宗時其書已佚。南宋紹興年間編定的《祕書省四庫闕書目》著録爲楊日華《膳夫經》十四卷，則作者楊曄，或字日華。其卷數，當誤衍「十」字。後《通志》卷六九《藝文略》、《宋史》卷二〇七《藝文志六》均著録爲《膳夫經手録》四卷。其書之版本、存佚，請參閲〔日〕岡西爲人撰《宋以前醫籍考》卷下。

今傳本僅一卷，始見於宋・晁載之《續談助》，僅存六葉，近二千字，内容爲關於食品、茶品兩個方面。末有署爲《西樓記》的跋語，遍考不得其人，亦未必便是《續談助》的編者晁載之。但可知《膳夫經》乃唐宣宗大中十年（八五六）六月成書，所記「茶目、食飲、茗粥」之類飲食習俗，均與二百餘年後的北宋中晚期不同（跋文的作者乃北宋中晚期人）。此一卷節本於北宋晚期（約十一世紀末）行世。南宋初的類書已見引用，成書於紹興七年（一一三七）的《紺珠集》卷一一引唐巢縣令楊曄《膳夫經》「以芋頭爲天河生」一條，已簡稱書名爲《膳夫經》。自序稱刊行於紹興十九年（一一四九）的葉廷珪《海録碎事》卷一七亦引是條，則注引出《談助》。商務本《説郛》卷七五也收此條，亦稱出《談助》，當從上述兩書轉録。《海録碎事》卷七《茶門・茗粥》引《膳夫經》此則，已注稱出於《茶録》。無獨有偶，一個可信的旁證是：《山谷詩注》卷七《次韻子瞻》詩任淵注引蔡襄《茶録》稱：「茶古不聞〔食之〕，〔近〕晉宋已降，吴人採葉煮之（方案：原作「採其葉者」），名（方案：原作「是爲」）茗粥。」必是任淵所見已題作《茶録》的南宋版本《膳夫經》文，纔可能誤以爲即蔡襄《茶録》。疑或宋代已有析出是書單行而命名爲《茶録》者行世。今亦仿效宋人而從《膳夫經》析出單獨成篇，編入本《全集》，使唐代茶書又增加一種。此乃首次將楊曄是書編入茶書。

是書《四庫全書》未收，阮元《揅經室外集》卷二有《膳夫經》一卷提要，已改題作者名爲楊煜，實乃避清朝康熙皇帝之諱而追改，應回改爲楊曄。書名亦已用宋代以來約定俗成的簡稱。其稱此書似爲後人「捃拾成篇」；「所載茶品甚詳，分所産之地，别優劣之殊，足與《茶録》、《茶經》資考證」云，則尚得其實也。

是書：題作《膳夫經》者，被收入《宛委别藏》、《閭丘辯囿》、《芋園叢書》；題作《膳夫經手録》者，則被收入《碧琳琅館叢書》（丙部），又見於被《粵雅堂叢書》（三編第二十三集）、《十萬卷樓叢書》（三編）、《叢書集成》初編收入的晁載之編《續談助》中，亦題爲《膳夫經手録》。通校這現存的七種叢書本，可斷言均出同源，文字大同小異，以《宛委别藏》本爲善，今以是書爲底本，合校諸本，編入本《全集》上編。校本所及諸叢書，書名均用簡稱且省略書名號。

《茶録》，約爲現存《膳夫經》篇幅之半，記載了中晚唐時期茶的産地、品目、性狀；尤其可貴的是：還記載了唐茶的流通情況和各地的消費習慣。填補了《茶經》至《茶譜》間記載的一個空白，是中唐至唐末茶史上的重要一環。陸羽《茶經・八之出》記載了四十三州的産茶情況及其茶品的等次，但自稱其中十二州未詳，實際只有三十一州，其品第也只概略而言，稱之爲上、次、下、又下之類。李肇《國史補》卷下《風俗貴茶》條，記載了中唐以後的産茶十六州及二十二個茶品種；成書晚約四十年的《膳夫經·茶録》則分列二十五州産茶和三十五個茶品，其中僅洪州西山白露未及，而比李肇多出了十州及十四個茶品。表明晚唐産茶的地區和茶的品種有了發展。再晚約四十年成書的毛文錫《茶譜》，則記載了三十六州産茶和五十餘個茶品，形成了唐中期至五代初完整的茶業分佈結構圖和名茶發展的産業鏈。

楊曄還創造性地對唐茶的品級、特性、質量進行了分析和比較，對有些茶的産量進行了估計，指出了某些茶品的流通範疇和各地的消費習慣。並且，十分確切地將唐代茶飲的發展劃分爲三個階段：即開元、天寶之間僅『稍稍有茶，至德、大曆遂多，建中以後盛矣』。證諸茶作爲題詠對象，在唐詩中日益增多的事實，其軌迹頗爲一致。在開、寶以前，唐代的茶詩寥寥無幾就是當時茶文化剛萌芽的一個真實寫照。其説遠較封演的小説家言——所謂的開元中因禪教大盛而飲茶『遂成風俗』，更爲高明而符合歷史的真實。

還必須指出，相傳日本丹波康賴（九一二—九九五）爲漢靈帝的五世孫阿留王因戰亂而避居日本後的第八代孫，其因醫術頗精，而被賜姓丹波。其家族世代業醫，丹波康賴尤精漢醫，其於公元九八二年（宋太平興國七年，日曆天元五年）撰成的《醫心方》，引述了大量唐五代以前的我國古代醫書，集療疾、鍼炙、中藥、養生、房中術及食餌、服石、食忌、營養學之大成，被日本奉爲國寶。其書就保存了十餘條《膳夫經》佚文，其中有一條，當爲《茶録》中佚文，是關於食忌等内容。這表明，無論是《膳夫經》或《茶録》，今存的《續談助》等書引録之文已非完本，甚至大部已佚，還有包括食忌等内容的多條亦已佚。

總之，《膳夫經·茶録》是泯失了一千餘年之久的唐代茶書。其中某些記載可補陸羽《茶經》、毛文錫《茶譜》所未及，不僅爲唐代茶業經濟史、也爲中國茶文化史提供了新的研究資料，其重要價值不言而喻。今據現存各本校勘整理録文。其中，《潭州茶》一條，已是有目無文，疑佚。《醫心方》關於食忌茗飲送服一條附輯之。

茶録

茶，古不聞食之。近晉宋以降，吴人採其葉煮，是爲茗粥。至開元、天寶之間，稍稍有茶；至德、大曆遂多；建中以後盛矣。茗絲鹽鐵，管榷存焉。今江夏以東，淮安以南皆有之〔一〕。今獨略舉其尤處，别爲二品總焉。

新安茶，今蜀茶也。與蒙頂不遠，但多而不精。地亦不下，故折而言之，猶必以首冠諸茶。春時，所在喫之，皆好。及將至他處，水土不同，或滋味殊於出處。惟蜀茶，南走百越，北臨五湖，皆自固其芳香，滋味不變。由此，尤貴重之。自穀雨以後，歲取數百斤〔二〕，散落東下，其爲功德也如此。

饒州浮梁茶，今關西、山東閭閻村落皆喫之，累日不食猶得，不得一日無茶也。其於濟人，百倍於蜀茶，然味不長於蜀茶。

蘄州茶、鄂州茶、至德茶，已上三處出者〔三〕，並方斤厚片。自陳、蔡以北，幽、并以南，人皆尚之。其濟生、收藏。榷税十倍於浮梁矣〔四〕。

衡州衡山，團餅而巨串，歲收千萬〔五〕。自瀟湘達於五嶺，皆仰給焉。其先春，好者在湘東，皆味好。及至河北〔六〕，滋味悉變。雖遠自交趾之人，亦常食之，功亦不細。

潭州茶(方案：本條有目無文)

陽團茶，粗惡，渠江薄片茶，有油、苦硬，江陵南木香〔七〕，凡下，施州方茶，苦硬：，已上四處，悉皆味短而韻平〔八〕。惟江陵、襄陽，皆數千里食之，其他不足計也。

建州大團，狀類紫筍，又若今之大膠片，每一軸十斤餘〔九〕，將取之，必以刀剖，然後能破。味極苦，惟廣陵、山陽兩地人好尚之，不知其所以然也，或曰：療頭痛，未詳。已上以多爲貴。

蒙頂，自此以降言少而精者。始蜀茶得名蒙頂於元和之前，束帛不能易一斤先春蒙頂。是以蒙頂前後之人，競栽茶以規厚利，不數十年間，遂新安草市歲出千萬斤。雖非蒙頂，亦希顔之徒。今真蒙頂，有鷹嘴芽、白茶供堂，亦未嘗得其上者，其難得也如此。又嘗見《書品》論展陸筆工，以爲無等，可居第一。蒙頂之列茶間，展陸之論，又不足論也。

湖州顧渚，湖南紫筍茶〔一〇〕，自蒙頂之外，無出其右者。峽州茱萸簝得名近，自長慶稍稍重之，亦顧渚之流也。自是碧澗茶、明月茶、峽中香山茶，皆出其下。夷陵又近有小〔江〕源茶〔一一〕，雖所出至少，又勝於茱萸簝矣。

舒州天柱茶，雖不峻拔遒勁，亦甚甘香芳美，可重也。

岳州灉湖，所出亦少。其好者，可企於茱萸簝。此種茶，性有異，惟宜江水煎，得井水，即赤色而無味。

蘄州蘄水團黄，團薄餅，每斤至百餘片，率不甚粗弱。其有露消者，片尤小而味甚美。

壽州霍山小團，其絶好者止於漢美〔一二〕。所闕者，馨花脱穎〔一三〕。

睦州鳩坑〔一四〕，味薄；研膏絶勝霍山者。

福州生黄茶〔一五〕，不知在彼味峭。□□□□上下，及至嶺北，與香山、明月爲上下也。

常州（宜）〔義〕興茶，多而不精，與鄂州團黄爲列。

宣州（鶴）〔鴉〕山茶〔一六〕，亦天柱之亞也。

東川昌明茶，與新安含膏爭其上下。

歙州婺（州）〔源〕、祁門〔一七〕，婺源方茶，製置精好，不雜木葉。自梁宋幽并間，人皆尚之。賦税所入，商賈所齎，數千里不絶於道路。其先春含膏，亦在顧渚茶品之亞列。祁門所出方茶，川源制度略同，差小耳。

附輯佚文

輯自《醫心方》卷二九

《膳夫經・茶録》云：『凡食，不用以茗飲送之，令人氣上（咳）〔厄〕逆〔一八〕。』

跋

右鈔唐巢縣令楊（煜）〔曄〕所撰《膳夫經手録》〔一九〕，大中十年六月成書，迨今一百餘年矣。其間如茶目、食飲、茗粥之類，别鈔皆與今不同。以此知古今之事，異宜者多矣。必曰井田、肉刑、籩豆而飲食者，非通論也。臘月八日西樓記。

【校證】

〔一〕淮安以南皆有之　『淮安以南』，粵雅、十萬本作『淮南之南』。

〔二〕歲取數百斤　『數百斤』，十萬本作『數百萬斤』，疑均有誤，據上下文意，似應作『數萬斤』。

〔三〕已上三處出者　『出者』，原作『出處者』，『處』字，疑涉上而衍，删。

〔四〕榷税十倍於浮粱矣　『十』，十萬本作『又』。

〔五〕歲收千萬　十萬本作『歲收十萬』。

〔六〕及至河北　『河北』，十萬本作『湖北』。

〔七〕江陵南木香　『香』，十萬本作『茶』，疑是。

〔八〕悉皆味短而韻平　『平』，粵雅、十萬本作『卑』。

〔九〕每一軸十斤餘　『十斤』，十萬本作『十片』，疑是。

〔一〇〕湖南紫筍茶　『湖南』，原作河南，誤。唐河南道不産茶，此湖南，當指太湖以南，湖州在太湖南。《茶譜》稱湖州有顧渚紫筍，是其證。據粵雅、十萬本改。

〔一一〕夷陵又近有小江源茶　『江』，原誤奪。考毛文錫《茶譜》，峽州有『小江園』茶之名，『源』、『園』或有一誤，但必有『江』字。據粵雅、十萬本補『江』字。

〔一二〕其絶好者止於漢美　『止』，十萬本作『上』，當是，應從改。

〔一三〕馨花脱穎　『脱穎』，十萬本作『穎脱』。

〔一四〕睦州鳩坑　『坑』下，十萬本有『茶』字。

〔一五〕福州生黄茶　『生黄』，十萬本作『正黄』。

〔一六〕宣州鴉山茶　底本原作『鶴山』，粤雅、十萬本作『鴨山』，皆誤。實應作『鴉山』。考梅堯臣《宛陵文集》卷三五《荅宣城張主簿遺鴉山茶次其韻》：『昔觀唐人詩，茶詠鴉山嘉。鴉銜茶子生，遂同山名鴉。』説明自唐以來，就茶以山名。堯臣宣城人，當得其實。一本作『雅』，亦音譌。詳《茶經·八之出》拙釋〔三二七〕。

〔一七〕歙州婺源祁門　『婺源』，原誤作『婺州』。今考婺州，乃隋開皇九年（五八九）置，治金華縣（治今浙江金華），轄境約當今浙江金華、温州東陽、江西玉山間市縣地。大業初，改爲東陽郡。唐初復稱婺州，並分置衢州，轄境縮小。天寶元年（七四二）再改東陽郡；乾元元年（七五八）至宋末，均稱婺州。婺源縣，唐開元二十八年（七四〇）析休寧縣置，治今江西婺源縣西北清華鎮，唐屬歙州，宋屬徽州。此『州』字，必爲『源』之譌。據上考改。又，下文正作『婺源方茶』，是其本證。

〔一八〕佚文輯自〔日〕丹波康賴《醫心方》卷二九引《膳夫經》。據内容判斷，當亦《茶録》中文字，乃關於食忌的記載，今傳本中已無此内容。疑『咳逆』似應作『厄逆』。餘詳提要。

〔一九〕右鈔唐巢縣令楊曄所撰膳夫經手録　『楊煜』，當爲阮元校刻宛委本時避清諱而追改，今回改爲『楊曄』。參見本篇提要。

採茶録

〔唐〕温庭筠

〔提要〕

《採茶録》，唐代茶書。温庭筠撰，一卷。已佚。温庭筠（八〇一—八六六），原名岐，字飛卿，温彦博後裔。太原祁縣人，幼居雩縣（治今陝西西安户縣）。早負才名，文辭敏捷。每入試，押官韻，八叉手而成八韻，因號『温八叉』，又號『温八吟』。然累舉不第，行止失檢，爲士林所薄。精音律，善鼓琴吹笛。曾從莊恪太子遊，往淮南謁李紳。大中十年（八五六），貶隨縣（治今湖北隨州）尉，襄陽節度使徐商，留署巡官。與段成式等相唱酬。咸通四年（八六三），爲虞候折齒敗面；六年，任國子助教；七年，貶方城尉。是年冬，卒。據《新唐志》著録：有《乾䁀子》三卷、《學海》三十卷、《握蘭集》三卷、《金荃集》十卷、《詩集》五卷、《漢南真稿》十卷，另有《漢上題襟集》十卷，乃與段成式、余知古等人的詩文唱酬之合集。温雖官卑而好譏諷權貴，終生坎坷而不得志。其生平事歷，以《唐才子傳校箋》卷八所考最爲詳賅。温詩與李商隱齊名，而成就不及，時號『温李』。詞作辭采華麗，多表現艷情生活，爲『花間派』代表作家之一。詞作多已收入《花間集》，有李一氓校本稱善。著作多已佚，僅宋刊本《温飛卿集》七卷行世，今以明·曾益注、清·顧予咸補注的上海古籍出版社一九八〇年點校本允稱精善。其《採茶録》見於《新唐志》、《崇文總目》、《通志·藝文略》、

《宋志》著録，諸書皆作一卷，惟鄭樵《通志》稱三卷。今可從宋·程大昌《演繁露·續集》卷四輯得一條佚文（原出《天台記》）。故可斷言宋代温庭筠此書尚存。此書當佚於宋代。今僅《説郛》卷九三録其『辨、嗜、易、苦、致』五類六條佚文，究其内容，均爲雜採史料和前人著作中有關茶事者改編而成。故似可判定，是書乃採輯唐以前人著作中關於茶事資料的分類匯編。此書六條佚文，僅見於宛委山堂本《説郛》，其真僞頗可稽疑。今考六條佚文悉見祝穆《古今事文類聚·續集》卷一二。除《辨》外，文字幾乎全相同。當是温氏之書宋代已佚，明人從南宋類書中録此關於茶事六則，改撰篇名，嫁名温氏，實非温書明矣。各條出處，詳見校注。今據宛委山堂本《説郛》録文，以涵芬樓本《説郛》等本及《續茶經》等書引文參校。

採茶録

辨〔一〕

代宗朝，李季卿刺湖州，至維揚，逢陸鴻漸。抵揚子驛。將食，李曰：『陸君别茶聞，揚子南濡水又殊絶，今者二妙千載一遇〔二〕。』命軍士謹慎者深入南濡〔三〕，陸潔器以俟〔四〕。俄而水至，陸以杓揚水曰：『江則江矣，非南濡，似臨岸者〔五〕。』使者曰：『某棹舟深入〔六〕，見者累百，敢有紿乎〔七〕？』陸不言，既而，傾諸盆，至半，陸遽止之。又以杓揚之曰：『自此南濡者矣！』使者蹶然駭服，曰〔八〕：『某自南濡賫至岸，舟蕩覆過半，懼其尠，挹岸水增之。處士之鑒神鑒也，某其敢隱焉！〔九〕』

李約〔一〇〕，汧公子也。一生不近粉黛，性辨茶〔一一〕。嘗曰：『茶須緩火炙，活火煎。』活火謂炭火之有焰者〔一二〕。當使湯無妄沸，庶可養茶。始則魚目散布，微微有聲；中則四邊泉涌，纍纍連珠；終則騰波鼓浪，水氣全消，謂之老湯〔一三〕。三沸之法，非活火不能成也。

嗜〔一四〕

甫里先生陸龜蒙，嗜茶荈。置小園於顧渚山下，歲入茶租，薄爲甌（犧）〔犧〕之費。自爲品第書一篇，繼《茶經》、《茶訣》之後。

易〔一五〕

白樂天方齋，禹錫正病酒。禹錫乃饋菊苗虀、蘆菔、鮓，換取樂天六班茶二囊，以自醒酒。

苦〔一六〕

王濛好茶〔一七〕，人至輒〔命〕飲之〔一八〕。士大夫甚以爲苦，每欲候濛，必云：『今日有水厄。』

致〔一九〕

劉琨與弟羣書〔二〇〕：『吾體中憒悶〔二一〕，常仰真茶〔二二〕，汝可信致之〔二三〕。』

佚文〔二四〕

按：温庭筠《採茶録》引《天台記》：「丹丘出大茶〔二五〕，服之生羽翼。」

〔校證〕

〔一〕辨　是條據張又新《煎茶水記》删節改寫，其文可互校。據《水記》之説，此文出陸羽自述《煮茶記》，似爲又新嫁名僞託。此則，《説郛》編者似又據宋人祝穆《古今事文類聚·續集》（下簡稱《類聚》）卷一二引張又新《水録》録文，與今傳《煎茶水記》文字有較大出入。今據此二書參校。

〔二〕今者二妙千載一遇　其下，《類聚》有「何可輕失」四字，《水記》作「何曠之乎」。應據補。

〔三〕命軍士謹慎者深入南濡　「謹慎」，《水記》作「謹信」，《類聚》倒作「信謹」。似爲宋本避宋孝宗諱而改「慎」爲「信」，應以「慎」爲是。「者」下，參校二書均有「挈瓶操舟」四字。「深入」，《類聚》、《水記》均作「深詣」。

〔四〕陸潔器以俟　「潔器」，原作「利器」，《類聚》引作「潔器」，是。《太平廣記》卷三九九引又新《水經》（方案：即《水記》）正作「潔器」，是其證。據改。

〔五〕非南濡似臨岸者　「南濡」，其下似奪一「者」字，當據參校兩書補。句末「者」字，《水記》作「之水」。

〔六〕某棹舟深入　『棹舟』，原誤作『掉舟』，形似而譌。據《水記》作『櫂舟』改。

〔七〕敢有紿乎　《水記》作『敢虚紿乎』。

〔八〕使者蹶然駭服曰　『服』字原脱，據《類聚》引文補。又，《水記》此句作：『使蹶然大駭，伏罪（四庫本作「馳下」）曰。』是其證。

〔九〕代宗朝……其敢隱焉　此則，《煎茶水記》各本間文字出入頗大，今僅據四庫本《水記》出校，如有明顯誤字則據别本。參見《水記》相關各條校注。

〔一〇〕李約　此則與《類聚》所引略同。《類聚》篇題作《辨煎茶湯》，注稱出《因話録》。考唐·趙璘《因話録》卷二雖有此則，但内容大相徑庭，《類聚》既大加删節，又以《茶經·五之煮》『三沸湯老』一節文字改寫後竄入。與前李約所謂『活火煎茶』之説捏合成條。如果説，宋人類書尚注出處，有跡可尋的話，明人《説郛》就只改篇題，照抄文字，又滅其出處矣。

〔一一〕性辨茶　《類聚》作『性嗜茶』。疑是。

〔一二〕活火謂炭火之有焰者　『火』字原奪，據《因話録》卷二及《類聚》補。

〔一三〕『始則……老湯』數句　乃據《茶經》卷下《五之煮》改寫。參見《茶經》『其沸……爲之沸』數句及拙釋。

〔一四〕嗜　方案：本則據《類聚·續集》卷一二《嗜顧渚茶》條録入，文全同。亦見於宋·陳景沂《全芳備祖》卷二八、謝維新《古今合璧事類·外集》卷四二等宋代類書。實乃始見於毛文錫《茶譜》（參見拙輯第四三條及注〔七六〕，文字全同。此又毛氏據陸龜蒙《甫里先生傳》節録改寫，是否温庭筠《採茶録》首先據陸氏自傳改寫，則已書闕有間，難以考實。筆者認爲，此乃毛文錫爲始作俑者的可能性最大。

〔一五〕易　方案：本則據《類聚》録文，篇題原爲《以菊易茶》。實乃出《蠻甌志》，《類聚》收録時已節略改寫。《廣羣芳譜》卷一八引録時，『齋』下多一『劉』字。另，『六班茶』，作『六斑茶』；『以自』，作『炙以』。文差不同。

〔一六〕苦　方案：本則亦據《類聚》録文，原題作《苦令飲茶》。注稱出《〔洛陽〕伽藍記》，誤。實出《世説新語》，但今傳本此條已佚。今是條始見於《太平御覽》卷八六七引《世説》，南宋初《類説》卷六、《紺珠集》卷四、《海録碎事》卷六及《記纂淵海》卷九〇皆録此條，南宋末多種類書亦收録。多注出處爲《世説》。其文字略有不同，今僅據《御覽》卷八六七參校。

〔一七〕王濛好茶　『王濛』之上，《御覽》有『晉司徒長史』五字。『好茶』，《御覽》作『好飲茶』。

〔一八〕人至輒命飲之　『輒』原爲『輙』，形近而誤。《御覽》作『（輙）〔輒〕命飲之』，當是。據以改補。

〔一九〕致　方案：此則亦見《類聚》，題爲《作書求茶》。文全同。實乃出劉琨《與兄子（南）兗州刺史演書》（《全晉文》卷一〇八嚴可均按語稱『南』字疑衍，極是。時爲西晉，尚無僑置州郡）。此三句始見於《北堂書鈔》卷一四四，又見於《茶經·七之事》；《太平御覽》卷八六七之録文肯定與《茶經》非同一源。今録《御覽》所載：『前得安州乾茶二斤、姜一斤、桂一斤，皆所須也。吾體中煩悶，恆假真茶，汝可信信致之。』遠較《茶經》録文爲佳，參見《茶經·七之事》是條校注。

〔二〇〕劉琨與弟羣書　《北堂書鈔》、《茶經》、《御覽》均作《與兄子（南）兗州刺史演書》，是。當從改。

〔二一〕吾體中憒悶　『憒悶』，原誤作『憤悶』，據《類聚》改。《茶經》作『潰悶』，實同音假借；《御覽》、《書鈔》作『煩悶』，乃同義詞，故據改。

〔二二〕常仰真茶　『常』字原脱，據右引三書補。

〔二三〕汝可信致之　『信致之』，《御覽》作『信信置之』，《書鈔》、《茶經》均不重『信』字。

〔二四〕佚文　據程大昌《演繁露·續集》卷四補，此則始見於《太平御覽》卷八六七引《天台記》。

〔二五〕丹丘出大茶　『大茶』，《御覽》作『大茗』。

茶譜

〔五代前蜀〕毛文錫

〔提要〕

《茶譜》，五代茶書。前蜀・毛文錫撰，一卷，已佚。陳尚君輯本已輯佚文四十一則。毛文錫，字平珪，高陽（治今河北高陽縣東舊城）人。父龜範，咸通（八六〇—八七四）間爲嶺南刺史，歷任潮州刺史等。文錫通音樂，能詩工詞，時名頗重。年十四，登進士第，仕唐宦歷未詳。入蜀依王建，累任中書舍人、翰林學士，遷承旨。永平三年（九一三）七月，爲太子元膺貶逐、拘捕，撾之幾死。太子敗死，仍復原職。四年八月，遷禮部尚書，判樞密院事。通正元年（九一六），兼文思殿大學士，尋進位司徒。天漢元年（九一七）八月，爲飛龍使唐文房所譖，貶茂州司馬。其後事蹟無考。撰有《毛司徒詞》一卷，有王國維輯本，録詞三十二闋。又有《前蜀王氏紀事》二卷，記王建稱帝前事，已佚。《茶譜》一卷，至遲撰於唐亡後不久；前蜀初，已流傳於世，這從唐末詩僧貫休《禪月集》卷一七《和毛學士舍人早春詩》可考知。其詩有云：『茶癖金鐺快。』（注云：『舍人有《茶譜》。』）另外，今傳宋本吴淑《事類賦注》卷一七引《茶譜》作『湖州長城縣』；今考五代後梁太祖朱晃避其父朱誠嫌諱，始改『長城』爲『長興』縣，則益證《茶譜》必撰於公元九〇七年前無疑。《崇文總目》卷三、《晁志》卷一二、《通志・藝文略四》、尤袤《遂初堂書目》、《解題》卷一四均著録是書。陳振孫

《解題》稱『後蜀毛文錫撰』，實誤；此書撰於五代前蜀之初無疑。但因此書久佚，自宋至明真見過此書者，罕有其人。乃至對其書作者著録多誤，如《文獻通考》誤稱爲『燕文錫』，《説郛》作『王文錫』，《山堂肆考》又稱『毛文勝』；《天中記》則誤書名爲《茶品》等，不一而足。晁公武謂：『記茶故事，其後附以唐人詩文。』實亦未能概括是書内容。據南宋蒲國寶《金堂南山泉銘·序》（《全蜀藝文志》卷四四）引天聖四年（一〇二六）錢治《南山泉記》稱『毛文錫作《茶譜》，〔水品〕又增至三十有八』云，則似《茶譜》亦倣《茶經》有品水之内容，但今已無可輯佚。從佚文看，《茶譜》着重記述中唐以後名茶的産地、品性等，間或附以茶事及茶詩文。從後人刊行《茶經》時，多取《茶譜》之文作注文，足見此書之價值，是《茶經》以後的又一部重要茶書。佚文中，附有關於陸羽、張志和、胡生、志崇、陸龜蒙、蒙山僧及湖常二州太守境會亭制貢茶的茶故事七則，唐人詩文則無存。這有兩種可能：一爲詩文已佚，今已無從搜輯；二爲《晁志》誤記。《茶譜》佚文中涉及唐七道三十六州産茶情况，記載了五十餘種中唐以後的名茶品目和性狀。較《茶經》已大爲拓展。從明清茶書中録存的《茶譜》佚文中存在不少與宋人書中引文不同的異文判斷，似還無從論定此書佚於宋元之際，至少，明代尚存其殘本或從類書、方志中轉録的條文。《茶譜》是繼《茶經》後的又一茶學巨著，其書久佚不傳，無疑是中國茶文化史上的一大損失。

今是書佚文雖存有三千餘字，但僅全書一部分。佚文主要輯自宋·樂史《太平寰宇記》、吴淑《事類賦注》、陳景沂《全芳備祖》、晏殊《類要》、謝維新《古今合璧事類備要》、熊蕃《宣和北苑貢茶録》、唐慎微《重修政和證類本草》等。日本學者青木正兒有《茶譜》輯本，已收入其《全集》，又刊其《中華茶書》（東京春秋社一九六二年版）中。蒙臺灣王德毅教授賜示複印本，其文無出拙輯之右，今不取。今陳尚君輯本刊《農業考古》一九九五年第四期，其上篇爲毛文錫生平述略，可參閲。《茶譜》仍有一些佚文還可補輯。今將《茶譜》佚文重加裒輯，謝維新書不僅多出今傳各本數則，且有些條目文字亦詳且勝，故多用作底本。並詳加校證。所幸上述前三種書均有宋本存世（《寰宇記》約存百分之四十），無疑提供了輯校的善本。由於有些條文已被宋人用作《茶經·八之出》之注，《太平寰宇記》有幾條可確證爲《茶譜》之文者，往往誤注出處爲《茶經》。這種現象絶非偶然，疑宋初樂史所見之《茶經》，已有《茶譜》文竄入爲注，今也予以辨析。蘇易簡《文房四譜》卷四收有《茶譜》佚文一則，疑亦出毛氏之書，今附録於篇末。必須指出，今輯《茶譜》諸條或已多非毛氏原文，已由宋人以意改寫，這從上引諸書文字頗有不同可證。今輯本以文字最詳或稍勝者録爲底本，參校諸本，有聞必録，詳具校記。

茶譜輯佚

一、其土産各有優劣：建州，北苑、先春、龍焙；洪州，西山白露、雙井白芽、鶴嶺；湖州，顧渚紫筍〔一〕；常州，義興紫筍、陽羨春；〔池州〕，池陽鳳嶺〔二〕；睦州，鳩坑；宣州，陽坡；劍南，蒙頂、石花、露鋑牙、籛芽〔三〕；南康，雲居；峽州，碧澗、明月；〔綿州〕，東川獸目〔四〕；福州，方山露芽；壽州，霍山黄芽；皆茶之極品也。（《古今合璧事類備要·外集》卷四二，《全芳備祖·後集》卷二八）

二、彭州：有蒲村、堋口、灌口，其園名仙崖、石花等〔號〕。其茶餅小而布嫩芽如六出花者，尤妙〔五〕。（《太平寰宇記》卷七三）

三、〔彭州〕：玉壘關外寶唐山有茶樹，産於懸崖。筍長三寸五寸，方有一葉二葉〔六〕。（《事類賦注》卷一七）

四、眉州：洪雅、昌闔、丹稜。其茶，如蒙頂制餅茶法。其散者，葉大而黄，頗甘苦，〔味其〕亦片甲、蟬翼之次耳〔七〕。（《太平寰宇記》卷七四）

五、邛、臨數邑茶，有火前、火後、嫩緑、黄芽〔等〕號。又有火番餅，每餅重四十兩。入西蕃、党項，重之如中國名山者，其味甘苦〔八〕。（同右引卷七五）

六、蜀州：〔出〕晉原洞口、横源、味江、青城。其横源雀舌、鳥觜、麥顆〔九〕，蓋取其嫩芽所造，以其芽似之也。又有片甲者，即是早春黄芽，其葉相抱，如片甲也；蟬翼者，其葉嫩薄，如蟬翼也。皆散茶之最上也〔一〇〕。（同右引卷七七，《晏公類要》卷八略同）

七、雅州：百丈、名山二者尤佳。（同右引卷七七，《晏公類要》卷八略同）

八、〔蜀之雅州有蒙山〕〔一一〕，山有五頂，頂有茶園，中頂曰上清峯。所謂蒙頂茶也，爲天下之稱〔一二〕。（同右引卷七七）

九、蒙頂有研膏茶，作片進之，亦作紫筍。今蒙頂茶有（霧）〔露〕鋑芽、籛芽，皆云火前，言造於禁火之前也。蒙山有壓膏露芽、不壓膏露芽、並冬芽，言隆冬甲拆也。（以上均《事類賦注》卷一七）

一〇、〔綿州〕：龍安縣生松嶺關者，與荆州同。其西昌、昌明、神泉等縣連（兩）〔西〕山生者，並佳；〔生〕獨〔松〕嶺上者，不堪採擷〔一三〕。（《太平寰宇記》卷八三）

一一、〔綿州〕：龍安有騎火茶，最上〔一四〕。〔騎火者〕，言不在火前，不在火後作也。清明改火，故曰火。

(《事類賦注》卷一七)

一二、瀘州：(之)〔有〕茶樹，〔夷〕獠常攜瓢〔具〕(穴其)〔寘〕側〔一五〕。每登樹採摘芽茶，必含於口〔中〕，待其展，然後置於瓢中，旋塞其竅。歸必置於暖處，其味極佳〔一六〕。又有粗者，其味辛而性熟。彼人云：飲之療風。通呼爲瀘茶。(《太平寰宇記》卷八八引《茶經》〔一七〕)

一三、〔常州〕：義興有浥湖之含膏〔一八〕。(《事類賦注》卷一七)

一四、〔蘇州〕：長洲縣生洞庭山者與金州、蘄州、梁州味同〔一九〕。(《太平寰宇記》卷九一引《茶説》)

一五、杭州：臨安、於潛二縣生天目山者，與舒州同〔二〇〕。(同右引卷九三)

一六、睦州之鳩坑極妙〔二一〕。(《事類賦注》卷一七)

一七、越州：餘姚茶生瀑布嶺者，號曰仙茗。大者殊異，小者與襄州同〔二二〕。(《太平寰宇記》卷九六引《茶經》)

一八、婺州有舉巖茶，斤片方細，所出雖少，味極甘芳，煎如碧乳也。(《事類賦注》卷一七)

一九、〔福州〕：柏巖極佳〔二三〕。(同右引)

二〇、(建州)〔福州〕：方山之芽及紫筍，片大極硬，須湯浸之，方可碾。極治頭痛，江東老人多味之〔二四〕。(《太平寰宇記》卷一〇一引《茶經》)

二一、宣州：宣城縣有茶山，其東爲朝日所燭，號曰陽坡，其茶最勝。形如小方餅，橫鋪茗芽其上。太守常(嘗?)薦之京洛〔人士〕，題曰陽坡茶。杜牧《茶山詩》云：『山實東吴秀，茶稱瑞草魁。〔二五〕』(《全芳備祖·

後集》卷二八，《古今合璧事類備要·外集》卷四二）

二二、歙州〔二六〕：〔生〕牛梔嶺者尤好。（《事類賦注》卷一七）

二三、洪州：西山白露及鶴嶺茶極妙〔二七〕。（同右引）

二四、袁州之界橋，其名甚著，不若湖州之研膏紫筍，烹之有緑脚垂下〔二八〕。（同右引）

二五、鄂州之（東）〔通〕山、蒲圻、唐年縣大〔茶〕，黑色如韭，葉極軟，治頭疼〔二九〕。（《寰宇記》卷一一二）

二六、長沙之石楠，其樹如棠楠，採其芽，謂之茶。湘人以四月〔四日〕摘楊桐葉，搗其汁，（伴）〔拌〕米而蒸，猶蒸糜之類。必啜此茶，乃其風也。尤宜暑月飲之〔三〇〕。（同右引卷一一四）

二七、潭、邵之間有渠江，中有茶而多毒蛇猛獸。鄉人每年採擷不過十六七斤，其色如鐵而芳香异常，烹之無滓也〔三一〕。（同右引卷一一四）

渠江薄片，一斤八十枚。（《事類賦注》卷一七引《茶譜》）

二八、衡州之衡山，封州之西鄉，茶研膏爲之，皆片團如月〔三二〕。（《事類賦注》卷一七）

二九、涪州：出三般茶：賓化最上，製於早春；其次白馬；最下涪陵〔三三〕。（同右引）

三〇、揚州：禪智寺，隋之故宫，寺枕蜀岡，〔岡〕有茶園，其茶甘香，味如蒙頂焉〔三四〕。（《事類賦注》卷一七，胡仔《苕溪漁隱叢話·後集》卷一一）

三一、舒州：〔多智山，在懷寧縣〕，其山有茶及蠟，每年民得採擷爲歲貢。秋夏時有毒蛇、沙虱，人不敢登〔三五〕。（《太平寰宇記》卷一二五）

三二、蘄州：　蘄門團黃有一旗二槍之號，其言一葉二芽也〔三六〕。（《合璧事類備要・外集》卷四二）

三三、渝州：　南平縣狼猱山茶，黃黑色。渝人重之，十月採貢〔三七〕。（《太平寰宇記》卷一三六）

三四、〔荊州〕：　當陽縣青溪山仙人掌茶，李白有詩。（《事類賦注》卷一七）

三五、峽州：　石上紫花芽，理生頭痛，年貢一斤。　又有小江〔園〕、明月簝、碧澗〔簝〕、茱萸簝之名〔三八〕。（《古今合璧事類備要・外集》卷四二）

三六、容州：　黃家洞有竹茶，葉如嫩竹，土人作飲，甚甘美〔三九〕。（《太平寰宇記》卷一六七）

三七、蜀雅州蒙山頂有露芽、穀芽，皆云火前者，言採造於禁火之前也，火後者次之。〔茶之別者〕，又有枳穀牙、枸杞芽、枇杷芽，皆治風疾。又有皂筴芽、槐〔芽〕、柳芽，皆上春摘其芽，和茶作之。〔五花茶者，其片作五出花也〔四〇〕〕。（《古今合璧事類備要・外集》卷四二）

三八、唐・陸羽著《茶經》三卷。（《事類賦注》卷一七）

三九、蜀之雅州有蒙山〔四一〕，山有五頂〔四二〕，頂有茶園，其中頂曰上清峯〔四三〕。昔有僧病冷且久〔四四〕，嘗遇〔一〕老父詢其病〔四五〕，僧具告之。父曰：『何不飲茶？』僧曰：『本以茶冷，豈有能止乎？』父曰：『是非常茶，仙家有雷鳴茶，亦有聞乎？』僧曰：『未也〔四六〕！』父曰：『蒙之中頂茶，常以春分之先後〔四七〕，多僱人力〔四八〕，俟雷之發聲，並手採摘之，〔以〕多爲貴，至三日乃止〔四九〕。若獲一兩，以本處水煎服，〔即〕能祛宿疾〔五〇〕；　二兩，當眼前無疾〔五一〕；　三兩，因以換骨〔五二〕；　四兩，即爲地仙。但精潔治之，無不效者〔五三〕。』〔其〕僧因之中頂〔五四〕，築室以俟〔五五〕，及期，獲一兩餘，服未竟而病瘥。既不能久，及博求，但精健至八十餘，氣力不衰〔五六〕，時到城市，〔人〕觀其貌〔五七〕，若年三十餘〔五八〕，眉髮紺緑〔五九〕。後入青城山〔六〇〕，不知所終。今四頂茶園〔採摘〕不廢〔六一〕，惟中頂草木繁茂〔六二〕，重雲積霧，蔽虧日月〔六三〕，鷙獸時出，人迹稀到矣〔六四〕。（《古今合璧事類備要·外集》卷四二）

四〇、湖州長城縣啄木嶺金沙泉，即每歲造茶之所也。湖、常二郡，接界於此，厥土有境會亭。每茶節〔六五〕，二牧皆至焉〔六六〕。斯泉也，處沙之中，居常無水。將造茶，太守具儀注拜敕祭泉。頃之，發源，其夕清溢〔六七〕。造供御者畢〔六八〕，水即微減；供堂者畢，水已半之；太守造畢，〔水〕即涸矣〔六九〕。太守或還旆稽期，則示風雷之變，或見鷙獸、毒蛇、木魅矣〔七〇〕。（《事類賦注》卷一七）

四一、唐肅宗嘗賜高士張志和奴、婢各一人〔七一〕，志和配爲夫妻〔七二〕，名之曰漁童、樵青〔七三〕。人問其故，答曰：『漁童使捧釣收綸，蘆中鼓枻；樵青使蘇蘭薪桂，竹裏煎茶〔七四〕。』（同右引）

四二、胡生者，以釘鉸爲業，居近白蘋洲。傍有古墳，每因茶飲，必奠酹之。忽夢一人謂之曰：『吾姓柳，平生善爲詩而嗜茗。感子茶茗之惠，無以爲報，欲教子爲詩。』胡生辭以不能，柳强之，曰：『但率子意言之，當有致矣。』生後遂工詩焉，時人謂之胡釘鉸詩。柳當是柳惲也〔七五〕。（同右引）

四三、甫里先生陸龜蒙，嗜茶荈，置小園於顧渚山下，歲入茶租〔十許〕，薄爲甌蟻之費。自爲《品第書》一篇，繼《茶經》、《茶訣》之後〔七六〕。（《全芳備祖·後集》卷二八、《合璧事類備要·外集》卷四二）

四四、覺林僧志崇，收茶三等：待客以驚雷莢，自奉以萱草帶，供佛以紫茸香。赴茶者，以油囊盛餘瀝歸〔七七〕。（同右引）

四五、忠州之南賓，有四國：一多陵，二多婆，三羅波，四思龍，〔茶〕皆方餅。惟多陵最上，飯後飲之消食，空腹忌飲。多婆次之，〔餘〕二國下〔七八〕。（《合璧事類備要・外集》卷四二《茶・消飲食》引）

四六、傳巽《七誨》云：蒲桃宛柰，齊柿燕栗，常陽黄梨，巫山朱橘，南中茶子，西極石蜜。寒温既畢，應下霜華之茗〔七九〕。（《事類賦注》卷一七引《茶譜》）

四七、撫州有茶衫子紙，蓋裹茶爲名也，其紙長連。自有唐以來，禮部每年給明經帖書。（《文房四譜》卷四《紙譜・雜説》引《茶譜》）

〔校證〕

〔一〕湖州顧渚紫筍　『湖州』，原作安吉州，誤。湖州，南宋寶慶元年（一二二五）始改安吉州。此乃陳景沂臆改，當回改。據李肇《國史補》卷下『湖州有顧渚之紫筍』改。《紺珠集》卷三亦作『湖州有顧渚紫筍』，是其證。

〔二〕池陽鳳嶺　『池陽』，作爲縣名，北周建德（五七二—五七八）中已廢入涇陽；或毛文錫連用作茶名，故前補『池州』地名。

〔三〕劍南蒙頂石花露鋑牙籛芽　『劍南』，《備要》、《全芳》兩書皆譌倒作『南劍』，今考南劍州本名劍州，北宋太平興國四年（九七九），始因利州路已有劍州而改名，治劍浦縣（今福建南平）。五代時無此地名，必誤無疑。據《國史補》卷下及《紺珠集》卷三『劍南有蒙頂石花』乙正。考《太平寰宇記》卷一〇〇云：（南劍州）『茶有六般：白乳、金字、蠟面、骨子、山(挺)〔鋌〕、銀字。』又，吴淑《事類賦注》卷一七稱：『蒙頂茶有霧（方案：與「露」字形近，必有一誤）鋑芽、籛芽。』此條繫於雅州，是其證。又，『鋑牙』，《備要》誤作『鍛』，又奪『牙』字。『牙』，爲『芽』之通假字。下徑改。

〔四〕綿州東川獸目　『綿州』，原無。據李肇《國史補》卷下『東川有神泉、小團、昌明、獸目』、范鎮《東齋記事》卷四『蜀之産茶凡八處……綿州之獸目』補『綿州』兩字。兩書所引全同，惟《全芳備祖》無首尾二句。此則總敍唐末、五代初各地所産名茶，故繫於本輯卷首，雖未必合乎《茶譜》原書之順序，所輯也未必全爲毛氏原文，僅以合提綱挈領之微意。以下則按《太平寰宇記》卷數爲序輯録各道、州茶品，最後附以茶故事。

〔五〕彭州……其茶餅……尤妙　方案：本條《事類賦注》卷一七引文略簡，無『其茶餅』以下文。『名』，作『有』；『其』上之『號』字原無，據補。晏殊《類要》卷八：『茶餅』，引作『餅茶』。且注稱出《茶(晉)〔譜〕》。

〔六〕方有一葉二葉　方案：本條明·曹學佺《蜀中廣記》卷六五引《遊梁雜記》云：『玉壘關〔外〕寶唐山有茶樹，懸崖而生芽，茁長三寸或五寸，始得一葉或兩葉而肥厚，名曰沙坪，乃蜀茶之極品者。』文加詳而意全同，疑亦據《茶譜》。

〔七〕味其亦片甲蟬翼之次耳　方案：本條《事類賦注》卷一七引《茶譜》而節録其文，云：『眉州洪雅、丹(陵)〔稜〕、昌(合)〔闔〕亦制餅茶，法如蒙頂。』文稍異而意全同，但已足證：樂史原書誤注出處爲《茶經》，此《茶譜》之文無疑。晏殊《類要》卷八亦摘引其文，頗多脱誤，但『亦』前可據補『味其』二字。

〔八〕邛臨……其味甘苦　方案：本條《事類賦注》卷一七引作：『邛州之臨邛、臨溪、思安、火井，有早春、火前、火後、嫩緑等上中下茶。』其不同處有二：此明著産茶數縣之名，樂史則簡作『邛臨數邑』；茶名同中有異，早春、黄芽二者，彼有而此無，可互補。晏殊《類要》卷八作『有火前、火後、嫩緑、黄〔芽〕等號』，據補『等』字。『又有』以下文，雖吴淑《賦》未引，但可證此亦樂史誤標引書之名爲《茶經》，據《蜀中廣記》卷六五引文也可證實乃《茶譜》之文。

〔九〕蜀州……麥顆　『蜀州』下，疑脱『出』字，據上下文意補。『其横源』，《晏公類要》卷八同，《事類賦注》卷一七無此三字。《合璧事類・外集》卷四二作『其黄芽』，似是；而《格致鏡原》卷二一又誤引作『横芽』。

〔一〇〕蓋取其嫩芽……最上也　方案：本條《事類賦注》卷一七引文略簡，惟『相抱』作『相把』。『取其嫩芽所造，以其芽似之也。』《晏公類要》卷八作：『取其嫩芽造，所以其芽似之也。』似文義稍勝。

〔一一〕蜀之雅州有蒙山　此七字，據《事類賦注》卷一七、葉廷珪《海録碎事》卷六補。

〔一二〕山有五頂……天下之稱　方案：本條『山有五頂，頂有茶園』，《海録碎事》卷六引作：『上有』，『各有』；『所謂』句，《海録碎事》作：『亦通呼五頂』，而《事類賦注》則『所謂』句、『通呼』句均無。又，《紺珠集》卷一〇《五花茶》云：『蒙頂又有五花茶，其片作五出〔花者最佳〕。』同卷《火前茶》：『蜀雅州蒙頂上有火前茶最好，謂禁火以前採者，後者謂之火後茶。』未注出處，疑亦引《茶譜》之文。

〔一三〕其西昌……不堪採擷　方案：本條「獨〔松〕嶺上」，「松」，原無；句前之「神泉」，原誤「神衆」；並據《輿地紀勝》卷一五二轉引《寰宇記》補、改。「西山」，原誤「兩山」，據《茶經》及《廣記》卷六五改；「並佳」下脱一「生」字，據同上補。且「綿州」前已明言「毛文錫《茶譜》云」，又，《蜀中廣記》卷六五亦稱出毛氏《茶譜》，足證《茶經·八之出》此條注文非陸羽原注，乃宋人以《茶譜》文增注而竄入。今存《茶經》最早刊本——南宋咸淳九年（一二七三）刊《百川學海》本已有此注，可證爲宋人增注。且《茶經》末句作：「西山者並佳，有過松嶺者不堪採。」似已略有删改。

〔一四〕最上騎火者　「最上」，明·陳禹謨《北堂書鈔·續補》卷一四四、《山堂肆考》卷一九三引《茶譜》均作「最爲上品」。其下又多「騎火者」三字，據補。似明代仍有《茶譜》或其殘本流傳。

〔一五〕瀘州……寘側　原作「（方）瀘州之茶樹獠，常攜瓢具，穴其側」，大誤。此卷《寰宇記》宋本已佚（僅存一頁），四庫本編者忌諱「夷」字，删「夷」字後又覺句不通，遂臆改，乃至今人有所謂「茶樹獠」之誤讀、誤點。今考宋本《方輿勝覽》卷六二引《茶經》（方案：《茶譜》之誤）文，正作：「瀘州之茶樹，夷獠常攜瓢穴其側。」從改。而《古今合璧事類備要·外集》卷四二及《格致鏡原》卷二一、明·萬邦寧《茗史》卷上卻引作「瀘州有茶樹，夷獠常攜瓢寘側」，疑「穴其側」或爲「寘側」之形近而譌，即豎寫誤分「寘」作「穴其」二字。唐宋時，瀘州爲西南各族少數民族聚居之地，時人稱之爲西南夷，故宋人任伋《題瀘州安樂山》詩云：「地兼夷漢重。」（《方輿勝覽》卷六二引）無獨有偶，明人曹學佺《蜀中廣記》卷六五引《茶經》（方案：亦《茶譜》之誤），也有「夷」字，而無「具」字。同上引二書。據上考改。

〔一六〕含於口中……其味極佳　『口』下，原脱『中』字，據右引三書補。『待其展』，《合璧事類》『展』前有『止』字；『其味極佳』，《方輿勝覽》引作『故味極佳』。

〔一七〕引茶經　方案：此條《寰宇記》引作出《茶經》。樂史所見之《茶經》已有此條，或宋初以前人已取《茶譜》此條作《茶經》注。從内容判斷，此應爲《茶譜》之文。

〔一八〕義興有灉湖之含膏　方案：今考灉湖之含膏産於岳州。見李肇《唐國史補》卷下『岳州有灉湖之含膏，常州有義興之紫筍』；又見宋·范致明《岳陽風土記》。《方輿勝覽》卷二九謂灉湖在岳州巴陵南十里，是其證。此條應改繫於岳州。古人著書，常憑記憶引文而不加核對。是毛文錫《茶譜》原誤，還是吴淑《事類賦注》引文之誤，今已難判斷。要之，『常州義興』，應改作『岳州』。

〔一九〕蘇州……味同　方案：本條樂史《寰宇記》謂出《茶説》。今考宋·葉清臣《述煮茶泉品·序》云：『予少得温氏所著《茶説》，嘗識其水泉之目有二十焉。』則唐宋之際確有《茶説》傳世。清臣，姑蘇人，無法排除温氏《茶説》中有關於洞庭茶記載的可能。但從其内容判斷，亦有《茶譜》之『譜』字形近而譌的可能。姑兩存之。又，朱長文《吴郡圖經續記》卷下亦稱：《茶經》云：『長洲縣産洞庭山者與金州、蘄州味同。』僅『味同』前脱『梁州』二字，餘全同。據上文之例，補『蘇州』二字。要之，此條《茶説》或《茶譜》文亦被宋人取以注《茶經》而非陸羽自注之文，當可斷言。

〔二〇〕杭州……與舒州同　方案：本條與《茶經·八之出》注文全同，《百川學海》本僅『與』上脱一『者』字。當爲宋人取《茶譜》文而注《茶經》者。

〔二一〕睦州之鳩坑極妙　『睦州』，原誤『穆州』，據《寰宇記》卷九五謂睦州土産有鳩坑團茶及《全芳備祖・後集》卷二八（本輯第一條）改。

〔二二〕越州……與襄州同　方案：此條與《茶經・八之出》『越州上』之下的注文基本相同。很顯然，樂史修《太平寰宇記》時所見之《茶經》，此條《茶譜》佚文已竄入爲注。

〔二三〕福州柏巖極佳　方案：宋・熊蕃《宣和北苑貢茶録》稱《茶譜》有『臘面乃産於福（州）』之説，《全芳備祖・後集》卷二八亦云福州有『方山露芽』，均可補《茶譜》所載福州茶品。

〔二四〕福州……多味之　方案：本條之方山，不屬建州，而屬福州。《寰宇記》卷一〇〇稱：方山在〔福〕州南七十里。陳景沂已列方山露芽於福州，據改。參見本輯第一條。『極治』之『極』，疑應作『亟』。又，《合璧事類・外集》卷四二亦引此條，文全同（僅脱『浸』、『極』二字），但失注引書出處。《茶經》無此條，陸羽自述已稱：〔建州等〕『十〔一〕〔二〕州未詳，往往得之，其味極佳。』（《茶經・八之出》）則《茶經》似亦《茶譜》之誤。又，此條據宋本録文。『江東老人』，四庫本脱一『老』字，謝書亦作『老人』，是。

〔二五〕宣州……瑞草魁　方案：本條謝維新書所録與陳景沂全同，惟『太守』後無『常』字，疑奪；杜詩『東吴秀』，『秀』誤作『地』。另，末署引『毛文勝《茶譜》』，『勝』，顯爲『錫』之誤。又，宋・郭知達《九家集注杜詩》卷二〇《秦州雜詩二十首》之十三杜田注引《茶譜》本條首句作『宣州宣城有塢如山』，《方輿勝覽》卷一五引文同。其末亦作『薦與京洛人士，題曰陽坡横紋茶』。同《事類賦注》。《事類賦注》卷一七亦引此則，文字稍異，並録如下：「〔宣州〕宣城縣有丫山小方餅，横鋪茗芽装面，其山東爲朝日所燭，號曰陽坡，其茶最勝。太守嘗薦於京洛人士，題曰丫山陽坡横紋茶。」其後未引杜牧詩。另，「人士」兩字原脱，據上引吴淑書補。又，「常」作「嘗」，義勝。

〔二六〕歙州　據上下文意，其下疑奪「生」字，應補。

〔二七〕洪州……極妙　方案：本條《全芳備祖·後集》卷二八、《合璧事類·外集》卷四二引作：「洪州：西山白露、雙井白芽、鶴嶺。」

〔二八〕袁州……緑脚垂下　方案：本條《全芳備祖·後集》卷二八、《合璧事類·外集》卷四二引文全同。又，兩書此則引文之末，均有「故〔吴〕公淑《賦》云『雲垂緑脚』」句，實乃抄胥闌入南宋末編者之語，此顯指吴淑《事類賦注·茶賦》之文。今人多失察，誤以爲《茶譜》之文，照抄不誤，鬧出類似「關公戰秦瓊」的大笑話。

〔二九〕鄂州……治頭疼　方案：本條影宋本「茶」字作墨疔，據上下文意補。四庫本「大茶」作「皆産茶」，疑館臣見墨疔而臆改。民國《湖北通志》卷二二引《茶譜》正作「大茶」。又，鄂州無「東山」縣，疑爲「通山」之誤。

〔三〇〕長沙……飲之　方案：《事類賦注》卷一七引此則文字頗簡略，但可參校。「四日」，原脱，據《事類賦注》及《格致鏡原》卷二一補。「拌」，原誤作「伴」，據上引改。「其風」，上引作「去風」；兩通之，但含義不同。前者謂「鄉風民俗」之「風」，後者則爲「驅風寒」之「風」。「蒸糜」，《事類賦注》作

『糕糜』。此則雖失注出處，據右引吴書則出《茶譜》無疑。

〔三一〕潭邵之間……無滓也　方案：此則繫上條『長沙』之後，亦《茶譜》文無疑。又見於《合璧事類備要·外集》卷四二。『潭邵』，《備要》形近而譌作『潭郡』；『十六七斤』，《備要》引作『十五六斤』；『無滓』，『備要』作『無脚』。《事類賦注》卷一七引《茶譜》有『渠江薄片，一斤八十枚』之文，可補本條之闕；且雖右引二書皆失注出處，但據吴書仍可論定此條出《茶譜》。

〔三二〕衡州……片團如月　方案：此則又見《格致鏡原》卷二一，引文全同。

〔三三〕涪州……最下涪陵　方案：明·陳禹謨《北堂書鈔·續補》卷一四四引《茶譜》文同，惟『最下』作『最次』。又，賓化至宋初仍産茶。《輿地紀勝》卷一七四引《圖經》云：『此縣民並是夷獠，不識州縣，與諸縣户口不同，不務農桑，以茶蠟爲供輸矣。』

〔三四〕揚州……味如蒙頂焉　方案：此則又見《太平寰宇記》卷一二三引《圖經》：『〔揚州蜀岡〕，今枕禪智寺，即隋之故宫。岡有茶園，其茶甘香，味如蒙頂。』文稍有不同，據胡仔、吴淑兩書引文，則此《圖經》引文即據《茶譜》無疑。今據胡仔書録文。其脱『岡有茶園』四字，可據樂史書引《圖經》文補。而《事類賦注》則脱一『岡』字，末句又作：『其味甘香，如蒙頂也。』

〔三五〕舒州……人不敢登　方案：此則樂書失注出處。據同書卷九三引《茶譜》有云：『杭州臨安、於潛二縣生天目山者，與舒州同。』《寰宇記》卷一二五《舒州·土産》又稱『〔貢〕開火茶』，今疑此則亦出《茶譜》，姑附録。

〔三六〕蘄州……一葉二芽也　方案：此則亦見《事類賦注》卷一七，《蘄州蘄門》四字無，據《備要》及《蘇軾詩集》卷四〇《新年五首》之四李注引《茶譜》補。蘇詩王注又引《顧渚山〔茶〕記》云：『團黄茶，有一槍兩旗之號。』（《李壁注王荆文公詩》卷三七又引作『團茶，有一槍兩旗之號』）如是，則此説實出陸羽，惟『槍』、『旗』兩字互倒耳！或毛氏《茶譜》據《茶記》録文歟？末句『言』下，吴淑《賦注》又奪『其』字。

〔三七〕渝州……十月採貢　方案：明·曹學佺《蜀中名勝記》卷一八引《茶譜》作：『南平縣有狼猱山，出茶，黄黑色，渝人重之。』（《蜀中廣記》卷一八引作『狼猱山』）據右引《茶譜》異文，似亦難以排除明人曹學佺見過《茶譜》或其殘本的可能，當然也有可能爲其轉録《寰宇記》引文時的改寫。

〔三八〕峽州……之名　方案：本則僅見於是書，且失注出處。但證諸《全芳備祖·後集》卷二八引《茶譜》文『峽州，碧澗，明月』，及《事類賦注》卷一七引《茶譜》文『有小江園、明月簝、碧澗簝、茱萸簝之名』，則足證謝維新所録爲《茶譜》中文字，僅脱一『園』字，可據右引補。

〔三九〕容州……甚甘美　方案：元·李衎《竹譜》（四庫館臣據《永樂大典》輯佚本）卷九亦載此則，文有異，並録之：『容州黄家洞有竹葉茶，如嫩竹，茶極甘美。』疑亦據《茶譜》。如是，則爲元朝《茶譜》仍存之證。

〔四〇〕蜀雅州……五出花也　方案：本則失注出處。但《事類賦注》卷一七引《茶譜》云：『茶之别者：〔有〕枳殼牙、枸杞牙、枇杷芽，皆治風疾；又有皂莢芽、槐芽、柳芽，乃上春摘其芽，和茶作之。』宋·

唐慎微《重修政和證類本草》卷一三引《圖經》文全同，《圖經》乃指蘇頌主持修纂的《圖經本草》，此《茶譜》文無疑。『有』字原脱，據補；『牙』，『芽』的通假字。《備要》此則亦出《茶譜》，且其前半部分爲今所僅見，殊可貴。又與本輯第九條輯録《事類賦注》引文可互相參證。『五花茶』句，原無，據《事類賦注》卷一七補，疑非本則蒙山茶中文，姑繫此。《備要》及《證類本草》亦無此句。

〔四一〕蜀之雅州有蒙山　『有』，原誤『名』，據《事類賦注》卷一七、《政和證類本草》卷一三、《北堂書鈔·續補》卷一四四、《山堂肆考》卷一九三、《羣芳譜》卷一八等參校諸書改（下書名用簡稱，不再注卷次）。『蒙山』下，誤衍『中頂』二字，據右引删。

〔四二〕山有五頂　『五』字原脱，據右引補。『山有』，《古今源流至論·續集》卷四作：『上有』，《羣芳譜》又作『山上有』。

〔四三〕其中頂曰上清峯　『曰』，《普濟方》卷一七二作『名』。又，《海録碎事》『上清峯』下，有『亦通呼五頂』五字；宋本《寰宇記》其下則有『所謂蒙頂茶也，爲天下之稱』句，均爲諸本所無。參見本輯第八條及注〔一二〕。

〔四四〕昔有僧病冷且久　《證類本草》『僧』下有一『人』字。

〔四五〕嘗遇一老父詢其病　『一』字原奪，據注〔四一〕所列諸書補。

〔四六〕『詢其病』至『未也』數句　方案：右引諸書均無，疑已删，下接『父曰』即其證。明·曹學佺《蜀中廣記》卷六五引舊志云：『蒙山有僧病冷且久，遇老父曰：「仙家有雷鳴茶，俟雷發生乃茁，可並手於頂採摘，用以祛疾……」』似即據《茶譜》文概括改寫。亦可佐證關於『雷鳴茶』的對話，極有可能爲《茶譜》原文。

〔四七〕常以春分之先後　『常』，《事類賦注》作『嘗』，《證類本草》及李時珍《本草綱目》卷三二作『當』，近是。

〔四八〕多傭人力　『傭』，注〔四一〕引諸本均作『構』，『傭』字義長。

〔四九〕並手……乃止　此十四字，《事類賦注》、《政和本草》作『並手採摘，三日而止』。注〔四一〕所列明清諸書均有『以多爲貴』四字，據補『以』字。

〔五〇〕即能祛宿疾　『即』，原無，據注〔四一〕所列宋人三書及李時珍《本草綱目》卷三二補。

〔五一〕二兩當眼前無疾　『眼前』，《證類本草》同，是。《普濟方》卷一七二、《羣芳譜》卷一八作『現前』，《事類賦注》作『限前』，似皆同音之誤。

〔五二〕三兩因以換骨　『因』，《普濟方》同，極是；《事類賦注》、《證類本草》皆形近而譌作『固』。

〔五三〕但精潔治之無不效者　方案：此九字，參校諸本皆無之。

〔五四〕其僧因之中頂　『其』字原脱，據《普濟方》、《證類本草》補；《事類賦注》作『是僧』。

〔五五〕築室以俟　『以俟』，參校諸本作『以候』，兩通之。

〔五六〕『既不能久』至『不衰』數句　《事類賦注》引文無。『但』至『不衰』二句，明人諸本：『但精健』作『年』，差不同；『但』前凡七字，亦無。

〔五七〕人觀其貌　『人』，原無。《事類賦注》作：『人見容貌』，『容貌』前似脱『其』字，當從底本。而底本又據此可補『人』字。

〔五八〕若年三十餘　『若』上，右引有『常』字。

〔五九〕眉髮紺緑　『紺緑』右引作『緑色』，明人諸本均作『紺緑』，是。

〔六〇〕後入青城山　《事類賦注》作：『其後入青城訪道』，明人諸本同底本，近真。僧人訪道，似不太可能。

〔六一〕今四頂茶園採摘不廢　『不廢』，《事類賦注》其上有『採摘』二字，明人諸本及底本皆無，據補。

〔六二〕惟中頂草木繁茂　『茂』，《事類賦注》作『密』，明清諸書同底本。

〔六三〕重雲積霧蔽虧日月　《事類賦注》簡作『雲霧蔽虧』，未允，應從底本及明人諸本。

〔六四〕人迹稀到矣　『稀到』，原作『希到』，乃通假字，從右引徑改。『稀到』，《古今源流至論·續集》卷四作『不至』，《山堂肆考》卷一九三作『罕到』。顯然，明人諸本與本輯用作底本的《合璧事類備要》同出一源，文字頗勝，且《備要》本條三處引文多凡百餘字，諸本皆無，尤可貴。故用《備要》作底本。

〔六五〕每茶節　『節』，《合璧事類備要·外集》卷四二作『時』。

〔六六〕二牧皆至焉　『皆』，同右引作『畢』。

〔六七〕頃之……清溢　《嘉泰吴興志》卷二〇引毛文錫《金沙泉記》作：『頃之，泉源發渚溢。』義勝。

〔六八〕造供御者畢　右引無『造』字，而『供』下有『進』字；《備要》亦無『造』字。『造』字疑衍。

〔六九〕水即涸矣　『水』，原無，據右引二書補。

〔七〇〕或見鷙獸毒蛇木魅矣　『木魅』下，《備要》、《山堂肆考》卷一九三有『暘晱之類』四字。《肆考》『木魅』，又作『水魅』。《備要》在此則引文末又有：『商旅即以顧渚水造之，無沾金沙者，今之紫筍即顧渚者，亦甚佳矣！』證諸《全芳備祖・後集》卷二八引《茶譜》有『湖州顧渚紫筍』之説，似此節僅見於《備要》之上述引文，疑亦《茶譜》之文。此則又可參見《全芳備祖・後集》卷二八引張君房《脞説》，文稍簡，疑亦據《茶譜》删改。

〔七一〕唐肅宗嘗賜高士張志和奴婢各一人　『高士』其下，錢易《南部新書》卷壬、《合璧事類備要・外集》卷四二皆有『玄真子』三字。

〔七二〕志和配爲夫妻　『志和』，同右引作『玄真子』，《備要》脱『子』字。

〔七三〕名之曰漁童樵青　『名之曰』，《新書》作『名曰』，《備要》作『名之』。

〔七四〕漁童……煎茶　方案：《茶譜》此則，據唐・顔真卿《浪迹先生玄真子張志和碑銘》節録改寫，顔文刊《全唐文》卷三四。

〔七五〕胡生者……柳惲也　方案：宋初錢易《南部新書》卷壬亦有此則，文加詳而殊不同。顯非出於同一來源。文繁不再出校。

〔七六〕甫里……之後　方案：本則據陸龜蒙《甫里先生傳》（刊《笠澤叢書》卷一，《全唐文》卷八〇二）節録改寫。『茶租』後脱『十許』二字，『甌蟻』作『甌犧』。據以校補。

〔七七〕覺林僧……盛餘瀝歸　方案：本條『覺林』，《備要》作『齊林』。『驚雷莢』，又奪一『雷』字。此則又見《雲仙雜記》卷六引《蠻甌志》，文略同。唯『赴茶者』上，多『蓋最上以供佛，而最下以自奉也』二句。似《茶譜》已刪。

〔七八〕忠州……二國下　方案：此則未注明出處，但《備要》其前之『理頭痛』，其後之『飲療風』（分見本輯第一二條、第三五條）均可證爲《茶譜》中文，從本則内容及文字風格看，亦極似《茶譜》中文，惜僅見於此，姑録存之。『餘』字，據上下文意補。

〔七九〕此爲《茶經》卷下《七之事》中引文，非《茶譜》文。吴淑誤注出處，末二句又以弘君舉《食檄》中語竄入。《茶經》作『宛柰』，此作『宛奈』，形近而誤，據改。『常陽』，應作『峘陽』，是。吴淑避宋諱追改爲『常』，應回改。

茶酒論

〔宋〕王　敷

〔提要〕

《茶酒論》，唐宋之際茶書。王敷撰，一卷，今存。此爲敦煌石室中發現的通俗文學作品，全用擬人化手法以代言體對話形式寫成。作者王敷，僅署鄉貢進士，生平無考，當爲五代、宋初人。後署『開寶三年（九七〇）壬申歲（方案：壬申爲開寶五年，疑『三』乃『五』之譌）正月十四日知術院弟子閻海真自手書記』，則宋初已廣爲流傳。有學者認爲，這是一個唐代俳優戲演出腳本。其内容爲茶、酒互誇其功效而互相爭勝，欲居尊者地位，最後由水出面評判，各打五十大板。風格詼諧，寓有人生哲理，堪稱茶文化苑囿中的奇葩。今存《敦煌寶藏》伯二七一八卷等六種寫本。王重民先生《敦煌變文集》卷三收録此篇時進行了校訂；又可據《敦煌變文集·校訂》進行參校，合此二本可爲善本。令人遺憾的是：《全宋文》卷四七編入時，未能充分利用上述二者的校訂成果。今張涌泉、黄徵《敦煌變文校注》（中華書局一九九七年版）卷三收有《茶酒論》，校注博採衆説，允稱精善。徵得校注者慨允，全文收入本編。另外，郝春文主編的《英藏敦煌社會歷史文獻釋録》第二卷第二九二至二九三頁（社會科學文獻出版社，二〇〇三）收録斯四〇六，這是《茶酒論》的殘卷，即上述《校注》所稱的『戊本』。郝氏用作底本，用甲、乙、丙、丁四種參校，仍間有發明，可參閲。又，偶有鄙意，則以『方案』而出之。本書校證，迻録王重民先生原校及張、王二君校注，故格式與本書校證不同，特此説明。

茶酒論 并序〔一〕

鄉貢進士王敷〔二〕撰

竊見神農曾嘗百草，五穀從此得分；軒轅製〔三〕其衣服，流傳教示後人。倉頡致（製）〔四〕其文字，孔后闡化儒因。不可從頭細説，撮其樞要之陳〔五〕。暫問茶之與酒，兩個〔六〕誰有功勳？阿誰即合卑小，阿誰即合稱尊？今日各須立理，强者光〔七〕飾一門。

茶〔八〕乃出來言曰：『諸人莫鬧，聽説些些。百草之首，萬木之〔九〕花。貴之取蕊，重之摘〔一〇〕芽。呼之茗〔一一〕草，號之作茶。貢五侯宅〔一二〕，奉〔一三〕帝王家。時新〔一四〕獻入，一世榮華。自然尊貴，何用論誇！』

酒乃出來：『可笑詞説〔一五〕！自古至〔一六〕今，茶賤酒貴。單（簞）醪〔一七〕投河，三軍告醉。君王飲之〔一八〕，叫呼萬歲。群臣飲之，賜卿無畏。和死定生，神明〔一九〕歆〔二〇〕氣。酒食〔二一〕向人，終無惡意。有酒有令〔二二〕，人（仁）義禮智。自合稱尊，何勞比類！』

茶爲（謂）〔二三〕酒曰：『阿你不聞道：浮梁、歙州，萬國來求〔二四〕。蜀山〔二五〕、蒙頂〔二六〕，其（騎）〔二七〕山驀嶺。舒城、太胡（湖），買婢買奴。越郡、餘杭，金帛爲〔二八〕囊。素紫天子〔二九〕，人間亦少〔三〇〕。商客來求〔三一〕，船〔三二〕車塞紹〔三三〕。據此蹤由，阿誰合小〔三四〕？』

酒爲（謂）〔三五〕茶曰：『阿你不聞〔三六〕道：劑〔三七〕酒、乾和〔三八〕，博錦博羅〔三九〕。蒲桃、九醞〔四〇〕，於身有潤〔四一〕。玉酒、瓊漿〔四二〕，仙人〔四三〕盃觴。菊花、竹葉〔四四〕，〔君王交接〕〔四五〕。中山趙母，甘甜〔四六〕美苦。一醉三年，流傳今古〔四七〕。禮讓鄉閭〔四八〕，調和軍府。阿你頭惱（腦）〔四九〕，不須乾努〔五〇〕。』

茶爲（謂）酒曰：『我之茗草，萬木之心。或白如玉，或似黄金。名〔五一〕僧大德，幽隱禪林。飲之語話〔五二〕，能去昏沉。供養彌勒，奉獻觀音。千劫萬劫，諸佛相欽。酒能破家散宅〔五三〕，廣作邪淫〔五四〕。打〔五五〕却三盞已後，令人只是罪深。』

酒爲（謂）茶曰：『三文一㼦〔五六〕，何年得富？酒通貴人，公卿所慕。曾遣〔五七〕趙主彈琴，秦王擊缶〔五八〕。不可把茶請歌，不可爲茶交（教）〔五九〕舞。茶喫只是腰〔六〇〕疼，多喫令人患肚〔六一〕。一日打卻十盃〔六二〕，腹脹〔六三〕又同衙鼓〔六四〕。若也服之三年，養蝦蟆得水病報〔六五〕。』

茶爲（謂）〔六六〕酒曰：『我三十成名，束〔六七〕帶巾櫛。驀海騎〔六八〕江，來朝今〔六九〕室。將到市鄽，安排未畢。人來買之，錢財盈溢〔七〇〕。言下〔七一〕便得富饒，不在明朝後日。阿你酒能昏亂，喫了多饒〔七二〕啾唧〔七三〕。街中〔七四〕羅織平人，脊〔七五〕上少須十七〔七六〕！』

酒爲（謂）茶曰：『豈不〔七七〕見古人〔七八〕才子，吟詩盡道〔七九〕：「渴來一盞，能生養〔八〇〕命。」又道：「酒是消愁藥。」〔八一〕又道：「酒能養賢。」古人糟粕〔八二〕，今乃流傳。茶賤三文五碗，酒賤中（盅）半七文〔八三〕。致〔八四〕酒謝坐，禮讓周旋〔八五〕。國家音樂，本爲酒泉〔八六〕。終朝喫你茶水，敢動些些管弦！』

茶爲（謂）酒曰：『阿你不見道：男兒〔八七〕十四五〔八八〕，莫與酒家親。君不見猩猩鳥〔八九〕，爲酒喪其身。

阿你即道：茶喫發病〔九〇〕，酒喫養賢。即見道有酒黃〔九一〕酒病，不見〔九二〕道有茶瘋〔九三〕茶顛。阿闍世王爲酒殺父害母〔九四〕，劉零（伶）爲酒一死〔九五〕三年。喫了張眉竪〔九六〕眼，怒鬥宣〔九七〕拳。狀上只言麤〔九八〕豪酒醉，不曾有茶醉相言。不免求首（守）〔九九〕杖子〔一〇〇〕，本典〔一〇一〕索錢。大枷搕〔一〇二〕項，背上抛〔一〇三〕椽〔一〇四〕。便即燒香斷酒，念佛求天。終身不喫，望免〔一〇五〕迍邅〔一〇六〕。』兩個〔一〇七〕政（正）〔一〇八〕爭人我〔一〇九〕，不知水在傍邊。

水爲（謂）〔一一〇〕茶、酒曰：『阿你兩個，何用忩忩〔一一一〕！阿誰許你，各擬論功？言詞相毁，道西説東。人生四大，地水火風。茶不得水，作何相貌？酒不得水，作甚形容〔一一二〕？米麴乾喫，損人腸胃〔一一三〕；茶片乾喫，只糲（礪）〔一一四〕破喉嚨。萬物須水，五穀之宗。上應乾象，下順吉凶。江河淮濟，有我即通。亦能漂蕩天地，亦能涸殺魚龍。堯時九年災迹，只緣我在其中。感得〔一一五〕天下欽奉，萬姓依從。由自不説能聖〔一一六〕，兩個（何）〔一一七〕用爭功？從今已後〔一一八〕，切須和同。酒店發富，茶坊不窮。長爲兄弟，須得始終。若人讀之一本，永世不害酒顛茶風〔一一九〕。

《茶酒論》一卷

開寶三年〔一二〇〕壬申歲正月十四日知術院弟子閻海真自手書記

〔校證〕

〔一〕王重民原校：『題及撰人，皆依原卷。此論現存六寫本，其編號及校次如下：

原卷　伯二七一八　有前後題撰人題名及鈔寫人閻海真題記。

甲卷　伯三九一〇　書法不佳。
乙卷　伯二九七二
丙卷　伯二八七五
丁卷　斯五七七四
戊卷　斯四〇六

丙、丁、戊三卷是王慶菽同志據她的顯微膠片代校的。』按：　甲卷有前、後題，内容漏誤較多，首行題『己卯年正月十八日陰奴兒界（三界寺）學子』，接鈔《茶酒論》、《新合千文皇帝感辭》、《新合孝經皇帝感辭》、韋莊《秦婦吟》，末題『癸未年二月六日淨土寺彌趙員住方手遣（書）』，又起一行題『癸未年二月六日淨土寺趙訑』；　乙卷存後半，後題『茶酒論』三字，卷背有『金光明寺』字樣；　丙卷存前題『茶須（酒）論一卷并序』，卷中間横斷，後半皆殘；　丁卷存前題，卷中横斷；　戊卷存前半，有前後題。丁、戊卷『一卷』皆作『一首』。原録篇題據原卷作『茶酒論一卷并序』，因『一卷』二字非篇名所有，兹除去。

〔二〕敷，原録作『敷』。潘校：『原卷「敷」，甲卷作「敫」，丁卷作「敖」，戊卷作「散」。丙卷紙殘損，缺此行作者署名。』按：　原卷作『敫』，甲卷作『敫』，丁卷作『敖』，戊卷作『散』。敦煌寫本『敷』作『敫』，别卷皆當即『敷』之變體。

〔三〕原校：『「製」原作「制」，據丙、丁兩卷改。』

〔四〕致，讀作『製』，又『倉頡』甲卷右邊皆從『鳥』旁。

〔五〕原校：『戊卷此句作「撮其機要之間」改。』按：丁卷『樞』亦作『機』。又丁卷上句『不可從頭』及以上爲一斷片，原件整理時誤貼在後。

〔六〕兩個，戊卷作『兩家』。『兩家』即雙方。

〔七〕光，原録作『先』。江藍生校：『先，當爲「光」之形譌。「光飾一門」言光耀門庭。』按：戊卷正作『光』，此據改。『光飾』本義爲裝飾，如東漢佚名譯《雜譬喻經》卷上：『時王出戲，道過一大樹，樹華茂好，欲取二夫人身上以爲光飾。』引申爲榮耀，如《三國志》卷一一《張臶傳》：『毓教曰：「張先生所謂上不事天子，下不友諸侯者也。此豈版謁所可光飾哉！」』又此上一段爲《序》。

〔八〕原校：『戊卷「茶」字上有「第一」兩字。次「酒」「茶」「酒」三段均有「第二」「第三」「第四」字樣，以後無。』按：戊卷在『茶乃出來言曰』上多出『第一茶曰』四字，以下分別多出『第二酒曰』、『第三茶曰』、『第四酒曰』，以後卷子殘損，依例亦當有此等字樣。

〔九〕原校：『甲卷「之」作「諸」。』

〔一〇〕原録『摘』作『擿』。原校：『丙、丁兩卷「擿」作「摘」，戊卷作「作」。』按：甲卷亦作『摘』，『擿』即『摘』字。

〔一一〕原校：『「茗」原作「名」，據丙卷改。』按：『茗』又作『名』者雙關名貴義。《爾雅・釋木》：『檟，苦茶。』郭璞注：『今呼早採者爲茶，晚取者爲茗。』『荼』即『茶』之古字，本篇各卷或作『荼』，或作『茶』，亦或作俗字『㭘』、『𣘻』，今録文皆作『茶』，不再出校。

〔一二〕五侯宅：貴族之家。戊卷『侯』誤作『俠』。

〔一三〕原校：『戊卷「奉」作「進」。』

〔一四〕原校：『「時新」原作「時時」，據丙、戊兩卷改。』

〔一五〕『説』音『税』，與下文『貴』、『醉』等押韻。

〔一六〕原校：『「至」原作「之」，據甲卷改。』按：『之』、『至』爲同義詞。又『古』甲、戊卷作『故』。

〔一七〕醪，戊卷作『勞』。『單醪』讀作『箪醪』。

〔一八〕原校：『甲卷「之」作「諸」。』

〔一九〕原校：『丁卷「神明」作「神名」。』按：甲卷作『巨飲』。『巨』爲『臣』之訛，通『神』。

〔二〇〕《説文》：『歆，神食氣也。』

〔二一〕食，丁卷作『飾』，戊卷作『飯』。

〔二二〕原校：『甲卷「令」作「禮」。』按：『禮』爲『令』之借音字。

〔二三〕爲，通『謂』，丁卷即作『謂』。

〔二四〕『求』上原卷有『投』字。浮梁爲縣名，在江西。白居易《琵琶行》：『前月浮梁買茶去。』

〔二五〕蜀山，原録作『蜀川』。原校：『戊卷「蜀川」作「濁山」。』徐校：『「川」當作「山」，「蜀山」或指宜興之蜀山，或泛指蜀中之山，皆可通。』蔣禮鴻校：『蜀川當作蜀山。明人許次紓《許然明先生茶疏》云：「江南地煖，故獨宜茶。大江以北，則稱六安。然六安乃其郡名，其實産霍山縣之大蜀山也。」』此據改。

方案：此作『蜀山』、『蜀川』皆可通，乃指蜀中雅州蒙山茶既多又精。

〔二六〕蒙，原録作『流』。原校：『丁卷「流頂」作「流酒」，丙卷作「濛頂」。』按作「濛頂」是，當即「蒙頂」。蔣禮鴻引《許明先生茶疏》：『古人論茶，必首蒙頂。蒙頂山，蜀雅州山也。』又引《苕溪漁隱叢話·前集》卷四六所引范鎮《東齋紀事》：『蜀中數處産茶，雅州蒙頂最佳。』按：丁卷作『流須』，『須』即『頂』字之訛。敦煌寫本『頂』多寫作『須』或『項』。『流』乃『濛』之訛。

〔二七〕徐校：『據下文「蓦海其江」之「其」乙卷作「騎」，則此處「其」字亦當作「騎」。』按：『蓦』爲上馬，引申爲度越，『騎』則因與『蓦』互文而亦具度越義。黄靈庚校『其』爲『躋』，恐未確。

〔二八〕爲，甲卷作『千』。又丁卷上句『餘杭』及以下皆殘。

〔二九〕素紫天子，甲卷作『索潤紫天子』，戊卷作『紫天子』。『素紫』爲淺紫色，安徽博物館藏敦煌卷子二娘子家書：『素紫羅裹肚一條，亦與阿姊。』至於『素紫天子』則當爲茶葉名。方案：似當爲喻指極品名茶而非實指『茶葉名』。

〔三〇〕甲卷『人』上有『弃』字，戊卷『少』作『小』。此二句意未詳。

〔三一〕原校：『戊卷「來求」作「凡達」。』按：丙卷『來求』倒作『求來』。

〔三二〕船，原録作『舡』。按：甲、丙卷作『舩』，皆『船』俗字。

〔三三〕原校：『戊卷「塞紹」作「塞閙」。』按：『塞紹』、『塞閙』皆車船多而擁塞貌，『塞』即『逼塞』之塞。『塞紹』蓋爲偏義複詞。《舊唐書·食貨下》：『入洛即漕路乾淺，船艘隘閙。』『隘閙』、『塞閙』義同。

〔三四〕小，原録作『少』。按：甲卷作『小』，此據改。《序稱》『阿誰即合卑小』，故知『少』乃『小』之借音字。

〔三五〕爲，丙卷作『謂』。

〔三六〕聞，原録作『問』，校作『聞』。原校：『戊卷「不問」作「曾聞」。按作「聞」是。』按：戊卷『阿你不問』作『曾』一字，甲、丙卷『問』皆作『聞』。兹據改。

〔三七〕原校：『丙卷「劑」作「齊」，戊卷作「酎」。』按：『劑』可指酒、藥之類，字古多作『齊』，《周禮・天官冢宰下》：『辨五齊之名：一曰泛齊，二曰醴齊，三曰盎齊，四曰緹齊，五曰沈齊。辨三酒之物：一曰事酒，二曰昔酒，三曰清酒。』又：『凡祭祀，以法共五齊三酒。……唯齊酒不貳。』後魏高允《酒訓》：『玄酒在堂，⿰酉齊酒在下。』『⿰酉齊』即『齊』。『酎』亦同酒，《齊民要術・笨麴餅酒》有造『黍米酎』法等，故『劑酒』、『齊酒』、『酎酒』皆可作同義連文。然據下文皆道酒名，則此處似亦酒名。

〔三八〕乾和：酒名，『乾』爲乾濕之乾，『和』爲調和之和。《齊民要術・笨麴餅酒》：『作和酒法：酒一斗，胡椒六十枚，乾薑一分，鷄舌香一分，蓽撥六枚，下簁，絹囊盛，内酒中。一宿，蜜一升和之。』『和酒』應即乾和之類。張籍《和左司元郎中秋居十首》之二：『學書求墨迹，釀酒愛乾和。』宋竇苹《酒譜》引此詩云：『即今人不入水也。并、汾間以爲貴品，名之曰乾酢酒。』

〔三九〕博：交易。『博錦博羅』謂酒之名貴，可换取錦羅。《宋書・索虜傳》：『我往揚州住，且可博其土地。』注：『傖人謂换易爲博。』又《唐國史補》下：『舊説吏部爲省眼，……省下語曰：「後行祠屯，不博中行都門。」』又：『酒則有……嶺南之靈溪、博羅。』張鴻勳謂本文『博羅』亦酒名，然『博錦』無解，故恐未確。

〔四〇〕蒲桃、九醖：皆酒名。『蒲桃』亦即『葡萄』，《三國志·魏書·明帝紀》注引《三輔决録》：『他又以蒲桃酒一斛遺讓，即拜凉州刺史。』《西京雜記》卷一：『漢制，宗廟八月飲酎，用九醖太牢，皇帝侍祠，以正月旦作酒，八月成，名曰酎，一曰九醖，一名醇酎。』

〔四一〕潤：補益。

〔四二〕玉酒、瓊漿：皆酒名，仙人所飲。

〔四三〕戊卷止於此。

〔四四〕菊花、竹葉：皆酒名，即菊花酒、竹葉清。

〔四五〕原校：『「君王交接」四字據甲卷補。』按：丙卷亦存。

〔四六〕甜，原録作『甛』。按：甲卷作『甜』。

〔四七〕晉朝張華《博物志》卷十：『時劉玄石於中山酒家酤酒，酒家與千日酒，忘言其節度。歸至家當醉，而家人不知，以爲死也，權葬之。酒家計千日滿，乃憶玄石前來酤酒，醉當醒耳。往視之，云：「玄石亡來三年，已葬。」於是開棺，醉始醒。俗云：「玄石飲酒，一醉千日。」』又『今古』及以下丙卷皆殘。

〔四八〕原校：『「閭」原作「侣」，據甲卷改。』

〔四九〕惱，甲卷同，讀作『腦』。敦煌寫本『惱』、『腦』多不分。『頭腦』即頭顱。

〔五〇〕乾努：白費勁。『努』是朝某一方向用勁之意。《諸病源候論》卷四引《養生方導引法》：『抑頭卻背，一時極勢。……頭向下努，手長舒。」即其例。

〔五一〕名，原録作『明』，校作『名』。按：甲卷作『名』，此據改。『名僧』、『大德』皆即高僧。

〔五二〕語話：談論。

〔五三〕原校：『甲卷無「散宅」二字。』

〔五四〕淫，原録從女旁。按：原卷、甲卷皆作『滛』，即『淫』之俗字。

〔五五〕打：飲食，喫。下文『一日打卻十盃，腹脹又同衙鼓』、『喫了多饒啾唧』，『打』、『喫』雜用，其義皆同。又乙卷自以下『三』字始。

〔五六〕瓷，原録作『沅』，校作『瓷』。按：原卷作『沅』，甲卷作『沅』，乙卷作『沅』，皆即『瓷』之俗字，是陶磁飲具。方案：似即茶碗、茶杯、茶壺之類，今稱『茶缸』者，或其遺意。

〔五七〕遣，原録作『道』。按：乙卷作『遣』，此據改。『道』蓋『遣』之形訛。

〔五八〕缶，乙卷作『鼓』。

〔五九〕交，通『教』。乙卷作『作』。

〔六〇〕腰，原録作『要』。按：原卷實作『𦟛』，即『腰』字。

〔六一〕患肚：腹痛。『患肚』通常指腹瀉，但飲茶並不導致腹瀉，故此處應指肚子疼痛難受。方案：此『患肚』，似指腹脹，下文明言『腹脹又同衙鼓』，是其證，而非疼痛。

〔六二〕盃，乙卷作『榲』，即『甌』字。

〔六三〕腹，原録作『腸』。按：乙卷作『腹』，此據改。『腸』蓋『腹』之形訛。甲卷『腹脹』作『能腸』，亦爲形訛。《諸病源候論》卷一六《腹脹候》：『腹脹者，由陽氣外虚、陰氣内積故也。……苦腹脹善鳴，左手關後尺中脈浮爲陽。』所附《養生方導引法》云：『端坐生腰，口納氣數十，除腹滿食飲過飽、寒熱腹中痛疼。』

〔六四〕衙鼓：衙門所懸之鼓，比喻腹脹善鳴。白居易《庾樓曉望》詩：『子城陰處猶殘雪，衙鼓聲前未有塵。』

〔六五〕原校：『乙卷「報」下有「苦」字。啓謂：「報爲鼓字音誤。」當是也。』徐校云：『「啓校「報」爲「鼓」字形訛，是也。同「臌」。」』蔣禮鴻校：『「校記説「報」是「鼓」字形訛，恐不確。」』張涌泉校：『「報」是報應之意。「報」可讀模韻音，懷疑也就涣然冰釋了。《目連緣起》「慈烏返報（哺）」的以「報」代「哺」；《破魔變文》「𩅦𩆁之雲空裏報」，校記：「已卷報作布。」這很可能是唐五代西北方音。』潘校：『「乙卷作「報苦」，苦與上「鼓」、「肚」押韻。」按：《金瓶梅》第一八回：『婦人道：「那日你便進來了，上房的好不和我合氣，説我在他跟前頂嘴來，駡我不識高低的貨。我想起來爲什麽，養蝦蟆得水蠱兒病，如今倒教人惱我。」』『水蠱兒病』即水病，可見此一俗諺甚爲流行。至於『報』字，既可入韻（《集韻》又音『芳遇切』），也就不煩改了，『苦』字僅見於乙卷，似不足以校正餘卷。

〔六六〕爲，乙卷作『謂』。

〔六七〕束，原録作『束』。按：原卷、甲卷皆作『束』，乙卷作『束』。『束帶巾櫛』即穿着整齊，指入仕。《唐國史補》下：『李建爲吏部郎中，常言於同列曰：「……大凡中人，三十成名，四十乃至清列，遲速爲宜。」』即謂三十成名以後乃入仕。

〔六八〕騎，原録作『其』。原校：『乙卷「其」作「騎」。』今據乙卷改。黄靈庚校作『濟』，恐未確。

〔六九〕原校：『甲卷「今」作「金」。』按：乙卷亦作『金』。又『朝』字乙卷作『投』。『今室』蓋謂此處。

〔七〇〕盈溢：滿、多。干寶《搜神記》卷一『孫策』條：『比至日中，大雨總至，溪澗盈溢。』

〔七一〕言下：説話之間，即片刻、立時之意。

〔七二〕原校：『乙卷「多饒」作「更多」。』按：『饒』即多。

〔七三〕啾唧：吵罵大聲貌。伯三七二四王梵志詩：『醜婦來惡罵，啾唧搦頭灰。』

〔七四〕中，原録作『上』。按：原卷作『中』，甲、乙卷同。

〔七五〕脊，乙卷作『背』，即『背』俗字。

〔七六〕少須十七：至少杖責十七下。蔣禮鴻云：『這是説至少須杖脊十七下，十七是杖責中的最少數。近人陳垣《校勘學釋例》第二十，妄改三例：「元制，杖以七爲斷，凡稱杖十七至一百七者，皆曰一十七下，一百七下。」』按：杖責之較少數常爲五下，《燕子賦（一）》有『五下乃是調子』之語可證。明田藝蘅《留青日札摘抄》卷一《大誥減等》：『元世祖笞杖之刑既定，曰：天饒他一下，地饒他一下，我饒他一下。』此『十七』爲減刑。然唐人杖刑無此制度，如斯六五三七《社條》：『上下有此之輩，決丈（杖）十七。』而同屬社條，同上卷號另一篇：『衆社各決丈（杖）三十棒。』斯二〇四一云：『決十下，殯

（擯）出。』伯三七三〇云：『決丈（杖）七下。』斯六五三七另一篇：『少者決仗十三。』（少字去聲）斯五六二九云：『每人決丈（杖）五棒。』又云：『痛丈（杖）十丈（杖）。』斯五二七云：『各人快（決）杖叁棒。』綜考唐人杖擊之數，大抵有奇、偶二數，奇數爲一、三、五、七等，偶數有十、二十、三十、一百等，二、四、六、八及一百零幾者罕見。方案：此既爲小説或戲劇腳本，似就不必苛求其合唐宋元杖責之制。

〔七七〕乙卷無『不』字。

〔七八〕原校：『王慶菽疑「古人」當作「古今」。』按：『古人才子』即指古之才子，下文『古人糟粕』亦言『古人』。

〔七九〕原校：『乙卷「吟詩盡道」作「詩道」。』

〔八〇〕『養』字乙卷無。

〔八一〕消，乙卷作『銷』。白居易《勸酒》：『俗號消愁藥，神速無以加。』

〔八二〕糟，原卷作『糠』，甲卷作『稜』，乙卷作『糟』。糟粕，義爲法則，傳統，如斯六一八一《兒郎偉》：『驅儺古人糟粕，遞代相傳。』唐睿宗《誡勵風俗敕》：『婚禮糟粕或存，冠禮久爲廢闕。』『糟粕』皆與酒無涉，可證。

〔八三〕徐校：『「文」疑當作「錢」，與賢、傳、旋、泉、弦爲韻。』

〔八四〕致，乙卷作『置』。

〔八五〕禮，原録作『木』旁字；旋，原録作『扗』。按：甲卷作『礼』，即『禮』之簡體，『旋』原卷、乙卷作『旋』，甲卷作『旋』，皆即『旋』字。

〔八六〕酒泉：地名，此指酒。《漢書·地理志下》『酒泉郡』下顔注：『舊俗傳云城下有金泉，泉味如酒。』

〔八七〕男兒，乙卷作『男女』。按：『男女』即兒女。

〔八八〕原校：『甲、乙兩卷「十四五」並作「十四十五」。』

〔八九〕猩，原録作『生』。原校：『乙卷「生生鳥」作「性性鳥」。』徐校：『「生生」同「狌狌」、「猩猩」。《御覽》九〇八引《蜀志》云：「封溪縣有獸曰猩猩，人知以酒取之。猩猩覺，初暫嘗之，得其味，甘而飲之，終見羈縛也。」此所謂「爲酒喪身也」。』按：乙卷作『牲牲鳥』，『生生』、『牲牲』皆『狌狌』之音借，亦即『猩猩』，兹徑改。《伍子胥變文》有『禽號姓姓，鳥名狒狒』之語，『姓』亦『狌』之借字。

〔九〇〕病，甲卷作『顛』。

〔九一〕黄，乙卷作『癀』。按：『癀』即『黄』之後起增旁字。酒病體黄謂之『黄』，以其爲病，故加病旁。《龍龕手鏡》：『癀，音黄，癀病也。』

〔九二〕不見，乙卷作『不聞』，『不見』猶『不聞』也。

〔九三〕瘋，甲卷作『風』。按『瘋』爲『風』之後起字。張祜《宋城道中逢王直方八韻》：『茶風無奈筆，酒秃不勝簪。』

〔九四〕殺，原録作『敍』。原校：『甲卷「殺父害母」作「殺害父母」，乙卷作「殺父母」。』按：原卷、甲卷『敍』皆作煞，即『殺』俗字。

〔九五〕死，乙卷作『醉』。

〔九六〕竪，原録作『豎』。按：原卷實作『竪』。

〔九七〕宣，乙卷作『揎』。徐校：『「宣」同「揎」。』按：『宣』即露出，『宣拳』或『揎拳』謂捋袖出拳。

〔九八〕麤，原録作『麁』，俗字。

〔九九〕首，原卷先寫『手』，右加『：』號删去，接改爲『首』。袁賓校：『「首」借作「守」，《後漢書・竇融傳》：「融於是日往守萌，辭讓鉅鹿，圖出河西。」李賢等注：「守猶求也。」「求守」爲同義並列語詞，意爲祈求。』

〔一〇〇〕杖子：當指執杖施刑之吏卒。『求守杖子』謂向杖子求情。

〔一〇一〕本典：審理本按之官吏。

〔一〇二〕搕，原録作『榼』。按：原卷、甲卷作『榼』，乙卷作『搕』，皆即『搕』之俗字。《廣韻・合韻》『烏合切』：『搕，以手盍也。』《集韻》：『搕，以手覆也。』《龍龕手鏡》：『搕，烏合反，以手蓋搕也。』

〔一〇三〕抛，原録作『拋』而校作『抛』。按：原卷作『槐』，甲卷作『拋』，皆即『抛』之俗字。乙卷作『拖』。

〔一〇四〕椽，原録作『椓』而校作『椽』。按：原卷及甲、乙卷皆作『椓』，即『椽』之俗字。『椽』指搕在項上的長枷的枷梢，以其形長如椽，故稱之爲『椽』。『抛椽』、『拖椽』皆狀寫長枷之貌，『拖』字更形象。《清平山堂話本・簡貼和尚》：『山前行看着靜山大王，道聲與獄子：「把枷梢一紐！」枷梢在上，道士頭向下，拿起把荊子來，打得殺豬也似叫。』證之伯二八七〇《十王經》圖，可知『椽』即長枷之枷梢。後魏高肇《奏定大枷》：『但枷之輕重，先無成制。臣等參量，造大枷長一丈三尺，喉下長一丈，通頰木各方五寸，以擬大逆外叛；杻械以掌流刑以上。諸臺寺州郡大枷，請悉焚之。』可見大枷即長枷，以其枷梢之長、大而得名。

〔一〇五〕原校：『「免」原作「逸」，據甲、乙兩卷改。』

〔一〇六〕迍邅：災難。《捉季布傳文》：『今且如何免禍迍？』『禍迍』即禍災。

〔一〇七〕兩個，甲卷作『兩家』，意即雙方。

〔一〇八〕政，讀作『正』。

〔一〇九〕蔣禮鴻云：『人我，同「彼我」，是己非人，較量爭勝的意思。』

〔一一〇〕原校：『乙卷「爲」作「謂」。』

〔一一一〕怱，原録作『忩』，俗字。蔣禮鴻釋『怱怱』爲『悲哀』。於此條下云：『這裏指茶和酒紛爭，意義又不同。』

〔一一二〕乙卷止於此。

〔一一三〕胃，原録作『⿰月胃』而校作『胃』。按：此即『胃』之俗字。

〔一一四〕糲，讀作『剺』，割、劃之意。《説文》：『剺，剥也，劃也。』

〔一一五〕感得：使得。詳《通釋》。

〔一一六〕聖：本領出衆神通。干寶《搜神記》卷一五：『秦始皇時，……然汝有靈聖，使我見汝生平之面。』

若無神靈，從兹而別。』

〔一一七〕原校：『「何」字據甲卷補。』

〔一一八〕已後，甲卷作『向後』。

〔一一九〕風，原録校作『瘋』。按：『風』爲『瘋』之古字，不煩校。

〔一二〇〕開寶三年：公元九七〇年。但據『壬申歲』推算，『三年』似應作『五年』。開寶爲宋太祖年號。

北苑茶録

〔宋〕丁　謂

〔提要〕

《北苑茶録》，宋初關於北苑茶採造法式的茶書。丁謂撰，三卷，已佚。丁謂（九六六—一〇三七），字謂之，後更字公言，蘇州長洲（治今江蘇蘇州）人。長洲，乃宋初蘇州屬縣，治所在今蘇州市中心，歷來的論著均誤稱其爲吴縣人或蘇州人。淳化三年（九九二），進士及第，曾爲饒州通判。淳化、至道年間（九九四—九九七），兩使福建，先爲採訪使，次爲轉運使。在任製大龍團茶充貢，此書即在北苑監造貢茶時所撰。咸平初，除三司户部判官、權三司使；大中祥符初，真拜三司使。五年（一〇一二），擢參知政事，九年，出知昇州（治今江蘇南京）。天禧三年（一〇一九），復拜參知政事；四年，任樞密使、遷平章事。乾興元年（一〇二二），封晉公，爲山陵使，因擅移真宗陵墓而獲罪貶崖州司户參軍。明道中，以秘書監致仕。其生平見《長編》、《宋會要輯稿》、殘本《宋太宗實録》、曾鞏《隆平集》等諸書，據此可考訂《宋史·丁謂傳》記事之誤。作爲政治家的丁謂，歷來多有譏評；但丁謂多才多藝，博學擅詩文，王禹偁嘗有『其文類韓柳，其詩類杜甫』之譽，其於茶、香、音樂、琴棋、書畫也有很深的造詣。丁謂著述極富，有數十種數百卷之多，不幸的是，已幾乎全部佚亡。《全宋文》和《全宋詩》編者，分別輯得其文三十七篇，其詩一百二十六首，丁詩佚句三十四首；仍未免有遺珠之憾。日本留學生池澤滋子撰有《丁謂研究》（巴蜀書社，一九九八），於丁謂生平史料鈎沉，用力甚勤。《北苑茶録》又名《建陽茶録》、《建安茶録》、《北苑茶經》，又常簡稱爲《茶録》、《茶圖》。丁謂《北苑焙新茶》詩序述其書原委曰：『天下産茶者七十郡半。每歲入貢，皆以社前、火前爲名，悉無其實。惟建州出茶有焙，焙有三十六，三十六中惟北苑發早而味尤佳。社前十五日即採其芽，日數千工，聚而造之，逼社即入貢。工甚大，造甚精，皆載於所撰《建陽茶録》，仍作詩以大其事。』蔡襄《茶録》自序則稱：『丁謂《茶圖》獨論採造之本，至於烹試，曾未有聞。』是説此書圖文並茂，是關於北苑茶採製法式之書而不及烹點之法。《晁志》介紹是書尤爲詳明：『［丁］謂咸平中爲閩漕（方案：此説誤），監督州吏，創造規模，精緻嚴謹。録其園焙之數，圖繪器具及敍採製、入貢法式。』可證是書還有另外兩方面的内容：即關於北苑茶焙數量、規模、方位的介紹和以繪圖形式具體形象直觀地介紹採製茶時所使用的器具。成爲後來宋人記述北苑茶之書的張本。是書，同時人楊億（九七四—一〇二〇）《楊文公談苑》、《通志略·四》、《宋志·四》及《崇文總目》卷三著録爲《北苑茶録》，《晁志》、《通考》則著録爲《建安茶録》；《尤目》又稱之爲《北苑茶經》，疑爲手民誤刊，其卷數也有一、二、三卷之别。這表明，宋代是書曾有不少刊本流傳，不幸的是，卻已全部佚亡。今可從《夢溪筆談》、《蘇軾詩注》，宋子安《東溪試茶録》、《宣和北苑貢茶録》，高承《事物紀原》及《通考》卷二八五等諸書中輯得佚文十餘條。

北苑茶録輯佚

一、北苑，地名也〔一〕，今曰龍焙〔二〕。（沈括《夢溪筆談·補筆談》卷一）

二、苑者，天子園囿之名。此在列郡之東隅，緣何卻名北苑？（同右引）

三、北苑，里名。官焙曰龍焙，蓋造御茶也〔三〕。（清·馮應榴《蘇軾詩集合注》卷一三《和蔣夔寄茶》轉引宋·施元之注引）

四、鳳山高不百丈，無危峯絶巘，而崗阜環抱，氣勢柔秀，宜乎嘉植靈卉之所發也。（宋子安《東溪試茶録·序》）

五、建安茶品，甲於天下。疑山川至靈之卉，天地始和之氣，盡此茶矣！（同右引）

六、石乳，山壑嶺斷崖缺石之間，蓋草木之仙骨。（同右引）

七、北苑壑源嶺及總記官私諸焙千三百三十六耳。（同右引）

八、烏蔕、白合，茶之大病。不去烏蔕，則色黄黑而惡；不去白合，則味苦澀。（東溪試茶録·茶病》）

九、官私之焙千三百三十有六，而獨記官焙三十二。東山之焙十有四：北苑龍焙一，乳橘内焙二，乳橘外焙三，重院四，壑嶺五，渭源六，范源七，蘇口八，東宫九，石坑十，建溪十一，香口十二，火梨十三，開山十四；南溪之焙十有二：下瞿一，濛洲東二，汾東三，南溪四，斯源五，小香六，際會七，謝坑八，沙龍九，南鄉十，中瞿十一，黄熟十二；西溪之焙四：慈善西一，慈善東二，慈惠三，船坑四；北山之焙二：慈善東一〔四〕，豐樂二。（《東溪試茶録·總敍焙名》）

一〇、泉南老僧清錫，年八十四。嘗視以所得《李國主書·寄研膏茶》，隔兩歲，方得（臘）〔蠟〕面〔五〕。（熊蕃《宣和北苑貢茶録》引丁晉公《茶録》）

一一、〔蠟茶〕創造之始，莫有知者。質之館檢討杜鎬，亦曰：『在江左日，始記有研膏茶。』（高承《事物紀原》卷九）

一二、〔龍茶〕，太宗太平興國二年，遣使造之。規取像類，以别庶飲也。（同右引）

一三、的乳以降，以下品雜煉售之。唯京師，去者至真不雜，爲時所貴。意其名，由此得也。（同右引）

一四、開寶末，方有此茶京鋌。當時識者云：金陵僭國，唯曰都下，而以朝廷爲京師，今忽有此名，其將歸京師乎！（同右引）

一五、石乳，太宗皇帝至道二年詔造也。（同右引）

一六、茶佳，不假水之助。（晁公武《郡齋讀書志》卷上三，馬端臨《文獻通考》卷二一八《經籍考》四五引丁謂之説）

〔校證〕

〔一〕地名也　諸本均作『地名』，惟四庫全書本作『里名』。沈括其前有辨證文，稱『非地名也』。似當從胡道靜先生校證本作『地名』，但本輯第三條《施注蘇詩》據宋本《茶録》引作『里名』。

〔二〕今曰龍焙　方案：關於丁謂此論，沈括《補筆談》卷一辯駁云：『建茶之美者，號北苑茶。今建州鳳凰山，土人相傳謂之北苑，言江南嘗置官領之，謂之「北苑使」。予因讀《李後主文集》，有《北苑》詩及《文苑紀》，知北苑乃江南禁苑，在金陵，非建安也。江南「北苑使」，正如今之「内園使」。李氏時有「北苑使」，善製茶，人競貴之，謂之「北苑茶」，如今茶器中有「學士甌」之類，皆因人得名，非地名也。丁晉公爲《北苑茶録》云：「北苑，地名也，今曰龍焙。」又云：「苑者，天子園囿之名。此在列郡之東隅，緣何卻名北苑？」丁亦自疑之。蓋不知「北苑茶」本非地名，始因誤傳，自晉公實之於書，至今遂謂之北苑。』沈括此論，因丁謂『北苑，地名也』而發。指出：北苑乃五代南唐李氏禁苑，在金陵（治今江蘇南京），非建安（治今福建建甌）也。乃因李氏時有北苑使，善於製茶，遂得名『北苑茶』，本非地名也。但丁謂《北苑茶録》乃始述北苑茶之書，其附會之論對後世影響很大。姚寬（一一〇五—一一六二）《西溪叢語》卷上《北苑茶》亦云：『建州龍焙面北，謂之北苑。』對於這種望文生義之説，吴曾《能改齋漫録》卷九《地理·北苑茶》予以反駁云：『此説非也！以予觀之，宫苑非人主不可稱，何以言之？按：建州供御，自江南李氏始。故《楊文公談苑》云……以文公之言考之，其曰京(挺)〔鋌〕、的乳，則茶以京鋌爲名；又稱北苑，亦以供奏得名，可知矣。李氏都於建業，其苑在北，故得稱北苑。水心有清輝殿，張洎爲清輝殿學士；別置一殿於内，謂之澄心堂，故李氏有澄心堂紙。其曰「北苑茶」者，是猶「澄心堂紙」耳。李氏集有翰林學士陳喬作《北苑侍宴賦詩·序》曰：「北苑，皇居之勝概也。」……而李氏亦有《御制北苑侍宴賦詩·序》，其略云：「偷閑養高，亦有其所。城之北有故苑也……」云云。以二序觀之，因知李氏有北苑，而建州造鋌茶又始之，因此取名，無可疑者。』雖沈括和吴曾已將北苑得名的來龍去脈考證得十分清楚，但丁謂之論還是不脛而走，約定俗成。近年在今福建建甌縣焙前村林壠山發現一處摩崖石刻，乃北宋柯適《北苑御焙記》，其文曰：『建州東鳳凰山，厥植唯茶，太平興國初，始爲御焙，歲貢龍鳳。上東、東宫、西幽、湖南、新會、北溪屬三十二焙。有署暨亭榭，中曰御茶堂，後坎泉甘，字之曰「御泉」。前引二泉，曰龍、鳳池。——慶曆戊子仲春朔柯適記。』因北苑是否地名，宋代以來爭議很大，故詳考其由來如上。今存之北苑茶書，參見《宣和北苑貢茶録》及《北苑别録》。

〔三〕北苑……御茶也　方案：此條與本輯第一條略同。宋人引書通常不核對原文，不免文字互有出入，有時甚至改寫或節略。疑此已均非丁謂原文。但宋本《補筆談》則『地名』作『里名』，疑是。今傳沈括《筆談》最早刊本爲元刊本，文字已不如宋本。

〔四〕慈善東一　上文『西溪之焙』已有『慈善東二』，此不應重出焙名，兩焙重名，必有一誤。參見《東溪試茶録·總敍焙名》是條校釋。

〔五〕方得蠟面　『蠟面』，各本及諸家茶書多作『臘面』。但《楊文公談苑·通州蠟面》卻曰：『蠟茶，出建州。』又曰：『江左日近方有蠟面之號。』今考唐宋時製團餅茶，均將芽葉和水研磨成漿，納之棬模之中，狀如融蠟，故稱『蠟面』。宋人稱『臘面』者，實乃同音之譌。下徑改。

補茶經

〔宋〕周　絳

〔提要〕

《補茶經》，宋代茶書。周絳撰，一卷，已佚。周絳，字幹臣，常州溧陽人。少爲道士，名智進，後還俗。太平興國八年（九八三）進士，景德元年（一〇〇四），任太常博士，後以都官員外郎知常州；大中祥符（一〇〇八—一〇一六）年間，知建州，是書當撰於此際。生平略見嘉慶《溧陽縣志》卷一三《周絳傳》。因陸羽《茶經》未及建茶，是書專論建茶，故名《補茶經》。宋代已有不同版本流傳，據《晁志》之説，又一本有丁鼂注，其内容還有『諸名水』之載。是書又被稱之爲《續茶經》。《晁志》、《解題》及《續編書目》均著録。從《蘇軾詩集合注》、《宣和北苑貢茶録》及王象之《輿地紀勝》中，今可輯得是書四條佚文，片羽吉光，彌足珍貴。

補茶經輯佚

一、芽茶只作早茶，馳奉萬乘嘗之可矣。如一槍一旗，可謂奇茶也〔一〕。（熊蕃《宣和北苑貢茶録》引周絳《補茶

經》）

二、點茶在甌，浮顆如粟〔二〕。（《蘇軾詩集合注》卷七《宿臨安淨土寺》王氏轉引〔施注〕引周絳《續茶經》〔三〕）

三、建人以鬥茶爲茗戰。（《蘇軾詩集合注》卷四〇《種茶》〔王注次公曰〕引《茶經》〔四〕）

四、天下之茶建爲最，建之北苑又爲最。（王象之《輿地紀勝》卷一二九引周絳《茶苑總録》〔五〕）

【校證】

〔一〕可謂奇茶也　方案：熊蕃《貢茶録》云：『景德中，建守周絳爲《補茶經》。』讀畫齋叢書本《貢茶録》引文後汪繼壕按語曰：『《文獻通考》云絳祥符初知建州，《福建通志》作天聖間任。』今考《咸淳毗陵志》卷八載：『宜興縣天申宫有景德四年（一〇〇七）尚書都官員外郎、知軍州周絳題詩刻。』則其景德三、四年間尚在知常州任。《貢茶録》稱其景德中知建州爲不可能，景德（一〇〇四—一〇〇七），凡四年，熊氏之説實誤。《晁志》卷三上曰：『絳，祥符初知建州。』《通考》卷二一八《經籍考》本其説，是。此汪氏按語之所據。又，陳氏《書録解題》卷一四稱其大中祥符間任建守，仍不夠確切。《福建通志》稱其天聖（一〇二三—一〇三二）中任建守，大誤，天聖乃仁宗年號。

〔二〕浮顆如粟　方案：這是宋人茶書中最早論及點茶情狀之語。因是書久佚，也從未被宋以後人援引過，賴蘇詩施注而存幸，殊可貴。

〔三〕引周絳續茶經　方案：此爲《續茶經》即《補茶經》異名之例證。宋人注書，稱引書名比較隨意，或省稱

（略稱、簡稱），或異稱，不一而足。

〔四〕引茶經　方案：《茶經》無此語，從内容判斷，極可能是《補茶經》佚文。傳寫時偶脱『補』字歟？但《合注》卷四〇《贈包安靜先生茶二首》之二〔李注〕引此則佚文，注稱出《茶録》，但蔡襄書亦無此文，可能爲誤注書名。或即丁謂《北苑茶録》中佚文，是書常簡稱爲《茶録》。姑録以志疑。

〔五〕引周絳茶苑總録　方案：此當爲誤注書名。曾伉《茶苑總録》乃收録北宋及前朝人茶詩文，顯與此條内容不合，似應爲周絳《補茶經》佚文；或轉引曾伉《總録》所收周絳書中之文字。

北苑拾遺録

〔宋〕劉　异

〔提要〕

《北苑拾遺録》，宋代茶書。劉异撰，一卷，已佚。劉异，字成伯，福州閩縣人，但《吴興備志》卷六卻稱其爲興化〔軍〕人，未審何據。劉若虛子。其兄夬、弈，弟戒，均從『廾』。故《宣和北苑貢茶録》作『劉異』、陳振孫《解題》又作『劉昇』，均誤。下列諸家書目如〔明〕顧起元《説略》卷二五、四庫本《福建通志》卷六八、《續茶經》卷下之五、《四庫提要》卷一一五均稱作者爲劉异，是。弈、异兄弟與蔡襄同舉天聖八年（一〇三〇）進士。劉异以文學知名，曾任湖州司法參軍、大理評事，終官尚書屯田員外郎，約卒於嘉祐元年（一〇五六）。時，蔡襄再知福州，爲其次子迎娶劉异之女，故二人又爲兒女親家（參見劉克莊《後村先生大全集》卷一〇三《銘劉屯田帖》）。异詩文俱佳，今僅存《遊靈巖》詩一首，見嘉慶《漢南續修郡志》卷二九。因丁謂《茶録》不論烹試之法，劉异是書乃補其所闕，正如《晁志》所論：『异慶曆初在吴興採新聞，附於丁謂《茶録》之末，其書言滌磨調品之器甚備，以補謂之遺也。』《通志·藝文略四》著録爲丁謂撰，是因爲此書附於丁謂《茶録》之後合刊之故，猶如趙汝礪《北苑别録》附於熊蕃《宣和北苑貢茶録》之後合刊一樣，顯爲涉上書作者而誤。是書亦因丁謂書亡佚而無傳，今所見者僅兩條佚文：其一，《蘇軾詩集》王十朋注引賈巖老之説曰：『按《北苑拾遺録》云：「北苑之地，以溪東葉布爲首稱，葉應言次之，葉國又次之，凡隸籍者一千餘户。」』據此，書名應作《北苑拾遺録》。《晁志》、《通志略》、《續編書目》、《解題》、《通考》、《宋志》皆著録爲《北苑拾遺》，實乃沿謁踵謬誤脱『録』字。其二，《宣和北苑貢茶録》注引是書另一條佚文爲：『慶曆初，吴興劉異爲《北苑拾遺》云：「官園中有白茶五六株，而壅焙不甚至……」』其書名、作者名字、籍貫都寫錯了，亟應是正。此書所載白茶充貢，當爲宋代茶書中的最早記載。陳振孫《解題》又説，是書有慶曆元年（一〇四一）序，未審其何據。如言之不誤，則是書或撰於此際。

北苑拾遺録輯佚

一、北苑之地，以溪東葉布爲首稱〔一〕，葉應言次之，葉國又次之〔二〕。凡隸籍者一千餘户〔三〕。（清·馮應榴《蘇軾詩集合注》卷二三《岐亭五首》之三王注引賈注按語引《北苑拾遺録》〔四〕）

二、官園中有白茶五六株，而壅焙不甚至。茶户惟有王免者，家一巨株，向春常造浮屋，以障風日。（熊蕃《宣和北苑貢茶録》引《北苑拾遺〔録〕》）

〔校證〕

〔一〕以溪東葉布爲首稱　『溪東』，方案：此溪指建溪，福建水名，發源於武夷山，流經今建甌等縣，即爲閩江上游。宋代著名茶産區，正在建溪流域，故亦常借指茶名。溪東，爲建溪以東地區，乃北苑頂級名茶白茶的産地。

〔二〕葉國又次之　方案：　此所云葉布等人，僅見於此書。宋人最推重的白茶，被宋徽宗譽爲『茶瑞』。因其茶樹多生於葉姓園户家中而得名爲葉家白，又稱葉家春、葉白團（製成的團餅狀白茶）。梅堯臣《宛陵集·吕縉叔著作遺新茶》詩題注云：『其品：　大窠葉收二〔餅〕、葉二十六一〔餅〕，郝原葉仲原四〔餅〕，章坂葉二十九二〔餅〕，碧原王家二〔餅〕，大佛嶺游□四〔餅〕，凡六家。』故其詩稱：『四葉及王、游，共家原坂嶺。』又云：『六色十五餅，每餅包青蒻。』這裏所説的葉收等四葉，亦産白茶著名的四户葉姓茶户。二十九、二十六乃葉氏的行第，宋人通常稱呼。另外，諸葉名氏還見於宋子安《東溪試茶録·茶名》。又，梅詩題注稱：　原坂嶺産白茶凡六家，四葉外，還有王、游二姓。下條佚文中正有王免，可互證。

〔三〕一千餘户　方案：　北苑隸籍茶户一千餘户，是宋代茶史研究中十分珍貴的史料。正可與丁謂『官焙三十二』之説互相印證。據丁謂《茶録》，具體隸籍園户數爲一千三百零四户（官私之焙凡一千三百三十六，其中官焙三十二）。可證：　早在北宋中期以前，北苑（里名）之隸籍茶户已達千餘户，是産頂級名茶的專業茶户鄉里。

〔四〕引北苑拾遺録　方案：　諸家書目著録書名均爲《北苑拾遺》，賴此條佚文可證書名應是《北苑拾遺録》，各種書目均誤奪『録』字，應據補。

茶録

〔宋〕蔡　襄

〔提要〕

《茶録》，宋代茶書，蔡襄撰，一卷，今存。蔡襄（一〇一二—一〇六七），字君謨，興化軍仙游人，移居莆田，家世務農。天聖八年（一〇三〇），進士及第，授漳州軍事判官；景祐三年（一〇三六），除西京留守推官。因范仲淹等被黜，作《四賢一不肖》詩，遂名動天下。寶元二年（一〇三九），加試大理評事秩；次年遷著作佐郎、詔充館閣校勘。慶曆三年（一〇四三），擢秘書丞、知諫院，參與慶曆新政。四年十月，以右正言出知福州（到任已是五年四月）。七年十一月，蔡襄除福建路轉運使。慶曆八年（一〇四八），巡歷部内，二月到建州，監造小龍團茶入貢，有《北苑十詠》（《集》卷二），其《造茶》詩題注云：『其年改造新茶十斤，尤極精好，被旨爲上品龍茶，仍歲貢之。』詩中自注云：『龍鳳茶八片爲一斤，上品龍茶，每斤二十八片〔一〕。』。是年秋，丁父憂，解官家居。皇祐二年（一〇五〇）冬，服除，除判三司鹽鐵勾院、同修起居注（三年九月至京赴任）。皇祐三年十一月，撰《茶録》二篇上進。四年九月，進知制誥，尋遷起居舍人、權同判吏部流内銓。至和元年（一〇五四）七月，擢龍圖閣直學士、權知開封府。二年三月，除樞密直學士、知泉州（次年二月七日到任；途中，半年之内長子匀、妻葛氏相繼病卒於南京、衢州）。三年四月，被詔再知福州，辭免未允，於八月四日到任，遷官禮部郎中。嘉祐三年（一〇五八）五月，再移知泉州（七月到任）。八月撰《荔枝譜》，亦書法極品，有搨本傳世。十二月，襄兩知泉州任内接踵而成的萬安橋落成；橋始興工於皇祐五年（一〇五三）四月，歷時五年半有餘，爲我國古代橋梁建築史上的佳構，至今仍存。嘉祐五年（一〇六〇）五月，敕命授翰林學士、權知開封府，襄兩狀辭免；六年四月，改除權三司使（八月已到任）；八年八月，真拜三司使，遷給事中。上一系列關於强兵理財富國的奏劄，撰《天下財用總要》一册上進，主持編纂《治平會計録》。治平二年（一〇六五）二月，罷三司使，以端明殿學士、禮部侍郎出知杭州（五月二十六日到任）。三年四月，詔命胡宿知杭州，徙襄南京留守，皆未行。是年十月，九十二歲高齡的襄母病卒於杭州官舍，十一月扶喪南返，歲末到家。治平四年（一〇六七）八月蔡襄病卒於家，贈官禮部侍郎，南宋孝宗時追謚忠惠。

襄撰有《文集》六十卷，《奏議》十卷，《茶録》、《荔枝譜》各一卷，已收入文集〔二〕。其集久佚，南宋乾道（一一六五—一一七三）中，王十朋知泉州，得蔡集，編定爲三十六卷，爲今傳各本的共同祖本。今傳本主要有：①宋刻本《莆陽居士蔡公文集》三十六卷（卷一至六、卷三五至三六缺，以清抄本補，藏國圖）；②明萬曆刻本《宋端明殿學士蔡忠惠公文集》四十卷；③明萬曆裔孫蔡善繼雙甓齋刻本《宋蔡忠惠公文集》三十六卷（以上兩種均附徐𤊹輯《别紀》十卷）；④清雍正裔孫蔡仕舢遜敏齋刻本《宋端明殿學士蔡忠惠公文集》三十六卷（附《别紀補遺》二卷）；⑤四庫全書本《端明集》四十卷；⑥吴以寧點校《蔡襄集》四十卷（上海古籍出版社，一九九六）；⑦《蔡襄全集》（福建人民出版社，一九九九）等。三十六卷和四十卷本兩大系列，主要是詩文編次、卷數分合的不同，所收詩文僅略有出入。此外尚有《墨譜》（《宋史·藝文志四》著録，已佚）、《茶果彙》（《千頃堂書目》卷一五著録，已佚）、《龍壽丹記》（今有《五朝小說》等叢書本）各一卷等。

蔡襄《茶録》一卷，上篇述宋茶烹點之法，下篇論茶器具。前後有序，述其皇祐三年撰寫投進之緣由，及初稿爲掌書記竊去，治平元年自書復加正定勒石的經過。值得一提的是蔡襄以書法名世，蘇軾曾譽爲『宋四家』之首。《茶録》又爲蔡氏書法中極品，推爲小字中第一。《茶録》是我國古代首部專論茶烹點及其器具的專著，是茶文化史上繼《茶經》以來的重要作品。但也有譏爲玩物喪志者。如宋·費衮《梁溪漫志》卷八載陳東遺文《跋蔡君謨〈茶録〉》云：『余聞之先生長者，君謨初爲閩漕時，出意造密雲小團爲貢物（方案：此誤，密雲龍茶乃元豐中賈青所創，時蔡襄墓木已拱），富鄭公聞之，歎曰：「此僕妾愛其主之事耳，不意君謨亦復爲此。」余時爲兒，聞此語，亦知感慕。及〔讀？〕其《茶録》石本，惜君謨不移此筆書《旅獒》一篇以進。』《茶録》版本，遠不止萬國鼎、程光裕先生著録的二十餘種。早於《百川學海》的宋本即有八種之多，今補録於下：

（一）治平元年（一〇六四）自書墨本。其搨本，《宣和書譜》卷六著録，今藏中國歷史博物館。（二）治平元年正定本。此與前本的不同，乃有歐陽修、楊時、劉克莊及元·倪瓚諸跋，明·李東陽題詩，此本或即蔡襄另書一本贈歐陽修者。《歐陽修全集》卷七三《跋茶録》（節録）：『君謨小字新出而傳者二：《集古録自序》横逸飄發，而《茶録》勁實端嚴，爲體雖殊，而各極其妙。蓋學之至者，意之所到，必造其精。予非知書者，以接君謨之論久，故亦粗識其一二焉。——治平甲辰。』（三）李光題跋本。李光（一〇七八—一一五九），兩宋之際人，官至参知政事。此本有宣和五年（一一二三）仲春既望李光題跋，此跋又被誤收於李新《跨鼇集》卷一七。今從《莊簡集》卷一七録其《跋蔡君謨茶録》：『蔡公自本朝第一等人，非獨字畫也。然玩意草木，開貢獻之門，使遠民被患，議者不能無遺恨於斯！』（四）興化軍（治今福建莆田）蔡氏法帖五卷合刻本。宋·董史《皇宋書録》卷中著録。（五）石本。南宋時勒石摹刻於建寧府甌寧縣學，明代始復出，明徐𤇆和清初周亮工各覓得一搨本。（六）南宋東園方氏藏本。乃劉克莊所謂猶『凡見數本』之一。（七）絹本《茶録》。亦上述宋・方孚若家藏本。（八）僞真迹本。有元・方沁、明・文徵明、張丑等四跋，亦嘗爲王敬止、嚴嵩收藏。從書體、格式、内容看，顯係僞迹。

此外，歷代尚有數十種不同版本《茶録》行世，但究其祖本，不外乎自書墨本、石本、絹本、僞本四大系列，前三種均爲蔡襄手迹本（蔡自書本尚不止此數）。經校勘，自書絹本乃現存最佳之本，雖有個别字脱落，但仍遠勝今存《百川學海》等各本。諸本錯譌，不一而足，皆可據此自書絹本而校正。諸書著録《茶録》的卷數，也有一、二、三卷本之異。筆者認爲：是書雖分上、下兩篇，似仍當爲一卷，四庫本析爲二卷，未免欠妥；《晁志》、《通考》作三卷，就更是傳寫之譌；而且，這兩種書目，書名又誤增『試』字。《茶録》的版本很多，大致可分爲五大類别：其一，即上述自書本、搨本或宋代題跋本。其二，爲收入《文集》及《全宋文》本。共八種，已如上述。其三，乃叢書本，主要有：①《百川學海》，又有咸淳本、景刊咸淳本（辛集），弘治本、景刊弘治本、景刊咸淳本據弘治本目次編印本（以上壬集）、重輯本（辛集）之分，即《百川學海》至少有六種版本之異。其中，以民國十六年（一九二七）陶氏景刊咸淳本爲佳。②格致叢書本。③《説郛》兩種（分見卷九三、卷八一）本。④明喻政《茶書全集》甲、乙種兩本。⑤胡文焕編《百名家書》本。⑥《五朝小説》及《五朝小説大觀》本。⑦《四庫全書》本。⑧《叢書集成》本。⑨《古今圖書集成》本。⑩布目潮渢編《中國茶書全集》本（日本汲古書院，一九八七）。此本收入《茶録》三種版本：（一）《茶書全集》甲種本；（二）《百川學海》弘治本；（三）《古香齋寶藏蔡帖》本（卷二）。即海内外所存叢書本至少有十六種以上。其四，類書收入的《茶録》，尚有可訂正墨本、絹本之處，彌足珍貴。主要有二：（一）陳景沂《全芳備祖》（農業出版社，一九八二年影印日藏宋刻本）後集卷二八〔三〕；（二）《古今事文類聚・續集》卷一二。

今人整理校點本，筆者所見者主要有：①朱自振等《中國茶葉歷史資料選輯》（農業出版社，一九八一）；②刊《全宋文》卷一〇一九、册二四（巴蜀書社，一九九二）；③《生活與博物叢書》下册（上海古籍出版社，一九九三）；④《中國書法全集》册三二（頁一九六至一九七録文，榮寶齋，一九九五）；⑤《蔡襄集》卷三五（上海古籍出版社，一九九六）；⑥《蔡襄全集》卷三〇《雜著》（福建人民出版社，一九九九）等。《茶録》與《茶經》，是現存茶書中版本最多的兩種。但《茶録》版本之優，《茶經》實難望其項背。因此，筆者在合校以上數十版本的基礎上，選擇錯譌較少的絹本（即《古香齋寶藏蔡帖》本）爲底本，主要參校治平元年自書墨本（榮寶齋影印中國歷史博物館藏本）、《百川學海》（一九二七年陶氏影宋本）、《全芳備祖》、《事文類聚》收録本及吴以寧點校的《蔡襄集》録本，重爲點校整理。凡底本不誤，參校本誤者，一律不出校記；凡底本疑有奪誤者，據參校本出校記，可定是非者則斷之。必要時，或亦參校他本，在校記中參校本分别簡稱爲墨本、百川本、全芳本、類聚本及文集本。

茶録〔四〕

臣前因奏事，伏蒙陛下諭臣：先任福建轉運使日所進上品龍茶，最爲精好。臣退念艸木之微，首辱陛下知鑒。若處之得地，則能盡其材。昔陸羽《茶經》不第建安之品，丁謂《茶圖》獨論採造之本，至於烹試，曾未有聞。臣輒條數事，簡而易明，勒成二篇，名曰《茶録》。伏惟清閒之宴，或賜觀采。臣不勝惶懼榮幸之至，謹叙〔五〕。

上篇論茶

色

茶色貴白，而餅茶多以珍膏油去聲。其面，故有青黄紫黑之異。善别茶者，正如相工之晞人氣色也。隱然察之於内，以肉理實潤者爲上〔六〕。既已末之，黄白者受水昏重，青白者受水鮮明；故建安人鬭試，以青白勝黄白〔七〕。

香

茶有真香，而入貢者微以龍腦和膏，欲助其香。建安民間試茶，皆不入香，恐奪其真〔八〕。若烹點之際，又雜珍果香艸，其奪益甚，正當不用。

味

茶味主於甘滑，唯北苑鳳凰山連屬諸焙所産者味佳。隔谿諸山雖及時加意製作，色味皆重，莫能及也。又有水泉不甘，能損茶味，前世之論水品者以此。

藏茶

茶宜蒻葉而畏香藥，憙温燥而忌濕冷。故收藏之家以蒻葉封裹入焙中，兩三日一次用火，常如人體温温，以禦濕潤。若火多，則茶焦不可食。

炙茶

茶或經年，則香色味皆陳。於淨器中以沸湯漬之，刮去膏油一兩重乃止。以鈐箝之，微火炙乾，然後碎碾。若當年新茶，則不用此説。

碾茶

碾茶，先以淨紙密裹椎碎，然後熟碾〔九〕。其大要：旋碾則色白；或經宿，則色已昏矣。

羅茶

羅細則茶浮，麄則水浮。

候湯

候湯最難，未熟則沫浮，過熟則茶沈。前世謂之蠏眼者〔一〇〕，過熟湯也。沉瓶中煮之不可辯〔一一〕，故曰候湯最難。

熁盞

凡欲點茶，先須熁盞令熱，冷則茶不浮。

點茶

茶少湯多則雲脚散，湯少茶多則粥面聚。建人謂之『雲脚粥面』。鈔茶一錢匕，先注湯，調令極勻，又添注之〔一二〕，環回擊拂〔一三〕。湯上盞可四分則止，眡其面色鮮白〔一四〕，著盞無水痕爲絶佳。建安鬭試〔一五〕，以水痕先〔没〕者爲負〔一六〕，耐久者爲勝。故較勝負之説，曰相去一水兩水。

下篇論茶器

茶焙

茶焙，編竹爲之，裹以蒻葉。蓋其上，以收火也；隔其中，以有容也。納火其下，去茶尺許，〔常温温然〕〔一七〕，所以養茶色香味也。

茶籠

茶不入焙者宜密封，裹以蒻，籠盛之。置高處〔一八〕，不近濕氣。

砧椎

砧椎，蓋以碎茶。砧〔一九〕，以木爲之。椎〔二〇〕，或金或鐵，取於便用。

茶鈐

茶鈐〔二一〕，屈金鐵爲之，用以炙茶。

茶碾

茶碾，以銀或鐵爲之。黄金性柔，銅及碖石皆能生鉎音星，不入用。

茶羅

茶羅，以絶細爲佳。羅底用蜀東川鵝溪畫絹之密者，投湯中揉洗，以羃之〔二二〕。

茶盞

茶色白，宜黑盞。建安所造者紺黑，紋如兔毫。其坯微厚，熁之，久熱難冷，最爲要用。出佗處者或薄、或色紫，皆不及也。其青白盞，鬭試家自不用。

茶匙

茶匙要重，擊拂有力。黄金爲上，人間以銀鐵爲之。竹者輕，建茶不取。

湯缾

缾要小者，易候湯，又點茶注湯有准。黄金爲上，人間以銀鐵或瓷石爲之。

臣皇祐中修起居注，奏事仁宗皇帝，屢承天問以建安貢茶并所以試茶之狀。臣謂論茶雖禁中語，無事于密，造《茶録》二篇上進。後知福州，爲掌書記竊去藏稿，不復能記。知懷安縣樊紀購得之，遂以刊勒，行於好事者，然多舛謬。臣追念先帝顧遇之恩，攬本流涕，輒加正定，書之於石，以永其傳〔一三〕。

治平元年五月二十六日，三司使、給事中臣蔡襄謹記。

〔校證〕

〔一〕上品龍茶每斤二十八片　此所謂上品龍茶，即小龍茶，區别於每斤八餅（片）的大龍茶而言。片作爲茶的計量詞，與餅同義。宋人對於小龍團每斤的餅數已不清楚。如與蔡襄同時的歐陽修《歸田録》稱：『茶之品，莫貴於龍鳳，謂之小團，凡二十餅，重一斤。其價，值金二兩。』已誤以二十餅爲一斤，或刊本誤脱『八』字。葉夢得《石林燕語》卷八則曰：『仁宗時，蔡君謨知建州（方案：此誤，應爲漕閩），始别擇茶之精者爲小龍團十斤以獻，斤爲十餅。』又誤以爲每斤十餅，當然有可能是涉上『十』字而誤。故宇文紹奕《考異》稱：『始進小龍團凡二十餅重一斤，此云斤爲十餅，非也。』然亦不過誤沿歐陽修之説。幸賴蔡襄詩自注存而得以正譌訂謬。

〔二〕已收入文集　以上略述蔡襄生平及著作，又參據劉琳《蔡襄年譜》（刊《宋代文化研究》第四輯，四川大學出版社，一九九四），曹寶麟《蔡襄年表》（刊《中國書法全集》三二《蔡襄卷》，榮寶齋，一九九五）。

〔三〕全芳備祖……卷二八　是書南宋陳詠輯，詠字景沂，號肥遯，又號愚一子，天台人。祝穆校訂，始刻於南宋寶祐年間（一二五三—一二五八）。是書宋刻本海内已佚，日本則有宫内廳書陵部藏本，農業出版社據日藏本及國圖藏徐氏積學齋鈔本配補影印刊行，實功德無量之盛舉，有足以訂補《茶録》文字者。此外，是書又有四庫本可校。

〔四〕茶録　題下百川本有『并序』及『朝奉郎、右正言、同修起居注臣蔡襄上進』云云，此合乎宋人文體，是。諸本有稱爲『前序』及文末稱『後序』者，皆後人所加，非是。又，絹本和墨本題下無『并序』二字，但自署則全同，是其證。

〔五〕謹敘　『敘』，絹、墨、文集本皆作『敘』，此爲宋代通用字，是；而百川本作『序』。

〔六〕以肉理實潤者爲上　『實潤』，絹、墨本均有『實』字，而百川、文集本誤奪。

〔七〕以青白勝黄白　方案：宋代鬥茶時對茶色和茶湯色的評判標準。宋人尚白茶，愛用建盞及青瓷，益茶色，故以青白爲佳。《大觀茶論·色》：『以純白爲上，真青白爲次，灰白次之，黄白又次之。』則趙佶比蔡襄對茶湯的顔色分得更細，他更推崇白茶。此均言茶湯色。宋子安《東溪試茶録·壑源》則云：茶『植山之陽』，則『其茶香少而黄白』；『茶生山陰，厥味甘香，厥色青白』。此指茶色而言。但黄儒則認爲：論茶味，『則黄白勝青白』，見其《品茶要録·過熟》。宋徽宗信寵的道士張繼先《虚靖真君語録》卷五《恒甫以新茶戰勝因詠歌之》（道藏本）詩曰：『人言青白勝黄白，子有新芽賽舊芽。』其尾聯又云：『更重主公能事者，蔡君須入陸生家。』似對蔡襄之論頗不以爲然。

〔八〕茶有真香……恐奪其真　史容《山谷外集詩注》卷一六《和曹子方雜言》末聯注引《茶録》，文全同。

〔九〕先以淨紙密裹椎碎然後孰碾　『椎』，諸本均然，百川本作『槌』，乃其異體字。此『椎碎』，用作動詞，即用錘砸碎茶餅之意。又，『孰』，通『熟』字。

〔一〇〕前世謂之蟹眼者　『眼』下，全芳、類聚本有『湯』字，諸本皆無，似當爲誤衍。

〔一一〕沉瓶中煮之不可辯　『沉』，文集本、全芳四庫本、類聚本作『況』，誤。應從諸本及宋本《全芳備祖》作『沉』，從上下文意顯而易見。絹本、墨本均作『沉』，亦可證。以上三本乃形近而譌。又，『辯』，通『辨』。

〔一二〕又添注之　『之』，百川、類聚、茶書全集、説郛二本及宋本《全芳備祖》皆作『入』，但絹本、墨本和全芳四庫本作『之』，是。

〔一三〕環回擊拂　我國古代茶藝中程式之一。唐宋煎茶、點茶、分茶、鬥茶時，須用茶匙、茶筯或茶筅攪動茶湯，使之環回激盪，産生餑沫，出現『咬盞』現象。分茶高手還能使之幻化出花草蟲魚之類，全在手法與腕力的運用。其詳參見《大觀茶論・點》。如晁沖之《晁具茨先生詩集》卷二《陸元鈞寄日注茶》有云：『爭新鬥試誇擊拂，風俗移人可深痛。』又，曾幾《茶山集》卷四《迪侄屢餉新茶》二首之二曰：『欲作柯山點，當令阿造分。』（原注云：『造侄妙於擊拂。』）方案：柯山點，指衢州地區宋代久享盛名的一種點茶法。宋代點茶、分茶亦有不同流派，猶如今之日本茶道。造侄與幾子迪兄弟行，『妙於擊拂』，指他爲分茶高手。故擊拂亦代指點茶、分茶之技藝。

〔一四〕眡其面色鮮白　『鮮白』，諸本皆作『白』，唯文集本誤作『鮮明』，或涉上《上篇・色》之『受水鮮明』而譌。『眡』，與《論茶・色》之『眎』字，皆乃『視』之古字。

〔一五〕建安鬭試　『鬭試』，諸本皆作『試』，唯全芳二本及類聚本作『茶』，似誤。

〔一六〕以水痕先没者爲負　『没』，絹本、墨本、百川本、茶書全集本、説郛二本均誤奪，據全芳宋本、四庫本及類聚本補。文集本有『退』字，義同，是其證。宋人鬥茶，以水痕久者爲勝，以水痕先退或先没者爲負。即《大觀茶論點》中所説的『咬盞』現象，其意甚明。梅堯臣《宛陵集・次韻再和永叔嘗新茶雜言》詩云：『烹新鬥硬要咬盞，不同飲酒爭畫蛇。』亦可證。

〔一七〕東以蒻葉……常温温然　方案：『東』，『裹』之古字。又，絹本、墨本誤奪末四字，據參校諸本補。惟四庫本《全芳備祖》『常』作『令』，餘本均有此四字。

〔一八〕置高處　『置』，諸本皆有，惟宋本《全芳備祖》（四庫本有『置』字）及類聚本誤奪。

〔一九〕砧　諸本皆有，《全芳》二本誤奪。

〔二〇〕椎　諸本均有，四庫本《全芳》誤脱。

〔二一〕茶鈐　宋本《全芳》誤作『茶鈐』，形近而譌。諸本衍誤譌奪及異文甚夥，爲免煩瑣，不一一贅舉，以合校書之通例。此僅聊舉數例，以證絹本、墨本之可貴，然其亦有奪誤可據諸本補改者。

〔二二〕茶羅……羃之　史容《山谷外集詩注》卷一六《奉謝劉景文送團茶》注引《茶録·茶羅》條文字全同。可見其書傳播之廣，宋本之可貴一斑。

〔二三〕書之於石以永其傳　絹本及諸本皆有『書之』下六字，惟墨本誤奪。此正絹墨兩本非蔡襄同時所書，又劉克莊所謂襄自書數本之力證。

古香齋寶藏蔡帖　卷二

絹本茶録

朝奉郎右正言同修起居注臣蔡襄上進
臣前因奏事伏蒙
陛下諭臣先任福建轉運使日所
進上品龍茶最為精好臣退念艸
木之微首蒙
陛下知鑒若處之得地則能盡其
材昔陸羽茶經不第建安之品丁
謂茶圖獨論採造之本至於烹試

古香齋寶藏蔡帖卷二絹本《茶録》

曾未有聞臣輒條數事簡而易明
勒成二篇名曰茶録伏惟
清閒之宴或賜觀采臣不勝惶懼
榮幸之至謹叙

上篇論茶

色

茶色貴白而餅茶多以珍膏油（去聲）其面故有青黄紫黑之異善别茶者正如相工之脈人氣色也隱然察之於内以肉理實潤者為上既已末之黄白者受水昏重青白者

受水鮮明故建安人鬪試以青白勝黄白

香

茶有真香而入貢者微以龍腦和膏欲助其香建安民間試茶皆不入香恐奪其真若烹點之際又雜珍果香艸其奪益甚正當不用

味

茶味主於甘滑唯北苑鳳凰山連屬諸焙所産者味佳隔谿諸山雖及時加意製作色味皆重莫能及

也又有水泉不甘能損茶味前世之論水品者以此

藏茶

茶宜蒻葉而畏香藥喜温燥而忌濕冷故收藏之家以蒻葉封裹入焙中兩三日一次用火常如人體温〻以禦濕潤若火多則茶焦不可食

炙茶

茶或經年則香色味皆陳於淨器中以沸湯漬之刮去膏油一兩重

乃止以鈐箝之微火炙乾然後碎碾若當年新茶則不用此說

碾茶

碾茶先以淨紙密裹椎碎然後熟碾其大要旋碾則色白或經宿則色已昏矣

羅茶

羅細則茶浮麤則水浮

候湯

候湯最難未熟則沫浮過熟則茶沉前世謂之蟹眼者過熟湯也沉

瓶中煮之不可辯故曰候湯冣難

熁盞

凡欲點茶先須熁盞令熱冷則茶不浮

點茶

茶少湯多則雲脚散湯少茶多則粥面聚（建人謂之雲脚粥面）鈔茶一錢匕先注湯調令極匀又添注之環回擊拂湯上盞可四分則止眡其面色鮮白著盞無水痕為絕佳建安鬭試以水痕先者為負耐久者為勝故較

勝負之說曰相去一水兩水

下篇論茶器

茶焙

茶焙編竹為之裹以蒻葉蓋其上以收火也隔其中以有容也納火其下去茶尺許所以養茶色香味也

茶籠

茶不入焙者宜密封裹以蒻籠盛之置高處不近濕氣

砧椎

砧椎蓋以碎茶砧以木為之椎或金或鐵取於便用

茶鈐

茶鈐屈金鐵為之用以炙茶

茶碾

茶碾以銀或鐵為之黃金性柔銅及鍮石皆能生鉎音星不入用

茶羅

茶羅以絶細為佳羅底用蜀東川鵝溪畫絹之密者投湯中揉洗以冪之

茶盞

茶色白宜黑盞建安所造者紺黑紋如兔毫其坯微厚熁之久熱難冷最為要用出佗處者或薄或色紫皆不及也其青白盞鬬試家自不用

茶匙

茶匙要重擊拂有力黄金為上人間以銀鐵為之竹者輕建茶不取

湯缾

缾要小者易候湯又點茶注湯有

唯黃金爲上人間以銀鐵或瓷石
爲之
臣皇祐中脩 起居注奏事
仁宗皇帝屢承 天問以建安貢
茶并所以試茶之狀臣謂論茶雖
禁中語無事于密造茶錄二篇上
進後知福州爲掌書記竊去藏稿
不復能記知懷安縣樊紀購得之
遂以刊勒行於好事者然多舛謬
臣追念
先帝顧遇之恩攬本流涕輒加正

定書之于石以永其傳
治平元年五月二十六日三司使
給事中臣蔡襄謹記

宣和

紹興

神品

方孚若家藏
劉克莊觀

東溪試茶録

〔宋〕宋子安

〔提要〕

《東溪試茶録》，宋代茶書。宋子安撰，一卷，今存。作者生平待考。此書是現存關於北苑茶的最早茶書。是書，《晁志》卷一二、《通考·經籍考》卷四五著録時，作者均誤作朱子安。清末陸心源《皕宋樓藏書志》卷五三著録的宋刊本和宋末《百川學海》本《試茶録》均作宋子安撰，王先謙寓目的舊鈔本和《四部叢刊》本也作宋子安撰，兩宋之際成書的《宣和北苑貢茶録》和《宋志》四均稱是書作者爲宋子安。有此六證，足以論定。作朱子安，實乃傳寫之譌。現存各本《試茶録》原序均已佚。《晁志》有公武之跋。稱是書『集拾丁、蔡之遺』，未必確切。考此書内容，已遠逸出丁謂、蔡襄兩家《茶録》論述的範疇。是書對北苑諸焙的記載是最爲詳盡的，尤其可貴的是保存了丁謂《北苑茶録》的幾條佚文。其論宋代七種茶品的區别、産地、性狀等，實開茶葉品類和茶樹栽培學的先河。對採茶時間、方法和關於茶病的論述，不僅是北宋茶採製法的科學總結，時至今日，猶有啓迪意義。又，書中還談到『近蔡公作《茶録》』，可證此書當撰成於皇祐（一〇四九—一〇五四）至治平（一〇六四—一〇六七）年間或稍後。

是書版本主要有：（一）《百川學海》本，咸淳九年（一二七三）刊，宋本；（二）民國十六年（一九二七）陶氏影宋本（《百川學海・壬集》）；（三）上海博古齋華氏影明弘治本《百川學海》；（四）《叢書集成》本，據影印明百川本翻印；（五）喻政茶書全集本（甲、乙二本）；（六）胡文焕《百家名書》本；（七）《説郛》宛委山堂本（弓九三上）；（八）《四庫全書》本；（九）《古今圖書集成》本。此外，陸廷燦《續茶經》、汪灝《廣羣芳譜》、陳元龍《格致鏡原》（卷二一）均收入此書部分内容。通校諸本後可判定，諸本均從《百川學海》本出，差異不大，譌誤乃傳刻中所致。今以《四庫全書》本爲底本，以陶氏影宋百川本爲主校本，參校諸本，上述版本，校記中按慣例用簡稱。

東溪試茶録

建首七閩[一]，山川特異，峻極迴環，勢絶如甌。其陽多銀銅，其陰孕鉛鐵。厥土赤墳[二]，厥植惟茶。會建而上，羣峯益秀，迎抱相向，草木叢條，水多黄金，茶生其間，氣味殊美。豈非山川重複，土地秀粹之氣鍾於是，而物得以宜歟！北苑西距建安之洄溪二十里，而近東至東宫百里而遥。姬名有三十六[三]，東東宫其一也[四]。過洄溪，踰東宫，則僅能成餅耳，獨北苑連屬諸山者最勝。北苑前枕溪流，北涉數里[五]，茶皆氣弇然色濁，味尤薄惡，況其遠者乎！亦猶橘過淮爲枳也。近蔡公作《茶録》，亦云隔溪諸山雖及時加意製造（方案：今傳本《茶録》作『製作』），色味皆重矣。今北苑焙風氣亦殊，先春朝隮常雨，霽則霧露昏蒸，晝午猶寒，故茶宜之。茶宜高山之陰，而喜日陽之早。自北苑鳳山南直苦竹園頭東南屬張坑頭，皆高遠先陽處，歲發常早，芽極肥乳，非民間所比。次出壑源嶺，高土沃地[六]，茶味甲於諸焙。丁謂亦云：鳳山高不百丈，無危峯絶崦，而岡阜環抱，氣勢柔秀，宜乎嘉植靈卉之所發也！又以建安茶品甲於天下，疑山川至靈之卉，天地始和之氣，盡此茶矣。又論石乳出壑嶺斷崖缺口之間，蓋草木之仙骨。丁謂之記，録建溪茶事詳備矣。至於品載，止云北苑、壑源嶺，及總記官私諸焙一千三百三十六耳。近蔡公亦云，惟北苑鳳凰山連屬諸焙所産者味佳，故四方以建茶爲首〔七〕，皆曰北苑。建人以近山所得，故謂之壑源。好者亦取壑源口南諸葉，皆云彌珍絶，傳致之間，識者以色味品第，反以壑源爲疑。今書所異者，從二公紀土地勝絶之目，具疏園隴百名之異，香味精麤之别，庶知茶於草木爲靈最矣，去畝步之間，别移其性。又以佛嶺、葉源、沙溪附見，以質二焙之美，故曰《東溪試茶録》。自東宫、西溪、南焙、北苑，皆不足品第，今略而不論。

總敍焙名

北苑諸焙，或還民間，或隸北苑，前書未盡，今始終其事。

舊記建安郡官焙三十有八，自南唐歲率六縣民採造，大爲民間所苦。我宋建隆已來，環北苑近焙歲取上供；外焙俱還民間而裁税之。至道年中，始分游坑、臨江、汾常西、濛州西、小豐、大熟六焙，隸南劍。又免五縣茶民，專以建安一縣民力裁足之，而除其口率泉。慶曆中〔八〕，取蘇口、曾坑、石坑、重院，還屬北苑焉。又丁氏《舊録》云：官私之焙一千三百三十有六，而獨記官焙三十二。東山之焙十有四：北苑龍焙一，乳橘内焙二，乳橘外焙三，重院四，壑嶺五，渭源六，范源七，蘇口八，東宫九，石坑十，建溪十一，香口十二，火梨十三，開山十四；南溪之焙十有二：下瞿一，濛洲東二，汾東三，南溪四，斯源五，小香六，際會七，謝坑八，沙龍九，南鄉十，中瞿十一，黄熟十二；西溪之焙四：慈善西一，慈善東二，慈惠三，船坑四；北山之焙二：慈善東一〔九〕、豐樂二。

北苑曾坑、石坑附。

建溪之焙三十有二，北苑首其一，而園別爲二十五。苦竹園頭甲之，鼯鼠窠次之，張坑頭又次之。苦竹園頭連屬窠坑，在大山之北。園植北山之陽，大山多修木叢林，鬱蔭相及。自焙口達源頭五里，地遠而益高，以園多苦竹，故名曰苦竹；以高遠居衆山之首，故曰園頭。直西定山之隈，土石迴向如窠然，南挾泉流，積陰之處而多飛鼠，故曰鼯鼠窠。其下曰小苦竹園。又西至於大園，絶山尾，疎竹蓊翳，昔多飛雉，故曰鷄藪窠。又南山壤園、麥園，言其土壤沃、宜穄麥也。自青山曲折而北，嶺勢屬如貫魚，凡十有二；又隈曲如窠巢者九，其地利，爲九窠十二壠。隈深絶數里曰廟坑，坑有山神祠焉。又焙南直東嶺，極高峻，曰教練壠。東入張坑，南距苦竹，帶北岡勢横直，故曰坑。坑又北出，鳳凰山其勢中跱，如鳳之首；兩山相向，如鳳之翼，因取象焉。鳳凰山東南至於袁雲壠，又南至於張坑，又南最高處曰張坑頭，言昔有袁氏張氏居於此，因名其地焉。出袁雲之北，平下，故曰平園。絶嶺之表曰西際，其東爲東際。焙東之山，縈紆如帶，故曰帶園，其中曰中歷。坑東又曰馬鞍山；又東黄淡窠，謂山多黄淡也。絶東爲林園，又南曰柢園。又有蘇口焙，與北苑不相屬，昔有蘇氏居之，其園別爲四：其最高處曰曾坑，際上又曰尼園，又北曰官坑。上園下坑，園，慶曆中始入北苑，歲貢有曾坑上品一斤，叢出於此。曾坑山淺土薄，苗發多紫，復不肥乳，氣味殊薄，今歲貢以苦竹園茶充之，而蔡公《茶録》亦不云曾坑者佳〔一〇〕。又石坑者涉溪東，北距焙僅一舍，諸焙絶下，慶曆中分屬北苑。園之別有十：一曰大畲〔一一〕，二曰石鷄望，三曰黄園，四曰石坑古焙，五曰重院，六曰彭坑，七曰蓮湖，八曰嚴歷〔一二〕，九曰烏石高，十曰高尾。山多古木修林，今爲本焙取材之所。園焙歲久，今廢不開二焙，非産茶之所，今附見之。

壑源葉源附。

建安郡東望北苑之南山，叢然而秀，高峙數百丈，如郛郭焉。民間所謂捍火山也。其絶頂西南，下視建之地。邑山民間謂之望州山。起壑源口而西，周抱北苑之羣山，迤邐南絶其尾，巋然山阜高者，爲壑源頭，言壑源嶺山自此首也。大山南北，以限沙溪。其東曰壑水之所出，水出山之南，東北合爲建溪壑源口者，在北苑之東北。南徑數里，有僧居曰承天。有園隴，北税官山，其茶甘香特勝，近焙受水則渾然色重，粥面無澤。道山之南，又西至於章曆；章曆西曰後坑，〔又〕西曰連焙；南曰焙山〔一三〕，又南曰新宅；又西曰嶺根，言北山之根也。茶多植山之陽，其土赤埴，其茶香少而黄白。嶺根有流泉，清淺可涉。涉泉而南，山勢回曲，東去如鉤，故其地謂之壑嶺坑頭，茶爲勝絶處。又東別爲大窠，坑頭至大窠爲正壑嶺，實爲南山。土皆黑埴，茶生山陰，厥味甘香，厥色青白，及受水，則淳淳光澤。民間謂之『冷粥面』。視其面，涣散如粟。雖去社，芽葉過老，色益青明，氣益鬱然，其止，則苦去而甘至。民間謂之草木大而味大，是也。他焙芽葉過老〔一四〕，色益青濁，氣益勃然，其止〔一五〕，則味去而苦留，爲異矣。大窠之東，山勢平盡，曰壑嶺尾。茶生其間，色黄而味多土氣。絶大窠南山，其陽曰林坑，又西南曰壑嶺根。其西壑嶺頭，道南山而東曰穿欄焙，又東曰黄際。其北曰李坑，山漸平下，茶色黄而味短。自壑嶺尾之東南，溪流繚遶，岡阜不相連附。極南塢中曰長坑，踰嶺爲葉源，又東爲梁坑而盡於下湖。葉源者，土赤多石，茶生其中，色多黄青，無粥面粟紋而頗明爽，復性重喜沉，爲次也。

佛嶺

佛嶺，連接葉源下湖之東，而在北苑之東南。隔壑源溪水道，自章阪東際爲丘坑，坑口西對壑源，亦曰壑口，其茶黄白而味短。東南曰曾坑，今屬北苑。其正東曰後曆，曾坑之陽曰佛嶺，又東至於張坑，又東曰李坑；又有埂頭、後洋、蘇池、蘇源、郭源、南源、畢源、苦竹坑、岐頭〔一六〕、槎頭，皆周環佛嶺之東南，茶少甘而多苦，色亦重濁。又有簀源、『簀』音『膽』，未詳此字。石門、江源、白沙，皆在佛嶺之東北，茶泛然縹塵色而不鮮明，味短而香少，爲劣耳！

沙溪

沙溪去北苑西十里，山淺土薄，茶生，則葉細芽不肥乳。自溪口諸焙，色黄而土氣。自龔漈南曰挺頭，又西曰章坑，又南曰永安，西南曰南坑漈，其西曰砰溪；又有周坑、范源、温湯漈、厄源、黄坑、石龜、李坑、章坑、章村、小梨，皆屬沙溪。茶大率氣味全薄，其輕而浮浡，浡如土色，製造亦殊壑源者。不多留膏，蓋以去膏盡則味少而無澤也，茶之面無光澤也。故多苦而少甘。

茶名 茶之名類殊别，故録之。

茶之名有七：一曰白葉茶，民間大重，出於近歲，園焙時有之。地，不以山川遠近，發，不以社之先後。芽葉如紙，民間以爲茶瑞。取其第一者爲鬥茶，而氣味殊薄，非食茶之比。今出壑源之大窠者六，葉仲元、葉世萬、葉世榮、葉勇、葉世積、葉相。壑源巖下一，葉務滋。源頭二，葉團、葉肱。壑源後坑一〔一七〕葉久。壑源嶺根三，葉公、葉品、葉居。林坑黄漈一，游容。丘坑一，游用章。畢源一，王大照。佛嶺尾一，游道生。沙溪之大梨漈上一，謝汀。高石巖一，雲擦院。大梨一，吕演。砰溪嶺根一，任道者。次有柑葉茶，樹高丈餘，徑頭七八寸，葉厚而圓，狀類柑橘之葉。其芽發，即肥乳，長二寸許，爲食茶之上品。三曰早茶，亦類柑葉，發常先春，民間採製爲試焙者。四曰細葉茶，葉比柑葉細薄，樹高者五六尺，芽短而不乳〔一八〕。今生沙溪山中，蓋土薄而不茂也。五曰稽茶，葉細而厚密，芽晚而青黄。六曰晚茶，蓋稽茶之類〔一九〕，發比諸茶晚，生於社後。七曰叢茶，亦曰蘖茶，叢生，高不數尺，一歲之間，發者數四，貧民取以爲利。

採茶

辨茶，須知製造之始，故次。

建溪茶比他郡最先，北苑壑源者尤早。歲多暖，則先驚蟄十日即芽；歲多寒，則後驚蟄五日始發。先芽者，氣味俱不佳，惟過驚蟄者，最爲第一。民間常以驚蟄爲候。諸焙後北苑者半月，去遠則益晚。凡採茶，必以晨興，不以日出。日出露晞，爲陽所薄，則使芽之膏腴立耗於内，茶反受水而不鮮明，故常以早爲最。凡斷芽，必以甲不以指。以甲，則速斷不柔；以指，則多温易損。擇之必精，濯之必潔，蒸之必香，火之必良。一失其度，俱爲茶病。民間常以春陰爲採茶得時，日出而採，則芽葉易損〔二〇〕，建人謂之採摘不鮮。是也！

茶病

試茶辨味，必須知茶之病，故又次之。

芽擇肥乳則甘香，而粥面着盞而不散。土瘠而芽短則雲脚涣亂，去盞而易散。葉梗半，則受水鮮白；葉梗短，則色黃而泛。梗謂芽之身除去白合處，茶民以茶之色味俱在梗中。烏蔕、白合，茶之大病。不去烏蔕，則色黃黑而惡；不去白合，則味苦澀。丁謂之論備矣。蒸芽必熟，去膏必盡。蒸芽未熟，則草木氣存；適口則知。去膏未盡，則色濁而味重。受煙則香奪，壓黃則味失，此皆茶之病也。受煙，謂過黃時火中有煙，使茶香盡而煙臭不去也。壓去膏之時，久留茶黃未造，使黃經宿，香味俱失，弇然氣如假雞卵臭也。

附録

晁公武《東溪試茶録·提要》

右皇朝宋子安集拾丁〔一一〕、蔡之遺。東溪，亦建安地名。其序謂：『七閩至國朝，草木之異則産（臘）〔蠟〕茶、荔子，人物之秀則産狀頭、宰相。皆前代所未有，以時而顯，可謂美矣。然其草木厚味，不宜多食〔一二〕；其人物雖多智，難於獨任，亦地氣之異云〔一三〕。』

（王先謙合校本《郡齋讀書志》卷一二〔一四〕）

〔校證〕

〔一〕建首七閩『建』，底本及諸本原作『隄』，據影宋本百川學海（下簡稱宋本百川）、茶書全集甲本（下簡稱喻甲本）改。

〔二〕厥土赤墳　諸本皆然。『墳』，《廣韻·吻韻》：『墳，土膏肥也。』赤墳，指黄褐色沃土，爲宜茶之土。本書《壑源》作『赤埴』，《北苑别録·序》稱『厥土赤壤』，義同。

〔三〕姬名有三十六　『姬』，喻甲本作『溪』，諸本皆作『姬名』，似均誤。考明·何喬遠《閩書》卷一三有載：『鳳凰山旁曰壑源山，曰沙溪，皆産茶之地。官焙三十有二，小焙十有四。内園三十六所，外園三十八。内園以上供，外園以備賜予，而壑源爲冠。』究《試茶録》上文文義，又考《試茶録·北苑》：『北苑首其一，而園别爲二十五。』『〔石坑〕，慶曆中分屬北苑，園之别有十。』則北苑内焙（即園）正爲三十六。與《閩書》所説内園較合。似『姬名』乃『園名』或『焙名』之誤，或爲宋代當地方言鄉語歟？

〔四〕東東宫其一也　諸本皆有重字『東』，唯喻甲本作『東宫』，無重字，疑此衍一『東』字。

〔五〕北涉數里　『北』，諸本同，是。影明本《百川學海》（下簡稱明本百川）和《叢書集成》本（下簡稱叢成本）形近而譌作『比』。從另一些兩書相同之誤判斷，似叢成本據影明本百川翻印。

〔六〕高土沃地　『沃』，底本及諸本皆誤作『決』，據宋本百川及喻甲本改。

〔七〕故四方以建茶爲首　『首』，底本及參校諸本皆作『目』，形近而譌。唯喻甲本及陳元龍《格致鏡原》卷二一引作『首』，極是，據改。四庫本《續茶經》卷上之一又引作『名』，是其證。

〔八〕慶曆中　『慶曆』底本原誤作『慶歴』，據諸本改。又，《北苑》中亦有兩處『慶曆』，誤作『慶歴』，下徑改，不再出校。

〔九〕慈善東一　諸本皆然。但上文西溪之焙已有『慈善東二』，此北山之焙中，不應再重出，疑有誤。但此爲丁謂《北苑茶録》佚文，僅見於此。遍考建州地志，無從抉其疑，姑存疑待考。或『東』字誤衍歟？

〔一〇〕而蔡公茶録亦不云曾坑者佳　方案：今傳《茶録》中已無涉及曾坑茶之内容。疑或宋子安所見乃樊紀刊行之原本，或『蔡公』乃『丁公』之譌歟？

〔一一〕一曰大畲　『畲』，喻甲本同此，是。明本百川、叢成本及説郛均作『畬』，宋本百川又誤作『番』。趙汝礪《北苑别録·御園》有『高畲』，疑當作『大畲』爲是。

〔一二〕八曰巖歷　百川二本、喻甲本、叢成本均作『巖曆』，本書其後有『章歷』、『後歷』、『中歷』等焙名，似以作『歷』爲是，今從底本及《説郛》。

〔一三〕南曰焙山　『山』，諸本同，唯宋本百川作『上』，似形近而譌。

〔一四〕他焙芽葉過老　『過』，底本及諸本皆形譌作『遇』，惟喻甲本不誤，作『過』，據改。

〔一五〕其止　諸本皆作『甘至』，雖亦通，但據上下文義，似爲涉上『苦去而甘至』而誤，或上字形譌，下字音譌而然，據喻甲本改。

〔一六〕岐頭　底本、《説郛》和喻甲本同作『岐』，而百川二本、叢成本作『歧』。

〔一七〕壑源後坑一　『一』，諸本皆脱。據《蘇軾詩集》卷二二《寄周安孺茶》詩查注引文及上下文句式補。另，其上下文之：『壑源巖下』、『源頭』、『壑源後坑一』、『壑源嶺根』凡四處之上，查注引文均補一『出』字；四處引文之下又補一『者』字。疑查慎行乃據上文『今出壑源之大窠者六』句式，補此上下各一字，似非《東溪試茶録》原書所有。又，注文『葉居』下，查注有『皆以葉家著名』六字，疑亦查氏以己意而補，此非引書之體，今並不取補。

〔一八〕芽短而不乳　諸本皆同，惟《續茶經》卷上之三引作『不肥乳』，疑『肥』字乃陸廷燦所增，今不取。

〔一九〕蓋稽茶之類　『稽』，百川二本、叢成本及《説郛》皆音譌爲『鷄』。今從底本及喻甲本，《續茶經》卷下之四、《廣羣芳譜》卷一八亦引作『稽茶』，是其證。

〔二〇〕則芽葉易損　『芽葉』，百川二本、《説郛》、叢成本皆誤作『茅葉』，底本及喻甲本不誤。通校諸本，雖異文不多，仍以四庫全書本和茶書全集本爲佳。

〔二一〕右皇朝宋子安集拾丁蔡之遺　袁本、衢本《讀書志》及《文獻通考·經籍考》卷四五作者之名均誤作『朱子安』，據王先謙校語及卷首《提要》拙考改。

〔二二〕不宜多食　『不宜』，馬端臨《通考·經籍考》卷四五引作『難』；下文『難於獨任』，又奪『於』字。

〔二三〕七閩……之異云　方案：引號中語，似爲《東溪試茶録》原序中文字，全文已佚，作序者不詳。宋子安是書卷首已有自序，陸心源《皕宋樓藏書志》卷五三已録，仍有數字之引誤，本編未出校，以免煩瑣。此自序當即今人著述中常見之《前言》。

〔二四〕王先謙……卷一二　據許逸民等編《中國歷代書目叢刊》（第一輯·下册，現代出版社一九八七年版）收録的光緒甲申（一八八四）王先謙長沙槧本録文，參校《通考·經籍考》卷四五，華東師範大學出版社一九八五年標點本。

茶苑總録

〔宋〕曾伉

〔提要〕

《茶苑總録》，宋代茶書。曾伉撰，十二卷，已佚。曾伉（？—一〇八四），字公立，福建侯官人，皇祐五年（一〇五三）進士。熙寧年間（一〇六八—一〇七七），權興化軍判官，監建州買納茶場。《總録》之撰，當在此時。元豐二年（一〇七九），爲太常丞、檢正中書孔目吏房公事；撰有《元豐新修吏部敕令式》十五卷（《玉海》卷一一七稱凡三百一十三條），《元豐新修吏部式》三卷（《宋史》卷二〇四著録）。五年，提舉江西路鹽事；同年十月，擢吏部員外郎，專總牧租、券馬事。後出爲江西路提點刑獄。終官左司員外郎，七年卒。今僅見施元之注蘇詩引《總録》二條佚文（分見中華書局本《蘇軾詩集》册二頁三二八和册四頁一一一九），内容爲引唐・段成式文和劉禹錫詩各一則及蔡襄《茶録・點茶》中語，均有關茶事者。據此似可判定，《總録》當爲北宋及此前涉茶資料的匯編。如果《通考》引陳氏《解題》之説可信的話，則《總録》收録涉茶之詩爲二卷，文十卷。但《通志》卷六六、《説略》卷二五、《通雅》卷三九均著録爲十四卷，乃均從鄭樵之説。可能是不同版本間的分合之異，也有可能爲傳寫之譌。《通考》著録爲《北苑總録》，實沿襲《解題》之誤。而《尤目》又著録爲《茶總録》，當誤脱一『苑』字。書名和卷數則應從南宋初《祕書省續編到四庫闕書目》之著録。

茶苑總録輯佚

一、湯少茶多則粥面聚〔一〕。（《蘇軾詩集合注》卷七《越州張中舍壽樂堂》〔施注〕引〔二〕）

二、段成式《謝因禪師茶》云：忽惠荆州紫筍茶一角，寒茸擢筍，木貴含膏〔三〕，嫩芽抽葉，方珍搗草〔四〕。

（《蘇軾詩集合注》卷二一《問大冶長老乞桃花茶栽東坡》〔施注〕引）

〔校證〕

〔一〕湯少茶多則粥面聚　方案：是條乃蔡襄《茶録》上篇《點茶》中語，已被曾伉收入《茶苑總録》。施注在詩末『想見新茶如潑乳』句下。

〔二〕施注引　方案：此條後，〔施注〕還録有劉禹錫《試茶》詩『欲知茶乳清泠面，須是眠雲跂石人』一聯，今已無法判斷是否亦爲曾伉收入《茶苑總録》，因爲亦有可能乃施元之直接注引劉詩，今姑録存於注。

〔三〕木貴含膏　『木』，孔凡禮點校本《蘇軾詩集》卷二一頁一一一九誤録爲『本』，形譌無義。

〔四〕忽惠……方珍搗草　方案：今檢《全唐文》、《唐文拾遺》、《續拾》及《酉陽雜俎》均失收此文，應是唐人佚文，賴《總録》而存，雖吉光片羽，彌足珍貴。

品茶要録

〔宋〕黄　儒

〔提要〕

《品茶要録》，宋代茶書。黄儒撰，一卷，今存。黄儒，字道輔，建安(治今福建建甌)人(方案：熊蕃《貢茶録》稱其爲『郡人』，即建州人)。熙寧六年(一〇七三)進士。蘇軾題跋稱黄：『博學能文，澹然精深，有道之士也。作《品茶要録》十篇，委曲微妙……予悲其不幸早亡，獨此書傳於世。』《四庫提要》卷一一五以爲此跋出《東坡外集》，而在疑僞參半之間。但此跋確出自蘇軾手筆無疑，而且是關於黄儒生平的惟一實録。宋本《要録》久佚，此書僅明清刊本多種行世，又被收入多種叢書。通校現存各本，筆者以爲：較早刊行的明·程百二《程氏叢刻》本(簡稱程本)與四庫本完全一致，四庫本僅改正程本手民誤刊數字而已。明代存在另一種完全不同版本系統的《品茶要録》，即今所見最早刊本——明·喻政的《茶書全集》本，這個疑源於宋本的刊本可以改正程本的許多衍誤譌脱，《説郛》宛委山堂本(簡稱宛本)也有不少可取之處，《要録》全文幾被收入《續茶經》各卷，《續茶經》引文多與宛本《説郛》相同，這與上兩個版本系統又有不同。更可貴的是：《蘇軾詩注》所引的宋人注中，還保留了宋本《要録》的佚文。今以《四庫全書》本爲底本，參校諸本，整理出一個較接近於宋刊的新本。全書近二千字，分十目，大致論採造和辨産地、茶病等。是書首次指出，宋代已有入雜僞茶及申論烏蔕、白合等損害茶葉質量之病，在加工製造過程中應加以防範。另外，本書還最早指出，茶是可以『移栽植之』的，尤爲可貴。因爲明代的茶學家們普遍認爲：茶不可移植。説詳本書校證〔六五〕。

品茶要録

總論

説者常怪陸羽《茶經》不第建安之品〔一〕，蓋前此茶事未甚興，靈芽真筍，往往委翳消腐而人不知惜。自國初以來，士大夫沐浴膏澤，咏歌昇平之日久矣。夫體勢灑落〔二〕，神觀冲淡，惟兹茗飲爲可喜。園林亦相與摘英誇異，制棬鬻新而趨時之好〔三〕。故殊絶之品始得自出於蓁莽之間〔四〕，而其名遂冠天下。借使陸羽復起，閲其金餅，味其雲腴，當爽然自失矣〔五〕。因念草木之材，一有負瓌偉絶特者〔六〕，未嘗不遇時而後興，況於人乎！然士大夫間爲珍藏精試之具〔七〕，非會雅好〔八〕，真未嘗輒出。其好事者，又嘗論其採制之出入，器用之宜否，較試之湯火，圖於縑素，傳翫於時，獨未有補於賞鑒之明爾。蓋園民射利，膏油其面，〔香〕色品味〔九〕，易辨而難詳〔一〇〕。予因收閲之暇〔一一〕，爲原採造之得失，較試之低昂，次爲十説，以中其病，題曰《品茶要録》云。

一、採造過時

茶事起於驚蟄前，其採芽如鷹爪。初造曰試焙，又曰一火；次曰二火，二火之茶已次一火矣。〔其次曰三火〕〔一二〕，故市茶芽者〔一三〕，惟伺出於三火〔之〕前者爲最佳〔一四〕。尤喜薄寒氣候，陰不至於凍〔一五〕，芽茶尤畏霜〔一六〕，有造於一火、二火皆遇霜〔一七〕，而三火霜霽，則三火之茶勝矣〔一八〕。晴不至於暄〔一九〕，則穀芽含養約勒〔二〇〕，而滋長有漸，采工亦優爲矣。凡試時泛色鮮白、隱於薄霧者，得於佳時而然也。有造於積雨者，其色昏黃。或氣候暴暄，茶芽蒸發，采工汗手熏漬〔二一〕，揀摘不潔〔二二〕，則製造雖多，皆爲常品矣。試時色非鮮白、水脚微紅者，過時之病也。

二、白合盜葉

茶之精絶者：曰鬥，曰亞鬥，其次揀芽。茶芽〔二三〕，鬥品雖最上，園户或止一株，蓋天材間有特異，非能皆然也。且物之變勢無窮，而人之耳目有盡，故造鬥品之家，有昔優而今劣，前負而後勝者，雖〔人〕工有至、有不至〔二四〕，亦造化推移，不可得而擅也。其造：一火曰鬥，二火曰亞鬥，不過十數銙而已。揀芽則不然，遍園隴中擇其精英者爾〔二五〕。其或貪多務得，又滋色澤，往往以白合、盜葉間之。試時色雖鮮白，其味澀淡者，間白合、盜葉之病也。〔凡〕鷹爪之芽〔二六〕，有兩小葉抱而生者，白合也；新條葉之抱生而色白者〔二七〕，盜葉也。造揀芽常剔取鷹爪〔二八〕，而白合不用，況盜葉乎〔二九〕！

三、入雜

物固不可以容僞，況飲食之物尤不可也。故茶有入他葉者〔三〇〕，建人號爲『入雜』。銙列入柿葉，常品入桴檻葉。二葉易致，又滋色澤，園民欺售直而爲之〔三一〕。試時無粟紋甘香，盞面浮散，隱如微毛，或星星如纖絮者，入雜之病也。善茶品者，側盞視之，所入之多寡，從可知矣。向上下品有之，近雖銙列，亦或勾使。

四、蒸不熟

穀芽初採，不過盈箱而已〔三二〕，趣時爭新之勢然也。既採而蒸，既蒸而研。蒸有不熟之病，有過熟之病。蒸不熟〔三三〕，則雖精芽〔三四〕，所損已多。試時色青易沉，味爲桃仁之氣者〔三五〕，蒸不熟之病也〔三六〕。唯正熟者，味甘香。

五、過熟

茶芽方蒸，以氣爲候，視之不可以不慎也。試時色黄而粟紋大者〔三七〕，過熟之病也。然雖過熟，愈於不熟，甘香之味勝也〔三八〕。故君謨論色，則以青白勝黄白；余論味，則以黄白勝青白。

六、焦釜

茶蒸不可以逾久，久而過熟；又久，則湯乾而焦釜之氣上〔三九〕。茶工有乏新湯以益之〔四〇〕，是致熏損茶黄〔四一〕。試時色多昏紅〔四二〕，氣焦味惡者〔四三〕，焦釜之病也。建人號爲『熱鍋氣』〔四四〕。

七、壓黄

茶已蒸者爲黄，黄細則已入棬模制之矣，蓋〔茶色〕清潔鮮明〔四五〕，則香色如之〔四六〕。故采佳品者常於半曉間衝蒙雲霧〔而出〕〔四七〕，或以罐汲新泉懸胸間，得必投其中〔四八〕，蓋欲鮮也〔四九〕。其或日氣烘爍〔五〇〕，茶芽暴長，工力不給〔五一〕，其〔采〕芽已陳而不及蒸〔五二〕，蒸而不及研，研或出宿而後製，試時色不鮮明，薄如壞卵氣者，壓黄〔久之病〕也〔五三〕。

八、漬膏〔五四〕

茶餅光黄，又如蔭潤者〔五五〕，榨不乾也。榨欲盡去其膏，膏盡，則有如乾竹葉之狀〔五六〕。惟飾首面者故榨不欲乾〔五七〕，以利易售。試時色雖鮮白，其味帶苦者，漬膏之病也。

九、傷焙

夫茶，本以芽葉之物就之棬模，既出棬，上笪焙之。用火務令通徹〔五八〕，即以灰覆之〔五九〕，虚其中，以透火氣〔六〇〕。然茶民不喜用實炭，號爲『冷火』，以茶餅新濕〔六一〕，欲速乾以見售，故用火常帶煙焰；煙焰既多，稍失看候，以故熏損茶餅。試時其色昏紅，氣味帶焦者，傷焙之病也〔六二〕。

十、辨壑源、沙溪

壑源、沙溪，其地相背而中隔一嶺，其去無數里之遠〔六三〕，然茶産頓殊。有能出火移栽植之〔六四〕，亦爲土氣所化〔六五〕。竊嘗怪茶之爲草，一物爾，其勢必由得地而後異〔六六〕，豈水絡地脉偏鍾粹於壑源，抑御焙占此大岡巍隴，神物伏護，得其餘蔭耶？何其甘芳精至〔六七〕，而獨擅天下也〔六八〕！觀夫春雷一驚，筠籠纔起，售者已擔簦挈橐於其門，或先期而散留金錢，或茶纔入笪而爭酬所直，故壑源之茶常不足客所求。其有桀猾之園民〔六九〕，陰取沙溪茶黄雜，就家棬而製之〔七〇〕。人徒趣其名〔七一〕，睨其規模之相若，不能原其實者蓋有之矣。凡壑源之茶售以十，則沙溪之茶售以五，其直大率倣此〔七二〕。然沙溪之園民亦勇於爲利〔七三〕，或雜以松黄，飾其首面。凡肉理怯薄，體輕而色黄，試時雖鮮白，不能久泛〔七四〕，香薄而味短者，沙溪之品也。凡肉理實厚，體堅而色紫，試時泛盞凝久〔七五〕，香滑而味長者，壑源之品也。

後論

余嘗論茶之精絶者，〔其〕白合未開〔七六〕，其細如麥，蓋得青陽之輕清者也〔七七〕。又其山多帶砂石而號嘉品者〔七八〕，皆在山南，蓋得朝陽之和者也。余嘗事閑，乘晷景之明淨，適軒亭之瀟灑，一取佳品嘗試〔七九〕。既而神水生於華池〔八〇〕，愈甘而清〔八一〕，其有助乎！然建安之茶散天下者不爲少〔八二〕，而得建安之精品不爲多〔八三〕。蓋有得之者不能辨〔八四〕；能辨矣〔八五〕，或不善於烹試；善烹試矣，或非其時，猶不善也〔八六〕，況非其賓乎！然未有主賢而賓愚者也。夫惟知此，然後盡茶之事。昔者陸羽號爲知茶，然羽之所知者，皆今之所謂草茶〔八七〕。何哉？如鴻漸所論：『蒸筍並葉〔八八〕，畏流其膏。』蓋草茶味短而淡〔八九〕，故常恐去膏；建茶力厚而甘，故惟欲去膏〔九〇〕。又論福、建爲『未詳，往往得之，其味極佳〔九一〕』。由是觀之，鴻漸未嘗到建安歟？

附跋二首

（一）蘇軾書黄道輔《品茶要録》後

物有畛而理無方，窮天下之辯，不足以盡一物之理。達者寓物以發其辯，則一物之變可以盡南山之竹。學者觀物之極而遊於物之表，則何求而不得？故輪扁行年七十而老於斲輪，庖丁自技而進乎道，由此其選也。黄君道輔，諱儒，建安人。博學能文，澹然精深，有道之士也。作《品茶要録》十篇，委曲微妙，皆陸鴻漸以來論茶者所未及。非至靜無求，虚中不留，烏能察物之情如此其詳哉！昔張機有精理而韻不能高，故卒爲名醫，今道輔無所發其辯而寓之於茶，爲世外淡泊之好，此以高韻輔精理者。予悲其不幸早亡，獨此書傳於世，故發其篇末云。〔九二〕

（二）明・徐𤊹跋

黃儒事蹟無考。按《文獻通考》〔引〕陳振孫曰：《品茶要録》一卷，元祐中東坡嘗跋其後，今蘇集不載此跋而陳氏之言必有所據，豈蘇文尚有遺耶？然則儒與蘇公同時人也。徐𤊹識〔九三〕。

〔校證〕

〔一〕説者常怪陸羽《茶經》不第建安之品　『常怪』，《續茶經》卷上之一引作『嘗謂』，疑其已改寫。諸本均同底本。又，『陸羽』，喻甲本作『陸公』。

〔二〕夫體勢灑落　『體勢』，《茶書全集》本（下簡稱喻甲本）作『體態』，宛本《説郛》卷九三下（四庫本）作『身世』，《續茶經》及《廣羣芳譜》卷一九亦引作『身世』。

〔三〕制棬鬻新而趨時之好　『棬』，底本及四庫本等誤作『捲』，據喻甲本及《廣羣芳譜》引文改。棬，詳陸羽《茶經・二之具》。下徑改不再出校。『而』，宛本《説郛》及《續茶經》本作『以』。『趨』，喻甲本作『移』。

〔四〕故殊絶之品始得自出於蓁莽之間　『殊絶』，宛本《説郛》及《續茶經》本作『殊異』。『蓁莽』，同上作『榛莽』。今檢清・朱駿聲《説文通訓定聲・坤部》：『蓁，假借爲榛。』《廣雅・釋木》：『木叢生曰榛。』參見清・段玉裁《説文解字注・木部》。茶爲山茶科山茶屬植物，有喬木、半喬木、灌木三種類型。自陸羽以來的古人對茶爲草本、木本植物並不清楚，但『蓁』既爲『榛』之借字，故兩字可換用。論茶，當以『榛』

義長。

〔五〕當爽然自失矣　『當』，諸本皆同，惟《宣和北苑貢茶録》引作『必』。疑已以己意改寫。

〔六〕一有負瓌偉絶特者　『瓌』，諸本同，惟喻甲本音譌作『環』。

〔七〕然士大夫間爲珍藏精試之具　『試』，諸本同，惟喻甲本形譌作『誠』。

〔八〕非會雅好　『會』，宛本《説郛》、《續茶經》、《廣羣芳譜》作『尚』，兩通之，但義有别。

〔九〕香色品味　『香』，諸本皆無，故『色』屬上爲句，作『膏油其面色』，實誤。據喻甲本補一『香』字，則文從字順。

〔一〇〕易辨而難詳　『詳』，底本、程本、《説郛》涵本等譌作『評』，據喻甲本、《説郛》宛本及《廣羣芳譜》引文改。

〔一一〕予因收閲之暇　『收閲』，右引喻甲等三本作『閲收』。

〔一二〕其次曰三火　此五字諸本無，據清·馮應榴《蘇軾詩集合注》卷三二《新茶送程朝奉以饋其母有詩相謝次韻答之》〔王注〕引宋本《要録》補。以下正文及注文中均有『三火』，補此五字，文意可完，諸本皆誤奪。此正宋本《品茶要録》之可貴。

〔一三〕故市茶芽者　『芽』字，右引無。

〔一四〕惟伺出於三火之前者爲最佳　『伺』，底本及諸本形譌作『同』，據喻甲本、《續茶經》及右引《蘇詩合注》〔王注〕引文改。『之』字，諸本皆脱，據上述《蘇詩合注》〔王注〕引文補。

〔一五〕陰不至於凍　『於』，《説郛》宛本、《續茶經》無此字。

〔一六〕芽茶尤畏霜　『芽茶』，惟《説郛》二本作『芽發時』。

〔一七〕有造於一火二火皆遇霜　惟喻甲本『霜』下有『寒』字。又，『皆』上疑脱『者』，似應據上下文意補。

〔一八〕則三火之茶勝矣　『勝』上，涵本《説郛》卷六〇有『已』字。

〔一九〕晴不至於暄　『晴』，惟喻甲本作『曝』，《説郛》涵本作『時』，形譌。

〔二〇〕則穀芽含養約勒　喻甲本末二字無，涵本《説郛》作『約勤』，疑形譌。

〔二一〕采工汗手熏漬　『汗手』，喻甲本作『汙手』，似義勝。

〔二二〕揀摘不潔　『潔』，諸本皆音譌爲『給』，據《續茶經》卷上之三引文改。

〔二三〕茶芽　喻甲本無『芽』字。

〔二四〕雖人工有至有不至　『人』，底本及他校本均無，據喻甲本、《説郛》宛本及《續茶經》補。

〔二五〕遍園隴中擇其精英者爾　『其』上，《説郛》涵本有『去』字，諸本皆無。

〔二六〕凡鷹爪之芽　五字，諸本皆無，惟喻甲本有而《續茶經》引作：『〔一〕〔凡〕鷹爪之芽。』據補。

〔二七〕新條葉之抱生而色白者　『之抱生』，喻甲本作『細』，疑脱『之』字，『抱生』作『細』；而《續茶經》『抱』又作『初』。

〔二八〕造揀芽常剔取鷹爪　『常』上《續茶經》有一『者』字；又，『常』，同書引作『只』。

〔二九〕造棟芽……盗葉乎　凡十七字，喻甲本無而諸本皆有。

〔三〇〕故茶有入他葉者　『葉』，《續茶經》、喻甲本作『草』。

〔三一〕園民欺售直而爲之　《説郛》涵本『之』下有『也』字。

〔三二〕不過盈箱而已　『箱』，《説郛》宛本、《續茶經》作『筐』，喻甲本作『掬』，義勝，疑當從。

〔三三〕蒸不熟　此三字，喻甲本作『蒸而不熟者』。

〔三四〕則雖精芽　『則』，喻甲本此字無，諸本皆有。

〔三五〕味爲桃仁之氣者　『桃仁』，底本、程本等誤作『挑人』，形譌，據喻甲本、《説郛》二本及《續茶經》改。

〔三六〕蒸不熟之病也　『蒸不』，底本、程本等原作『不蒸』，據喻甲本、《説郛》涵本乙。《續茶經》無『蒸』字。

〔三七〕試時色黄而粟紋大者　『色黄』，喻甲本作『葉黄』。

〔三八〕甘香之味勝也　『勝』，喻甲本作『盛』。作『勝』，是。

〔三九〕則湯乾而焦釜之氣上　『上』，喻甲本作『上升』，疑奪一『升』字，當補。《説郛》宛本、《續茶經》作『出』，義尤勝。

〔四〇〕茶工有乏新湯以益之　『乏』，《説郛》涵本作『泛』，似當從改。

〔四一〕是致熏損茶黄　『熏』，《續茶經》作『蒸』；『損』字下，喻甲本有『而』字，義長。

〔四二〕試時色多昏紅　『試』上，《續茶經》有『故』字；『昏紅』，《續茶經》及《説郛》宛本作『昏黯』，疑是。

〔四三〕氣焦味惡者　『者』上四字，《續茶經》引作『氣味焦惡』，兩通之。

〔四四〕建人號爲熱鍋氣　此注文，喻甲本、《續茶經》誤竄入正文，又脱末字『氣』，當據補。

〔四五〕蓋茶色清潔鮮明　『茶色』，諸本均無，據《續茶經》及上下文意補。

〔四六〕則香色如之　《續茶經》引作『香與味亦如之』，似義長。

〔四七〕故采佳品……而出　『而出』，諸本皆無此二字，據《續茶經》及上下文意補。

〔四八〕得必投其中　諸本皆然，《續茶經》『得』上有『采』字。

〔四九〕蓋欲鮮也　右引『鮮』上有『其』字。

〔五〇〕其或日氣烘爍　『其』，《續茶經》作『如』。

〔五一〕工力不給　『不給』，喻甲本作『不及』，義勝。

〔五二〕其采芽已陳而不及蒸　『采』，底本及諸本原無，據喻甲本、《説郛》涵本補。

〔五三〕壓黄久之病也　『久之病』，原無，顯有奪誤。『黄』下，據喻甲本補『久』字；『也』上，又據《續茶經》和《説郛》宛本補『之病』二字，庶幾無誤。又，《續茶經》『壓黄』前有『乃』字，似陸廷燦以己意補之，從全書體例分析，應無此字，今不取。

〔五四〕漬膏　諸本及喻甲本《目録》皆形譌爲『清膏』，惟《説郛》二本不誤，作『漬膏』；又，文末正作『漬膏之病』，是其證，據改。

〔五五〕又如陰潤者　《續茶經》『又』上有『而』字，義勝。

〔五六〕則有如乾竹葉之狀　『狀』，底本及諸本原作『色』，據喻甲本改。《續茶經》及《説郛》宛本作『意』。

〔五七〕惟飾首面者故榨不欲乾　『惟』下，喻甲本有『夫』字，《續茶經》有『喜』字，《説郛》宛本有『吾』字，今並不取。

〔五八〕用火務令通徹　下四字，喻甲本作『務合通熟』。

〔五九〕即以灰覆之　『灰』，《續茶經》作『茶』，似非是。

〔六〇〕以透火氣　『透』，原作『熱』，諸本皆誤，據《續茶經》及上下文意改。

〔六一〕以茶餅新濕　『濕』，原形譌作『温』，據喻甲本、《説郛》二本、《續茶經》改。

〔六二〕傷焙之病也　『焙』，原誤作『焰』，據喻甲本、《説郛》涵本及《續茶經》改。

〔六三〕其去無數里之遠　『去』，原誤作『勢』，諸本皆然。據《續茶經》及文意改。又，『遠』，《續茶經》作『遥』。

〔六四〕有能出火移栽植之　『出火』，喻甲本、《説郛》二本、《續茶經》作『出力』。雖一字之差，文意大殊，據上下文意，作『火』義勝。『出火』者，寒食後也。由是觀之，則宋人黄儒，最早記載了茶樹可『移栽植之』。直到明代，古人猶以爲茶不可移植而只能下種種之。如郎瑛（一四八七—？）《七修類稿》卷四六猶堅執『種茶下子，不可移植』之説。明人羅廩（一五三七—一六二〇）《茶解·藝》始有種茶後『次年移植』之説，較之宋·黄儒晚了約五百二十餘年（以兩書之跋約計）。這在茶樹栽培學上是極了不起的偉大發現。惜迄今有關茶的任何著作未及於斯，故特爲拈出。

〔六五〕亦爲土氣所化　『土氣』，《續茶經》作『風土』。

〔六六〕其勢必由得地而後異　『由』，喻甲本、《説郛》宛本、《續茶經》作『猶』。

〔六七〕何其甘芳精至　『甘芳』，《説郛》宛本作『芳甘』。

〔六八〕而獨擅天下也　『獨』，《説郛》宛本和《續茶經》作『美』。
〔六九〕其有桀猾之園民　『其』，喻甲本作『間』，義長。『桀』，喻甲本作『黠』，誤，當爲『黠』字之形譌，兩通之；而《説郛》涵本作『傑』，則大誤。
〔七〇〕雜就家棬而製之　喻甲本作『雜而製之』，已删改，但文意亦通。又，疑『雜』上脱一『入』字，詳本書『入雜』條。
〔七一〕人徒趣其名　『趣』，喻甲、《説郛》涵本作『趨』。
〔七二〕其直大率倣此　『倣』，底本及程本原作『放』，據喻甲本、《説郛》二本及《續茶經》改。
〔七三〕然沙溪之園民亦勇於爲利　『爲利』，《説郛》宛本作『覓利』，是，義亦通，且義稍勝。
〔七四〕不能久泛　諸本皆然，惟《蘇詩合注》卷三二《次韻曹輔寄壑源試焙新芽》（劉拱）共父〕注引《品茶要録》作『而不能久』，此宋本之文字，殊可貴。
〔七五〕試時泛盞凝久　『盞』，喻甲本作『杯』。
〔七六〕其白合未開　『其』字原脱，據喻甲本和《續茶經》卷下之二補。
〔七七〕蓋得青陽之輕清者也　『輕清』，喻甲本作『清輕』，兩通之。
〔七八〕又其山多帶砂石而號嘉品者　『嘉』，《説郛》宛本、《續茶經》作『佳』。
〔七九〕一取佳品嘗試　同右引作『一一皆取品試』，義勝。
〔八〇〕既而神水生於華池　『神』，原誤作『求』，據喻甲本、《説郛》涵本、《續茶經》及上下文意改。

〔八一〕愈甘而清　『清』，《説郛》宛本作『新』，義勝；喻甲本作『親』，乃『新』之形譌，又恰爲『清』之音譌。

〔八二〕然建安之茶散天下者不爲少　喻甲本、《説郛》宛本『天』作『人』，『少』則作『也』，似皆形譌。

〔八三〕而得建安之精品不爲多　『不爲多』，《説郛》宛本作『不善炙』。

〔八四〕蓋有得之者不能辨　『不』上，《説郛》宛本有『亦』字。

〔八五〕能辨矣　此三字，《説郛》宛本無，疑脱。

〔八六〕猶不善也　『猶』，《説郛》宛本作『尤』。

〔八七〕皆今之所謂草茶　『草茶』，喻甲本及《續茶經》作『茶草』。

〔八八〕蒸筍並葉　《説郛》涵本作『蒸芽』，核《茶經·二之具》作『蒸芽筍並葉』。疑底本和此本各脱一字。

〔八九〕蓋草茶味短而淡　『草茶』喻甲本作『茶草』。

〔九〇〕故惟欲去膏　『去』下，《續茶經》卷下之二有『其』字。

〔九一〕未詳……極佳　此引《茶經·八之出》文，核陸羽《茶經》，全同。

〔九二〕物有……篇末云　方案：校程本附録及中華書局點校本《蘇軾文集》卷六六，文全相同。

〔九三〕黄儒……徐𤈶識　方案：此跋録自喻政《茶書全集》甲本。蘇軾跋原出七集本《東坡集·外集》，故徐氏以爲蘇集失載，《四庫提要》又誤認爲非蘇文。據陳振孫《書録解題》卷一四云『元祐中東坡嘗跋其後』，則是書元祐（一〇八六—一〇九四）年間已行於世無疑也。其成書時間或在其前，蘇軾撰跋時，黄儒已『早亡』。餘詳本篇提要。

大觀茶論

〔宋〕趙 佶

〔提要〕

《大觀茶論》，宋代茶書。一卷，宋徽宗趙佶（一〇八二—一一三五）撰，是惟一由皇帝撰寫的茶書。趙佶，宋神宗第十一子。元豐八年（一〇八五），宋哲宗趙煦即位，封其爲遂寧郡王；紹聖三年（一〇九六），進封端王。元符三年（一一〇〇），哲宗卒，因無子而由趙佶於柩前即位，向太后（神宗向皇后）權同處分軍國事。次年二月，始親政，改元建中靖國（一一〇一）。崇寧元年（一一〇二），起用蔡京爲相，打着崇奉熙寧的旗號，開始大規模迫害元祐、元符黨人，正人端士爲之一空，信用奸佞，國事日非。任用宦官童貫經略西北邊事，勞民傷財。改革茶鹽法，改鑄當十錢、夾錫錢，幾近無償掠奪。以『豐亨豫大』相標榜，追求聲色犬馬，玩物喪志，窮奢極侈。崇奉道教，大修宫觀，爲無益之費。任用朱勔、李彦等，置蘇杭造作局、京師西城所，搜刮民脂民膏，東南騷動，北方民怨，導致方臘、宋江起義。推行『聯金滅遼』的外交政策，招降納叛，終致敗亡。宣和七年（一一二五），在金軍鐵騎南下的危亡之際，下『罪己詔』，遜位於皇太子趙桓，是爲欽宗。趙佶被改稱教主道君太上皇帝。在位二十六年，是歷史上有名的亡國昏君。其信用『六賊』爲代表的奸佞，是自取敗亡的重要原因。次年，被兩路南下的金軍攻破京城開封。靖康二年（一一二七），徽欽二帝及皇族、后妃、公主、官吏、内侍、技藝、工匠、倡優、妓樂等三千餘人被押解北上。北宋九朝積累的圖書文物、府庫積蓄被劫掠一空，掃地以盡。史稱『靖康之恥』。在經歷了長達八年的屈辱的俘囚生活，歷盡顛沛流離之苦後，於紹興五年（一一三五）四月，在五國城（今黑龍江依蘭縣）病逝。由於南北消息阻隔，紹興七年（一一三七），死訊才傳至南宋行都臨安（治今浙江杭州），追謚其爲『聖文仁德顯孝皇帝』，廟號徽宗。其著作有《御注老子》、《黄鐘徵角調》各二卷、《聖濟經》十卷、《御制崇觀宸奎集》等，多已散佚。

政治上昏庸已極的亡國之君趙佶，卻有着非凡的藝術天賦。他精書畫，擅詩詞，流傳至今的書畫作品已是國寶級文物。書法獨創『瘦金體』，其花鳥畫也享有盛名。詩詞亦有一定造詣，尤其是在流離北國時的創作，頗具國破家亡的滄桑感，與南唐後主李煜的作品有異曲同工之妙。其大量詩文創作流傳至今的已極少，《全宋文》、《全宋詩》、《全宋詞》多已輯録。值得一提的是宋徽宗特别重視文化事業，他好學嗜書，曾多次下令搜訪天下遺書，又仿太宗、真宗故事，抄刻後分藏太清樓、秘閣等處。他還創置書、畫、算學，主持修纂《宣和書譜》、《宣和畫譜》，精於金石、文物收藏、鑒定。他不僅培養了大量文化、藝術人才，其本人亦才華横溢。他頗有建樹的創作，在我國文化史上留下了輝煌的一頁。

《大觀茶論》是宋徽宗存世的惟一著作。宋·姚應績《郡齋讀書志·後志》（袁本）著録是書書名爲《聖宋茶論》，《通考·經籍考》沿用此名；但宋人熊蕃《宣和北苑貢茶録》稱此書爲《茶論》，撰於大觀（一一〇七—一一一〇）年間，未審何據。陶宗儀編入《説郛》時，始定名爲《大觀茶論》。全書約近三千字，首爲序，分爲二十目。對於茶的生長、栽培、採製、品質、烹點，尤其是分茶等茶藝及使用的茶具，均有切中肯綮的記述。在蔡襄《茶録》所記烹點法的基礎上，更全面地深化，充分體現了北宋末茶文化發展的水平。在歷史上首次載録了點茶、分茶、鬥茶的必備茶具——茶笼，充分顯示了作者有很深的茶藝造詣和茶文化知識。對於白茶的偏愛，不只是他個人的嗜好，也反映了北宋人的時尚。其烹點一節所論極爲精彩。總之，《茶論》不失爲宋代茶書的集大成之作。《茶論》僅存《説郛》兩本：宛委山堂本（下簡稱宛本）《説郛》（一百二十卷），涵芬樓本（下簡稱涵本，又稱商務本）《説郛》（一百卷）。就總體而論，兩本各有短長，但涵本經張宗祥先生手自校定，似較宛本爲勝。但具體到各書而言，就難以一概而論，如《茶論》則宛本遠勝涵本。今以宛本爲底本，兩本合校，不專注一本，擇善而從。凡底本是而涵本誤者，一般不出校；但爲保存兩本原貌概況，異文一概保留，有所取捨則在校記中説明。《古今圖書集成·食貨典》中收入的《茶論》，基本上同涵本，今不列爲參校本。清康熙時汪灝等主編的《廣羣芳譜》、雍正時陸廷燦編纂的《續茶經》引録了《茶論》大半內容。從文字判斷，此兩本似亦從與涵本同一版本系統的明抄殘本轉録，凡異文已寫入校記。還參校了《蘇軾詩注》、《宣和北苑貢茶録》、《北苑别録》等書中的個别引文。此外，《茶論》也有少量引用《茶經》之文，異同之處，均已寫入校記。又對『烏蒂』、『白合』、『銙』、『白茶』等内容，進行了必要的注釋。

大觀茶論

序

嘗謂首地而倒生，所以供人〔之〕求者〔一〕，其類不一。穀粟之於饑，絲枲之於寒，雖庸人孺子皆知。常須而日用，不以歲時之舒迫而可以興廢也〔二〕。至若茶之爲物，擅甌閩之秀氣，鍾山川之靈禀，祛襟滌滯，致清導和，則非庸人孺子可得而知矣。沖澹間潔〔三〕，韻高致静，則非遑遽之時可得而好尚矣。

本朝之興，歲修建溪之貢，龍團鳳餅，名冠天下，而壑源之品亦自此而盛。延及於今，百廢俱舉，海内晏然，垂拱密勿，幸致無爲。縉紳之士，韋布之流，沐浴膏澤，薰陶德化，咸以雅尚相推從〔四〕，事茗飲。故近歲以來，採擇之精，製作之工，品第之勝，烹點之妙，莫不咸造其極〔五〕。且物之興廢，固自有時，然亦系乎時之汙隆。時或遑遽，人懷勞悴，則向所謂常須而日用，猶且汲汲營求，惟恐不獲，飲茶何暇議哉！世既累洽，人恬物熙，則常須而日用者，固久厭飫狼籍。而天下之士，勵志清白，競爲閒暇修索之玩，莫不碎玉鏘金，啜英咀華，較（筐篋）〔筴笥〕之精〔粗〕〔六〕，爭鑒裁之（别）〔妙〕〔七〕。雖〔天〕下士於此時〔八〕，不以蓄茶爲羞，可謂盛世之清尚也。嗚呼！至治之世，豈惟人得以盡其材，而草木之靈者，亦得以盡其用矣！偶因暇日，研究精微，所得之妙，後人有不自知爲利害者，敘本末，列於二十篇，號曰《茶論》。

地産

植産之地，崖必陽，圃必陰。蓋（石）〔茶〕之性寒〔九〕，其葉抑以瘠，其味疏以薄，必資陽和以發之。土之性敷，其葉疏以暴，其味强以肆，必資陰蔭以節之。今圃家皆植木，以資茶之陰。陰陽相濟，則茶之滋長得其宜。

天時

茶工作於驚蟄，尤以得天時爲急。輕寒，英華漸長，條達而不迫，茶工從容致力，故其色味兩全。若或時暘鬱燠，芽奮甲暴〔一〇〕，促土暴力隨槁〔一一〕。晷刻所迫，有蒸而未及壓，壓而未及研，研而未及製，茶黄留漬〔一二〕，其色味所失已半。故焙人得茶天爲慶。

采擇

擷茶以黎明，見日則止。用爪斷芽，不以指揉，慮氣（汗）〔汙〕熏漬〔一三〕，茶不鮮潔。故茶工多以新汲水自隨，得芽則投諸水。凡芽如雀舌、穀粒者爲鬥品，一槍一旗爲揀芽，一槍二旗爲次之，餘斯爲下。茶之始芽萌，則有白合；既擷，則有烏蒂〔一四〕。白合不去，害茶味；烏蒂不去〔一五〕，害茶色。

蒸壓

茶之美惡，尤繫於蒸芽、壓黄之得失。蒸太生，則芽滑，故色清而味烈；過熟，則芽爛，故茶色赤而不膠。壓久，則氣竭味漓；不及，則色暗味澀。蒸芽，欲及熟而香；壓黄，欲膏盡亟止。如此，則製造之功十已得七八矣〔一六〕。

製造

滌芽惟潔，濯器惟淨。蒸壓惟其宜，研膏惟熟〔一七〕，焙火惟良。飲而有少砂者〔一八〕，滌濯之不精也；文理燥赤者，焙火之過熟也。夫造茶，先度日晷之短長〔一九〕，均工力之衆寡，會採擇之多少，使一日造成。恐茶過宿，則害色味。

鑒辨

茶之範度不同，如人之有首面也〔二〇〕。膏稀者，其膚蹙以文；膏稠者，其理歛以實。即日成者，其色則青紫；越宿製造者，其色則慘黑。有肥凝如赤蠟者，末雖白，受湯則黄；有縝密如蒼玉者，末雖灰，受湯愈白。有光華外暴而中暗者，有明白内備而表質者，其首面之異同，難以概論。要之，色瑩徹而不駁，質縝繹而不浮，舉之則凝結〔二一〕，碾之則鏗然，可驗其爲精品也。有得於言意之表者，可以心解。又有貪利之民，購求外焙已採之芽，假以製造；研碎已成之餅〔二二〕，易以範模；雖名氏、採製似之，其膚理、色澤，何所逃於鑒賞哉〔二三〕！

白茶

白茶自爲一種，與常茶不同。其條敷闡，其葉瑩薄，崖林之間，偶然生出，非人力所可致〔二四〕。正焙之有者不過四五家〔二五〕，生者不過一二株，所造止於二三銙而已〔二六〕。芽英不多，尤難蒸焙；湯火一失，則已變而爲常品。須製造精微，運度得宜〔二七〕，則表裏昭徹〔二八〕，如玉之在璞，它無與倫也〔二九〕。淺焙亦有之，但品格不及〔三〇〕。

羅碾

碾以銀爲上〔三一〕，熟鐵次之，生鐵者，非淘煉槌磨所成〔三二〕，間有黑屑藏於隙穴〔三三〕，害茶之色尤甚。凡碾爲制，槽欲深而峻，輪欲鋭而薄。槽深而峻，則底有準而茶常聚；輪鋭而薄，則運邊中而槽不戛。羅欲細而面緊，則絹不泥而常透。碾必力而速，不欲久，恐鐵之害色。羅必輕而平，不厭數，庶幾細者不耗〔三四〕。惟再羅，則入湯輕泛，粥面光凝，盡茶之色。

盞

盞色貴青黑，玉毫條達者爲上，取其煥發茶采色也〔三五〕。底必差深而微寬，底深，則茶宜立而易於取乳〔三六〕；寬則運筅旋徹，不礙擊拂。然須度茶之多少，用盞之大小〔三七〕。盞高茶少，則掩蔽茶色；茶多盞小，則受湯不盡。盞惟熱〔三八〕，則茶發立耐久。

筅

茶筅，以筋竹老者爲之〔三九〕，身欲厚重，筅欲疏勁，本欲壯而末必眇〔四〇〕，當如劍脊之狀。蓋身厚重，則操之有力而易於運用；筅疏勁如劍脊〔四一〕，則擊拂雖過而浮沫不生〔四二〕。

瓶

瓶宜金銀，小大之制〔四三〕，惟所裁給。注湯利害〔四四〕，獨瓶之口嘴而已。瓶之口〔四五〕，欲差大而宛直〔四六〕，則注湯力緊而不散；嘴之末，欲圓小而峻削，則用湯有節而不滴瀝。蓋湯力緊，則發速有節；而不滴瀝〔四七〕，則茶面不破。

杓

杓之大小，當以可受一盞茶爲量。過一盞，則必歸其〔有〕餘〔四八〕；不及，則必取其不足。傾杓煩數，茶必冰矣。

水

水以清輕甘潔爲美〔四九〕。輕甘，乃水之自然，獨爲難得。古人品水，雖曰中泠、惠山爲上〔五〇〕，然人相去之遠近，似不常得。但當取山泉之清潔者，其次，則井水之常汲者爲可用。若江河之水，則魚鱉之腥，泥濘之汙，雖輕甘無取。凡用湯以魚目、蟹眼連繹迸躍爲度，過老，則以少新水投之，就火頃刻而後用。

點

點茶不一，而調膏繼刻，以湯注之。手重筅輕，無粟文蟹眼者，謂之靜面點。蓋擊拂無力，茶不發立，水乳未浹，又復增湯〔五一〕，色澤不盡，英華淪散，茶無立作矣。有隨湯擊拂，手筅俱重，立文泛泛，謂之一發點。蓋用湯已過〔五二〕，指腕不圓，粥面未凝，茶力已盡，雲霧雖泛，水脚易生。妙於此者，量茶受湯，調如融膠，環注盞畔，勿使侵茶。勢不欲猛，先須攪動茶膏，漸加擊拂。手輕筅重，指繞腕旋〔五三〕，上下透徹，如酵蘖之起麵〔五四〕，疏星皎月，燦然而生，則茶之根本立矣〔五五〕。第二湯自茶面注之，周回一綫，急注急止〔五六〕。茶面不動，擊拂既力，色澤漸開，珠璣磊落。三湯多寡如前〔五七〕，擊拂漸貴輕匀，周環旋復〔五八〕，表裏洞徹，粟文蟹眼，泛結雜起，茶之色，十已得其六七。四湯尚嗇，筅欲轉梢〔五九〕，寬而勿速，其清真華彩〔六〇〕，既已煥發〔六一〕，雲霧漸生〔六二〕。五湯乃可少縱筅，欲輕匀而透達〔六三〕，如發立未盡，則擊以作之；發立已過〔六四〕，則拂以斂之。然後結〔浚〕靄凝雪〔六五〕，茶色盡矣〔六六〕。六湯以觀立作，乳點勃結〔六七〕，則以筅着居緩繞〔六八〕，拂動而已。七湯以分輕清重濁，相稀稠得中，可欲則止。乳霧洶湧，溢盞而起，周回凝而不動〔六九〕，謂之『咬盞』。宜匀其輕清浮合者飲之。《桐君録》〔七〇〕曰：『茗有餑，飲之宜人。』雖多不爲過也。

味

夫茶以味爲上，香甘重滑爲味之全〔七一〕，惟北苑壑源之品兼之〔七二〕。其味醇而乏風骨者〔七三〕，蒸壓太過也。茶槍，乃條之始萌者，本性酸〔七四〕；　槍過長，則初甘重而終微澀。茶旗，乃葉之方敷者，葉味苦，旗過老，則初雖留舌而飲徹反甘矣。此則芽胯有之〔七五〕，若夫卓絶之品，真香靈味，自然不同。

香

茶有真香，非龍麝可擬。要須蒸及熟而壓之〔七六〕，及乾而研，研細而造，則和美具足〔七七〕。入盞，則馨香四達，秋爽灑然。或蒸氣如桃仁夾雜〔七八〕，則其氣酸烈而惡。

色

點茶之色，以純白爲上，真青白爲次，灰白次之，黄白又次之。天時得於上，人力盡於下，茶必純白。天時暴暄，芽萌狂長，采造留積，雖白而黄矣。青白者，蒸壓微生；　灰白者，蒸壓過熟。壓膏不盡則色青暗，焙火太烈則色昏赤〔七九〕。

藏焙〔八〇〕

數焙則首面乾而香減〔八一〕，失焙則雜色剥而味散。要當新芽初生，即焙以去水陸風濕之氣。焙用熟火置爐中，以静灰擁合七分，露火三分，亦以輕灰糝覆。良久，即置焙簍上〔八二〕，以逼散焙中潤氣，然後列茶於其中，盡展角焙之〔八三〕，未可蒙蔽，候火速徹覆之〔八四〕。火之多少，以焙之大小增減。探手爐中〔八五〕，火氣雖熱而不至逼人手者爲良。時以手援茶體，雖甚熱而無害，欲其火力通徹茶體爾。或曰：焙火如人體溫，但能燥茶皮膚而已，内之濕潤未盡，則復蒸暍矣。焙畢，即以用久竹漆器中緘藏之[八六]。陰潤勿開，〔如此〕終年再焙[八七]，色常如新。

品名[八八]

名茶，各以所產之地[八九]。如葉耕之平園台星岩[九〇]，葉剛之高峯青鳳髓，葉思純之大嵐，葉嶼之屑山[九一]，葉五崇林之羅漢山水桑芽[九二]，葉堅之碎石窠、石臼窠，一作穴窠[九三]，葉瓊、葉輝之秀皮林，葉師復、師貺之虎岩，葉椿之無雙岩芽，葉懋之老窠園。〔諸〕葉各擅其美[九四]，未嘗混淆，不可概舉。後相爭相鬻[九五]，互爲剥竊，參錯無據，不知茶之美惡〔者〕[九六]，在於製造之工拙而已，豈岡地之虛名所能增減哉！焙人之茶，固有前優而後劣者，昔負而今勝者，是亦園地之不常也。

外焙

世稱外焙之茶臠小而色駁，體耗而味澹，方之正焙，昭然可别[九七]。近之好事者，筴笥之中，往往半之蓄外焙之品。蓋外焙之家，久而益工，製造之妙[九八]，咸取則於壑源[九九]。效像規模，摹外爲正[一〇〇]。殊不知其臠雖等而篾風骨[一〇一]，色澤雖潤而無藏畜，體雖實而縝密乏理[一〇二]，味雖重而澀滯乏香[一〇三]，何所逃乎外焙哉！雖然，有外焙者，有淺焙者，蓋淺焙之茶，去壑源爲未遠，製之能工[一〇四]，則色亦瑩白；擊拂有度，則體亦立湯。惟甘重香滑之味，稍遠於正焙耳〔一〇五〕。至於外焙〔一〇六〕，則迥然可辨。其有甚者，又至於採柿葉、桴欖之萌，相雜而造。味雖與茶相類，點時隱隱如輕絮泛然，茶面粟文不生，乃其驗也。桑苧翁曰：『雜以卉莽，飲之成病〔一〇七〕。』可不細鑒而熟辨之！

〔校證〕

〔一〕所以供人之求者　『之』，原脱，據涵本補。

〔二〕不以歲時之……與廢也　『歲時』，宛本及《廣羣芳譜》倒作『時歲』，據涵本乙。

〔三〕沖澹間潔　『沖』，宛本原作『中』，據涵本及《續茶經》、《廣羣芳譜》改。

〔四〕咸以雅尚相推從　『咸』，宛本作『盛』，形近而誤，據涵本及《續茶經》改。《廣羣芳譜》卷一九無『盛』字，似因讀不通而删，恰成字誤之佐證。

〔五〕莫不咸造其極　『咸』，底本誤作『盛』，據涵本及《廣羣芳譜》改。

〔六〕較筴笥之精粗　『筴笥』從涵本。宛本作『筐筴』，義亦通，且《廣羣芳譜》同宛本，但涵本義長，故從之。又，《茶乘》卷六引作『箱篋』；『精』下，有『粗』字，作『精粗』，是，據補。

〔七〕爭鑒裁之妙　『妙』，宛本作『別』，《廣羣芳譜》同，但涵本作『妙』。又，《茶乘》引作『當否』，疑『妙』下應補一『否』字。

〔八〕雖天下士於此時　『雖』下，宛本脱『天』字，而涵本作『雖否』，均讀不通，《説郛》兩本均誤，據上下文意，似『下』上奪一『天』字，應作『雖天下士』。應據上文『天下之士』補。

〔九〕蓋石之性寒　『石』，涵本作『茶』，義勝。故據上下文意改。

〔一〇〕芽奮甲暴　宛本作『芽甲奮暴』，今從涵本。

〔一一〕促土暴力隨槁　『促土』，底本誤作『促工』；『槁』，底本誤作『稿』。均爲形近而譌，據涵本改。

〔一二〕茶黄留漬　『漬』，底本原誤『積』，形近而譌，據涵本改。

〔一三〕慮氣汙熏漬　『汙』，《説郛》兩本均誤作『汗』，形近而譌，據《授時通考》卷六九及《廣羣芳譜》卷二一引文改。

〔一四〕則有烏蔕　『烏蔕』，《説郛》兩本均誤作『烏帶』。『蔕』之異體字爲『蔕』，『帶』實乃『蔕』（蔕）之形譌。據《續茶經》卷上引文改。

〔一五〕烏蔕不去　『蔕』，據同右引改。又，烏蔕、白合乃有害茶葉品質的盜葉。宋時，建安（治今福建建甌）茶農往往摻雜其間，以次充好。黄儒《品茶要録》載：『揀芽則不然，遍園隴中擇其精英者爾。其或貪多務得，又滋色澤，往往以白合、盜葉間之。試時色雖鮮白，其味澀淡者，間白合、盜葉之病也。』（原注：一鷹爪之芽有兩小葉抱而生者，盜葉也。造揀芽常剔取鷹爪，而白合不用，況盜葉乎！）姚寬（一一〇五—一一六二）《西溪叢語》卷上稱：『唯龍團勝雪、白茶兩種，謂之水芽。先蒸後揀，每一芽，先去兩小葉，謂之烏蔕；又次（取）〔去〕二嫩葉，謂之白合。留小心芽置於水中，呼爲水芽。』方案：孔凡禮先生點校本（中華書局標點本頁五三，一九九三年版。）此數句中存在四大失誤：其一，將兩種貢茶名『龍園勝雪』、『白茶』，誤標點爲『龍園勝、雪白茶』。其二，『白合』，誤作『白合』，疑爲手民誤刊。其三『次取』，應爲『次去』之誤，此原書已誤而失校，證諸上下文義，及《大觀茶論》、《品茶要録》顯而易見。其四，『龍團勝雪』姚寬已誤作『龍園勝雪』，『團』，形譌作『園』。說詳《宣和北苑貢茶録》拙釋〔四四〕。對烏蔕、白合之病論之最爲簡明而切實者，首推宋子安《東溪試茶録・茶病》：『葉梗半則受水鮮白，葉梗短則色黄而泛，（原注：梗謂芽之身除去白合處，茶民以茶之色味俱在梗中。）烏蔕、白合，茶之大病。不去烏蔕，則色黄黑而惡；不去白合，則味苦澀。（原注：丁謂之論備矣！）』方案：可見趙佶《大觀茶論》所謂『白合不去，害茶味；烏蔕不去，害茶色』的說法實乃本自丁謂《北苑茶録》。趙汝礪《北苑别録・揀芽》之論亦可取：『紫芽，葉之紫者是也；白合，乃小芽有兩葉抱而生者是也；烏蔕，茶之蔕頭是也。……紫芽、白合、烏蔕，皆在所不取。』

〔一六〕則製造之功十已得七八矣　『七八』，惟《續茶經》卷上之三引作『八九』。《說郛》兩本及《廣羣芳譜》卷二一均作『七八』。

〔一七〕研膏惟熟　『熟』，《說郛》兩本均誤作『熱』，據《續茶經》引文改。

〔一八〕飲而有少砂者　涵本無『少』字，作『飲而有砂者』。

〔一九〕先度日晷之短長　『短長』，《續茶經》引作『長短』。

〔二〇〕如人之有首面也　『首面』，涵本作『面首』，譌倒。下云『其首面之異同』，兩本同，則以作『首面』是，《續茶經》卷上之三亦作『首面』。

〔二一〕舉之則凝結　『則』，宛本原奪，據涵本及《續茶經》卷上之三補。

〔二二〕研碎已成之餅　『研』字原脱，據涵本補。

〔二三〕何所逃於鑒賞哉　『鑒賞』，涵本作『僞』，兩通之。

〔二四〕『崖林……可致』數句　『崖林之間』，《蘇軾詩集合注》卷三四《病中夜讀朱博士詩》王注引《茶論》作『崖石』，當是。又，『非人力』，《説郛》兩本均作『雖非人力』，但熊蕃《宣和北苑貢茶録》引此句作：『偶然生出，非人力可致。』據上下文意，《説郛》兩本似皆誤衍『雖』字，據《貢茶録》删。

〔二五〕正焙之有者不過四五家　上三字，底本誤奪，據涵本補。與本節末『淺焙亦有之』成對文，是其本證。雖《續茶經》卷上亦脱此三字，仍據補。

〔二六〕『生者……而已』二句　『生者』，同校證〔二四〕蘇詩王注引《茶論》作『所生處』，義勝；『一二株』後，又有『耳』字，應補。又，『銙』，《説郛》兩本均作『胯』，誤。據《續茶經》卷上引文改。銙，原指玉帶上的一節。歐陽修《新唐書·車服志》有載：『以紫爲三品之服，金玉帶，銙十三。』宋代借用此『銙』字，指代北苑貢茶製作過程中的棬、模，亦即陸羽《茶經》中所指之製茶成型模具——規。這種模具因其形狀極像玉帶之『銙』，且有龍鳳等飾，故成爲宋代茶史上的專有名詞。其形制有圓形、方形、菱形等許多花式。圖形請參見《宣和北苑貢茶録》和《北苑别録》所附茶樣。宋人常將這種模具製成的茶稱爲銙茶，又倒作『茶銙』，是宋代貢茶四類茶中的上品。宋本《方輿勝覽》卷一一注引《建寧郡志》有載：『其品〔類〕大概有四：曰銙、曰截、曰鋌，而最粗爲末。』茶銙又可作製茶工場的指代或製茶銙作坊的簡稱。趙汝礪《北苑别録·造茶》稱：『茶銙有東作、西作之號。凡茶之初出研盆，盪之欲其勻，揉之欲其膩；然後入圈製銙，隨笪過黄，有方銙、有花銙，有大龍、有小龍，品色不同，其名亦異。』則茶銙或銙茶又作茶名或茶類名。《宣和北苑貢茶録》又記載：大觀二年（一一〇八）造貢新銙，政和二年（一一一二）造試新銙，而紹聖二年（一〇九五）則造興國岩銙、香口焙銙。當然，宋徽宗最喜愛和推爲極品的貢茶則是白茶。宋人又常將此『銙』字誤寫爲『胯』、『夸』、『䩨』，實皆同音之譌。僅舉三例：其一，《石林燕語》卷八稱：『宣和後，團茶不復貴……後取其精者爲（胯）〔銙〕茶。』方案：無論汪應辰《石林燕語辨》及宇文紹奕《考異》均未指正其字之誤。《續茶經》卷下之三引作『銙茶』，是。其二，姚寬《西溪叢語》卷上曰：『龍（園）〔團〕勝雪，白茶也。茶之極精好者，無出於此，每（胯）〔銙〕計工價近三十千。』（方案：宋以千文爲一緡或一貫。）曹勛《松隱文集》卷一五《年來建茗甚紛紜》云：『此間於高麗界上置茶市，凡二十八九緡可得一（夸）〔銙〕，皆上品也。』可見這種銙茶，又名重遼、金、高麗等鄰國。至南宋，這種銙茶價值之貴，已達極至。如周密《乾淳歲時記·進茶》稱：『北苑試新，方寸小（夸）〔銙〕，進御止百（夸）〔銙〕。……一（夸）〔銙〕之值四十萬，僅可供數甌之啜耳。』宋人題詠茶銙之詩極夥，僅舉數例：梅堯臣《宛陵集·得福州蔡君謨密學書並茶》：『茶開片銙碾葉白。』黄裳《演山集·簡無咎學士》：『紫犀銙破雪花濃。』是説銙茶如玉帶而爲白茶。黄庭堅《山谷别集補·謝王炳之惠茶》：『香苞解盡寶帶（胯）〔銙〕。』陸游《劍南詩稿·飯後偶題》：『北苑茶新帶（胯）〔銙〕方。』歐陽修《居士集·嘗新茶呈聖俞》：『通犀銙小圓復窊。』乃述其形狀，均爲膾炙人口的名句。

〔二七〕運度得宜　『運度』，涵本誤作『過度』。

〔二八〕則表裏昭徹　『徹』，涵本作『澈』，通。

〔二九〕它無與倫也　涵本作：『他無爲倫也。』

〔三〇〕但品格不及　『格』字，底本原奪，據涵本補。

〔三一〕碾以銀爲上　『上』，底本原奪，據涵本及《續茶經》補。

〔三二〕非淘煉槌磨所成　『淘煉』，底本原形譌作『掏揀』，據涵本改。『槌』，『鎚』之通假字。

〔三三〕間有黑屑藏於隙穴　『穴』，宛本形譌，誤作『宂』，據涵本改。

〔三四〕庶幾細者不耗　『庶幾』，宛本誤作『庶巳』，涵本作『庶巳』，似均爲『已』字之譌。『己、已、巳』三字，古籍中常混淆不清，但據上下文意，『庶已』亦誤，當爲『庶幾』之音譌。據改。

〔三五〕取其煥發茶采色也　『煥發』，宛本誤作『燠發』，據涵本改。『采』，《説郛》兩本均有，疑皆誤衍。宋代文獻中只有『茶色』之説，從未出現過『茶采色』一詞。

〔三六〕則茶宜立而易於取乳　『宜立』，涵本作『直立』，似誤。

〔三七〕用盞之大小　『大小』，涵本作『小大』；《續茶經》卷中亦作『大小』，義長。

〔三八〕盞惟熱　《續茶經》卷中引作『惟盞熱』，似應從《説郛》兩本。

〔三九〕茶筅以筯竹老者爲之　『竹』，宛本原作『觔竹』，乃『筯』之借字，『筯』，又爲『筋』之異體字，故應作『筋竹』。古籍中常以異體字出現，今仍之。涵本作『筯竹』，實乃形譌。『筯』，又爲『箸』之異體字，故『筯竹』正字應爲『箸竹』。今考元李衎《竹譜》卷六稱：筯竹又名越王竹，出南海。其書引《番禺志》

稱：『筋竹細如箭幹，每一節可爲一筋，故呼。』準此，製茶筅的必非筋竹，一是其細小，二是僅產於南海。說詳下。又考《永樂大典》卷一九八六五引李衎《竹譜》（以四庫本校）曰：『筋竹，江浙、閩廣之間，處處有之，凡二種。……《說文》云：「物之多筋者也。」婺州蘭溪山中有一種，長二三丈，身如筀竹，筍如貓頭竹，色不甚綠，斑花隱然不甚明。劈篾織簾筥皆可，亦名筋竹。法真《登羅山疏》云：「嶺南道無筋竹，惟羅山有之。其大尺圍，細者色如黃金，堅貞疏節。」或云（筋）〔筋〕竹長二丈許，圍數寸，至堅利，南土以爲〔矛〕。其筍未成竹時可錘作弩絃，故名筋竹。』方案：只有這種高大粗壯的筋竹才是宜於制茶筅的材料。且其原產地婺州，也正是宋代點茶、分茶盛行之地。韓駒《陵陽集》卷三《謝人寄茶筅子》詩中有形象的描繪：『立玉干雲（方案：《張氏拙軒集》卷五引作「籊籊干霄」）百尺高，晚年何事困鉛刀？看君眉宇真龍種，尤解橫身戰雪濤。』二十八字寫盡茶筅原料的生長、製作及其功用。『百尺高』乃詩人的誇張，二三丈高、周圍尺許的竹子已屬罕見。『晚年』句正切《大觀茶論·筅》『以筋竹老者爲之』之意。『龍種』句尤妙，其一，是稱其爲竹中之王，有『身厚重』、『本壯末眇』、『如劍脊』等王者之慨；其二，則喻指茶筅乃宋徽宗倡導和最早著錄的點茶、分茶用具。『戰雪濤』句曲盡其妙，貼切地寫出了原屬洗鍋刷碗的筅——古人稱之爲『飯具』的平凡不過的生活用具，一旦化腐朽爲神奇成爲茶具，即身價百倍。據此詩，尤可證製茶筅之材非筋竹莫屬。

〔四〇〕本欲壯而末必眇　『眇』，底本作『耖』，異體字，今從涵本。『眇』通『杪』，王念孫、朱駿聲均訓作高，這裹引申爲長。這從南宋末審安老人《茶具圖贊》中的『竺副帥』（茶筅）圖可見其形制。闕劍平《茶與中國文化》（頁三二六，人民出版社二〇〇一年版）以爲河北宣化遼墓中壁畫所繪的爲茶筅，從而否定茶筅始見於北宋末的定論，實大誤。河北省文物研究所主編的《宣化遼墓壁畫》圖集（文物出版社二〇〇一年版）（一）『備茶圖』中桌上的茶具乃雙頭茶刷，這從（二二）『童嬉圖』中這把雙頭茶刷置於茶碾旁的盤裏（用來清掃茶碾即盤中的茶末），可以得到證明。從配套的茶具觀察，遼尚不具備宋代茶文化高度發展的茶藝——分茶、鬥茶的必備茶具茶筅産生的歷史條件。這種末極短的雙頭茶刷根本無法用來擊拂茶湯，而且其本也不壯，與宋徽宗所述的茶筅毫無共同之處。

〔四一〕之狀……劍脊　涵本誤奪此二十二字，正涵本遠不如宛本顯證之一。

〔四二〕則……不生　方案：北宋時，茶筅不僅始見於宋徽宗，也乃僅見於《大觀茶論》。蔡襄《茶録》所載的點茶、分茶、鬥茶用具爲茶匙。顯然，在北宋中期尚無此物。今考『筅』，本作『箲』。《玉篇》卷一四稱：『筅，穌典切，筅帚。』《六書故》卷二三則云：『析竹爲帚，以洗也。』《康熙字典》卷二二也説：『音銑，筅帚，飯具。』其他字書的詮釋略同。這種竹製的洗刷鍋碗盆勺等而使用的炊具一直流傳至今。宋代將這種炊具改用作茶具堪稱一大發明，宋徽宗的倡導無疑功不可没。趙佶精於分茶見於王明清《揮麈餘話》卷一引蔡京《延福宫曲宴記》：『上命近侍取茶具，親手注湯擊拂。少頃，白乳浮盞面，如疏星落月，顧羣臣曰：「此自布茶。」』他在分茶中使用茶筅得心應手，其獨特體驗又見於《大觀茶論·點》，關鍵在於『手輕筅重』，靠腕力環迴擊拂。宋代有專以製售茶筅爲生者，如洪邁《夷堅三志·壬》卷四《湖北稜睜鬼》載：『〔福州一士〕之父以貨茶筅爲生。』可見到了南宋已廣爲普及。宋·盧襄（原名天驥，字駿元；徽宗朝避諱改名，改字贊元）亦有《謝人寄茶筅子》詩云：『到底此君高韻在，清風兩腋爲渠生。』（魏慶之《詩人玉屑》卷三）胡仔以爲盧詩『優於韓』。（《苕溪漁隱叢話·後集》卷三四《韓子蒼》。方案：子蒼，駒字，韓詩見本篇校證〔三九〕引。）這種茶筅一直流傳到清代仍在使用，見《紅樓夢》第二十二回及《兒女英雄傳》第二十九回。今日本茶道中更是必不可少廣泛使用的點茶具。總之，茶筅始見於北宋後期，乃宋代茶藝發展的産物，也是宋代茶文化高度發達的標誌性茶具。論茶筅，以宋徽宗《茶論》最早也最爲確切。

〔四三〕小大之制　『小大』，涵本作『大小』。

〔四四〕注湯利害　『利害』，宛本作『害利』，據涵本乙。

〔四五〕瓶之口　『瓶』，《説郛》兩本皆誤作『嘴』，乃涉上、下『嘴』字而譌。據上文『獨瓶之口嘴而已』句而改。

〔四六〕欲差大而宛直　『欲』，底本原奪，據涵本補。但涵本又無其後之『差』字，疑脱，《續茶經》卷中有『差』字。

〔四七〕則發速有節而不滴瀝　『而』，宛本誤奪，據涵本補。

〔四八〕則必歸其有餘　『有』，原《説郛》兩本皆脱，據涵本張宗祥補校，稱『餘』前脱『有』字之説補。

〔四九〕水以清輕甘潔爲美　『清輕』，《續茶經》卷下之一引作『輕清』。

〔五〇〕雖曰中泠惠山爲上　『中泠』，涵本作『中濡』。濡，《集韻·青韻》：『水曲。』

〔五一〕又復增湯　『增湯』，涵本作『傷湯』，雖於上下文義兩通之。但據下文『用湯已過』，『量茶受湯』，則

『靜面點』乃湯少，故以『增湯』爲是。

〔五二〕蓋用湯已過 『已過』，《説郛》兩本均誤作『已故』，音譌，據上下文意改。

〔五三〕指繞腕旋 『腕旋』，涵本作『腕簇』，似形譌。

〔五四〕如酵糵之起麵 『糵』，底本原誤作『糵』，形譌，據涵本改。

〔五五〕茶之根本立矣 『茶之』，涵本作『茶面』，似涉下而誤。

〔五六〕急注急止 『止』，宛本原誤作『上』，形近而譌，據涵本改。

〔五七〕三湯多寡如前 『寡』，宛本作『寡』，似誤，此乃『寡』之異體字，據涵本改。

〔五八〕周環旋復 下二字涵本誤奪。

〔五九〕筅欲轉梢 『梢』，涵本作『梢』，宛本作『稍』，雖兩通之，但據上下文意，似涵本義勝，即用梢轉動之意。從之。

〔六〇〕其清真華彩 『清真』，涵本作『真精』，似誤。

〔六一〕既已焕發 下二字，涵本作『焕然』，底本義勝。

〔六二〕雲霧漸生 『雲霧』，同右引作『輕雲』。

〔六三〕欲輕勻而透達 『輕勻』，涵本作『輕盈』，似誤。

〔六四〕發立已過 下二字，涵本誤作『各過』。

〔六五〕然後結浚靄凝雪 底本作『結浚靄、結凝雪』，似衍下『結』字，今從涵本。『浚』字涵本原無，據宛本補。

〔六六〕茶色盡矣　『茶色』，涵本作『香氣』。

〔六七〕乳點勃結　『勃結』，涵本作『勃然』。

〔六八〕則以筅着居緩繞　『着居』，宛本作『著屃』。『著』通『着』，『屃』乃『居』之古字。從涵本。

〔六九〕周回凝而不動　『凝』，底本作『旋』，誤，從涵本改。

〔七〇〕桐君録　底本誤『君』爲『居』，形譌，據涵本改。

〔七一〕香甘重滑爲味之全　『香甘』，涵本作『甘香』。

〔七二〕惟北苑壑源之品兼之　『壑源』，涵本作『婺源』，顯誤。

〔七三〕其味醇而乏風骨者　『風骨』，涵本作『風膏』，似誤。

〔七四〕本性酸　『本性』，底本作『木性』。據涵本改。

〔七五〕此則芽胯有之　『胯』，應作『銙』，兩本皆誤。説詳本書校證〔二六〕。

〔七六〕要須蒸及熟而壓之　『熟』，涵本誤作『熱』，形譌。

〔七七〕則和美具足　『和』，涵本又形譌作『知』。

〔七八〕或蒸氣如桃仁夾雜　『桃仁』，底本誤作『桃人』，音譌，據涵本改。

〔七九〕焙火太烈則色昏赤　『赤』，《續茶經》卷下之二引作『黑』。

〔八〇〕藏焙　四庫本《續茶經》卷上之一無『焙』字。據本篇内容，似篇目應倒作『焙藏』。

〔八一〕數焙則首面乾而香減　『數焙』，涵本作『焙數』。

〔八二〕即置焙簍上　『焙簍』，涵本作『焙土』，似誤。

〔八三〕盡展角焙之　『之』，底本原脱，據涵本補。

〔八四〕候火速徹覆之　『速徹』，涵本作『通徹』，疑涉下『通徹茶體』而誤。

〔八五〕探手爐中　涵本譌倒爲『探爐手中』。

〔八六〕即以用久竹漆器中緘藏之　『竹漆器』，涵本作『漆竹器』。

〔八七〕如此終年再焙　『如此』，底本原無，據涵本補。

〔八八〕品名　四庫本《續茶經》卷上之一無『名』字。據本篇内容，似篇目應倒作『名品』，名品即名茶。

〔八九〕各以所産之地　『所産』，底本原作『聖産』，據涵本及《續茶經》改。

〔九〇〕如葉耕之平園台星岩　『如葉耕』，底本原譌倒作『葉如耕』，據涵本乙。

〔九一〕葉嶼之屑山　『屑山』，《續茶經》卷上之一同，涵本誤作『眉山』。

〔九二〕葉五崇林之羅漢山水桑芽　『水桑芽』，涵本作『水葉芽』，大誤。趙汝礪《北苑别録・御園》有『水桑窠』，茶以地名，可證宛本是。

〔九三〕一作穴窠　下二字，原書注文，涵本作『突窠』，似形譌；《續茶經》卷上之一作『六窠』，誤甚。

〔九四〕諸葉各擅其美　『葉』，涵本及《續茶經》卷上之一無；宛本有，是。疑其前仍奪一『諸』字，據宋子安《東溪試茶録・序》中所謂『壑源口南諸葉』補。諸葉，指葉姓園户或茶户、焙户，以産極品名茶著稱，其茶又總稱『葉家白』，簡稱『葉白』，別稱『葉團』。是宋代最享盛名、足與北苑壑源官焙相頡頏之名品。諸葉，各書所記名字及地名均不同，但自宋初至北宋末均『各擅其美』。諸葉，最早見於梅堯臣《宛陵集·吕(晉)〔縉〕叔著作遺新茶》詩題注：『其品：　大窠葉收二〔餅〕，葉二十六一〔餅〕，郝原葉仲原四〔餅〕，章阪葉二十九二〔餅〕，碧原王家二〔餅〕，大佛嶺游□（方案：　夏敬觀先生校云：「□，猜是洞或澗。」）四〔餅〕，凡六家。』梅詩云：『四葉及王游，共家原坂嶺』；『六色十五餅，每餅包青蒻』。（方案：　此四葉指葉收、葉二十六、葉仲原、葉二十九，其名前之地名，乃原坂嶺所屬之小地名；其名字後之數字乃指茶之餅數。四葉凡九餅，合王、游之六餅，恰爲六家十五餅。是説吕夏卿所得鄉人六家十五餅茶，贈給詩人。可證除諸葉外，尚有王、游兩氏亦産白茶名品。惜朱東潤先生《梅堯臣集編年校注》卷二七頁九四四（上海古籍出版社一九八〇年版）誤點、誤注，遂致不可卒讀）。其後，宋子安《東溪試茶録·茶名》又載壑源之諸葉，凡十三家。計大窠者六家：　葉仲元、葉世萬、葉世榮、葉勇、葉世積、葉相；　岩下一家：　葉務滋；　源頭二家：　葉團、葉肱；　後坑一：　葉久；　嶺根三：　葉公、葉品、葉居。與《大觀茶論》所載爲十家十二人不同，乃因兩書成書年代不同，或諸葉世代相承業茶。『各擅其美』，涵本作『名擅其門』。

〔九五〕後相爭相鬻　涵本作『前後爭鬻』，疑宛本『後』字上脱一『其』字。

〔九六〕不知茶之美惡者　『者』，底本無，據涵本補。

〔九七〕照然可別　『可別』，底本原誤『則可』，據涵本改。

〔九八〕製造之妙　底本奪「造」字，據涵本補。

〔九九〕咸取則於壑源　「取則」，涵本作「取之」，誤。

〔一〇〇〕摹外爲正　「外」，涵本誤作「主」。

〔一〇一〕其轡雖等而箧風骨　「其」，涵本作「至」。

〔一〇二〕體雖實而縝密乏理　下四字，涵本作「膏理乏縝密之文」，義勝。

〔一〇三〕味雖重而澀滯乏香　下四字，涵本作「澀滯乏馨香之美」，義長。

〔一〇四〕製之能工　「能工」，涵本作「雖工」，據上下文意，宛本義勝。

〔一〇五〕稍遠於正焙耳　「遠」，疑當作「遜」。

〔一〇六〕至於外焙　「至於」，底本誤作「於治」，據涵本改。

〔一〇七〕飲之成病　「成病」，《説郛》兩本皆然，但《茶經》作「成疾」。義長。

宣和北苑貢茶録

〔宋〕熊　蕃

〔提要〕

《宣和北苑貢茶録》，宋代茶書。熊蕃撰，其子熊克增補，一卷，今存。蕃字叔茂，建州建陽人。善屬文，工吟詠，宗王學。不應科舉。築室於武夷八曲，題額曰『獨善』。學者因號爲獨善先生。有文稿三卷，已佚。是書，作者撰於宣和三年至七年（一一二一—一一二五）間，生前未刻印。紹興二十八年（一一五八），其子熊克攝事北苑，承父遺志，加以增補，模寫繪圖並付梓。熊克（一一一八—一一八九），紹興二十一年（一一五一）進士。二十八年，攝事北苑。乾道六年（一一七〇），在鎮江府教授任所，在任期間，編有《鎮江志》、《京口詩集》各十卷，已佚。后嘗知諸暨縣，淳熙七年（一一八〇），以提轄文思院經召試被薦爲校書郎，累遷起居郎、兼直學士院，見知於孝宗，後出知台州。吏治精明，安貧廉素。克博聞强記，淹貫宋朝典實，撰有《九朝通略》一百六十八卷、《諸子精華》六十卷、《帝王經譜》二十四卷、《官制新典》十卷、《聖朝職略》二十卷，編有《四六類稿》三十卷等，已佚。今存《中興小曆》四十一卷。《貢茶録》始刊於淳熙九年（一一八二）。其内容爲宋代北苑貢茶簡史述略。記徽宗時貢茶凡四十一品，今存圖三十八幅，又賴《説郛》本保存其龍鳳團茶圈模的規格尺寸，殊爲可貴。熊克刊印是書時，又附録乃父《御苑採茶歌》十首（《全宋詩》已收）。是書宋本已佚，四庫本據《永樂大典》本録出，有圖有注；《說郛》二本（分别簡稱涵本和宛本，合稱二本）均收是書，涵本遠勝宛本。明·喻政《茶書全集》甲、乙本亦收是書，今以喻甲本爲校本，間有可取之處，還參校《續茶經》、《廣羣芳譜》等書，所據均爲清初以前的版本，早於四庫本，亦有可取處。今用作底本的清·汪繼壕校注本刊於《讀畫齋叢書·辛集》，有大量校語，主要爲異同校及補證；其校本，所用書僅《說郛》宛本、《廣羣芳譜》二種，也有不少漏校、失校之處，但仍不失爲精校善本。《叢書集成》本又據以刊行。今匯校諸本，補出校記。《貢茶録》凡三種注，舊注乃熊氏父子之注，能辨别出於能蕃之手者只有數條，校證中合稱熊注；以〔按〕語而出者，乃四庫館臣注，稱四庫本注；以〔繼壕按〕形式出之者，稱汪注，均排於正文下。凡熊、汪之注，四庫館臣按語，如有誤字，或直接改正，或按一般校勘法處理，即衍、誤字加圓括號，訂、補字加方括號，不再一一出校，以免煩瑣。校證中以己意補釋者，則稱『方案』。

宣和北苑貢茶録

陸羽《茶經》、裴汶《茶述》皆不第建品〔一〕。説者但謂二子未嘗至閩，〔繼壕按〕《説郛》『閩』作『建』。曹學佺《輿地名勝志》：甌寧縣雲際山在鐵獅山左，上有永慶寺，後有陸羽泉，相傳唐陸羽所鑿。宋楊億詩云：『陸羽不到此，標名慕昔賢。』是也。而不知物之發也，固自有時。蓋昔者山川尚閟，靈芽未露，至於唐末，然後北苑出爲之最〔二〕。〔繼壕按〕張舜民《畫墁録》云：有唐茶品，以陽羨爲上供，建溪北苑未著也。貞元中，常袞爲建州刺史，始蒸焙而研之，謂研膏茶。顧祖禹《方輿紀要》云：鳳凰山之麓名北苑，廣二十里。《舊經》云：僞閩龍啓中，里人張廷暉以所居北苑地宜茶，獻之官，其地始著。沈括《夢溪筆談》云：建溪勝處曰郝源、曾坑，其間又岔根、山頂二品尤勝，李氏時號爲北苑，置使領之。姚寬《西溪叢語》云：建州龍焙面北，謂之北苑。《宋史·地理志》建安有北苑茶焙——龍焙。宋子安《試茶録》云：北苑西距建安之洄溪二十里，東至東宫百里，過洄溪、踰東宫則僅能成餅耳，獨北苑連屬諸山者最勝。蔡絛《鐵圍山叢談》云北苑龍焙者，在一山之中間，其周遭則諸葉地也。居是山，號正焙；一出是山之外，則曰外焙。正焙、外焙，色香迥殊，此亦山秀地靈所鍾之，有異色已。龍焙，又號官焙。是時，僞蜀詞臣毛文錫作《茶譜》〔三〕，〔繼壕按〕吴任臣《十國春秋》：毛文錫字平珪，高陽人，唐進士。從蜀高祖，官文思殿大學士，拜司徒，貶茂州司馬，有《茶譜》一卷。《説郛》作王文錫，《文獻通考》作燕文錫，《合璧事類》、《山堂肆考》作毛文勝，《天中記》：《茶譜》作《茶品》，並誤。亦第言建有紫筍，〔繼壕按〕樂史《太平寰宇記》云《建州·土貢茶》引《茶經》云：建州方山之芽及紫筍，片大極硬，須湯浸之方可碾，極治頭痛，江東老人多味之〔四〕。而蠟面乃産於福。五代之季，建屬南唐，〔熊注〕：南唐保大三年，俘王延政而得其地。歲率諸縣民採茶北苑，初造研膏，繼造蠟面〔五〕。〔熊注〕：丁晉公《茶録》載：泉南老僧清錫，年八十四，嘗視以所得李國主書寄研膏茶，隔兩歲，方得蠟面。此其實也。至景祐中，監察御史丘荷撰《御泉亭記》，乃云：唐季敕福建罷貢橄欖，但贄蠟面茶，即蠟面産於建安明矣。荷不知蠟面之號始於福，其後建安始爲之。按《唐·地理志》福州貢茶及橄欖，建州惟貢綀練，未嘗貢茶。前所謂罷貢橄欖，惟贄蠟面茶，皆爲福也。慶曆初，林世程作《閩中記》言，福茶所産在閩縣十里，且言往時建茶未盛，本土有之，今則土人皆食建茶。世程之説，蓋得其實。而晉公所記蠟面起於南唐，乃建茶也。既又〔繼壕按〕原本『又』作『有』，據《説郛》、《天中記》、《廣羣芳譜》改。製其佳者，號曰京鋌。〔熊注〕：其狀如貢神金、白金之鋌。聖朝開寶末，下南唐。太平興國初，特置龍鳳模，遣使即北苑造團茶，以別庶飲〔六〕，龍鳳茶蓋始於此。按：《宋史·食貨志》載：建寧蠟茶，北苑爲第一。其最佳者曰社前，次曰火前，又曰雨前，所以供玉食，備賜予。太平興國始置。大觀以後製愈精，數愈多，銙式屢變，而品不一，歲貢片茶二十一萬六千斤。又《建安志》：太平興國二年，始置龍焙，造龍鳳茶。漕臣柯適爲之記云。〔繼壕按〕祝穆《事文類聚·續集》云：建安北苑始於太宗太平興國三年。

又一種茶，叢生石崖，枝葉尤茂，至道初有詔造之，別號石乳。〔繼壕按〕彭乘《墨客揮犀》云：建安能仁院有茶生石縫間，寺僧採造得茶八餅，號石巖白，當即此品。《事文類聚・續集》云：至道間，仍添造石乳、蠟面，而此無蠟面，稍異。

又一種號的乳〔七〕。按：馬令《南唐書》：嗣主李璟命建州製的乳茶〔八〕，號曰京鋌，蠟茶之貢自此始，罷貢陽羨茶。〔繼壕按〕《南唐書》事，在保大四年。又一種號白乳。蓋自龍鳳與京、石、的、白四種繼出〔九〕，而蠟面降爲下矣〔一〇〕。〔熊注〕：楊文公億《談苑》所記，龍茶以供乘輿及賜執政、親王、長主，其餘皇族〔一一〕、學士、將帥皆得鳳茶，舍人、近臣賜京鋌〔一二〕、的乳，而白乳賜館閣〔一三〕，惟蠟面不在賜品〔一四〕。〇〔按〕：《建安志》載《談苑》云：京鋌、的乳賜舍人近臣，白乳、的乳賜館閣。疑『京鋌』誤『金鋌』，『白乳』下遺『的乳』〔一五〕。〇〔繼壕按〕《廣羣芳譜》引《談苑》與原注同。惟原注内白茶賜館閣，惟蠟面不在賜品二句，作館閣白乳。龍鳳、石乳茶皆太宗令罷。『金鋌』正作『京鋌』。王鞏《甲申雜記》云：初貢團茶及白羊酒，惟見任兩府方賜之。仁宗朝及前宰臣歲賜茶一斤，酒二壺，後以爲例。《文獻通考・榷茶》條云：凡茶有二類，曰片、曰散。其名有龍、鳳，石乳，的乳，白乳，頭金，蠟面，頭骨，次骨，末骨，麤骨，山挺十二等〔一六〕，以充歲貢及邦國之用。注云：龍、鳳皆團片，石乳、(頭)〔的〕乳皆狹片〔一七〕，名曰京、的乳，亦有闊片者，〔白〕乳以下皆闊片〔一八〕。

蓋龍鳳等茶，皆太宗朝所製；至咸平初，丁晉公漕閩，始載之於《茶録》。〔熊注〕：人多言龍鳳團起於晉公，故張氏《畫墁録》云：晉公漕閩，始創爲龍鳳團。此説得於傳聞，非其實也。慶曆中，蔡君謨將漕，創造小龍團以進，被旨仍歲貢之。君謨《北苑造茶詩自序》云：其年改造上品龍茶，二十八片纔一斤，尤極精妙，被旨仍歲貢之〔一九〕。歐陽文忠公《歸田録》云：茶之品，莫貴於龍鳳，謂之小團，凡二十〔八〕片重一斤，其價直金二兩。然金可有而茶不可得。嘗南郊致齋，兩府共賜一餅，四人分之，宮人往往鏤金花其上，蓋貴重如此〔二〇〕。〇〔繼壕按〕石刻蔡君謨《北苑十詠採茶詩自序》云：其年改作新茶十斤，尤甚精好，被旨號爲上品龍茶，仍歲貢之。又詩句注云：龍鳳茶八片爲一斤，上品龍茶每斤二十八片。《澠水燕談》作上品龍茶一斤二十餅。葉夢得《石林燕語》云：故事：建州歲貢大龍鳳團茶各二斤，以八餅爲斤。仁宗時，蔡君謨知建州，始別擇茶之精者爲小龍團十斤以獻，斤爲十餅。仁宗以非故事命劾之。大臣爲請，因留免劾，然自是遂爲歲額〔二一〕。王從謹《清虛雜著·補闕》云：蔡君謨始作小團茶入貢，意以仁宗嗣未立而悦上心也。又作曾坑小團，歲貢一斤，歐陽文忠所謂兩府共賜一餅者，是也。吴曾《能改齋〔漫〕録》云：小龍、小鳳，初因君謨爲建漕，造十斤獻之，朝廷以其額外免勘。明年，詔第一綱盡爲之〔二二〕。**自小團出而龍鳳遂爲次矣**〔二三〕。**元豐間，有旨造密雲龍，其品又加於小團之上**〔二四〕。〔熊注〕：昔人詩云：『小壁雲龍不入香，元豐龍焙承詔作〔二五〕。』蓋謂此也。○按：此乃山谷《和〔楊〕〔揚〕王休點雲龍》詩〔二六〕。○〔繼壕按〕《山谷集·博士王揚休碾密雲龍同十三人飲之戲作》云：『矞雲蒼壁小盤龍，貢包新樣出元豐。王郎坦腹飯牀東，太官分賜來婦翁。』又山谷《謝送碾賜壑源揀芽》詩云：『矞雲從龍小蒼壁，元豐至今人未識。』俱與本注異。《石林燕語》云：熙寧中，賈青爲福建轉運使〔二七〕，又取小團之精者爲密雲龍，以二十餅爲斤而雙袋，謂之雙角團袋〔二八〕。大小團袋皆用緋，通以爲賜也；密雲獨用黄，蓋專以奉玉食。其後，又有爲瑞雲翔龍者。周煇《清波雜志》云：自熙寧後，始貴密雲龍。每歲頭綱修貢，奉宗廟及供玉食外，賚及臣下無幾，戚里貴近丐賜尤繁。宣仁一日慨歎曰：令建州今後不得造密雲龍，受他人煎炒不得也。出來道：我要密雲龍，不要團茶，揀好茶喫了，生得甚意智。此語既傳播於縉紳間，由是密雲龍之名益著。是密雲龍實始於熙寧也〔二九〕。《畫墁録》亦云：熙寧末，神宗有旨建州製密雲龍，其品又加於小團矣。然密雲龍之出，則二團少粗。以不能兩好也。惟《清虛雜著·補闕》云：元豐中，取揀芽不入香作密雲龍，茶小於小團而厚實過之。終元豐時，外臣未始識之。宣仁垂簾，始賜二府兩指許一小黄袋，其白如玉，上題曰揀芽，亦神宗所藏。《鐵圍山叢談》云：神宗時，即龍焙又進密雲龍。密雲龍者其雲紋細密，更精絶於小龍團也。**紹聖間，改爲瑞雲翔龍。**〔繼壕按〕《清虛雜著·補闕》：元祐末，福建轉運司又取北苑槍旗——建人所作鬥茶者也，以爲瑞雲龍請進，不納。紹聖初，方入貢，歲不過八團，其製與密雲等而差小也。《鐵圍山叢談》云：哲宗朝，益復進瑞雲翔龍者，御府歲止得十二餅焉。

至大觀初，今上親製《茶論》二十篇，以白茶與常茶不同〔三〇〕，偶然生出，非人力可致，於是白茶遂爲第一。

〔熊注〕：慶曆初，吴興劉(異)〔异〕爲《北苑拾遺》云：官園中有白茶五六株，而壅培不甚至，茶户唯有王免者家一巨株，向春常造浮屋，以障風日。其後，有(朱)〔宋〕子安者，作《東溪試茶録》亦言：白茶，民間大重，出於近歲，芽葉如紙，建人以爲茶瑞。則知白茶可貴，自慶曆始，至大觀而盛也。○〔繼壕按〕《蔡忠惠文集·茶記》云：王家白茶聞於天下，其人名大詔。白茶惟一株，歲可作五七餅，如五銖錢大。方其盛時，高視茶山，莫敢與之角。一餅直錢一千，非其親故不可得也。終爲園家以計枯其株。予過建安，大詔垂涕爲予言其事。今年枯枿輒生一枝，造成一餅，小於五銖。大詔越四千里，特攜以來京師，見予，喜發顔面。予之好茶固深矣，而大詔不遠數千里之役，其勤如此，意謂非予莫之省也。可憐哉！(己)〔乙〕巳初月朔日書。本注作王免，與此異〔三一〕。宋子安，《試茶録》、晁公武《郡齋讀書志》作朱子安。

既又製三色細芽〔三二〕〔繼壕按〕《説郛》、《廣羣芳譜》俱作『細茶』。及試新銙，大觀二年，造御苑玉芽、萬壽龍芽；四年，又造無比壽芽及試新銙。○〔按〕《宋史·食貨志》『銙』作『胯』。○〔繼壕按〕《石林燕語》作『䒴』，《清波雜志》作『夸』〔三三〕。貢新銙，政和三年造貢新，銙式，新貢皆創爲此獻，在歲額之外。

自三色細芽出，而瑞雲翔龍顧居下矣。〔繼壕按〕《石林燕語》：宣和後，團茶不復貴，皆以爲賜，亦不復如向日之精。後取其精者爲䒴茶，歲賜者不同，不可勝紀矣。《鐵圍山叢談》云：祐陵雅好尚故，大觀初龍焙於歲貢色目外，乃進御苑玉芽、萬壽龍芽。政和間，且增以長壽玉圭，玉圭丸厪盈寸，大抵北苑絶品曾不過是。歲但可十百餅，然名益新，品益出，而舊格遞降於凡劣爾。

凡茶芽數品：最上曰小芽，如雀舌、鷹爪，以其勁直纖鋭，故號芽茶；次曰(中)〔揀〕芽〔三四〕，〔繼壕按〕《説郛》、《廣羣芳譜》俱作揀芽。乃一芽帶一葉者，號一槍一旗；次曰(紫)〔中〕芽〔三五〕，〔繼壕按〕《説郛》、《廣羣芳譜》俱作中芽。乃一芽帶兩葉者，號一槍兩旗；其帶三葉四葉，皆漸老矣。芽茶，早春極少。景德中，建守周絳〔繼壕按〕《文獻通考》云：絳祥符初知建州。《福建通志》作天聖間任〔三六〕。爲《補茶經》言〔三七〕：芽茶只作早茶，馳奉萬乘嘗之可矣〔三八〕。如一槍一旗，可謂奇茶也。故一槍一旗號揀芽〔三九〕，最爲挺特光正。舒王《送人官閩中》詩云『新茗齋中試一旗』，謂揀芽也。或者乃謂：茶芽未展爲槍，已展爲旗，指舒王此詩爲誤，蓋不知有所謂揀芽也〔四〇〕。〔熊注〕：今上聖製《茶論》曰：一旗一槍爲揀芽。又見王岐公珪詩云：『北苑和香品最新，緑芽未雨帶旗新。』故相韓康公絳詩云：『一槍已笑將成葉，百草皆羞未敢花。』此皆詠揀芽，與舒王之意同〔四一〕。〇〔繼壕按〕王荆公追封舒王，此乃荆公《送福建張比部》詩中句也。《事文類聚·續集》作送元厚之詩，誤。夫揀芽猶貴重如此〔四二〕，而況芽茶以供天子之新嘗者乎，芽茶絶矣！至於水芽，則曠古未之聞也。宣和庚子歲，漕臣鄭公可簡〔四三〕，〔按〕《潛確類書》作『鄭可聞』。〇〔繼壕按〕《福建通志》作『鄭可簡』，宣和間，任福建路轉運司〔使〕。《説郛》作『鄭可問』。始創爲銀線水芽，蓋將已揀熟芽再剔去，祇取其心一縷，用珍器貯清泉漬之，光明瑩潔，若銀線然。其制方寸新銙，有小龍蜿蜒其上，號龍〔園〕〔團〕勝雪〔四四〕。〔按〕《建安志》云：此茶，蓋於白合中取一嫩條如絲髮大者，用御泉水研造成。分試，其色如乳，其味腴而美。又『園』字，《潛確類書》作『團』，今仍從原本而附識於此。〇〔繼壕按〕《説郛》、《廣羣芳譜》『園』俱作『團』，下同。唯姚寬《西溪叢語》作『園』。又廢白、的、石三乳，鼎造花銙二十餘色。初貢茶，皆入腦。〔熊注〕：蔡君謨《茶録》云：茶有真香，而入貢者微以龍腦和膏，欲助其香。至是，慮奪真味，始不用焉。蓋茶之妙，至勝雪極矣，故合爲首冠，然猶在白茶之次者，以白茶上之所好也〔四五〕。異時，郡人黄儒撰《品茶要録》，極稱當時靈芽之富，謂使陸羽數子見之，必爽然自失。蕃亦謂：使黄君而閲今日，則前乎此者〔四六〕，未足詫焉！

然龍焙初興，貢數殊少，太平興國初，纔貢五十片〔四七〕。○〔繼壕按〕《能改齋漫録》云：建茶務，仁宗初，歲造小龍、小鳳各三十斤，大龍、大鳳各三百斤，〔入香〕、不入香京鋌共二百斤〔四八〕，蠟茶一萬五千斤。王存《元豐九域志》云：建州土貢龍鳳茶八百二十斤。累增至元符〔四九〕，以片〔繼壕按〕《説郛》作『斤』。計者，一萬八千，視初已加數倍而猶未盛，今則爲四萬七千一百片〔繼壕按〕《説郛》作『斤』。有奇矣。此數皆見范逵所著《龍焙美成茶録》，逵，茶官也。○〔繼壕按〕《説郛》作范達〔五〇〕。自白茶、勝雪以次，厥名實繁，今列於左，使好事者得以觀焉。

貢新銙，大觀二年造。試新銙，政和二年造。白茶，政和三年造。○〔繼壕按〕《説郛》作『二年』〔五一〕。龍團勝雪，宣和二年造。御苑玉芽，大觀二年造。萬壽龍芽，大觀二年造。上林第一，宣和二年造。乙夜清供〔五二〕，宣和二年造。承平雅玩〔五三〕，宣和二年造。龍鳳英華，宣和二年造。玉除清賞，宣和二年造。啓沃承恩，宣和二年造。雪英，宣和三年造。○〔繼壕按〕《説郛》作『二年』，《天中記》『雪』作『雲』。雲葉〔五四〕，宣和三年造。○〔繼壕按〕《説郛》作『二年』。蜀葵，宣和三年造。○〔繼壕按〕《説郛》作『二年』。金錢，宣和三年造。玉華，宣和三年造。○〔繼壕按〕《説郛》作『二年』。寸金，宣和三年造。○〔繼壕按〕《西溪叢語》作『千金』，誤。無比壽芽，大觀四年造。萬春銀葉，宣和二年造。玉葉長春，宣和四年造。○〔繼壕按〕《説郛》、《廣羣芳譜》此條俱在無疆壽龍下〔五五〕。宜年寶玉，宣和二年造。○〔繼壕按〕《説郛》作『三年』。玉清慶雲，宣和二年造。無疆壽龍，宣和二年造。瑞雲翔龍，紹聖二年造。○〔繼壕按〕《西溪叢語》及下圖目並作『瑞雪翔龍』，當誤。長壽玉圭，政和二年造。興國巖銙，香口焙銙，上品揀芽，紹聖二年造。○〔繼壕按〕《説郛》『紹聖』誤『紹興』〔五六〕。新收揀芽，太平嘉瑞，政和二年造。龍苑報春，宣和四年造。南山應瑞，宣和四年造。○〔繼壕按〕《天中記》『宣和』作『紹聖』。興國巖揀芽，興國巖小龍，興國巖小鳳。〔熊注〕：已上號細色。揀芽，小龍，小鳳，大龍，大鳳。

〔熊注〕：已上號麤色。又有瓊林毓粹〔五七〕、浴雪呈祥、壑源拱秀〔五八〕、貢篚推先〔五九〕、價倍南金、暘谷先春、壽巖都〔繼壕按〕《説郛》、《廣羣芳譜》作『却』。勝〔六〇〕、延平石乳〔六一〕、清白可鑒、風韻甚高，凡十色，皆宣和二年所製，越五歲省去。右歲分十餘綱〔六二〕，惟白茶與勝雪，自驚蟄前興役，浹日乃成，飛騎疾馳，不出中春〔六三〕，已至京師，號爲『頭綱』。玉芽以下，即先後以次發。逮貢足時，夏過半矣。歐陽文忠公詩曰：『建安三千五百里，京師三月嘗新茶。』蓋異時如此。〔繼壕按〕《鐵圍山叢談》云：茶茁其芽，貴在社前則已進御。自是迤邐。宣和間，皆占冬至而嘗新茗，是率人力爲之，反不近自然矣。以今較昔，又爲最早。〔因〕念草木之微〔六四〕，有瓌奇卓異〔之名〕〔六五〕，亦必逢時而後出，而況爲士者哉！昔昌黎先生感二鳥之蒙〔恩〕採擢而自悼其不如〔六六〕，今蕃於是茶也，焉敢效昌黎之感賦，姑務自警而堅其守，以待時而已。

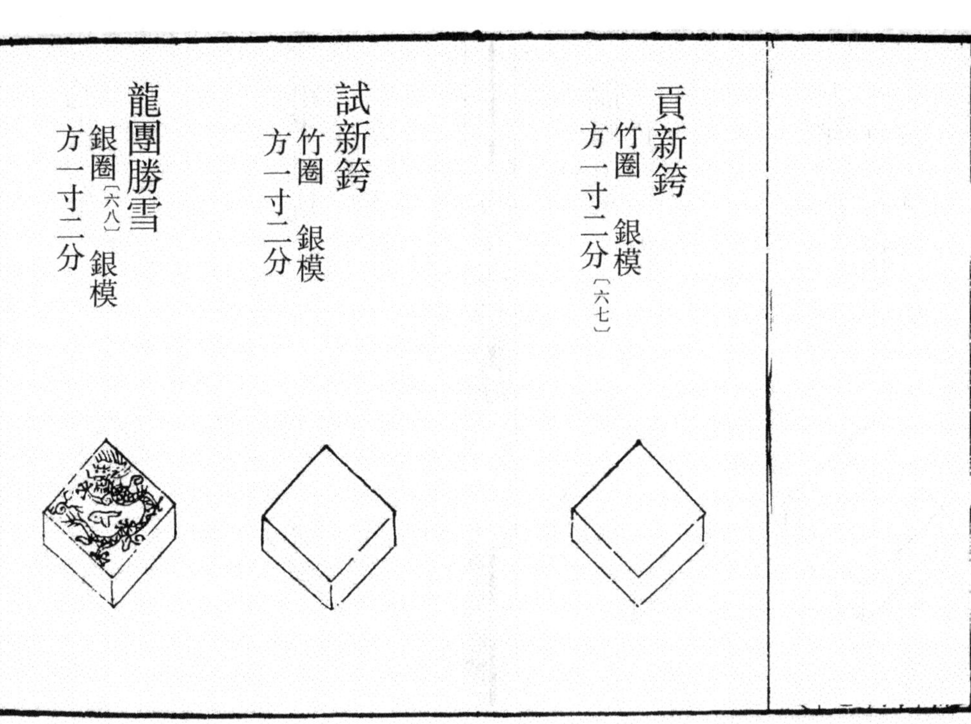

貢新銙

竹圈 銀模

方一寸二分〔六七〕

試新銙

竹圈 銀模

方一寸二分

龍團勝雪

銀圈〔六八〕 銀模

方一寸二分

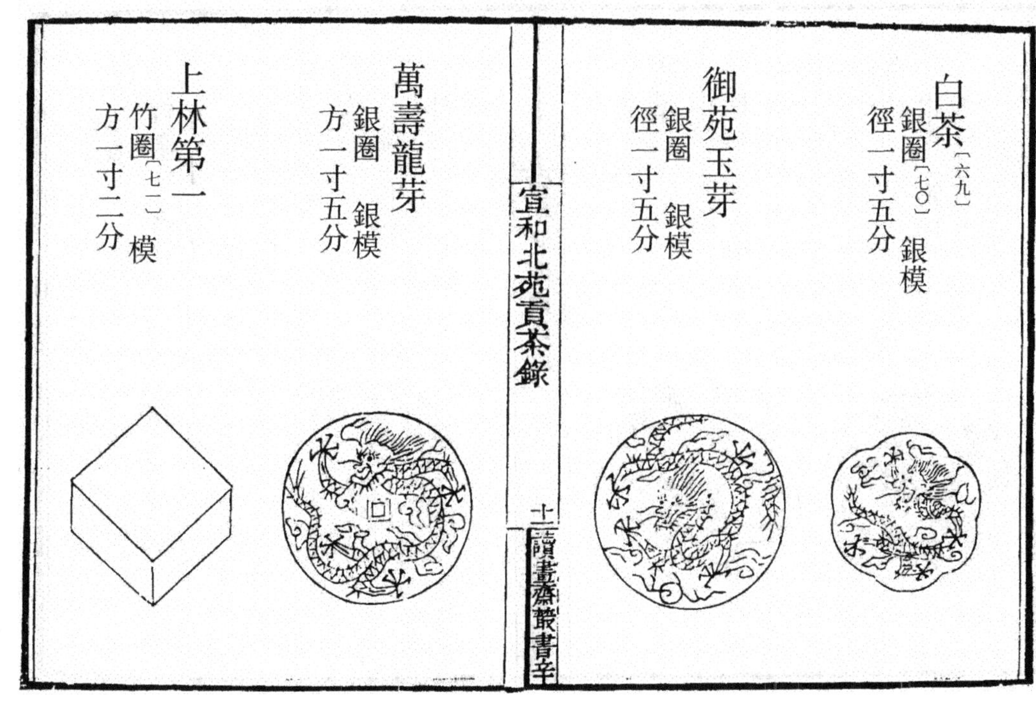

白茶〔六九〕

銀圈〔七〇〕 銀模

徑一寸五分

御苑玉芽

銀圈 銀模

徑一寸五分

萬壽龍芽

銀圈 銀模

方一寸五分

上林第一

竹圈〔七一〕 模

方一寸二分

乙夜清供

竹圈　模

方一寸二分

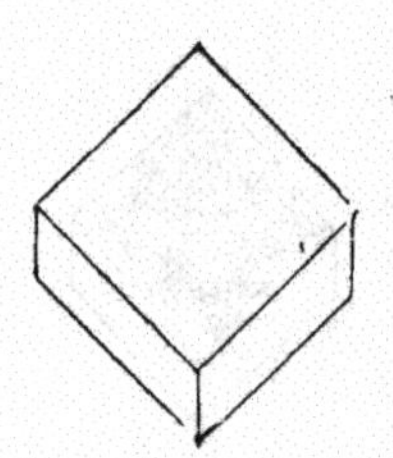

承平雅玩

竹圈　模

方一寸二分

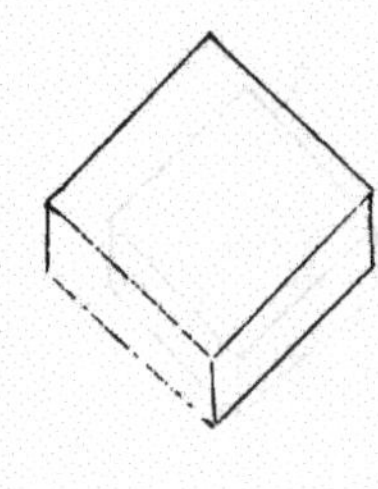

龍鳳英華

竹圈　模

方一寸二分〔七二〕

玉除清賞

竹圈　模

方一寸二分

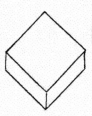

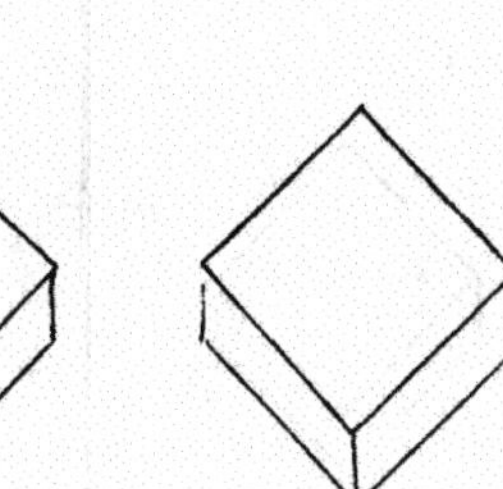

啟沃承恩

竹圈　模

方一寸二分

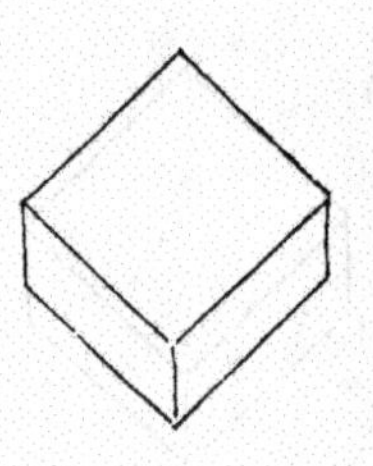

雪英

銀圈　銀模

横長一寸五分

雲葉

銀模　銀圈

横長一寸五分

蜀葵

銀模　銀模

徑一寸五分

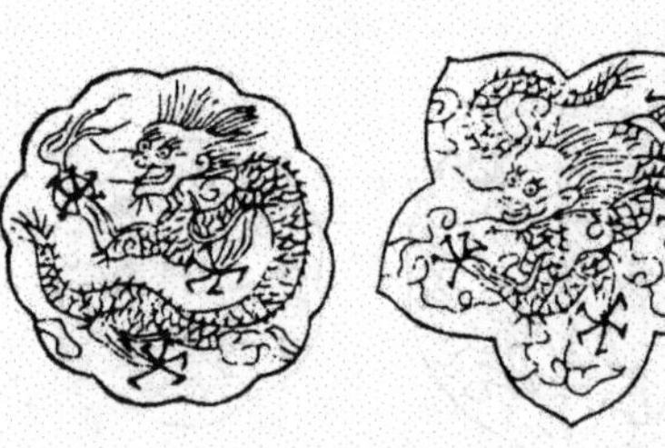

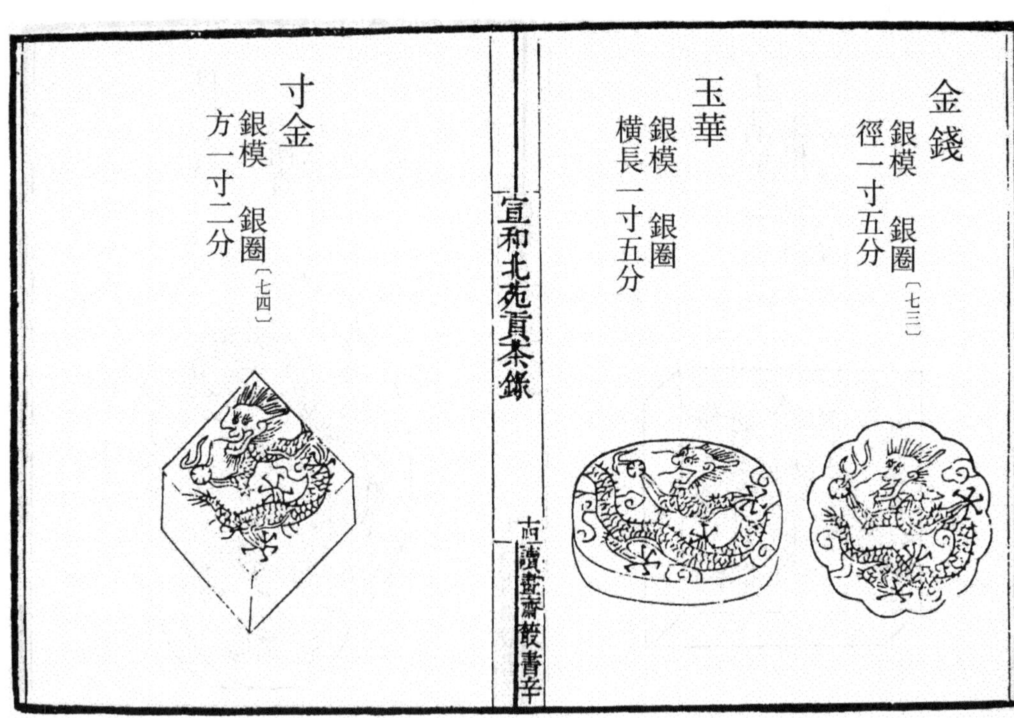

金錢
銀模　銀圈〔七三〕
徑一寸五分

玉華
銀模　銀圈
橫長一寸五分

宣和北苑貢茶錄　十四　讀畫齋叢書辛

寸金
銀模　銀圈〔七四〕
方一寸二分

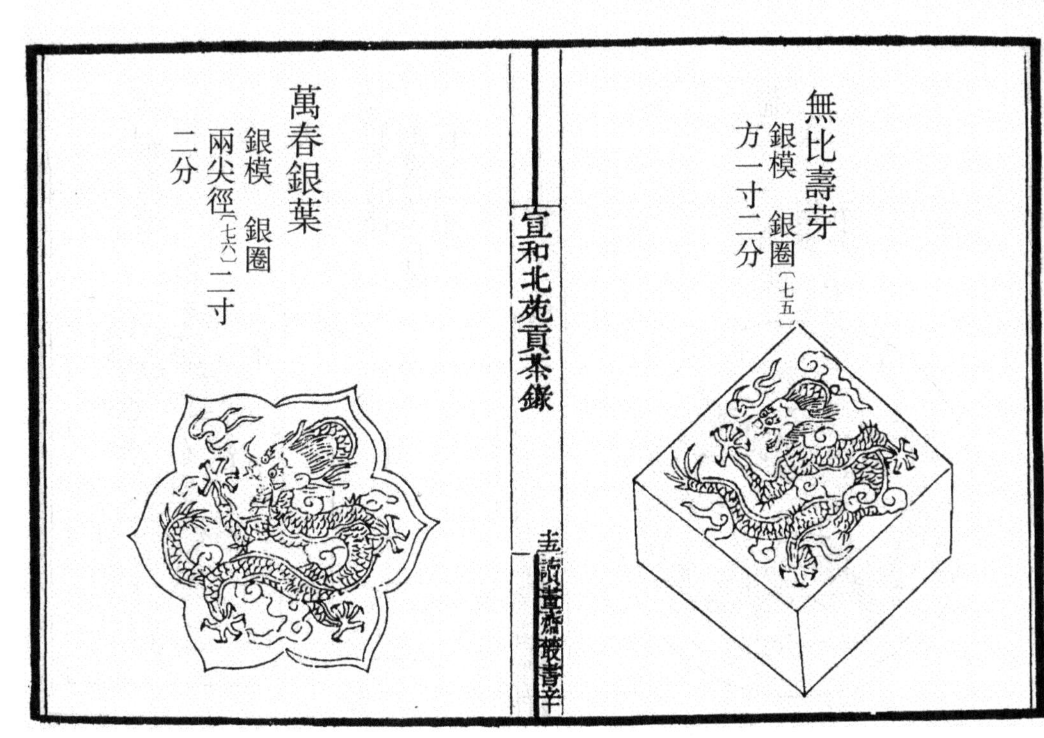

無比壽芽
銀模　銀圈〔七五〕
方一寸二分

宣和北苑貢茶錄　十五　讀畫齋叢書辛

萬春銀葉
銀模　銀圈
兩尖徑二寸二分〔七六〕

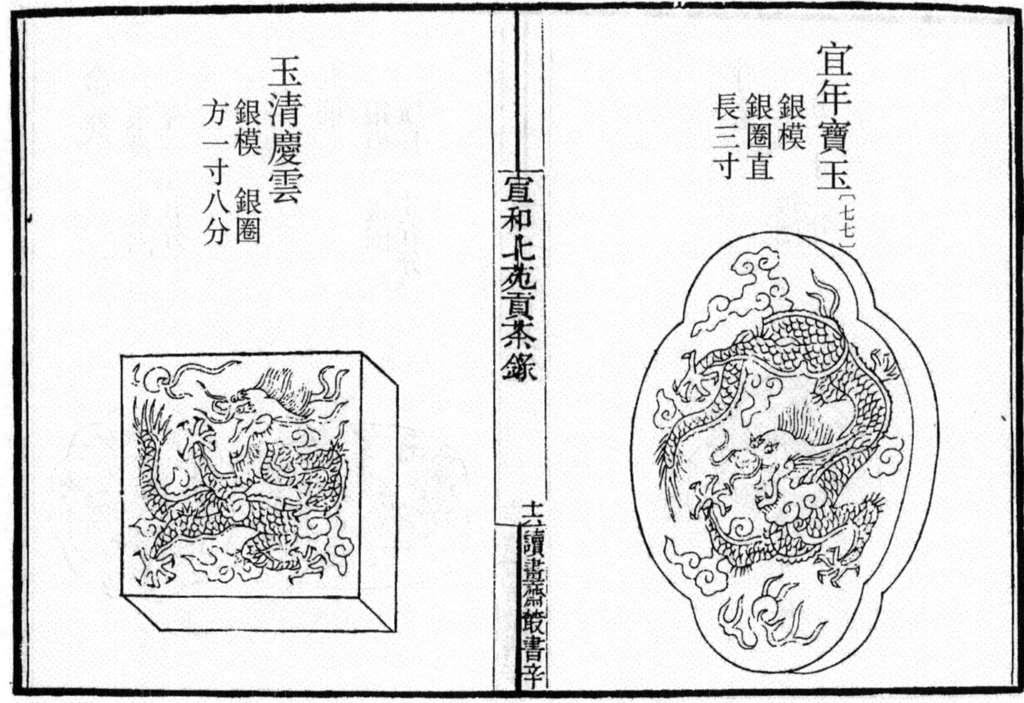

宜年寶玉〔七七〕

銀模

銀圈直長三寸

玉清慶雲

銀模　銀圈

方一寸八分

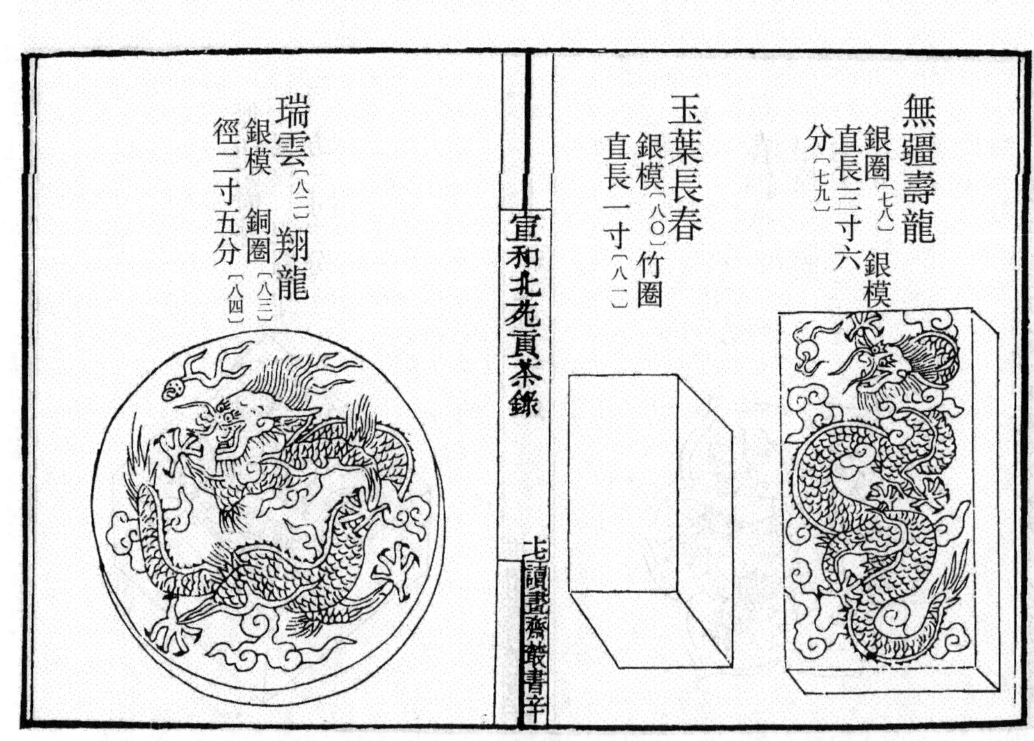

無疆壽龍

銀圈〔七八〕　銀模

直長三寸六分〔七九〕

玉葉長春

銀模〔八〇〕竹圈

直長一寸〔八一〕

瑞雲〔八二〕翔龍

銀模　銅圈〔八三〕

徑二寸五分〔八四〕

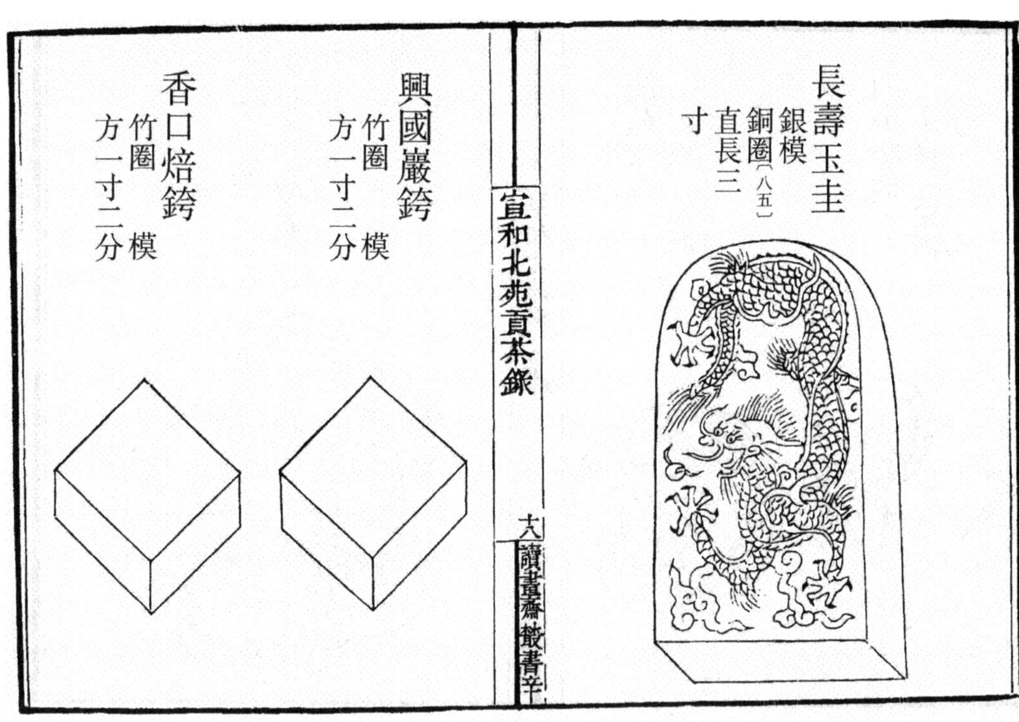

長壽玉圭

銀模　銅圈〔八五〕

直長三寸

興國巖銙

竹圈　模

方一寸二分

香口焙銙

竹圈　模

方一寸二分

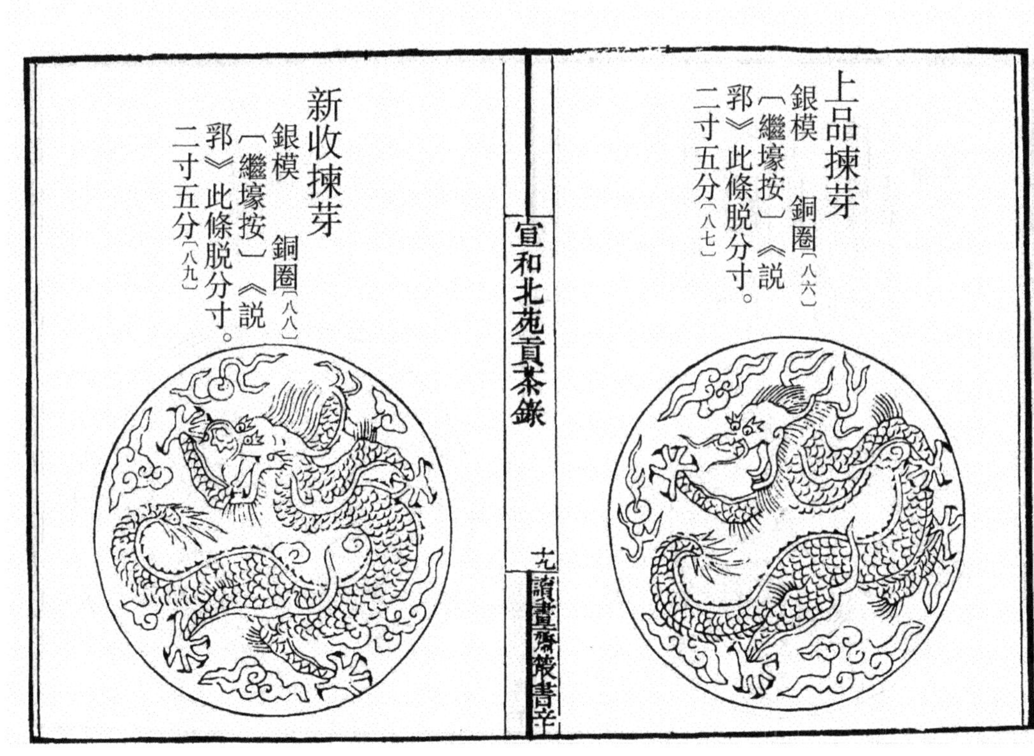

上品揀芽

銀模　銅圈〔八六〕

〔繼壕按〕《說郛》此條脫分寸。

二寸五分〔八七〕

新收揀芽

銀模　銅圈〔八八〕

〔繼壕按〕《說郛》此條脫分寸。

二寸五分〔八九〕

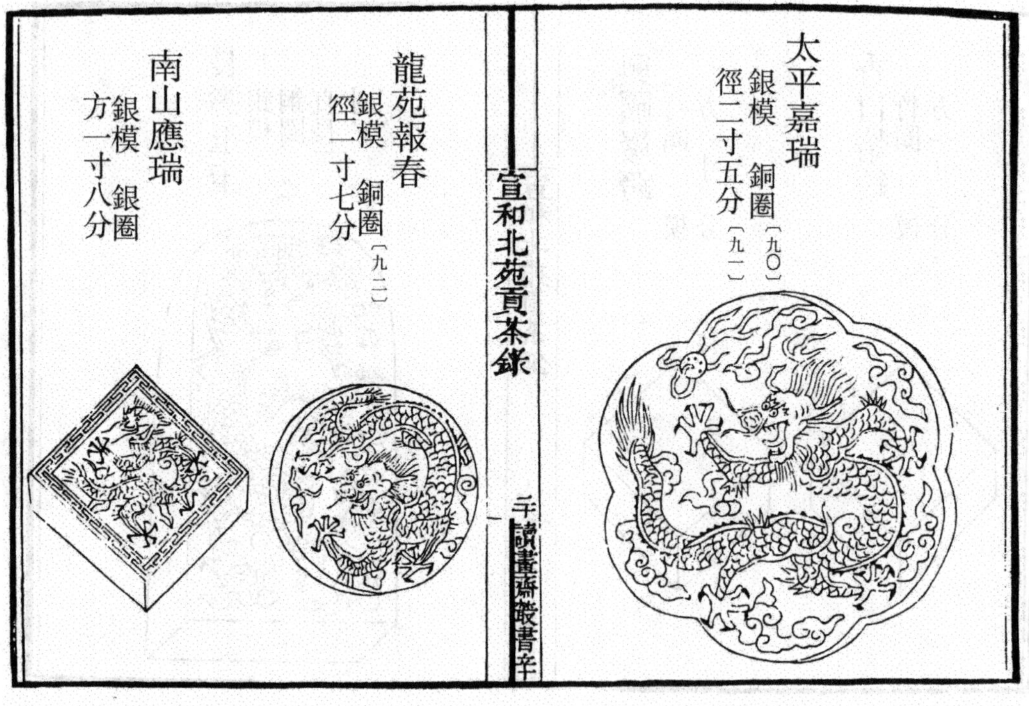

太平嘉瑞

銀模　銅圈〔九〇〕

徑二寸五分〔九一〕

宣和北苑貢茶錄　讀畫齋叢書辛

龍苑報春

銀模　銅圈〔九二〕

徑一寸七分

南山應瑞

銀模　銀圈

方一寸八分

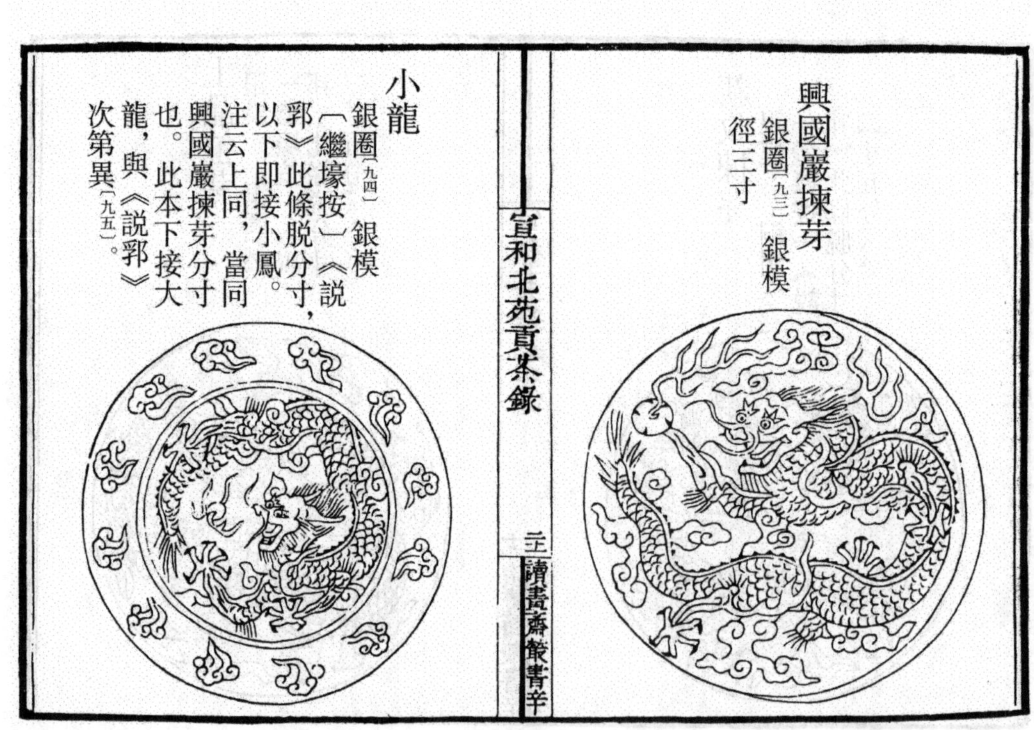

興國巖揀芽

銀圈〔九三〕　銀模

徑三寸

宣和北苑貢茶錄　讀畫齋叢書辛

小龍

銀圈〔九四〕　銀模

〔繼壕按〕《說郛》此條脱分寸，以下即接小鳳。注云上同，當同興國巖揀芽分寸也。此本下接大龍，與《說郛》次第異〔九五〕。

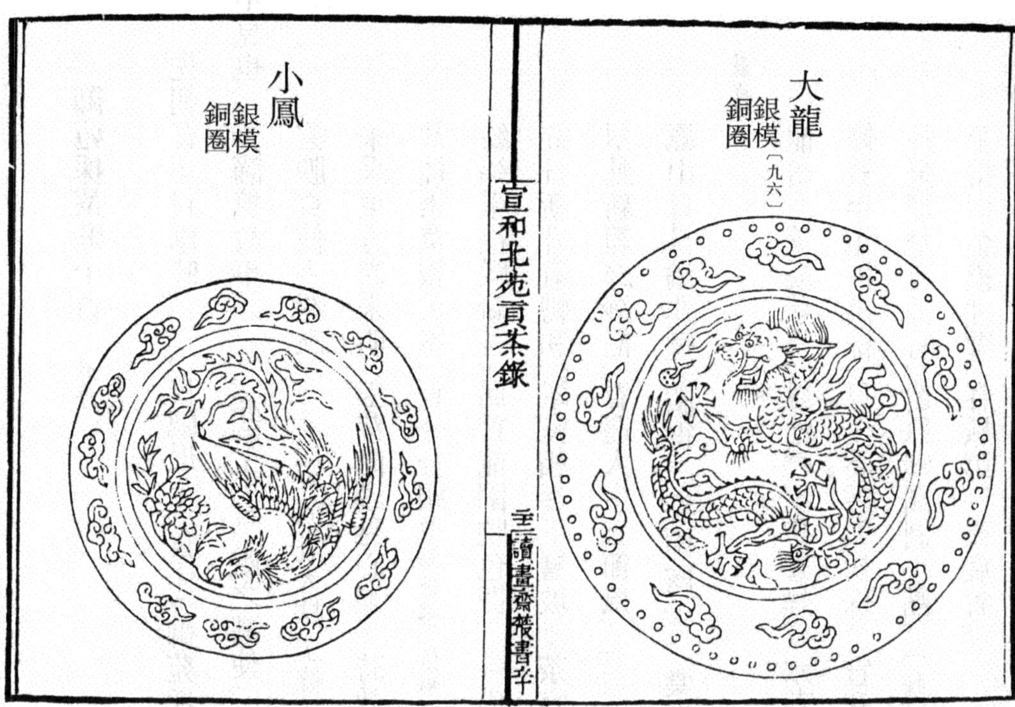

大龍

銀模
銅圈〔九六〕

小鳳

銀模
銅圈

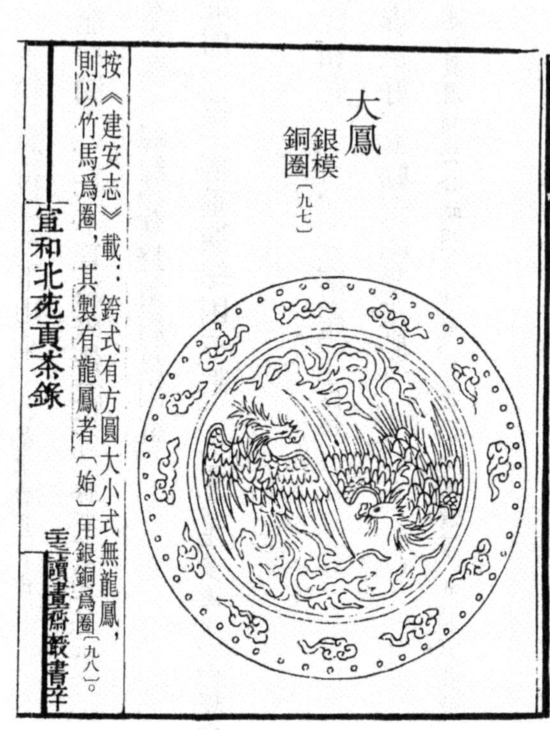

大鳳

銀模
銅圈〔九七〕

按《建安志》載：銙式有方圓大小式無龍鳳，則以竹馬爲圈，其製有龍鳳者〔始〕用銀銅爲圈〔九八〕。

不見也。蕃謹摭故事〔一〇〇〕，亦賦十首，獻之漕使。仍用退士元韻，以見仰慕前修之意。

御苑採茶歌十首 并序

先朝曹司封修睦〔九九〕，自號退士，嘗作《御苑採茶歌》十首，傳在人口。今龍園所制，視昔尤盛，惜乎退士

雲腴貢使手親調〔一〇一〕，旋放春天採玉條。伐鼓危亭驚曉夢，嘯呼齊上苑東橋。

采采東方尚未明，玉芽同護見心誠。時歌一曲青山裏，便是春風陌上聲。

共抽靈草報天恩，貢令分明龍焙造茶，依御厨法。使指尊。邏卒日循雲塹繞，山靈亦守御園門。

紛綸爭徑蹂新苔，回首龍園曉色開。一尉鳴鉦三令趨，急持煙籠下山來。採茶不許見日出。

紅日新升氣轉和，翠籃相逐下層坡。茶官正要龍芽潤〔一〇二〕，不管新來帶露多。採新芽，不折水。

翠虬新範絳紗籠，看罷人生玉節風〔一〇三〕。葉氣雲蒸千嶂綠，歡聲雷震萬山紅。

鳳山日日滃非煙，賸得三春雨露天。棠坼淺紅酣一笑，柳垂淡綠困三眠。紅雲島上多海棠，兩堤宫柳最盛。

龍焙夕薫凝紫霧，鳳池曉濯帶蒼煙。水芽只是宣和有〔一〇四〕，一洗槍旗二百年。

修貢年年採萬株，只今勝雪與初殊。宣和殿裏春風好，喜動天顔是玉腴。

外臺慶曆有仙官，龍鳳纔聞制小團。〔按〕《建安志》慶曆間蔡公端明爲漕使，始改造小團龍茶，此詩蓋指此。

爭得似金模寸璧，春風第一薦宸餐。

先人作《茶録》，當貢品極盛之時〔一〇五〕，凡有四十餘色〔一〇六〕。紹興戊寅歲，克攝事北苑，閲近所貢〔一〇七〕，皆仍舊，其先後之序亦同〔一〇八〕。惟躋龍團勝雪於白茶之上，及無興國巖小龍、小鳳，蓋建炎南渡有旨，罷貢三之一而省去〔之〕也〔一〇九〕。〔按〕《建安志》載：靖康初，詔減歲貢三分之一。紹興間，復減大龍及京鋌之半；十六年，又去京鋌，改造大龍團。至三十二年，凡工用之費，篚羞之式，皆令漕臣耑之，且減其數。雖府貢龍鳳茶，亦附漕綱以進。與此小異。〇〔繼壕按〕《宋史·食貨志》：歲貢片茶二十一萬六千斤。建炎以來，葉濃、楊勍等相因爲亂，園丁散亡，遂罷之。紹興二年，蠲未起大龍鳳茶一千七百二十八斤；五年，復減大龍鳳及京鋌之半。李心傳《建炎以來朝野雜記·甲集》云：建茶歲産九十五萬斤，其爲團〔胯〕〔銙〕者號蠟茶，久爲人所貴。舊制：歲貢片茶二十一萬六千斤，建炎二年，葉濃之亂，園丁亡散，遂罷之。紹興四年，明堂始命市五萬斤，爲大禮賞。五年，都督府請如舊額發赴建康，召商人持往淮北。檢察福建財用章傑以片茶難市，請市末茶，許之。轉運司言其不經久，乃止。既而，官給長引許商販渡淮。十二年六月，興榷場，遂取蠟茶爲場本。九月，禁私販，官盡榷之，上京之餘，許通商，官收息三倍。又詔：私載建茶入海者，斬。此五年正月辛未詔旨。議者因請鬻建茶於臨安，十月移茶事司於建州，專一買發。十三年閏月，以失陷引錢，復令通商。今上供龍鳳及京鋌茶，歲額視承平纔半，蓋高宗以賜賚既少，俱傷民力，故裁損其數云。先人但著其名號〔一一〇〕，克今更寫其形製，庶覽之者無遺恨焉〔一一一〕。先是壬子春〔一一二〕，漕司再葺茶政〔一一三〕，越十三載，乃復舊額〔一一四〕，且用政和故事，補種茶兩萬株。政和間，曾種三萬株〔一一五〕。次年〔一一六〕，益虔貢職，遂有創增之目〔一一七〕。仍改京鋌爲大龍團，由是大龍多於大鳳之數，凡此皆近事，或者猶未之知也〔一一八〕。先人又嘗作《貢茶歌》十首，讀之可想見異時之事，故併取以附於末〔一一九〕。三月初吉，男克北苑寓舍書。

北苑貢茶最盛，然前輩所録止於慶曆以上。自元豐之密雲龍，紹聖之瑞雲龍〔一二〇〕相繼挺出，制精於舊而未有好事者記焉，但見於詩人句中。及大觀以來，增創新銙，亦猶用揀芽。蓋水芽至宣和始有〔一二一〕，故龍團勝雪與白茶角立〔一二二〕，歲充首貢〔一二三〕。復自御苑玉芽以下，厥名實繁。先子親見時事，悉能記之，成編具存。今閩中漕臺新〔繼壕按〕《説郛》作『所』。刊《茶録》未備〔一二四〕，此書庶幾補其闕云。

淳熙九年冬十二月四日，朝散郎、行祕書郎兼國史編脩官、學士院權直熊克謹記〔一二五〕。

附録 明·徐𤊹跋二首

（一）

熊蕃，字叔度，建陽人，唐建州刺史博九世孫。善屬文，長於吟詠，不復應舉。築堂名『獨善』，號獨善先生。嘗著《茶録》，鼇別品第高下，最爲精當。又有製茶十詠及文稿三卷行世〔一二六〕。徐𤊹書。

（二）

熊克，字子復。蕃之子。弱冠登紹興二十七年進士，授順昌主簿。除鎮江府學教授，秩滿，改知諸暨縣。憲使芮（煇）〔燁〕表薦之，提轄文思院。召〔除〕秘書省校書郎、兼國史編修官。時周益公必大參知政事，請克曰：《百官志》疎甚，公（談）〔諳〕習典故，宜加增損。旬日纂成，益公稱嘆，復遷秘書郎、權直學士院、知制誥。

又遷起居郎、兼直學士院。以論罷，知台州。上《九朝通略》，詔增一秩，召赴行在。部使者刻克縱私鹺不治，報罷，奉祠。知太平州。屬疾，告老，未幾卒。所著有《九朝通略》一百六十八卷，《中興〔小〕曆》一百卷，《官制新典》十卷，《帝王經譜》二十四卷，《諸子精華》六十卷。徐㔩書〔一二七〕。

〔校證〕

〔一〕裴汶《茶述》皆不第建品　「裴汶」，《説郛》宛本譌作「裴波」，喻甲本又誤作「裴文」。

〔二〕至於唐末然後北苑出爲之最　喻甲本作：「至於唐，猶然北苑後出爲之最。」

〔三〕僞蜀詞臣毛文錫作茶譜　「僞蜀」，喻甲本作「魏蜀」，大誤。「詞臣」，喻甲本、《説郛》二本作「辭臣」。「毛文錫」，喻甲本又譌作「毛天錫」。

〔四〕江東老人多味之　方案：汪注此條見《太平寰宇記》卷一〇一。原出資料已有三誤：其一，方山，不屬建州，而屬福州。《寰宇記》卷一〇〇稱：「方山，在〔福〕州南七十里。」故陳景沂《全芳備祖·後集》卷二八已列「方山露芽」於福州，是。其二，「方山之芽」，似即「方山露芽」之譌。其三，是條非出《茶經》，斯可斷言。從内容判斷，似出毛文錫《茶譜》，詳本書拙輯《茶譜》第二十條及校證〔二四〕。據陸羽自述：福、建等「十二州未詳」，可知《茶經·八之出》無此内容。如樂史記載不誤，則北宋初，此條《茶譜》佚文已竄入《茶經》爲注文，但今傳各本《茶經》已均無此條。《寰宇記》後之「云」字乃衍文，應删。

〔五〕繼造蠟面　「蠟面」，原作「臘面」。蠟面，爲蠟面茶的簡稱，習稱蠟茶。據程大昌《演繁露·續集》卷五

《蠟茶》所考改。其説云：『建茶名蠟茶，爲其乳泛湯面，與熔蠟相似，故名蠟面茶也。楊文公《談苑》曰：江左方有蠟面之號，是也。今人多書「蠟」爲「臘」，云取先春爲義，失其本也。』方案：宋人另有一説認爲蠟茶製作時既蒸又研，再入棬模中成型，其茶漿頗似熔蠟，故名之。總之，作『臘』未允，下『臘』字徑改不再出校。

〔六〕以别庶飲　此四字，喻甲本無，僅作『而』字與上文連接。

〔七〕又一種號的乳　『種』，《説郛》二本誤奪。『的乳』，喻甲本誤作『叢乳』。

〔八〕嗣主李璟命建州製的乳茶　『建州』下，底本四庫館臣注文誤衍一『茶』字，據叢書集成本馬令《南唐書》卷二删。又，馬令其下稱『的乳茶號曰京鋌』，實誤。熊蕃《貢茶録》對京鋌、石乳、的乳、白乳四種茶的採製有明確論述，又並稱爲京、石、的、白四種，明矣。

〔九〕京石的白四種繼出　『繼』，喻甲本作『詔』，《説郛》宛本又譌作『紹』。

〔一〇〕而蠟面降爲下矣　下四字，《續茶經》引作『斯下矣』。

〔一一〕其餘皇族　『其』字，今點校本《談苑》無。疑宋本或作『其餘』。

〔一二〕近臣賜京鋌　『京鋌』，原譌作『金鋌』，據點校本《楊文公談苑・建州蠟茶》改。

〔一三〕而白乳賜館閣　點校本《談苑》據宋本江少虞《皇朝（宋）事實類苑》卷六〇引文作『館閣白乳』；而汪注引《廣羣芳譜》也作『館閣白乳』；則熊氏原注雖據宋本《談苑》引文，卻常以己意删改原文，此爲宋人論著中引文之通病。

〔一四〕惟蠟面不在賜品　今傳本《談苑》無此文，而作『龍鳳、石乳茶，皆太宗令造』。汪注引《廣羣芳譜》卷一八同，惟『造』誤作『罷』。而江氏《類苑》卷六〇又誤作『坐』，應據《事物紀原》卷九、《苕溪漁隱叢話·後集》卷一一、《永樂大典》卷八〇四引阮閱《千家詩話總龜》（點校本《詩話總龜》卷二九同）改。

〔一五〕白乳下遺的乳　方案：此四庫本館臣按語，《建安志》引《談苑》文乃誤衍『的乳』二字。《談苑》文既前已曰『舍人、近臣賜京鋌、的乳』，似不可能同一種茶又賜館閣，且今傳各本《談苑》均無此二字。館臣此注實有蛇足之嫌。

〔一六〕其名有……山挺十二等　『山挺』，乃『山鋌』之譌。詳本書『號曰京鋌』下熊氏原注：『其狀如貢神金、白金之鋌。』其説可證作『鋌』，是。

〔一七〕石乳的乳皆狹片　『的』，原作『頭』，誤。説詳下。

〔一八〕白乳以下皆闊片　『乳』前脱一『白』字。方案：汪注引《文獻通考·征榷五》這段文字，《通考》各本皆同，似有三處皆誤。一是『山挺』乃『山鋌』之譌，二是『頭乳』爲『的乳』之誤，三是『白乳』誤奪『白』字。馬端臨書中曰：『其名有龍鳳、石乳、的乳、白乳、頭金、蠟面……山鋌十二等。』注中則稱『石乳、頭乳皆狹片』，宋無『頭乳』茶名，必誤無疑。據正文順序，應是『的乳』之誤，下云『名曰京、的』可證。又，《楊文公談苑》曰：『李氏別令取其乳作片，或號曰京鋌、的乳。』『京的』合稱始此，極可能這兩種茶同爲狹片，故《通考》注云『名曰京的』。疑『石乳』似又爲『京鋌』之別名，與《貢茶録》之説不合，俟更考。另外，注文『乳以下』，據上下文意，其前顯脱『白』字，據上考補。

〔一九〕君謨北苑造茶詩自序云……仍歲貢之　熊氏原注與蔡襄詩注原文已頗有不同，乃撮述其意而改寫之。今據《蔡忠惠集》卷二《北苑十詠·造茶》詩題原注録文：『其年改造新茶十斤，尤極精好，被旨號爲上品龍茶，仍歲貢之。』其詩首聯云：『屑玉寸陰間，摶金新範里。』其下注云：『龍鳳茶八片爲一斤，上品龍茶每斤二十八片。』熊注乃捏合題注與詩注改寫，已與蔡氏原文大相徑庭。汪注稱乃《採茶》詩自序，實乃《造茶》之譌，其題注文亦不同，如『改造』作『改作』，『尤極』作『尤甚』之類。

〔二〇〕歸田録云……貴重如此　方案：此熊注引歐陽修《歸田録》文字，既有删節，又有改寫。今據中華書局版李偉國點校本《歸田録》卷二録文：『茶之品莫貴於龍鳳，謂之團茶，凡八餅重一斤。慶曆中，蔡君謨爲福建路轉運使，始造小片龍茶以進，其品絶精，謂之小團，凡二十〔八〕餅重一斤，其價直金二兩。然金可有而茶不可得。每因南郊至齋，中書、樞密院各賜一餅，四人分之。宫人往往縷金花於其上，蓋其貴重如此。』又，熊注引《歸田録》作『小團，凡二十八片重一斤』，已非原文。宋代文獻中，無一正確，或云十餅(片)一斤，或曰二十餅一斤，不一而足。如下文汪注所引《澠水燕談録》卷八和《石林燕語》卷八即分别誤作『一斤』二十餅，『斤爲十餅』。

〔二一〕葉夢得……遂爲歲額　方案：此汪注引葉氏《石林燕語》文，汪應辰《石林燕語辨》卷八已指出其有二誤，一是『君謨爲福建轉運使，非知建州也』；二是『始進小龍團茶，凡五十餅重一斤，此云斤爲十餅，非也』。其前説甚是，後説則又誤作五十餅爲一斤，看來仍未見蔡襄原詩題注及詩中注。另外，其後宇文紹奕《石林燕語考異》又云『始進小龍團，凡二十餅重一斤』，亦誤。詳上注。汪注僅列其異同，而未作是非判斷，惜哉！

〔二二〕吴曾……盡爲之　方案：此汪注引《能改齋漫録》卷一五《方物·建茶》語，文全同。惟吴曾文稱『小龍、小鳳，初因蔡君謨爲建漕，造十斤獻之』云云，亦有二誤。其一，蔡襄所造乃小龍茶，又稱上品龍茶或小團，並無小鳳。蔡氏《北苑十詠·造茶》詩題注及詩句中注言之甚明。其二，蔡時爲福建漕或可稱閩漕，惟不能簡稱爲『建漕』。建，乃建州；轉運司（即漕司）爲路級監司。吴曾號稱精於考證，然亦不無小誤。

〔二三〕自小團出而龍鳳遂爲次矣　『小團』，《四庫全書考證》卷五云：『小』下有『龍』字。方案：此『龍』字在宋代文獻中通常可省，如上引歐陽修《歸田録》卷二即稱龍鳳爲團茶，小龍茶爲小團。《説郛》宛本亦有此『龍』字。熊氏作小團，乃宋人習用之稱。

〔二四〕其品又加於小團之上　『又』，喻甲本無此字。『小』下，《説郛》宛本和《續茶經》均有『龍』字。

〔二五〕元豐龍焙承詔作　『承』，底本熊注原誤作『乘』，據四庫本《山谷集·外集》卷二《和答梅子明王揚休點密雲龍》詩改。

〔二六〕此乃山谷和楊王休點雲龍詩　方案：此四庫館臣因熊注未明言出處而補注詩句出山谷之詩。但詩題有奪誤，應據上注拙考補正。詩題脱『和答梅子明』及『密』共六字，又將『王揚休』譌倒作『楊王休』，『揚』誤作『楊』。汪注未能注明此聯詩之出處而舉黄庭堅另外二詩，並稱『俱與本詩異』。乃失檢。

〔二七〕熙寧中賈青爲福建轉運使　方案：此汪注引葉夢得《石林燕語》卷八中語，實誤。汪應辰《辨》，字文紹奕《考異》並未指正其誤。今考賈青權發遣福建路轉運使約在元豐二年(據《長編》卷二九九,《宋會要輯稿》食貨二四之一九)。其創製密雲龍貢進之事在元豐五年。《宋會要輯稿》食貨三〇之一八有明確記載:『〔元豐〕五年正月二十三日,福建路轉運使賈青言:「準朝旨,相度年額外增造龍鳳茶,今度地力,可以增造龍、鳳茶五七百斤。」詔增額外五百斤,龍、鳳茶各半,别計綱進。〔賈青〕又言:「乞所造揀芽茶,别置小龍團,斤爲四十(餘)餅,不入龍腦。」從之。』據此,則葉氏所謂熙寧(一〇六八—一〇七七)中賈青漕閩創製『密雲龍』之説誤矣。餘詳拙釋〔二九〕。

〔二八〕密雲龍以二十餅爲斤而雙袋謂之雙角團袋　方案:此亦汪注引葉氏《石林燕語》卷八中語,其曰『密雲龍』雙角團袋,則是;而又云密雲龍『以二十餅爲斤』則非。惜汪注亦未加辨析。上條拙釋引《宋會要輯稿》食貨三〇之一八已明言『斤爲四十(餘)餅』(又見《宋會要輯稿補編》頁六八八重出複文)。趙汝礪《北苑别録》亦載:『揀芽以四十餅爲角,小龍鳳以二十餅爲角,大龍鳳以八餅爲角。』此『角』乃指茶的計量單位,爲一個包裝,據下文應無疑義。這三種五品不同品種、規格的茶,其每角均爲一斤,如换用『觔』字亦可。但問題在於何以可確認每斤四十餅的『揀芽』即是『密雲龍』呢?宋人王鞏《續聞見近録》已明言:『元豐中,取揀芽不入香作密雲龍茶。』《山谷集·外集》卷一五《奉同公擇作揀芽詠》詩曰:『赤囊歲上雙龍璧。』山谷原注云:『囊貢小團亦單疊,唯揀芽雙疊。』此已稱揀芽乃雙角團袋,正爲『密雲龍』之證。又,葛勝仲《丹陽集》卷二二《次韻德升惠新茶》之二云:『雙疊紅囊貯揀芽,旋將活火試瑶花。』亦可佐證。則密雲龍正用以一槍一旗爲特徵的揀芽所製成。

〔二九〕是密雲龍實始於熙寧也　方案：　此汪注引周煇《清波雜志》卷四《密雲龍》條之語，其首已云：『自熙寧後，始貴密雲龍。』其下又引張舜民《畫墁録》稱：『熙寧末神宗有旨建州製密雲龍。』再加上汪注前引《石林燕語》卷八稱熙寧中賈青創製密雲龍，汪注凡引三書，四次均作密雲龍乃熙寧中製，堪稱不遺餘力。意在爲熊氏《貢茶録》中『元豐間，有旨造密雲龍』之定論作考異，實有蛇足之嫌。汪注此前已引黄庭堅詩兩聯，足證密雲龍出於元豐無疑也。《山谷詩注・内集》卷二《謝送碾壑源揀芽》詩曰：『矞雲從龍小蒼璧，元豐至今人未識。』同卷又有《以小龍團及半(挺)〔鋌〕贈無咎并詩用前韻爲戲》云：『此物已是元豐春。』同書卷一三還有《博士王揚休碾密雲龍同事十三人飲之戲作》稱：『矞雲蒼璧小盤龍，貢包新樣出元豐。』故密雲龍又稱矞雲龍，豈汪氏誤以爲此乃兩種茶歟？另外，蘇頌《蘇魏公集》卷一一《次韻孔學士密雲龍》詩亦云：『精芽巧製自元豐，漠漠飛雲繞戲龍。』又，葛勝仲《丹陽集》卷二〇《新茶》詩曰：『珍同内府新蒼璧，味壓元豐小矞雲。』葛立方《韻語陽秋》卷五也説：『元豐初(方案：　應作「中」)，下建州又製密雲龍以獻其品，高於小團而其製益精矣。曾文昭(肇)……〔詩〕又云：「密雲新樣尤可喜，名出元豐聖天子。」』上述宋人諸家一致認爲密雲龍即矞雲龍，創自元豐，殆無可疑。足證熊蕃之説極是。

〔三〇〕以白茶與常茶不同　『白茶』下，《説郛》宛本、喻甲本均有『者』字；《續茶經》『白茶』下有『自爲一種』四字。『與常茶不同』，喻甲本作『爲不可得』。

〔三一〕蔡忠惠文集茶記……本注作王免與此異　方案：　此汪注引《蔡忠惠集》卷三四《茶記》全文，與熊注原引劉异《北苑拾遺録》作考異，謂兩者所述家有白茶一株者名不同，劉説名王免，蔡説名王大詔。但劉書撰於慶曆(一〇四一—一〇四八)初，而蔡文作於治平二年(一〇六五)，兩者相距二十餘年，有可能大詔即王免之子；當然也有可能並非一家。這王大詔當即《東溪試茶録·茶名》中提到的畢原王大照，亦即梅堯臣《宛陵集》卷五二《吕縉叔著作遺新茶》詩題注中提到的『碧原王家』。在吕夏卿贈送給詩人『六色十五餅』的極品白茶中，即來自於『四葉及王、游』。此王即碧原王家，惜堯臣未稱其名，但據朱東潤先生編年在嘉祐二年(一〇五七)，時距蔡襄寫《茶記》僅早八年，似即王大詔(宋子安書作『大照』)，其爲原坂嶺碧原(宋書作『畢原』)人。參見《大觀茶論》拙釋〔九四〕條。另外，汪注引蔡襄《茶記》之文末署『己巳初月朔日書』，核蔡《集》，實乃『乙巳』之譌。乙巳，爲治平二年(一〇六五)；己巳，則爲元祐四年(一〇八九)，其時蔡襄(一〇一二—一〇六七)墓木已拱，必誤無疑。或汪注所據之蔡《集》已手民誤刊歟？

〔三二〕既又而製三色細芽　『細芽』，《續茶經》作『細茶』。

〔三三〕清波雜志作夸　方案：作『胯』、『夸』、『䩬』均誤，作『銙』是。詳《大觀茶論》拙釋第〔二六〕條。

〔三四〕次曰揀芽　『揀芽』，四庫本、《説郛》涵本、喻甲本、叢成本俱作『中芽』，《山谷詩注·外集》卷一五《奉同公擇作揀芽詠》史容注引《貢茶録》亦作『中芽』；但《説郛》宛本、《廣羣芳譜》、《續茶經》作『揀芽』，是。因其下文有『一槍一旗號揀芽』之説，此外，宋徽宗《大觀茶論》也曰：『凡芽如雀舌、穀粒者爲鬥品，一槍一旗爲揀芽。』而揀芽最重要的特徵即爲『一芽帶一葉者，號一槍一旗』。故此『中芽』，應是『揀芽』之譌。趙佶所謂『門品』者，小芽也。

〔三五〕次曰中芽　『中芽』，底本原作『紫芽』，《説郛》二本、喻甲本、《廣羣芳譜》、《續茶經》均作『中芽』，是。參見上條考釋『紫芽』乃『中芽』之譌，據改。

〔三六〕建守周絳……天聖間任　方案：《貢茶録》稱周絳景德（一〇〇四—一〇〇七）中知建州，汪注引《福建通志》又云天聖（一〇二三—一〇三二）間任，均誤。今考其爲建守乃大中祥符（一〇〇八—一〇一六）年間事，汪注引《通考》作『祥符初』，似亦未允。詳拙輯《補茶經》〔提要〕。

〔三七〕周絳爲補茶經言　喻甲本誤奪書名中『補』字。

〔三八〕馳奉萬乘嘗之可矣　喻甲本末二字譌作『可以』。

〔三九〕故一槍一旗號揀芽　『揀芽』，底本原誤作『揀茶』，據《説郛》二本、喻甲本、四庫本改。

〔四〇〕蓋不知有所謂揀芽也　『謂』，底本原誤作『爲』，據同右引各本及《續茶經》引文改。

〔四一〕今上聖製……之意同　方案：據『今上聖製《茶論》』云云，可斷言此乃《貢茶録》作者熊蕃自注無疑。此外，可確定爲蕃自注的就只有是書附録的《御苑採茶歌十首》中的五條詩注了。又，熊蕃自注中引王珪詩見《華陽集》卷四《和公儀飲茶》，首句作『北焙和香飲最真』。熊注引韓絳詩一聯今已佚，《全宋詩》卷三九四《韓絳》失收，可據以輯佚。

〔四二〕夫揀芽猶貴重如此　『貴重』，《説郛》涵本作『奇』。

〔四三〕漕臣鄭公可簡　方案：作『鄭可簡』是，力證見《宋會要輯稿》刑法二之七五『〔宣和元年〕五月四日，權發遣福建路轉運判官公事鄭可簡』之記事。又，《八閩通志》卷三〇也稱鄭可簡宣和間爲轉運判官。《貢茶録》云『宣和庚子歲（二年，一〇二〇），漕臣鄭可簡』是，轉運判官亦可稱『漕臣』。但其正式稱謂應如上引，或可簡稱『權福建運判』。四庫館臣注引《潛確類書》作『鄭可聞』，汪注引《説郛》宛本作『鄭可問』者俱誤。《福建通志》卷三二題名録作轉運判官鄭可簡，是；汪注卻誤引爲『轉運司』，此乃官署名，非職官名稱。或『司』下脱『使』字，或乃『轉運使』之音譌歟？即使如此，仍誤，鄭時任判官，仍因資淺而稱權發遣，後因以新茶獻蔡京，而遷轉運副使，事具《容齋隨筆·三筆》卷一五《蔡京除吏》。另外，《説郛》涵本亦譌作『鄭可聞』。

〔四四〕號龍團勝雪　方案：『號』下四字，底本原誤『龍園勝雪』。不僅《説郛》二本、喻甲本、《續茶經》、《廣羣芳譜》均作『團』，今考宋代文獻中，多作『龍團勝雪』。首先，《大觀茶論·序》就作『龍團鳳餅』。他如曾幾（一〇八四—一一六六）《茶山集》卷五《逮子得龍團勝雪茶兩（胯）〔銙〕以歸予其直萬錢云》詩題作『團』。曾幾兩宋之際人，與熊蕃同時代人，所得茶又爲親歷，其説可信。又如《文忠集》卷首《周必大年譜》淳熙十二年（一一八五）條有『賜出格茶龍團勝雪』之記載，時值趙汝礪撰《北苑别録》的前一年，所得又爲極品貢茶，應可信。他如胡仔《苕溪漁隱叢話·後集》卷一一、阮閲《詩話總龜·後集》卷二九亦作『團』，不作『園』。胡、阮均當時人，胡仔還親歷北苑茶事，決不會搞錯。此外，宋末祝穆撰《古今事文類聚·續集》卷一二亦作『團』，不作『園』。誠如汪注所説，宋代文獻中，惟有姚寬《西溪叢語》作『園』，實誤。另外，明清類書、筆記中毫無二致，均作『龍團』而不作『龍園』。如《通雅》卷三九、

《藝林匯考·飲食》卷七、《長物志》卷一二、《玉芝堂談薈》卷二九、《天中記》卷四四、《淵鑑類函》卷三九〇、《分類事錦》卷二一、《格致鏡原》卷二一皆然。故據改，下徑改，不再出校。

〔四五〕以白茶上之所好也　『之』，喻甲本、四庫本脱；『好』，喻甲本譌作『號』。

〔四六〕則前乎此者　『乎』，《説郛》宛本、《續茶經》脱。

〔四七〕纔貢五十片　『片』，惟四庫本作『斤』。

〔四八〕不入香京鋌共二百斤　『入香』二字原奪，據《能改齋漫録》卷一五《方物·建茶》補。

〔四九〕累增至元符　『元符』上，喻甲本、《説郛》涵本有『於』字，據上下文意，似當從補。

〔五〇〕此數……范達　方案：作『逵』是，作『達』乃形譌。

〔五一〕説郛作二年　方案：《説郛》二本、喻甲本均作『二年』，似應從。

〔五二〕乙夜清供　《説郛》涵本、喻甲本作『乙夜供清』。

〔五三〕承平雅玩　喻甲本誤作『承芳雅玩』。

〔五四〕雲葉　喻甲本誤作『雪葉』。

〔五五〕玉葉……龍下　方案：『玉葉長春』條錯簡，應據《説郛》二本、喻甲本、四庫本、《續茶經》、《廣羣芳譜》乙正，置於『無疆壽龍』條之下，圖版蹟刻於『無疆壽龍』條下尤爲顯證。

〔五六〕説郛紹聖誤紹興　方案：《續茶經》亦誤作紹興。紹聖（一〇九四—一〇九八），北宋哲宗年號；紹興（一一三一—一一六二），南宋高宗年號。

〔五七〕又有瓊林毓粹　『粹』，《説郛》宛本、《續茶經》、《廣羣芳譜》作『毓料』，乃形譌。

〔五八〕壑源拱秀　『拱秀』，喻甲本作『供季』，《説郛》宛本又形譌作『供李』。

〔五九〕貢篚推先　『貢』，喻甲本形譌作『貴』。

〔六〇〕壽巖都勝　『都勝』，喻甲本、《續茶經》作『卻勝』，『都勝』義長。

〔六一〕延平石乳　『石乳』，《説郛》涵本譌倒作『乳石』。

〔六二〕右歲分十餘綱　喻甲本作『右茶歲貢十餘綱』，義勝。

〔六三〕不出中春　『中春』，《説郛》宛本、《續茶經》作『仲春』。應從。

〔六四〕因念草木之微　『因』，底本原脱，據《説郛》二本、喻甲本、《續茶經》補。

〔六五〕有瓌奇卓異之名　『瓌』，喻甲本作『環』，似誤。『之名』，底本和參校本均無，《説郛》涵本似據文意補，近真。今據補。

〔六六〕昔昌黎先生……自悼其不如　方案：典出韓愈《感二鳥賦》：『感二鳥之無知，方蒙恩入幸。惟惟退之殊異，增余懷之耿耿，彼中心之何嘉！』據宋·魏仲舉《五百家注昌黎文集》卷一（四庫本）録文。

〔六七〕方一寸二分　《説郛》涵本誤作『一寸三分』。下二條試新銙、龍團勝雪圖版尺寸作『同上』，亦誤作『一寸三分』。

〔六八〕銀圈　底本及參校諸本皆作『竹圈』，惟喻甲本作『銀圈』，極是。圖末四庫館臣注引《建安志》曰：『銙式有方圓、大小式，無龍鳳則以竹爲圈，其製有龍鳳者〔始〕用銀銅爲圈。』其説是，據改。

〔六九〕白茶　喻甲本是條與『萬壽龍芽』次序互乙，錯簡。

〔七〇〕銀圈　四庫本誤作『竹圈』。

〔七一〕竹圈　『竹』字原脱，據本書拙釋〔六八〕條引《建安志》文格式補。

〔七二〕方一寸二分　方案：『龍鳳英華』、『玉除清賞』二條『竹圈』之『竹』字及規格尺寸『一寸二分』之『一』、『二』，原脱，據喻甲本補。參見拙釋〔六八〕條。

〔七三〕銀圈　『金錢』、『玉華』二條圖版注文中，喻甲本、《説郛》宛本俱脱『銀圈』二字。

〔七四〕銀圈　底本及參校本俱誤作『竹圈』。喻甲本『寸金』條躋刻於『玉華』條下，其尺寸一寸二分，又誤繫於『玉華』條尺寸橫長一寸五分下（即雙行小注的右欄），大誤。

〔七五〕銀圈　原誤作『竹圈』，據同上〔六八〕條改。

〔七六〕兩尖徑　喻甲本作『西尖徑』，形譌。

〔七七〕宜年寶玉　喻甲本涉上『萬春銀葉』而譌作『宜春』。

〔七八〕銀圈　原誤『竹圈』，據《説郛》涵本改。

〔七九〕直長三寸六分　喻甲本作『直長三寸』，《説郛》宛本、《續茶經》皆誤作『直長一寸』，《説郛》涵本又誤作『直長一寸、徑長二寸五分』。似『玉葉長春』因上文錯簡，圖版躋刻於此而致誤。

〔八〇〕銀模　二字四庫本無。

〔八一〕直長一寸　《説郛》涵本、喻甲本作『一寸六分』，似是，當補『六分』二字。《説郛》宛本、《續茶經》作

『三寸六分』，誤。參見本書校證〔五五〕、〔七九〕。

〔八二〕瑞雲　四庫本誤作『瑞雪』。

〔八三〕銅圈《説郛》涵本作『銀圈』。

〔八四〕徑二寸五分　《説郛》涵本、喻甲本作『一寸五分』，非是。

〔八五〕銅圈　同右引無此二字。

〔八六〕銅圈《説郛》涵本作『銀圈』。

〔八七〕二寸五分　方案：尺寸據《説郛》涵本補。汪注所謂《説郛》脱者，乃宛本也。就本書而言，涵本較宛本爲優。

〔八八〕銅圈《説郛》涵本、喻甲本作『銀圈』；喻甲本無『銀模』二字，且又此條誤繫於『太平嘉瑞』條下。

〔八九〕二寸五分　尺寸據《説郛》涵本補。作『同上』，即同『上品揀芽』。本書校證尺寸，參見本書校證〔八七〕。

〔九〇〕銅圈《説郛》二本、喻甲本、《續茶經》皆作『銀圈』，并脱『銀模』二字；喻甲本此條又誤繫於『龍苑報春』條下。

〔九一〕徑二寸五分　原作『一寸五分』，據《説郛》涵本、喻甲本作『二寸五分』及圖改。

〔九二〕銅圈　惟喻甲本作『銀圈』。

〔九三〕銀圈《説郛》二本、喻甲本、《續茶經》皆無此二字。

〔九四〕銀圈《説郛》宛本、喻甲本作『銅圈』，似是，應據改。其下之大龍，小、大鳳皆作『銅圈』，且爲粗色。

〔九五〕繼壕按……次第異　方案：　此條《説郛》二本均脱分寸，僅在『小鳳』條下分注云『同上』（涵本）、『上同』（宛本），此可作兩種解釋，一爲『同上』指『小龍』分寸，但涵本、宛本皆脱，仍無可知；　二爲如汪注所説『同上』（或『上同』）乃指再上一條之『興國巖揀芽』條，即徑三寸。　如熊克模寫的圖形無誤，則汪注所云可成立，即徑三寸，可據補。　但喻本『小龍』、『小鳳』條下俱注『徑四寸五分』，從圖形看，顯然不相符，如果圖版可信的話，則此徑『四寸五分』，應是『大龍』、『大鳳』條的分寸，考慮到『大龍』條此本誤繫於『小龍』之後，就更有可能性。　因此，筆者認爲『徑三寸』應是『小龍』、『小鳳』的分寸，『徑四寸五分』應是『大龍』、『大鳳』條的分寸，疑喻甲本已將『大龍』、『大鳳』條分寸誤注於『小龍』、『小鳳』條下。　如果喻甲本所注『小龍』、『小鳳』分寸確爲四寸五分的話，則『大龍』、『大鳳』無疑分寸更大，應至六寸左右，這種可能性很小。　但卻苦乏明證，僅作如上考異，而不再遽補這四條直徑分寸。

〔九六〕銀模　二字底本原奪，據四庫本補。

〔九七〕銅圈　底本及諸本皆然，惟《説郛》涵本譌作『銀圈』。

〔九八〕始用銀銅爲圈　『始』，底本原脱，據四庫本補。　四庫館臣注引《建安志》此條十分重要，於圖版中考訂竹圈或銀銅圈有舉足輕重的作用。　惜汪注未注意及此。

〔九九〕先朝曹司封修睦　『曹』，底本涉下漕使而誤作『漕』，據四庫本改。　今據蔡襄《忠惠集》卷三六《曹公墓誌銘》及《長編》等考曹修睦生平如下：　曹修睦（九八七—一〇四六），建安（治今福建建甌）人。大中祥符五年（一〇一二）進士及第，調撫州軍事推官、南雄州判官。　天聖（一〇二三—一〇三二）中，改大理寺丞、知邵武縣，遷殿中丞、知鬱林州。守母喪免官，服除，以太常博士通判越州，再遷尚書屯田、都官二員外郎，通判泉州、知邵武軍。景祐二年（一〇三五），御史中丞杜衍薦爲御史。（方案：《長編》卷一一六作『侍御史』，似誤。）逾年，改司封員外郎，出知壽州，移知泉州，尋坐舉官有失，奪司封。去官歲餘，通判信州、知吉州，皆不赴，上書乞致仕，以都官員外郎、分司南京，年五十四，自號『退士』。慶曆六年（一〇四六）卒，年六十。卒前次所爲文詞四百餘篇，勒爲三卷，幾全佚。熊蕃《貢茶録》所謂『曹司封』者，乃其生前所歷最高品官司封員外郎的簡稱。其稱曹自號『退士』，僅見於此，中年乞退，爲宋代清議所許。惟其當時膾炙人口的《御苑採茶歌》十首已久佚不傳。

〔一〇〇〕蕃謹摭故事　『摭』，底本原譌作『撫』，據四庫本改。

〔一〇一〕雲腴貢使手親調　『雲』底本誤作『雪』，據四庫本改。雲腴，古代文人學士對茶的雅稱。如唐·皮日休《奉和魯望四明山九題·青櫺子》：『味似雲腴美。』（刊《全唐詩》卷六一二）宋·黄庭堅《山谷集·雙井茶送子瞻》：『我家江南摘雲腴，落磑霏霏雪不如。』劉摯《忠肅集·石生煎茶》：『雲腴浮乳英。』黄儒《品茶要録·敍》：『借使陸羽復起，閲其金餅，味其雲腴，當爽然自失矣。』明·賈仲名散曲《金安壽》第三折『瓜分金子，鱠切銀絲，茶煮雲腴』等，皆其例。

〔一〇二〕茶官正要龍芽潤　『龍芽』，四庫本作『靈牙』。

〔一〇三〕看罷人生玉節風　『人生』，右引作『春生』。

〔一〇四〕水芽只是宣和有　『只是』，右引作『只自』。義長。

〔一〇五〕當貢品極盛之時　『當』，《説郛》宛本作『賞』。『盛』，《説郛》宛本、《續茶經》作『勝』。

〔一〇六〕凡有四十餘色　『四十』，《説郛》宛本作『四千』，大誤。

〔一〇七〕閲近所貢　『貢』，同右引形譌作『貴』。

〔一〇八〕其先後之序亦同　四庫本『序』上有『次』字。

〔一〇九〕罷貢三之一而省去之也　下『之』字，底本原脱，據《説郛》二本、喻甲本、《續茶經》補。

〔一一〇〕先人但著其名號　四庫本奪『其』字。

〔一一一〕庶覽之者無遺恨焉　『覽』，四庫本形譌作『覺』；『者』，《説郛》涵本脱。

〔一一二〕先是壬子春　『壬子』，喻甲本作『任子』，大誤。此壬子，指紹興二年（一一三二）。

〔一一三〕漕司再葺茶政　『葺』，喻甲本作『緝』；《説郛》宛本、《續茶經》作『揖』，義長。

〔一一四〕乃復舊額　『乃』，原誤作『仍』，據《説郛》二本、喻甲本、四庫本、《續茶經》改。

〔一一五〕政和間曾種三萬株　方案：此熊克自注，承上文『且用政和故事，補種茶兩萬株』，文意完備，是。如但《説郛》宛本誤『政和』作『正和』，又與《續茶經》同誤『間曾』作『周曹』，或『周漕』之形譌矣。如是，則兩通之。惜現存宋代文獻中無可考見政和中福建漕使或判官中有周姓者。

〔一一六〕次年　《説郛》宛本、《續茶經》作『此年』，而《説郛》涵本作『比年』，三者文義皆通，但含義不同。『此年』，蒙上文當指紹興十五年（一一四五），即用政和故事補種茶之年；次年，則指其第二年，即紹興十六年（一一四六）；『比年』則謂此後連年。均可下接『益虔貢職』，僅時間範疇不同而已。

〔一一七〕遂有創增之目　「目」，喻甲本作「者」。

〔一一八〕或者猶未之知也　「之知」，喻甲本作「知之」，義勝，似應乙。

〔一一九〕先人……以附於末　方案：此二十六字，僅四庫本及底本有，參校諸本皆删，因諸本前已删熊克刻書時所附乃父詩十首，故併述及此事之跋文亦删。

〔一二〇〕紹聖之瑞雲龍　「之」，《説郛》宛本、《續茶經》作「後」；「雲」，《説郛》涵本譌作「雪」。

〔一二一〕蓋水芽至宣和始有　「有」，《説郛》宛本作「名」，義長。

〔一二二〕故龍團勝雪與白茶角立　「故」，《説郛》宛本、喻甲本作「顧」，兩通之。

〔一二三〕歲充首貢　「充」，《説郛》宛本、《續茶經》作「元」。

〔一二四〕今閩中……未備　「新刊」，《説郛》二本、《續茶經》均作「所刊」。

〔一二五〕學士院權直熊克謹記　方案：上五字，喻甲本作「權直學士院」，此乃規範官稱。

〔一二六〕又有製茶十詠及文稿三卷行世　方案：熊蕃所作乃《御苑採茶歌十首》，熊克跋又稱之爲《貢茶歌十首》，近是。作《製茶十詠》則未允。文稿已佚。

〔一二七〕徐𤊹書　方案：兩跋乃闕於熊蕃、熊克父子生平事略者。頗有疏略處，如謂克弱冠登紹興二十七年進士等，殆失考。熊克生卒年可據韓元吉詩《熊子復惠十詩作長句謝之》（《南澗甲乙稿》卷四）考定，其進士及第之年據《福建通志》卷三四可證，其著作據《解題》卷六、卷一八可補，其宦歷事迹又見《入蜀記》卷一、《畫簾緒論》等，均可補徐跋之闕及證其譌。熊克生平事略，詳本書《提要》。

蒙頂茶記

〔宋〕王庠

〔提要〕

《蒙頂茶記》，宋代茶書。王庠撰，一卷，已佚。是書僅見於宋·王象之《輿地紀勝》卷一四七著録。其書佚文爲：『《唐志》〔載〕：貢茶之郡十有六，劍南惟雅一郡而已。』今考北宋有二人名王庠。其一，治平三年（一〇六六）以朝奉郎、尚書都官員外郎通判冀州；熙寧七年（一〇七四），官提舉汴河堤岸，因河溢而被貶責。其二，王庠（一〇七一—？）爲兩宋之際榮州（治今四川榮縣）人。其家累世同居，號義門。伯祖王琪，父夢易，皇祐中進士。崇寧元年（一一〇二），王庠應能書，爲首選。大觀四年（一一一〇），行舍法，不仕隱退。政和（一一一一—一一一八）中，復舉八行，賜號廉遜處士，尋改潼川府教授，終官承事郎，贈宣教郎，孝宗時賜謚『賢節』。則爲兩宋之際人。與蘇軾爲姻親，《蘇軾文集》卷六〇存《與王庠書》五通，此人當即《蒙頂茶記》作者。今考王庠字周彦，見於《山谷别集詩註》卷下《元師自榮州來追送余於瀘之江安綿水驛因復用舊所賦〈此君軒〉詩韻贈之并簡元師從弟周彦公》。史温題下注云：『建中靖國元年正月辛未，〔山谷〕江安水次偶住亭書，故詩有醉翁之語。王周彦《此君軒》和詩附：「庠竊觀學士九丈題《此君軒》詩，謹次元韻，因以求教，下情愧悚之至。」』可證周彦即王庠字，其與蘇、黄均交遊，庠兩首佚詩《全宋詩》已據以收入卷一三一九，兹勿贅録。又，《山谷詩集注》卷一三《寄題滎州祖元大師此君軒》有『公家周彦筆如椽』句，句下任淵注曰：『王庠，字周彦，滎州人。東坡嘗稱之「筆如椽」。』益可證。祖元，當爲其兄或堂兄。王庠嘗自述與軾轍兄弟、范純仁爲知己，吕陶、王吉嘗薦舉，黄庭堅、張舜民、王鞏、任伯雨爲交遊。則所交皆勝流也。其事見《宋史》卷三七七本傳。滎州與雅州相鄰，雅州名山縣蒙頂山産茶，自唐以來即已充貢而名聞遐邇，此書即述蒙頂茶的涯略。

蒙頂茶記輯佚

《唐志》〔載〕：貢茶之郡十有六〔一〕，劍南惟雅一郡而已。（王象之《輿地紀勝》卷一四七《雅州·風俗形勝》引王庠《蒙頂茶記》）

〔校證〕

〔一〕貢茶之郡十有六　今考歐陽修、宋祁《新唐書·地理志·土貢》唐代貢茶凡十六州郡。其地分别是：山南東道：　峽州、歸州、夔州、金州（茶芽），山南西道：　興元府，淮南道：　壽州、廬州、蘄州、申州，江南東道：　常州、湖州（均紫筍茶）、睦州（細茶）、福州，江南西道：　饒州，黔中道：　溪州（茶芽），劍南道：　雅州。與王庠之説完全吻合。又，《新唐書·地理志》載：　河北道懷州土貢有枳殼茶。由於中華書局標點本誤分爲『枳殻、茶』二種貢品，不僅與王庠之説不附，也與唐代茶産地的實際情況不合。唐宋黄河以北地區不産茶，已是定論。關於枳殼茶的製飲法，宋人唐慎微《政和證類本草》卷一三引《食醫心鏡》曰：『枳殼一兩，杵末，如茶法煎呷之』，可『治水氣、皮膚癢及明目』。又，同書引《杜壬方·瘦胎散》云：『昔胡陽公主難産，方士進枳殼四兩，甘草二兩，爲末。每服空心大錢匕，如茶點服。』以上兩例均唐代枳殼茶煎飲法的實例，或河北道懷州所貢枳殼茶即類此者歟？

建安茶記

〔宋〕吕仲吉

〔提要〕

《建安茶記》，宋代茶書。吕仲吉撰，卷數不詳。作者生平無考，似爲北宋人。從今存四條佚文皆出施元之《蘇軾詩注》考察，《茶記》作者亦有可能爲兩宋之際人。今《蘇軾詩集》施元之注引其兩條佚文，一稱書名爲《建安茶録》，另一條則曰《建安茶記》。宋人吕惠卿有《建安茶記》一卷，另見本書附録存目提要。蘇詩施注另有兩條佚文僅注出處爲《茶録》，從内容分析，不可能是丁謂《北苑茶録》的佚文，很有可能亦是吕仲吉《建安茶録》的佚文，書名用簡稱，乃宋人引書常見之慣例。當然，亦無法排除這兩條佚文乃章炳文《壑源茶録》或另一佚名宋人撰寫的《茶録》。今姑一併録存待考。

建安茶記輯佚

一、壑源，其别有八，沙溪，其一也[一]。（《蘇軾詩集合注》卷一三《和蔣夔寄茶》〔施注〕引吕仲吉《建安茶記》）

二、芽如鷹爪、雀舌者爲上，一槍一旗次之〔二〕。（《蘇軾詩集合注》卷三一《恬然以垂雲新茶見餉報以大龍團仍戲作小詩》〔施注〕引吕仲吉《建安茶録》）

三、建州葉氏多茶山，每歲貢焉〔三〕。（《蘇軾詩集合注》卷二三《岐亭五首》之三〔施注〕引《茶録》）

四、福建貢茶，每若干計綱以進。國朝故事，第一綱團茶至，即分賜近臣〔四〕。（《蘇軾詩集合注》卷三二《新茶送簽判程朝奉以饋其母有詩相謝次韻答之》〔施注〕引《茶録》）

〔校證〕

〔一〕壑源……其一也　方案：壑源、沙溪，建安地名，與北苑相連。壑源，又稱郝源，在北苑之東北；沙溪，在北苑西十里。兩地所産茶品質大相徑庭。黄儒《品茶要録·辨壑源沙溪》曰：『其地相背，中隔一嶺，無數里之遠，然茶産頓殊。……凡壑源之茶售以十，則沙溪之茶售以五。』

〔二〕芽如……次之　方案：鷹爪、雀舌乃指茶芽極細者，形似此二物。爲早春初萌之茶芽，一般品質較好。

〔三〕每歲貢焉　方案：葉氏茶山，參見本編劉异《北苑拾遺録》輯佚第一條和校證〔二〕，又見《大觀茶論》校證〔九四〕及《宣和北苑貢茶録》校證〔三一〕。

〔四〕國朝……分賜近臣　方案：第一綱團茶，指建州進貢的頭綱貢茶。又稱頭綱或頭貢。如真宗時的龍鳳茶，仁宗時的上品龍茶，哲宗時的『密云龍』及徽宗宣和（一一一九—一一二五）年間的白茶與龍團勝雪等。一般而言，春茶貴早，頭綱供進即爲品質最好的極品茶。除奉宗廟和供玉食外，即分賜近臣。北宋中期以前，如歐陽修《歸田録》卷二所載，『因南郊致齋，中書、樞密院各賜一餅，四人分之』。十分貴重。周煇《清波雜志》卷四《密雲龍》也説：『每歲頭綱修貢，賚及臣下無幾，戚里貴近，丐賜尤繁。』北宋中晚期起，賜近臣範圍稍廣，數量漸多。《蘇軾詩集合注》卷三六《七年九月自廣陵召還……汶公乞詩乃復用前韻三首之一》有『待賜頭綱八餅茶』句，句下自注云：『尚書、學士得賜頭綱龍茶一斤〔八餅〕，今年綱到最遲。』《永樂大典》卷一二〇三四引宋・張舜民《丞相寵示白羊御酒之作》詩也云：『逡巡若遇頭綱品，感激方明壯士肝。』（自注：『前宰相在外，歲賜頭綱團茶一斤，白羊酒二壺。』）均爲其證。又，頭綱茶進貢時間有嚴格限制。如熊蕃《宣和北苑貢茶録》稱：『白茶與勝雪，自驚蟄前興役，浹日乃成，飛騎疾馳，不出中春，已至京師，號爲頭綱。』趙汝礪《北苑別録》注引《建安志》亦説：『頭綱用社前三日進發，或稍遲亦不過社後三日。』此爲頭綱貢茶『國朝故事』，即北宋典制的梗概。今詳考如上。

茹芝續茶譜

〔宋〕桑　莊

〔提要〕

《茹芝續茶譜》，宋代茶書。桑莊撰，卷數不詳，已佚。今考桑莊，字公肅，號茹芝。高郵人。建炎（一一二七—一一三〇）年間，攝天台縣主簿。娶妻陸氏，乃陸游堂姐。紹興（一一三一—一一六二）年間，桑莊寓居天台，嘗任西安（治今浙江衢州）縣令，又以承議郎知梧州，終官知柳州。卒於乾道二年（一一六六）以前。南宋初著名詩人曾幾嘗誌其墓曰：『有《茹芝廣鑒》三百卷，藏於家。』實亦飽學之士。次子桑世昌，著《蘭亭博議》，今存。《全宋詩》卷一〇六九據桑世昌《回文類聚》卷三著録有茹芝翁《詠梅》詩二首，即乃父桑莊作品。惜《全宋詩》編者既未能考得作者爲桑莊並立一小傳，反將南宋初人桑莊，繫於北宋神宗時人，誤甚。桑莊《茹芝續譜》之書名，始見於《嘉定赤城志》卷三六。《續譜》乃《續茶譜》的略寫，古人引書常見之例。據上引曾幾撰桑莊《墓誌》著録其《茹芝廣覽》一書之成例，似茹芝二字亦當補入書名作《茹芝續茶譜》爲妥。其書今存佚文也僅保存在《赤城志》中的寥寥十九字：『天台茶有三品：紫凝爲上，魏嶺次之，小溪又次之。』此三者，皆天台地名，或茶以其地而命名之。其所述三種茶，均爲台州寺院茶名品。此後之『紫凝，今普門也……在日鑄之上者也』等凡九十五字，皆南宋末《赤城志》編者之按語。玩其文意，不難識別。

況且，清・陸廷燦《續茶經》引《續茶譜》之文，也僅有：『天台茶有三品，紫凝、魏嶺、小溪是也。』顯然，是對上引《赤城志》引是書佚文的縮略及以意改寫。其後，陸氏也有百餘字的按語，但已與《赤城志》的按語大相徑庭，毫無共同之處。因此，可信的《續茶譜》佚文就只有一十九字。但此又確爲名實相符的一種茶書。是書，當爲仿毛文錫體例而續作的茶書。不幸的是，其書佚文僅片羽吉光，遠少於《茶譜》佚文。

茹芝續茶譜輯佚

天台茶有三品：紫凝爲上〔一〕，魏嶺次之〔二〕，小溪又次之〔三〕。（《嘉定赤城志》卷三六《風土門・土産・茶》注引）

〔校證〕

〔一〕紫凝爲上　方案：修志者在此佚文後又有按語云：『紫凝，今普門也；魏嶺，天封也；小溪，國清也。』今考《赤城志》卷二七《寺觀門一・寺院・禪院》有載：崇法院，在州東二里，舊名紫凝，〔後〕周顯德元年（九五四）建。國朝（宋）天禧元年（一〇一七）改今額，今廢。據此可知，紫凝，乃後周所建寺院名，宋初改名爲崇法院，南宋中期廢寺前，當又名普門禪院。桑莊《續茶譜》或借寺院舊名以命名茶名。又考《赤城志》卷二一載：天台縣西南二十五里無相院則又有紫凝峯。或以地名。

〔二〕魏嶺次之　方案：　此即天封寺之舊名，或寺所在地之嶺名，借指茶名。《嘉定赤城志》卷二八載：　天封寺，在〔天台〕縣北五十里，陳太建七年（五七五）僧智顗建。隋開皇五年（五八五）賜號靈墟道場，五代·后漢乾祐（九四八—九五〇）中改智者院，國朝大中祥符元年（一〇〇八）改壽昌寺，治平元年（一〇六四）改今額。則天封之名，自北宋中期一直延續至南宋中期，可能因其名欠雅，才以舊名或嶺名而名之。但核《赤城志》，不見有魏嶺之山嶺名。或茶以地名。

〔三〕小溪又次之　方案：　如以地名考之，則《赤城志》卷二三云：『小溪，在〔臨海〕縣西二十里，源自清潭溪，東注於江。』又，同書卷二四載：『國清溪，在〔天台〕縣西北一十里，流九里入大溪。』考同卷又曰：『大溪，在縣地南五十步，源出婺州東陽縣，以其受始豐、天台、桐柏之水故名，順流而下，凡一百一十七里至州。』據此，小溪與國清溪了不相關，國清則爲大溪之支流。如果『小溪』乃『大溪』之誤，則可指地名。但無顯證，自不可輕改。況且上所云普門、天封，應爲寺名，這裏所指的國清亦頗有可能指寺名。《赤城志》卷二八載：『國清寺，在縣北一十里，舊名天台。』隋開皇十八年（五九八）爲僧智顗建，大業（六〇五—六一八）中遂改名國清。唐會昌（八四一—八四六）中廢，大中五年（八五一）重建，國朝景德二年改今額〔景德國清寺〕。據康熙《浙江通志》引晏殊《晏公類要》曰：　齊州靈巖、荆州玉泉、潤州棲霞、台州國清，世稱『四絶』。亦即宋初以來即爲天下四大名刹之一。國清寺，隋唐即已聲名鵲起，成爲日本學問僧、留學僧人『朝聖』的聖地。這從日僧圓仁的《入唐巡法行記》及宋神宗時入宋的日僧成尋所撰《參天台五臺山記》中有十分詳盡而真切的描寫。但鮮爲人知的是：　國清寺宋代以來，歷産名茶，成爲宋代茶藝的重鎮，是日本茶道的源頭之一。天台國清禪茶經宋、明間中日僧人的不斷東傳，發展成了日本茶道。如有日本『茶聖』之譽的榮西兩度入宋就曾在國清寺習禪學茶。歸國後把茶種東傳的同時也傳播了茶藝，撰寫了《喫茶養生記》。因此，國清寺在中日茶文化交流史上也是值得大書特書的『聖地』。據上考，這三種名茶均有可能爲寺院茶。

當然，桑莊所説的紫凝、魏嶺、小溪，也很有可能爲地名。因爲《赤城志》卷三六編者按語引《茹芝續茶譜》後又注稱：『今紫凝之外，臨海言延峯山，仙居言白馬山，黄巖言紫高山，寧海言茶山，皆號最珍。而紫高茶山，昔以爲在日鑄之上者也。』據上下文意則桑莊所記的紫凝等三者顯爲天台縣地名。而桑莊乃南宋初人，詳本篇提要所考。《赤城志》乃嘉定十六年（一二二三）始成之書（據陳耆卿序），距桑莊《續茶譜》成書的年代已近百年，其間地名或有變化，或此三地正乃普門、天封、國清所在之地。總之，這三種宋代名茶，既可能以地名，也有可能以寺名。因不復得見桑莊原書，僅據《赤城志》所載史料略考如上，以俟博洽。

北苑修貢録

〔宋〕佚　名

〔提要〕

《北苑修貢録》，宋代茶書。不著撰人，已佚，卷數未詳。是書始見於宋·周煇《清波雜志》卷四：『淳熙間，親黨許仲啓官麻沙，得《北苑修貢録》，序以刊行。』是書，又見於《北苑別録》，作者趙汝礪説：『遂摭書肆所列《修貢録》，曰幾水、曰火幾宿、曰某綱、曰某品若干云者條列之。』是書，似稍晚於熊蕃《貢茶録》；所述當爲乾、淳年間（一一六五—一一八九）貢茶採造之法，上供綱次、品名、數量，爲趙汝礪《北苑別録》之所本。《修貢録》作者未詳，淳熙間刊行麻沙本者爲許開，字仲啓，乾道二年（一一六六）進士，慶元五年（一一九九），由諸王宫大、小學教授除司農丞，次年放罷。開禧元年（一二〇五），在權發遣臨江軍（治今江西清江縣西南臨江鎮）任。嘉定元年（一二〇八），任江東路提點刑獄。三年，降一官。終官中奉大夫。有《志隱類稿》，已佚。今僅從黄庭堅《山谷全集·外集詩注》卷五《次韻感春五首》之五史容注引輯得一條佚文。

北苑修貢録輯佚

茶有小芽，有中芽；小芽者，其小如鷹爪〔一〕。（《山谷全集·外集詩注》卷五《次韻感春五首》之五『茶作鷹爪拳，湯作蟹眼煎』句下，史容注引）

〔校證〕

〔一〕其小如鷹爪　『鷹爪』，對宋代芽茶的雅稱。産於福建建州及江南東西路等地，名品充貢。以其形似而得名。熊蕃《宣和貢茶録》云：『凡茶芽數品，最上曰小芽，如雀舌、鷹爪，以其勁直纖鋭，故號芽茶。』梅堯臣《宛陵集·晏成續太祝遺雙井茶因以爲謝》詩云：『次逢江東許子春，又出鷹爪與露芽。』楊萬里《誠齋集·以六一泉煮雙井茶》：『鷹爪新茶蟹眼湯，松風鳴雪兔毫霜。』均詠鷹爪茶之佳作。小芽、中芽，請參閲《宣和北苑貢茶録》校證。

北苑别録

〔宋〕趙汝礪

〔提要〕

《北苑别録》，宋代茶書。趙汝礪撰，一卷，今存。考宋代史料中出現的趙汝礪至少有五人之多。可以斷言，惟一有可能成爲《别録》作者的趙汝礪，乃宗室成員，見於《宋史》卷二三一《宗室世系表》，考其世次爲：商王元份——允讓——宗晟——仲御——士𠐣——不議——善頤——汝礪。《宋會要輯稿·帝系》六之二二載：紹興二十三年（一一五三）五月四日，應齊安郡王士𠐣男不忡（汝礪叔祖）之請，『見係白身』的曾長孫汝礪『補文資』。又考商王元份之子允讓爲濮安懿王，其十三子即宋英宗，故此房地位頗顯赫。似時『補文資』的趙汝礪年當弱冠。此後二十餘年的淳熙十三年（一一八六），約四十來歲的趙汝礪任福建轉運司主管賬司，在任期間撰《别録》。又十餘年，開禧元年（一二〇五）十月，年近六十的趙汝礪知建昌軍（治今江西南城）。他曾於此期間校刊曾鞏文集。曾鞏《元豐類稿》五十卷外，尚有《續集》四十卷、《外集》十卷，久已散佚。朱熹爲作年譜時，已僅存《别集》六卷，『以爲散佚者五十卷』。『開禧乙丑（元年，一二〇五），建昌守趙汝礪、丞陳東得於其（曾鞏）族孫濰者，校而刊之，因碑傳之舊，定著爲四十卷。』（陳振孫《直齋書録解題》卷一七）這是汝礪知建昌軍時的重要建樹，惜其所校刊的曾鞏《續集》又於明代亡佚。僅於殘本《永樂大典》等載籍中，存其少量佚文。《别録》是書綜述北苑茶焙的地址、方位、名稱，與《東溪試茶録》頗相出入；又記載了貢茶的採製方法和注意事項；還敘述了南宋初上供茶綱的綱次、品名、數量，頗爲可貴，是對《宣和北苑貢茶録》的必要補充。尤可貴者，《開畬》一條，是關於茶園中耕、除草、施肥等管理措施和間作的最早記載。今傳本最早爲明初《説郛》本，四庫本較善且有舊注；汪繼壕校注本增注二千餘字，旁徵博引，刊入《讀畫齋叢書》，尤便讀者。《叢書集成》本即據此本重印，爲通行之本。其最新刊本爲中國書店二〇一一年影印陶本，此外，尚有多種刊本。今以汪氏校注本爲底本，匯校四庫本等諸本，整理成新本。本書原有三種注，分别爲作者趙氏原注，四庫本注作〔按〕，汪注作〔繼壕按〕，分别同《貢茶録》之簡稱。間有己意，則以『方案』形式出之。

北苑别録

建安之東三十里，有山曰鳳凰。其下直北苑〔一〕，旁聯諸焙，厥土赤壤，厥茶惟上上〔二〕。太平興國中，初爲御焙，歲模龍鳳，以羞貢篚，益表珍異。慶曆中，漕臺益重其事，品數日增〔三〕，制度日精。厥今茶自北苑上者，獨冠天下，非人間所可得也。方其春蟲震蟄，千夫雷動，一時之盛，誠爲偉觀〔四〕。故建人謂至建安而不詣北苑，與不至者同。僕因攝事，遂得研究其始末。姑摭其大概，條爲十餘類目，曰《北苑别録》云〔五〕。

御園

九窠、十二隴，〔按〕《建安志·茶隴》註云：九窠、十二隴，即土之凹凸處，凹爲窠，凸爲隴。〔繼壕按〕宋子安《試茶録》：自青山曲折而北，嶺勢屬貫魚，凡十有二，又隈曲如窠巢者九，其地利，爲九窠十二隴。麥窠，〔按〕宋子安《試茶録》作麥園，言其土壤沃並宜麰麥也。與此作『麥窠』異。壤園，〔繼壕按〕《試茶録》雞窠又南曰壤園、麥園。龍遊窠，小苦竹，〔繼壕按〕《試茶録》作小苦竹園，園在鼯鼠窠下。苦竹裏、雞藪窠，〔按〕宋子安《試茶録》：小苦竹園又西至大園絶尾，疏竹蓊翳，多飛雉，故曰雞藪窠。〔繼壕按〕《太平御覽》引《建安記》：雞巖隔澗西與武彝相對，半巖有雞窠四枚，石峭，上不可登履。時有羣雞百飛翔，雄者類鷓鴣。《福建通志》云：崇安縣武彝山大小二藏峯，峯臨澄潭。其半爲雞窠巖，一名金雞洞。雞藪窠未知即在此否？苦竹，〔繼壕按〕《試茶録》：自焙口達源頭五里，地遠而益高，以園多苦竹，故名曰苦竹。以遠居衆山之首，故曰園頭。下苦竹源，當即苦竹園頭。苦竹源〔六〕，鼯鼠窠，〔按〕宋子安《試茶録》：直西定山之隈，土石迴向如窠然〔七〕，泉流積陰之處多飛鼠，故曰鼯鼠窠。教練壠〔八〕，〔繼壕按〕《試茶録》作教練壠，焙南直東，嶺極高峻，曰教練壠，東入張坑，南距苦竹。《説郛》：『煉』，亦作『練』。鳳凰山，〔繼壕按〕《試茶録》：横坑又北出鳳凰山，其勢中跱，如鳳之首；兩山相向，如鳳之翼，因取象焉。曹學佺《輿地名勝志》：甌寧縣鳳凰山，其上有鳳凰泉，一名龍焙泉，又名御泉。宋以來上供茶，取此水濯之。其麓即北苑，蘇東坡《序》略云〔九〕：北苑龍焙山，如翔鳳下飲之狀。山最高處有乘風堂，堂側豎石碣，字大尺許。宋慶曆中，柯適記御茶泉，深僅二尺許，下有暗渠，與山下溪合，泉從渠出，日夜不竭。又龍山與鳳凰山對峙〔一〇〕，宋咸平間，丁謂於茶堂之前引二泉，爲龍、鳳池，其中爲紅雲島。四面植海棠，池旁植柳，旭日始升時，晴光掩映，如紅雲浮於其上。《方輿紀要》：鳳凰山一名茶山。又壑源山在鳳凰山南，山之茶，爲外焙綱，俗名捍火山，又名望州山。《福建通志》：鳳凰山，今在建安縣吉苑里。大小焨〔繼壕按〕《説郛》『焨』作『焊』。《試茶録·壑源》條云：建安郡東望北苑之南山，叢然而秀，高峙數百丈，如郛郭焉。注云：民間所謂捍火山也。『焊』，疑當作『捍』。横坑，〔繼壕按〕《試茶録》：教練壠帶北，岡勢横直，故曰坑。猿遊隴，〔按〕宋子安《試茶録》：鳳凰山東南至於袁雲隴，又南至於張坑，言昔有袁氏、張氏居於此，因名其地焉。與此作猿遊隴異。張坑，〔繼壕按〕《試茶録》：張坑又南最高處曰張坑頭。帶園，〔繼壕按〕《試茶録》：焙東之山，縈紆如帶，故曰帶園，其中曰中歷坑。焙東，中歷，〔按〕宋子安《試茶録》作中歷坑〔一一〕。東際，〔繼壕按〕《試茶録》：袁雲隴之北，絶嶺之表，曰西際，其東爲東際。西際，官平，〔繼壕按〕《試茶録》：袁雲隴之北平下，故曰平園，當即官平。上下官坑，〔繼壕按〕《試茶録》：曾坑又北曰官坑，上園下坑，慶曆中始入北苑。《説郛》：在石碎窠下。石碎窠，〔繼壕按〕徽宗《大觀茶論》作碎石窠。虎膝窠，樓隴，蕉窠，新園，〔夫〕〔大〕樓基〔一二〕，〔按〕《建安志》作『大樓基』。〔繼壕按〕《説郛》作天樓基。阮坑〔一三〕、曾坑，〔繼壕按〕《試茶録》云：又有蘇口焙，與北苑不相屬，昔有蘇氏居之。其園別爲四，其最高處曰曾坑，歲貢有曾坑上品一斤。曾坑，山土淺薄〔一四〕，苗發多紫，復不肥乳，氣味殊薄，今歲貢以苦竹園充之。葉夢得《避暑録話》云：北苑茶，正所産爲曾坑，謂之正焙；非曾坑爲沙溪，謂之外焙。二地相去不遠，而茶種懸絶。沙溪色自過於曾坑，但味短而微澀。識茶者一啜，如別涇渭也。黄際，〔繼壕按〕《試茶録·壑源》條：道南山而東曰穿欄焙，又東曰黄際。馬鞍山，〔繼壕按〕《試茶録》：帶園東又曰馬鞍山。《福建通志》：建寧府建安縣有馬鞍山，在郡東北三里許，一名瑞峯，左爲雞籠山，當即此山。林園，〔繼壕按〕《試茶録》：北苑焙絶東曰林園。和尚園，黄淡窠，〔繼壕按〕《試茶録》：馬鞍山又東曰黄淡窠，謂山多黄淡也。吴彦山，羅漢山，水桑窠，師姑園，〔繼壕按〕《説郛》：在銅場下〔一五〕。銅場，〔繼壕按〕《福建通志》：鳳凰山在東者，曰銅場峯。靈滋，苑馬園〔一六〕，高畬，大窠頭，〔繼壕按〕《試茶録·壑源》條：坑頭至大窠，爲正壑嶺。小山。

右四十六所，方廣袤三十餘里。自官平而上爲内園，官坑而下爲外園〔一七〕。方春靈芽莩坼〔一八〕，〔繼壕按〕《説郛》作萌坼。常先民焙十餘日，如九窠、十二隴、龍遊窠、小苦竹、張坑、西際，又爲禁園之先也。

開焙

驚蟄節萬物始萌，每歲常以前三日開焙，遇閏則反之，〔繼壕按〕《説郛》：「反」，作「後」。以其氣候少遲故也〔一九〕。〔按〕《建安志》：候當驚蟄萬物始萌，漕司常前三日開焙。令春夫噉山以助和氣，遇閏則後二日。〔繼壕按〕《試茶録》：建溪茶比他郡最先，北苑壑源者尤早。歲多暖，則先驚蟄十日即芽；歲多寒，則後驚蟄五日始發。先芽者，氣味俱不佳，唯過驚蟄者，最爲第一。民間常以驚蟄爲候。

採茶

採茶之法，須是侵晨不可見日。侵晨，則夜露未晞，茶芽肥潤；見日，則爲陽氣所薄，使芽之膏腴内耗，至受水而不鮮明。故每日常以五更撾鼓，集羣夫於鳳凰山〔二〇〕。山有打鼓亭。監採官人給一牌入山〔二一〕，至辰刻，則復鳴鑼以聚之，恐其逾時，貪多務得也。大抵採茶亦須習熟，募夫之際，必擇土著及諳曉之人〔二二〕。非特識茶發早晚所在〔二三〕，而於採摘亦知其指要。蓋以指而不以甲，則多温而易損；以甲而不以指，則速斷而不柔。從舊説也。故採夫欲其習熟〔二四〕，政爲是耳。採夫日役二百二十五人。〔繼壕按〕《説郛》作二百二十二人〔二五〕。徽宗《大觀茶論》：擷茶以黎明，見日則止。用爪斷芽，不以指揉，慮氣汗熏漬，茶不鮮潔。故茶工多以新汲水自隨，得芽則投諸水。《試茶録》：民間常以春陰爲採茶得時，日出而採，則芽葉易損，建人謂之採摘不鮮。是也。

揀茶〔二六〕

茶有小芽，有中芽，有紫芽，有白合，有烏蔕，此不可不辨。小芽者，其小如鷹爪。初造龍團勝雪〔二七〕、白茶，以其芽先次蒸熟，置之水盆中，剔取其精英，僅如針小，謂之水芽，是芽中之最精者也。中芽，古謂〔之〕〔繼壕按〕《説郛》有『之』字。一鎗一旗是也〔二八〕；紫芽，葉之〔繼壕按〕原本作『以』，據《説郛》改。紫者是也；白合，乃小芽有兩葉抱而生者是也；烏蔕，茶之蔕頭是也。凡茶，以水芽爲上，小芽次之，中芽又次之；紫芽、白合、烏蔕，皆在所不取。〔繼壕按〕《大觀茶論》：茶之始芽萌，則有白合；既擷，則有烏蔕。白合不去，害茶味；烏蔕不去，害茶色。原本脱『不』字，據《説郛》補〔二九〕。使其擇焉而精，則茶之色味無不佳。萬一雜之以所不取，則首面不匀〔三〇〕，色濁而味重也。〔繼壕按〕《西溪叢語》：建州龍焙有一泉，極清澹，謂之御泉。用其池水造茶，不壞茶味〔三一〕。惟龍團勝雪、白茶二種，謂之水芽。先蒸後揀，每一芽先去外兩小葉，謂之烏蔕；又次去兩嫩葉，謂之白合，留小心芽，置於水中，呼爲水芽。聚之稍多，即研焙爲二品，即龍團勝雪、白茶也。茶之極精好者，無出於此。每銙計工價近三十千。其他茶雖好，皆先揀而後蒸研，其味次第減也〔三二〕。

蒸茶

茶芽再四洗滌，取令潔淨，然後入甑，俟湯沸蒸之〔三三〕。然蒸有過熟之患，有不熟之患。過熟，則色黄而味淡；不熟，則色青易沈而有草木之氣。唯在得中之爲當也〔三四〕。

榨茶

茶既熟，謂茶黃。須淋洗數過，欲其冷也。方入小榨，以去其水；又入大榨，出其膏。水芽以馬榨壓之〔三五〕，以其芽嫩故也。〔繼壕按〕《説郛》「馬」作「高」。先是包以布帛，束以竹皮，然後入大榨壓之。至中夜，取出揉匀，復如前入榨，謂之翻榨。徹曉奮擊，必至於乾淨而後已。蓋建茶味遠而力厚〔三六〕，非江茶之比。江茶畏流其膏〔三七〕，建茶惟恐其膏之不盡，膏不盡，則色味重濁矣。

研茶

研茶之具，以柯爲杵，以瓦爲盆。分團酌水，亦皆有數。上而勝雪、白茶，以十六水；下而揀芽之水六，小龍鳳四，大龍鳳二，其餘皆以十二焉〔三八〕。自十二水以上〔三九〕，日研一團；自六水而下，日研三團至七團。每水研之，必至於水乾茶熟而後已。水不乾，則茶不熟；茶不熟，則首面不匀，煎試易沈，故研夫猶貴於强而有力者也〔四〇〕。嘗謂天下之理，未有不相須而成者。有北苑之芽，而後有龍井之水，龍井之水，其深不以丈尺〔四一〕。〔繼壕按〕文有脱誤，《説郛》無此六字，亦誤。柯適記御茶泉云：深僅二尺許。清而且甘〔四二〕，晝夜酌之而不竭〔四三〕。凡茶，自北苑上者皆資焉，亦猶錦之於蜀江，膠之於阿井。詎不信然！

造茶

造茶，舊分四局，匠者起好勝之心，彼此相誇，不能無弊，遂併而爲二焉〔四四〕。故茶堂有東局、西局之名，茶銙有東作、西作之號。凡茶之初出研盆，盪之欲其匀，揉之欲其膩〔四五〕，然後入圈製銙〔四六〕，隨笪過黄。有方銙〔四七〕、有花銙、有大龍、有小龍，品色不同，其名亦異，故隨綱繫之於貢茶云〔四八〕。

過黄

茶之過黄，初入烈火焙之，次過沸湯爁之〔四九〕，凡如是者三。而後宿一火，至翌日，遂過煙焙焉。然煙焙之火不欲烈〔五〇〕，烈則面炮而色黑；又不欲煙，煙則香盡而味焦，但取其温温而已。凡火數之多寡，皆視其銙之厚薄。銙之厚者，有十火至於十五火；銙之薄者，亦〔繼壕按〕《説郛》無『亦』字。七火至於十火〔五一〕。火數既足，然後過湯上出色，出色之後，當置之密室，急以扇扇之，則色〔澤〕自然光瑩矣〔五二〕。

綱次

〔繼壕按〕《西溪叢語》云：　茶有十綱，第一、第二綱太嫩，第三綱最妙，自六綱至十綱，小團至大團而止。第一名曰試新，第二名曰貢新，第三名有十六色，第四名有十二色，第五名有十二色，已下五綱，皆大小團也云云。其所記品目，與《録》同，唯《録》載細色、麤色共十二綱，而寛云十綱。又云第一名試新，第二名貢新。又細色第五綱十二色内，有先春一色，而無興國巖揀芽，並與《録》異。疑寛所據者宣和時《修貢録》，而此則本於淳熙間《修貢録》也〔五三〕。《清波雜志》云：　淳熙間，親黨許仲啓官麻沙，得《北苑修貢録》，序以刊行。其間載歲貢十有二綱，凡三等四十一名。第一綱曰龍焙貢新，止五十餘(夸)〔銙〕，貴重如此，正與《録》合。曾敏行《獨醒雜志》云：　北苑産茶，今歲貢三等十有二綱，四萬八千餘銙。《事文類聚·續集》云：　宣政間，鄭可簡以貢茶進用，久領漕計，創添續入，其數浸廣，今猶因之。

細色第一綱〔五四〕

龍焙貢新：水芽，十二水，十宿火。正貢三十銙，創添二十銙。〔按〕《建安志》云：頭綱用社前三日進發，或稍遲，亦不過社後三日。第二綱以後只火候數足發，多不過十日。麤色雖於五旬内製畢，却候細綱貢絶，以次進發。第一綱拜，其餘不拜，謂非享上之物也。

細色第二綱〔五五〕

龍焙試新：水芽，十二水，十宿火。正貢一百銙，創添五十銙。〔按〕《建安志》云：數有正貢，有添貢，有續添。正貢之外，皆起於鄭可簡爲漕日增。

細色第三綱

龍團勝雪〔五六〕：〔按〕《建安志》云：龍團勝雪用十六水，十二宿火；白茶用十六水，七宿火。勝雪係驚蟄後採造，茶葉稍壯，故耐火。白茶無焙壅之力，茶葉如紙，故火候止七宿水。取其多，則研夫力勝而色白；至火力，則但取其適，然後不損真味。水芽，十六水，十二宿火〔五七〕。正貢三十銙，續添三十銙，創添六十銙。〔繼壕按〕《説郛》作續添二十銙，創添二十銙〔五八〕。白茶：水芽，十六水，七宿火〔五九〕。正貢三十銙，續添五十銙〔六〇〕，〔繼壕按〕《説郛》作五十銙。創添八十銙。御苑玉芽：〔按〕《建安志》云：自御苑玉芽下，凡十四品，係細色第三綱。其製之也，皆以十二水。唯玉芽、龍芽二色，火候止八宿。蓋二色茶日數，比諸茶差早，不敢多用火力〔六一〕。小芽，〔繼壕按〕據《建安志》，小芽當作水芽，詳細色五綱條註。十二水，八宿火。正貢一百片。萬壽龍芽：小芽，十二水，八宿火。正貢一百片。上林第一：〔按〕《建安志》云：雪英以下六品，火用七宿，則是茶力既强，不必火候太多。自上林第一至啓沃承恩凡六品，日子之製同，故量日力以用火力。大抵欲其適當，不論採摘日子之淺深，而水皆十二。研工多，則茶色白故耳。小芽，十二水，十宿火。正貢一百銙。乙夜清供〔六二〕：小芽，十二水，十宿火。正貢一百銙。承平雅玩：小芽，十二水，十宿火。正貢一百銙。龍鳳英華：小芽，十二水，十宿火。正貢一百銙。玉除清賞：小芽，十二水，十宿火。正貢一百銙〔六三〕。啓沃承恩：小芽，十二水，十宿火。正貢一百銙。雪英：小芽，十二水，七宿火。正貢一百片。雲葉：小芽，十二水，七宿火。正貢一百片。蜀葵：小芽，十二水，七宿火。正貢一百片。金錢：小芽，十二水，七宿火。正貢一百片。玉華〔六四〕：小芽，十二水，七宿火。正貢一百片。寸金：小芽，十二水，九宿火。正貢一百銙〔六五〕。

細色第四綱

龍團勝雪：已見前。正貢一百五十銙。無比壽芽：小芽，十二水，十五宿火。正貢五十銙，創添五十銙。萬春銀葉〔六六〕：〔繼壕按〕《説郛》『芽』作『葉』。《西谿叢語》作萬春銀葉。小芽，十二水，十宿火。正貢四十片，創添六十片。宜年寶玉：小芽，十二水，十二宿火。〔繼壕按〕《説郛》作十宿火。正貢四十片，創添六十片。玉清慶云：小芽，十二水，九宿火。〔繼壕按〕《説郛》作十五宿火。正貢四十片，創添六十片。無疆壽龍〔六七〕：小芽，十二水，十五宿火。正貢四十片，創添六十片。玉葉長春：小芽，十二水，七宿火。正貢一百片。瑞雲翔龍：小芽，十二水，九宿火。正貢一百八片。長壽玉圭：小芽，十二水，九宿火。正貢二百片。興國巖銙：巖屬南劍州〔六八〕，頃遭兵火廢，今以北苑芽代之。中芽，十二水，十宿火。正貢二百七十銙〔六九〕。香口焙銙：中芽，十二水，十宿火。正貢五百銙〔七〇〕。〔繼壕按〕《説郛》作五十銙。上品揀芽：小芽，十二水，十宿火。正貢一百片。新收揀芽：中芽，十二水，十宿火。正貢六百片。

細色第五綱

太平嘉瑞：小芽，十二水，九宿火。正貢三百片。龍苑報春：小芽，十二水，九宿火。正貢六百片〔七一〕，〔繼壕按〕《説郛》作六十片，蓋誤。創添六十片。南山應瑞：小芽，十二水，十五宿火。正貢六十銙〔七二〕，創添六十銙。興國巖揀芽〔七三〕：中芽，十二水，十宿火〔七四〕。正貢五百一十片〔七五〕。興國巖小龍：中芽，十二水，十五宿火。正貢七百五十片〔七六〕。〔繼壕按〕《説郛》作七百五片，蓋誤。興國巖小鳳：中芽，十二水，十五宿火。正貢五十片。

先春兩色〔七七〕

太平嘉瑞：已見前。正貢二百片〔七八〕。長壽玉圭：已見前。正貢一百片〔七九〕。

續入額四色

御苑玉芽：已見前。正貢一百片。萬壽龍芽：已見前。正貢一百片。無比壽芽：已見前。正貢一百片。瑞雲翔龍：已見前。正貢一百片。

麤色第一綱

正貢：不入腦子上品揀芽小龍一千二百片，〔按〕《建安志》云：入腦茶，水須差多；研工勝則香味與茶相入。

不入腦茶，水須差省，以其色不必白，但欲火候深，則茶味出耳。六水，十宿火〔八〇〕。入腦子小龍七百片，四水，十五宿火。增添：不入腦子上品揀芽小龍一千二百片，入腦子小龍七百片。建寧府附發：小龍茶八百四十片〔八一〕。

麤色第二綱

正貢：不入腦子上品揀芽〔八二〕小龍六百四十片，入腦子小龍六百七十二片〔八三〕。〔繼壕按〕《説郛》『二』作『七』。入腦子小鳳：一千三百四十四片，〔繼壕按〕《説郛》無下『四』字。四水，十五宿火。入腦子大龍：七百二十片，二水，十五宿火。入腦子大鳳：七百二十片，二水，十五宿火。增添：不入腦子上品揀芽小龍一千二百片，入腦子小龍七百片。建寧府附發：小鳳茶一千二百片〔八四〕。〔繼壕按〕《説郛》『二』作『三』。

麤色第三綱

正貢：不入腦子上品揀芽小龍六百四十片，入腦子小龍六百四十四片〔八五〕，〔繼壕按〕《説郛》無下『四』字。入腦子小鳳六百七十二片〔八六〕，入腦子大龍一千八片〔八七〕，〔繼壕按〕《説郛》作一千八百片。入腦子大鳳一千八片〔八八〕。增添：不入腦子上品揀芽小龍一千二百片，入腦子小龍七百片。建寧府附發：大龍茶四百片，大鳳茶四百片。

麤色第四綱

正貢：不入腦子上品揀芽小龍六百片，入腦子小龍三百三十六片，入腦子小鳳三百三十六片，入腦子大龍一千二百四十片，入腦子大鳳一千二百四十片。建寧府附發：大龍茶四百片，大鳳茶四百片。〔繼壕按〕

《説郛》作四十片，疑誤。

麤色第五綱

正貢：入腦子大龍一千三百六十八片〔八九〕，入腦子大鳳一千三百六十八片；京鋌改造大龍一千六片〔九〇〕。〔繼壕按〕《説郛》作一千六百片。建寧府附發：大龍茶八百片，大鳳茶八百片。

麤色第六綱

正貢：入腦子大龍一千三百六十片，入腦子大鳳一千三百六十片；京鋌改造大龍一千六百片。建寧府附發：大龍茶八百片，大鳳茶八百片〔九一〕；京鋌改造大龍一千三百片〔九二〕。〔繼壕按〕《説郛》『三』作『二』。

麤色第七綱

正貢：入腦子大龍一千二百四十片，入腦子大鳳一千二百四十片；京鋌改造大龍二千三百五十二片。〔繼壕按〕《説郛》作二千三百二十片。建寧府附發：大龍茶二百四十片，大鳳茶二百四十片；京鋌改造大龍四百八十片。

細色五綱：〔按建安志〕云：細色五綱凡四十三品，形式各異。其間：貢新、試新、龍團勝雪、白茶、御苑玉芽此五品中，水揀第一，生揀次之。貢新爲最上〔九三〕，後開焙十日入貢〔九四〕。龍團勝雪爲最精，而建人有直四萬錢之語。夫茶之入貢，圈以箬葉〔九五〕，内以黄斗〔九六〕，盛以花箱，護以重篚，扃以銀鑰〔九七〕；花箱内外，又有黄羅冪之〔九八〕，可謂什襲之珍矣〔九九〕。〔繼壕按〕周密《乾淳歲時記》：仲春上旬，福建漕司進第一綱茶，名北苑試新。方寸小銙，進御止百銙。護以黄羅軟盝，藉以青蒻，裹以黄羅夾複，臣封朱印，外用朱漆小匣、鍍金鎖，又以細竹絲織笈貯之，凡數重。此乃雀舌水芽，所造一銙之直四十萬，僅可供數甌之啜爾。或以一二賜外邸，則以生線分解，轉遺好事，以爲奇玩。

麤色七綱：〔按〕《建安志》云：麤色七綱凡五品，大小龍鳳并揀芽，悉入腦和膏爲團，共四萬餅，即雨前茶。閩中地暖，穀雨前，茶已老而味重。揀芽以四十餅爲角，小龍鳳以二十餅爲角，大龍鳳以八餅爲角。圈以箬葉，束以紅縷，包以紅楮〔一〇〇〕，〔繼壕按〕《説郛》楮作紙。緘以蒨綾〔一〇一〕，惟揀芽俱以黄焉〔一〇二〕。

開畬

草木至夏益盛，故欲導生長之氣〔一〇三〕，以滲雨露之澤〔一〇四〕。每歲六月興工〔一〇五〕，虚其本，培其土〔一〇六〕，滋蔓之草，遏鬱之木，悉用除之。政所以導生長之氣而滲雨露之澤也〔一〇七〕，此之謂『開畬』。〔按〕《建安志》云：開畬，茶園惡草，每遇夏日最烈時，用衆鋤治，殺去草根，以糞茶根，名曰開畬。若私家開畬，即夏半、初秋各用工一次，故私園最茂，但地不及焙之勝耳。惟桐木則留焉，桐木之性，與茶相宜。而又茶至冬則畏寒〔一〇八〕，桐木望秋而先落；茶至夏而畏日，桐木至春而漸茂。理亦然也。

外焙

石門、乳吉、〔繼壕按〕《試茶録》載丁氏《舊録》：東山之焙十四，有乳橘内焙、乳橘外焙，此作乳吉，疑誤。香口〔一〇九〕，右三焙，常後北苑五七日興工，每日採茶，蒸榨以過黄〔一一〇〕，悉送北苑併造〔一一一〕。

趙汝礪跋

舍人熊公，博古洽聞，嘗於經史之暇，輯其先君所著《北苑貢茶録》，鋟諸木以垂後。漕使、侍講王公得其書而悦之〔一一二〕，將命摹勒，以廣其傳。汝礪白之公曰：「是書紀貢事之源委與制作之更沿，固要且備矣。惟水數有贏宿，火候有淹亟，綱次有後先，品色有多寡，亦不可以或闕。」公曰：「然。」遂摭書肆所刊《修貢録》，曰幾水，曰火幾宿，曰某綱，曰某品若干云者，條列之。又以所採擇、製造諸説，併麗於編末，目曰《北苑別録》。俾開卷之頃，盡知其詳，亦不爲無補。淳熙丙午孟夏望日，門生、從政郎、福建路轉運司主管帳司趙汝礪敬書。

〔清〕汪繼壕跋

熊蕃《北苑貢茶録》、趙汝礪《北苑別録》，陶宗儀《説郛》曾載之，而於《別録》題曰宋無名氏。前家君從閔漁仲太史處得四庫書寫本，《貢茶録》則有圖有注，《別録》則有汝礪後序，遠勝陶本。然《説郛》於《貢茶録》雖僅存圖目，而諸目之下皆注分寸，又寫本所無。《別録》麤色第六綱内之大鳳茶、小鳳茶二條，寫本亦失去。其餘字句異同，多可是正。因取二本互勘，更取他書之徵引二録，及記北苑可與二録相發明者，並注於下。

四庫書舊有按語，續注皆稱名以別之，庶覽是書者，得以正其譌謬云爾。嘉慶庚申仲冬，蕭山汪繼壕識於環碧山房。

〔校證〕

〔一〕其下直北苑　喻甲本『直』下有『通』字，似明本臆加。

〔二〕厥茶惟上上　四庫本奪一重字『上』。

〔三〕品數日增　『數』，喻甲本作『目』，形譌。

〔四〕誠爲偉觀　『偉』，《説郛》宛本、《續茶經》作『大』，喻甲本譌作『韙』。

〔五〕條爲十餘類目，曰《北苑別録》云　四庫本『目』下有『之』字；　如將『目』字下讀，作『目之曰《北苑別録》』，兩通之。

〔六〕苦竹源　《説郛》涵本作『苦竹園』。

〔七〕土石迴向如窠然　『迴』，汪注原誤引作『迴』，形譌。據《東溪試茶録》改，原作『廻』，同『迴』、『回』，即環繞之意，文意豁然。

〔八〕教練壠　『練』，底本原誤作『煉』，據《説郛》二本、喻甲本、四庫本、《續茶經》及《東溪試茶録》改。

〔九〕蘇東坡序略云　方案：　此乃蘇軾《鳳咮石硯銘·序》中之語。

〔一〇〕又龍山與鳳凰山對峙　『鳳凰』，原作『鳳皇』，據四庫本改。下凡『皇』，均徑改作『凰』，不出校。

〔一一〕中歷按宋子安試茶録作中歷坑　方案：　趙汝礪此條作『中歷』，極是。四庫本注誤衍一『坑』字。今核《東溪試茶録》云：『焙東之山，縈紆如帶，故曰帶園。其中曰中歷，坑東又曰馬鞍山。』汪注在『帶園」條引《試茶録》文時已誤將「坑」字上讀，遂致衍字而誤注於下條中歷。此「坑」字，蒙《試茶録》上文乃「張坑」之「坑」，其意甚明。

〔一二〕大樓基　底本原作「夫樓基」，《説郛》涵本亦作「大樓基」，與四庫本注引《建安志》同，當是，「夫」乃「大」之形譌，今據改。

〔一三〕阮坑　《説郛》宛本、喻甲本、《續茶經》皆作「院坑」。

〔一四〕山土淺薄　核《試茶録》作「山淺土薄」，是。

〔一五〕吴彦山……銅場下　「師姑園」之「姑」，《説郛》宛本、《續茶經》形譌作「如」。是條，《説郛》二本、喻甲本，皆在「銅場」條下。疑錯簡。

〔一六〕苑馬園　底本原誤作「範馬園」，形近而譌，據《説郛》二本、喻甲本、《續茶經》改。

〔一七〕右四十六所……官坑而下爲外園　方案：明・何喬遠《閩書》卷一三云：「鳳凰山旁曰壑源山、曰沙溪，皆産茶之地。官焙三十有二，小焙十有四。内園三十六所，外園三十八。内園以上供，外園以備賜予，而壑源爲冠。」四十六焙合趙氏《别録》之説，内、外園之數及其上供茶之區分可補《别録》之闕。疑何氏據《建安志》之類方志撮述。

〔一八〕方春靈芽莩坼　「莩拆」，《方輿勝覽》卷一一作「敷拆」，「拆」同「坼」，可换用。但喻甲本卻形譌作「莩折」，應作「莩坼」。

〔一九〕以其氣候少遲故也　「少」，喻甲本無此字，疑脱。

〔二〇〕集羣夫於鳳凰山　『集羣夫』，喻甲本作『羣集採夫』，義稍勝。『於』，底本誤作『子』，顯爲『于』之形譌，據改。

〔二一〕監採官人給一牌入山　喻甲本『採』作『茶』，兩通之。

〔二二〕必擇土著及諳曉之人　『諳』，喻甲本作『通』。

〔二三〕非特識茶發早晚所在　『發』，底本原奪，據《説郛》二本、喻甲本、四庫本補。

〔二四〕故採夫欲其習熟　『習熟』，《説郛》涵本作『熟習』。

〔二五〕説郛作二百二十二人　方案：《説郛》涵本作『二百二十五人』，同底本及四庫本等，疑汪注引《説郛》宛本刊誤。

〔二六〕揀茶　喻甲本涉上而誤作『採茶』。

〔二七〕初造龍團勝雪　『團』，原誤作『園』，據《説郛》二本、喻甲本改，下徑改，不出校。

〔二八〕古謂之一鎗一旗是也　『之』，底本脱，據《説郛》二本、喻甲本補。

〔二九〕白合不去……補　方案：『不』字原奪，汪注引《大觀茶論》之説補，極是。惟四庫本、《説郛》二本、喻甲本皆有『不』字，底本刊行時偶脱耳。

〔三〇〕則首面不匀　『匀』，《説郛》涵本作『均』。作『匀』義長。

〔三一〕不壞茶味　『不』，底本汪注原誤引作『即』，據四庫本《西谿叢語》改。

〔三二〕建州龍焙……次第減也　方案：核孔凡禮先生點校本《西谿叢語》卷上頁五三（中華書局，一九九三年版)兩度將『龍(園)〔團〕勝雪、白茶』,誤點爲『龍園勝、雪白茶』,又失校『園』乃『團』之譌。此外,還失校一處,原本『白合』乃『白合』之誤,四庫本正作『白合』。孔氏既已據四庫本改『即』爲『不』,不知何以此又失校。另,『胯』,乃『銙』之誤,亦未出校。其實,此段文字及其下『茶有十綱』一節,皆可據《北苑别録》校改。其下一節誤點、失校更多達十餘處,幾不可卒讀。參本書校證〔五三〕。

〔三三〕俟湯沸蒸之　『俟』,《説郛》涵本作『候』。

〔三四〕唯在得中之爲當也　『之』,《説郛》二本無;『也』,《説郛》宛本無。

〔三五〕水芽以馬榨壓之　『馬榨』,喻甲本同底本,《説郛》二本、四庫本作『高榨』。

〔三六〕蓋建茶味遠而力厚　《説郛》宛本『建茶』下有『之』字,疑衍。

〔三七〕江茶畏流其膏　『畏流』,《説郛》二本作『畏沈』,疑形譌。黄儒《品茶要録》也作『畏流其膏』,是。

〔三八〕其餘皆以十二焉　『以十二』,《説郛》二本皆作『一十二』,似義勝,但喻甲本同底本,亦作『以十二』,兩通之。

〔三九〕自十二水以上　『以』,《説郛》涵本、喻甲本作『而』。

〔四〇〕研夫猶貴於强而有力者也　『猶』,同右引作『尤』,義勝,似應據改。『而』字,同右引無。『有』下,《説郛》涵本有『手』字,作『有手力者』。

〔四一〕龍井之水其深不以丈尺　此重四字『龍井之水』,原脱。故汪注以爲『文有脱誤』,據《説郛》宛本、喻甲本補此四字,則文從字順。又,喻甲本『不』下有『能』字,似『丈尺』下仍脱『計』字,『不以丈尺計』,

亦猶言其淺，與汪注所引柯適《記》文「深僅二尺」，並無抵牾。

〔四二〕清而且甘　《説郛》涵本「清」上有「則」字。

〔四三〕晝夜酌之而不竭　「竭」，《説郛》涵本誤作「渴」。

〔四四〕遂併而爲二焉　「併」，喻甲本作「分」。

〔四五〕揉之欲其膩　「揉」，《説郛》宛本誤作「操」。

〔四六〕然後入圈製銙　「圈」，同右引誤作「園」。

〔四七〕有方銙　「方」下，《説郛》宛本、喻甲本誤衍一「故」字，乃其左行「故」字之錯簡。

〔四八〕故隨綱繫之於貢茶云　「故」字，同右引錯簡誤竄入右行。

〔四九〕次過沸湯爁之　「爁」，喻甲本作「焙」，涉上而譌。

〔五〇〕遂過煙焙焉然……欲烈　「煙焙焉然」四字，《説郛》宛本誤奪。

〔五一〕七火至於十火　原誤作「八火至於六火」，喻甲本作「七八火至於六火」，《説郛》涵本作「七八九火至於十火」。方案：《説郛》涵本乃據下條《綱次》火數統計，銙之薄者凡七、八、九、十火四種，無「六火」，故以《説郛》之説爲是，可據改。或可改作「七火至於十火」，與上文「銙之厚者，有十火至於十五火」成對文，上下文意乃豁然貫通，據改。

〔五二〕則色澤自然光瑩矣　「澤」，底本誤奪，據《説郛》二本、喻甲本、四庫本補。

〔五三〕疑寛所據者宣和時修貢録而此則本於淳熙間修貢録也　方案：汪注此疑甚是。今考姚寛（一一〇五—一一六二）卒於紹興三十二年，自不及見淳熙（一一七四—一一八九）中《修貢録》也。然令人費解的是：《西谿叢語》卷上《北苑茶・茶有十綱》與《北苑别録・綱次》細色茶五綱之品目對校後發現，兩者除《别録》細色第四綱多一『龍團勝雪』外，幾全相同。所異者，多由《西谿叢語》文本舛亂、奪誤而然，惜點校者未能取《别録》校訂，遂致幾不能卒讀，乃至汪注疑出於二書。今併校證如下：如果不是後人改竄姚寬原書的話（這種可能極小），則淳熙《修貢録》與宣和《修貢録》並無實質性不同，尤其細色五綱，幾全相同；惟粗色一作『五綱』，一作『七綱』耳。疑淳熙《修貢録》不過增粗色二綱而已。據熊克《宣和貢茶録》跋稱：宣和時，『凡有四十餘色』（方案：實四十一色）。紹興戊寅（二十八年，一一五八）熊克攝事北苑時，『所貢皆仍舊，其先後而已』。可證北宋末、南宋初貢茶色目無甚大變化。又此《録》肯定成書於淳熙十三年（丙午，一一八六）年前，這從趙汝礪《别録》跋文中可知。汪注所謂『第一名試新，第二名貢新』與《别録》異者，極可能乃《西谿叢語》之譌倒，似應互乙。因爲《宣和貢茶録》同《别録》，亦貢新第一，試新第二。汪注所謂『細色第五綱十二色内有先春一色，而無興國巖揀芽，並與《録》異』云云，實亦不無小誤，此異當乃《西谿叢語》卷上文字奪誤所導致。其點校本頁五四『興國巖』下誤奪『揀芽又』三字，應標作『興國巖揀芽、又小龍、又小鳳』，這兩『又』字爲『興國巖』之省代，行文不規範而其意可明。另外，其下文之『續入額』下誤奪『四色』二字，應標點爲『續入額〔四色〕：』，點校者標作頓號，實大誤。這樣一來，『續入額』也成了一種茶名。『先春』下誤奪『兩色』二字，應點作『先春〔兩色〕：太平嘉瑞、長壽玉圭』方是，點校者卻標作『先春太平嘉瑞』，遂至不可卒讀，又不符姚寬『第五〔綱〕次有十二色』。今將是條據《貢茶録》及《別録》兩書校補並重録如下：『第五〔綱〕次有十二色：太平嘉瑞、龍苑報春、南山應瑞、興國巖〔揀芽〕、興國巖（原書作「又」，下同）小龍、興國巖小鳳，續入額〔四色〕：御苑玉芽、萬壽龍芽、無比壽芽、瑞雲翔龍（方案：「雲」原誤作「雪」）、先春〔兩色〕：太平嘉瑞、長壽玉圭。』《別録》則又『先春兩色』在前，『續入額四色』在後，次序不同。由汪注之小誤，得以訂正點校本之大誤。

〔五四〕細色第一綱　『色』，四庫本作『茶』。

〔五五〕細色第二綱　『色』，四庫本亦誤作『茶』。

〔五六〕龍團勝雪　『團』，原作『園』，據《説郛》二本、喻甲本改。

〔五七〕十二宿火　『十二』，喻甲本涉上而誤作『十六』。方案：火數多至十五，無十六火者，必誤。

〔五八〕續添三十銙創添六十銙繼壕按説郛作續添二十銙創添二十銙　方案：汪注所謂《説郛》作『續添二十銙，創添二十銙』者，宛本也；涵本及喻甲本、《續茶經》並作『續添二十銙，創添六十銙』，疑是，應從。

〔五九〕七宿火　喻甲本『七』作『十』，未審孰是。

〔六〇〕續添五十銙　『五十』，底本譌倒作『十五』，據《説郛》二本、喻甲本改。

〔六一〕不敢多用火力　『敢』，原形譌作『取』，據四庫本改。

〔六二〕乙夜清供　四庫本作『乙夜供清』。

〔六三〕玉除清賞……一百銙　是條喻甲本誤奪。

〔六四〕玉華　原誤作『玉葉』，據《説郛》涵本、《宣和北苑貢茶録》及《西谿叢語》卷上改。

〔六五〕正貢一百銙　『銙』，喻甲本作『片』。

〔六六〕萬春銀葉　底本原誤作『萬壽銀芽』，據四庫本、喻甲本，熊蕃《貢茶録》、姚寬《西谿叢語》卷上改。《説郛》涵本誤『葉』作『芽』，宛本又誤作『萬壽銀葉』。

〔六七〕無疆壽龍　喻甲本誤奪『無』字。

〔六八〕巖屬南劍州　『劍』字原脱，誤作『南州』，據四庫本補。

〔六九〕正貢二百七十銙　『二』，《説郛》宛本、《續茶經》作『一』。

〔七〇〕正貢五百銙　方案：『五百』，《説郛》宛本、《續茶經》皆作『五十』。

〔七一〕正貢六百片　《説郛》二本、喻甲本『六百』皆作『六十』。汪注僅據《説郛》涵本斷言『六十』爲誤，未審何據，此只能出異同校，尚無法作是非判斷。

〔七二〕正貢六十銙　『銙』，《説郛》涵本作『片』，似誤。

〔七三〕興國巖揀芽　『芽』，《説郛》二本作『茶』，誤。

〔七四〕十宿火　《説郛》涵本作『十五宿火』，疑是。

〔七五〕正貢五百一十片　『五』，喻甲本作『三』。

〔七六〕正貢七百五十片　『七百五十』，喻甲本作『七十五』；四庫本又誤『片』作『斤』。

〔七七〕先春兩色　『兩』，《説郛》宛本形譌作『雨』。

〔七八〕正貢二百片　『二』，《説郛》涵本作『一』。

〔七九〕正貢一百片　『一百』，《説郛》涵本作『二百』。

〔八〇〕十宿火　原誤作『十六火』，據《説郛》宛本、喻甲本、四庫本改。惟《説郛》涵本作『十六宿火』。但本書《過黄》已稱『銙之厚者，有十火至於十五火』，各色茶中未見有『十六宿火』者，必誤；如是脱『宿』字，則應作『十五宿火』。同時脱、誤則極罕見，然亦無法排除這種可能。

〔八一〕小龍茶八百四十片　『片』，四庫本作『斤』，據上下文皆作『片』，四庫本似誤。

〔八二〕正貢……揀芽　『揀芽』，喻甲本誤作『林牙』。

〔八三〕入腦子小龍六百七十二片　底本原誤『七』爲『四』，據《説郛》二本、喻甲本、四庫本改。必涉下『小鳳一千三百四十四片』之『四十』而誤，小鳳貢數乃小龍茶之倍，故必爲『七』。汪注稱宛本『二』作『七』，未審何據，實誤；此條宛本正作『六百七十二』。下條汪注雖出異同校，卻又未能作是非判斷，下『四』字實誤奪。這二條汪注均可删，前者誤注，後者未作是非校。

〔八四〕小鳳茶一千二百片　《説郛》涵本作『大龍茶四百片，大鳳茶四百片』，或别有所據，差不同。『二』，《説郛》涵本、喻甲本、《續茶經》皆作『三』。

〔八五〕入腦子小龍六百四十四片　《説郛》宛本、喻甲本作六百四十片，但《説郛》涵本作六百七十二片。底本似誤，《説郛》二本則必有一誤，未可遽斷，似涵本義勝。

〔八六〕入腦子小鳳六百七十二片　『二』，喻甲本作『三』，似誤。

〔八七〕入腦子大龍一千八片　《説郛》二本、喻甲本均作『一千八百片』。

〔八八〕入腦子大鳳一千八片　《説郛》涵本、《續茶經》作『一千八百片』。

〔八九〕入腦子大龍一千三百六十八片　喻甲本譌『三』作『二』。

〔九〇〕京鋌改造大龍一千六片　『六』下疑脱『百』字，似應據《説郛》二本、喻甲本補。

〔九一〕大鳳茶八百片　其下，四庫本有『建寧府附發』五字，疑底本因重複删去；作如此標點，似可删此五字而不致誤解。

〔九二〕京鋌改造大龍一千三百片　『三』，《説郛》二本、喻甲本作『二』。

〔九三〕貢新爲最上　四庫本誤『上』作『止』，形譌。

〔九四〕後開焙十日入貢　『後』，惟喻甲本作『役』，『役』，如上讀作『爲最上役，開焙十日入貢』，亦通。

〔九五〕圈以箬葉　『圈』，喻甲本作『圍』。

〔九六〕內以黄斗　喻甲本作『束衣黄縷』，誤。方案：『內』，爲『納』之通假字。

〔九七〕扃以銀鑰　方案：四庫本有注云：『按《建安志》載，「護以重篚」下，有「扃以銀鑰」，疑此脱去。』四庫本注引《建安志》之説極是，故《説郛》宛本、喻甲本均無此四字，《讀畫齋叢書》本删注而補此四字。又，宋代貢茶『扃以銀鑰』，是爲防範途中被偷換。又稱『茶鑰』或『金鑰』，於宋人詩文中屢見之。如董棻《嚴陵集》卷四引張伯玉《後庵試茶》：『前軒飽食罷，後庵取茶試。巖邊啓茶鑰，谿畔淨茶器。』據此，不僅貢茶用銀鑰，友人間贈送名貴珍品茶亦用茶鑰封固，以防寄送中被偷換。又如蔡襄《北苑十詠·修貢亭》："（自注：予自採掇時入山，至貢畢。）清晨掛朝衣，盥水署新茗。騰蚪守金鑰，疾騎穿雲嶺。修貢貴謹嚴，作詩諭遠永。"此十分真切地描述了"茶鑰"的功能。或許，上品龍茶入貢時，或以黄金鎖鑰封固，南宋才改用銀鑰，今已難考其詳。

〔九八〕又有黄羅羃之 "羃"，底本原誤作"幕"，據四庫本、《説郛》涵本改。"羃"，又作"冪"，《説文》："覆也。"即覆蓋之意。

〔九九〕可謂什襲之珍矣 "什"，《説郛》宛本、喻甲本作"十"，似誤。

〔一〇〇〕包以紅楮 "楮"，《説郛》二本、喻甲本均作"紙"，義同。

〔一〇一〕緘以蒨綾 喻甲本作"護以紅綾"。蒨，《説郛》涵本作"白"，四庫本、《續茶經》作"蒨"。

〔一〇二〕惟揀芽俱以黄焉 "揀"，喻甲本誤作"採"。

〔一〇三〕故欲導生長之氣 "導"，喻甲本作"遵"，《説郛》宛本又音譌作"尊"，誤。

〔一〇四〕以滲雨露之澤 "滲"，《説郛》宛本、喻甲本譌作"糝"。

〔一〇五〕每歲六月興工 句上，《續茶經》有"茶於"二字，文意稍完備。

〔一〇六〕虚其本培其土 下三字，喻甲本作"焙去其"，此三字，連上下文作："虚其本焙，去其滋蔓之草。"雖亦通，但文意大相徑庭。"土"，《説郛》宛本、《續茶經》作"末"，似亦誤。

〔一〇七〕政所以導生長之氣而滲雨露之澤也 "政"，通"正"；"導"，喻甲本誤作"遵"；"滲"，喻甲本、四庫本《續茶經》譌作"糝"。

〔一〇八〕而又茶至冬則畏寒　『寒』，喻甲本作『翳』，解作『遮擋』，據下文『桐木望秋而先落』，似義稍勝。這兩句話大意爲：　茶至冬畏寒，怕樹木遮擋日光。而桐木望秋而落；　茶至夏畏日光照射，桐葉春夏漸茂盛，可遮擋陽光，故謂茶、桐相得益彰。茶、桐間種至今猶然。

〔一〇九〕香口　喻甲本作『査口』，誤。

〔一一〇〕蒸榨以過黄　『過』，《説郛》宛本、喻甲本皆誤作『其』。

〔一一一〕悉送北苑併造　『悉』，喻甲本又譌作『心』。

〔一一二〕漕使侍講王公得其書而悦之　今考此王公乃王師愈（一一二二—一一九〇），字與正，一字齊賢。婺州金華人。初從楊時遊，又從學於吕本中。紹興十八年（一一四八）進士，乃朱熹同年，朱則視之爲前輩。初授臨江軍學教授，徙知潭州長沙縣。擢知嚴州，移知婺州。乾道七年（一一七一），召對，除金部郎官，尋兼崇政殿説書。淳熙初，出知饒州。淳熙中，除江東路運判，旋改湖北路運判，又移福建路運判。淳熙末，改除浙西路提刑。旋以直焕章閣致仕。紹熙元年卒。事見《朱文公文集》卷九〇《王公神道碑銘》。

茶具圖贊

〔宋〕審安老人

〔提要〕

《茶具圖贊》，宋代茶書。舊題審安老人撰，一卷，今存。是書目録後自署『咸淳己巳（五年，一二六九）五月夏至後五日，審安老人書』，足證是年五月其書已成。自宋末以來，均不知作者爲誰，乃至近人書目中竟稱明·茅一相另有一種同名之書，實爲誤讀誤解茅序之意。日本學者布目潮渢教授據今人陳乃乾先生《室名别號索引》有元·鄱陽董真卿書齋名『審安書室』，遂以爲董真卿即審安老人，亦即是書作者。其説見《中國茶書全集》卷首本書解題（頁三三）。今考董真卿，字季真。董鼎子。嘗受學於胡一桂，撰有《周易會通》十四卷等。其生平事略具見《芳穀集》卷上《送董季真入建刊蔡氏〈書傳通釋〉序》、《東里續集》卷一六《易會通跋》、《宋元學案》卷八九、《宋元學案補遺》卷八九、《宋詩紀事補遺》卷六七（方案：當爲誤收）等。董氏《周易會通》十四卷，《四庫全書總目》卷四著録，其四庫本卷首書序、凡例之末自署云：『天曆初年（一三二八），董真卿秀真父自序於審安書屋。』則距《茶具圖贊》之撰已有六十年之久，即使董真卿享有高壽，有可能自宋入元，但也未必會是《茶具圖贊》的作者。儘管宋末遺民多以稱老自況，但決無可能在二十歲前的青年時代就自稱老人。即自署『老人』，至少在已見『二毛』的四十歲以上，這樣，如是董真卿，其著

《周易會通》時已是百歲老人了，這可能嗎？　又何況真卿父董鼎乃成名於元初，其師胡一桂宋末景定五年（一二六四）年十八時領鄉薦，試禮部不第而後教授鄉里，其事見於《元史》卷一八九《儒學傳》。　則胡一桂生於淳祐七年（一二四七），宋亡時僅三十五歲，以這樣的年齡開館授學未免年輕了些。　因此，董真卿從胡一桂學最早也是入元以後之事。很可能咸淳九年（一二七三）時他尚未出世，或只是個兒童。　根據以上幾方面的考析，董真卿幾乎沒有可能是《茶具圖贊》的作者。　審安老人當另有其人，宋末時已是中年以上之人，惜書闕有間，未能考實其作者而破解這一千古之謎。

是書記述了南宋流行的十二種茶具，擬人化封爲官爵，寵以字號。　雖爲遊戲文字，卻充分反映了南宋茶具歷史演變的真實風貌。　尤可貴者，在中國茶文化史上把茶具畫成圖，似始於陸羽，但完整流傳至今，卻始於是書。　給人以直觀的真切印象。　這種風格簡潔明快，近乎白描的畫面，將南宋的主要茶具演繹得淋漓盡緻，爲中國茶藝發展史提供了生動的實物圖像佐證。　這十二種茶具依次爲：　茶焙（爐）、茶臼、茶碾、茶磨、茶瓢、茶羅、茶刷、盞托、茶碗、茶瓶、茶筅、茶巾，確爲南宋常用而雅俗共賞的鬥茶、分茶、點茶器具，也爲今存出土宋代茶具實物得到證實。　其擬人化之喻稱，儘管有不倫不類之嫌，但又確爲宋代職官制度中的專用術語，這充分證明是書只能出於宋人手筆。

《茶具圖贊》今存多種版本，主要有：　明·沈津編《欣賞編十種》本（刊戊集），汪士賢《山居雜志》本，胡文煥《格致叢書》、《百名家書》兩本，喻政《茶書全集》甲、乙種本，鄭熜校刊《茶經》本附録，鄭熜和刻本《茶經》附録，清陸廷燦《續茶經》本附録等。　但十分遺憾：　布目潮渢編《中國茶書全集》下卷中，收入上述鄭熜明刊本及和刻本，陸氏《續茶經》本所附録的三種《茶具圖贊》版本中，其圖中《漆雕秘閣》與《陶寶文》兩圖的贊詞錯簡，應將兩者圖贊互乙才是。同樣的錯簡也産生在《四庫存目叢書·補編》所收明刻本別本《茶經》等多種版本中。　更令人遺憾的是：　今人點校整理本中，尚無人指出這種顯而易見的錯簡；　如香港商務本《中國歷代茶書匯編校注》（頁一五二——一五三）仍沿謁踵曆刊本影印。明代類似的模仿之作不斷出現，是書則有創始之功。

謬而失察。諸本僅個別文字有異，今文字以《欣賞編》本爲底本，匯校諸本，圖則選用清晰度較高且未錯簡的喻甲明萬

茶具圖贊

茶具十二先生姓名字號

韋鴻臚文鼎 景暘 四窗閑叟

木待制利濟 忘機 隔竹居人

金法曹研古 元鍇 雍之舊民
　　　轢古 仲鑑 和琴先生

石轉運鑿齒 遄行 香屋隱君

胡員外惟一 宗許 貯月僊翁

羅樞密若藥 傅師 思隱寮長

宗從事子弗 不遺 掃雲溪友

漆雕秘閣承之 易持 古臺老人

陶寶文去越 自厚 兔園上客

湯提點發新 一鳴 温谷遺老

竺副帥善調 希點 雪濤公子

司職方成式　如素　潔齋居士

咸淳己巳五月夏至後五日，審安老人書。

贊曰：祝融司夏，萬物焦爍，火炎昆岡，玉石俱焚。爾無與焉。乃若不使山谷之英墮於塗炭，子與有力矣！上卿之號，頗著微稱。

上應列宿，萬民以濟，禀性剛直，摧折彊梗。使隨方逐圓之徒，不能保其身。善則善矣，然非佐（方案：鄭熼本作『佑』）以法曹，資之樞密，亦莫能成厥功。

柔亦不茹，剛亦不吐，圓機運用，一皆有法，使强梗者不得殊軌亂轍，豈不韙與！

抱堅質，懷直心，嚌嚅英華〔一〕，周行不怠，斡摘山之利，操漕權之重，循環自常。不捨正而適他，雖没齒無怨言。

周旋中規而不踰其閑，動静有常而性苦其卓。鬱結之患，悉能破之。雖中無所有，而外能研究。其精微，不足以望圓機之士。

機事不密則害成。今高者抑之，下者揚之，使精粗不致於混淆，人其難諸。奈何矜細行而事諠譁，惜之。

孔門高弟，當洒掃應對。事之末者，亦所不棄。又况能萃其既散，拾其已遺，運寸毫而使邊塵不飛，功亦善哉！

出河濱而無苦窳，經緯之象，剛柔之理，炳其弸中〔二〕。虚己待物，不飾外貌，位高秘閣，宜無愧焉！

危而不持，顛而不扶，則吾斯之未能信。以其弭執熱之患，無坳堂之覆，故宜輔以寶文而親近君子〔三〕。

養浩然之氣，發沸騰之聲，以執中之能，輔成湯之德。斟酌賓主間，功邁仲叔圉。然未免外爍之憂，復有内熱之患，奈何！

首陽餓夫，毅諫於兵沸之時。方金鼎揚湯〔四〕，能探其沸者幾希。子之清節，獨以身試，非臨難不顧者疇見爾！

互鄉童子，聖人猶且（方案：鄭熠本脱此『且』字）與其進，況端方質素，經緯有理。終身涅而不緇者，此孔子之所以與潔也〔五〕。

韋鴻臚

贊曰祝融司夏萬物焦爍火炎昆岡玉石俱焚爾無與焉乃若不使山谷之英墮於塗炭子與有力矣上卿之號頗著微稱

木待制

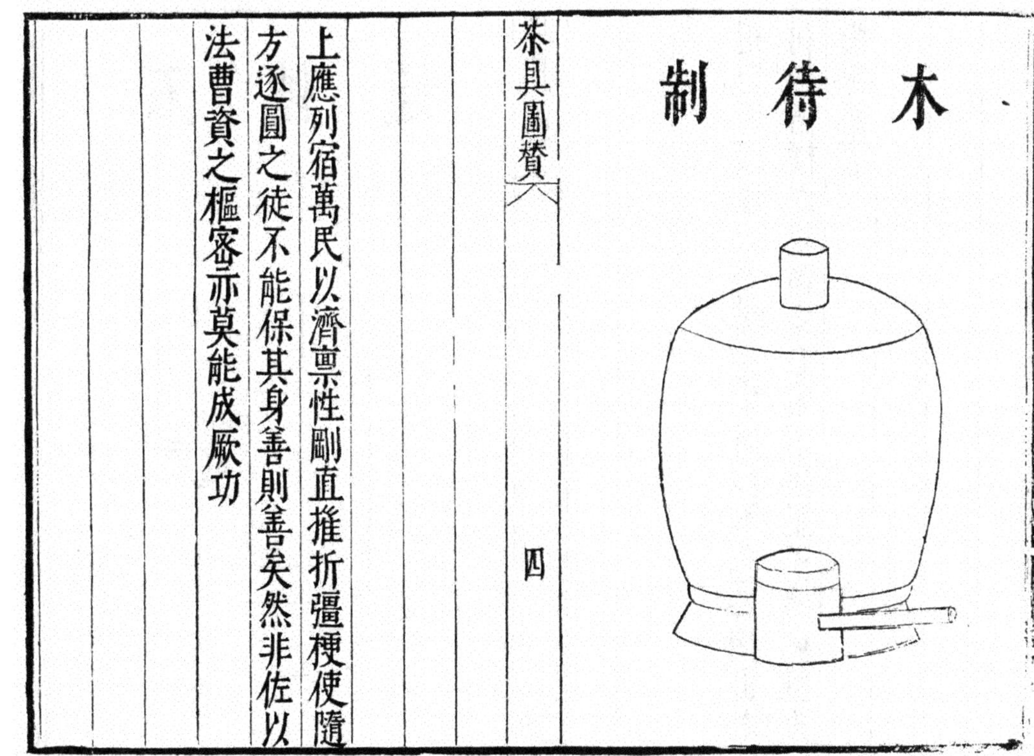

上應列宿萬民以濟禀性剛直摧折彊梗使隨方逐圓之徒不能保其身善則善矣然非佐以法曹資之樞密亦莫能成厥功

金法曹

柔亦不茹剛亦不吐圓機運用一皆有法使強梗者不得殊軌亂轍豈不韙與

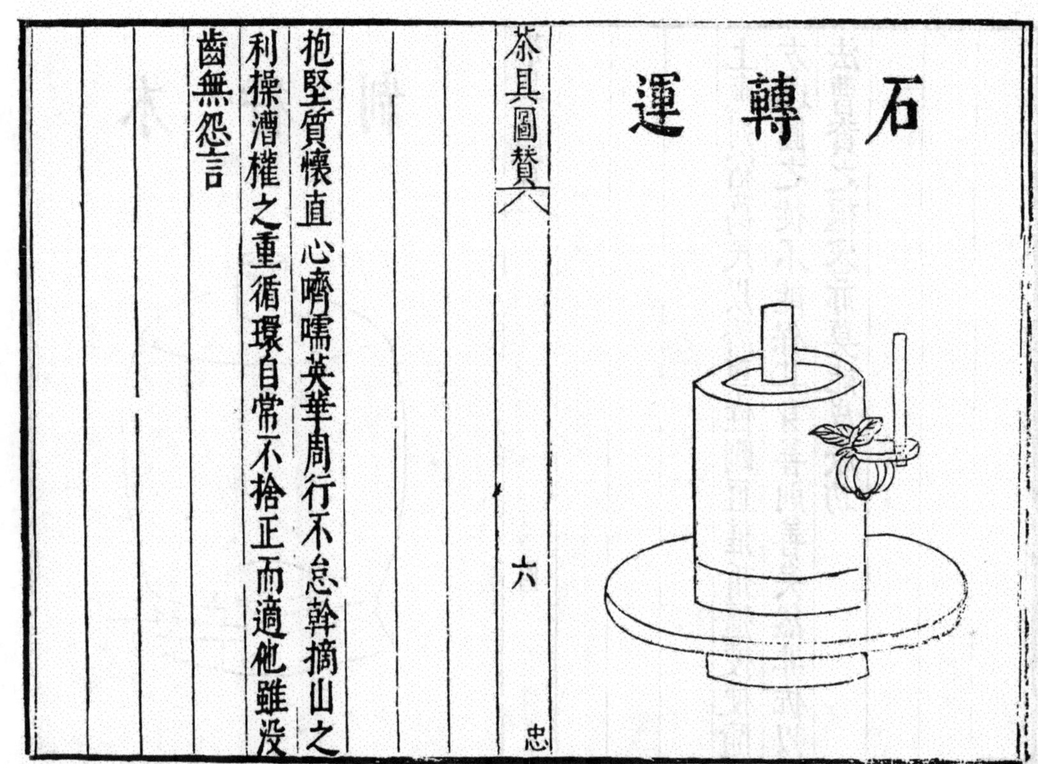

石轉運

抱堅質懷直心嚌嚅英華周行不怠斡摘山之利操漕權之重循環自常不捨正而適他雖沒齒無怨言

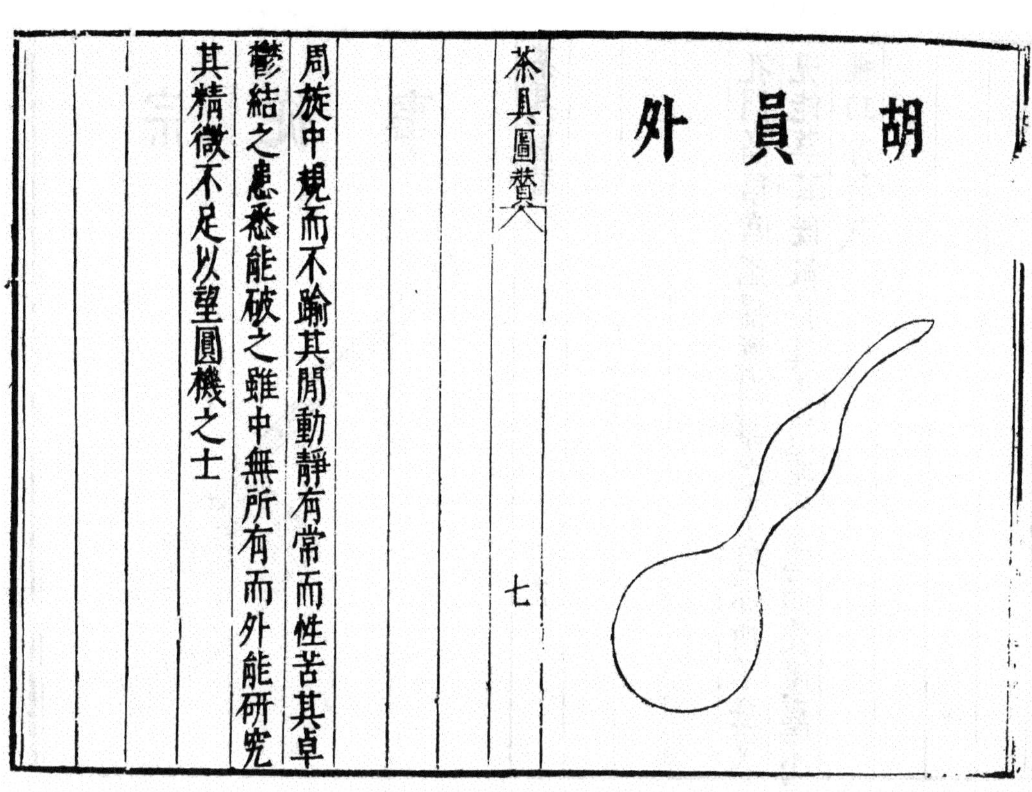

胡員外

周旋中規而不踰其間動靜有常而性苦其卓鬱結之患悉能破之雖中無所有而外能研究其精微不足以望圓機之士

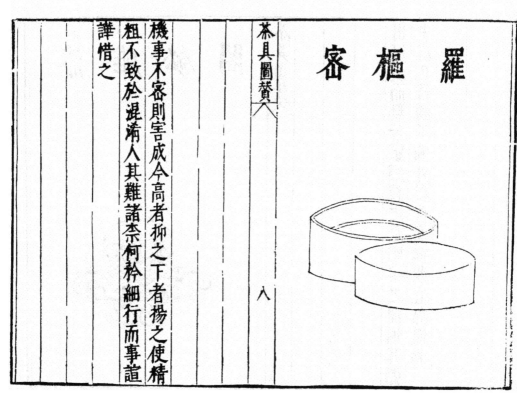

羅樞密

機事不密則害成今高者抑之下者揚之使精粗不致扵混淆人其難諸柰何矜細行而事諠譁惜之

宗從事

孔門高弟當洒掃應對事之末者亦所不棄又况能萃其旣散拾其已遺運寸毫而使邊塵不飛功亦善哉

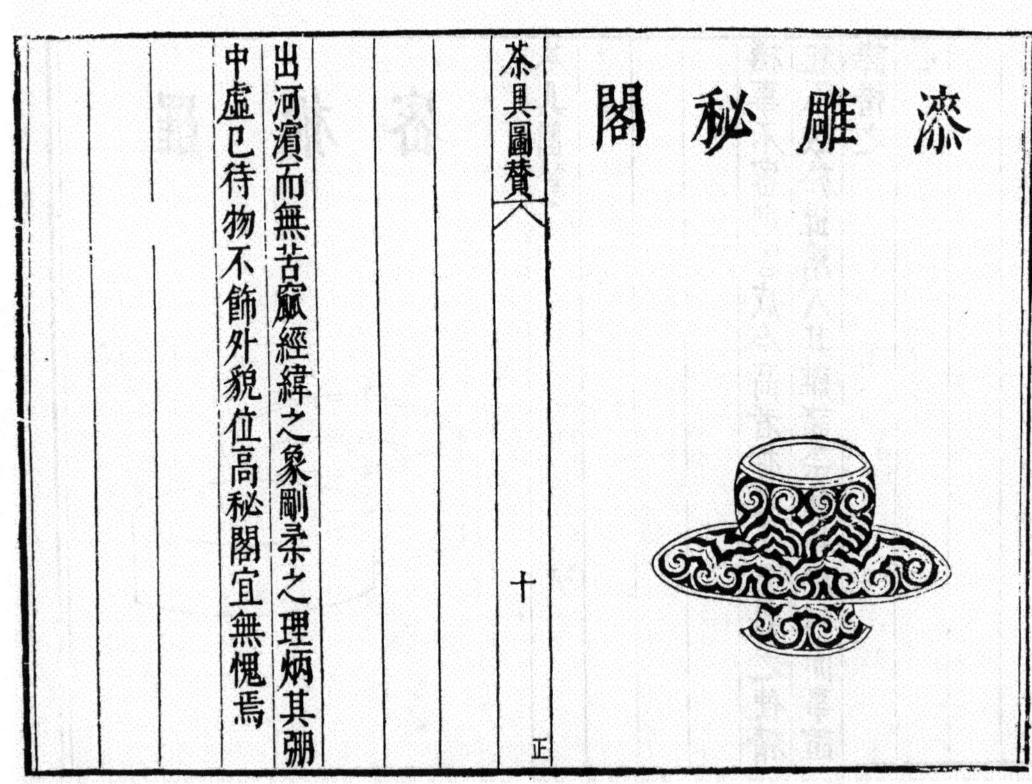

漆雕秘閣

出河濱而無苦窳經緯之象剛柔之理炳其弸中虛已待物不飾外貌位高秘閣宜無愧焉

陶寶文

危而不持顛而不扶則吾斯之未能信以其弭執熱之患無坳堂之覆故宜輔以寶文而親近君子

湯提點

養浩然之氣發沸騰之聲以執中之能輔成湯之德斟酌賓主間功邁仲叔圉然未免外爍之憂復有内熱之患柰何

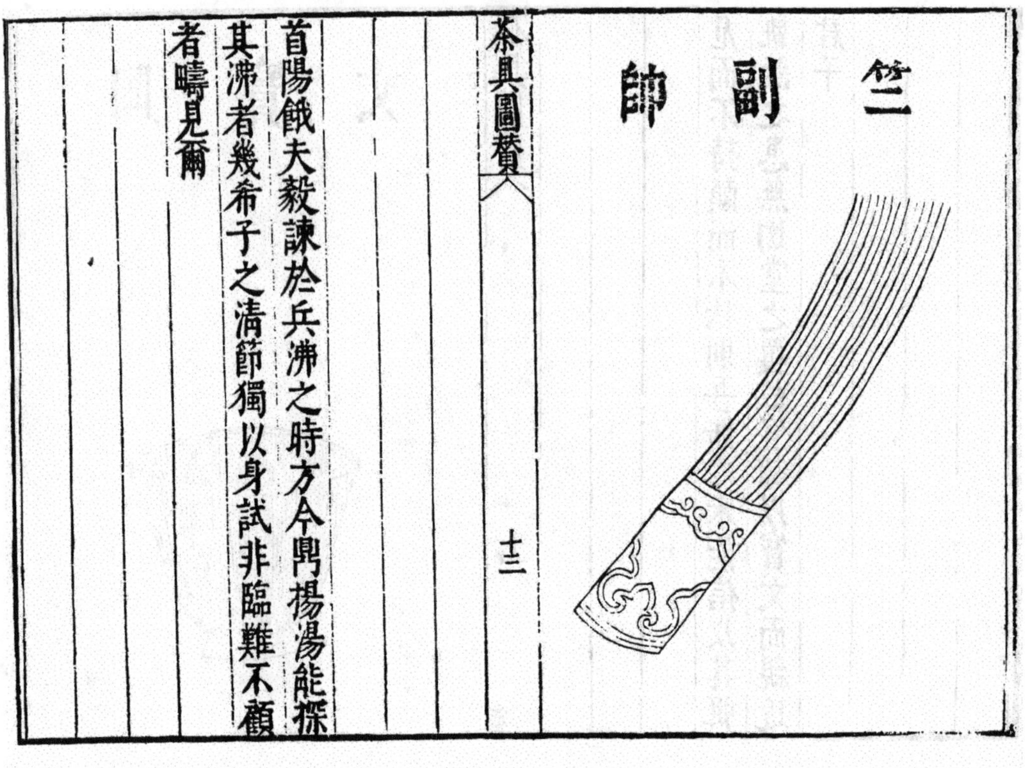

竺副帥

首陽餓夫毅諫於兵沸之時方今鼎揚湯能探其沸者幾希子之清節獨以身試非臨難不顧者疇見爾

司職方

互鄉童子聖人猶且與其進況端方質素經緯有理終身涅而不緇者此孔子所以與潔也

茶具圖贊終

茶具引〔六〕

余性不能飲酒。間有客，對春苑之葩，泛秋湖之月，則客未嘗不飲，飲未嘗不醉。予顧而樂之，一染指，顔且酡矣。兩眸子懵懵然矣。而獨耽味於茗，清泉白石可以濯五臟之污，可以澄心氣之哲。服之不已，覺兩腋習習清風自生。視客之沉酣酩酊，久而忘倦，庶亦可以相當之。嗟乎！吾讀《醉鄉記》，未嘗不神遊焉。而間與陸鴻漸、蔡君謨上下其義，則又爽然自釋矣。乃書此以博十二先生一鼓掌云。

庚辰秋七月既望，花溪里芝園主人茅一相撰并書〔七〕。

茶具圖贊後序

飲之用，必先茶。而茶不見於《禹貢》，蓋全民用而不爲利。後世榷茶，立爲制，非古聖意也。陸鴻漸著《茶經》，蔡君謨著《茶録》〔八〕，孟諫議寄盧玉川三百月團，後至侈爲龍鳳之飾，責當備於君謨。制茶必有其具，錫姓而繫名，寵以爵，加以號，季宋之彌文。然清逸高遠，上通王公，下逮林野，亦雅道也。贊法遷固，經世康國，斯焉攸寓。乃所願與十二先生周旋，嘗山泉極品以終身，此閑富貴也。天豈靳乎哉！

野航道人長洲朱存理題〔九〕。

〔校證〕

〔一〕嚌嚅英華　『嚌』，陳祖槼、朱自振編《中國茶葉歷史資料選輯》（農業出版社一九八一年版，下簡作陳朱本）作『啖』。

〔二〕炳其弸中　『弸』，底本及諸本皆譌作『綳』。綳，通繃，有多種釋義，見《漢語大字典》（縮印本）頁一四三五，無一與此相合。四庫全書本《續茶經》卷下《十之圖》引作『弸』，極是，據改。弸，充滿。《廣雅·釋詁一》：『弸，滿也。』《法言·君子》：『或問：「君子言則成文，動則成德，何以也？」曰：「以其弸中而彪外也。」』李軌注：『弸，滿也。』王安石《送胡叔才序》：『彼賢者道弸於中，而襮之以藝。』乃化用其典。《太玄·養》：『陰弸於野，陽蓝萬物。』司馬光注：『弸，滿也。』

〔三〕危而不持……親近君子　方案：此圖贊詞，喻甲本外，其他上述許多版本與下頁『陶寶文』之贊詞錯簡，今從喻甲本互乙，庶幾無誤。

〔四〕方金鼎揚湯　『金』，喻甲本音近而譌作『今』。

〔五〕此孔子之所以與潔也　『之』，喻甲本脱，諸本皆有。據以上爲數不多的校證，顯然，喻甲本與底本及諸校本非同出一源，別有其版本依據。

〔六〕茶具引　方案：喻甲本改題曰『茶具圖贊序』。

〔七〕庚辰秋七月既望花溪里芝園主人茅一相撰并書　方案：鄭熠本（和刻本同）、喻甲本僅署『芝園主人茅一相撰』，其前十字及其後『并書』二字凡十二字無，當爲鄭烱或俞政所删。茅一相，字康伯，號芝園主人。浙江歸安（治今浙江湖州）人。茅坤（一五一二—一六〇一）侄。茅坤兄茅乾（一五〇六—一五八四），字健夫，號少溪。嘗官南寧通判。疑一相乃其子。有《欣賞續編》十卷。《四庫全書總目》卷一三一對其書及沈津《欣賞編》責之甚苛。謂其『書出陶宗儀《説郛》者十之八九，皆移易其名』；即使《説郛》所無者『亦皆妄增姓氏，别立標目』。實乃『尤多舛戾』、『尤顛舛無緒』的『剽竊而變亂』之編。《茶具圖贊》當始見於沈津編《欣賞編》，茅一相《續編》未收此書。是書即爲《説郛》所未收者。是否『妄增〔作者〕姓氏，别立標目』，則已無從考證。但治學謹嚴之朱存理後序已斷其爲『季宋之彌文』。而且可以肯定朱跋早於茅序數十年之久。至於後世《鐵琴銅劍樓藏書目録》、《八千卷樓書目》認爲茅一相另有一種《茶具圖贊》，那是瞿、丁二氏的誤解。不過茅序之水平確難望朱跋之項背，其『乃書此以博十二先生一鼓掌云』之説確有曖昧不明、誘人上當受騙之嫌。茅序自署之庚辰，據其父、叔之生卒推測，似應爲萬曆八年（一五八〇）。

〔八〕蔡君謨著茶録　『茶録』，原譌作『茶譜』，據蔡襄今存之書作《茶録》改。

〔九〕野航道人長洲朱存理題　方案：朱存理（一四四四—一五一三），字性甫，號野航道人、葑門老儒。長洲（治今江蘇蘇州）人。父灝，字景南。存理少從杜瓊遊，博雅工文，嗜古、精鑑賞，長於考證。終於布衣。朱彝尊《静志居詩話》卷八引愚山云：『自少至老，未嘗一日忘學，聞人有異書，必從訪求，以必得爲志。手自繕録前輩詩文積百餘家，他所纂集，若《鐵網珊瑚》、《野航漫録》、《經子鉤存》、《吴郡獻徵録》、

《名物寓言》、《鶴岑隨筆》〔等〕，又數百卷。既老不厭，坐貧無以自食，其書旋亦散去，每撫之嘆息。』同書又云：『又有朱凱堯民，與性父齊名，鄉里稱之曰：兩朱先生。有《勾曲紀遊詩》一卷，亦不傳。自兩人死，吴中故實，往往無所於考。』今存者，僅《旌孝録》、《樓居雜著》、《野航詩稿》、《野航文稿》及其《附録》各一卷而已，惜哉！《四庫全書總目》提要對其人其書推挹備至，與上述茅一相形成鮮明對照。其生平事迹見於《甫田集》卷二九《朱性甫先生墓誌銘》、《四友齋叢説》卷二六、《姑蘇名賢小紀》卷上等。本文據四庫本《野航文稿·跋〈欣賞編〉戊集·茶具圖贊》録文。

煮茶泉品

〔宋〕葉清臣

〔提要〕

《煮茶泉品》，宋代茶文。葉清臣撰，今存。葉清臣（一〇〇〇—一〇四九），字道卿，蘇州長洲（治今江蘇蘇州）人。天聖二年（一〇二四），進士及第。歷官光禄寺丞、集賢校理，通判太平州，知秀州、宣州。累遷太常丞，同修起居注，直史館。寶元初，出爲兩浙轉運副使。次年，以右正言、知制誥知審官院，判國子監。康定元年（一〇四〇），擢起居舍人、龍圖閣學士、權三司使公事。後出知江寧府（治今江蘇南京）。慶曆三年（一〇四三），入爲翰林學士，爲宰相陳執中所排。六年，出知澶州，旋改青州。七年，徙知永興軍（治今陝西西安）。八年，復召爲權三司使。皇祐元年（一〇四九），出知河陽（治今河南孟縣南），未幾卒。清臣父葉参，字少卿。父子兩代與范仲淹相知甚深。清臣博學工詩文，有《文集》一百六十卷，又著《春秋類纂》十卷，俱佚。今僅佚存詩十餘首，文數十篇。他主張茶鹽通商，是卓有建樹的經濟學家。其文《煮茶泉品》似爲一篇序文，是關於品評名茶與泉水的文字，闡述了茶、泉相得益彰的道理。《説郛》作爲一種茶書，而收入此文，實在不合體例；又誤題書名爲《述煮茶小品》，應據作者自述『凡泉品二十，列於右幅』而釐正。明刻《茶經》，附録《水辨》，以張又新《煎茶水記》又附歐陽修大明、浮槎二《水記》，不收清臣《泉品》。明末高元濬《茶乘》卷六已收此文，正題作『煮茶泉品序』，極是。清康熙間，汪灝主編《廣羣芳譜》收入卷一九；四庫全書作爲《煎茶水記》的附録收入。這兩種版本均較《説郛》爲善。《古今圖書集成·食貨典》卷二九三亦收此文，據《説郛》本，奪誤較多。《全宋文》據《集成》本收入，頗爲無識。此文亦見於《百名家書·新刻茶書》等叢書本。此外《續茶經》等書節引本文，亦可參校。陸羽《水品》首倡品泉二十目之説，其後温氏《茶説》續説水泉二十目，清臣此文又據親歷之地的『清瀾素波』，有自己的評品。惜品鑒名泉二十目的内容已不存，當是序存而文亡。作者篇末自署『南陽葉清臣述』。自《説郛》將『述』字闌入篇名以來，沿謁踵謬，不一而足。亟應訂正，將『述』字從篇名中除去。明·盧之頤《本草乘雅半偈》卷七、清·陸廷燦《續茶經》卷上之一均稱其篇名爲《煮茶泉品》，今從之。今以四庫本為底本，會校現存諸本及諸書所引，力求再現葉氏原文之舊。

煮茶泉品

夫渭黍汾麻，泉源之異稟；江橘淮枳，土地之或遷。誠物類之有宜，亦臭味之相感也。若乃擷華掇秀，多識草木之名；激濁揚清，能辨淄澠之品。斯固好事之嘉尚，博識之精鑒。自非嘯傲塵表〔一〕，逍遥林下，樂追王濛之約，不讓陸納之風〔二〕，其孰能與於此乎？吴楚山谷間，氣清地靈，草木穎挺〔三〕，多孕茶荈，爲人採拾。大率右於武夷者，爲白乳；甲於吴興者，爲紫筍；産禹穴者，以天章顯；茂錢塘者，以徑山稀。至於桐廬之巖〔四〕，雲衡之麓，鴉山著於吴歙〔五〕，蒙頂傳於岷蜀〔六〕，角立差勝，毛舉實繁。然而天賦尤異，性靡受和〔七〕。苟制非其妙，烹失於術，雖先雷而嬴〔八〕，未雨而檜〔九〕，蒸焙以圖，造作以經，而泉不香、水不甘，爨之揚之，若淤若滓。

予少得温氏所著《茶説》，嘗識其水泉之目有二十焉。會西走巴峽，經蝦蟆口〔一〇〕；北憩蕪城〔一一〕，汲蜀崗井；東遊故都，絶揚子江；留丹陽，酌觀音泉；過無錫，斞慧山水。粉槍芽旗〔一二〕，蘇蘭薪桂，且汲且缶〔一三〕，以飲以歠。莫不瀹氣滌慮，蠲病析酲〔一四〕。祛鄙悋之生心，招神明而還觀〔一五〕。信乎物類之得宜〔一六〕，臭味之所感，幽人之佳尚，前賢之精鑒，不可及已。噫，紫華緑英均一草也，清瀾素波均一水也，皆忘情於庶彙，或求伸於知己。不然者，叢薄之莽，溝瀆之流，亦奚以異哉！遊鹿故宮，依蓮盛府，一命受職，再期服勞。而虎丘之觱沸〔一七〕，淞江之清泚，復在封畛〔一八〕。居然挹注，是嘗所得於鴻漸之目二十而七也。昔酈元善於《水經》而未嘗知茶，王肅癖於茗飲而言不及水，表是二美，吾無愧焉。凡泉品二十，列於右幅。且使盡神方之四兩，遂成奇功〔一九〕；代酒限於七升，無忘真賞云爾。

南陽葉清臣述。泉品二十，見張又新《水經》〔二〇〕。

〔校證〕

〔一〕自非嘯傲塵表　『嘯』，《説郛》卷九三下、《廣羣芳譜》卷一九、《古今圖書集成·食貨典》卷二九三皆作『笑』。

〔二〕不讓陸納之風　『讓』，底本原作『敗』，似四庫本承宋本之舊，避宋英宗生父『允讓』之諱而改，今應回改。據右引三書改。

〔三〕草木穎挺　『草木』，原作『若後』，誤。據右引及明·盧之頤《本草乘雅半偈》卷七、清·陸廷燦《續茶經》卷上之一引文改。

〔四〕至於桐廬之巖　『桐』，原誤作『續』，據《説郛》、《廣羣芳譜》、四庫本《續茶經》卷上之一改。

〔五〕鴉山著於吴歙　『吴』，原誤作『無』，據右引三書改。《茶乘》卷六引作『徽』，而《續茶經》卷上作『宣』，但盧氏《本草乘雅半偈》亦作『無歙』，或爲『蕪(湖)歙』之誤歟？方案：從『鴉山』考察，作『宣』、『徽』義勝；作『吴』、『蕪』亦可。

〔六〕蒙頂傳於岷蜀　『蒙頂』，原誤作『濛頂』，據右引三書改。

〔七〕性靡受和　『受和』，右引作『俗諳』。

〔八〕雖先雷而贏　『贏』，《廣羣芳譜》作『籯』。

〔九〕未雨而檐　『檐』，《説郛》作『擔』，似應從。

〔一〇〕經蝦蟆口　『口』，右引三書作『窟』。參見《煎茶水記》校證〔二八〕。

〔一一〕北憩蕪城　『蕪城』，指揚州。乃漢廣陵城之别稱。漢城古址，即在今揚州市西北蜀岡。後漢末荒蕪，南朝劉宋大明三年(四五九)竟陵王誕亂後，尤爲荒蕪，故别稱『蕪城』。鮑照感而賦《蕪城賦》。揚州的崛起在隋唐時期。

〔一二〕粉槍芽旗　『芽旗』，原誤作『末旗』，據右引三書改。右引均作『牙旗』，乃通假字。作『末』，此形近而譌。宋人詩注有引作『朱旗』者。

〔一三〕且汲且缶　『汲』，右引三書作『鼎』。

〔一四〕蠲病折酲　『折酲』，原誤作『折醒』，形譌。據右引三書改。

〔一五〕招神明而還觀　『還』，右引三書作『達』。

〔一六〕信乎物類之得宜　『得宜』，右引三書作『宜得』。

〔一七〕而虎丘之觱沸　『虎丘』，底本原作『虛丘』，當爲形近而誤，據右引三書改。

〔一八〕復在封畛　右引三書作『復在在封畛』，重一『在』字。

〔一九〕遂成奇功　『奇功』，右引三書作『其功』。

〔二〇〕泉品二十見張又新水經　方案：此注，未知明代何人臆加，但决非清臣自注。誤以為葉氏所品二十泉，即同張又新《水記》。

大明水記　浮槎山水記

〔宋〕歐陽修

〔提要〕

《大明水記》、《浮槎山水記》，宋代茶文。歐陽修撰。唐·張又新有《煎茶水記》，明·陶宗儀編《説郛》時，始在其後附録宋·葉清臣《煮茶泉品》。其後，明嘉靖二十一年（一五四二）刻竟陵本《茶經》，僧真清始編入附録《水辨》一卷，取張又新《煎茶水記》，歐陽修《大明水記》、《浮槎山水記》三文而成。後不僅《茶經》附録，明清茶書亦多作爲一種茶書收入，或題《水辨》，或稱《水經》。本來，歐陽修二記乃斥張又新論水不合《茶經》之妄，明人附二記於《煎茶水記》後實在有失倫緒。鑒於明清茶書多已收入二記的既成事實，又爲避免多次重複之弊，今將二記與葉清臣《煮茶泉品》同移入上編。從李逸安先生點校的中華書局本《歐陽修全集》迻録二記。校記亦李氏原有，僅增出《大明水記》中校記一條。歐陽修事略及著作，乃筆者新撰。

歐陽修（一〇〇七—一〇七二），字永叔，號醉翁，晚年又號六一居士。吉州永豐人。宋代著名政治家，傑出的文學家、史學家。天聖八年（一〇三〇），進士及第，除西京留守推官。景祐元年（一〇三四），召試學士院，充館閣校勘，預修《崇文總目》。景祐三年（一〇三六），因范仲淹被黜而移書切責諫官高若訥，被貶夷陵（治今湖北宜昌）令，再徙乾德(治今湖北光化)令。康定元年(一〇四〇),復召爲館閣校勘,續成《崇文總目》,遷集賢校理。慶曆二年(一〇四二),自請通判滑州(治今河南滑縣)。三年召回,以太常丞知諫院,擢同修起居注、知制誥。四年,出爲河北都轉運使。五年,出知滁州,移揚州、潁州。在外十年,是其文學創作的高峯期。至和元年(一〇五四),召回,判流内銓。拜翰林學士,兼史館修撰,差勾當三班院。詔命修《唐書》(方案:後人改名《新唐書》)。嘉祐年間,歐陽修宦運暢達,致身通顯。嘉祐五年(一〇六〇),拜樞密副使;次年,參知政事。治平二年(一〇六五),因『濮議』之爭,歐陽修頗受臺官抨擊。治平四年,出知亳州。熙寧元年(一〇六八),徙知青州。三年,因反對青苗法而徙蔡州(治今河南新蔡)。四年,以太子少師致仕;五年,病逝於潁州。贈太子太師,謚文忠。

歐陽修一代文宗,曾鞏、王安石、三蘇均出其門下。又以經學、史學名世。撰有《易童子問》三卷,《詩本義》十四卷,《五代史》(即《新五代史》)七十四卷,《唐書》紀、志、表凡七十五卷(列傳宋祁撰,歐陽修看詳)。合撰《崇文總目》、《祖宗故事》等。其詩文集,後人編爲《歐陽文忠公文集》一百五十三卷,以南宋周必大編校本爲精。又有《六一詩話》、《歸田録》等。生平事略具點校本《全集》附録卷一至三:吴充撰《行狀》,韓琦撰《墓誌銘》,蘇轍撰《神道碑》,胡柯撰《年譜》,歐陽發撰《先公事迹》,葉濤等撰《實録》、《國史》四傳。可參閲。

大明水記〔一〕

世傳陸羽《茶經》,其論水云:『山水上,江水次,井水下。』又云:『山水,乳泉、石池漫流者上。瀑湧湍漱勿食,食久,令人有頸疾。江水取去人遠者,井取汲多者。』其説止於此,而未嘗品第天下之水味也。至張又新爲《煎茶水記》，始云劉伯芻謂水之宜茶者有七等，又載羽爲李季卿論水次第有二十種〔二〕。

今考二説，與羽《茶經》皆不合。羽謂山水上，而乳泉、石池又上，江水次而井水下。伯芻以揚子江爲第一，惠山石泉爲第二，虎丘石井第三，丹陽寺井第四，揚州大明寺井第五，而松江第六，淮水第七，與羽説皆相反。季卿所説二十水：廬山康王谷水第一，無錫惠山石泉第二，蘄州蘭谿石下水第三，扇子峽蝦蟆口水第四，虎丘寺井水第五，廬山招賢寺下方橋潭水第六，揚子江南零水第七，洪州西山瀑布第八，桐柏淮源第九，廬山龍池山頂水第十，丹陽寺井第十一，揚州大明寺井第十二，漢江中零水第十三，玉虛洞香谿水第十四，武關西水第十五，松江水第十六，天台千丈瀑布水第十七，柳州圓泉水第十八，嚴陵灘水第十九，雪水第二十。如蝦蟆口水、西山瀑布、天台千丈瀑布，皆羽戒人勿食，食之生疾，其餘江水居山水上，井水居江水上，皆與羽《經》相反。疑羽不當二説以自異。使誠羽説，何足信也？得非又新妄附益之邪？其述羽辨南零岸水〔三〕，怪誕甚妄也。

水味有美惡而已，欲求天下之水一一而次第之者〔四〕，妄説也。故其爲説，前後不同如此。然此井，爲水之美者也。羽之論水，惡渟浸而喜泉源，故井取多汲者，江雖長，然衆水雜聚，故次山水。惟此説近物理云。

〔校證〕

〔一〕大明水記　周必大本、四部叢刊本注云『慶曆八年』作。

〔二〕李季卿　原誤『李秀卿』，據本書卷四〇《浮槎山水記》及唐·張又新《煎茶水記》改。

〔三〕其述羽辨南零岸水　『水』，原譌作『時』，據《古今事文類集·續集》卷一二、《説郛》卷九三下、《廣羣芳譜》卷二一引文改。又，疑『水』下脱一『事』字，音譌作『時』。（方案：本條筆者補校）

〔四〕一一　周本、叢刊本作『一二』。

（録自中華書局點校本《歐陽修全集》卷六四）

浮槎山水記〔一〕

浮槎山在慎縣南三十五里，或曰浮闍山〔二〕，或曰浮巢山〔三〕，其事出於浮圖、老子之徒荒怪誕幻之説。其上有泉，自前世論水者皆弗道。余嘗讀《茶經》，愛陸羽善言水。後得張又新《水記》，載劉伯芻、李季卿所列水次第，以爲得之於羽，然以《茶經》考之，皆不合。又新，妄狂險譎之士，其言難信，頗疑非羽之説。及得浮槎山水，然後益以羽爲知水者。浮槎與龍池山，皆在廬州界中，較其水味，不及浮槎遠甚。而又新所記以龍池爲第十，浮槎之水棄而不録，以此知其所失多矣。羽則不然，其論曰：『山水上，江次之，井爲下。山水：乳泉、石池漫流者上。』其言雖簡，而於論水盡矣。

浮槎之水，發自李侯。嘉祐二年，李侯以鎮東軍留後出守廬州〔四〕，因遊金陵，登蔣山，飲其水。既又登浮槎，至其山，上有石池，涓涓可愛，蓋羽所謂乳泉漫流者也。飲之而甘，乃考圖記，問於故老，得其事迹，因以其水遺余於京師。予報之曰：『李侯可謂賢矣。』

夫窮天下之物無不得其欲者，富貴者之樂也。至於蔭長松，藉豐草，聽山溜之潺湲，飲石泉之滴瀝，此山林者之樂也。而山林之士視天下之樂，不一動其心。或有欲於心，顧力不可得而止者，乃能退而獲樂於斯。彼富貴者之能致物矣，而其不可兼者，惟山林之樂爾。惟富貴者而不得兼〔五〕，然後貧賤之士有以自足而高世。其不能兩得，亦其理與勢之然歟！今李侯生長富貴，厭於耳目，又知山林之爲樂，至於攀緣上下，幽隱窮絶，人所不及者皆能得之，其兼取於物者可謂多矣。

李侯折節好學，喜交賢士，敏於爲政，所至有能名。

凡物不能自見而待人以彰者有矣，其物未必可貴而因人以重者亦有矣。故予爲志其事，俾世知斯泉發自李侯始也〔六〕。三年二月二十有四日，廬陵歐陽修記。

〔校證〕

〔一〕浮槎山水記　周本、叢刊本注云「嘉祐三年」作。方案：文中已有「嘉祐二年，李侯」云云，則篇末之「三年」自署，承上必爲嘉祐。

〔二〕或曰浮闍山　周本、叢刊本校云：「一無此五字。」

〔三〕山　「山」上原有「二」字，據周本、叢刊本校語「一無此字」删。

〔四〕軍　周本、叢刊本校云：「一無此字。」

〔五〕而　衢本作「之」。

〔六〕斯　周本、叢刊本校云：「一作『奇』。」

（録自中華書局點校本《歐陽修全集》卷四〇）

本朝茶法

〔宋〕沈　括

〔提要〕

《本朝茶法》，沈括撰。原爲其名著《夢溪筆談》中的二則紀事，實在算不上一種茶書。《説郛》編者從《筆談》卷一二中析出，頗失倫緒。這是明人割裂古書的慣用手法。今考《筆談》是卷有三條與茶法相關的記事，按其順序先後，分別爲『國朝茶利』、『本朝茶法』、『國朝六榷貨務十三山場茶法』，構成一個彼此相關聯的卷中單元。《説郛》編者擇取後兩條，捏合爲一，題爲《本朝茶法》，編入叢書，又隨意捨棄第一條而未録，是何等的魯莽滅裂。今將第一條『茶利』亦補予輯入，庶補其弊。

先師胡道靜先生於《夢溪筆談》用力甚勤，其校證本乃半個世紀心血澆灌出的豐碩成果，享有很高的國際聲譽。胡先生晚年仍擬修訂是書而作補證，惜未及成功而遽歸道山。胡校本以清光緒三十二年（一九〇六）番禺陶氏愛廬本爲底本，校以弘治本、稗海本、學津本、崇禎本、津逮本、玉海堂本、四部叢刊本（其全名請參見胡校本卷首）及《皇宋事實類苑》所引，在版本校方面可以無憾。鑒於沈括曾任三司使，其關於六務十三山場茶法的記載，實乃嘉祐六年（一〇六一）六務十三山場賣茶祖額錢、賣茶數、賣茶價的獨家記載，於宋代茶法是極有史料價值的實録，故今特參校《長編》、《宋會要輯稿》、《宋史·食貨志下五》、《文獻通考·征榷五》等有關記載，補出校記，主要是在他校方面，或可聊爲胡校本之續貂歟？

《筆談》作者沈括，是中國古代傑出的科學家。《筆談》，李約瑟博士曾譽爲是中國古代科技史的坐標。沈括，又是宋代最爲淵博的學者，著名的政治家、文學家。前賢今哲有許多關於沈括的研究成果，其焦點在於沈括的生卒年問題之探索。今參考胡先生《沈括事迹年表》（見《夢溪筆談校證》附録，上海古籍出版社一九八七年版）、徐規先生《沈括事迹編年》（刊《仰素集》頁二六〇—二七七，杭州大學出版社一九九九年版）略述其生平。

沈括（一〇三二—一〇九六？），字存中，錢塘（治今浙江杭州）人。父沈周（九九八—一〇五一），與王安石父王益（九九三—一〇三九）爲同年，故安石爲撰《墓誌》。兄沈披，括與侄沈遘、沈遼合稱吴興『沈氏三先生』。沈括，嘉祐八年（一〇六三）進士及第，時王安石以知制誥權同知貢舉。治平元年（一〇六四），赴揚州司理參軍任，刁約時知揚州。次年，奉調赴京編校昭文館書籍。熙寧元年（一〇六八）八月，自編校遷館閣校勘。因母許氏卒而返杭守喪。熙寧四年春回京師供職，仍官大理寺丞、館閣校勘。是年十一月除檢正中書刑房公事。次年，充史館檢討，受命提舉疏浚汴渠事。旋又兼提舉司天監，主持改製渾儀、浮漏和編製新曆。熙寧六年，遷集賢校理，奉命詳定編修三司令敕。同年六月，奉命相度兩浙路農田水利、差役，兼察訪。預王安石新法事宜，頗得安石信賞。熙寧七年，奏罷兩浙新增預買紬絹十二萬匹。三月，加同修起居注。四月，建議分兩浙爲東、西兩路，詔從之。六月新製渾儀、浮漏成，七月，沈括上《渾儀》、《浮漏》、《景表》三議，擢爲右正言，賜銀、絹各五十兩匹。未幾，又遷知制誥、兼通進銀臺司。八月，出爲河北西路察訪使，代章惇也。九月，兼判軍器監。熙寧八年（一〇七五）三月，沈括報聘使遼，面議分畫地界事。又詣樞密院查閲案牘，上表論契丹爭地之無據，神宗召對，聽取沈括匯報後曰：『兩府不究本末，幾誤國事！』神宗自以筆畫地界圖，使內侍持貽兩府，切責輔臣。並命使持圖面示遼使蕭禧，面折其狂，禧議乃屈。神宗賜括銀千兩，稱許云：『微卿，無以折邊訟。』神宗以輿圖之誤切責輔臣，成爲王安石與沈括交惡之重要原因之一。後安石多次向神宗指斥有兩代再世交，座主、門生之誼的沈括爲『壬人，不可親近』。是年七月，命括爲淮南、兩浙災傷州軍體量安撫使，十月召還，任權發遣三司使，屬超除。熙寧九年歲末，又除翰林學士。次年十月，翰林學士、起居舍人、權三司使沈括守本官，以集賢院學士出知宣州，因蔡確劾其論役法首鼠兩端而降職貶外。

元豐二年（一〇七九），沈括復充龍圖閣待制。三年，改知延州兼鄜延路經略安撫使，於八月到任。四年秋冬間，宋廷以李憲爲陝西、河東五路統帥大舉伐夏，從熙河路出兵，種諤出鄜延路，沈括留守。初，互有勝負；後宋軍因將帥失和、指揮有誤、士卒厭戰等原因而無功班師。五年二月，沈括因應副邊事有勞而遷龍圖閣直學士。是年秋，沈括贊同徐禧修築永樂城（遺址在今陝西米脂縣馬湖峪），並奉命節制修城事。九月，西夏以重兵圍攻永樂城，徐禧、李舜舉等輕敵無謀，永樂城陷，徐、李死亡，宋軍約三萬人幾全軍覆沒。十月，詔命沈括責授均州團練副使、員外郎，隨州安置。八年，又奉命徙秀州團練副使，本州安置，不得簽書公事。元祐四年（一〇八九），詔命沈括敍朝教郎、守光禄少卿，分司南京，許於外州軍任便居住。括即移居潤州（治今江蘇鎮江）。元祐七八年間完成《夢溪筆談》。紹聖三年（一〇九六），居潤八年病卒，年六十五。歸葬錢塘。沈括博學多聞，於天文、律曆、地理、典制、音樂、醫藥等無所不通。撰有《筆談》二十六卷、《補筆談》三卷、《續筆談》、《蘇沈良方》、《長興集》等四十餘種，惜多已佚。《長興集》原四十一卷，明代萬曆間重刻時，已僅佚存十九卷。詩詞全佚，今有胡道靜先生《沈括詩詞輯存》行世。《四庫全書總目》稱其『博學善文』，文備『典則』，『有古作者之遺範』，確非虛譽。

本朝茶法

國朝茶利〔一〕，除官本及雜費外，淨入錢禁榷時取一年最中數，計一百九萬四千九十三貫八百八十五，內六十四萬九千六十九貫茶淨利。賣茶：嘉祐二年，收十六萬四百三十一貫五百二十七。除官本及雜費外，得淨利〔十萬六千九百五十七貫六百八十五。客茶交引錢，嘉祐三年，除官本及雜費外，得淨利〕五十四萬二千〔二〕〔一〕百一十一貫五百二十四〔二〕。四十四萬五千二十四貫六百七十茶稅錢。最中嘉祐元年所收數，除川茶錢在外。通商後來，取一年最中數，計一百一十七萬五千一百四貫九百一十九錢，內三十六萬九千七十二貫四百七十一錢茶租，嘉祐四年通商，立定茶〔交引〕〔租〕錢六十八萬〔三〕四千三百二十一貫三百八十，後累經減放，至治平二年最中分收上數〔四〕。八十萬六千三十二貫六百四十八錢茶稅。最中治平三年，除川茶稅錢外，會此數。

本朝茶法：乾德二年，始詔在京、建州、漢〔陽〕、蘄口各置榷貨務〔五〕。五年始禁私賣茶，從不應爲情理重〔者定斷〕〔六〕。太平興國二年，删定禁法條貫，始立等科罪。淳化二年，令商賈就園戶買茶，公於官場貼射，始行貼射法。淳化四年，初行交引，罷貼射法。西北入粟給交引，自通利軍始。是歲，罷諸處榷貨務，尋復依舊〔七〕。至咸平元年，茶利錢以一百三十九萬二千一百一十九貫〔三百一十九〕爲額〔八〕。至嘉祐三年，凡六十一年，用此額，官本雜費皆在內。中間時有增虧，歲入不常。咸平五年，三司使王嗣宗始立三分法。以十分茶價，四分給香藥，三分犀象，三分茶引。六年，又改支六分香藥、犀象，四分茶引。景德二年，許人入中錢帛、金銀，謂之三説。至祥符九年，茶引益輕，用知秦州曹瑋議，就永興、鳳翔以官錢收買客引，以救引價。前此，累增加饒錢。至天禧二年〔九〕，鎮戎軍納大麥一斗，本價通加饒共支錢一貫二百五十四。乾興元年，改三分法。支茶引三分，東南見錢二分半，香藥四分半。天聖元年，復行貼射法。行之三年，茶利盡歸大商，官場但得黄晚惡茶。乃詔孫奭重議，罷貼射法。明年，推治元議省吏、勾覆官勾獻等〔一〇〕，皆決配沙門島。元詳定〔官〕樞密副使張鄧公，參知政事吕許公、魯肅簡，各罰俸一月〔一一〕；御史中丞劉筠，入内内侍省副都知周文質，西上閤門使薛貽廓，三部副使各罰銅三十斤〔一二〕。前三司使李諮，落樞密直學士，依舊知洪州。皇祐三年，算茶依舊只用見錢。至嘉祐四年二月五日，降勅罷茶禁。

國朝六榷貨務、十三山場都賣茶，歲一千五十三萬三千七百四十七斤半〔一三〕；祖額錢二百二十五萬四千四十七貫一十〔一四〕。其六榷貨務，取最中嘉祐六年，抛占茶五百七十三萬六千七百八十六斤半，祖額錢一百九十六萬四千六百四十七貫二百七十八。江陵府〔一五〕，祖額錢三十一萬五千一百四十八貫三百七十五，受納潭、鼎、澧、岳、歸、峽州、江陵府片散茶〔一六〕，共八十七萬五千三百五十七斤。漢陽軍祖額錢二十一萬八千三百二十一貫五十一〔一七〕，受納鄂州片茶二十三萬八千三百斤半。蘄州蘄口祖額錢三十五萬九千八百三十九貫八百一十四〔一八〕，受納潭、建州、興國軍片茶五十萬斤〔一九〕。無爲軍祖額錢四十三萬八千六百二十貫四百三十〔二〇〕，受納潭、筠、袁、池、饒、〔岳〕、建、〔宣〕、歙、江、洪州、南康、興國軍片散茶共八十四萬二千三百三十三斤〔二一〕。真州祖額錢五十一萬四千二十二貫九百三十二〔二二〕，受納潭、袁、池、饒、歙、建、撫、筠、宣、江、吉、洪州、興國、臨江、南康軍片散茶〔二三〕，共二百八十五萬六千二百六斤。海州祖額錢三十萬八千七百三貫六百七十六，受納睦、湖、杭、越、衢、温、婺、台、常、明、饒、歙州片散茶〔二四〕，共四十二萬四千五百九十斤。十三山場祖額錢共二十八萬九千三百九十九貫七百三十二，共賣茶四百七十九萬六千九百六十一斤〔二五〕。光州光山場賣茶三十萬七千二百十六斤，賣錢一萬二千四百五十六貫。子安場賣茶二十二萬八千三十斤〔二六〕，賣錢一萬三千六百八十九貫三百四十八。商城場賣茶四十萬五百五十三斤，賣錢二萬七千七十九貫四百四十六。壽州麻步場賣茶三十三萬一千八百三十三斤，賣錢三萬四千八百一十一貫三百五十〔二七〕。霍山場賣茶五十三萬二千三百九斤，賣錢三萬五千五百九十五貫四百八十九。開順場賣茶二十六萬九千七十七斤，賣錢一萬七千一百三十貫。廬州王同場賣茶二十九萬七千三百二十八斤，賣錢一萬四千三百五十七貫六百四十二。黄州麻城場賣茶二十八萬四千二百七十四斤，賣錢一萬二千五百四十貫。舒州羅源場賣茶一十八萬五千八十二斤，賣錢一萬四百六十九貫七百八十五。太湖場賣茶八十二萬九千三十二斤，賣錢三萬六千九十六貫六百八十。蘄州洗馬場賣茶四十萬斤，賣錢二萬六千三百六十貫〔二八〕。王祺場賣茶一十八萬二千二百二十七斤，賣錢一萬一千九百五十三貫九百九十二。石橋場賣茶五十五萬斤，賣錢三萬六千八十貫〔二九〕。

〔校證〕

〔一〕國朝茶利　方案：宋・江少虞《皇宋事實類苑》卷二一（下簡稱《類苑》）引《筆談》此三條記事，在其前加標目『茶利』，是。不過又將另二條合爲一條，標目二。其後又引《筆談》卷一二『三説法』、『陳恕改茶法』（此條誤注出《楊文公談苑》）兩條，分别標目爲三、四。這樣標目分列後，固然眉目清楚，但其標題爲『茶利』則未確，應改爲『茶法』。實際上，《筆談》卷一一兩條與茶法相關的記事也很重要。不知《説郛》編者又緣何而失收。

〔二〕得淨利……五百二十四　胡校：《類苑》引注作正文。稗海本脱『得淨利』以下三十四字。方案：底本亦脱三十四字，從補。二『官本』，從底本及稗海本，義勝；胡校本作『元本』。『二千二百一十一貫』，胡校本及《類苑》作『二千一百』，稗海本又脱誤作『二百』。據胡校本改。

〔三〕立定茶租錢六十八萬　『立定』，底本誤作『直定』，據胡校本及《類苑》改。『茶租錢』，底本及胡校本均作『茶交引錢』，誤。方案：今考《宋史》卷一八四《食貨下五》：『初，所遣官既議弛禁，因以三司歲課均賦茶户，凡爲緡錢六十八萬有奇，使歲輸縣官。比輸茶時，其出幾倍，朝廷難之，爲損其半，歲輸緡錢三十三萬八千有奇，謂之〔茶〕租錢。』宋初實行禁榷茶法，茶户須交納歲課（類似今之農業税），可以茶折納，又稱折税茶。全國平均約三十四萬緡（以茶折價）。嘉祐四年（一〇五九），實行通商法，原茶租錢，三司按課額定爲六十八萬緡，均敷産茶地區茶户。在實際執行過程中，發現偏重，因而累經減放，最後定爲三十四萬緡左右（《宋史》稱三十三萬八千緡，按沈括此説爲三十四萬二千餘緡）。茶户交納的茶歲課錢，稱爲茶租錢，又稱茶課。由原來的折税茶演變而來，是茶實物税向貨幣税的演進，仍屬農業税範疇。這與商人經營茶須交納的商税（宋代又分住税和過税）不同。宋代的通商法，在絶大部分時間裏，仍是官府專賣制度框架下的所謂通商法，即間接專賣法，政府仍發行有兼具專賣許可證（憑引取茶）和納税憑證雙重功能的憑證，宋代稱『交引』。茶商販茶，必須向主管機關購買交引，到沿江榷貨務取茶。隨着茶法的變遷，茶與邊地入中糧草掛鈎，茶交引也成爲可以買賣的有價證券。官府出售交引所得之錢，稱爲交引錢。是與茶租錢完全不同的兩個概念。『茶租錢』，底本、胡校本皆誤作『茶交引錢』，據注文上之『茶租』改，宋本《類苑》正引作『茶租錢』，是其力證。可見沈括《筆談》原作『茶租錢』不誤，必元、明以後人（今存《筆談》已無宋刻，最早爲元刊本）因不明茶租錢之義而妄改。

〔四〕至治平二年最中分收上數　『治平』，底本原作『至平』，涉上而譌，據胡校本改。且宋無此年號。

〔五〕乾德二年始詔在京建州漢陽蘄口各置榷貨務　『漢陽』之『陽』字，底本及諸校本、《類苑》皆誤奪，據李燾《續資治通鑑長編》（下簡稱《長編》）卷五補。似宋本《筆談》已脱。

〔六〕五年始禁私賣茶從不應爲情理重者定斷　方案：考《宋會要輯稿》（下簡稱《宋會要》）食貨三〇之一《茶法雜録》上：『乾德五年詔：客旅於官場買到茶，並於禁榷〔地分〕賣者，並從不應爲〔律〕情重定斷。』宋初，禁私茶，比照唐律區處。檢《唐律疏議》卷二七有載：『諸不應得爲而爲之者，笞四十（謂律、令無條，理不可爲者）；事理重者，杖八十。』疏議曰：『雜犯輕重，觸類弘多，金科玉條，包羅難盡。其有在律、在令無有正條，若不輕重相明，無文可以比附。臨時處斷，量情爲罪，庶補遺闕，故立此條。』《宋刑統》卷二七全同。據此可知，宋初對私茶尚無明確的律令可區斷，故比照宋初沿用的這條『不應得爲而爲之者』唐律處分。此律有情節輕、重二款，分别笞四十、八十。《宋會要》則明確規定，販私茶按情重條款處分。沈括此條即删節上引《宋會要》（據《唐律疏議》）而成，但文有脱誤，乃至不可卒讀。『重』下，應補『者定斷』三字，據上引二書補。

〔七〕尋復依舊　胡校：《類苑》引無『復』字。

〔八〕茶利錢以一百三十九萬二千一百一十九貫三百一十九爲額　方案：『三百一十九』，底本、胡校本、《類苑》皆脱，據《玉海》卷一八一《乾德榷貨務》引沈括《筆談》補。

〔九〕至天禧二年　『天禧』，底本譌作『天祐』，據胡校本、《類苑》改。

〔一〇〕推治元議省吏勾覆官勾獻等　『勾覆官』、『勾獻』，二『勾』字，皆避南宋高宗趙構之嫌諱而分別改作『計』、『句』。前者爲官名，後者乃人名。底本和胡校本皆誤，據《類苑》改。『等』，底本涉上而譌作『官』，據胡校本、《類苑》改。檢《長編》卷一〇四天聖四年三月甲辰條載：『先是入内押班江德明傳宣：下御史臺鞫三司孔目官王舉、勾覆官勾獻等。……而妄稱賣茶課增一百四萬餘貫，以覬恩賞，朝廷以爲然。……獄具，決配獻沙門島，而舉已坐前事配宿州。』沈括即據此原史料删節略寫入《筆談》，是其證。

〔一一〕元詳定官樞密副使張鄧公參知政事吕許公魯肅簡各罰俸一月　『張鄧公』，乃張士遜（九六四—一〇四九）封號；『吕許公』，爲吕夷簡（九七九—一〇四四）封號；『魯肅簡』，乃魯宗道（九六六—一〇二九）贈謚。生平分見三人《宋史·本傳》等。

〔一二〕御史中丞劉筠入内内侍省副都知周文質西上閤門使薛貽廓三部副使各罰銅三十斤　方案：《宋會要》食貨三〇之五有載：『天聖元年三月詔：……與權三司使李諮，御史中丞劉筠，入内内侍省副都知周文質，西上閤門使薛貽廓及三部副使，同詳定經久利害，聞奏。』可見沈括所據乃《會要》之説。但

《長編》卷一〇〇天聖元年正月丁亥條在李、劉、周三人下則曰：『提舉諸司庫條王臻、薛貽廓及三部副使較茶鹽、礬税歲入登耗，更定其法。遂置計置司。（《實録》丁亥日同）』《長編》此條據《三朝國史·食貨志》，與《會要》所記有不同。一是下詔日期不同，二是多一提舉諸司庫務王臻，三是明言設茶鹽計置司。核《宋會要》食貨三六之一七亦云：『今欲令劉筠、周文質、王臻、薛貽廓與三司使、副（方案：此乃『三部副使』之誤）等……開析聞奏。』與《長編》全同。則似《筆談》『周文質』後脱『提舉諸司庫務王臻』八字。另外『西上閤門使』乃職事官，『提舉諸司庫務』則差遣，或薛貽廓以閤門使而提舉。『閤』，底本作『閣』，據上引《會要》、《長編》及胡校本、《類苑》改。『薛貽廓』之『貽』，胡校本及《類苑》均形譌作『昭』，底本又音譌作『招』，據同上引《會要》、《長編》改。『三部副使』，指三司所屬的户部、度支、鹽鐵三部，分置副使。又考《長編》卷一〇四天聖四年三月甲辰條云：『前領計置司劉筠、王臻、范雍、蔡齊、俞獻可、姜遵、周文質各罰銅三十斤。』當時，范雍繼李諮而任權三司使，則似蔡、俞、姜三人乃三部副使。上述官員，加上薛貽廓（疑《長編》偶脱）爲計置茶鹽司的成員，而總其事者則執政張、吕、魯三人，並因詳定茶法而受責罰。『三十斤』，底本、胡校本、《類苑》皆誤作『二十斤』，今據《宋會要》食貨三六之二〇及上引《長編》卷一〇四改。

〔一三〕歲一千五十三萬三千七百四十七斤半　方案：『半』，《玉海》卷一八一《乾德榷貨務》引『沈括云』無『半』字。或删其尾數。

〔一四〕祖額錢二百二十五萬四千四十七貫一十　『祖額錢』，底本及《類苑》皆譌作『租額錢』，宋代茶法中不存在所謂『租額錢』一詞，據《宋會要》食貨二九之七及胡校本改。下『租』字徑改，説詳下。又，『二百二十五萬』，據下列六榷貨務十三山場明細數合計，應作『二百三十五萬』，疑『二十』應是『三十』之譌。

〔一五〕江陵府　諸本皆作『荆南府』，大誤。南宋建炎四年（一一三〇）始改江陵府爲『荆南府』，淳熙中，復改爲江陵府。五代時有荆南，北宋初，國滅已廢。沈括北宋人，又精於地理、地名之學，不可能使用『荆南府』一詞，必後人妄改。《宋會要》食貨二九之七、《長編》卷一〇〇、《宋史·食貨下五》卷一八三正作『江陵府』，是其證，據改。

〔一六〕受納潭鼎澧岳歸峽州江陵府片散茶　方案：校《宋會要》食貨二九之七，無岳州而有贛州。又，『江陵府』（原誤荆南府）《宋會要》作『本府』。即指沿江六榷務之一江陵府務所在地的江陵府，這也是宋荆湖北路路治的所在地。

〔一七〕漢陽軍祖額錢二十一萬八千三百二十一貫五十一　方案：『三百二十一貫』之『二』字，胡校云：弘治本作『三』。《宋會要》及《類苑》卻均作『一』。

〔一八〕蘄州蘄口祖額錢三十五萬九千八百三十九貫八百一十四　胡校：『一十四』，弘治本作『四十一』。方案：《宋會要》作『三十六萬七千〔七〕百六十七貫一百二十四文』，全不同。又，『百』，《宋會要補編》頁二九二上複文作『七百』，疑是，《宋會要》『千』下應從補『七』。

〔一九〕受納潭建州興國軍片茶五十萬斤　方案：《宋會要》作『受洪、潭、建、〔南〕劍州、興國軍茶』。洪、〔南〕劍二州爲《筆談》所無。又，『劍州』，應是『南劍州』之譌。

〔二〇〕無爲軍祖額錢四十三萬八千六百二十貫四百三十　方案：『四十三萬』，《筆談》諸本均譌倒作『三十四萬』。《宋會要》食貨二九之七作『四十三萬五百四十一貫五百四十文』，同書《宋會要補編》頁二九二上複文全同。僅據此只能出異同校，不足以據改。但《淳熙新安志》卷二《茶課》有載：『在無爲軍〔務〕者，受洪、宣、歙、饒〔等〕十三州之茶，爲額四十三萬有奇。』據此二證，則沈括譌倒無疑，據改。

〔二一〕受納潭筠袁池饒岳建宣歙江洪州南康興國軍片散茶共八十四萬二千三百三十三斤　方案：據右引《新安志》卷二凡受納十三州軍之茶，此僅列十一州軍，顯脱二州，據《宋會要》二九之七及《補編》頁二九二上補岳、宣二州。六榷務受納各州軍茶的地名所列次序，《宋會要》與《筆談》全不同，可能所據史源不同，爲免煩瑣，不再調整並出校。下同。

〔二二〕真州祖額錢五十一萬四千二十二貫九百三十二　方案：此數《筆談》諸本同，但『二十二貫』，《宋會要》及《補編》複文作『二十三貫』。

〔二三〕受納潭袁池饒歙建撫筠宣江吉洪州興國臨江南康軍片散茶　方案：此列真州務凡受納十五州軍茶。據《淳熙新安志》卷二《茶課》：『其在真州者，受洪、宣、歙、撫〔等〕十五州之茶，爲額五十一萬有奇。』核《宋會要》食貨二九之七有潭、岳州而無建州、南康軍，但上引《宋會要補編》頁二九二上複文則有建州而無南康軍，可知《宋會要》抄手誤脱建州。南康軍，《宋會要》二本均無而《筆談》有，疑非是。似應據補岳州，方合十五州軍。參見本書補編《通考·征榷五·榷茶》校記〔二七〕。

〔二四〕受納睦湖杭越衢温婺台常明饒歙州片散茶　方案：《宋會要》作『海州務受杭、越、蘇、湖、明、婺、

〔處〕、常、温、台、衢、睦州茶』。『處州』，《會要》二本均脱，據《長編》卷一〇〇、《宋史・食貨下五》、《文獻通考・征榷五》補。《筆談》有饒、歙州而無蘇、處州，今考饒州宋屬江南西路，歙州屬江東路，其餘十二州皆屬兩浙路。海州在今江蘇連雲港市，其所受納之片、散茶爲六榷務中品質最爲優良，賣價最高者。兩浙路所産茶均符合這一條件，但歙州茶、饒州茶就等而下之了。其次，兩浙路茶可從海上運輸，這對於運輸量極大的茶而言，可以較大幅度降低銷售成本。饒、歙州茶均不具備以上條件，因此，《筆談》列饒、歙州茶於海州務受納，其可能性不大，但未必是沈括搞錯，當另有史源出處。令人費解的是：在《宋會要》二九之一〇賣茶價所列茶品中，既無蘇、處州，又無饒、歙州。今姑兩存之，待考。

〔二五〕共賣茶四百七十九萬六千九百六十一斤　方案：『賣茶』，諸本均譌作『買茶』。首先，本條開宗明義，沈括已云：『國朝六榷貨務、十三山場都賣茶。』其下又云：『其六榷貨務，取最中嘉祐六年，抛占茶……』抛占茶，亦賣茶也，即抛售庫存之茶。十三山場不應自相抵牾作『買茶』。其次，所謂的祖額錢，亦當爲嘉祐六年十三山場之賣茶祖額錢，其賣茶數十三山場凡四百七十九萬六千九百六十一斤。而如果是買茶數，當時已茶法通商，不可能再有定額的買茶數，而且在禁榷時，買茶額十三山場凡八百六十五萬餘斤，這是《長編》卷一〇〇、《宋史・食貨下五》、《通考・征榷五》均明文記載的。最後，更重要的是：《宋會要》食貨二九之一〇至一一及《宋會要補編》頁二九五上複文有十三山場各場上中下號茶的賣茶價。經逐場驗證，十三山場中，只有羅源、光山二場賣茶價比上述《宋會要》所載價格偏高。其原因極可能爲所載祖額錢、賣茶額的數字有問題。如壽州麻步場，胡校本、《類苑》作賣錢三萬四千八百一十一貫，這『三萬』，底本和稗海本、學津本《筆談》均作「二萬」;　如據胡校本作「三萬」,平均每斤茶賣價高達一百零五文,顯然高得離譜,作「二萬」,則爲平均七十五文,就比較合理。這是一個十分明顯的例證。另一個大幅度低於平均賣價的是太湖場,疑亦數據有問題,其餘十場均在合理的賣價範疇内,故可斷言,此「買茶」,必爲「賣茶」之誤。以下十三處各場「買茶」均誤,徑改,故不再出校。

〔二六〕子安場賣茶二十二萬八千二十斤　「二十」,方案:　胡校本、《類苑》作「三十」,但底本同稗海、學津本作「二十」。

〔二七〕賣錢二萬四千八百一十一貫三百五十　方案:「二萬」,胡校本、《類苑》皆誤作「三萬」。胡校云:「稗海本、學津本」,「三萬」皆作「二萬」。　如作「三萬」,則每斤賣價爲一百零五文;　如作「二萬」,則每斤賣價爲七十五文,每斤相差三十文。核右引《宋會要補編》頁二九五上所載上中下號茶,賣價分别爲八十八文、七十九文、六十三文,則顯然作「二萬」是,而作「三萬」誤。

〔二八〕賣錢二萬六千三百六十貫　方案:「二萬」,底本、胡校本、《類苑》同,胡校云:　弘治本作「一萬」。據上條拙釋驗證,作「一萬」,賣價僅四十一文,作「二萬」則買價爲六十六文,與洗馬場五等賣價的平均值相近,則「一萬」必誤。

〔二九〕賣錢三萬六千八十貫　胡校:　《類苑》引「六千」作「二千」。方案:　同上法驗證,如作「六千」,則每斤平均賣價爲六十七文;　如作「二千」,則賣價爲五十八文。而石橋與王祺場據《宋會要》同列四等賣茶價,平均爲六十八文,而王祺場據賣茶和賣錢數平均乃六十七文。不言而喻,作「六千」是,而作「二千」非。

鬥茶記

〔宋〕唐庚

〔提要〕

《鬥茶記》，宋代茶文。唐庚撰，今存。唐庚（一〇七一—一一二一），字子西。眉州丹稜人。紹聖元年（一〇九四）進士，釋褐利州司法參軍。元符三年（一一〇〇），知閬中縣。崇寧二年（一一〇三），爲綿州（治今四川綿陽）録事參軍；四年，除鳳州教授。大觀四年（一一一〇），入爲宗子博士。因張商英薦，除京畿路提舉常平，旋被論罷，貶謫惠州，成爲當時政争的犧牲品。政和五年（一一一五）牽復，官承議郎。宣和二年（一一二〇），自請提舉太平興國宫。次年，歸蜀，道卒於鳳翔。唐庚通世務，善詩文。文宗司馬遷，詩學杜甫，時有『小東坡』之譽。其詩文精密工緻，卒後次年，遺文即由其弟唐庚編次成集，惜已佚。今傳諸本，即以惠州州學主管鄭康佐於紹興二十一年（一一五一）編次的《眉山唐先生文集》（二十卷）爲祖本。此本今存，藏於國家圖書館。今傳清雍正汪亮采活字本《唐眉山集》、四庫本《唐子西集》均二十四卷，實由明末徐𤊹從何楷家抄傳。内含詩賦十卷，雜文十二卷，《三國辨事》二卷（此書又有單行本）。此外，生前友人强行父編有《唐子西文録》一卷。《鬥茶記》，唐庚政和二年（一一一二）三月撰於惠州，乃庚與二三友人烹試、鬥茶時的實録，反映了北宋末的文人情趣，實在也算不上一種茶書。清初陶珽重編《説郛》時，始作爲一書收入。唐庚茶文還有《失茶具圖説》等。《鬥茶記》曰：『吾聞茶不問團銙，要之貴新；水不問江井，要之貴活。』真乃通人之論。另外，他的茶詩文中，還有批評陸羽撰《毁茶論》之説，見解也頗通達。本文録自四庫本《眉山集·眉山文集》卷二，校以《廣羣芳譜》卷一九，底本僅誤『走』爲『支』，形譌，故不再出校。

鬥茶記

政和二年三月壬戌，二三君子相與鬥茶於寄傲齋，予爲取龍塘水烹之而第其品。以某爲上，某次之。某閩人，其所賫，宜尤高而又次之，然大較皆精絶。蓋嘗以爲天下之物，有宜得而不得，不宜得而得之者。富貴有力之人，或有所不能致；而貧賤窮厄流離遷徙之中，或偶然獲焉。所謂尺有所短，寸有所長，良不虚也。唐相李衛公，好飲惠山泉，置驛傳送，不遠數千里。而近世歐陽少師，作《龍茶録〔後〕序》稱：嘉祐七年，親享明堂，致齋之夕，始以小團分賜二府，人給一餅（方案：此説誤。歐説稱『兩府各四人，共賜一餅』；又云『兩府八家，分割以歸』。見《文忠集》卷六五），不敢碾試，至今藏之，時熙寧元年也。吾聞茶不問團銙，要之貴新；水不問江井，要之貴活。千里致水，真僞固不可知，就令識真，已非活水。自嘉祐七年壬寅至熙寧元年戊申，首尾七年，更閱三朝，而賜茶猶在，此豈復有茶也哉！

今吾提瓶（支）〔走〕龍塘，無數十步，此水宜茶，昔人以爲不減清遠峽，而海道趨建安，不數日可至。

故每歲新茶，不過三月至矣。罪戾之餘，上寬不誅，得與諸公從容談笑於此，汲泉煮茗，取一時之適，雖在田野，孰與烹數千里之泉，澆七年之賜茗也哉？此非吾君之力歟！夫耕鑿食息，終日蒙福而不知爲之者，直愚民耳，豈吾輩謂耶！是宜有所紀述，以無忘在上者之澤云。

荈茗録

〔宋〕佚　名

〔提要〕

《荈茗録》，宋代茶文。作者佚名，一卷。《荈茗録》實在算不上一種茶書，僅是《清異録》中的一門而被明初陶宗儀析出單行。《清異録》舊題宋·陶穀撰，實非是，作者爲無名氏而僞托宋初略有文名的陶穀而已。宋人陳振孫《解題》卷一一、近人王國維《觀堂外集·庚辛之間讀書志》、余嘉錫《四庫提要辨證》卷一八言之甚詳且確，斯言可爲定論。今考其首條《龍坡山子茶》稱：『開寶中，竇儀以新茶飲予。』竇儀（九一四—九六七）卒於乾德五年（九六七），又豈能在開寶（九六八—九七六）年間與作者會茶？另外，《清異録》中多條記事涉及太宗（九七六—九九七年在位）朝事，而陶穀卒於開寶三年（九七〇），其時墓木已拱，顯爲嫁名僞托無疑。關於《荈茗録》的另一個問題是：其首條《十六湯品》，自明初陶宗儀編《説郛》時被作爲一書單列，稱是唐·蘇廙（一本又作虞）《僊芽傳》中內容，但遍檢唐代資料無考。故《四庫全書總目》（下簡稱《提要》）卷一一六稱之爲『不著撰人名氏』；周中孚《鄭堂讀書記》卷五〇則斷言：『似宋、元間人僞托，斷不出於唐人也。』頗爲有識。今考《十六湯品·減價湯》有『御銙』一詞，這是宋代貢茶龍鳳團茶的專用名詞，決非唐人所能未卜先知。因此，《十六湯品》及已佚的《僊芽傳》亦爲僞托子虛烏有的唐·蘇廙撰，

《全唐文》的編者將其輯入是書卷九四六，殊爲無識，應予剔除。

今考宋本《清異録》已蕩然無存。今傳本當始於元明之際。據明隆慶六年（一五七二）葉氏菉竹堂刻本（下簡稱葉本）俞允文（一五一三—一五七九）序，元代已有『孫道明（方案：字明叔，松江華亭——今屬上海人）抄寫宋·陶穀《清異録》四卷，凡十五門，二百三十事，遺缺過半；後復得抄本，不第卷次，凡三十七門，六百四十八事。比道明本爲備，而文獨簡略，譌誤亦多』。此後即有《説郛》本、喻政《茶書全集》本（下簡稱喻甲本）、明·陶元柱脩羣館刊本、清康熙中海鹽陳氏漱六閣刻本、清·魏錫曾鈔本、陳眉公寶顔堂秘笈本（下簡稱陳本）、《唐宋叢書本》、清道光間李錫齡校刊惜陰軒叢書本（下簡稱李本）等。《清異録》雖有四卷、二卷、不分卷之别，但内容大同小異，僅條數多少、文字譌脱倒衍程度不同而已。《説郛》析是書之一門及一篇，分題作二種茶書以來，後世多沿之。今仍併作一門，改題爲《荈茗録》。因《説郛》二本均非完本，故以四庫本爲底本，通校喻甲本、葉本、陳本、李本、《説郛》二本及《續茶經》、《廣羣芳譜》、《全唐文》等。底本是而校本誤者，不再出校。其文内容雖迹近遊戲文字，但於唐宋茶文化研究卻不無裨益，如五代·胡嶠詩及唐·孫樵書等均爲佚詩文。

荈茗録〔一〕

十六湯品〔二〕　蘇廙《仙芽傳》第九卷載作湯十六法〔三〕，以謂：湯者，茶之司命。若名茶而濫湯，則與凡末同調矣。煎以老嫩言者凡三品，自第一至第三。注以緩急言者凡三品，自第四至第六。以器標者共五品〔四〕，自第七至第十一。以薪論者共五品〔五〕。自十二至十六。

第一得一湯　火績已儲〔六〕，水性乃盡，如斗中米，如稱（秤？）上魚，高低適平，無過不及爲度，蓋一而不偏雜者也。天得一以清〔七〕，地得一以寧，湯得一可建湯勳。

第二嬰兒湯〔八〕　薪火方交，水釜纔熾，急取茗旋傾〔九〕，若嬰兒之未孩，欲責以壯夫之事，難矣哉！

第三百壽湯一名『白髮湯』。　人過百息，水踰十沸，或以話阻，或以事廢，始取用之，湯已失性矣。敢問皤鬢蒼顔之大老，還可執弓抹矢以取中乎？還可雄登闊步以邁遠乎？

第四中湯　亦見夫鼓琴者也〔一〇〕，聲合中則意妙〔一一〕。亦見磨墨者也〔一二〕，力合中則色濃〔一三〕。聲有緩急則琴亡，力有緩急則墨喪，注湯有緩急則茶敗。欲湯之中，臂任其責。

第五斷脈湯　茶已就膏，宜以造化成其形。若手顫臂嚲，惟恐其深，瓶嘴之端，若存若亡〔一四〕，湯不順通，故茶不匀粹。是猶人之百脈〔起伏〕〔一五〕，氣血斷續，欲壽奚獲，苟惡斃宜逃〔一六〕。

第六大壯湯　力士之把針，耕夫之握管，所以不能成功者，傷於粗也。且一甌之茗，多不二錢，若盞量合宜〔一七〕，下湯不過六分，萬一快瀉而深積之，茶安在哉？

第七富貴湯　以金銀爲湯器，惟富貴者具焉，所以策功建湯業，貧賤者有不能遂也。湯器之不可捨金銀，猶琴之不可捨桐，墨之不可捨膠。

第八秀碧湯　石凝結天地秀氣而賦形者也，琢以爲器，秀猶在焉〔一八〕。其湯不良，未之有也。

第九壓一湯　貴欠金銀〔一九〕，賤惡銅鐵，則瓷瓶有足取焉。幽士逸夫，品色尤宜。豈不爲瓶中之壓一乎？然勿與誇珍衒豪臭公子道〔二〇〕。

第十纏口湯　猥人俗輩，煉水之器豈暇深擇[二一]，銅鐵鉛錫，取熟而已[二二]。夫是湯也，腥苦且澀，飲之逾時，惡氣纏口而不得去。

第十一減價湯　無油之瓦[二三]，滲水而有土氣，雖御銙宸緘[二四]，且將敗德銷聲。諺曰：『茶瓶用瓦，如乘折脚駿登高。』好事者幸誌之。

第十二法律湯　凡木可以煮湯，不獨炭也；惟沃茶之湯，非炭不可。在茶家亦有法律，水忌停，薪忌熏。犯律踰法，湯乖則茶殆矣。

第十三一面湯　或柴中之麩火，或焚餘之虛炭，木體雖盡而性且浮，性浮，則湯有終嫩之嫌。炭則不然，實湯之友。

第十四宵人湯　茶本靈草，觸之則敗。糞火雖熱，惡性未盡，作湯泛茶，減耗香味。

第十五賊湯一名『賤湯』。　竹篠樹梢，風日乾之，燃鼎附瓶，頗甚快意。然體性虛薄，無中和之氣，爲茶之殘賊也[二五]。

第十六魔湯[二六]　調茶在湯之淑慝。而湯最惡烟，燃柴一枝，濃烟蔽室，又安有湯耶？苟用此湯，又安有茶耶？所以爲大魔。

龍陂山子茶　開寶中，竇儀以新茶飲餘[二七]，味極美，奩面標云『龍陂山子茶』。龍陂，是顧渚之別境。

聖楊花[二八]　吳僧梵川，誓願燃頂供養雙林傅大士，自往蒙頂結菴種茶。凡三年，味方全美，得絶佳者聖楊花[二九]，吉祥蕋，共不踰五斤，持歸供獻。

湯社　和凝在朝，率同列遞日以茶相飲，味劣者有罰，號爲『湯社』。

縷金耐重兒　有得建州茶膏，取作『耐重兒』八枚〔三〇〕，膠以金縷，獻於閩王曦。遇通文之禍，爲内侍所盜，轉遺貴臣。

乳妖　吴僧文了善烹茶。游荆南，高保勉白子季興延置紫雲菴〔三一〕，日試其藝，保勉父子呼爲『湯神』。奏授華定水大師上人，目曰『乳妖』。

清人樹　僞閩甘露堂前兩株茶，鬱茂婆娑，宫人呼爲『清人樹』。每春初，嬪嬙戲摘新芽，堂中設『傾筐會』。

玉蟬膏　顯德初，大理徐恪見貽鄉信鋌子茶〔三二〕，茶面印文曰『玉蟬膏』，一種曰『清風使』。恪，建人也。

森伯　湯悦有《森伯頌》，蓋茶也。方飲而森然嚴乎齒牙，既久〔而〕四肢森然〔三三〕。二義一名，非熟夫湯甌境界〔者〕〔三四〕，誰能目之？

水豹囊　豹革爲囊，風神呼吸之具也。煮茶啜之，可以滌滯思而起清風。每引此義，稱茶『水豹囊』。

不夜侯　胡嶠《飛龍磵飲茶》詩曰〔三五〕：『沾牙舊姓余甘氏，破睡當封不夜侯。』新奇哉！嶠，宿學雄材，未達，爲耶律德光所虜北去，后間道復歸。

雞蘇佛　猶子彝〔三六〕，年十二歲，予讀胡嶠茶詩，愛其新奇，因令傚法之，近晚成篇，有云：『生凉好唤鷄蘇佛〔三七〕，回味宜稱橄欖仙。』然彝亦文詞之有基址者也〔三八〕。

冷面草　符昭遠不喜茶，嘗爲御史，同列會茶，嘆曰：『此物面目嚴冷，了無和美之態，可謂「冷面草」

也。』飯餘，嚼佛眼芎，以甘菊湯送之，亦可爽神。

晚甘侯 孫樵《送茶與焦刑部書》云：『晚甘侯十五人遣侍齋閣，此徒皆請雷而摘〔三九〕，拜水而和，蓋建陽丹山碧水之鄉，月澗雲龕之品〔四〇〕，慎勿賤用之。』

生成盞 饌茶而幻出物象於湯面者，茶匠通神之藝也。沙門福全，生於金鄉，長於茶海，能注湯幻茶成一句詩，並點四甌，共一絶句，泛乎湯表。小小物類，唾手辦耳。檀越日造門，求觀湯戲，全自詠曰：『生成盞裏水丹青，巧畫工夫學不成。卻笑當時陸鴻漸，煎茶贏得好名聲。』

茶百戲 茶至唐始盛。近世有下湯運匕，别施妙訣，使湯紋水脈成物象者，禽獸蟲魚花草之屬，纖巧如畫，但須臾即就散滅，此茶之變也。時人謂之『茶百戲』。

漏影春 漏影春法，用鏤紙貼盞，糁茶而去紙，僞爲花身，别以荔肉爲葉，松實、鴨脚之類珍物爲蕊，沸湯點攪。

甘草癖 宣城何子華，邀客於剖金堂慶新橙。酒半，出嘉陽嚴峻畫陸鴻漸像，子華因言：『前世惑駿逸者爲「馬癖」，泥貫索者爲「錢癖」，躭於子息者爲「譽兒癖」，躭於褒貶爲《左傳》癖，若此叟者溺於茗事，將何以名其癖？』楊粹仲曰：『茶至珍，蓋未離乎草也。草中之甘，無出茶上者，宜追目陸氏爲「甘草癖」〔四一〕。』坐客曰：『允矣哉！』

苦口師 皮光業最躭茗事。一日，中表請嘗新柑，筵具殊豐，簪紱叢集。纔至，未顧尊罍而呼茶甚急。徑進一巨甌，題詩曰：『未見甘心氏，先迎苦口師。』衆噱曰：『此師固清高，而難以療饑也。』

〔校證〕

〔一〕荈茗録　『録』，原作『門』，今改題。《説郛》二本均作『茗荈』，喻甲本作『荈茗録』。

〔二〕十六湯品　『品』，底本原無，今據喻甲本及以下正文中『凡三品』、『共五品』云云補。又，其下正文『第一』至『第十六』之後，喻甲本均有『品』字，似應據補。

〔三〕蘇廙……十六法　『蘇廙』，底本其下原有注文：『一作「虞」，二本皆「廙」字，今從之。』今删。喻甲本首行題作『湯品』，次行署『唐·蘇廙元明著』，（方案：未審何據。）第三行題作『十六湯品』。首行『湯品』前又别出目録，著録篇名《十六湯品》外又逐條别出第一至第十六品條目。《説郛》涵本作『蘇虞』，宛本此句及下文『以謂』二字皆無，『湯者……共五品』一節又移至第十六條後之篇末，且無四條注文。陳本、李本均作『蘇廙』。

〔四〕以器標者共五品　《説郛》涵本『器』下有『類』字。

〔五〕以薪論者共五品　《説郛》涵本『薪』下有『火』字。

〔六〕火績已儲　『儲』，同右引作『諳』。

〔七〕天得一以清　『以』，同右引作『而』。

〔八〕第二嬰兒湯　『嬰兒湯』，原作『嬰湯』，『兒』，據同右引及下文『若嬰兒』云云補。

〔九〕急取茗旋傾　『茗』，原脱，據同右引及上下文意補。

〔一〇〕亦見夫鼓琴者也　『夫』，喻甲本作『乎』，兩通之。

〔一一〕聲合中則意妙　『意』，《説郛》涵本無此字，而宛本作『失』。

〔一二〕亦見磨墨者也　『亦見』下，《説郛》涵本有『夫』字，喻甲本有『乎』字。

〔一三〕力合中則色濃　『色濃』，《説郛》宛本作『失濃』，喻甲本又譌作『矢濃』；　涵本則既無『色』，也無『失』，疑脱。

〔一四〕若存若亡　『亡』，底本及《説郛》宛本原誤作『忘』，據參校諸本改。

〔一五〕是猶人之百脈起伏　『起伏』，原脱，據《説郛》涵本補。

〔一六〕欲壽奚獲苟惡斃宜逃　『獲』，原誤奪，據喻甲本補。『斃』，明·賀復徵《文章辨體匯選》卷七七〇引作『奚』。

〔一七〕若盞量合宜　『若』，底本及諸本均涉上而譌作『茗』，惟《説郛》涵本作『若』，極是，並據上下文義改。

〔一八〕秀猶在焉　喻甲本『猶』下有『然』字。

〔一九〕貴欠金銀　『欠』，《説郛》涵本作『厭』，似義長。

〔二〇〕然勿與誇珍衒豪臭公子道　『勿』，《説郛》涵本作『不』。

〔二一〕煉水之器豈暇深擇　上四字，同右引作『煉之水器』。

〔二二〕取熟而已　『熟』，底本及諸本皆形譌作『熱』，惟《説郛》宛本作『熟』，是，據改。唐宋時人煎茶、點茶，有候湯之説，即先要燒水（本條稱『煉水』），水之温度（唐宋時人稱之爲生、熟）頗有講究。如蔡襄《茶録·候湯》云:『候湯最難,未熟則沫浮,過熟則茶沉。前世謂之蟹眼者,過熟湯也。』

〔二三〕無油之瓦　諸本皆然。方案:『油』乃『釉』之借字,『瓦』下又省一『器』字。『無油之瓦』指陶器,故易滲水而有土氣;有釉之瓦,則爲瓷器,堪作點茶之具。

〔二四〕雖御銙宸緘　『銙』,原作『胯』,據《説郛》涵本、喻甲本改。

〔二五〕爲茶之殘賊也　『茶』,喻甲本作『湯』,疑或應作『茶湯』。

〔二六〕第十六魔湯　『魔湯』,《説郛》涵本作『大魔湯』,近是。條末之『大魔』是其證,似應補『大』字。

〔二七〕賓儀以新茶飲餘　『飲』,《續茶經》作『餉』。

〔二八〕聖楊花　《説郛》涵本作『聖賜花』。

〔二九〕得絶佳者聖楊花　『者』下,《廣羣芳譜》有『號』字;『楊』,《説郛》涵本作『賜』。

〔三〇〕取作耐重兒八枚　『取作』,喻甲本作『作取』。

〔三一〕高保勉白子季興延置紫雲菴　『白子』,《説郛》涵本作『白於』,收入四庫全書的宛本《説郛》卷一二〇上作『四子』,《廣羣芳譜》又作『洎子』,《山堂肆考》卷一九三僅作『子』,喻甲本作『伯子』。今考高季興(八五八—九二九)字貽孫,爲南平國主。子九人,卒後,長子從誨(八九一—九四八)立。從誨十五子,長曰保勳,次保正,保融則其第三子,繼立。保融(九二〇—九六〇)以疾卒,弟保勗立,保勗(九二四—九六二)字省躬,從誨第十子也。此乃歐陽修《新五代史》卷六九所列世系,其説是。勗,即勉,避宋諱追改,故高保勗即高保勉。但《舊五代史》卷一三三卻云:『保勗,季興之幼子也。鍾愛尤甚。季興在世時，或因事盛怒，左右不敢竊視，惟保勗一見，季興則怒自解，故荆人目之爲「萬事休」。』宋・馬永易《實賓録》卷七《萬事休》亦云：『五代荆南高保勉，季興之幼子也，季興鍾愛尤深。』顯然，薛史及馬氏已誤孫爲子矣。因此，是條『高保勉白子季興』之説實大誤，《説郛》涵本作『白於』亦誤，季興卒時，保勉僅六歲，又與下文『保勉父子』云云不合。因此，惟一有可能的是喻甲本所稱『伯子』，不過，下之『季興』乃『繼衡』之誤。據《新五代史》卷六九：保勗建隆二年（九六二）十一月卒，其兄保融之子繼衡立。這繼立的高繼衡正爲保勉之『伯子』，而與下文之『保勉父子』亦勉強相合。目前，我們已無法判定，這種將祖孫關係説成父子關係的舛誤是原書所有，還是刊刻流傳過程中産生的。如果是前者，那就太不可思議了，因爲陶穀（九〇三—九七一）歷仕後晉、後漢、後周、宋初四朝，且嘗爲詞臣，又出使過南平，不可能不知道高季興與保勉的祖孫關係。如果這種錯誤確出於原書的話，那就又爲拙考之説即《清異録》乃僞托陶穀所撰提供了一個有力的佐證。

〔三二〕大理徐恪見貽鄉信鋌子茶　底本作『鄉』，是；諸本皆形譌作『卿』。『鄉信』，家鄉土産；『卿信』，則無義。『鋌』，《説郛》涵本作『錠』。錢大昕《十駕齋養新録》卷一九稱：『古人稱金銀曰鋌，今用錠字。』其説是。五代時，建州將研膏茶製成狀如金銀鋌（錠）的團茶，宋代形制各異的北苑貢茶正是在這一基礎上發展起來的。

〔三三〕既久而四肢森然　『既久』下，《續茶經》有『而』字，蒙上文『方飲而』云云，似應據補，底本原脱。『四肢』，底本誤奪，據參校諸本補。

〔三四〕非熟夫湯甌境界者　『夫』，《續茶經》作『乎』；『者』，原脱，據同上引書及上下文意補。

〔三五〕胡嶠飛龍磵飲茶詩曰　『磵』，喻甲本作『澗』。

〔三六〕猶子彝　《説郛》涵本作『猶子彝之』。

〔三七〕生涼好喚鷄蘇佛　『喚』，喻甲本作『喫』。

〔三八〕然彝亦文詞之有基址者也　『彝』，《説郛》涵本作『彝之』。

〔三九〕此徒皆請雷而摘　『請』，《廣羣芳譜》作『乘』，義勝。吴淑《事類賦注・茶賦》亦有『乘雷而摘』之説。

〔四〇〕月澗雲龕之品　『品』，《説郛》涵本作『侶』。

〔四一〕宜追目陸氏爲甘草癖　『宜追』，同右引作『追宜』，兩通之。

茶賦注

〔宋〕吴　淑

〔提要〕

《茶賦注》，宋代茶文（賦并注）。録自《事類賦注》卷一七，吴淑撰。吴淑（九四七—一〇〇二），字正儀，潤州丹陽（治今江蘇丹陽）人。南唐進士，補丹陽尉，以校書郎直内史。從李煜歸宋，以近臣薦，試學士院，授大理評事。預修《太平御覽》、《太平廣記》、《文苑英華》。歷官太府寺丞、著作佐郎，以本官充秘閣校理。太宗時，曾獻《事類賦》百篇，詔令注釋，淑分注成三十卷上進，遷水部員外郎。至道二年（九九六），兼掌起居舍人事。真宗初，預修《太宗實録》，終官職方員外郎。淑以文學知名。撰有《文集》二十卷（《宋志》作十卷，似誤，此據曾鞏《隆平集》卷一四、王稱《事都事略》卷一一五），《説文五義》三卷，《異僧記》一卷，已佚；《江淮異人録》三卷，《秘閣閑談》五卷，《諱名録》一卷（僅見宛本《説郛》卷四三收録），今存。據王應麟《玉海》卷五九，《事類賦（注）》三十卷完成於淳化四年（九九三）。誠如紹興十六年邊惇德序亟稱，是書『文約事備，經史百家，傳記方外之説，靡所不有』。吴淑預修宋初三大書，得親見宋初尚存之大量文獻，引録於其書注文，雖不無删削修潤，仍不失爲輯佚的淵藪，校勘的寶山。

《事類賦》卷一七《茶》保存的注引宋本《茶經》雖僅五條，但另有《茶經》引文十六條之多，均可與今傳《茶經》及

《太平御覽》卷八六七《飲食·茗》作對校，文字互有出入，可據以補訂者不勝枚舉。尤可貴者，賴其保存的毛文錫《茶譜》佚文有二十九條之多，拙輯取資於此實夥。鑒於其在茶文化史上的重要地位，今特從《事類賦》卷一七中析出，題曰《茶賦注》編入本書上編。另一個原因是：明清茶書，收入吴淑此賦者甚夥，每收入一次，就增加一些文字的衍誤奪倒。爲免煩瑣，更爲保存《茶經》、《茶譜》的宋代校本，今特據幸存的紹興十六年（一一四六）兩浙東路茶監司刻本（今藏國圖）作爲底本（下簡稱宋本），校以通行本明嘉靖十六年秦汴刊本及四庫本。本書今存約十來種版本，均源自宋本，文本無大差異，僅爲刊誤的多少而已，故僅選明、清各一種本子出校。因《茶經》、《茶譜》涉及吴賦文字者，均已逐條出校，這裏不再重複，僅酌出是非校。底本是而校本誤者也不再出校，對明清茶書收録此賦者，一概删略而僅注明見此書，以免多次重出的煩瑣。

茶賦注

夫其滌煩療渴，《唐書》曰〔一〕：常魯使西蕃，烹茶帳中，謂蕃人曰：『滌煩療渴，所謂茶也。』蕃人曰：『我此亦有。』命取以出，指曰：『此壽州者，此顧渚者，此蘄門者。』换骨輕身，陶弘景《雜録》曰：苦茶輕身换骨，昔丹丘子、黄山君服之。茶荈之利，其功若神。《説文》曰：茶，苦茶也。即今之茶荈。則有渠江薄片，《茶譜》曰：渠江薄片，一斤八十枚。西山白露，《茶譜》曰：洪州西山之白露。雲垂緑脚，《茶譜》曰：袁州之界橋，其名甚著，不若湖州之研膏紫筍，烹之有緑脚垂下。香浮碧乳。《茶譜》曰：婺州有舉巖茶，斤片方細，所出雖少，味極甘芳，煎如碧乳也。挹此霜華，《茶譜》曰〔二〕：傅巽《七誨》云蒲桃宛柰，齊柿燕栗，常陽黄棃，巫山朱橘，南中茶子，西極石蜜。寒温既畢，應下霜華之茗〔三〕。却兹煩暑。《茶譜》曰：長沙之石楠，採牙爲茶。湘人以四月四日摘楊桐草，擣其汁拌米而蒸，猶餻糜之類。必啜此茶。乃去風也，尤宜暑月飲之。清文既傳於杜育，杜育《荈賦》曰：調神和内，倦解慵除〔四〕。精思亦聞於陸羽。《茶譜》曰：唐陸羽著《茶經》三卷。若夫擷此皋盧，《廣州記》曰：皋盧，茗之别名。葉大而澁，南人以爲飲。烹兹苦茶，《爾雅》曰：檟，苦茶。注：樹小似梔子，早採者爲茶，晚採者爲茗；〔一名〕荈，蜀人名爲苦茶〔五〕。品之紫緑，第其卷舒。陸羽《茶經》曰：紫者上，緑者次；筍者上，牙者次；葉卷者上，葉舒者次。桐君之録尤重，《桐君録》曰：巴東〔别〕有真香茗〔六〕，煎飲令人不眠。又，茶花狀如梔子〔七〕，其色稍白。仙人之掌難踰。《茶譜》曰：當陽縣青溪山仙人掌茶，李白有詩。豫章之嘉甘露，《宋録》曰：新安王子鸞、豫章王子尚，詣曇濟道人於八公山。濟設茶茗，尚味之曰：『此甘露也，何言茶茗？』王肅之貪酪奴。楊衒之《洛陽伽藍記》曰：王肅好魚〔八〕，彭城王勰嘗戲謂肅曰〔九〕：『卿不重齊魯大邦，而愛邾莒小國。』肅對曰：『鄉曲所美，不得不好。』勰復謂曰〔一〇〕：『卿明日顧我，爲卿設邾莒之飱〔一一〕，亦有酪奴。』因此復號茗飲爲酪奴。時給事中劉縞慕肅之風，專習茗飲。彭城王謂縞曰：『卿不慕王侯八珍，而好蒼頭水厄〔一二〕。』彭城王家有吴妓〔一三〕，以此言戲之。自是朝貴讌會，雖設茗飲，耻不復食〔一四〕。後江表殘民〔一五〕。遠來降者〔好之〕〔一六〕，侍中元乂欲爲之設茗〔一七〕。先問：『卿於水厄多少？』蕭正德不曉乂意，答〔曰〕〔一八〕：『下官雖生〔於〕水鄉〔一九〕，立身以來，未遭陽侯之難。』舉座笑焉〔二〇〕。又，《魏録》曰〔二一〕：瑯琊王肅，昔仕南朝，好茗飲蓴羹，及過北，又好羊肉酪漿。嘗云：『羊，陸産之宗；魚，水族之長。羊比齊魯之大邦，魚比邾莒之小國，唯茗飲不中與酪漿作奴。』待槍旗而採擷〔二二〕，《茶譜》曰：團黄有一旗二槍之號，言一葉二牙也。對鼎鑩以吹噓。左思《嬌女詩》曰：吾家有好女，皎皎常白皙。小字爲紈素，口齒自清歷。貪走風雨中，倏忽數百適。心爲茶荈劇，吹噓對鼎鑩。則有療彼斛瘕，《續搜神記》曰〔二三〕：桓宣武〔時〕有一督將〔二四〕，因時行病後虛熱，便能飲複茗〔二五〕，必一斛二斗乃飽。裁減升合〔二六〕，便以爲大不足。後有客造之，更進五升〔二七〕，乃大吐。有一物出，如升大，有口，形質縮綿，狀如牛肚。客乃令置之於盆中，以斛二斗複茗澆之〔二八〕。此物噏之，都盡而止。覺小脹，又增五升〔二九〕，便悉混然從口中涌出，既吐此物，病遂瘥。或問之：『此何病？』荅曰：『此病名「斛茗瘕」〔三〇〕。』困兹水厄，《世説》曰： 晉王濛好飲茶，人至輒命飲之。士大夫皆患之，每欲往候，必云：『今日有水厄。』擢彼陰林，陸羽《茶經》曰： 藝茶欲茂，法如種瓜，三歲可採。陽岸陰林，紫者上，緑者次。得於爛石。陸羽《茶經》曰： 上者生爛石，中者生櫟壤，下者生黄土。先火而造，乘雷以摘。《茶譜》曰： 蜀之雅州有蒙山，山有五頂，頂有茶園，其中頂曰上清峯。昔有僧病冷且久，嘗遇一老父，謂曰：『蒙之中頂茶，當以春分之先後，多搆人力，俟雷之發聲，併手採摘，三日而止。若獲一兩，以本處水煮服，即能祛宿疾。二兩當眼前無疾，三兩固以换骨，四兩即爲地仙矣。』是僧因之中頂，築室以俟。及期，獲一兩餘，服未竟而病瘥。時到城市，人見容貌，常若年三十餘，眉髮緑色。其後入青城訪道，不知所終。今四頂茶園，採摘不廢，惟中頂草木繁密，云霧蔽虧，鷙獸時出，人跡稀到矣。今蒙頂茶有霧鋑牙、籛牙，皆云火前，言造於禁火之前也。吴主之優韋曜，初沐殊恩。《吴志》曰： 孫皓每宴席，飲無能否，每率以七升爲限，雖不悉入口，澆灌取盡。韋曜飲酒不過二升，初見禮異，密賜茶茗以當酒。至於寵衰，更見逼強，輒以爲罪。陸納之待謝安，誠彰儉德。《晉書》曰： 陸納爲吴興太守，時衛將軍謝安嘗欲詣納。納兄子俶，怪納無所備，不敢問，乃私爲具。安既至，納所設唯茶果而已。俶遂陳盛饌，珍羞畢具。及安去，納杖俶四十，云：『汝既不能光益叔父，奈何穢吾素業！』別有産於玉壘，《茶譜》曰： 玉壘關外寶唐山有茶樹，産於懸崖地，筍長三寸五寸，方有一葉兩葉。造彼金沙，《茶譜》曰： 湖州長城縣啄木嶺金沙泉〔三一〕，即每歲造茶之所也。湖常二郡，接界於此，厥土有境會亭。每茶節，二牧皆至焉。斯泉也，處沙之中，居常無水。將造茶，太守具儀注拜敕祭泉，頃之，發源，其夕清溢。造供御者畢，水即微減，供堂者畢，水已半之； 太守造畢，即涸矣。太守或還旆稽期，則示風雷之變，或見鷙獸、毒蛇、木魅焉。三等爲號，《茶譜》曰： 邛州之臨邛、臨溪、思安、火井，有早春、火前、火後、嫩緑等上中下茶。五出成花。《茶譜》曰：茶之别者，有枳殼牙、枸杞牙、枇杷牙，皆治風疾。又有皂莢牙、槐牙，乃上春摘其牙，和茶作之。五花茶者，其片作五出花也。早春之來賓化，《茶譜》曰：涪州出三般茶：賓化最上，製於早春；其次白馬，最下涪陵。橫紋之出陽坡。《茶譜》曰：宣城縣有丫山小方餅，橫鋪茗牙裝面。其山東爲朝日所燭，號曰陽坡，其茶最勝。太守嘗薦於京洛人士，題曰：『丫山陽坡橫紋茶。』復聞灉湖含膏之作，《茶譜》曰：岳州有灉湖之含膏〔三二〕。龍安騎火之名。《茶譜》曰：龍安有騎火茶，最上。言不在火前，不在火後作也。清明改火，故曰火。柏巖兮鶴嶺，《茶譜》曰：福州柏巖極佳。又，洪州西山白露及鶴嶺茶極妙。鳩阬兮鳳亭。《茶譜》曰：睦州之鳩阬極妙〔三三〕。《茶經》曰：生鳳亭山飛雲、曲水二寺，青峴、啄木二嶺者，與壽州同。嘉雀舌之纖嫩，翫蟬翼之輕盈。《茶譜》曰：蜀州雀舌、鳥嘴、麥顆，蓋取其嫩牙所造，以其牙似之也。又有片甲者，牙葉相把〔三四〕，如片甲也；蟬翼者，其葉嫩薄，如蟬翼也。冬牙早秀，《茶譜》曰：蒙山有壓膏露牙，不壓膏露牙，并冬牙，言隆冬甲坼也。麥顆先成。見上注。或重西園之價，《江氏傳》曰：統遷愍懷太子洗馬，上疏諫云：『今西園賣醯麪、茶菜、藍子之屬，虧敗國體。』或侔圓月之形〔三五〕。《茶譜》曰：衡州之衡山，封州之西鄉，茶研膏爲之，皆片團如月。並明目而益思，《本草拾遺》曰：皐盧苦平，〔作飲〕止渴〔三六〕，除痰，不睡，利水道，明目。華陀《食論》曰：苦茶久食益意思。豈瘠氣而侵精。《唐新語》曰〔三七〕：右補闕毋煚〔三八〕，博學有著述才，性不飲茶。著《代茶飲序》〔略〕曰〔三九〕：『釋滯消壅，一日之利暫佳；瘠氣侵精，終身之累斯大。獲益則功歸茶力〔四〇〕，貽患則不謂茶災〔四一〕。豈非福近易知，禍遠難見者乎〔四二〕？』又有蜀岡牛嶺，《茶譜》曰：揚州禪智寺，隋之故宫。寺枕蜀岡，有茶園。其味甘香，如蒙頂也。又，歙州牛梲嶺者尤好。洪雅烏程，《茶譜》曰：眉州洪雅、丹稜、昌闔，亦製餅茶，法如蒙頂。《吴興記》曰：烏程縣西二十里有温山，出御荈。碧澗紀號，《茶譜》曰：有小江園、明月簝、碧澗簝、茱萸簝之名。紫筍爲稱。《茶譜》曰：蒙頂有研膏茶，作片進之，亦作紫筍。陟仙厓而花墜，《茶譜》曰：彭州蒲村、堋口，其園有仙厓、石花等號。服丹丘而異生。《天台記》曰：丹丘出大茗，服之生羽翼。至於飛自獄中，《廣陵耆老傳》曰：晉元帝時有老姥，每旦擎一器茗，往市鬻之。市人競買，自旦至暮，其器不減。所得錢散路傍孤貧乞人。人或執而繫之於獄，夜擎所賣茗器，自牖飛去。煎於竹裏，《茶譜》曰：唐肅宗嘗賜高士張志和奴婢各一人，志和配爲夫妻，名之〔曰〕漁童、樵青〔四三〕。人問其故，答曰：『漁童使捧釣收綸，蘆中鼓枻；樵青使蘇蘭薪桂，竹裏煎茶。』效在不眠，《博物志》曰：飲真茶，令人少眠睡。功存悦志。《神農食經》曰：茶茗宜久服，令人有力悦志。或言詩爲報，《茶譜》曰：胡生者，以釘鉸爲業。居近白蘋洲，傍有古墳，每因茶飲，必奠酹之。忽夢一人謂之曰：『吾姓柳，平生善爲詩而嗜茗。感子茶茗之惠，無以爲報，欲教子爲詩。』胡生辭以不能，柳強之，曰：『但率子意言之，當有致矣。』生後遂工詩焉，時人謂之『胡釘鉸詩』。柳當是柳惲也。或以錢見遺。《異苑》曰：剡縣陳務妻少寡，與二子同居。好飲茶。家有古塚，每飲，輒先祠之。二子欲掘冢。母止之。夜夢人致感云：『吾雖潛朽壤，豈忘翳桑之報？』及曉，於庭中獲錢十萬，似久埋者，惟貫新耳。復云葉如梔子，花若薔薇；《茶經》曰：茶者，南方嘉木〔四四〕。自一尺、二尺至數十尺，其巴川峽山有兩人合抱者〔四五〕，伐而啜之。樹如瓜蘆，葉如梔子，花如白薔薇，實如栟櫚，蒂如丁香，根如胡桃。其名：一曰茶，二曰檟，三曰蔎，四曰茗，五曰荈。注：蔎，音設。輕飈浮雲之美，霜苛竹籜之差。《茶經》曰：茶〔有〕千類萬狀〔四六〕，略而言之〔四七〕：有如胡人鞾者，蹙縮然；犎牛臆者，廉襜然；浮雲出山者，輪囷然；輕飈拂水者，涵澹然。此茶之精好者也〔四八〕。有〔如〕竹籜者〔四九〕，枝幹堅實，艱於蒸搗，故其形籭簁焉〔五〇〕。〔有〕如霜苛者〔五一〕，莖葉凋沮，易其狀貌，故其形萎萃然〔五二〕。此〔皆〕茶之瘠老者也〔五三〕。自採至於封，七經目；〔自〕胡鞾至〔於〕霜苛〔五四〕，八等。籭簁，音離師〔五五〕。唯芳茗之爲用，蓋飲食之所資。

〔校證〕

〔一〕唐書曰　此吴淑誤注出處，其文乃出唐·李肇《國史補》卷下。注文亦有删潤，今據點校本録其原文如下：「常魯公使西蕃，烹茶帳中。贊普問曰：『此爲何物？』魯公曰：『滌煩療渴，所謂茶也。』贊普曰：『我此亦有。』遂命出之，以指曰：『此壽州者，此舒州者，此顧渚者，此蘄門者，此昌明者，此㴩湖者。』」又，『常魯』，任淵《山谷詩集注》卷六《謝黄從善司業寄惠山泉》注引作『常景』，餘文同吴賦，疑即從吴賦轉引。

〔二〕茶譜曰　此又吴淑誤注出處，非《茶譜》中語，實乃《茶經》卷下《七之事》引傳巽《七誨》中文。

〔三〕寒温既畢應下霜華之茗　這二句爲《茶經·七之事》引弘君舉《食檄》中語。作者既誤注又失注出處，兩失之矣。以上二條，參見《茶譜》校證〔七九〕條。

〔四〕倦解慵除　底本及諸本皆形近而譌作『倦懈康除』，據《北堂書鈔》卷一四四及《太平御覽》卷八六七引文改。

〔五〕荈蜀人名爲苦茶　『荈』上，原脱『一名』二字，據《太平御覽》卷八六七及《爾雅·釋木》補。另，本條之『荼』字，均應作『茶』。

〔六〕巴東别有真香茗　『巴東』下，原脱一『别』字，據《茶經·七之事》及《太平御覽》卷八六七補。

〔七〕茶花狀如梔子　『茶花』，底本及參校本皆誤作『白茶』。據同上《御覽》卷八六七改。另，《茶經·一之源》云：『葉如梔子，花如白薔薇』，與此異。但此作『白茶』必誤，這是宋代才出現的茶詞語。日僧榮西《喫茶養生記》卷上引《桐君録》作『茶花，狀如梔子花，其色白』云云。此據宋刊本録文，似近真。

〔八〕王肅好魚　此四字，非《洛陽伽藍記》中語，乃吴淑引此書作注文時概括上文語。以下引文據周祖謨《洛陽伽藍記校釋》（下簡稱《校釋》）卷三出校。

〔九〕彭城王勰嘗戲謂肅曰　《校釋》無『戲』字，《御覽》卷八六七引作『戲謂王肅曰』。

〔一〇〕勰復謂曰　《校釋》作『彭城王重謂曰』，《御覽》同底本。

〔一一〕爲卿設邾莒之飡　『飡』，《校釋》作『食』；『飡』，即『餐』字。

〔一二〕而好蒼頭水厄　『而』，《御覽》引作『如』；《校釋》作『好蒼頭水厄』。

〔一三〕彭城王家有吴妓　『吴妓』，《御覽》引作『吴嫗』；《校釋》作『吴奴』，似是。

〔一四〕恥不復食　『恥』上，《校釋》有『皆』字，疑脱。

〔一五〕後江表殘民　『後』，《校釋》作『惟』。

〔一六〕遠來降者好之　『好之』，底本誤奪，據《校釋》補。周注又云：《古今逸史》本作『飲焉』。

〔一七〕侍中元乂欲爲之設茗　『侍中』，《校釋》作『時』，此上又有『後蕭衍子西豐侯蕭正德歸降』一句，吴淑賦注删去，遂致上下文意未允，宜補。

〔一八〕答曰　『曰』，原脱，據《校釋》增補。

〔一九〕下官雖生於水鄉　『生』下，底本脱一『於』字，據《御覽》及《校釋》增補。

〔二〇〕舉座笑焉　《校釋》作「元乂與舉座之客皆笑焉」。吴淑據此删成四字，宋人注書常見之例。

〔二一〕魏録曰　《茶經·七之事》作《後魏録》，是。後魏，即北魏。引文亦大相徑庭，參見《茶經》拙校〔二七〇〕。

〔二二〕待槍旗而採擷　「擷」，秦汴本及四庫本作「摘」。

〔二三〕續搜神記曰　掃葉山房石印本《百子全書》書名作《搜神後記》，賦注引文見卷三，今據以出校。

〔二四〕桓宣武時有一督將　「宣武」下，《搜神後記》有一「時」字，當據補。

〔二五〕便能飲複茗　「便」，同右《後記》作「更」。

〔二六〕裁減升合　「裁」，《後記》作「纔」。

〔二七〕後有客造之更進五升　「造之」下，《搜神後記》有「正遇其飲複茗，亦先聞世有此病，仍令」十五字，爲吴淑所删，遂致上下文意不通，宜補。

〔二八〕以斛二斗複茗澆之　「斛」上，《搜神後記》有「二」字。

〔二九〕又增五升　「增」，《搜神後記》作「加」。

〔三〇〕斛茗瘕　《搜神後記》作「斛二瘕」（注云：「二」或作「茗」）。

〔三一〕湖州長城縣啄木嶺金沙泉　「長城縣」，參校本皆誤作「長興縣」，惟用作底本的宋本作「長城」。極是。今考《輿地廣記》卷二二及《輿地紀勝》卷四，唐末前湖州有長城縣，五代后梁太祖朱晃避其父朱誠嫌諱，改爲長興，吴越錢鏐受梁封，故亦避梁廟諱作「長興」。據此可證：毛文錫撰《茶譜》猶在公元九〇七年以前，即唐末已成書。

〔三二〕岳州有灉湖之含膏　『岳州』諸本皆誤『義興』，據唐・李肇《唐國史補》卷下、楊曄《膳夫經手録・茶録》，宋范致明《岳陽風土記》及《方輿勝覽》卷二九改。參見拙輯《茶譜》校證第〔一八〕條。

〔三三〕睦州之鳩阬極妙　『睦州』，底本及參校本皆音譌作『穆州』，據《太平寰宇記》卷九五、《古今合璧事類備要・外集》卷四二、《全芳備祖・後集》卷二八改，參見拙輯《茶譜》第一、十六條及其校釋〔二一〕條。

〔三四〕牙葉相把　『把』，《太平寰宇記》卷五引作『抱』。義長。

〔三五〕或倖圓月之形　『圓』，秦汴本、四庫本作『團』。

〔三六〕皐盧苦平作飲止渴　《太平御覽》卷八六七引作『皐盧苦平，作飲止渴』。方案：『作飲』，似吴淑注文引脱，當據補。

〔三七〕唐新語曰　書名始見於《新唐書・藝文志》著録，應作《大唐新語》，《宋史・藝文志》著録爲《唐新語》，則此或從宋代刊本書名。明人刻本則又改題爲《大唐世説新語》或《唐世説新語》，又將『世説』二字妄增入書名。至《四庫提要》始將此書據《新唐志》仍正名爲《大唐新語》。此條，出是書卷一一《褒賜》。作者劉肅，卷首有作者元和丁亥（二年，八〇七）自序，結銜自署『登仕郎、前守江州潯陽縣主簿』，《新唐志》又稱其元和（八〇六—八二〇）中嘗爲江都縣主簿。今中華書局點校本以《稗海》本爲底本，校以明清諸刻，卻失校吴淑《事類賦注》及《御覽》等諸書所引文字。

〔三八〕右補闕毋煚　『煚』，原作『景』，《太平廣記》卷一四三則作『旻』；此均避宋太宗趙炅諱追改，應回改。如《宋志》著録耿故泰《邊臣要略》亦避趙炅諱，改爲『景故泰』，是其例。

〔三九〕著代茶飲序略曰　《御覽》卷八六七作『著《代茶飲序》，其略曰』，《廣記》卷一四三同，惟『茶飲』倒作『飲茶』。吴淑《茶賦注》則脱『代』字，又删『略』字。《政和證類本草》卷一三亦引作《茶飲序》，同吴賦。而點校本《新語》作『製代茶餘序』，『餘』，顯爲『飲』之形近而譌，應據上引宋人三書改、補。

〔四〇〕獲益則功歸茶力　『功歸』，《御覽》、《廣記》及點校本《新語》皆作『歸功』。

〔四一〕貽患則不謂茶災　『不謂』，《御覽》、《廣記》同，點校本《新語》則音譌作『不爲』，應據改。

〔四二〕禍遠難見者乎　『者乎』，《御覽》有此二字，《廣記》作『云』，而點校本《新語》脱此二字，當據補。

〔四三〕名之曰漁童樵青　『曰』，底本無，秦汴本、四庫本『名之』下有『曰』字，錢易《南部新書·壬集》作『名曰』，據補。《合璧事類備要·外集》卷四二亦作『名之』，無『曰』字。參見《茶譜》校證〔七三〕條。

〔四四〕南方嘉木　《御覽》引同，但影宋本《百川學海》、《茶經·一之源》作『南方嘉木也』。

〔四五〕其巴川峡山有兩人合抱者　『其』下四字，《御覽》引同，《茶經》則作『巴山峡川』。

〔四六〕茶有千類萬狀　『有』，原脱，據《茶經·三之造》及《御覽》卷八六七補。

〔四七〕略而言之　《茶經》作『鹵莽而言』，《御覽》同《茶經》，此下多一『之』字。

〔四八〕此茶之精好者也　《茶經》作『此皆茶之精腴』，《御覽》同，『精腴』下有一『也』字。

〔四九〕有如竹籜者　『如』，原奪，據右引二書補。

〔五〇〕故其形籭簁焉　『焉』，《茶經》作『然』，『然』下有注：『上離，下師』；《御覽》『籭簁』下既無『焉』，也無『然』字，但其下亦有注：『上音離，下音師。』而此注吴淑《茶賦》已移至本條注引之末，改爲：『籭簁，音離師。』

〔五一〕有如霜苛者　『有』，原脱，《御覽》亦脱，據《茶經》補。『苛』，上引二書皆作『荷』，是。『苛』乃『荷』之借字，可據改。

〔五二〕故其形萎萃然　『其形』，《茶經》作『厥狀』。

〔五三〕此茶之瘠老者也　『茶』上原脱『皆』字，據右引二書補。

〔五四〕自胡韡至於霜苛　《茶經》作『自胡靴至於霜荷』，《御覽》作『自胡人〔靴〕至於霜荷』。吴賦既奪『自』、『於』二字，『苛』亦應改『荷』，當據以補、改。又，四庫本有『自』，據補。

〔五五〕音離師　『音』上，疑奪一『注』字，似應據上條引《茶經》『注：　蔎，音設』之成例，補一『注』字。

政和本草・茗　苦樣

〔宋〕唐慎微

〔提要〕

《本草》，是我國古代影響最廣泛的中醫藥典。其始約在秦漢時期，詳本書導言之考。《神農本草經》問世後，代有增修。宋初在《唐本草》的基礎上編成《開寶本草》，行世近九十年，即被掌禹錫（九九〇—一〇八六）所編的《嘉祐本草》所替代。約略同時，宋政府官方令各地採集藥草樣品，辨別來源，分辨真僞，集中至京師，由博學廣識的蘇頌（一〇二〇—一一〇一）主持整理，遂於嘉祐六年（一〇六一）編成《本草圖經》二十卷，另附目録一卷。因《嘉祐本草》與《本草圖經》兩書分別刊行，在實際使用中很不方便。於是陳承和唐慎微先後將二書合併爲一書，陳承僅增加『別説』四十餘條，編書成二十三卷，定名爲《重廣補注神農本草並圖經》，卷首有林希（一〇三五—一一〇一）序，刊行於元祐七年（一〇九二），今有正統《道藏》本傳世。陳承，閬中人，出身四世六公之家。本人『尤喜於醫，該通諸家』（引自林序）。

唐慎微書則爲集大成之作，在《嘉祐本草》、《本草圖經》的基礎上，作大幅增補；注文所增尤多，方論及單方幾爲全部新增，計有單方、古方三千首左右，援引經史古籍及醫方書凡二百四十七家。是書定名爲《經史證類備急本草》，簡稱《證類本草》。《嘉祐本草》收藥品一千一百一十八種，是書增收六百二十八種，凡一千七百四十六種；附有圖譜九千三百三十幅。從是書所引方書行世時間考察，唐書應成於紹聖、元符年間（一〇九四—一一〇〇），即十一世紀末。是書刊行後，廣受歡迎，成爲本草學公認的範本，醫家的指南，頗具權威性的著作。李約瑟博士曾譽是書云：『要比十五和十六世紀早期歐洲的植物學者著作高明得多。』大觀二年（一一〇八），杭州仁和縣尉艾晟（字孚先，真州人，崇寧二年進士，終官考功員外郎）序稱：《證類本草》凡三十二卷（包括目録一卷），六十餘萬言。乃時任兩浙轉運使的集賢殿修撰孫傑（艾序僅云孫公，今據《姑蘇志》卷三，必爲斯人）『命官校正，募工鏤板，以廣其傳』。定名爲《大觀經史證類備急本草》，簡稱《大觀本草》。浙本以刻書上佳著稱，此本乃唐書之始刻。據内侍、提舉太醫學曹孝宗序，唐書經他校正潤色後於政和六年（一一一六）再刻於京師，成爲流傳更廣的官本。是本定名爲《新修經史證類備用本草》，簡稱《政和本草》。政和與大觀《本草》的明顯區别是只有三十卷，乃將大觀本最後一卷併入第三十卷，目録置卷首，不單獨列卷。隨北宋的滅亡，大觀、政和北宋原刻今已無存，幸賴多種金元刻本及南宋刻本而今仍流傳於世，且版本甚夥。

必須指出：約在《政和本草》刊行的同時，寇宗奭撰成《本草衍義》二十卷（附目録一卷），這是對《政和本草》極爲重要的增補。金元之際人張存惠修訂重刻的晦明軒本，是《政和本草》系列中有里程碑意義的善本。其一，他將寇宗奭北宋末所撰的《本草衍義》二十卷分門别類，分别散置於唐書對應各條；其二，將别本中溢出唐書的方、論、注文補入；其三，將唐書中的文字譌誤、脱漏加以校補；其四，又對圖形失真者，予以模補、抽换。可貴者疑、闕仍之，不加臆改。故定名爲《重修政和經史證類備用本草》，簡稱《重修政和本草》。張氏不忘故國之思，仍署『泰和甲子下己酉冬日』，時爲公元一二四九年。據錢大昕考證，時金亡已十六年，不能定爲金刻本；但時蒙古未立國，似亦難定爲元刻本。姑以晦明軒或張本略稱之。這應是《政和本草》系列的最佳定本，亦堪稱《本草》中的巔峰完本。南宋雖有紹與中國子監官刻本及其後之增補重刻本行世，仍無法超越張本。故張本被一再重刻：如《四庫全書》本、《四部叢刊》本均據翻刻張本的明成化本影印、重刊；一九五七年，人民衛生出版社據以影印的底本似爲張本之始刻本（又有綫裝和四拼一精裝影印二本）。

今從《重修政和本草》卷一三中録出其「茗　苦搽」條，編爲《政和本草·茗　苦搽》一種新的茶書，不僅因是書詳列茶的藥用、食療功效，而且有不見於他書的可貴史料，如稱北宋末官茶摻假已是普遍現象等。今以《四部叢刊》本爲底本，參校四庫本，酌出校記。尚志鈞等點校本《證類本草》（華夏出版社一九九三年簡體本），在繁簡字轉换及録入時產生大量錯謁；但其匯校諸書，間有可取，亦復取校。下簡稱尚本。

最後，有必要略考《證類本草》、《本草衍義》的作者唐慎微及寇宗奭的生平。據趙與時《賓退録》卷三云：「唐慎微，蜀州晉原人。世爲醫，深於經方，一時知名。元祐間帥李端伯（方案：之純字）招之居成都。嘗著《經史證類備急本草》三十二卷，以行於世。」金皇統三年（即宋紹興十三年，一一四三），《證類本草》最早的金刻本刊行，時使金而被迫滯留於金的宇文虛中（一〇七九——一一四五）跋文稱：「唐慎微，字審元，成都華陽人。貌寢陋，舉措語言樸訥，而中極明敏。其治病百不失一，語證候不過數言，再問之，輒怒不應。其於人不以貴賤，有所召必往，寒暑雨雪不避也。其爲士人療病，不取一錢，但以名方秘録爲請。以此士人尤喜之，每於經史諸書中得一藥名、一方論，必録以告，遂集爲此書。尚書左丞蒲公傳正，欲以執政恩例奏與一官，拒而不受。」又説：其二子一婿（張宗元，字巖老），皆傳其藝，爲成都名醫。最後，又記作者兒時，唐慎微爲其先公治療風毒之病如神的傳奇故事。寥寥數語，一位個性鮮明、濟世懸壺、仁心行醫、醫德高尚的名醫形象躍然紙上。他的《證類本草》，正是在長期行醫實踐中廣泛搜集藥方而得以成書，又通過他的醫療用藥進行驗證，有效纔寫入書中。成都不僅爲宋代西南重鎮，也是全國最有名的藥材集散地，這都成爲這部名著成書的有利條件。但更重要的是他的執着與勤奮，長期的苦心搜訪和鑽研醫藥學而獲得豐碩成果。

寇宗奭，華州下邽（治今陝西渭南市臨渭區下吉鎮）人，寇準曾孫。熙寧十年（一〇七七）六月，在思州武城縣主簿任。政和中，在承直郎、澧州司户曹事任，撰《本草衍義》二十卷。政和六年（一一一六），由太醫博士李康等看詳，申尚書省，敕轉一官，授宗奭添差充收買藥材所辨驗藥材官。宣和元年（一一一九），由其侄宣教郎、解縣丞寇約校勘、鏤板、印造頒行。宗奭又撰《萊公勳烈》一卷。《通考》卷二二二、《晁志》後志卷二皆著録是書爲《本草廣義》，陳氏《解題》卷一三誤稱其書爲十卷。清・朱彝尊《曝書亭集》卷五五跋稱其書十七卷，冠以序例三卷，凡二十卷，其説是。《晁志》稱其書云：『《本草》二部，著撰之人或執用己私，失於商榷，併考諸家之説，參之事實，覈其情理，證其脱誤，以成其書。』《陳録》則云：『其書『援引辨證，頗可觀採』。皆不失爲通人之論。寇宗奭生平宦歷，據上述諸書及《長編》卷二八三、《宋史》卷六七《五行志五》、寇氏《衍義》卷首自序考定。據道藏本是書《序例》，尚有題署一行：敕授太醫助教、差充行在和劑辨驗藥材官許洪校正，則顯然已爲寇書南宋刻本。日本澀江全善《經籍訪古志》卷七著録有《新編類要圖注本草》四十二卷、序例五卷、目録一卷。乃由桃溪儒醫劉信甫、許洪校正，宋建安余彦國勵賢堂刻本，是書嘉定（一二〇八—一二二四）中刊，已附有寇氏《衍義》，緣此，則張存惠晦明軒本（刻於一二四九年）並非首附《衍義》之書。因寇氏之書對《本草》有重要的拾遺補闕價值（茗條亦然），又可見唐慎微書版本之多一斑。故特爲詳考如上。

政和本草・茗　苦樣

茗，味甘、苦，微寒，無毒。主瘻瘡，利小便，去痰熱、渴，令人少睡。春採之。

苦樣，主下氣，消宿食。作飲，加茱萸、葱、薑等良。

唐本注云：《爾雅·釋木》云：檟，苦樣。注：樹小似梔子。冬生葉，可煮作羹飲。今呼早採者爲茶，晚採者爲茗〔一〕，一名荈，蜀人名之苦荼。生山南、漢中山谷。今按陳藏器《本草》云：茗，苦樣，寒。破熱氣，除瘴氣，利大小腸。食之宜熱，冷即聚痰。樣是茗嫩葉，擣成餅，並得火良。久食令人瘦，去人脂，使不睡。唐本先附。

《圖經》曰：茗，苦樣，舊不著所出州郡，今閩浙、蜀荆、江湖、淮南山中皆有之。《爾雅》所謂檟，苦樣。郭璞云：大小似梔子。冬生葉，可煮作羹飲。今呼早採者爲茶，晚取者爲茗。茗、荈，蜀人謂之苦荼是也。今通謂之茶。茶、荼聲近，故呼之。春中始生嫩葉，蒸焙去苦水，末之乃可飲。與古所食，殊不同也。《茶經》曰：茶者，南方佳木。自一尺、二尺至數十尺，其巴川峽山有兩人合抱者，伐而掇之。木如瓜蘆，葉如梔子，花如白薔薇，實如栟櫚，蒂如丁香，根如胡桃。其名一曰茶，二曰檟，三曰蔎音設，四曰茗，五曰荈。

又曰：茶之別者，有枳殼芽、枸杞芽、枇杷芽，皆治風疾。又有皂莢芽、槐芽、柳芽，乃上春摘其芽和茶作之。故今南人輸官茶，往往雜以衆葉。惟茅蘆、竹箬之類不可入，自餘山中草木芽葉，皆可和合，椿、柿尤奇。真茶性極冷，惟雅州蒙山出者，温而主疾〔二〕。

《茶譜》云：蒙山有五頂，頂有茶園，其中頂曰上清峯。昔有僧人病冷且久，遇一老父謂曰：蒙之中頂茶，當以春分之先（前？）後，多構人力，俟雷之發聲，併手採摘，三日而止。若獲一兩，以本處水煎服，即能祛宿疾；二兩當眼前無疾；三兩固以換骨；四兩即爲地仙矣。其僧如説，獲一兩餘，服未盡而病差〔三〕。其四頂茶園，採摘不廢。惟中峯草木繁密，雲霧蔽虧，鷙獸時出，故人迹不到矣。近歲稍貴此品，製作亦精於他處。其性似不甚冷，大都飲茶少，則醒神思，過多則致疾病。故唐毋景《茶飲序》云：『釋滯消壅，一日之利暫佳；瘠氣侵精，終身之累斯大。』是也。

《食療》云：茗葉，利大腸，去熱解痰。煮取汁，用煮粥良。又，茶主下氣，除好睡，消宿食，當日成者良。蒸搗經宿，用陳故者，即動風發氣。市人有用槐、柳初生嫩芽雜之。

《外台秘要》：治卒頭痛如破，非中冷，非中風，其病是胸膈有痰，厥氣上沖所致，名爲厥頭痛。吐之即差。單煮茗〔四〕，作飲二三升，適冷暖；飲一二升，須臾吐，吐畢又飲，能如此數過，劇者須吐膽汁乃止〔五〕，不損人，待渴即差。

《食醫心鏡》：主赤白痢及熱毒痢。好茶一斤，炙搗末，濃煎一二盞吃，差。如久患痢，亦宜服。又主氣壅暨腰痛轉動不得。煎茶五合，投醋二合，頓服。

《經驗方》：治陰囊上瘡。用蠟面茶爲末，先以甘草煎水，洗後用貼，妙。

《兵部手集方》〔六〕：治心痛不可忍，十年、五年者。煎湖州茶，以頭醋和，服之良。

《勝金方》：治蠼螋尿人成瘡，初如糝粟，漸大如豆，更大如火烙漿疱，疼痛至甚。速用草茶並蠟茶俱可，以生油調傅上，其痛，藥至立止，妙。

《別説》云：謹按《唐本〔草〕》注引《爾雅》云：葉可作羹，恐非此也。其嫩者是今之茶芽，經年者又老硬，二者安可作羹，是知恐非此。《圖經》：今閩浙、蜀荆、江湖、淮南山中皆有之，然則性類各異。近世蔡襄密學所述極備〔七〕。閩中唯建州北苑數處産餅，日得火愈良。其他者或爲芽、葉，或爲末收貯，微若見火，便更不可久收，其色味皆敗。唯鼎州一種芽茶，其性味略類建州，今京師及河北、京西等處〔八〕，磨爲末，亦冒蠟茶名者是也。近人以建茶治傷暑，合醋治泄瀉，甚效。則餘者皆可比用信之。其不同者多矣。今建州上供品第，備見《茶經》〔九〕。

《衍義》曰：茗，苦樣，今茶也。其文有陸羽《茶經》、丁謂《北苑茶録》、毛文錫《茶譜》、蔡宗顔《茶山節對》，其説甚詳。然古人謂其芽爲雀舌、麥顆，言其至嫩也。又有新芽一發，便長寸餘，微粗如針。唯芽長爲上品，其根榦、水土力皆有餘故也。如雀舌、麥顆，又下品，前人未盡識，誤爲品題。唐人有言曰：『釋滯消壅，一日之利暫佳。』斯言甚當。飲茶者宜原其始終。又，晉温嶠上表，貢茶千斤，茗三百斤。郭璞曰：早採爲茶，晚採爲茗。茗或曰荈尺充切，葉老者也。

〔校證〕

〔一〕晚採者爲茗　『採』，四庫本同，尚本作『取』。晉・郭璞注、宋・邢昺疏《爾雅注疏》卷九、北魏・賈思勰《齊民要術》卷一〇作『取』，羅願《爾雅翼》卷一二作『採』。參閲本書《茶經》拙校〔一八〕。

〔二〕又曰茶之别者……温而主疾　以上凡九十四字，原在『《茶譜》』云云之上，疑唐慎微引録或後人刊刻唐書時錯簡。從内容看，其前半（『茶之别者……和茶作之』）乃《茶譜》之文；其餘爲唐氏評論之文。應乙正至下文『近歲稍貴此品，製作亦精於他處』之上。此二段，皆毛文錫《茶譜》之文。

〔三〕服未盡而病差　『差』，三本同。義同『瘥』，或即『瘥』之借字，指病痊癒。拙輯《茶譜》正作『瘥』。下不再出校。

〔四〕單煮茗　『煮』，底本、四庫本原作『著』，據尚本改。

〔五〕劇者須吐膽汁乃止　『膽』，底本、四庫本原作『噲』，據尚本改。

〔六〕兵部手集方　『方』，三本皆脱，據上下文例補。

〔七〕近世蔡襄密學所述極備　『密』，三本皆作『蜜』。蔡襄貼職爲『樞密直學士』，簡稱『密直』，作『蜜』誤，據改。

〔八〕今京師及河北京西等處　『北』，底本原譌作『此』，據尚本改。

〔九〕備見茶經　方案：上云『今建州上供品第』，『《茶經》』二字，諸本皆同，必誤無疑。今核《茶經·八之出》有云：『其思、播……福、建、泉、韶、象十二州未詳，往往得之，其味極佳。』則陸羽明言建茶未詳，且唐代建州也無『供品』（貢茶），故此『《茶經》』，當爲丁謂或蔡襄《茶録》之譌。丁謂《北苑茶録》，簡稱《茶録》，專述宋初貢茶。

海録碎事·茶

〔宋〕葉廷珪

〔提要〕

《海録碎事》，葉廷珪撰。二十二卷。葉廷珪，字嗣宗，號翠岩。甌寧（治今福建建甌）人。政和五年（一一一五）進士，除武邑縣丞。北宋末，知德興縣。紹興五年（一一三五），在福清縣任。紹興十二年（一一四二）六月前，在大理寺丞任。六月二十六日，『公示』擢大理正，爲臣僚所論，乃未試而超除；遂詔改命爲太常丞。十四年四月，以駕部員外郎充國子監發解試試卷點檢官。十五年二月，在兵部郎中任；轉對，論事忤秦檜。十八年，出知泉州。二十一年，徙知漳州。二十二年七月四日放罷。以臣僚論劾：其在知泉州時出空名帖子私責僧寺之故。廷珪知泉州時曾兼市舶司事，撰有《南蕃香録》（簡稱《香録》，又稱《香譜》）一卷，已佚。僅存少量佚文。事具《宋史翼》卷二七等；又據《繫年要録》卷一五二、一五三，《宋會要輯稿》選舉二〇之七，禮二之四一，職官二四之二二、七〇之三六，陳郁《藏一話腴》卷上，《東窗集》卷九制詞，陳振孫《解題》卷一四等考訂。

關於是書的編纂，葉氏自序有云：『始予爲兒童時，知嗜書。家本田舍，貧無書可讀。曾大父以差押綱至京師，傾行橐市書數十部以歸，因得盡讀之。其後肄業郡學，升貢上庠，登名桂籍，牽絲入仕，蓋四十餘年。見書益多，未嘗一日手釋卷帙……雖老而不衰，每聞士大夫家有異書無不借，借無不讀，讀無不終篇而後止。嘗恨無貲，不能盡得寫；間作數十大册，擇其可用者手抄之，名曰《海録》。其文多成片段者，爲《海録雜事》；其細碎如竹頭木屑者，爲《海録碎事》；其未知故事所出者，爲《海録未見事》；其事物興造之原，爲《海録事始》；其詩人佳句曾經前輩所稱道者，爲《海録警句圖》；其有事蹟，著見作詩之由，爲《海録本事詩》。獨《碎事》文字最多，初謂之《一四録》，言其自一字至四字有可取者皆録之，後改爲《碎事》。』

這段感人至深的自述，歷數他自幼苦學的艱辛，數十年如一日地刻苦力學，『千古文章一大抄』的執着與堅持，終於在他出知泉州後的八個月『業餘』時間中，編成這部奇特的類書，爲今人保存了不少北宋及以前的史料，是繼宋初官修四大書後，又一部以一己之力歷時數十年而編成的中型類書，成爲後世乃至今人必備的參考書，資以輯佚、校勘的寶山。

是書的價值及編纂的得失、版本沿革等問題，先師胡道靜先生已有精賅的考證和論述，不再贅論。可參閱胡先生大序（刊上海辭書出版社一九八九年影印《海録碎事》本卷首）。

今從《海録碎事》卷六《茶門水品附》輯出三十餘條，新編爲一種茶書。不僅因爲其中有些内容爲今傳唐宋茶書已失載；而且葉廷珪所用諸書，多爲北宋舊本故籍，有很高的校勘價值。其《茶風酒禿》一條，據本書卷六（頁一五〇）補入。今以上海辭書出版社影印明萬曆卓顯卿刻本爲底本，參校李之亮點校本（中華書局二〇〇二年版頁二二九至二三一，其底本爲今存另一明本萬曆劉鳳刻本）。雖篇幅無多，但無異唐宋間又增加了一種茶書。

海録碎事・茶 水品附

紫筍茶

清明日，湖州進紫筍茶。《荆楚歲時記》〔一〕

茗一車

權紓《茗讚》云〔二〕：窮《春秋》，演《河圖》，不如載茗一車。

雪水滯〔三〕

陸羽品第水，以雪水第二十。云：煎茶滯而太冷也。

茶癖酒狂

鄧剎云〔四〕：陸羽茶既爲癖，酒亦稱狂。

水厄

晉王濛好飲賓客茶，每欲往候，則云：今日有水厄。《世説》

蒙頂

蜀之雅州有蒙山，上有五頂〔五〕，各有茶園〔六〕。中頂曰上清峯，亦通呼五頂〔七〕。《茶譜》

煮水處士〔八〕

越僧囊有數編書，張君房抽一通，卷末題云：『煮水處士』，卷中言水品第。

瑟瑟塵

《茶詩》：石碾輕飛瑟瑟塵。林逋〔九〕

茶靄

濔濔藥泉來石竇，霏霏茶靄出松梢。上〔一〇〕

煮晚濃〔一一〕

紙軸敲晴響，茶鐺煮晚濃。上

茶風酒禿 見酒門

茶風無奈筆，酒禿不勝簪。張祜〔一二〕

茶仙

杜牧《池州茶山病不飲酒》詩云：　誰知病太守，猶得作茶仙。

蟾背蝦目

《茶賦》〔一三〕：　候蟾背之芳香，觀蝦目之沸湧。

蝦蟆背

《茶經》：　凡炙茶，候炮出培塿狀如蝦蟆〔背〕〔一四〕，即去火。

魚目

《茶經》：其沸如魚目，微如有聲爲一沸；緣邊如湧泉連珠，爲二沸；騰波鼓浪爲三沸。過是〔老〕矣〔一五〕。

酪蒼頭

豈可爲酪蒼頭，使令代酒從事。言茶也〔一六〕。

茗戰〔一七〕

茗戰。《茶録》

細漚

細漚花泛，浮餑雲騰。言茶。《茶録》〔一八〕

苦茶

《爾雅》曰〔一九〕：檟，苦茶。注云：檟，一名苦茶。郭云：樹小似梔子，冬生葉，可煮作羹飲。今呼早採者爲茶，晚取者爲茗。一名荈，蜀人名之苦茶。

茶治熱

故老云：五十年前，多患熱黄。坊曲有專以烙黄爲業者。灞滻諸水中，常有晝坐至暮，爲之浸黄。近代悉用。而病〔腰〕脚者多〔二〇〕，飲茶所致。《國史補》

石花紫筍〔二一〕

石花紫筍，皆茶名也，劍南有蒙頂石花，湖州有顧渚紫筍，峽〔州〕有碧澗明月。

斛二瘕

《續搜神記》〔二二〕：有人能茗飲，至一斛二斗。忽飲過量數勝，吐出一物，如牛肺。以茗澆之，容一斛二斗。因名之斛二瘕〔二三〕。《封氏見聞記》

茗粥

茶，古不聞食。晉宋已降，吴人採葉煮之，名爲茗粥。《茶録》〔二四〕

瑠璃眼

皇孫奉節王好詩。初煎茶，如酥椒之類，求詩。泌戲云：『旋沫番成碧玉池，添酥散出瑠璃眼。』奉節王，即德宗〔二五〕。《鄴侯家傳》

煎茶博士

御史大夫李季卿宣慰江南，召陸鴻漸煎茶。鴻漸爲盡藝，既畢，命奴子取錢三十文，酬煎茶博士。鴻漸羞，復著《毀茶論》。《語林》〔二六〕

毀茶論　見上

貢焙

唐制：湖州造茶最多，謂之顧渚貢焙，歲造一萬八千四百八斤。《南郡新書》〔二七〕

仙人掌茶

仙人掌茶，出荆州玉泉寺。拳然重疊，其狀如手，故號仙人掌茶。玉泉真公採而食之，年八十餘歲，顏色如桃花。此茗清香，滑熟異於他者〔二八〕，所以能還童振枯，扶人壽〔二九〕。

茶煙

茶煙輕颺落花風。杜牧之〔三〇〕

滌煩子

茶爲滌煩子，酒爲忘憂君。施肩吾〔三一〕

白茶山

《圖經》云〔三二〕：永嘉縣東有白茶山。

壺居士

壺居士著《食忌》云：茶久食羽化，不可與韭同食，令耳聾〔三三〕。

〔校證〕

〔一〕荆楚歲時記　方案：是條所注出處疑有誤。《羣芳譜》卷三引作出吕希哲《歲時雜記》，應是。

〔二〕權紓茗讚云　『權紓』，《廣博物志》卷四一、《續茶經》卷下之三、《廣羣芳譜》卷一八皆作『權紓文』。

〔三〕雪水滯　『雪』，李之亮點校本（下簡稱李本）誤刊作『雲』。又，高似孫《緯略》卷七《雪茶》有更詳記述，摘録數條以補：喻凫詩：『煮雪問茶味。』白居易詩：『閑嘗雪山茶。』丁晉公（謂）《茶》詩：『痛惜留書篋，堅藏待雪天。』胡文恭公（宿）詩：『雪溜雪腴試早芽。』皆是以雪水瀹茶也。

〔四〕鄧刹云　『刹』，四庫本同，《續茶經》引作『利』，李本作『剡』，誤。鄧剡，宋元之際人，本書南宋初成之。

〔五〕上有五頂　『上』，《茶譜》作『山』，是。

〔六〕各有茶園　『各』，《茶譜》作『頂』；『園』下有『其』字，當下讀。

〔七〕亦通呼五頂　方案：『五』字，《茶譜》原無，拙輯本《茶譜》條〔三九〕云：『今四頂茶園〔採摘〕不廢，唯中頂草木繁茂……人迹稀到』，則此『五』字如爲《茶譜》奪文，則『五』爲『中』之譌。指通呼上清峯爲中頂。句下，又脱注『《茶譜》』或『毛文錫』，據補。

〔八〕煮水處士　『煮水處士』，《太平廣記》同，《水記》作《煮茶記》。方案：是條應出張又新《煎茶水記》或《太平廣記》卷三九九《陸鴻漸》。但『越僧』，兩書皆作『楚僧』；『張君房』，應爲『張又新』之誤。

〔九〕林逋　方案：此乃作者《烹北苑茶有懷》詩首句。

〔一〇〕上　方案：『上』指『同上』出處，詩見《林和靖集》卷二《湖山小隱二首》（之一）頸聯。

〔一一〕煮晚濃　詩見《林和靖集》卷一《贈蔣公明》頸聯。

〔一二〕張祜　方案：唐·張祜佚詩句，僅見本書，《全唐詩》卷五一一即據以輯佚。又，本條據《海録》同卷《酒門》補録。

〔一三〕茶賦　方案：本條疑誤注出處。朱勝非《紺珠集》卷一〇《漚花》、曾慥《類説》卷一三等書皆作出《茶録》。朱、曾兩書録是條引文其上有『謝宗論茶又云』，其下有『故細漚花泛，浮餑雲騰；昏俗塵勞，一啜而散』等文字。《海録》已删或未録。又，唐宋間有多種書名之或簡稱《茶録》。如唐·楊曄《膳夫經手録·茶録》、宋·丁謂《北苑茶録》等，今已未可確知出何種《茶録》，但《記纂淵海》稱出蔡君謨（襄）《茶録》，則大誤。

〔一四〕候炮出培塿狀如蝦蟆背　『背』，原脱，據《茶經》及本條標目補。又，《茶經》諸本皆脱『狀』，已據本書補。詳《茶經》拙校〔一〇二〕條。

〔一五〕騰波鼓浪爲三沸過是老矣　『騰』，原譌作『滕』，據李本及《茶經》改；『過是老矣』，《茶經》作『已上水老不可食也』。『老』字，據《茶經》卷下及李本補。

〔一六〕言茶也　本條下脱注出處，核《宛委别藏》本唐·楊曄《茶録》，本條應始出於此。

〔一七〕茗戰　方案：本條之文似應作『建人謂鬥茶爲茗戰』，《海録》僅取二字，未免過簡，應據《紺珠集》卷一〇、《類説》卷一三補。《紺珠集》疑爲嫁名朱勝非撰，其與曾慥《類説》所引大同小異，均稱出《茶録》。曾書《茶録》下未標作者，凡十目；今疑出丁謂《北苑茶録》及唐·楊曄《茶録》，朱書雖溢四目，但卻在《茶録》下注蔡襄，大誤。所據僅首條《雲脚粥面》，可證爲蔡襄，但據曾書作《雲脚乳面》判斷，完全有可能乃蔡抄丁説。朱書中僅『茗粥』一條可證爲唐·楊曄《茶録》，餘皆未可確證。就『茗戰』一條而言，必出於宋人無疑，故似其中多數條目應出於丁謂《北苑茶録》（又稱《建安茶録》）或北宋他人已佚之《茶録》。清·陸廷燦《續茶經》稱乃唐·馮贄《記事珠》(實出僞托之《雲仙雜記》卷一〇),《四庫提要》斷爲宋人王銍譌作,未免武斷,但其爲北宋人之作則殆無可疑。十年前筆者已在《續茶經》拙校〔三八七〕條作考證,可參閲,今補考如上。唐人未知建茶,陸羽《茶經》明載之,又如何可能有鬥茶即茗戰之説?

〔一八〕茶録　方案:本條無可確證為唐·楊曄或宋人之説,參上條校證。

〔一九〕爾雅曰　方案:本則出《爾雅注疏》卷九《釋木》,文略同。

〔二〇〕近代悉用而病腰脚者多　方案:本則據唐·李肇《國史補》卷中節略改寫。『用』,李書作『無』;『腰』,原脱;『多』,李書作『衆』。據上引書校補。

〔二一〕石花紫筍　本則亦據《國史補》卷中録文改寫。但宋人轉引時多譌倒『劍南』作『南劍』,如《萬花谷》、《記纂淵海》、《全芳備祖》等皆然,僅《事文類聚》、《紺珠集》及本書作『劍南』,是。又,末句『峽』下脱『州』字,據上引諸書補。

〔二二〕續搜神記　『搜』,原譌作『振』,據李本及《紺珠集》卷一〇、《太平御覽》卷七四三改。

〔二三〕因名之斛二瘕　『二』,原譌作『一』,據李本及四庫本改。宋代文獻中引此者甚多,大别爲兩類,凡引《御覧》者多文從字順,凡引《封氏聞見記》者多譌誤。不贅。

〔二四〕茶録　方案:本則出唐·楊曄《茶録》,見本書拙輯本第一條。

〔二五〕奉節王即德宗　方案:奉節王,即唐·德宗李适。《通鑑》卷二二二有載:肅宗卒,代宗即位,『以皇子奉節王适爲天下兵馬大元帥』。史有明證。而《紺珠集》卷二引本條時竟云：『奉節王，即德宗皇孫也。』大誤，奉節王乃唐肅宗李亨之孫，代宗李豫之子無疑。

〔二六〕語林　宋代文獻中引此則多稱出《語林》，然檢《唐語林》及點校本《唐語林校證》皆未見，固然有是書已佚此條的可能，也不能排除宋代（北宋）也有名《語林》之類書刊行而已佚的可能。餘詳《全芳備祖·茶》拙校〔一六〕之説。

〔二七〕南郡新書　方案：本則見宋·錢易是書卷五，文全同。《南郡新書》，書名又作《南部新書》。

〔二八〕此茗清香滑熟異於他者　『滑熟』，原作『骨熱』，形近而譌。據《李太白文集》卷一六《答族侄僧中孚贈玉泉仙人掌茶》詩序改。

〔二九〕所以能還童振枯扶人壽　『振』，原爲空格，據同上校補。『壽』下，又脱注『李太白』三字。

〔三〇〕杜牧之　唐詩人杜牧，字牧之。其詩句見杜牧《醉後題僧院二首》（之二）尾句，刊洪邁《萬首唐人絶句》卷二五。亦見《太平廣記》卷二七三《杜牧》。

〔三一〕施肩吾　唐詩人施肩吾此聯佚詩，始見於本書。《全唐詩》卷四九四據《説郛》卷一一上輯佚。

〔三二〕圖經云　方案：本則原出《永嘉圖經》，疑或作者轉引自《茶經》。參閲《茶經》拙校〔二九〇〕條。

〔三三〕令耳聾　《茶經》卷下引作『令人體重』，《説郛》卷九三上同；《太平御覽》卷八六七作『令人身重』。參見《茶經》拙校〔一九五〕條。

千家詩話總龜·詠茶門

〔宋〕阮　閲

〔提要〕

二〇〇三年，上海辭書出版社影印出版《海外新發現〈永樂大典〉十七卷》，我忝爲特約責編，得以先睹爲快。《大典》卷八〇四『詩』字韻中有《詠茶門》，凡二十則，每則均注明出處，經與阮閲《詩話總龜》核對，當録自是書。與周本淳點校本（人民文學出版社一九八七年版）逐條比對，則内容基本上與周本是書後集卷二九至三〇《詠茶門》略同。今將此作爲一種新茶書析出，主要考慮海外回歸文獻的珍貴與難得。這裏有必要先對《詩總》及其作者阮閲生平作一概略考證。

阮閲，字閎休，一字美成（程俱《北山小集》卷一《古釣臺歌》詩序、《方輿勝覽》卷二五、《輿地紀勝》卷五七），自號散翁（宋·徐光溥《自號録》卷一），又號松菊道人（汲古閣影宋本《阮户部詞》題署）。廬州舒城人（《郴江百詠·序》）。元豐八年（一〇八五）進士（雍正《舒城縣志》卷一二）。嘗爲錢塘幕官（胡仔《漁隱叢話·前集》卷一一），以户部郎出知巢縣（《紀勝》卷四五）。崇寧二年（一一〇三），知常州晉陵縣（《咸淳毗陵志》卷一〇）。宣和四年（一一二二）知郴州（《郴州百詠·序》），六年離任。建炎元年（一一二七），知袁州（《紀勝》卷二八）。後嘗任監司，累官中大夫、户部員外郎(《能改齋漫録》卷一七、《夷堅丙志》卷一五《阮郴州婦》)。閲被稱爲阮户部,緣此而得名。撰有《松菊集》五卷(趙希弁《讀書附志》卷二)、《阮户部詞》一卷(《詞綜》卷三八),已散佚;《郴江百詠》一卷(今存九十六首)、《詩總》十卷(《漁隱叢話·前集》卷一一)。

據胡仔之説,阮氏所編之書,原名《詩總》。是書與胡仔《苕溪漁隱叢話》、魏慶之《詩人玉屑》並稱三大宋人詩話總集。尤以阮閲書所出爲最早,其資料價值更值得珍視。據阮閲宣和五年(一一二三)自序,《詩總》編定於宣和四年,其時知郴州。凡得一千四百餘事,共輯二千四百餘首詩,分四十六門而類之。當時並未刊刻。南宋紹興(一一三一—一一六二)末,始有閩刻本行世,已改名《詩話總龜》。元·方回《桐江集》卷七《漁隱叢話考》稱:《詩話總龜》『前後續刊七十卷,麻沙書坊捏合之本也』。據僞託阮序,則麻沙本刊於紹定二年(一二二九),可見宋元之際阮書已被竄亂。《後集》當即此時補刻,乃據《古今詩話》,胡仔《叢話》、《韻語陽秋》、《岧溪詩話》等書雜湊拼合而成,麻沙書坊之慣用手段也。明代僅有宗室月窗道人刻本,後被收入《四部叢刊》二編,但此本魯魚之謁極爲嚴重,今存版本較好的天禄琳琅本又在臺灣。故周本淳先生點校《詩話總龜》時已深感世無善本可校,只能用他校來彌補。今《大典》卷八〇三—八〇六此四卷復出,雖未必與天禄琳琅本同出一源,但從對校的情況看,其遠較現存《總龜》諸本爲善則無疑。此卷僅及點校本《詩話總龜》六十一門中的二十四門,無論條數和文字均有删節。《大典》本是書《詠茶門》相對删節較少,今作爲一種茶書輯出,編爲一種新的茶書。並與點校本《總龜·後集》卷二九至三〇兩卷及周先生用作主要校本的胡仔《漁隱叢話》前集卷四六、後集卷一一等書逐條比勘,録成校證。十年前,筆者已對《詠茶門》作初步校勘,成校記一百條;校記詳拙文《久佚海外〈永樂大典〉中的宋代文獻考釋》(刊《暨南史學》第三輯,暨南大學出版社,二〇〇四年)。今作校證又有較多修訂與補充。昔之拙文校記百條,重在比較諸本異同優劣;今之校證則主要致力於校是非,且又盡可能據始引之書作史源比對並出校。雖均爲學術論著，仍有側重之不同。

總之，今存之《詩話總龜》前後集一百卷，已是後人增補的竄亂之本。另外，《總龜》前、後集各有引用書目約百種，《大典》本稱《千家詩話總龜》，亦沿用宋末麻沙書坊刻本慣用的誇飾不實之詞。

千家詩話總龜·詠茶門〔一〕

庫部林郎中説，建州上春採茶時，茶園人無數，擊鼓聲聞數里。然一園中纔間壟，茶品已相遠〔二〕。又況山園之異邪？《苕溪漁隱》曰：歐陽永叔《嘗新茶》詩云：『年窮臘盡春欲動，蟄雷未起驅龍蛇。夜聞擊鼓滿山谷，千人助叫聲喊呀。萬木寒凝睡不醒，惟有此樹先萌芽。』余官富沙凡三春，備見北苑造茶，但其地暖，纔驚蟄，茶芽已長寸許。初無擊鼓喊山之事。永叔詩與文昌所紀，皆非也。北苑茶山凡十四五里，茶味惟均。亦豈有間壟茶品已相遠之説邪〔三〕？《文昌雜録》〔四〕

歐公《和劉原父揚州時會堂》絶句云：『積雪猶封蒙頂樹，驚雷未發建溪春。中州地暖萌芽早，入貢宜先百物春。』注云：『時會堂，造貢茶所也。』〔五〕余以陸羽《茶經》考之，不言揚州出茶。惟毛文錫《茶譜》云：揚州禪智寺，隋之故宫，寺枕蜀岡，其茶甘香，味如蒙頂焉。第不知入貢之因〔六〕，起於何時，故不得而誌之也。《苕溪漁隱》

東坡《汲江水煎茶》詩云〔七〕：『活水還須活火烹，自臨釣石取深清。大瓢貯月歸春甕，小杓分江入夜瓶。』此詩奇甚，道盡烹茶之要。且茶非活水，則不能發其鮮馥。東坡深知此理矣。余頃在富沙，嘗汲溪水烹茶，色香味俱成三絶。又況其地産茶，爲天下第一，宜其水異於他處，用以烹茶，水功倍之。至於浣衣，尤更潔白，則水之輕清，益可知矣。近城山間有陸羽井，水亦清甘，寔好事者爲名之。羽著《茶經》，言建州茶未詳，則知羽不曾至富沙也。同前

建安北苑茶，始於太宗太平興國二年，遣使造之。取象於龍鳳，以別庶飲[八]。由此入貢，至道間，仍添造石乳。其后大小龍茶，又起於丁謂而成於蔡君謨。謂之將漕閩中，實董其事。賦《北苑焙新茶》詩。其序云：〔天下〕産茶者將七十郡〔半〕[九]，每歲入貢，皆以社前、火前爲名，悉無其寔。惟建州出茶有焙，焙有三十六。三十六中，惟北苑發早而味尤佳。社前十五日，即採其芽。日數千工，聚而造之，逼社即入貢。工甚大，造甚精。皆載於所撰《建安茶録》[一〇]。仍作詩以大其事云：『北苑龍茶著，甘鮮的是珍。四方惟數此，萬物更無新。纔吐微茫緑，初沾少許春。散尋縈樹遍，急採上山頻[一一]。宿葉寒尤在，芳芽冷未伸。茅茨溪口焙，籃籠雨中民。長疾勾萌拆，開齊分兩均。帶煙蒸雀舌，和露疊龍鱗。作貢勝諸道[一二]，先嘗秖一人。緘封瞻闕下，郵傳渡江濱。特旨留丹禁，殊恩賜近臣。啜兼靈藥助[一三]，用與上樽親。頭進英華盡，初烹氣味醇。細香勝却麝，淺色過於筠。顧渚慚投木，宜都愧積薪。年年號供御，天産壯甌閩。』此詩叙貢茶頗爲詳盡，亦可見當時之事也。又君謨《茶録》序云：臣前因奏事，伏蒙陛下諭臣，先任福建轉運使日所進上品龍茶，最爲精好。臣退念草木之微，首辱陛下知鑒，若處之得地，則能盡其材。昔陸羽《茶經》，不第建安之品；丁謂《茶圖》，獨論採造之本。至於烹試，曾未有聞。輒條數事，簡而易明，勒成二篇，名曰《茶録》。至宣政間，鄭

可簡以貢茶進用。久領漕計〔一四〕，創添續入，其數浸廣，今猶因之。細色茶五綱，凡四十三品，形製各異，共七千餘餅。其間貢新、試新、龍團勝雪、白茶、御苑玉芽〔一五〕，此五品，乃水揀，爲第一。餘乃生揀，次之。又有粗色茶七綱，凡五品。大小龍鳳并揀芽，悉入龍腦，和膏爲團餅茶，共四萬餘餅。東坡題汶公詩卷云：『上人問我留連意，待賜頭綱八餅茶。』即今粗色紅綾袋八餅者是也〔一六〕。蓋水揀茶，即社前者；生揀茶，即火〔煎〕〔前〕者；粗色茶，即雨前。閩中地暖，雨前茶已老，而味加重矣。山谷《和揚王休點密雲龍》詩云〔一七〕：『小璧雲龍不入香，元豐龍焙承詔作。』今細色茶中，却無此一品也。又有石門、乳吉、香口三外焙，亦隸於北苑，皆採摘茶芽，送官焙添造，每歲縻金共二萬餘緡，日役千夫，凡兩月方能迄事。第所造之茶，不許過數，入貢之後，市無貨者，人所罕得。惟婺源諸處私焙茶，其絶品亦可敵官焙。自昔至今，亦皆入貢，其流販四方，悉私焙茶耳。蘇、黄皆有詩稱道婺源茶，蓋婺源與北苑爲鄰，山阜相接，才三里餘〔一八〕。其茶甘香，特在諸私焙之上。東坡《和曹輔寄婺源試焙新芽》詩云〔一九〕：『仙山靈雨濕行雲，洗遍香肌粉未勻。明月來投玉川子，清風吹散武林春〔二〇〕。要知玉雪心腸好，不是膏油首面新。戲作小詩君一笑，從來佳茗似佳人。』山谷《謝送碾賜婺源揀芽》詩云：『喬云從龍小蒼璧，元豐至今人未識。婺源包貢第一春，御奩碾香供玉食〔二一〕。睿思殿東金井欄〔二二〕，甘露薦碗天開顔〔二三〕。橋山事事庀百局，袞司諸公省中宿。中人傳賜夜未央，雨露恩光照宫燭。右丞似是李元禮〔二四〕，好事風流有涇渭。肯憐天禄校書郎，親敕家庭遣分似。春風飽食大官羊，不貫腐儒湯餅腸。搜攪十年燈火讀，令我胸中書傳香。已戒應門老馬走，客來問字莫載酒。』《苕溪漁隱》

建州，陸羽《茶經》尚未知之，但言福、建等十二州未詳。往往得之，其味極佳。江左日近方有蠟面之號〔二五〕，李氏别令取其乳作片，或號曰京挺、的乳及骨子等，每歲不過五六萬斤〔二六〕。迄今歲出三十餘萬斤。凡十品：曰龍茶，鳳茶，京挺，的乳，石乳，白乳，頭金，蠟面，頭骨，次骨。龍茶以供乘輿，及賜執政、親王、長主，餘皇族、學士、將帥，皆得鳳茶；舍人、近臣，賜京挺、的乳；館閣賜白乳。龍、鳳、石乳茶，皆太宗令造〔二七〕。江左有研膏茶供御，即龍茶之品也。丁謂爲《北苑茶録》三卷，備載造茶之始末，行於世〔二八〕。《談苑》

唐茶惟湖州紫筍入貢，每歲以清明日貢到。先薦宗廟，然后分賜近臣。紫筍生顧渚〔二九〕，在湖、常二境之間。當采茶時，兩郡守畢至，最爲盛集。此《蔡寬夫詩話》之言也。蔡但知其一而不知其二。按陸羽《茶經》云：『浙西以湖州上，常州次。湖州生長興縣顧渚山中，常州生義興縣君山懸脚嶺北峯下〔三〇〕。』《唐義興縣重修茶舍記》云：『義興貢茶非舊也。前此，故御史大夫李栖筠實典是邦。山僧有獻佳茗者，會客嘗之。野人陸羽以爲芬香甘辣，冠于他境，可薦於上。栖筠從之，始進萬兩。此其濫觴也，厥後因之，徵獻浸廣，遂爲任土之貢，與常賦之邦侔矣。』故玉川子詩云：『天子須嘗陽羨茶，百草不敢先開花。』正謂是也。當時顧渚、義興皆貢茶，又鄰壤相接。白樂天守姑蘇，聞賈常州、崔湖州茶山境會〔三一〕，想羨歡宴〔三二〕，因寄詩云：『遥聞境會茶山夜，珠翠歌鍾俱遶身。盤下中分兩州界，燈前合作一家春。青娥遞舞應爭妙，紫筍齊嘗各鬥新。自歎花時北窗下，蒲黄酒對病眠人。』唐袁高爲湖州刺史，因脩貢顧渚茶山，作詩云：『禹貢通遠俗，始圖在安人。後王失其本，職吏不敢陳。亦有姦佞者，因兹欲求伸。動生千金費〔三三〕，日使萬姓貧。我來顧渚源，得與茶事親。黎甿輟耕農，採掇實苦辛。一夫旦當役〔三四〕，盡室皆同臻。捫葛上欹壁，蓬頭入荒榛。終朝不盈掬，手足皆鱗皴。悲嗟遍空山，草木爲不春。陰嶺芽未吐，使曹牒已頻。心爭造化先，走挺麋鹿均。選納無日夜，擣聲昏擊晨。衆功何枯槁，俯視彌傷神。皇帝尚巡狩，東郊路多堙。周回繞天涯，所獻惟艱勤。況減兵革用，兼兹困疲民。未知供御餘，誰合分此珍。顧省忝邦守，有慙復因循。茫茫滄海間，丹憤何由申！』此詩古雅，得詩人諷諫之體，誠可尚也。《苕溪漁隱》

玉川子有《謝孟諫議惠茶歌》，范希文亦有《鬥茶歌》，此二篇皆佳作也，殆未可以優劣論。然玉川歌云：『至尊之餘合王公，何事便到山人家！』而希文云：『北苑將期獻天子，林下雄豪先鬥美。』若論先後之序，則玉川之言差勝。雖然，如希文豈不知上下之分者哉！亦各賦一時之事耳。苕溪漁隱曰：《藝苑》以此二篇皆佳作，未可優劣論，今並録全篇。余謂玉川之詩優於希文之歌，玉川自出胸臆，造語穩貼，得詩人之句法。希文排比故實，巧欲形容，宛成有韻之文，是果無優劣耶？玉川《走筆謝孟諫議寄新茶》云：『日高丈五睡正濃〔三五〕，軍將叩門驚周公。口云諫議送書信，白絹斜封三道印。開緘宛見諫議面，手閲月團三百片。聞道新年入山裏，蟄蟲驚動春風起。天子須嘗陽羨茶，百草不敢先開花。仁風暗結珠琲瓃，先春抽出黄金芽。摘鮮焙芳旋封裹，至精至好且不奢。至尊之餘合王公，何當便到山人家〔三六〕！柴門反關無俗客，紗帽籠頭自煎喫。碧雲引風吹不斷，白花浮光凝椀面。一椀喉吻潤；兩椀破孤悶；三椀搜枯腸，惟有文字五千卷；四椀發輕汗，平生不平事，盡向毛孔散；五椀肌骨清；六椀通仙靈；七椀吃不得也，惟覺兩腋習習清風生。蓬萊山，在何處？玉川子，乘此清風欲歸去。山上羣仙司下土，地位清高隔風雨。安得知，百萬億蒼生，命墮顛崖受辛苦〔三七〕！便爲諫議問蒼生，到頭合得蘇息否？』希文《和章岷從事鬥茶歌》云：『年年春自東南來，建溪先暖冰微開〔三八〕。溪邊奇茗冠天下，武夷仙人從古栽。新雷昨夜發何處，家家嬉笑穿云去。露芽錯落一番榮，綴玉含珠散嘉樹。終朝採掇未盈襜[三九]，唯求精粹不敢貪。研膏焙乳有雅製[四〇]，方中圭兮圓中蟾。北苑將期獻天子，林下雄豪先鬥美。鼎磨雲外首山銅[四一]，瓶攜江上中濡水。黄金碾畔緑塵飛，碧玉甌中翠濤起[四二]。鬥茶味兮輕醍醐，鬥茶香兮薄蘭芷[四三]！其間品第胡能欺，十目視而十手指。勝若登仙不可攀，輸同降將無窮耻。吁嗟天産石上英，論功不愧堦前蓂。衆人之濁我可清，千日之醉我可醒。屈原試與招魂魄，劉伶却得聞雷霆。盧仝敢不歌？陸羽須作經。森然萬象中，焉知無茶星。商山丈人休茹芝，首陽先生休採薇。長安酒價减千萬，成都藥市無光輝。不如仙山一啜好[四四]，泠然便欲乘風飛[四五]。君莫羨花間女郎只鬥草，贏得珠璣滿斗歸。』

唐·趙璘《因話録》[四六]，載其家兵部君性尤嗜茶，能自煎。謂人曰：『茶須緩火炙，活水煎。』坡有『活水還須緩火煎』，恐亦用此。黄常明[四七]

五代時鄭遨茶詩云：『嫩芽香且靈，吾謂草中英。夜臼和煙擣，寒爐對雪烹。維憂碧粉散，嘗見緑花生。最是堪珍重，能令睡思清。』范文正詩云：『黄金碾畔緑塵飛，碧玉甌中翠濤起。』茶色以白爲貴，二公皆以碧緑言之，何邪？《三山老人語録》

茶之佳品，造在社前[四八]。其次則火前，謂寒食前也。其下則雨前，謂穀雨前也。佳品其色白，若碧緑者乃常品也。茶之佳品，芽蘖細微，不可多得。若此數多者[四九]，皆常品也。茶之佳品，皆點啜之；其煎啜之者，皆常品也。齊己茶詩曰：『甘傳天下口，貴占火前名。』又曰：『高人愛惜藏岩裏，白甀封題寄火前。』丁謂茶詩曰：『開緘試新火，須汲遠山泉[五〇]。』凡此皆言火前，盖未知社前之品爲佳也。鄭谷嘗茶詩曰[五一]：『入坐半甌輕泛緑，開緘數片淺含香〔五二〕。』鄭云叟茶詩曰：『惟憂碧粉散〔五三〕，嘗見緑花生。』沈存中論茶，謂『黄金碾畔緑塵飛，碧玉甌中翠濤起』，宜改緑爲玉〔五四〕，翠爲素，此論可也。而舉云『一夜風吹一寸長』之句，以爲茶之精美，不必以雀舌、鳥嘴爲貴。今案：茶至於一寸長，則其芽葉大矣〔五五〕，非佳品也。存中此論曲矣〔五六〕。盧仝《茶歌》曰〔五七〕：『開緘宛見諫議面，手閲月團三百片。』薛能《謝劉相公寄茶》詩曰：『兩串春團敵夜光，名題天柱印維揚。』茶之佳品，珍踰金玉〔五八〕，未易多得。而以三百片惠盧仝，以兩串寄薛能者，皆下品可知也。齊己詩：『角開香滿室，爐動緑凝鎗。』丁謂〔茶〕詩曰：『末細烹還好，鎗新味更全。』此皆煎啜之也。煎啜之者，非佳品矣。唐人於茶，雖有陸羽爲之説，而持論未精。至本朝蔡君謨《茶録》既行〔五九〕，則持論精矣。以《茶録》而覈前賢之詩，皆未知佳味者也。同前〔六〇〕

唐以前茶惟貴蜀中所産〔六一〕。孫楚歌云：『茶出巴蜀〔六二〕。』張孟陽《登成都樓》詩云：『芳茶冠六情〔六三〕，溢味播九區。』他處未見稱者。唐茶品雖多，亦以蜀茶爲重，然惟湖州紫筍入貢，每歲以清明日貢到，先薦宗廟，然后分賜近臣。紫筍生顧渚，在湖、常二境之間。當采茶時，兩郡守畢至，最爲盛會。杜牧詩所謂：『溪盡停蠻棹，旗張卓翠苔。柳村穿窈窕，桃澗渡喧豗。』劉禹錫：『何處人間似仙境，春山攜妓采茶時。』皆以此。建茶絶無貴者，僅得挂一名爾。至江南李氏時，漸見貴，始有團圈之製；而造作之精，經丁晉公始大備。自建茶出，天下所産皆不復可數。今出處壑源、沙溪，土地相去丈尺之間，品味已不同，謂之外焙，況他處乎！則知雖草木之微，其顯晦亦自有時。然唐自常衮以前，閩中未有讀書者；自衮教之，而歐陽詹之徒始出，而終唐世亦不甚盛。今閩中舉子，常數倍天下，而朝廷將相、公卿，每居十四五。人物尚爾，況草木微物也。顧渚湧金泉，每造茶時，太守先祭拜，然後水漸出。造貢茶畢，水稍減；至供堂茶畢，已減半；太守茶畢，遂涸。蓋常時無水也。或聞今龍焙泉亦然。苕溪漁隱曰：北苑，官焙也，漕司歲以入貢，茶爲上。壑源，私焙也，土人亦入貢，茶爲次。二焙相去三四里間，若沙溪，外焙也，與二焙相去絶遠，自隔一溪，茶爲下。山谷詩云『莫遣沙溪來亂真』，正謂此也。官焙造茶，常在驚蟄後一二日興工采摘。是時，茶芽已皆一槍，蓋閩中地暖如此。舊讀歐公詩有『喊山』之説，亦傳聞之謁耳。龍焙泉，即御泉也。水之增減，亦隨水旱，初無漸出遂涸之異。但泉水極甘，正宜造茶耳。《蔡寬夫詩話》〔六四〕

蜀中數處産茶〔六五〕，雅州蒙頂最佳。其生最晚，在春夏之交。其地，即《書》所謂『蔡蒙旅平』者也。方茶之生，雲霧覆其上，若有神物護持之。《東齋記事》〔六六〕

茶，古不著所出，《本草》云：出益州。唐以蒙山、顧渚、蕲門者爲上品，尚雜以蘇椒之類。故李泌詩云：『旋沫翻成碧玉池〔六七〕，添蘇散出琉璃眼。』遂以碧色爲貴。止曰煎茶，不知點試之妙，大率皆草茶也。陸羽《茶經》，統言福、建、泉、韶等十州所出者，其味極佳而已。今建安爲天下第一。《遯齋閑覽》〔六八〕

鄭可簡以貢茶進用，累官職至右文殿修撰、福建路轉運使。其姪千里於山谷間得朱草，可簡令其子待問進之，因此得官。好事者作詩云：『父貴因茶白，兒榮爲草朱。』而千里以從父奪朱草以予子，嘵嘵不已。待問得官而歸，盛集爲慶，親姻畢集，衆皆贊喜。可簡云：『一門僥倖。』其姪遽云：『千里埋冤。』衆皆以爲的對。是時貢茶，一方騷動故也。苕溪漁隱曰：『余觀東坡《荔支嘆》注云：大小龍茶始於丁晉公，而成於蔡君謨。歐陽永叔聞君謨進小龍團，驚嘆曰：君謨士人也，何至作此事！今年閩中監司乞進鬥茶，許之。故其詩云：「武夷谿邊粟粒芽，前丁後蔡相籠加。爭新買寵各出意，今年鬥品充官茶。」則知始作俑者，大可罪也。《高齋詩話》〔六九〕

《詩》云：『誰謂荼苦。』《爾雅》云：『檟，苦荼。』注：『樹似梔子。今呼早采者爲荼，晚采者爲茗，一名荈，蜀人名之苦荼。』故東坡《乞茶栽》詩云：『周詩記苦荼〔七〇〕，茗飲出近世。初緣厭粱肉，假此雪昏滯。』蓋謂是也。六一居士《嘗新茶》詩云：『泉甘器潔天色好，坐中揀擇客亦佳。』東坡守維揚，於石塔寺試茶，詩云：『禪窗麗午景，蜀井出冰雪。坐客皆可人，鼎器手自潔。』正謂諺云『三不點』也。《苕溪漁隱》

葉濤詩極不工〔七一〕，而喜賦詠，嘗有試茶詩云：『碾成天上龍兼鳳，煮出人間蟹與蝦。』好事者戲云：『此非試茶，乃碾玉匠人嘗南食也。』《西清詩話》〔七二〕

唐相李衛公好飲惠山泉，置驛傳送，不遠數千里。而近世歐陽少師作《龍茶録序》，稱嘉祐七年，親享明堂，致齋之夕，始以小團分賜二府，人給一餅，不敢碾試，至今藏之，時熙寧元年也。吾聞茶不問團銙，要之貴新；水不問江井，要之貴活。千里致水，真僞固不可知。就令識真，已非活水。自嘉祐七年壬寅，至熙寧元年戊申，首尾七年，更閱三朝，而賜茶猶在，此豈復有茶也哉〔七三〕！苕溪漁隱曰：『壬午之春，余赴官閩中漕幕，遂得至北苑，觀造貢茶。其最精即水芽，細如針，用御泉水研造。社前已嘗，貢餘每片計工直四萬錢〔七四〕。分試，其色如乳，平生未嘗曾啜此好茶，亦未嘗嘗茶如此之早也。』唐子西《鬥茶記》

魯直諸茶詞，余謂《品令》一詞最佳。能道人所不能言，尤在結尾三四句。詞云：『鳳舞團團餅。恨分破，教孤令。金渠體淨，隻輪慢碾〔七五〕，玉塵光瑩。湯響松風，早減二分酒病。味濃香永。醉鄉路，成佳

境。恰如燈下，故人萬里，歸來對影。口不能言，心下快活自省〔七六〕。』《苕溪漁隱》

東坡詩：『春濃睡足午窗明，想見新茶如潑乳。』又云：『新火發茶乳。』此論皆得茶之正色矣。至《贈謙師點茶》則云：『忽驚午盞兔毫斑，打作春甕鵝兒酒。』蓋用老杜詩云：『鵝兒黄似酒，對酒愛鵝兒。』若是，則其色黄〔七七〕，烏得爲佳茗矣！今《東坡前集》不載此詩，想自知其非，故删去之。同上

蠟茶出於建、劍，草茶盛於兩浙，兩浙之品，日注爲第一。自景祐已後，洪州雙井白芽漸盛，近歲製作尤精。囊以紅紗，不過一二兩，以常茶十數斤養之，用辟暑濕之氣，其品遠出日注上，遂爲草茶第一。苕溪漁隱曰：醉翁又有《雙井茶》詩云：『西江水清江石老，石上生茶如鳳爪。窮臘不寒春氣早，雙井芽生先百草。白毛囊以紅碧紗〔七八〕，十斤茶養一斤芽。長安富貴五侯家，一啜猶須三日誇。』蔡君謨好茗飲，又精於藻鑒。《答程公闢簡》云：『鼐得雙井四兩，其時人還未識，敍謝不悉。尋烹治之，色香味皆精好，是爲茗芽之冠，非日注、寶雲可並也。』涪翁尤譽雙井，蓋鄉物也。李公擇有詩嘲之〔七九〕，戲作解嘲云：『山芽落磑風回雪，曾與尚書破睡來。勿以姬姜棄憔悴，逢時瓦釜亦鳴雷。』又《答黄冕仲索煎雙井并簡王揚休》詩云：『江夏無雙乃吾宗，同舍頗似王安豐。能澆茗枕湔祓我，風袂欲挹浮丘公。吾宗落筆賞幽事，秋月下照澄江空。家山鷹爪是小草，敢與好賜雲龍同。不嫌水厄幸來辱，寒泉湯鼎聽松風。』《歸田録》〔八〇〕

世言團茶始於丁晉公，前此未有也。慶曆中，蔡君謨爲福建漕，更制小團，以充歲貢。元豐初，下建州又製密雲龍以獻，其品高於小團，而其製益精矣。曾文昭所謂『莆陽學士蓬萊仙，製成月團飛上天』，又云『密云新樣尤可喜，名出元豐聖天子』，是也。唐·陸羽《茶經》於建茶尚云未詳，而當時獨貴陽羨茶，歲貢特盛。茶

山居湖、常二州之間，脩貢則兩守相會。山椒有境會亭，基尚存。盧仝《謝孟諫議〔寄〕茶歌》云：『天子須嘗陽羨茶，百草不敢先開花。』是已。〔然〕又云〔八一〕：『開緘宛見諫議面，手閲月團三百片。』則團茶已見於此。當時，李郢《茶山貢焙歌》云：『蒸之馥之香勝梅〔八二〕，研膏架動聲如雷。茶成拜表貢天子〔八三〕，萬人爭噉春山摧。』觀研膏之句，則知嘗爲團茶無疑。自建茶入貢，陽羨不復研膏，秖謂之草茶而已。葛常之《韻語陽秋》〔八四〕

昨夜夢參寥師攜軸詩見過，覺而記其《飲茶》兩句云：『寒食清明都過了，石泉槐火一時新。』夢中問：『火固新矣，泉何故新？』答曰：『俗以清明淘井。』當續成詩，以紀其事。《苕溪漁隱叢話》集卷四六《東坡九》〔八五〕

〔校證〕

〔一〕詠茶門　本門原載《永樂大典》卷八〇四（刊上海辭書出版社二〇〇三年影印本頁四五—五八）。參校周本淳校點本《詩話總龜》後集卷二九至三〇《詠茶門》（人民文學出版社，一九八七），校記中簡稱爲『周本』。必要時酌校注引諸書。

〔二〕茶品已相遠　『遠』，原作『達』，據周本改。

〔三〕亦豈有間璽茶品已相遠之説邪　『遠』，原作『達』，據同上周本改。疑均《大典》抄手之譌。

〔四〕文昌雜録　方案：檢核胡仔書，此條又見《苕溪漁隱叢話》後集卷一一（人民文學出版社廖德明點校本，一九八一年版頁八四）。其引《文昌雜録》之説，僅『庫部』至『山園之異邪』數句，餘皆爲胡仔之説，又阮書此條皆轉引自胡仔書，『苕溪漁隱曰』可證。故此處應注『《苕溪漁隱叢書》』，疑《大典》編録時誤注出處。又，下引胡仔書點校本簡稱作廖本。檢龐元英《文昌雜録》卷四（《全宋筆記》本第二編第四册頁一五四—一五五），『數里』，作『數十里』；『一園中』，作『亦園中』；『茶品』下有『高下』二字。則阮書録自胡書無疑。

〔五〕歐公……造貢茶所也　檢李逸安點校本《歐陽修全集》卷一三頁二一四（中華書局，二〇〇一年。下簡稱《歐集》李本），詩題作：《和原父揚州六題·時會堂二首》。（原注：『造貢茶所也。』）胡書、周本均已改寫，又《歐集》李本首句『猶封』，譌作『猶對』。《四部叢刊》本、北京中國書店影印世界書局本（一九八六年版），皆作『猶封』，極是。本書引作『猶封』是其證。

〔六〕第不知入貢之因　『知入』，原譌倒作『入知』，據胡書、周本乙正。

〔七〕東坡汲江水煎茶詩云　詩題中『水』字，《蘇軾詩集》諸本皆無；胡書、周本均有，疑衍。

〔八〕以别庶飲　『飲』，原作『幾』，據胡書、周本改，似《大典》抄手之誤。

〔九〕天下産茶者將七十郡半　『天下』、『半』三字，原無，據胡書補，周本轉引時已删改。

〔一〇〕皆載於所撰建安茶録　『建安』，胡書作『建陽』。方案：是書原名《北苑茶録》，諸書引用時或作『建陽』、『建安』，乃大小地名之異，或北宋時已有多種刊本行世。詳拙文《中國茶書總目敍録（唐宋部分）》，刊中華書局《文史》第五十二輯。

〔一一〕散尋縈樹遍急採上山頻　『縈』，原譌作『榮』；『採』，原譌作『躁』。似均《大典》抄吏之誤，據胡書、周本改。

〔一二〕作貢勝諸道　『作貢』，原作『貢作』，據胡書、周本及宋本陳景沂《全芳備祖》後集卷二八乙。下簡稱陳書。

〔一三〕啜兼靈藥助　『兼』，胡書作『爲』，阮書、周本作方圍（□），陳書作『將』。似原爲闕字，胡書、周本據上下文義補，但《大典》本作『兼』，義勝。

〔一四〕久領漕計　『計』，原譌作『試』，據胡書、周本改。

〔一五〕其間貢新……御苑玉芽　胡、阮兩書點校本（即廖、周本）標點皆誤，應從本書標校。可參閲熊蕃《宣和北苑貢茶録》圖。

〔一六〕即今粗色紅綾袋八餅者是也　『綾』，《大典》抄手形譌作『續』，據胡書、周本改。

〔一七〕山谷和揚王休點密雲龍詩云　『揚』，原《大典》抄吏譌作『捉』，據同右校改。

〔一八〕才三里餘　『三』，原書作『二』。

〔一九〕東坡和曹輔……詩云　『和』，《蘇軾詩集》諸本皆題作『次韻』。

〔二〇〕清風吹散武林春　『散』，胡書及《蘇軾詩集合注》卷三二均作『破』。

〔二一〕御奩碾香供玉食　『御』，胡書及《黄庭堅詩集注》卷二（中華書局點校本，二〇〇三年版）作『緗』。

〔二二〕睿思殿東金井欄　『東』，原作『中』，據同右校改。

〔二三〕甘露薦碗天開顔　『碗』，原作『枕』，據同右校改。

〔二四〕右丞似是李元禮　『似』，原譌作『以』，據同右校改。

〔二五〕江左日近方有蠟面之號　『日近』，胡書引作『近日』。

〔二六〕每歲不過五六萬斤　『五』，原譌作『生』，據胡書、周本及《楊文公談苑》頁一四二（李裕民輯佚本，上海古籍出版社，一九九三）改。

〔二七〕皆太宗令造　『令』，原作『今』，據胡書、周本及《談苑》改。

〔二八〕備載造茶之始末行於世　『始末』，原作『妙末』，皆形近而譌，《大典》編者又誤將『末』字下讀，作『末行於世』，據同上校改。又，江少虞《皇朝事實類苑》卷六〇（上海古籍出版社，一九八一）作『造茶之法，今行於世』，是其證。

〔二九〕紫筍生顧渚　『紫』，原作『此』，據周本、胡書改。

〔三〇〕常州生義興縣君山懸脚嶺北峯下　『生』字，原在『君山』上，據《茶經·八之出》及胡書乙。

〔三一〕聞賈常州崔湖州茶山境會　『崔』，原譌作『崖』，據周本、胡書改。

〔三二〕想羨歡宴　『歡』，原作『勸』，據周本、胡書改。

〔三三〕動生千金費　『費』，原作『貴』；胡書引作『動至千金費』，阮書周本、四庫本及《唐文粹》卷一六下、《唐詩紀事》卷三五、《全芳備祖》後集卷二八、《古今事文類聚》續集卷二八、《竹莊詩話》卷一二皆作『動生千金費』，從改。

〔三四〕一夫旦當役　『旦』，阮書周本、四庫本作『且』，同上校引書多作『且』；但胡書四庫本、《全唐詩》卷三一四、《唐詩紀事》卷三五亦作『旦』。

〔三五〕日高丈五睡正濃　「丈五」，原譌倒作「五丈」，據周本、胡書及《唐百家詩選》卷一五、《全芳》後集卷二八、《事文類聚》續集卷一二、《詩林廣記》卷八乙。

〔三六〕何當便到山人家　「當」，胡書及上校引諸書皆作「事」。

〔三七〕百萬億蒼生命墮顛崖受辛苦　「墮」下，胡書及上校諸書均有一「在」字，且「命」從上讀。方案：似從《大典》本「命」作下讀無「在」字義長。即此本獨是。

〔三八〕建溪先暖冰微開　「冰」，原作「水」，據《范文正公文集》卷二《和章岷從事鬥茶歌》（《古逸叢書》影印宋本）及周本、胡書、《合璧事類備要》卷四二、《事文類聚》續集卷一二、《全芳備祖》後集卷二八改。

〔三九〕終朝採掇未盈襜　「襜」，原作「擔」，據同上校引諸書改。

〔四〇〕研膏焙乳有雅製　「焙」，原作「乳」，抄吏涉下而譌，據同上校引諸書改。

〔四一〕鼎磨雲外首山銅　「鼎」，原作「鼒」，據同上校引諸書改。

〔四二〕碧玉甌中翠濤起　胡書、范集作「紫玉甌心」外，右引餘書皆同本書。

〔四三〕鬥茶味兮輕醍醐鬥茶香兮薄蘭芷　兩句之「茶」字，僅范集作「余」字；餘書皆同本書。

〔四四〕不如仙山一啜好　「山」，原譌作「人」，據周本、胡書、范集等改。

〔四五〕泠然便欲乘風飛　「泠」，原作「冷」，據同上校改。

〔四六〕唐趙璘因話録　原「璘」下衍一「述」字，據周本删。《砦溪詩話》原有「述」字。

〔四七〕黄常明　此注出處，應據周本補書名及卷次「《砦溪詩話》卷七」六字。又，是書作者爲黄徹，字常明。

見其卷首陳俊卿序。餘可見人民文學出版社湯新祥校注本(一九八六年版頁一一九至一二〇)。

〔四八〕造在社前　《學林》卷八《茶詩》,『造』上有『摘』字。

〔四九〕若此數多者　『此』,《學林》作『取』。

〔五〇〕開緘試新火須汲遠山泉　《學林》『新火』作『火前』,『汲』作『寄』。

〔五一〕鄭谷嘗茶詩曰　『嘗』,原脱,據《學林》補。

〔五二〕開緘數片淺含香　『香』,《學林》作『黄』。

〔五三〕惟憂碧粉散　『惟』,原作『羅』,據同上校改。

〔五四〕宜改緑爲玉　『緑』,原作『碧』,據同上校改。據胡道靜先生《夢溪筆談校證》卷二四(上海古籍出版社一九八七年版頁七七四)稱,《學林》所引是條已不見於《筆談》,或爲佚文,也可能爲《夢溪忘懷録》中之文。俟更考。

〔五五〕則其芽葉大矣　『葉』,《學林》作『蘖』。

〔五六〕存中此論曲矣　『此』上,《學林》有『以』字。

〔五七〕盧仝茶歌曰　『歌』,原作『詩』,據同上校改。

〔五八〕珍踰金玉　『踰』,原作『瑜』,據同上校改。

〔五九〕至本朝蔡君謨茶録既行　『既行』二字,《學林》無。

〔六〇〕同前　承上,則爲胡仔引其父《三山老人語録》,故周本即注爲出處,誤。今考其文乃出王觀國《學林》

（一名《學林新編》），今據是書中華書局田瑞娟點校本一九八八年版頁二七五至二七六出校。

〔六一〕唐以前茶惟貴蜀中所産　『前』，原作『煎』，『惟』原作『爲』，據周本、胡書廖本改。但如原書『蜀中』前脱一重字『貴』亦通。作『唐以煎茶爲貴，貴蜀中所産』。此或《大典》編者所改。

〔六二〕孫楚歌云茶出巴蜀　周本、胡書及所引《蔡寬夫詩話》（郭紹虞《宋詩話輯佚》本卷下，中華書局一九八〇年版）皆同。核本書《茶經·七之事》應作：『孫楚《出歌》：「薑桂茶荈出巴蜀。」』至少應補『出』、『荈』二字。

〔六三〕芳茶冠六情　據本書《茶經》，『情』乃『清』之譌。

〔六四〕蔡寬夫詩話　方案：見郭紹虞《宋詩話考》（中華書局一九七九年版頁一三五至一三九）。輯佚本見《宋詩話輯佚》卷下（頁三七七至四二一）。

〔六五〕蜀中數處産茶　『産』，原譌作『蜀』，據周本、胡書及《東齋記事》卷四頁三七改。

〔六六〕東齋記事　方案：宋·范鎮（一〇〇七—一〇八八）撰，詳中華書局點校本（一九八〇年版）卷首『點校説明』。

〔六七〕旋沫翻成碧玉池　『成』，原譌作『來』，據周本、胡書引改。

〔六八〕遯齋閑覽　是書陳正敏撰，十四卷。據《晁志》，崇寧、大觀間撰，則爲北宋末或兩宋之際人。又據《解題》，他還撰有《劍溪野語》三卷，爲福建延平人。因其自號遯翁，故又以齋名其書。是書已散佚，僅存《説郛》本，但已誤署作者爲范正敏；《宋史·藝文志五》、《能改齋漫録》、《學齋佔畢》均稱其作者爲陳正敏，是。又，其書則應據《詩話總龜》、《漁隱叢話》等書輯佚。參見孫猛《郡齋讀書志校證》卷一三（上海古籍出版社一九九〇年版頁五九一至五九二）。

〔六九〕高齋詩話　方案：是書曾慥（？—一一五五）撰，慥字端伯，號至游居士。温陵（治今福建泉州）人。今考其爲曾公亮五世孫，北宋末在倉部員外郎任，因其岳父吴开曾事金任僞職，故南宋初，吴开貶死，曾慥亦罷黜。紹興九年（一一三九），以朝請大夫、行尚書户部員外郎任湖北、京西總領。十年，擢太常少卿。十一年五月，擢太府卿；同年六月，充秘閣修撰、提舉洪州玉隆觀。十四年，起知虔州；十八年，徙知荆南；二十三年已在知廬州任。終官右文殿修撰。事具《繫年要録》卷三、一三三、一三六、一四〇、一五二、一五八，《宋會要輯稿》食貨三之四、四三之一四等。慥博學能文，編有大型類書《類説》（宋本五十卷）、《宋百家詩選》、《樂府雅詞》、《高齋詩話》、《高齋漫録》等。《類説》卷一三輯有《茶録》十條，皆輯自唐宋小説、筆記。王汝濤等《類説校注》以爲乃採自蔡襄《茶録》，誤甚。參閲是書福建人民出版社一九九六年版頁四二一。

〔七〇〕詩云……周詩記苦荼　『荼』，原均作『茶』，據胡書改。説詳拙文《戰國以前無茶説》，《中國農史》一九九八年第二期。

〔七一〕葉濤詩極不工　『葉濤』，明鈔本《西清詩話》卷下作『葉致遠濤』；『極不』，同上作『不極』。

〔七二〕西清詩話　北宋末蔡絛撰，三卷。絛字約之，號百衲居士，别號無爲子。蔡京季子，今有明鈔本存世。作者生平及《詩話》，詳郭紹虞先生《宋詩話考》卷上頁二〇至二二，又見張伯偉編校《稀見本宋人詩話四種·前言》（江蘇古籍出版社二〇〇二年版頁一〇至一四）。是書以台灣廣文書局一九七三年影印明鈔本爲底本點校整理。本條以是本卷下（頁二二一）出校。

〔七三〕此豈復有茶也哉　「也」，胡書作「茶」。然本則文字全同唐庚《唐先生文集》卷五《鬥茶記》（刊書目文獻出版社影印宋刻本第九〇册）。

〔七四〕貢餘每片計工直四萬錢　「直」，原作「值」，據周本、胡書改。

〔七五〕隻輪慢碾　「隻」，原譌作「雙」，據胡書廖本、《黄庭堅全集》正集卷一三《品令·茶詞》（劉琳等點校本，四川大學出版社二〇〇一年版頁三五〇）改。

〔七六〕心下快活自省　「自」，原作「對」，據同上校改。

〔七七〕則其色黄　「其」，原脱，據胡書廖本補。

〔七八〕白毛囊以紅碧紗　「碧紗」，原倒作「紗碧」，據胡書廖本改。

〔七九〕李公擇有詩嘲之　「嘲」，原作「誦」，據周本、胡書改。

〔八〇〕歸田録　方案：本條誤注出處，以《大典》之編例，則其自「蠟茶」起至「草茶第一」云云，爲歐陽修《歸田録》中語，稱雙井白芽爲草茶第一。以下胡仔所云（以「苕溪漁隱曰」起至條末），乃證歐説，故依例均應注出處爲歐書。周本亦誤從之。

〔八一〕然又云　「然」字，原無，據葛立方《韻語陽秋》卷五補。

〔八二〕蒸之馥之香勝梅　「馥之」，原譌作「馥馥」，據同上校改。

〔八三〕茶成拜表貢天子　『成』，原作『神』，據同上校改。

〔八四〕葛常之韻語陽秋　方案：是書葛立方（？—一一六三）撰，二十卷。立方字常之，丹陽人。紹興八年（一一三八）進士，官至吏部侍郎。據徐林序，書成於隆興元年（一一六四）。是書又稱爲《葛常之詩話》或《葛立方詩話》。此外，立方還有《歸愚集》二十卷、《歸愚詞》一卷；另撰有《西疇筆耕》五十卷、《方輿別志》二十卷，已佚。是書凡四百二十二則，宋刻本今藏上海圖書館，上海古籍出版社於一九八四年影印此本。本則見於是書卷五，頁七二至七三，據以出校。

〔八五〕本則見胡書廖本頁三一三（人民文學出版社，一九六二）

全芳備祖·茶

〔宋〕陳景沂

〔提要〕

《全芳備祖》，前後二集凡五十八卷，陳景沂輯編，祝穆訂正。是我國最早的栽培植物學類書，也是我國農學著作中具有里程碑意義的巨著。尤值得欣幸的是宋刊本今存四十一卷，約佔全書百分之七十。陳景沂，名詠，以字行。號江淮肥遯、愚一子。台州天台人。理宗初，曾上書論恢復，不報，遂絶入仕之念，潛心治學著述（陳景沂事略具《全芳備祖》卷首自序及韓境序）。祝穆，初名丙，字和甫（父），一字伯和，號樟隱。籍貫新安（治今安徽歙州），父康國始徙建寧府崇安。其曾祖祝確，爲朱熹外祖父。穆幼孤，與弟癸從學於朱熹。慶元六年（一二〇〇）朱熹卒時，曾與童子爲『執燭之列』。其生當在淳熙（一一七四—一一八九）末，寶祐（一二五三—一二五八）年間仍在世。撰有《方輿勝覽》七十卷，原書始刊於嘉熙三年（一二三九），其子祝洙增補重訂於咸淳初（一二六六—一二六七）。二種宋本今存。祝穆纂有《古今事文類聚》四集凡一七〇卷，始刊於淳祐六年（一二四六），今存。還有《四六妙語》（一名《四六寶苑》），已佚。其有豐富的編纂類書經驗。又曾刻熹父朱松（一〇九七—一一四三）《韋齋集》及穆之表叔吕午（一一七九—一二五五）《竹坡類稿》等。

是書景沂幾用畢生精力修纂，其自序云：『自束髮習雕蟲，弱冠游方外，初館兩浙，繼寓京庠、姑蘇、金陵、兩淮諸鄉校，晨窗夜燈，不倦披閱。』歷經『識萬卷書，行萬里路』的資料積累和實地考察，孜孜不倦，致力於『記事而提其要，纂言而鉤其玄』，數十年如一日，鍾情於花果草木，經持續不懈的努力，才勒成一代巨編。曾將書稿進呈，期望能得到天子的欣賞，但似未引起重視，後經反復修改，又得到編纂類書頗有心得體會、藏書極富的祝穆協助修訂，始於寶祐中（約在一二五三—一二五六）得以刊行。當時，景沂有其修纂的標準，自序稱『梅先孤芳，松柏後凋，蘭有國香，菊有晚節』，乃托物喻意，表明纂者有不凡的志向，獨立特行的節操和高雅追求。其序又以答客問的方式，表彰瓊花、王蕊、牡丹、芍藥、海棠的『尊貴』，也駁斥了所謂『玩物喪志』的世俗偏見。得到了韓琦（一〇〇八—一〇七五）後裔韓境的認可與讚賞，稱其書『斂華就實，由博趨約』；譽其人『貌癯氣腴，神采内澤，有道之士也』。

是書前集著録花果、草木類植物一百二十種左右，後集著録果卉、草木、農桑、蔬藥類植物一百七十餘種，合計不足三百種，因其門類之多與齊全，故稱『全芳』。但自序稱『所集凡四百餘門』，這有兩種可能：一是當時陳氏誤計或刻序時手民誤刊，二是有些種類傳寫校刊時誤奪或祝穆修訂時刪削。似以前者可能性爲大，近百種植物門類譌脱或刪除，幾無可能。是書自序又稱，於花卉、草木、果蔬等栽培植物的事實、賦詠、樂府『三綱』，『必稽其始』，故云『備祖』，此乃敍其書名之由來。是書實開明清《羣芳譜》、《廣羣芳譜》等大型植物類類書編纂的先河。

是書體例，分敍各條亦頗具匠心，據韓序概括乃『物推其祖，詞掇其芳』。即每門各列三部分内容，一是事實祖，下分碎録、紀要、雜著三目，大體按成書時間先後排列；次爲賦詠祖，分五七言散句、散聯、古體、絶、律等凡十目，分輯唐宋人詩；三是樂府祖，分録唐宋詞，各以詞牌標目。本書詳於詩詞，從而使這後兩部分具有極高的學術含量，成爲後人輯佚的淵藪，校勘的寶山。《全宋詩》、《全宋詞》的編纂從此書獲益匪淺，其例不勝枚舉，請參閱梁家勉先生《日藏宋刻〈全芳備祖〉影印本序》。

宋刻本只有寶祐刻本，海内已失傳，幸而日本宫内廳書陵部庋藏這一珍若拱璧的宋本——海内外惟一的孤本。且得到日本著名農史學家天野元之助教授等日本友人的鼎力相助，才得以『回歸』，並由中國農業出版社影印出版（宋本存前集十四卷，後集二十七卷，缺卷以清抄本配補）。海内藏有清抄本至少十部，其中清初毛氏汲古閣本抄本（藏上海辭書出版社圖書館）、鄧邦述跋清抄本（藏上海圖書館）、丁丙跋清抄本（藏南京圖書館）等頗具特色。這是我國出版史上的盛舉，也是中日文化交流的佳話。上述請參閲拙撰《宋代農業史》第四章第一節（人民出版社二〇一〇年版頁三八四至三八六）。

今將《全芳備祖·茶》作爲一種茶書收入本書。原書各條之末均注出處，有少量爲誤注或漏注。今檢覈始出之書加以校證，一般只作是非校，尤其『雜著』中收録的《茶録》、《茶譜》等茶書，文字有脱誤者才酌出校記，因在唐宋茶書（本書上編中收録）校證時已用本書宋本、四庫本逐條對校，讀者可對照參看，以免重複。其詩詞部分，除誤引出處，文字脱誤者外，一般亦不再作異同校或版本校，以免煩瑣。有些與上編茶書中文字有異同者，則適當保留，正是因本書爲仍珍藏在海外的宋本孤本，故有必要加以校點，以廣其傳。但對一般讀者不熟悉的所引詩詞作者及其生平或僻典及舛誤已甚者等，則予詳考並出校證。如校證第七、八、一六、一九、二〇、二二、三〇、三九、六五、七三等諸條，也許更有助於讀者正確理解茶史及其相關資料。

全芳備祖・茶

事實祖

碎録

一曰茶，二曰檟，三曰設，四曰茗，五曰荈。《茶經》茶有三品：上者生爛石，中者生礫壤，下者生黄土。沫餑者，湯之華也，花之薄者爲沫，厚者爲餑，細者爲花。陸羽《茶經》凡茶少湯多則雲脚散，湯少茶多則乳面聚。《茶録》建安以鬥茶爲茗戰。同上茶之佳者，造在社前〔一〕；其次火前，謂寒食前也。其下則雨前，謂穀雨前也。齊己詩云：『高人愛惜藏岩裏，白甀封題寄火前。』此言火前，蓋未知社前之爲佳也〔二〕。唐人之於茶，雖有陸羽《茶經》而持論未精〔三〕，蔡君謨則持論精也〔四〕。《學林新編》劍南有蒙頂石花〔五〕，湖州有顧渚紫筍，峽州有碧澗明月。《蔡寬夫詩話》草茶盛於兩浙，日注第一。自景祐以來，洪州雙井白牙製作尤精，遠出日注之上，遂爲草茶第一。坡詩注〔六〕湖州長城縣啄木嶺金沙泉〔七〕，每歲造茶之所也，泉處沙中，居常無水。湖常二郡太守至於境會亭，具犧牲拜勑祭泉，其夕水溢。造御茶畢，水即微減，供堂者畢，水已半之，太守造畢，即涸矣。守或還斾稽晚時，則有風雷之變。張君房《脞説》〔八〕宣州宣城縣有茶山，其東爲朝日所燭，號曰陽坡。其茶最勝，形如小方餅，横鋪茗芽其上，太守常薦之京洛，題曰陽坡茶。杜牧《茶山》詩云：『山實東吴秀，茶稱瑞草魁。』毛文錫《茶譜》袁州界橋，其名甚著，不若湖州之研膏紫筍，烹之有緑脚垂下，故公淑賦云：『雲垂緑脚。』〔九〕同上建州，北苑先春、龍焙；洪州，西山白露、雙井白芽、鶴嶺；安吉州，顧渚紫筍；常州，義興紫筍、陽羡春；池陽，鳳嶺；睦州，鳩坑；宣州，陽坡；劍南〔一〇〕，蒙頂石花、露鋑牙、籛牙；南康，雲居；峽州，碧澗，明月；〔綿州〕〔一一〕，東川獸目；福州，方山露芽；壽州，霍山黄牙。《茶譜》

紀要

齊王肅歸魏，初不食羊肉及酪漿，常食鯽魚羹，渴飲茗汁。高帝曰：『羊肉何如魚羹，茗汁何如酪漿？』肅曰：『羊，陸産之最；魚，水族之長。羊比齊魯大邦，魚比邾莒小國，惟酪不中與茗爲奴〔一二〕。』彭城王勰曰：『卿不重齊魯大邦，而愛邾莒小國，明日爲設邾莒之會，亦有「酪奴」。』因呼茗爲酪奴。《洛陽伽藍記》劉琨與羣弟書：『吾體中憒悶，常仰真茶，汝可信信致之。』《法帖》唐貞元初〔一三〕，趙贊興茶税，而張滂繼之。長慶初，王播又增其數，大中〔中〕〔一四〕，裴休立十二條之利。《唐書》德宗貞元中税茶，先是鹽鐵使張滂奏請税茶，以待水旱之闕，賦詔曰可。是歲得錢四十萬。《實録》鄭注爲榷茶法，詔王涯爲榷茶使，王涯用榷茶法益其税，以濟用度。下益困。《本傳》〔一五〕陸羽，字鴻漸，嗜茶。著經三篇。御史大夫李季卿宣慰江南，有薦羽者，召羽煮茶。羽衣野服，挈具而入。公心鄙之，命奴子取錢三十文，酬煎茶博士，羽愧之，更著《毀茶論》。《語林》〔一六〕甫里先生陸龜蒙，嗜茶荈，置小園於顧諸山下，歲入茶租，薄爲甌蟻之費。自爲品第書一篇，繼《茶經》、《茶訣》之後。《茶譜》〔一七〕白樂天方齋，劉禹錫正病酒。禹錫乃饋菊苗虀、蘆菔鮓，換取樂天六（班）〔斑〕茶三囊〔一八〕，以自醒酒。《蠻甌志》王濛好茶，人至輒飲之。士大夫甚以爲苦，每欲候濛，必云：『今日有水厄。』《伽藍記》覺林僧志崇，收茶三等：待客以驚雷筴，自奉以萱草帶，供佛以紫茸香。赴茶者，以油囊盛餘瀝歸。

《茶譜》有人喜飲茶，飲至一斛二斗。一日過量，吐如牛肺一物，以茶澆之。容一斛二斗。客云：此名『斛二瘕』〔一九〕。《太平御覽》世傳陶穀買得党太尉故妓，取雪水煎團茶，謂妓曰：『党家應不識此？』妓曰：『彼麄人，安得有此！但能銷金帳下淺斟低唱，飲羊羔兒酒耳！』陶愧其言〔二〇〕。《類苑》張詠令崇陽，民以茶爲業，公曰：『茶利厚，官將榷之〔二一〕，命拔茶而植桑，民以爲苦。其後榷茶，他縣皆失業，而崇陽之桑已成〔二二〕。其爲政，知所先後如此。《言行録》建州大小龍團，始於丁晉公，而成於蔡君謨。歐陽永叔聞之驚歎曰：『君謨士人也，何至作此事！』《歐集》故例：翰林當直學士春晚人困，則日賜成象殿茶。《金鑾密記》

雜著

臣前因奏事，伏蒙陛下諭臣，先任福建轉運使日所進上品龍茶最爲精好。臣退念草木之微，首辱陛下知鑒，若處之得地，則能盡其材。昔陸羽《茶經》不第建安之品，丁謂《茶圖》獨論採造之本。至於烹試，曾未有聞。臣輒條數事，簡而易明，勒成二篇，名曰《茶録》。伏惟清閑之宴，或賜觀採。臣不勝皇懼榮幸之至！謹序〔二三〕。蔡襄《進〈茶録〉序》

上篇論茶

色　茶色貴白，而餅茶多以珍膏油去聲。其面，故有青黄紫黑之異。善別茶者，正如相工之視人。隱然察之於内，以肉理潤者爲上。既已末之，黄白者受水昏重，青白者受水鮮明，故建安人以青白勝黄白。

香　茶有真香，而入貢者微以龍腦和膏，欲助其香。建安民間試茶，皆不入香，恐奪其真，若烹點之際，又雜珍果香草，其奪益甚，正當不用。

味　茶味主於甘滑，惟北苑鳳凰山連屬諸焙所産者味佳，隔溪諸山雖及時加意製作，色味皆重，莫能及也。又有水泉不甘，能損茶味。前世之論水品者以此。

藏茶　茶宜蒻葉而畏香藥，喜溫燥而忌濕冷。故收藏之家以蒻葉封裹入焙中，兩三日一次用火，常如人體溫溫，則禦濕潤。若火多，則茶焦不可食。

炙茶　茶或經年，則香色味皆陳。於淨器中以沸湯漬之，刮去膏油一兩重乃止。以鈐箝之，微火炙乾，然後碎碾。若當年新茶，則不用此說。

碾茶　碾茶，先以淨紙密裹搥碎，然後熟碾，其大要，旋碾，則色白；或經宿，則色已昏矣。

羅茶　羅細則茶浮，粗則水浮。

候湯　候湯最難，未熟則沫浮，過熟則茶沉。前世謂之蟹眼湯者，過熟湯也。沉瓶中煮之不可辨，故曰候湯最難。

熁盞　凡欲點茶，先須熁盞令熱。冷則茶不浮。

點茶　茶少湯多，則雲脚散；湯少茶多，則粥面聚。建人謂之雲脚粥面。鈔茶一錢匕，先注湯，調令極勻，又添注入，環迴擊拂。湯上盞可四分則止，眡其面色鮮白，著盞無水痕爲絶佳。建安鬥茶，以水痕先没者爲負，耐久者爲勝。故較勝負之説，曰相去一水兩水。

下篇論茶器

茶焙　編竹爲之，裹以蒻葉。蓋其上，以收火也；隔其中，以有容也；納火其下，去茶尺許，常溫溫然，所以養茶色香味也。

茶籠　茶不入焙者，宜密封裹以蒻，籠盛之。〔置〕高處不近濕氣。

砧椎　蓋以碎茶。以木爲之；　椎之或金或鐵，取於便用。

茶鈐　屈金鐵爲之，用以炙茶。

茶碾　以銀或鐵爲之。黄金性柔，銅及鍮石皆能生鉎，不入用。

茶羅　以絶細爲佳。羅底用蜀東川鵝溪畫絹之密者，投湯中揉洗，以羃之。

茶盞　茶色白，宜黑盞。建安所造者紺黑紋如兔毫，其杯微厚，熁之久熱難冷，最爲要用。出他處者或清，或薄或色紫，皆不及也。其青白盞，鬥試家自不用。

茶匙　要重，擊拂有力。黄金爲上，人間以銀鐵〔或銅〕爲之。竹者輕，建茶不取。

湯瓶　瓶要小者，易候湯，又點茶注湯有準。黄金爲上，人間以銀鐵或瓷〔石〕爲之。以上並《茶録》

茶爲物之至精，而小團又其精者，録序所謂上品龍茶者是也，蓋自君謨始造而歲貢焉。仁宗尤所珍惜，雖輔相之臣未嘗輒賜，惟南郊大禮致齋之夕，中書、樞密院各四人，共賜一餅。宫人剪金爲龍鳳花草，貼其上，兩府之家〔一二四〕，分割以歸。不敢碾試，相家藏以爲寶。時有佳客，出而傳玩爾。嘉祐七年〔一二五〕，親享明堂，齋夕，始人賜一餅。余亦忝與，至今藏之。余自以諫官供奉仗内，至登二府，二十餘年纔一獲賜，而丹成龍駕，舐鼎莫及。每一捧翫，清血交零而已。因君謨著録輒附於後，庶知小團自君謨始，而可貴如此〔一二六〕。歐陽公《龍茶録後序》

賦詠祖

五言散句

破睡見茶功。白香山〔二七〕春風啜茗時。杜工部〔二八〕

碾處亂泉聲。李德裕〔二九〕茶踈緣睡少。馮深居〔三〇〕

山實東南秀〔三一〕，茶稱瑞草魁。杜牧

潔性不可污〔三二〕，爲飲滌塵煩。韋應物

松花飄鼎泛，蘭氣入甌輕。李德裕〔三三〕

碧流霞脚碎，香（泣）〔泛〕乳花輕〔三四〕。前人

舌小侔黄雀，毛獰摘録猿。王元之〔三五〕

采從青竹籠，蒸自白雲家。梅聖俞〔三六〕

價與黄金齊，包開青篛整。前人

天王初受貢，楚客已烹新。前人〔三七〕

甌潔凝芳乳，羅纖撼縹塵。宋景文〔三八〕

香濃煙穗直，茶嫩乳花圓。宋庠〔三九〕

古木鴉銜紙，空山人採茶。王西澗〔四〇〕

何以同歲暮，共此晴雲椀。簡齋〔四一〕

赤泥開方印，紫餅絶圓玉。歐公〔四二〕

共約試春茶，槍旗幾時緑。歐公〔四三〕

七言散句

賜得還應作近臣。王元之〔四四〕

綵憶春山露滿旗。宋景文〔四五〕

合座半甌輕泛緑，開緘數片淺含黄。鄭谷〔四六〕

山中揭來採新名，新花亂發前山頂。李涉〔四七〕

静試恰如湖上雪，對嘗兼憶剡中人。林和靖〔四八〕

揀芽幾日始能就，碾月一罌初寄來。梅聖俞〔四九〕

小石冷泉留早味，紫泥新品泛春華。前人〔五〇〕

湯嫩水輕花不散，口甘神爽味偏長。前人〔五一〕

碧月團團墮九天，封題寄與洛中仙。王文公〔五二〕

綵絳縫囊海上舟，月團蒼潤紫煙浮。前人〔五三〕

溪山擊鼓助雷霆，逗曉靈芽發翠莖。歐公〔五四〕

初筍一搶知採候，亂花三沸記烹時。宋景文〔五五〕

春睡無端巧逐人，驅呵不去苦相親。温公〔五六〕

舊譜最稱蒙頂味，露芽雲液勝醍醐。文潞公〔五七〕

西江水清紅石老，石上生茶如鳳爪。歐公〔五八〕

思公煮茗供湯鼎，蚯蚓竅生魚眼珠。山谷

香苞解盡寶帶銙，黑面碾出明窗塵。山谷〔五九〕

銀瓶野浪水一掬，松雨聲來乳花熟。崔珏〔六〇〕

午食易消愁藿粥，夜堂無睡數燈花。張芸叟〔六一〕

官園老兵朝入城，報道新芽已堪摘。前人〔六二〕

雲疊亂花爭一水，鳳團雙影貢先春。王岐公〔六三〕

未須乘此蓬萊去，明日論詩齒頰香。晁無咎〔六四〕

閩侯貢璧琢蒼玉，中有掉尾寒潭龍。張耒〔六五〕

與療文園消渴病，還招楚客獨醒魂。王逢原〔六六〕

得諾向來輕季子，打門何日走周公。陳后山〔六七〕

分付着身長引去，免教人道販私茶。張無盡〔六八〕

草茶無賴空有名，高者妖邪次頑獷。東坡〔六九〕

獨攜天上小團月，來試人間第二泉。前人〔七〇〕

火前試焙分新銙，雪裏頭綱輟賜龍。前人〔七一〕

松鳴湯鼎茶初熟，雪壓爐灰火漸低。洪駒父〔七二〕

麄官差人党侯帳，精品平收陸羽經。劉允叔〔七三〕

相參六一泉中味，故有涪翁句子香。楊誠齋〔七四〕

五言古詩

禹貢通遠俗，始圖在安人。後主失其本，職吏不敢陳。亦有奸佞者，因兹欲求伸。動生千金費，日使萬姓貧。我來顧渚源，得與茶事親。黎甿輟農桑，採掇實苦辛。一夫且當役，盡室皆同臻。捫葛上欹壁，蓬頭入荒榛。終朝不盈掬，手脚皆鱗皴。悲嗟徧空山，草木爲不春。陰嶺芽未吐，使曹牒已頻。心爭造化先，走挺麋鹿均。選納無日夜，擣聲昏繫晨。衆功何枯櫨，俯視彌傷神。皇帝尚巡狩，東郊路多堙。周迴繞天涯，所獻惟艱勤。況值兵革用，兼兹困疲民。未知供御餘，誰合分此珍。顧省忝邦守，有慙復因循。茫茫滄海間，丹憤何由申。唐·袁高〔七五〕

芳叢翳湘竹，零露凝清華〔七六〕。復此雪山客，晨朝掇露芽〔七七〕。蒸煙俯名瀨〔七八〕，咫尺凌丹崖。圓方麗其色〔七九〕，圭玉無纖瑕，呼兒爨金鼎，餘馥延幽遐。滌慮發其照〔八〇〕，還源蕩昏邪。猶同甘露飯，佛事薰毗耶〔八一〕。咄此蓬瀛客〔八二〕，無爲貴流霞〔八三〕。柳子厚

粉細越筍芽，野煎寒溪濱。恐乖靈草性，觸事皆手親。敲石取鮮火，撇泉避腥鱗。熒熒爨風鐺，拾得墜葉

薪〔八四〕。潔色既爽別，浮氳亦殹懃。以兹委曲静，求得正味真。宛如摘山時，自歠指下春。湘瓷泛輕花，滌盡昏渴神。此遊愜醒趣，可以話高人。劉言史

周詩記苦荼〔八五〕，茗飲生近世。初緣厭粱肉，假此雪昏滯。嗟我五畝園，桑麥苦蒙翳。不令守地閑，更乞茶子蓺。飢寒知未免，已作太飽計。庶將通有無，農末不相戾。春生凍地裂〔八六〕，紫筍森已鋭。牛羊煩呵叱，筐筥未敢睨。江南老道人，齒髮日夜逝。他年雪堂品，尚記桃花裔。東坡《乞桃花茶栽》

蒼山走千里，斗落分兩臂〔八七〕。靈泉出地清，嘉卉得天味。入門脱世氛，官曹真傲吏。蔡端明《北苑》

造化曾無私，亦有意所嘉。夜雨作春力，朝雲護日華〔八八〕。千萬碧玉枝，戢戢抽雲芽。《茶壠》

春衫逐紅旗，散入青林下。陰崖喜先至，新苗漸盈把。競攜筠籠歸，更帶山雲寫〔八九〕。《採茶》

糜玉寸陰間〔九〇〕，摶金新範裏。規呈月正圓，勢動龍初起。出焙香色全〔九一〕，爭誇火候足。《造茶》

兔毫紫甌新，蟹眼清泉煮。雪凍作成花，雲閑未垂縷。願爾池中波，去作人間雨。《試茶》〔九二〕

五言古詩散聯

嫩芽香且靈，吾謂草中英。夜臼和煙擣，寒爐對雪烹。鄭愚〔九三〕

忽有西山使，始遺七品茶。末品無水暈，次品無沉柤。五品散雲脚，四品浮粟花。三品若瓊乳，二品罕所加。絶品不可議，甘香難等差〔九四〕。

昔觀唐人詩，茶詠鵶山嘉。鵶銜茶子生，遂以山名鵶。〔九五〕

春雷未出地〔九六〕，南土物尚凍。呼譟助發生，萌穎强抽芃。團爲蒼玉璧，隱起雙飛鳳。

顧渚及陽羡〔九七〕，又復下越茗。近年江國人，鷹爪誇雙井。其贈幾何多〔九八〕，六色十五餅。每餅包青蒻，紅籤纏素縈。並梅聖俞

五言律詩

北苑龍茶者，甘鮮的是珍。四方惟數此，萬物更無新。纔吐微茫緑，初沾少許春。散尋縈樹徧，急採上山頻。宿葉寒猶在，芳芽冷未伸。茅茨溪口焙〔九九〕，籃籠雨中民。長疾勾萌拆，開齊分兩匀。帶煙蒸雀舌，和露疊龍鱗。作貢勝諸道，先嘗秖一人。緘封瞻闕下，郵傳度江濱。特旨留丹禁，殊恩賜近臣。啜將靈藥助，用與上尊親。頭進英華盡，初烹氣味真。細香勝卻麝，淺色過於筠。顧渚慚投木，宜都愧積薪。年年號供御，天産壯甌閩。丁晉公《北苑茶》

五言八句

古路行終日，僧房出翠微。瀑爲煎茗水，雲是坐禪衣。尊者難相遇，遊人又獨歸。一猿橋外急，卻似不忘機。貫秋壑《題天台石橋》〔一〇〇〕

五言律詩散聯

揀芽分雀舌，賜茗出龍團。曉日雲菴暖，春風浴殿寒。東坡〔一〇一〕

玉尺鋒稜聳，銀槽樣度窊。月中亡桂實，雨裏得天葩。張芸叟〔一〇二〕

七言古詩

日高丈五睡正濃，軍將打門驚周公。口云諫議送書信，白絹斜封三道印。開緘宛見諫議面，手閲月團三

百片。聞道新年入山裏，蟄蟲驚動春風起。天子須嘗陽羡茶，百草不敢先開花。仁風暗結珠琲瓃，先春抽出黄金芽。摘鮮焙芳旋封裹，至精至好且不奢。至尊之餘合王公，何事便到山人家。柴門反關無俗客〔一〇三〕，紗帽籠頭自煎喫。碧雲引風吹不斷，白花浮光凝椀面。一椀喉吻潤；兩椀破孤悶；三椀搜枯腸，唯有文字五千卷；四椀發輕汗，平生不平事，盡向毛孔散；五椀肌骨清；六椀通仙靈；七椀喫不得也，唯覺兩腋習習清風生。蓬萊山，在何處？玉川子，乘此清風欲歸去。山下羣仙司下土，地位清高隔風雨。安得知，百萬億蒼生，命墮在巔崖，受辛苦。便爲諫議問蒼生，到頭還得蘇息否？盧仝《謝孟諫議〔寄〕新茶》

山僧後擔茶數叢，春來映竹抽新茸。宛然爲客振衣起，自傍芳叢摘鷹觜。斯須炒成滿室香，便酌砌下金沙水。驟雨松聲入鼎來，白雲滿椀花徘徊。悠揚噴鼻宿酲散，清峭徹骨煩襟開。陽崖陰嶺各殊氣，未若竹下莓苔地。炎帝雖嘗未辨煎，桐君有録那知味〔一〇四〕。新芽連拳半未舒，自摘至煎俄頃餘。木蘭墜露香微似，瑶草臨波色不如。僧言靈味宜幽寂，採採翹英爲嘉客。不辭緘封寄郡齋，甎井銅鑪損標格〔一〇五〕。何況蒙山顧渚春，白泥赤印走風塵。欲知花乳清泠味，須是眠雲跂石人。劉禹錫《蘭若試茶歌》

年年春自東南來，建溪先暖冰微開。溪邊奇茗冠天下，武夷仙人從古栽。新雷昨夜發何處，家家嬉笑穿雲去。露芽錯落一番榮，綴玉含珠散嘉樹。終朝採掇未盈襜，唯求精粹不敢貪。研膏焙乳有雅製〔一〇六〕，方中圭兮圓中蟾。此苑將期獻天子，林下雄豪先鬥美〔一〇七〕。鼎磨雲外首山銅，瓶攜江上中濡水。黄金碾畔緑塵飛，碧玉甌中翠濤起。鬥茶味兮輕醍醐，鬥茶香兮薄蘭芷。其間品第胡能欺，十目視而十手指。勝若登仙不可攀，輸同降將無窮恥，吁嗟天産石上英，論功不愧階前蓂。衆人之濁我可清，千日之醉我可醒。屈原試與招魂魄，劉伶卻得聞雷霆。盧仝敢不歌，陸羽須作經。森然萬象中，焉知無茶星。商山丈人休茹芝，首陽先生休採薇。長安酒價減千萬，成都藥市無光輝。不如仙山一啜好，泠然便欲乘風飛。君莫羨花間女郎只鬥草，贏得珠璣滿斗歸。范文正公《鬥茶歌》〔一〇八〕

建安三千里，京師三月嘗新茶。人情好先務取勝，百物貴早相矜誇。年窮臘盡春欲動，蟄雷未起驅龍蛇。夜聞擊鼓滿山谷，千人助叫聲喊呀。萬木寒癡睡不醒，唯有此樹先萌芽。乃知此爲最靈物，宜其獨得天地之英華。終朝採摘不盈掬，通犀銙小圓復窊。鄙哉穀雨槍與旗，多不足貴如刈麻。建安太守急寄我，香篛包裹封題斜。泉甘器潔天色好，坐中揀擇客亦嘉。新香嫩色如始造，不似來遠從天涯。停匙側盞試水路，拭目向空看乳花。可憐俗夫把金錠，猛火炙背如蝦蟆。由來真物有真賞，坐逢詩老頻咨嗟。須臾共起索酒飲，何異奏雅終淫哇。歐陽公《嘗新茶》〔一〇九〕

蟹眼已過魚眼生，颼颼欲作松風鳴。蒙茸出磨細珠落，眩轉遶甌飛雪輕。銀瓶瀉湯誇第二，未識古人煎水意。君不見昔時李生好客手自煎，貴從活火發新泉。又不見今時潞公煎茶學西蜀，定州花瓷琢紅玉。我今貧病嘗苦飢，分無玉椀捧蛾眉。且學公家作茗飲，磚爐石銚行相隨。不用撐腸拄腹文字五千卷〔一一〇〕，但願〔一甌〕常及睡足日高時〔一一一〕。東坡《煎茶歌》

矞雲從龍小蒼璧，元豐至今人未識。壑源包貢第一春，緗奩碾香供玉食。睿思殿東金井欄，甘露薦椀天開顏。橋山事嚴庀百局，補究諸公省中宿。中人傳賜夜未央，雨露恩光照宮燭。右丞似是李元禮，好事風流有涇渭。肯憐天祿校書郎，親敕家庭遺分似。春風飽識太官羊，不慣腐儒湯餅腸。搜攪十年燈火讀，令我胸

中書傳香。已戒應門老馬走，客來問字莫載酒。山谷《謝送䕫源揀芽》〔一一二〕

我持玄珪與蒼璧，以暗投人渠不識。城南窮巷有佳人，不索檳郎常晏食。赤銅茗椀雨斑斑，銀粟翻光解破顔。上有龍文下棊局，探囊贈君諾已宿。此物已是元豐春，先皇聖功調玉燭。晁子胸中開典禮，平生自期莘與渭。故用澆君磊磈胸，莫令鬢毛雪相似。曲幾蒲團聽煮湯，煎成車聲繞羊腸。雞蘇胡麻留渴羌，不應亂我官焙香。肥如瓠壺鼻雷吼〔一一三〕，幸君飲此莫飲酒。山谷《以龍團半鋌贈無咎》

人間風日不到處，天上玉堂森寶書，想見東坡舊居士，揮毫百斛瀉明珠。我家江南摘雲腴，落磑霏霏雪不如。爲君喚起黄州夢〔一一四〕，獨載扁舟向五湖。山谷《以雙井茶送子瞻》

吴綾縫囊染菊水，蠻砂塗印題進字。淳熙錫貢新水芽，天珍誤落黄茅地。故人鸞渚紫微郎，金華講徹花草香。宣賜龍焙第一綱，殿上走趨明月璫。御前啜罷三危露，滿袖香煙懷璧去。歸來拈出兩蜿蜒〔一一五〕，雷電晦冥驚破柱。北苑龍芽内樣新，銅圍銀范鑄瓊塵。九天寶月霏五雲，玉龍雙舞黄金鱗。老夫平生愛煮茗，十年燒穿折脚鼎。下山汲井得甘冷，上山摘芽得苦梗。何曾夢到龍游窠，何曾夢喫龍芽茶？故人分送玉川子，春風來自玉皇家。鍛圭椎璧調冰水，烹龍炰鳳搜肝髓。石花紫筍可衙官，赤印白泥牛走爾。故人氣味茶樣清〔一一六〕，故人風骨茶樣明。開緘不但似見面，叩之咳唾金玉聲〔一一七〕。麴生勸人墮巾幘，睡魔遣我抛書册。老夫七椀病未能，一啜猶堪坐秋夕。楊誠齋《謝木舍人送講筵茶》

分茶何似煎茶好，煎茶不似分茶巧。蒸水老禪弄泉聲，隆興元春新玉爪〔一一八〕。二者相遭兔甌面，怪怪奇奇真善幻。紛如擘絮行太空，影落寒江能萬變。銀瓶首下仍尻高，注湯作字勢嫖姚。不須更師屋漏法〔一一九〕，只問此瓶當響答。紫微仙人烏角巾，唤我起看清風生。京塵滿袖思一洗，病眼生花得再明。漢鼎難調要公理，策勳茗椀非公事。不如回施與寒儒，歸讀《茶經》傳衲子。楊誠齋《（在）澹菴坐上觀顯上人分茶》

七言古詩散聯

潤花入井水味香，山月當人松影直。仙翁白扇霜烏翎〔一二〇〕，拂拭夜讀《黄庭經》。温飛卿

春風三月貢茶時，盡逐旌紅到山裏〔一二一〕。焙中清曉朱門開，箱篚漸見新芽來〔一二二〕。凌煙觸露不停採，官家赤印連帖催。朝飢暮匐誰興哀〔一二三〕，喧闐競納不盈掬。一時一餉還成堆，蒸之馥之香勝梅，研膏架動奔如雷〔一二四〕。李郢

山僧後簷茶數叢，春來映竹抽新茸。宛然爲客振衣起，自傍芳叢摘鷹觜〔一二五〕。斯須炒成滿室香，便酌砌下金沙水。驟雨松聲入鼎來，白雲滿椀花徘徊。劉禹錫

始於歐陽永叔席，乃識雙井絶品茶。次逢江東許子春，又出鷹爪與露芽。〔一二六〕

建溪茗株成大樹〔一二七〕，頗殊楚越所種茶。先春喊山掐白萼，亦異鳥觜蜀客誇。並梅聖俞

我有龍團古蒼璧，九龍泉深一百尺〔一二八〕。憑君汲井試烹茶，不是人間香味色。

西江水清江石老，石上生茶如鳳爪。窮臘不寒春氣早，雙井芽生先百草〔一二九〕。並歐公

山南之茗先春採，山北之人及夏嘗。爲念老親方見惠〔一三〇〕，極知舊友不相忘。

老來辛苦須自烹，且勿娉婷腕如玉。香如桃葉色如麴，蟹眼松聲浮艾緑〔一三一〕。並張芸叟

君不見莆陽學士蓬萊仙，製成月團飛上天。南北自此供歲貢〔一三二〕，寸璧往往人間傳。曾文昭

金虀玉鱠飯炊雪，海螯江柱初脱泉。臨風飽食甘寢罷，一甌花乳浮輕圜〔一三三〕。東坡

吴剛小君贈我杵〔一三四〕，阿香藁砧授我斧，斧面蒼璧粲磊磊〔一三五〕，杵碎玄璣紛楚楚。出臼入磨光吐吞，危坐隻手旋乾坤。碧瑶宫殿幾塵墮，蕋珠樓閣粧鉛翻。洪平齋

海濱魚鹽勝耕稼，嘗呼父老來丁寧。江鄉魚茗尤逐末，爲分利害別重輕。拔茶種桑何苦口，崇陽因得良吏名。厲小山劭農九江〔一三六〕

七言絶句

紅紙一封書後信，緑芽十片火前春。湯添勺水煎魚眼，末下刀圭攪麴塵〔一三七〕。白樂天

湖上畫船風送客，江邊紅燭夜還家。今朝寂寞山堂下〔一三八〕，獨對炎暉看雪花。蔡君謨

石碾輕飛瑟瑟塵，乳花烹出建茶春〔一三九〕。人間絶品應難識，閑對《茶經》憶故人。林和靖

麥粒收來品絶倫，葵花製出樣爭新。一杯永日醒雙眼，草木英華信有神。曾子固〔一四〇〕

甃源山勢上連雲，全占南州第一春〔一四一〕。自有化工鍾粹氣，時生靈葉奉嚴宸。張無盡

慶雲十六升龍樣〔一四二〕，國老元年密賜來。披拂龍紋射牛斗，外家英鑒似張雷。山谷《以潞公揀芽送公擇二首》

赤囊歲上雙龍璧，曾見前朝盛事來。想得天香隨御所，延春閣道囀春雷〔一四三〕。

雞酥狗蝨難同味，懷取君恩歸去來。青箬湖邊尋顧陸，白蓮社裏覓宗雷〔一四四〕。《官茶極妙難爲賞音二首》

乳花翻椀正眉開，時若渴羌衝熱來。知味者誰心已許〔一四五〕，維摩雖默語如雷。

山芽落碨風回雪〔一四六〕，曾爲尚書破睡來。勿以姬姜棄顦顇，逢時瓦釜亦鳴雷。《爲雙井解嘲》

要及新香碾一盃，不應傳寶到雲來。碎身粉骨方餘味，莫厭聲喧萬壑雷。《和公擇韻》

風爐小鼎不須催，魚眼長隨蟹眼來。深注寒泉收第一，亦防枵腹爆乾雷。

乳粥瓊糜霧脚回，色香味觸映根來。睡魔有耳不及掩，直拂繩牀過疾雷〔一四七〕。

白錦秋鷹微露爪，青瑶曉樹未成芽。松梢鼓吹湯翻鼎〔一四八〕，甌面雲煙乳作花。楊誠齋

書如秀色倦猶愛〔一四九〕，茶似苦言終有情。慎勿教渠紈袴識，珠槽翠釜浪相輕。鄭安晚〔一五〇〕

一盃春露暫留客，兩腋清風幾欲仙。可但喚回槐國夢，不妨更舉趙州禪。翁元廣〔一五一〕

官焙春綱入貢時，擔頭獵獵小黄旗。甘香不數嘗陽羨，密侍天顔喜可知。徐意一〔一五二〕

騷客醉眠腸正苦，睡魔退聽骨先寒。未堪八餅供龍焙，且遣一旗登虎壇。戴翼〔一五三〕

七言八句

昨日東風吹枳花，酒醒春晚一甌茶。如雲正護幽人塹，似雪纔分野老家。金餅拍成和雨露，玉塵煎出照煙霞。相如病渴今全校，不羡生臺白鷅鵶〔一五四〕。李郢

活水還將活火烹〔一五五〕，自臨釣石汲深清。大瓢酌月歸春甕〔一五六〕，小杓分江入夜餅。雪乳已翻煎處脚，松風仍作瀉時聲。枯腸未易經三碗〔一五七〕，卧聽山城長短更。東坡

仙山靈雨濕行雲，洗遍香肌粉未勻。明日來投玉川子，清風吹破武林春。要知玉雪心腸好，不是膏油首面新。戲作小詩君一笑，從來佳茗似佳人〔一五八〕。東坡《壑源茶》

蒼爪初驚鷹脱韝，得湯已見玉花浮。睡魔何止避三舍，歡伯直教輸一籌。日鑄焙香懷舊隱，谷簾試水憶西遊。銀瓶銅碾懼官樣，恨欠纖纖爲捧甌。張南軒〔一五九〕

樂府祖

滿庭芳

北苑龍團，江南鷹爪，萬里名動京關。碾深羅細，瓊蘂暖生煙。一種風流氣味，如甘露、不染塵凡。纖纖捧，冰甆瑩玉，金縷鷓鴣斑。　相如方病酒，銀瓶蟹眼，波怒濤翻。爲扶起樽前，醉玉頽山，飲罷風生兩腋，醒魂到、明月輪邊。歸來晚，文君未寢，相對小窗前。黄山谷〔一六〇〕

阮郎歸

摘山初製小龍團，色和香味全。碾聲初斷夜將闌，烹時鶴避煙。　消滯思，解塵煩。金甌雪浪翻。只愁啜罷月流天〔一六一〕，餘清攪夜眠。黄山谷

烹茶留客駐雕鞍，有人愁遠山。別郎容易見郎難。月斜窗外山。　歸去後，憶前歡。畫屏金博山。一盃春露莫留殘，與郎扶玉山〔一六二〕。黄山谷

歌停檀板舞停鸞，高陽飲興闌，獸煙噴盡玉壺乾，香分小鳳團。　雲浪淺，露珠圓。捧甌香筍寒〔一六三〕。絳紗籠下躍金鞍，歸時人倚欄。東坡〔一六四〕

行香子

綺席纔終，歡意猶濃。酒闌時、高興無窮。共誇君賜，初拆臣封。看分香餅，黄金縷，密雲龍。　鬥贏

一水，功敵千鍾。覺凉生、兩腋清風。暫留紅袖，少卻紗籠，〔放〕笙歌散〔一六五〕，庭館靜，略從容。東坡

品令

鳳舞團團餅，恨分破、教孤令。金渠體淨，隻輪慢碾，玉塵光瑩。湯響松風，早減了、二分酒病〔一六六〕。味濃香永，醉鄉路、成佳境。恰如燈下，故人萬里，歸來對影。口不能言，心下快活自省。山谷

〔校證〕

〔一〕茶之佳者造在社前　『佳者』，《學林》作『佳品』；『造』上有『摘』字。《全芳》摘引《學林》之文多有删改，非誤舛而有失文意者，不再一一出校。

〔二〕蓋未知社前之爲佳也　『之』下，《學林》有『品』字，應從補。

〔三〕雖有陸羽茶經而持論未精　『《茶經》』，《學林》作『爲之説』，《苕溪漁隱叢話》、《詩話總龜》同；而《錦繡萬花谷》前集卷三五則同《全芳》作『《茶經》』。

〔四〕蔡君謨則持論精也　『蔡君謨』，其上《學林》有『本朝』二字；其下有『《茶録》既行』四字。六字，上校引三書皆有，應從補，義長。

〔五〕劍南有蒙頂石花　『劍南』，原譌倒作『南劍』，據《唐國史補》卷下（始出）、《太平御覽》卷八六七、朱勝非《紺珠集》卷三、《事文類聚》續集卷一二乙正；又，《萬花谷》、《記纂淵海》同譌倒作『南劍』。宋南劍州在福建路，乃州郡；劍南，乃唐方鎮名，天寶年間，爲唐全国十節度使之一，領益、劍、瀘等二十五州，轄

境約當今四川中部一帶。譌作『南劍』的三書均稱引自《蔡寬夫詩話》，則似《詩話》已譌倒。是書詳《宋詩話考》頁一三五—一三八，檢《宋詩話輯佚》未見此則，或郭紹虞先生以其轉引而未輯歟？

〔六〕坡詩注　本則原出歐陽修《歸田録》卷上，又見《文忠集》卷一二六。《東坡詩集注》卷一四《和錢安道寄惠建茶》詩中引歐公之説作注，已以其大意改寫；又見施元之《施注蘇詩》卷八，文又大同小異。

〔七〕湖州長城縣啄木嶺金沙泉　『長城』，原作『長洲』，誤。今考是條始出於毛文錫《茶譜》（見本書拙輯本第四〇條）。湖州長城縣，五代後梁太祖朱晃爲避其父朱誠之嫌諱，於開平二年（九〇八）改爲長興。此爲《茶譜》必成於公元九〇七年之前之力證，詳拙輯是書提要。長洲，唐宋至民國（六九六—一九一二）皆爲蘇州（平江府）之廓縣。四庫本《全芳》作『長興』，亦誤；但其注稱出《茶譜》是。《萬花谷》前集卷五與本書宋本同注出張君房《脞説》，但作『長城』，極是，可見張氏原引作『長城』，據改。

〔八〕張君房脞説　方案：張君房，字尹方（一作允方），安陸（治今湖北安陸）人。景德二年（一〇〇五）進士。初宦江寧縣令。大中祥符三年（一〇一〇），在開封府功曹參軍任。祥符八年至天禧三年（一〇一五—一〇一九），以秘閣校理知錢塘縣。祥符九年，以著作佐郎赴杭州監寫校勘《道藏》，凡四千五百五十九卷。乾興中，倅江陵，後歷知隨、郢州、信陽軍。致仕歸鄉，享有高壽。其詩賦雜文，子百藥編爲《慶曆集》三十卷，已佚。君房著作宏富，有《雲笈七籤》一百二十卷，今存。以《道藏》浩博，乃爲類例，裁其旨要，萃爲一編，凡道家經法、符籙、修養、服食等，皆選萃其要，可視爲《道藏》之選萃本，乃其校勘《道藏》的『副産品』。又有《潮説》一卷（三篇），《乘異記》、《野語》各三卷，《唐科名定分録》七卷，《麗情集》

十二卷，《儆戒會蕞》五十事，《搢紳脞説》二十卷。以上多已佚，僅存少量殘簡佚文。君房生平及著作見《麈史》卷中，《默記》卷下，《長編》卷七四、八六，《玉海》卷六三，《陳録》卷八、一二，《咸淳臨安志》卷五一、八九，《通考》卷一九九、二二四，《宋史》卷七〇《律曆志三》，卷二〇五、二〇六、二〇八《藝文志》等。《搢紳脞説》簡稱《脞説》，今僅佚存寥寥數條。《晁志》後集卷二（袁本）著録爲張唐英撰，大誤。今考唐英字次功，事具《宋史》卷三五一本傳。《陳録》卷一一《乘異記》已有辨證，可參閲。又，朱熹《晦庵集》卷八一《跋李少膺〈脞説〉》，乃另一作者的同名著作。疑其爲東漢人。

〔九〕故公淑賦云雲垂緑脚　方案：此九字，乃李淑（字公淑）《事類賦注・茶》中之文；乃陳景沂引北宋李氏之文，非毛文錫《茶譜》中文。故拙輯本中已删此九字。

〔一〇〕劍南　原譌倒作「南劍」，據拙輯《茶譜》條一校〔三〕及本書校〔五〕乙正。

〔一一〕綿州　二字原脱，據拙輯《茶譜》條一補。

〔一二〕惟酪不中與茗爲奴　方案：本則原出《洛陽伽藍記》卷三，此似已據曾慥《類説》卷六删改。但上引兩書及《紺珠集》卷四皆作「惟茗不中與酪爲奴」，「酪」、「茗」二字應互乙。

〔一三〕唐貞元初　方案：是條注稱出《唐書》，實誤。據文字比對，乃據《元豐類稿》卷四九《茶》略有删改而成。曾鞏原作「正元初」，「正」乃避宋仁宗諱改「貞」爲「正」；但曾鞏實誤，今考唐趙贊始税茶在唐德宗建中三年（七八二），貞元中，張滂繼又增茶税，已征四五十萬貫，税茶成常制。長慶初，王播又增税，唐朝最高茶税年額不過八十萬貫。説詳本書前言拙考。劉昫《舊唐書》卷四九《食貨志下》云，趙贊始税茶繫於建中四年（七八三），已不無小誤。本書注稱出《唐書》是誤中有誤。下條引唐《實録》稱德宗『貞元中』張滂始税茶即爲四十萬貫亦誤。今仍原書之舊，不再一一校改。

〔一四〕大中中　下『中』字，原脱，據上校引曾鞏《茶》文補。

〔一五〕本傳　方案：本條據《新唐書》卷一七九《鄭注》、《王涯》二傳删節改寫而成。始自本書，《古今事文類聚》續集卷一二《榷茶困民》即録自《全芳》本則。

〔一六〕語林　方案：本則注稱出《語林》，然核《唐語林校證》等書未見，究其史源，似與署唐・白居易撰、宋・孔傳續《白孔六帖》卷一五《茶》相近似，次則宋祁撰《新唐書》卷一九六《隱逸・陸羽傳》（此又據《封氏聞見記》卷六《飲茶》等删改撮要而成）。疑陳景沂有誤注出處之嫌。

〔一七〕茶譜　方案：本則毛文錫據《甫里集》卷一六《甫里先生傳》（又見《笠澤叢書》卷一）節録。『歲入茶租』下，原文有『十許』二字，拙輯本已補。

〔一八〕换取樂天六斑茶三囊　『三』，宋人《百菊集譜》卷三、《萬花谷》後集卷三五、《事文類聚》續集卷一二等皆作『二』。唯《全芳》二本作『三』。

〔一九〕此名斛二瘕　本則據《太平御覽》卷八六七《茗》删節改寫。『二』，原作『茗』。又，本條與《事文類聚》續集卷一二全同。究其史源，乃出晋・陶潛《搜神後記》卷三，與《御覽》所引又有不同。

〔二〇〕陶愧其言　方案：本則注稱出《類苑》，然檢江少虞《類苑》（本書南宋初紹興中編成）無此條。今考是條始見於蘇軾詩自注，必爲始出於北宋中期以前某書。今據清・馮應榴《蘇軾詩集合注》卷一二

《趙成伯家有麗人僕和鄉人不肯開樽徒吟春雪美句次韻一笑》詩中，『何如低唱兩三杯』句下〔公自注〕録其原文：『世傳陶穀學士買得党太尉家故妓，遇雪，陶取雪水烹團茶。謂妓曰：「党家應不識此？」妓曰：「彼粗人，安有此景！但能於銷金暖帳下淺斟低唱，喫羊羔兒酒。」陶默然愧其言。』今又考蘇軾於熙寧七至九年（一〇七四—一〇七六）知密州時作此詩，趙成伯時爲密州通判。又，《詩話總龜》卷三九注云：此出《玉局遺文》。應是。

〔二一〕官將榷之　『榷』，原作『擢』，據本書四庫本改。

〔二二〕而崇陽之桑已成　句下，朱熹《名臣言行録》卷三《張詠》及陳師道《後山談叢》卷五（點校本頁五〇）皆有『爲絹而比者歲百萬匹，民富至今』十三字。本書是條據《言行録》，朱書則據《談叢》轉録，然考其史源，則始出於沈括《夢溪筆談·補筆談》卷二（見《全宋筆記》本第二編、第三册、第二三四頁）。

〔二三〕謹序　方案：本書雜著首録蔡襄《茶録》，其版本極多，宋本至少在十種以上。（《茶録》提要已著録宋本八種，合《全芳》及《百川》宋本已十種。）《全芳》宋本已將《茶録》全文收入，筆者已在《茶録》校證時通篇逐條取校，故今僅標點而存此本，以供讀者參考。

〔二四〕兩府之家　『之』，《文忠集》卷六五作『八』。

〔二五〕嘉祐七年　同上《歐集》文中，上有『至』字，應據補。

〔二六〕而可貴如此　同上校《歐集》原文中，下有『治平甲辰七月丁丑，廬陵歐陽修書還公期書室』一十九字。此序作於蔡襄自書《茶録》石本後不久，蔡襄《端明集》卷三五《茶録·後記》末署『治平元年伍月二十六日,三司使、給事中臣蔡某謹記』可證。甲辰即治平元年(一〇六四);七月丁丑,爲七月十四日。即一個半月後,歐公即爲撰後序,亦宋人交遊史上佳話之一。

〔二七〕白香山　原脱,詩見白居易《白氏長慶集》卷二五《贈東鄰王十三》,據補。

〔二八〕杜工部　詩見南宋郭知達編《九家集注杜詩》卷一八《重過何氏五首》(之三)。

〔二九〕李德裕　詩見《會昌一品集》别集卷三《故人寄茶》。

〔三〇〕馮深居　今考馮去非(一一八八—一二六五)字可遷,號深居。南康軍都昌人。馮椅之子。淳祐元年(一二四一)進士。釋褐滁州户曹,歷宦桂陽縣丞,淮東漕司幹辦公事,知會稽縣,改寶應知縣;通判壽春府。寶祐四年(一二五六),召爲宗學諭。因不附時相丁大全,景定元年(一二六〇),謫居瑞陽,後起知興國軍。去非師事趙葵、吴淵,博通史書,曾主白鹿書院爲山長,又分主金陵講席。工詩詞,與吴文英等爲交遊,相酬唱。藏書萬卷,窮研易學,撰有《易象通議洪範補傳》一卷,有詩三百餘首,詩文凡數十卷,今多已佚,僅存零簡殘篇。其生平見孫德之《太白山齋遺稿》卷下《深居馮公墓銘》(刊《全宋文》卷七六九七)、《宋史》卷四二五本傳等。今人編『三全』録其詩十二首,詞三闋,文四十四篇。此佚句僅見於《全芳》。

〔三一〕山實東南秀　『山』,原譌作『閩』,據本書四庫本、《茶譜》、《全唐詩》卷五二二,杜牧《題茶山》(題注:在義興)改。

〔三二〕潔性不可污　『污』,《文苑英華》卷三二七、宋本《韋蘇州集》卷八《喜園中茶生》作『汙』。二字通用。

〔三三〕李德裕　方案：　詩見《會昌一品集》別集卷一〇《憶茗芽》。所引乃頸聯，餘三聯爲：『谷中春日暖，漸憶掇茶英。欲及清明火，能銷醉客醒。』『飲罷無閑事，捫蘿溪上行。』

〔三四〕香泣乳花輕　詩見李德裕《一品集》別集卷三《故人寄茶》。『泣』，李集作『泛』，是，據改。

〔三五〕王元之　方案：　王禹偁，字元之。詩見《小畜集》卷一一《茶園十二韻》。

〔三六〕梅聖俞　詩見梅堯臣《宛陵集》卷一二《建溪新茗》。聖俞，乃堯臣字。

〔三七〕前人　方案：　上二聯詩分見：《宛陵集》卷二二《答建州沈屯田寄新茶》，卷四一《吴正仲遺新茶》。又，請參閲拙文《梅堯臣茶詩注析》，刊《農業考古》一九九一年第四期、一九九二年第二期。

〔三八〕宋景文　方案：　宋祁，字子京，號景文。詩見《景文集》卷一二《通判茹太博惠家園新茗》。又，四庫本誤『縹塵』作『練塵』，應據《全芳》二本改。

〔三九〕宋庠　方案：　此誤注作者，實乃陸游詩，見《劍南詩稿》卷五《慈雲院東閣小憩》。清·汪灝《廣羣芳譜》卷三轉録自《全芳》，亦誤，但《佩文齋詠物詩選》卷二三二、《宋詩鈔》卷六四均作陸游詩，應據改。

〔四〇〕王西澗　方案：　今考王濬字深道，號西澗。台州黄巖人。曾奏名登科，任荆門軍（治今湖北荆門當陽）教授。撰有《西游編》等，詩文皆佚。其父王木（一一六七—一二二七），字伯奇；　其兄王汶，字希道；　王澄，字淵道；　弟王汲，字敏道；　其子王琚，字君度。王濬『詩書歷年久，名勝結交多』。其交遊主要有劉宰（一一六六—一二三九）、戴復古（一一六七—一二四四？）、高斯德（一二〇一—？）、葛紹體等。事據《漫塘集》卷三《送王深道歸黄巖》、卷三二《桂山君年表》，《石屏詩集》卷三

《訪西澗王深道》、卷四《王深道奏名而歸》，《恥堂存稿》卷六《送王深道赴荆門軍教授》等考定。

〔四一〕簡齋　方案：此聯出陳與義《簡齋集》卷二《與周紹祖分茶》，乃宋代分茶詩名作。

〔四二〕歐公　方案：此誤注出處，乃蘇軾詩，見《東坡全集》卷三《焦千之求惠山泉詩》，又見《施注蘇詩》卷五、《東坡詩集注》卷二六等。又，『絶』，蘇詩作『截』。

〔四三〕歐公　詩見《文忠集》卷一《蝦蟆碚》。

〔四四〕王元之　詩句見王禹偁《小畜集》卷八《龍鳳茶》。『應』，王集作『因』。

〔四五〕宋景文　詩見宋祁《景文集》卷一八《貴溪周懿文寄遺建茶偶成長句代謝》。因各種茶書均未收此名作，今特録其全詩如下：『茗篋緘香自武夷，陸生家果最相宜。烹憐書鼎花浮糒，採憶春山露滿旗。品絶未甘奴視酪，啜清須要玉爲瓷。茂陵渴肺消無幾，爭奈還書苦思遲。』

〔四六〕鄭谷　詩見《文苑英華》卷三二七，鄭谷《峽中嘗茶》。『合座』，《英華》作『入座』，原校：『入』，集作『合』；則《全芳》未從集本作『合』。《雲臺編》卷下正作『合』，義勝。作『入』亦可，《學林》卷八《茶詩》正引作『入』。

〔四七〕李涉　李詩見《唐百家詩選》卷一四、《唐詩紀事》卷四六、《全唐詩》卷四七七，題作《春山三埸來》（三首之二），『山中』，上引三書皆作『山上』。

〔四八〕林和靖　詩見林逋《林和靖集》卷三《嘗茶次寄越僧靈皎》。『恰如』，林集作『恰看』。《萬花谷》前集三五同《全芳》作『恰如』。

〔四九〕梅聖俞　詩見《宛陵集》卷一二《謝人惠茶》。『揀芽』，梅集作『採芽』。

〔五〇〕前人　詩見梅堯臣《宛陵集》卷一五《依韻和杜相公謝蔡君謨寄茶》。

〔五一〕前人　詩見《宛陵集》卷五一《嘗茶和公儀》，乃頷聯。

〔五二〕王文公　詩見王安石《臨川文集》卷三二《寄茶與平甫》。《王荆公詩注》卷四六李壁注云：『碧』或作『璧』，義尤長。唐·楊嗣復《謝人寄新茶詩》：『石人生芽二月中，蒙山顧渚莫爭雄。封題寄與楊司馬，應爲前銜是相公。』

〔五三〕前人　詩見《臨川文集》卷三二《寄茶與和甫》。同上李壁《詩注》云：『貢茶自閩來京師，故曰海上舟。』

〔五四〕歐公　詩見歐陽修《文忠集》卷一二《和梅公儀嘗茶》。『雷霆』，歐集作『雷驚』。

〔五五〕宋景文　詩見《景文集》卷一八《答天台梵才吉公寄茶并長句》，又見林師蒧等《天台續集》卷下。『採候』，二書並作『探候』。因諸茶書未收此名作，録其全詩如下：『山中啼鳥報春歸，陰閬陽墟翠已滋。初筍一槍知探候，亂花三沸記烹時（陸氏烹茶每以三沸爲法）。佛天雨露流珍遠，帝苑仙漿待汲遲（上都唯乏佳泉，故茶味差減）。飲罷翛然誦清句，赤城霞外想幽期。』方案：圓括號中均宋氏詩原注文。

〔五六〕温公　詩見司馬光《傳家集》卷八《雙井茶寄范景仁》。這首七絶的後二句爲：『欲憑洪井真茶力，試遣刀圭報谷神。』

〔五七〕文潞公　詩見文彦博《潞公文集》卷四《蒙頂茶》。後二句爲：『公家葯籠雖多品，略採甘滋助道腴。』

〔五八〕歐公　詩見《文忠集》卷九《雙井茶》。

〔五九〕山谷　兩聯詩分見《山谷集》卷三《省中烹茶懷子瞻用前韻》、《山谷集》别集卷一《謝王煙之惠茶》。上詩中『供』，集本作『共』；下詩中『香苞』，集本作『香包』，似誤。又，『黑面』，四庫本《全芳》作『墨面』，誤。

〔六〇〕崔珏　詩見《文苑英華》卷三三七，《全唐詩》卷五九一，崔珏《美人嘗茶行》。『野浪』，上二書作『貯泉』；『乳花』，《事文類聚》續集卷一二作『乳茶』。

〔六一〕張芸叟　張舜民本聯詩僅見《全芳》，『易消愁』，四庫本作『易愁藜』；雖兩通之，但語境大不同。

〔六二〕前人　此聯詩始見於《全芳》，僅《廣羣芳譜》卷二一轉引之。

〔六三〕王岐公　詩見王珪《華陽集》卷二《和公儀飲茶》。『一水』下原注云：『鬭中鬥茶爭一水。』

〔六四〕晁無咎　此乃晁補之《雞肋集》卷一四《再用發字韻謝毅父送茶》尾聯詩。『明日』，四庫本《全芳》作『明月』。

〔六五〕張耒　方案：此原注『前人』，承上即爲晁補之，但實乃誤注。詩見張耒《柯山集》卷一一《乞錢穆父給事丈新賜龍團》，今據改。四庫本《全芳》缺注，但依其體例同上不注，故亦誤。又，四庫本《柯山集》詩題中『錢穆父』形譌作『錢穆公』。今考錢勰（一〇三四—一〇九七）字穆父，錢塘人。惟演從孫，彦遠子。紹聖元年（一〇九四）拜翰林學士兼侍讀，官至給事中。博學擅詩文，有文集《會稽公集》一百卷，已佚。事具李綱《梁溪集》卷一六七《錢公墓誌銘》。

〔六六〕王逢原　詩見王令《廣陵集》卷一七《謝張和仲惠寶雲茶》。

〔六七〕陳后山　又作『陳後山』。詩見陳師道《後山集》卷八《寄豫章公三首》（之一）尾聯，又見《后山詩注》卷二。豫章公，指黄庭堅，這是山谷寄贈雙井茶給師道，後山感賦答謝詩三首。此詩有題注云：『許官茶未寄。』

〔六八〕張無盡　本聯僅見《全芳》二本。四庫本注云『張元盡』，當爲『无』字之譌（宋本作『無』，可見此字簡體之流行在宋以後）。又，『長引』，四庫本作『先引』，亦誤。『販私茶』可證。

〔六九〕東坡　見《東坡全集》卷五《和錢安道寄惠建茶》，此蘇軾茶詩中第一名作，向來膾炙人口。『頑獷』，《漁隱叢話》前集卷四五引同；《施注蘇詩》，卷八作『頑懭』（注：一作『礦』），似皆非。

〔七〇〕前人　詩見《東坡全集》卷五《惠山謁錢道人烹小龍團登絶頂望大湖》，《東坡詩集注》卷三、《施注蘇詩》卷八同；『第二泉』，四庫本《全芳》譌作『第一泉』。

〔七一〕前人　詩見《東坡全集》卷一八《新茶送簽判程朝奉以餽其母有詩相謝次韻答之》，『夸』，集本、注本或作『胯』、『䩺』，皆非是，應作『銙』，已據楊億《楊文公談苑》等改。『頭綱』，諸本皆同，惟《全芳》二本作『題綱』，形譌，據改。

〔七二〕洪駒父　方案：此誤注出處，洪芻，字駒父，江西『四洪』之一，黄庭堅甥。頗有詩名。有《洪駒父詩話》（《宋志》著録爲一卷，已佚）。此乃陸游詩，見《劍南詩稿》卷四《雨中睡起》。『雪壓』，《詩稿》作『雪積』。

〔七三〕劉允叔　後二字原已漫漶，據四庫本補。此聯僅見於本書，今考劉倓又名次皋，字允叔，號閬風居士。台州寧海人。嘉定元年（一二〇八）進士，曾官黄陂主簿。詩文多散佚，今僅存文二篇，詩十二首。其中《方壺存稿·序》一篇，《全宋文》卷二五九〇漏輯，今見國圖藏《古籍珍本叢刊》第八十八册，頁七一六一—七一七（書目文獻出版社影印明汪璨等刻本卷首）。其交遊則劉過、真德秀、胡融、李撰、王度、樓鑰、戴復古、高翥、舒岳祥等。事見《赤城集》卷三三、《天台續集·别編》卷五等。

〔七四〕楊誠齋　詩見楊萬里《誠齋集》卷二〇《以六一泉煮雙井茶》。首字『相』，四庫本及楊集均作『細』；末字『香』，楊集同，四庫本《全芳》作『春』。

〔七五〕唐袁高　方案：袁高此詩，見宋代文獻頗多。如《唐文粹》卷一六下題作《茶山作》，又見《唐詩紀事》卷三五；《古今事文類聚》續集卷一二題作《修貢顧渚茶山作》，又見《漁隱叢話》後集卷一一、《竹莊詩話》卷一二。諸本文字異同較多，因前此已引《全芳》作過校記，今擇其要者再補出校記，而不改《全芳》宋本，以存此詩宋本之舊。『後主』，諸本多作『後王』；『黎甿輟農桑』，《唐詩紀事》作『甿輟耕農耒』；『一夫且』，同上『且』作『旦』；『造化先』，同上及《唐文粹》『先』作『力』；『何枯櫨』，同上《唐詩》、《唐文》作『何枯槁』；『況値兵革用』，同上均作『況減兵革困』。

〔七六〕零露凝清華　詩見唐·柳宗元《柳河東集》卷四二《巽上人以竹間自採新茶見贈酬之以詩》，又見《柳河東集注》卷四二（下分稱集和集注本，合稱二本）。『露』，二本作『落』。

〔七七〕晨朝掇露芽　『露』，二本作『靈』。

〔七八〕蒸煙俯名瀨　『名』，二本作『石』，義長。

〔七九〕圓方麗其色　『其』，二本作『奇』，義勝。

〔八〇〕滌慮發其照　『其』，二本作『真』，當是。

〔八一〕佛事薰毗耶　『耶』，原作『邪』，據同上二本改。

〔八二〕咄此蓬瀛客　『客』，二本作『侶』。

〔八三〕無爲貴流霞　『爲』，二本作『乃』。

〔八四〕拾得墜葉薪　詩見《唐百家詩選》卷一四，又見《全唐詩》卷四六八，題作《與孟郊洛北野泉上煎茶》。《全芳》與二本文字全同。僅『葉』字，二本作『巢』，極是，應據改。野外煮茶，就地取材，用樹上墜下的鳥巢作薪。本詩全篇充溢野趣。

〔八五〕周詩記苦荼　『荼』，原作『茶』，據本書四庫本及下引諸書改，此首名作見《東坡全集》卷一三、《東坡詩集注》卷八、《施注蘇詩》卷一九。題爲《問大冶長老乞桃花茶栽東坡》。正如洪邁《容齋隨筆》四筆卷一六《嚴有翼詆坡公》所説：此句『爲誤用《爾雅》』。説詳拙文《芻議茶的起源》、《戰國以前無茶説》(分見《中國農史》一九九一年第三期、一九九八年第二期)，《神農的傳説與茶的起源》(刊《農業考古》一九九六年第四期)。

〔八六〕春生凍地裂　右引東坡三書『生』，皆作『來』。

〔八七〕斗落分兩臂　詩見蔡襄《端明集》卷二《北苑十詠·北苑》。『臂』，原作『騎』，據《全芳》四庫本及蔡集、《事文類聚》續集卷一二改。

〔八八〕朝雲護日華　『華』，原作『車』，據同上校改。此詩出同右引蔡集《茶壟》。

〔八九〕競攜筠籠歸，更帶山雲寫　『競』，蔡集作『竟』；『寫』，四庫本作『瀉』。

〔九〇〕糜玉寸陰間　『糜』，四庫本及蔡集均作『屑』。蔡集本首《造茶》詩題注云：『其年改造新茶十斤，尤極精好，被旨號爲上品龍茶，仍歲貢之。』首聯下注曰：『龍鳳茶八片爲一斤，上品龍茶每斤二十八片。』

〔九一〕出焙香色全　『出焙』，《端明集》作『焙出』，義長；又『色』，原作『花』，據蔡集及四庫本改。

〔九二〕試茶　方案：以上選録蔡詩《北苑十詠》中之五首，另五首分題爲：《出東門向北苑路》、《御井》、《龍塘》、《鳳池》、《修貢亭》。見蔡集，及其第一、七至十首。

〔九三〕鄭愚　方案：此首五古詩，《漁隱叢話》卷四六和《詩話總龜》後集卷三〇已分繫於五代鄭愚與鄭遨。胡、阮兩書録此詩同出一源，阮轉抄自胡書，兩書同注出《三山老人語録》，即胡仔之父《語録》，作主均稱鄭遨。但宋代文獻則多作鄭愚。《全唐詩》卷五九七和卷八五五兩收此詩，前作『愚』，後作『遨詩』；且前者又脱尾聯，導致新的混亂。從詩源考慮，今傳文獻中，最早作鄭愚的是孝宗淳熙時成書的《萬花谷》前集卷三五，但其注亦稱出胡父《語録》，後《記纂淵海》卷九〇及《全芳》宋本皆沿襲之。此似應爲鄭遨之詩。胡仔父為兩宋之際人，且子録父説，一般更可信。今補録其後四句：『羅憂碧粉散，嘗見緑花生。最是堪珍重，能令睡思清。』《廣羣芳譜》卷二一則又譌作『鄭遇』，似為『遨』之字譌，或『愚』之音譌。

〔九四〕甘香難等差　詩見梅堯臣《宛陵集》卷三七《李仲求寄建溪洪井茶七品云愈少愈佳未知嘗何如耳因條而答之》。『難』，梅集作『焉』。

〔九五〕遂以山名鵶　詩見《宛陵集》卷三五《答宣城張主簿遺鵶山茶次其韻》。正如朱東潤先生《梅堯臣集編年校注·前言》所論：明刻本《宛陵文集》『確實是編次混亂，粗疏草率』。本詩僅引四句，四庫本梅集次句『茶詠鵶山嘉』，譌作『喜詠雅山茶』。朱先生據宋嘉定刻殘本和明嘉靖本整理成爲《梅集編年》（卷二五、頁七九七），基本上同宋本《全芳》，僅末句『以』作『同』，無實質性的差異。可證宋本《全芳》的可貴。

〔九六〕春雷未出地　詩見《宛陵集》卷七《宋著作寄鳳茶》，文字全同。

〔九七〕顧渚及陽羡　詩見《宛陵集》卷五五《得雷太簡自製蒙頂茶》，文全同。

〔九八〕其贈幾何多　詩見《宛陵集》卷五二《呂（晉）〔縉〕叔著作遺新茶》，文字全同。方案：此首句，誤聯於上首之末，今分析之。

〔九九〕茅茨溪口焙　方案：詩似始見於《漁隱叢話》後集卷一一，又見《詩話總龜》後集卷二九、《事文類聚》續集卷一二。『口』原作『日』，據四庫本《全芳》及上述三書改。又，祝書題作丁公言（謂字）《北苑焙新茶》。

〔一〇〇〕賈秋壑題天台石橋　此詩宋代文獻中僅見本書，《全宋詩》卷三三四七即輯自本書四庫本，但已脱詩題中『題』字，《宋詩紀事》卷六五亦然，當據宋本《全芳》補。秋壑，宋末權相賈似道號，其字師憲。台州天台人。因其姐爲理宗貴妃而得寵，歷史上著名的蟋蟀玩家，亡國權奸。德祐元年（一二七五）在漳州木棉庵被鄭虎臣所殺。這首詩被録爲茶詩，未免牽强，僅『瀑爲煎茗水』一句與茶相關。

〔一〇一〕東坡　詩見《東坡全集》卷一八《怡然以垂雲新茶見餉報以大龍團仍戲作小詩》，又見《東坡詩集注》卷一四，《施注蘇詩》卷二八。

〔一〇二〕張芸叟　詩僅見於本書，失題散聯。芸叟，爲張舜民字。

〔一〇三〕柴門反觀無俗客　此爲唐・盧仝名作。四庫本『觀』作『關』。餘詳《大典》本阮書之校證。

〔一〇四〕炎帝雖嘗未辨煎桐君有録那知味　詩見唐・劉禹錫《劉賓客文集》卷二五《西山蘭若試茶歌》，又見《事文類聚・續集》卷一二。『辨』，原作『辦』；『桐』，原譌作『相』；『味』，原作『詠』。據同右引二書及四庫本《全芳備祖》改。

〔一〇五〕磚井銅鑪損標格　『銅』，原作『桐』，據同右引書及四庫本改。

〔一〇六〕研膏焙乳有雅製　『雅』，原譌作『誰』，據《范集》卷二、胡仔、阮閲二書改。

〔一〇七〕林下雄豪先門美　『先』，原譌作『光』，據同上校改。

〔一〇八〕范文正公鬥茶歌　方案：『范文正』，原譌作『歐陽』（四庫本作『歐陽修』）；詩見《范文正集》卷二《和章岷從事鬥茶歌》，據改。

〔一〇九〕歐陽公嘗新茶　『公』，原脱，據四庫本補。詩見《文忠集》卷七《嘗新茶呈聖俞》，文字全同。

〔一一〇〕不用撑腸拄腹文字五千卷　詩見《東坡全集》卷三《試院煎茶》。『千』，原譌作『十』，據集本及本書四庫本改。

〔一一一〕但願一甌常及睡足日高時　『一甌』，《全芳》二本原脱，據集本及《施注蘇詩》卷五、《東坡詩集注》卷七、《萬花谷》卷三五、《事文類聚》續集卷一二補。

〔一一二〕山谷謝送鑿源揀芽　方案：詩見黄庭堅《山谷集》卷三《謝送碾賜鑿源揀芽》。又見《山谷内集詩注》卷二等。文字全同，唯《山谷集》『右丞』作『左丞』。本首名作用典精切，詳見詩注。

〔一一三〕肥如瓠壺鼻雷吼　詩見《山谷集》卷三《以小團龍及半鋌贈無咎并詩用前韻爲戲》，又見《山谷内集詩注》卷二、邵浩《坡門酬唱集》卷二一等。『肥』，《全芳》二本譌作『肌』，據上述三書改。

〔一一四〕爲君唤起黄州夢　『君』，集本、詩注本作『公』，義長。詩分見《山谷集》卷三《雙井茶送子瞻》、《山谷内集詩注》卷六。

〔一一五〕歸來拈出兩蜿蜒　詩見楊萬里《誠齋集》卷一七《謝木韞之舍人分送講筵賜茶》，又見《事文類聚》續集卷一二等。『蜿』，原作『椀』，據四庫本及上引二書改。

〔一一六〕故人氣味茶樣清　『樣』，原作『操』，據同上校改。

〔一一七〕叩之咳唾金玉聲　『玉』，四庫本同，上引二書作『石』。

〔一一八〕隆興元春新玉爪　詩見《誠齋集》卷二，又見《古今事文類聚》續集卷一二。『元』，原譌作『先』，據四庫本及上引二書改。

〔一一九〕不須更師屋漏法　『屋』，原作『室』，據同上校改。

〔一二〇〕仙翁白扇霜烏翎　方案：温飛卿此詩，在今傳世文獻中，以本書宋本爲最早。又見明·曹學佺《石倉歷代詩選》卷七七、曾益等《温飛卿詩集箋注》卷三、《全唐詩》卷五七七等，諸書題作《西陵道人茶歌》。『烏』，四庫本同，《佩文齋詠物詩選》卷二四四亦作『烏』，義勝；上引明清三書均作『鳥』。又，本書所録爲中間兩聯，今補録首尾四句如下：『乳竇濺濺通石脈，緑塵愁草春江色』；『疎香皓齒有餘味，更覺鶴心通杳冥』。

〔一二一〕盡逐旌紅到山裏　方案：唐·李郢名作題爲《茶山貢焙歌》，全詩見《唐百家詩選》（今存宋本）卷一八、《全唐詩録》卷九〇等。四庫本《全芳》與本書有十餘字不同，無一可取；但宋本與上引二書頗相合，今略作校證。『旌紅』，右引二書作『紅旌』；四庫本作『紅旗』，非是。

〔一二二〕箱筐漸見新芽來　『箱筐』，右引二書作『筐箱』，兩通之，義勝；四庫本作『籠箱』，臆改，非是。

〔一二三〕朝飢暮匐誰興哀　『匐』，宋本與右引二書同；四庫本作『渴』，誤。

〔一二四〕研膏架動奔如雷　『奔』，《全芳》二本同，右引二書作『轟』，義長。

〔一二五〕自傍芳叢摘鷹觜　『傍』，原作『續』，據本書四庫本及《劉賓客文集》卷二五改。又，全詩已收入本書『七言古詩』，此數聯不應重出於『七古散聯』。四庫本似因重出而已删。

〔一二六〕又出鷹爪與露芽　全詩見梅堯臣《宛陵集》卷三六《晏成續太祝遺雙井茶五品茶具四枚近詩六十篇

因以爲謝》。文字全同。

〔一二七〕建溪茗株成大樹　全詩見《宛陵集》卷五六《次韻再和永叔嘗新茶雜言》。文全同。

〔一二八〕九龍泉深一百尺　全詩見歐陽修《文忠集》卷九《送龍茶與許道人》。「九龍」，原作「九泉」，據歐集改。又，集本「深」譌作「聲」；上句「蒼壁」作「蒼壁」，亦誤。下句中「烹茶」，歐集作「烹之」。

〔一二九〕雙井芽生先百草　全詩見《文忠集》卷九《雙井茶》，文字全同。四庫本《全芳》無此兩句，僅録首聯。

〔一三〇〕爲念老親方見惠　「惠」，四庫本譌作「急」。張舜民佚詩句僅見於此。

〔一三一〕蠏眼松聲浮艾緑　張舜民二聯佚詩僅見於《全芳》二本，文字同。

〔一三二〕南北自此供歲貢　方案：曾肇（謚文昭）此兩聯佚詩，前二句亦見《詩話總龜》後集卷三〇、《韻語陽秋》卷五，後二句僅見於《全芳》二本。「供」，四庫本作「俱」。

〔一三三〕一甌花乳浮輕圜　全詩見《東坡全集》卷七、《東坡詩集注》卷一四、《施注蘇詩》卷一〇等。「圜」，上引三書皆作「圓」，兩字同，可换用。

〔一三四〕吴剛小君贈我杵　全詩見洪咨夔《平齋文集》卷七《作茶行》。是我國茶文化史上頗具獨創性又充溢浪漫想象的佳作。僅見《全芳》宋本引此數聯，四庫本失收。「吴剛」，《四部叢刊》本洪集作「吴罡」。

〔一三五〕斧面蒼璧粲磊磊　「面」，同右洪集作「開」，義勝。因罕見茶書録其全詩，今補録其餘數聯，以成完璧。其首四句爲：『磨斲女媧補天不盡石，磅礴輪囷凝紺碧臼刳。扶桑掛日最上枝，蹩躃勃窣生紋漪。』（以下《全芳》引四聯詩略）『慢流乳泉活火鼎，淅瑟微波開溟涬。花風迸入毛骨香，雪月浸澈須眉影。太一真人走上蓮花航，維摩居士驚起獅子牀。不交半談共細啜，山河日月俱清涼。桑苧翁，玉川子，款門未暇相倒屣。予方抱《易》坐虛明，參到洗心玄妙旨。』

〔一三六〕厲小山劭農九江　方案：此詩不失爲一首别開生面的勸農詩，惜已僅存三聯，非完璧。僅見於《全芳》二本，四庫本注文僅『厲小山』三字。今考厲文翁字聖錫，號小山。婺州東陽人，以門蔭入仕，嘗歷官知江州，兩知臨安府、紹興府，再除沿海制置使、知慶元府（治今浙江寧波），官至户部尚書、端明殿學士、樞密都承旨。咸淳三年（一二六七）致仕。事見徐經孫《矩山存稿》卷一《劾厲文翁疏》，《寶慶會稽志》卷二，《咸淳臨安志》卷四九，《延祐四明志》卷二，《宋史·宰輔三》，四庫本《江西通志》卷一一等。《全宋詩》卷三三四二據四庫本《全芳》録此六句詩作一首，且擬題爲《茶》，非是。宋本可證。

〔一三七〕未下刀圭攪麯塵　『未』，四庫本同，然《白氏長慶集》卷一六、《全唐詩》卷四三九皆作『末』。詩題作《謝李六郎中寄新蜀茶》，《全芳》截其中間四句成七絶，非原本全詩。

〔一三八〕今朝寂寞山堂下　詩見《端明集》卷七《六月八日山堂試茶》。『下』，集本作『裏』。

〔一三九〕乳花烹出建茶春　『春』，《合璧事類》外集卷四二作『新』。林逋詩。《續茶經》卷下之一題作《烹北苑茶有懷》。

〔一四〇〕曾子固　曾鞏詩見《元豐類稿》卷八《嘗新茶》，題下原注：『丁晉公《北苑新茶》詩序云：「茶芽採時如辫麥之大者。」』

〔一四一〕全占南州第一春　張商英詩，僅見《全芳》兩本。『全』，四庫本作『合』；『第』，原譌作『等』，據四庫本改。

〔一四二〕慶雲十六升龍樣　詩見《山谷集》外集卷七《以潞公所惠揀芽送公擇次舊韻》，文字全同。史容《山谷外集詩注》卷一五題注有云：『前集有謝公擇分賜茶三絶句，今次前韻。』則本書詩末注『送公擇二首』云云，實誤。又，四庫本『升』譌作『生』，『元年』譌作『九年』。

〔一四三〕延春閣道轉春雷　詩見《山谷集》外集卷七《奉同公擇作揀芽詠》。首句下山谷原注云：『囊貢小團亦單疊，唯揀芽則雙疊。』末句後原注云：『元豐末作延春閣。』

〔一四四〕白蓮社裏覓宗雷　詩見《山谷集》外集卷七《今歲官茶極妙而難爲賞音者戲作兩詩用前韻》。

〔一四五〕知味者誰心已許　方案：此爲同上校之詩二首之二。『味』，《山谷外集詩注》卷一五、《事文類聚》續集卷一二、本書四庫本同，惟《山谷集》作『音』，似誤。

〔一四六〕山芽落磑風回雪　詩見《山谷集》外集卷七《又戲爲雙井解嘲》。

〔一四七〕直拂繩牀過疾雷　以上三首，見同上校卷七《奉同六舅尚書詠茶碾煎烹三首》。以上所引山谷七絶詩亦見史容《山谷外集詩注》卷一五。可參閲其注文。

〔一四八〕松梢鼓吹湯翻鼎　詩見《誠齋集》卷二〇《謝岳大同提舉郎中寄茶果藥物三首之一・日鑄茶》。

『湯』，原譌作『得』，據改；《全芳》四庫本作『濤』，是其證。

〔一四九〕書如秀色倦猶愛　本詩僅見《全芳》二本。『秀』，四庫本作『香』。第三句中之『慎』字，宋本避孝宗嫌諱改作『謹』，今從庫本回改。

〔一五〇〕鄭安晚　安晚，鄭清之（一一七六—一二五一）別號。清之，字德源。慶元府鄞縣人。嘉定十年（一二一七）進士，官至左丞相兼樞密使。淳祐十一年（一二五一）致仕。卒後追封魏郡王，謚忠定。嘉熙四年（一二四〇）於鄉里築小圃，名曰『安晚』，遂以爲號。撰有《安晚堂集》六十卷，今傳本僅殘存卷六至十二，凡七卷。事見劉克莊《後村先生大全集》卷一七〇《丞相忠定鄭公行狀》等。四庫本《全芳》竟譌作『安曉』。又，末句『珠槽翠釜浪相輕』中之『翠』，四庫本作『碎』。

〔一五一〕翁元廣　三字，宋本漫漶，四庫本失注。今檢此詩又見《宋詩紀事》卷七四，稱全詩出《詩林萬選》，作主爲翁元廣，題作《題臨江茶閣》，據補。又，四庫本《全芳》還收其詠花詩四首，佚句二聯（分見前集卷二〇、二六、二七，後集卷一八）。《江湖小集》卷三至七更收其集句詩五十一首（句）；《五百家播芳大全文粹》卷一〇一收其《祭無旁庵主人》一篇。惜《全宋詩》、《全宋文》並其人而失收。

〔一五二〕徐意一　方案：今考徐清叟（一一八二—一二六二），字直翁，號意一。建寧府浦城人。應龍子。與兄榮叟同舉嘉定七年（一二一四）進士。端平二年（一二三五），除軍器少監、依舊兼司封郎官（《鶴林集》卷二制詞）。三年十月，以太常少卿除秘書監兼崇政殿説書；同年十二月，除殿中侍御史兼權户部侍郎（《大典》卷一三五〇六引《東澗集》許應龍撰制詞）。嘉熙元年（一二三七），又以工部侍郎兼同修國史(《南宋館閣續録》卷七、卷九)。約二年,以右文殿修撰出知泉州;三年九月,已在集英殿修撰、知静江府兼桂帥任(《粤西叢載》卷二)。再召爲户部侍郎。約淳祐初,以寶章閣學士出知温州,改知福州兼閩帥,徙知婺州。以焕章閣學士知潭州(治今湖南長沙)兼湖南路帥使。淳祐七年(一二四七),知廣州兼廣東帥。召赴闕,權兵部尚書兼侍讀,淳祐九年,兼同修國史、實録院同修撰,權吏部尚書,遷試禮部尚書;九年十二月,以朝請大夫擢端明殿學士、簽書樞密院事。十一年三月,除中大夫、同知樞密院事。十二年十月,除參知政事。寶祐二年(一二五四)五月,擢知樞密院事兼參政。三年八月,以資政殿大學士提舉宫觀(《宋史》卷二一四《宰輔五》)。開慶元年(一二五九),召以大觀文提舉佑神觀兼侍讀。景定二年(一二六一),再知泉州。三年,加兩官致仕,卒贈少帥,謚忠簡(未注明出處者,均據《宋史》卷四二〇本傳,卒年據《宋史全文》卷三六)。巧合的是:其兄徐榮叟(?—一二二四)不僅亦曾知婺州、靜江府,且又曾拜簽書樞密院事兼參知政事,兄弟二人宦歷有相似之處。今人遂誤以『意一』之號,歸之於徐榮叟。《全宋文》卷七四二〇(册三二三頁一四八)及《全宋詩》小傳(卷三〇〇九)皆誤稱榮叟字茂翁,號意一。《全宋詩》卷三〇〇九(頁三五八三五—三五八三六)輯自《全芳》、《詩淵》的四首詩因題作者爲徐意一全被誤收於徐榮叟,亟應改收於徐清叟,庶幾無誤。宋代文獻中有不少史料可證徐清叟號『意一』,今略舉如下:其一,劉克莊《後村先生大全集》卷一三九有《祭意一徐元樞文》(《四部叢刊》本),既稱『元樞』,必爲曾任知樞密院事之徐清叟,榮叟僅官至簽書樞密院事兼參知政事,不可稱『元樞』。

其二，李昴英《文溪集》卷一〇《與廣帥徐意一薦僧祖中書》。上考徐清叟於淳祐七年（一二四七）任知廣州兼廣東路經略安撫使（簡稱帥使），榮叟無此宦歷，且其已於淳祐六年（一二四六）卒，故意一必爲清叟。其三，徐元傑《楳埜集》卷九《通福帥徐意一啓》。同上考，徐清叟於淳祐初任知福州兼福建路帥使，而乃兄榮叟無此宦歷。其四，高斯德《恥堂存稿》卷八《建寧府宴徐意一知院樂語》，上考徐清叟寶祐二年（一二五四）除知樞密院事，次年放罷官祠，家居期間（浦城乃建寧府屬縣），『時權建守』的高斯德宴請這位元老重臣，而乃兄榮叟早就墓木已拱。總之，意一必爲清叟之號無疑。

〔一五三〕戴翼　方案：詩僅見於《全芳》二本。首句『醉眠』，四庫本作『辭眠』；三句『八餅』，四庫本作『入餅』。似皆誤。戴翼，字汝諧，號鳳池，又號象麓。福州閩縣人。嘉定十六年（一二二三）進士，釋褐南昌尉。紹定中官南康縣令，權攝南康軍事。復知邕州。事見《淳熙三山志》卷三二、嘉靖《南安府志》卷二九、嘉靖《南康縣志》卷七、嘉靖《南寧府志》卷六等。

〔一五四〕不羡生臺白鷴鵶　李郢詩，題作《酬友人春暮寄枳花茶》，見《唐百家詩選》卷一八。『臺』，宋本原作『壺』，庫本原作『靈』，似皆誤。據改。又詩末原有注『司馬相如故事』，本書收入時已刪。

〔一五五〕活水還將活火烹　詩見《東坡詩集注》卷八、《東坡全集》卷二五、《施注蘇詩》卷三八、《蘇詩補注》卷四三等，題作《汲江煎茶》。『還將』，諸本作『仍須』，義長；『火』，原涉上而譌作『水』，據四庫本及上引諸書改。

〔一五六〕大瓢酌月歸春甕　『酌』，四庫本同，諸書作『貯』，但《萬花谷》後集卷三五亦作『酌』，上『火』字亦譌作『水』，足證兩書引詩出同源，皆非出今四庫本系列蘇詩諸本。

〔一五七〕枯腸未易經三碗　『經』，《全芳》二本皆同，同右引書均作『禁』，但楊萬里《誠齋集》卷一一五《詩話》亦作『經』，似蘇詩宋本原作『經』。東坡此詩，歷來評價極高。如楊萬里《詩話》亟稱此詩：『有無窮之味』，『一篇之中句句皆奇，一句之中字字皆奇，古今作者皆難之』。上引諸書中，《詩集注》最近蘇詩宋本原貌，故多與《全芳》宋本及《詩話》文字相合。

〔一五八〕從來佳茗似佳人　詩見《東坡全集》卷一八《次韻曹輔寄壑源試焙新芽》，又見《詩集注》卷一四等。文字全同。

〔一五九〕張南軒　方案：此陸游詩，見《劍南詩稿》卷六《試茶》。僅『直教』作『直知』而已。《全芳》二本誤署作者（出處）。《廣羣芳譜》卷二〇引作陸游《試茶》，是。

〔一六〇〕黄山谷　詞見四庫本《山谷集·山谷詞》和《山谷詞》，詞牌下題作《詠茶》，又見吴曾《能改齋漫録》卷一七《樂府下·茶詞》，文字略有異同。麻沙本宋刊《類編增廣黄先生大全文集》、劉琳等點校本《黄庭堅全集》正集卷一三（册一，頁三二二）、《全宋詞》（中華書局簡體本）未見此詞。黄庭堅是宋代茶詞創作數量最多、質量最高的一位，不少名作早已膾炙人口。

〔一六一〕只愁啜罷月流天　詞又見《山谷集·山谷詞》、單行別本《山谷詞》、《全集》正集卷一三（頁三二九）、《全宋詞》册一（頁五一九），『月』，均作『水』；但《廣羣芳譜》卷二一、《全芳》二本作『月』。

〔一六二〕與郎扶玉山　詞又見《山谷集·山谷詞》，别本《山谷詞》等，文字全同。

〔一六三〕雲浪淺露珠圓捧甌香筍寒　詞又見同上校引書，諸本「雲」作「雪」，「珠」作「花」，「香」作「春」，差不同。

〔一六四〕東坡　方案：此誤注作者。實乃黄庭堅詞，上校引書及《全集·正集》作山谷詞，應是。《全宋詞》（册一頁五一八）注稱：「别又誤作張子野（先）詞。」

〔一六五〕放笙歌散　「放」，原脱，據《東坡詞》、黄昇《花庵詞選》卷二、《全宋詞》（册一頁三九〇）等補。《全芳》四庫本作「但」，似臆補。

〔一六六〕早減了二分酒病　方案：此闋山谷名作，宋本無，據四庫本補。「了」，原脱，據《山谷集·山谷詞》、《漁隱叢話》前集卷四六、《詩話總龜》後集卷三〇等校補。

古今合璧事類備要・茶

〔宋〕謝維新　虞　載

〔提要〕

在浩如煙海的古籍中，有一類書被稱之爲類書，起源很早，有一逐步發展與完善的過程。至宋代，不僅類書編纂極盛，且其體例臻於完備，名編迭出。中國自古以來將書籍分爲經、史、子、集四部。南宋初鄭樵在其《通志・藝文略》中首創書籍分爲十二大類，不僅將類書從子部析出，且又將子部分爲諸子、天文、五行、藝術、醫方、類書等六類，將集部改稱爲文學類，又將經部分爲經、禮、樂、小學四類。其意義不僅在於將四部書分類細密化，而且更爲合理、嚴謹。後其族孫鄭寅又將所藏之書分爲七類，曰：經、史、子、藝、方技、文、類。均賦予類書重要地位。

正如先師胡道靜先生所論：類書是『百科全書』和『資料匯編』的綜合體，又是以分門別類爲其主要特徵的書籍，其功能在於方便讀者分類檢索，成爲現代百科全書等工具書的濫觴。古籍因各種原因大量失傳，類書又成爲今人輯佚的淵海，校勘的寶山。說詳胡道靜先生《中國古代古籍十講・類書的流通和作用》（復旦大學出版社二〇〇四年版頁六〇至一〇四）。

南宋末謝維新、虞載編纂的《古今合璧事類備要》（下簡稱《備要》）正是我國類書中有重要價值的代表性巨編之一。謝維新，字無咎。建安（治今福建建甌）人。太學生，南宋末人。曾應其友人劉德亨（疑爲書商）之請而廣採羣書，編成《備要》前集六十九卷、後集八十一卷、續集五十六卷，於寶祐五年（一二五七）成書，卷首有謝氏自序；書末有時任知興化軍的黄叔度之跋。黄叔度，字似道。謝氏鄉人，據跋稱其爲『友生』，兩人似有師生關係，端平二年（一二三五）進士。《四庫全書總目》卷一三五提要稱其書『所引最爲詳悉』，對宋代職官制度『條例最明，尤可以資考證』。不失爲允評。

《備要》全書共五集：前三集凡二百零六卷，乃謝氏所輯；别集九十四卷，外集六十六卷，爲宋・虞載輯。《備要》今存宋刻完本一部，藏北京大學圖書館，又有宋刻殘本多種；還有明弘治十一年（一四九八）華氏會通館活字印本等傳世。今通行本爲《四庫全書》本，是本源自宋刻本。今以四庫本爲底本，從《備要》外集卷四二《香茶門》輯出《茶》，作爲一種新輯宋人茶書編入本書。

《備要・茶》充分體現了是書以復原存真爲宗旨的輯佚、校勘功能。其所輯唐宋重要茶書——《茶經》、《茶譜》、《茶録》等均爲宋本無疑。不乏可資輯佚的重要佚文及可校證今本的異文；所録之茶詩，亦有不見於今傳宋代文獻的佚詩精品，殊可寶貴。毋庸諱言，是書也存在一般類書誤引或失注出處，以及在編輯、傳刻過程中導致的大量文字衍誤倒脱等情況，但畢竟瑕不掩瑜，保存了宋本茶書之真，即使有誤，也頗易據相關文獻校正。因此，是書與《全芳備祖・茶》不失爲本書新輯宋代茶書的雙璧和集大成之編。尤可貴者，此兩書皆據宋本或宋刻遞修本編成，故不避重複之嫌，詳加校證，以證宋刻茶書之珍稀與可貴之一斑。具體請參閲兩書的校證，往往詳此而略彼，以互相補益。

古今合璧事類備要·茶

瑞草總論

茶，南方嘉木也。其樹，低者二尺三尺，高者五尺六尺〔一〕。其巴山峽川有兩人合抱者，伐而掇之。其樹如瓜蘆，葉如梔子，花如白薔薇，實如栟櫚，蒂如丁香〔二〕，根如胡桃。瓜蘆木，出廣州。似茶，至苦澁。栟櫚，藏葵之屬，其子似茶，皆下孕〔三〕。其字，或從草，或從木，或草木并。從草，當作茶；從木，當作㮧；草木并，作㮧。《本草》〔四〕。其名：一名茶，二曰檟，三曰蔎，四曰茗，五曰荈。檟，苦茶。蜀西南人謂茶曰蔎。早取者爲茶，晚取爲茗，葉老曰荈〔五〕。其土産各有優劣：建州北苑，先春、龍焙；洪州，西山白露、雙井白茅、鶴嶺；湖州，顧渚紫筍〔六〕；常州，義興紫筍、陽羨春；池陽鳳嶺；睦州鳩坑；宣州陽坑；劍南蒙頂、石花〔七〕，露（鋑）〔鋄〕〔牙〕、籛牙；南康，雲居；峽州碧澗、明月；〔綿州〕〔八〕，東川、獸目；福州，方山露芽；壽州，霍山黄芽。皆茶之極品也。然上者生爛石，中者生礫壤，下者生黄土。凡藝而不實，植而空茂〔九〕，法如種瓜，三歲可採。野者上，園者次。陽崖陰林，紫者上，緑者次；筍者上，芽者次；葉捲者上，葉舒者次。陰山坡谷，不堪採掇。至於採摘，社前者佳，其次寒食前，又其次穀雨前。蒸焙既有法，留藏亦有方，烹煎亦莫不皆有訣〔一〇〕。故沫餑者，湯之華也。花之薄者爲沫，厚者爲餑，細者爲花。茶少湯多，則雲脚散；湯少茶多，則乳面聚。（方案：以上十六字，乃蔡襄《茶録》中之説，非《茶經》之文。）此陸羽《茶經》所由作也。茶之爲用，味至寒。

若熱渴凝悶，腦疼目澁〔一一〕，四肢煩，百節不舒；聊四五啜，與醍醐、甘露抗衡也。其他如貢茶，如榷茶。貢茶，猶知斯人有愛君之心；若夫榷茶，利歸於官，擾及於民，其爲害，又不一端矣〔一二〕！

事類

茶茗

茶茗久服，令人有力悦志。《神農食經》又，《爾雅》注云：『早取爲茶，晚取爲茗。』

茶餅

荆巴間採茶葉作餅。葉老者餅成，以米膏出之。欲煮茗飲，先炙令赤色，擣末置甆器中，以湯澆覆之，加葱薑、橘子芼之。其欲醒酒，令人不眠〔一三〕。

茶果

陸納爲吴興太守，時衛將軍謝安（常）〔嘗〕欲詣納，納時爲吏部尚書。納無所備。安既至，所設惟茶果而已。

茶粥

傅咸《司隸教》曰：『聞南方有以困蜀姥，作茶粥賣。爲簾（姥）事打破其器具〔一四〕，又賣餅於市。而禁茶粥，以困蜀姥〔一五〕，何哉？』

真茶

劉琨《與兄子南兗州刺史演書》云：『吾體中煩悶，常仰真茶〔一六〕，汝可致之。』

苦茶

苦茶久食益思〔一七〕。華陀《食論》又壺居士《食忌》云：『苦茶久食〔一八〕，羽化。』

大茗

餘姚人虞洪入山採茗，遇一道士牽三青牛，引洪至瀑布山曰：『吾丹丘子也，聞子善具飲，常思見惠。山中有大茗，可以相給。祈子它日有甌蟻之餘〔一九〕，乞相遺也。』因立奠祀，後常令家人入山，獲大茗焉。《神異記》

清茗

酉陽、武昌、廬江、昔陵好茗，皆東人作清茗。茗有餑，飲之宜人。别有真茗茶，煎，飲，令人不眠。《桐君録》

香茗

鮑照妹令暉〔二〇〕，著《香茗賦》。

設茶茗

新安王子鸞、豫章王子尚，詣曇濟道人於八公山。道人設茶茗。子尚味之曰：『此甘露也，何言茶茗！』《宋録》

服芳茶

芳茶輕身换骨，丹丘子、黄山君服之。陶弘景《雜録》〔二一〕

理頭痛

峽州石上紫花芽，理生頭痛，年貢一觔。又有小江〔園〕〔二二〕，明月簝、碧澗、茱萸簝之名。

飲消食

忠州之南賓，有四國：一多陵，二多婆，三羅波，四思龍，〔茶〕皆方餅〔二三〕。惟多陵最上，飯後飲之消食，空腹忌飲。多婆次之，〔餘〕二國下〔二四〕。

飲療風

瀘州有茶樹，夷僚常携瓢寘側。登樹採摘芽茶，必先含於口中，待其止展，然後致於瓢中。旋塞其竅，歸必致煖處，其味極佳。辛而性熱，彼人云：飲之療風〔二五〕。

療積瘦

療積年瘦〔二六〕，苦茶、蜈蚣並炙，令香熟，搗篩等分，煮甘草湯洗，以末傅之。《枕中方》

令不眠

巴東别有真香茗〔二七〕，煎飲令人不眠。又出白茶，狀如梔子，其色稍白〔二八〕。

草茶第一

草茶盛於兩浙，〔兩浙之品，〕日注芽〔爲第〕一〔二九〕。自景祐以來，洪州雙井白芽製作尤精，遠出日注之

上，遂爲草茶第一〔三〇〕。《歸田録》〔三一〕

瑞草稱魁

宣州宣城縣有茶山，其東爲朝日所燭，號曰陽坡，其茶最勝。形如小方餅，橫鋪茗芽其上。太守薦之京洛，題曰陽坡茶，杜牧詩云：『山實東吴秀〔三二〕，茶稱瑞草魁。』毛文錫《茶譜》〔三三〕

湖州紫筍

袁州〔之〕界橋，其名甚著，不若湖州之研膏紫筍，烹之有緑脚垂下〔三四〕。故公淑賦云：『雲垂緑脚。』同上

蒙山露芽

蜀雅州蒙山頂有露芽、穀芽，皆云火前者，言採造於禁火之前也，火後者次之。又有枳殼芽、枸杞芽、枇杷芽，皆治風疾。又有皂莢芽、槐、柳芽，皆上春摘其芽，和茶作之〔三五〕。

長城沙泉〔三六〕

湖州長城縣啄木嶺金沙泉，每歲造茶之所也。湖常二郡接界於此，厥土有境會亭。每茶時，二牧畢至斯泉也。處沙之中，居常無水。將造茶，太守具儀注拜勑祭泉。頃之發源，其夕清溢。〔造〕供御者畢〔三七〕，水即微減；供堂者畢，水已半之；太守造畢，水即涸矣。太守或還旆稽期，則示風雷之變，或見鷙獸、毒蛇、木魅、暘睒之類焉〔三八〕。商旅即以顧渚水造之，無沾金沙者。今之紫筍，即顧渚者，亦甚佳矣〔三九〕。

蒙山中頂

蜀之雅州名蒙山中頂，山有〔五〕頂〔四〇〕，頂有茶園，其中頂曰上清峯。昔有僧病冷且久，嘗遇老父詢其

病，僧具告之。父曰：『何不飲茶？』僧曰：『本以茶冷，豈有能止乎？』父曰：『是非常茶，仙家有雷鳴茶，亦有聞乎？』僧曰：『未也！』父曰：『蒙之中頂茶，常以春分之先後，多僱人力，俟雷之發聲，併手採摘之，〔以〕多爲貴，至三日乃止。若獲一兩，以本處水煎服，能祛宿疾；二兩，當眼前無疾；三兩，因以換骨；四兩，即爲地仙。但精潔治之，無不效者。』僧因之中頂，築室以俟；及期，獲一兩餘，服未竟而病瘥。既不能久，及博求，但精健至八十餘，氣力不衰。時到城市，〔人〕覩其貌，若年三十餘，眉髮紺緑。後入青城山，不知所終。今四頂茶園不廢，唯中頂草木繁茂，重雲積霧，蔽虧日月，鷙獸時出，人迹稀到矣〔四一〕。

渠江鐵色

潭邵之間有渠江〔四二〕，中有茶而多毒蛇猛獸。鄉人每年採擷，不過十六七斤〔四三〕。其色如鐵而芳香異常，烹之無脚〔四四〕。

晉原嫩芽

蜀州晉原洞口、横原、味江、青城，其黄芽、雀舌、鳥觜、麥顆，蓋取其嫩芽所造，以〔其〕牙似之也。又有片甲者，〔即〕早春黄茶，牙葉相把〔四五〕，如片甲也。蟬翼者，其葉軟薄〔四六〕，如蟬翼也。皆散茶之最上也。

建州大片

建州方山之芽及紫筍片大極硬，須湯〔浸〕之方可碾，治頭痛〔四七〕。江東老人多服之。

蘄門團黄

蘄門團黄，有一旗二槍之號，言其一葉二芽也〔四八〕。

呼爲酪奴

齊王肅歸魏，初不食羊肉及酪漿，常食鯽魚羹，渴飲茗汁。高帝曰：『羊肉何如魚羹，茗汁何如酪漿？』肅曰：『羊，陸産之最；魚，水族之長。羊比齊魯大邦，魚比邾莒小國，惟酪不中與茗爲奴。』彭城王勰曰：『卿不重齊魯大邦，而愛邾莒小國，明日爲〔邾〕莒之會[四九]，亦有酪奴。』因呼茗爲酪奴。《洛陽伽藍記》

謂之益蠶

江浙間養蠶，皆以鹽藏其繭而繰絲，恐蠶蛾之生也。每繰畢，煎茶葉爲汁，擣米粉溲之[五〇]，篩於茶汁中，煮爲粥，謂之『洗甌粥』。聚族以啜之，謂益明年之蠶。

往市鬻茗

晉元帝時，有一老姥每旦擎一器茗，往市鬻之。市人競買，自旦至暮，其器不減。法曹縶之於獄，擎所買茗器，自牖飛出。《廣陵耆老傳》[五一]

入山採茗

晉孝武世宣城人秦精，常入武昌山〔中〕採茗。忽見一人，身長一丈，遍體生毛；牽其腰至山曲聚茗處，放之，便去。須臾復來，乃探懷中橘與精，甚怖，負茗而歸[五二]。

趙贊興稅

唐貞元〔初〕[五三]，趙贊興茶稅，而張滂繼之。長慶初，王播又增其數。大中〔中〕[五四]，裴休立十二條之利。《元豐類稿》[五五]

張滂請稅

德宗貞元中稅茶。先是，鹽鐵使張滂奏請稅茶，以待水旱之闕。詔曰：『可。』是歲得錢四十萬〔貫〕〔五六〕。《實録》

鄭注榷法

鄭注爲榷茶法，詔王涯爲榷茶使。王涯益變茶法〔五七〕，益其稅，以濟用度。下益困。《本傳》

嗜茶注經

陸羽，字鴻漸。嗜茶注經三篇。御史大夫李季卿宣慰江南，有薦羽者，召羽煮茶。羽衣野服，挈具而入。公心鄙之，命奴子取錢三十文，酬煎茶博士。羽愧之，更著《毁茶論》〔五八〕。《語林》

嗜茶入租

甫里先生陸龜蒙嗜茶荈，置小園於顧渚山下，歲入茶租，薄爲甌蟻之費。自爲《品第書》一篇，繼《茶經》、《茶訣》之後〔五九〕。《茶譜》

換以自醒

白樂天事〔六〇〕，見《甘菊》注詳。

甚以爲苦

王濛好茶〔六一〕，人至輒飲之。士大夫甚以爲苦，每欲候濛，必云：『今日有水厄。』《伽藍記》

答使煎茶

唐肅宗嘗賜高士玄真子張志和奴婢各一人，玄真配爲夫婦，名之漁童、樵青。人問其故，答曰：『漁童使捧釣收綸，盧中鼓枻；樵青使蘇蘭薪桂，竹裏煎茶〔六二〕。』

僧唯好茶

唐大中三年，東都進一僧，年一百三十歲〔六三〕。宣宗問：服何藥而致？僧對曰：臣少也，賤素不知藥，性本好茶。至處惟茶是求，或遇百椀不以爲厭。因賜茶五十觔，令居保壽寺。

御史茶瓶

御史〔臺〕三院〔六四〕：一曰臺院，其僚曰侍御史；二曰殿院，其僚曰殿中侍御史；三曰察院，其僚曰監察御史。察院廳居南。會昌初，監察御史鄭路所葺禮察廳，謂之松廳，南有古松也。刑察廳謂之魘廳，寢於此多魘。兵察廳常主院中茶，茶必市蜀之佳者，貯於陶器，以防暑濕。御史躬親監啓，故謂之茶瓶御史。《臺記》

驛官茶庫

江南有驛官，以幹事自任。白太守曰：『驛中已理，請一閲之。』乃往，初至一室，爲酒庫，諸醖皆熟，其外畫〔一〕神〔六五〕。問：『何也？』曰：『杜康。』刺史曰：『公有餘也。』又一室，曰茶庫，諸茗畢備，復有〔一〕神。問：『何也？』曰：『陸鴻漸。』刺史益喜。又一室，葅庫，諸葅畢具；復有〔一〕神。問：『何也？』曰：『蔡伯喈。』刺史大笑曰：『不必置此。』《茶録》

囊盛餘瀝

齊林僧志崇，收茶三等：待客以驚〔雷〕莢〔六六〕，自奉以萱草帶，供佛以紫茸香。赴茶者，以油囊盛餘瀝歸。《茶譜》

飲至斛二

有人善飲茶，飲至斛二斗。一日過量，吐如牛肺一物，以茶澆之，容一斛二斗。客云：此名『斛二瘕〔六七〕』。《太平御覽》

安得有此

世傳陶穀買得党太尉〔家〕故妓。取雪水烹團茶，謂妓曰：『党家應不識此？』妓曰：『彼麄人，安得有此！但能銷金帳下淺斟低唱，飲羊羔兒酒耳。』陶愧其言〔六八〕。《類苑》

何至作此

建州大〔小〕龍團〔六九〕，始於丁晉公，而成於蔡君謨。歐陽永叔聞之，驚歎曰：『君謨士人也，何至作此事！』《歐集》

官將㩁茶

張詠令崇陽民以茶爲業。公曰：『茶利厚，官將㩁之。』命拔茶以樹桑，民以爲苦。其後㩁茶，他縣皆失業，而崇陽之桑〔皆〕已成〔七〇〕。其爲政，知所先後如此。《言行録》

人困賜茶

故例：翰林當直學士春晚人困，則日賜小龍團茶一餅〔七一〕。《金鑾密記》

裴汶《茶述》

茶起於東晉，盛於今朝。其性精清，其味浩潔。其用滌煩，其功致和。參百品而不混，越衆飲而獨高。烹之鼎水，和以虎形，過此皆不得。千人服之，永永不厭。與粗食爭衡，得之則安，不得則病。彼芝術黄精，徒云上藥，至效在數十年後，且多禁忌，非此倫也。或曰：『多飲令人體虚病風。』余曰：『不然。夫物能祛邪，必能輔正。安有蠲逐聚病而靡保太和哉！今宇内爲土貢實衆，而顧渚、蘄陽、蒙山爲上，其次則壽〔州〕、陽〔羨〕、義興、碧澗、㴩湖、衡山，最下有鄱陽、浮梁。今其精者，無以尚焉。得其麤者，則下里兆庶，瓶盎紛揉，苟未得則謂百病生矣。人嗜之如此者，兩晉已前無聞焉。至精之味或遺也。作《茶述》〔七二〕。

陸鴻漸小傳

竟陵僧於水濱得嬰兒，育爲弟子。稍長，自筮，得《蹇》之《漸》，繇曰：『鴻漸於陸，其羽可用爲儀。』乃姓陸氏，字鴻漸，名羽。有文章，又嘗精思，著《茶經》。鞏縣有瓷偶人，號鴻漸。買十茶器，得一鴻漸。市〔人〕沽若不利，輒灌注之。羽於江湖稱竟陵子，於南越稱桑苧翁。羽少事竟陵禪師智積，異日羽在它處聞師去世，哭之甚哀。乃作詩以寄懷，其略曰：『不羨白玉杯，不羨黄金罍；不羨朝入省，不羨暮入臺。千羨萬羨西江水，曾向竟陵城下來。』至貞元末卒〔七三〕。

李白茶述

余聞荊州玉泉寺近清溪諸山山洞往往有乳窟，窟中多玉泉交流。中有白蝙蝠，大如鴉。按《仙經》：蝙蝠一名仙鼠，千歲之後，體白如雪。棲則倒懸，蓋飲乳水而長生也。其水邊，處處有茗草羅生，枝葉如碧玉。唯玉泉真公常採而飲之，年八十餘歲，顏色如桃李。而此茗清香滑熟，異於它者，所以能還童振枯，扶人壽也。余遊金陵，見宗僧中孚，示余仙人掌茶數十片。拳然重疊，狀如手掌，號爲仙人掌茶。蓋新出乎玉泉之山，曠古未覿，因持〔之〕見遺，兼贈詩，要予答之，遂有此作。後之高僧大隱，知仙人掌茶，發於中孚及李白也〔七四〕。常聞玉泉山，山洞多乳窟。仙鼠如白鴉，倒懸深溪月。茗生此石中，玉泉流〔水〕〔不〕歇〔七五〕。根柯灑芳津，採服潤肌骨。楚老捲綠葉，枝枝相接連。曝成仙人掌，似拍洪厓肩。舉世未見之，其名誰得傳〔七六〕。宗英乃禪伯，投贈有佳篇。清鏡燭無鹽，顧慙西子妍。朝坐有餘興，長吟播諸天。《答〔族侄〕僧中孚贈玉泉仙人掌茶〔并序〕》

東坡書《品茶要録》後

物有畛而理無方，窮天下之辯，不能盡一物之理。達者寓物以發其辯，則一物之變可以盡南山之竹。學者觀變之極，而遊於物之表，則何求而不得？故輪扁行年七十而老〔於〕斲輪，庖丁自技而進乎道，由此其選也。黃君道父，諱儒，建安人。博學而能文，澹然精深，有道之士也。作《品茶要録》〔十篇〕，委曲微妙，皆陸鴻漸以來論茶者所未及。非至靜無求，虛中不留，焉能察物之真〔情？〕如此其詳哉！昔張機有精理而韻不能高，故卒爲名醫；今道父無所發其辯而寓之〔於〕茶，爲世外澹泊之好。此以高韻輔精理者乎！予悲其不幸早亡〔七七〕，獨此書傳於世，故發其篇末云。序黄道父《品茶要録》〔七八〕。

蔡襄進茶録并序

臣前因奏事，伏蒙陛下諭臣：先任福建運使日所進上品龍茶，最爲精好。臣退念草木之微，首辱（被）陛下知鑒。若處之得地，則能盡其材。昔陸羽《茶經》不第建安之品，丁謂《茶圖》獨論採造之本，至烹煎，曾未有聞。臣輒條數事，簡而易明，勒成二篇，名曰《茶録》。伏惟清閒之宴，或賜觀采。臣不勝榮幸〔之至。謹敍〕。

上篇論茶

色　茶色貴白，而餅茶多以珍膏油其面，故有青黄紫黑之異。善别茶者，正如相工之視人氣色也。隱然察之於内，以肉理潤者爲上。既已末之，黄白者受水昏重，青白者受水鮮明；故建安人鬥茶，以青白勝黄白。

香　茶有真香，而入貢者微以龍腦和膏，欲助其香。建〔安〕民〔間〕試茶，皆不入香，恐奪其真。若烹（煎）〔點〕之際，又雜以珍果香草，其奪益甚。

味　茶味主於甘滑，唯北苑鳳凰山連屬諸焙所産者味佳。隔溪諸山雖及時加意製作，色味皆重，而莫能及。又有水泉不甘，能損茶味，古人論水品者以此。

藏茶　宜蒻葉而畏香藥，喜温燥而忌濕冷。故收藏之家以蒻葉封裹入焙〔中〕，三兩日一次用火，常如人體温温，以禦濕潤。若火多，則茶焦不可食。

炙茶　〔茶〕或經年，則香色味皆陳。於淨器中以沸湯漬之，刮去膏油一兩重乃止。以鈐箝之，微火炙乾，然後碎碾。若〔當年〕新茶，則不用此説。

碾茶　先以淨紙密裹槌碎，然後熟碾。〔其〕大要：（只）旋碾則色白；若經宿，則色〔已〕昏矣。

羅茶　〔羅〕細則茶浮，麄則水浮。

候湯　〔候〕湯最難，未熟則（味）〔茶〕浮，過熟則茶沉。前世謂之蟹眼者，過熟湯也。況瓶中煮之不可辨，故曰候湯最難。

熁盞　凡欲點茶，先須熁盞令熱，冷則茶不浮。

點茶　若茶少湯多，則雲脚散；湯少茶多，則粥面聚。鈔茶一錢匕，先注湯，調之令極勻，又添注入，環迴擊拂。湯上盞可四分則止，視其面色鮮白，着盞無水痕爲絶佳。建安鬥茶，〔以〕水痕先退者爲負，耐久者爲勝。故較勝負之説，曰相去一水兩水。

下篇論茶器

茶焙　編竹爲之，裹以蒻葉。蓋其上，以收火也；隔其中，以有容也。納火其下，去茶尺許，常温温然，所以養茶色香味也。

茶籠　茶不入焙〔者〕宜密封，裹以蒻，籠盛之。置高處。

砧椎　盖以碎茶。砧，以木爲之；椎，或金或鐵，取於便用。

茶鈐　（用）〔屈〕金鐵爲之，用以（煮）〔炙〕茶。

茶碾　以銀或鐵爲之。黄金性柔，銅及𥔲石皆能生鉎音星，不入用。

茶羅　以絶細爲佳。用蜀畫絹之密者，投湯中揉洗，竹師之〔七九〕。

茶盞　茶色白，宜黑盞。建安所造者，紺黑紋如兔毫，其坯微厚，熁之久熱難冷，〔最〕爲要用。出他處者，或薄、或色紫，皆不及也〔八〇〕。（闕）

茶匙　〔茶匙要〕重，擊拂有力。黄金爲上，人間以銀鐵爲之。竹者輕。

湯瓶　〔瓶〕要小者，〔易候湯，〕又點茶注湯有準。黄金爲上，或以銀鐵、瓷石爲之。

歐陽公龍茶録後序〔八一〕

皇祐中，修起居注。奏事仁宗皇帝，屢承天問以建安貢茶并所以試茶之狀。臣謂論茶之舛謬〔八二〕。臣追念先帝顧遇之恩，攬本流涕。輒加正定，書之于石，以永其傳〔八三〕。

丁謂進新茶表

右件物産異金沙，名非紫筍。江邊地暖，方呈彼茁之形；闕下春寒，已發其甘之味。有以少爲貴者，焉敢韞而藏諸！見謂新茶，蓋遵舊例〔八四〕。

詩集

破睡

破睡見茶功〔八五〕。白

滌煩

爲飲滌塵煩〔八六〕。韋應物

乳花

香濃烟穗直，茶嫩乳花圓〔八七〕。陸游

紫餅

赤泥開方印，紫餅截圓玉〔八八〕。東坡

槍旗緑

共約試新茶〔八九〕，槍旗幾時緑。歐公

霞脚碎

碧流霞脚散，香泛乳花輕〔九〇〕。李德裕

凝芳乳

甌潔凝芳乳，羅纖撼縹塵〔九一〕。宋景文

抽碧芽

千萬碧玉枝〔九二〕，戢戢抽碧芽。蔡襄

和煙擣

嫩芽香且靈，吾謂草中英。夜臼和煙擣〔九三〕，寒爐對雪烹。鄭遇

帶煙蒸

帶煙蒸雀舌，和露疊龍鱗〔九四〕。作貢勝諸道，先嘗秖一人。丁謂

浮綠乳

輕甌浮綠乳〔九五〕，孤竈散餘烟。甘薺非子敵，宫槐讓我先。徐鼎臣

減夜眠

解渴消殘酒，清神減夜眠〔九六〕。十漿何足饋，百榼盡堪捐。同上

雀舌龍團

揀芽分雀舌〔九七〕，賜茗出龍團。曉日雲菴暖，春風浴殿寒。東坡

桂實天葩

玉尺鋒稜聳〔九八〕，銀槽樣度窊。月中亡桂實，雲外得天葩〔九九〕。張芸叟

香塵玉乳

建水正寒清，茶民已夙興。萌芽先社雨，採掇帶春冰。碾細香塵起，烹新玉乳凝。煩襟時一啜，寧羨酒如澠〔一〇〇〕。丁謂

雲芽金餅

翠蘂出筠籯，秘籥開瑤井。甘徹澡霜華，芳青碎烟影。夜甑煎雲芽，晨焙烘金餅。克日上黼帷，烹用龍文鼎〔一〇一〕。龎籍

朝掇露芽

芳叢翳湘竹，零露凝清華。復此雪山客，晨朝掇露芽〔一〇二〕。蒸烟俯石瀨〔一〇三〕，咫尺臨丹崖。圓方麗其色，圭玉無纖瑕。呼兒爨金鼎，餘馥延幽遐。滌慮發其焰〔一〇四〕，還源蕩昏邪。猶同甘露飲，佛事薰毗耶。咄此蓬瀛客，無爲貴流霞〔一〇五〕。　柳子厚

夜和煙搗

嫩芽香且靈，吾謂草中英。夜臼和煙搗〔一〇六〕，寒爐對雪烹。羅憂碧粉散，嘗見緑花生。最是堪珍重，能令睡思清。

乳花烹出

石碾輕飛瑟瑟塵，乳花烹出建茶新。人間絶品應難識，閑對《茶經》憶故人〔一〇七〕。　林和靖

麥粒收來

麥粒收來品絶倫，葵花製出樣爭新。一杯永日醒雙眼，草木英華信有神〔一〇八〕。　曾子固

仙人從古栽

年年春自東南來，建溪先暖冰微開。溪邊奇茗冠天下，武夷仙人從古栽。新雷昨夜發何處，家家嬉笑穿雲去。露芽錯落一番榮，綴玉含珠散嘉樹。終朝采掇未盈襜，唯求精粹不敢貪。研膏焙乳有雅製〔一〇九〕，方中圭兮圓中蟾。北苑將期獻天子，林下雄豪先鬥美。鼎磨雲外首山銅，瓶攜江上中濡水。黄金碾畔緑塵飛，碧玉甌中素濤起〔一一〇〕。鬥茶味兮輕醍醐〔一一一〕，鬥茶香兮薄蘭芷。其間品第胡能欺，十目視而十手指。勝若登

仙不可攀，輸同降將無窮耻。吁嗟天産石上英，論功不愧階前蓂。衆人之濁我可清，千日之醉我可醒。屈原試與招魂魄，劉伶卻得聞雷霆。盧仝敢不歌，陸羽須作經。森然萬象中，焉知無茶星。商山丈人休茹芝，首陽先生休採薇，長安酒價減千萬，成都藥市無光輝。不如仙山一啜好，泠然便欲乘風飛。君莫羡花間女郎只鬥草，贏得珠璣滿斗歸。范仲淹《鬥茶歌》

太守急寄我

如何建安三千里，京師三月嘗新茶。人情好先務取勝，百物貴早相矜誇。年窮臘盡春欲動，蟄雷未起驅龍蛇。夜聞擊鼓滿山谷，千人助叫聲喊呀。萬木寒凝睡不醒，唯有此樹先萌芽。乃知此爲最靈物，宜其獨得天地之英華。終朝採摘不盈掬，通犀銙小圓復窊〔一一二〕。鄙哉穀雨槍與旗，多不足貴如刈麻。建安太守急寄我，香蒻包裹封題斜。泉甘器潔天色好〔一一三〕，坐中揀擇客亦佳。新香嫩色如始造，不似來遠從天涯。停匙側盞試水路，拭目向空看乳花。可憐俗夫把金鋌〔一一四〕，猛火炙背如蝦蟆。由來真物有真賞，坐逢詩老頻咨嗟。須臾共起索酒飲，何異奏樂終淫哇。歐陽〔修〕《嘗新茶歌》

好客手自煎

蟹眼已過魚眼生，颼颼欲作松風鳴。蒙茸出磨細珠落，眩轉遶甌飛雪輕。銀瓶瀉湯誇第二，未識古人煎水意。君不見昔時李生好客手自煎，貴從活火發新泉。又不見今時潞公煎茶學西蜀，定州花甆琢紅玉。我今貧病嘗苦飢，分無玉椀捧蛾眉。且學公家作茗飲，塼爐石銚行相隨〔一一五〕。不用撐腸拄腹文字五千卷，但願一甌常及睡足日高時。東坡

碾香供玉食

喬雲從龍小蒼璧，元豐至今人不識。壑源包貢第一春，緗奩碾香供玉食。睿思殿東金井闌，甘露薦椀天開顔。橋山事嚴庀百局，補袞諸公省中宿。中人傳賜夜未央〔一一六〕，雨露恩光照宫燭。左丞似是李元禮〔一一七〕，好事風流有涇渭。肯憐天禄校書郎，親敕家庭遣分似。春風飽識太官羊，不慣腐儒湯餅腸。搜攪十年燈火讀，令我胸中書傳香。已戒應門老馬走，客來問字莫載酒。山谷《謝送壑源揀芽》

我持玄圭與蒼璧，以暗投人渠不識。城南窮巷有佳人，不索賓郎常晏食。赤銅茗椀雨斑斑〔一一八〕，銀粟翻光解破顔。上有龍文下棋局，探囊贈君諾已宿。此物已是元豐春，先皇聖功調玉燭。晁子胸中開典禮，平生自期莘與渭。故用澆君磊磈胸，莫令鬢毛雪相似。曲几團蒲聽煮湯，煎成車聲繞羊腸。雞蘇胡麻留渴羌，不應亂我官焙香。肌如瓠壺鼻雷吼，幸君飲此莫飲酒。山谷《以小龍團及〈龍涎〉半挺贈無咎》

唤起黄州夢

人間風日不到處，天上玉堂森寶書〔一一九〕。想見東坡舊居士，揮毫百斛瀉明珠。我家江南摘雲腴，落磑霏霏雪不如。爲君唤起黄州夢，獨載扁舟向五湖。山谷《以雙井茶送子瞻》

分送玉川子

吴綾縫囊染菊水，蠻砂塗印題進字。淳熙錫貢新水芽，天珍誤落黄茅地。故人鸞渚紫薇郎，金華講徹花草香。宣賜龍焙第一綱，殿上走趨明月璫。御前啜罷三危露，滿袖香烟懷璧去。歸來拈出兩蜿蜒，雷電晦冥驚破柱。北苑龍芽内樣新，銅圍銀範鑄瓊塵。九天寶月霏五雲，玉龍雙舞黄金鱗。老夫平生愛煮茗，十年燒穿折脚鼎〔一二〇〕。下山汲水得甘冷，上山摘芽得苦梗。何曾夢到龍遊窠，何曾夢喫龍芽茶。故人分送玉川子〔一二一〕，春風來自玉皇家。鍛圭椎璧調冰水〔一二二〕，烹龍炰鳳搜肝髓〔一二三〕。石花紫笥可衙官，赤印白泥牛走耳。故人氣味茶操清〔一二四〕，故人風骨茶樣明。開緘不但似見面，叩之咳唾金玉聲。麴生勸人墮巾幘，睡魔遣我抛書册。老夫七椀病未能，一啜猶堪坐秋夕。楊誠齋《謝木舍人送講筵茶》

〔校證〕

〔一〕其樹低者二尺三尺高者五尺六尺　方案：今傳各本《茶經》無此十四字，而作：『〔自〕一尺二尺，乃至數十尺。』這有兩種可能：一爲謝書據早於《百川學海》本的已佚宋本《茶經》録文；二爲謝氏以意對上引《茶經》文改寫。從上下文行文的文從字順看，似前者可能性較大。之所以未在《茶經》中據改或出校證説明，乃僅此孤證也。但從謝書其下引《茶經》文僅略有增删或異文外，未見如此大幅度改寫，則似頗可能爲《茶經》原文。故特此拈出。

〔二〕蒂如丁香　『蒂』，原譌作『葉』，據《茶經》卷上《一之源》改。

〔三〕皆下孕　『孕』，原形譌作『朶』，據同上《茶經》改。

〔四〕草木并作𣘻本草　方案：『𣘻』，通『茶』，極是。《本草》二字應删。《茶經》原注文稱：『茶』、『𣘻』、『荼』三字，分出《開元文字音義》、《本草》、《爾雅》，此僅注出《本草》，非是。參見本書《茶經》及拙校〔一〇〕至〔一三〕。

〔五〕葉老曰荈　《茶經》作『或一曰荈耳』。參閲《茶經》拙校〔一八〕。

〔六〕湖州顧渚紫筍　『湖州』，原作『安吉州』，安吉州，南宋寶慶元年（一二二五）始改。毛文錫，五代時人，不可能有此地名。似謝書據《全芳備祖》録文，而陳景沂已臆改，今回改。參閲拙輯《茶譜》校〔一〕。

〔七〕劍南蒙頂石花　『劍南』，原譌倒作『南劍』，據拙輯《茶譜》校〔三〕乙正。

〔八〕綿州　二字原脱，據同上《茶譜》拙校〔四〕補。

〔九〕植而空茂　『空』，《茶經》作『罕』；雖兩通之，疑此字形譌。

〔一〇〕至於採摘……莫不皆有訣　此僅見於本書，不見於今存唐宋茶書。此或作者謝氏之論，也有可能引自今已佚之唐宋茶書。

〔一一〕腦疼目澁　『疼』，原脱，據《茶經》卷上《一之源》補。

〔一二〕其他如貢茶……又不一端矣　此僅見於本書。作者譽茶爲瑞草之總論。

〔一三〕令人不眠　本則失注出處，《茶經》是條注出《廣雅》；也許謝氏已意識到此爲誤注，故闕而存疑。餘詳《茶經》拙校〔一三九〕。

〔一四〕爲簾姥事打破其器具　『姥』字誤衍，應據《茶經》卷下《七之事》删。

〔一五〕以困蜀姥　『姥』字原脱，據同上補。疑『姥』字錯簡於上，參上校。

〔一六〕吾體中煩悶常仰真茶　《茶經·七之事》同。『煩』，原作『潰』，形近而譌；『常』，應作『恒』，宋本《茶經》避宋諱改，今應回改。參閲《茶經》拙校。

〔一七〕苦茶久食益思　《茶經·七之事》「思」上有「意」字，似脱；「意思」，疑爲「思意」之譌倒。但《太平御覽》卷八六七、高似孫《緯略》卷四、《説郛》卷九三上等皆作「意思」。

〔一八〕苦茶久食　「苦」，原譌作「若」，據同右改。

〔一九〕祈子它日有甌蟻之餘　「蟻」，原作「犧」，據《茶經》改，參見拙校〔一七四〕。

〔二〇〕鮑照妹令暉　「照」，原譌作「昭」；「妹」原作「姊」，據《茶經》改。

〔二一〕陶弘景雜録　「弘景」原譌倒作「景弘」，據同右乙。

〔二二〕又有小江園　「園」，原脱，據拙輯《茶譜》補，參見是書拙校〔三八〕。

〔二三〕茶皆方餅　「茶」，原無，據上下文意補。

〔二四〕餘二國下　「餘」，原無，據上下文意擬補。本則僅見於謝書，今已輯入拙輯《茶譜》，參見拙校〔七八〕。

〔二五〕瀘州有茶樹……飲之療風　本則全文見《太平寰宇記》卷八八，謝書略有删節，然文字遠勝樂史書。惟「寘側」應作「穴其側」；「芽茶」，作「芽葉」；「止展」，樂史書無「止」字，疑脱，謝書所引義長；「致於」，樂史書作「置於」。今補出校證如上。餘詳拙輯《茶譜》校證〔一五〕、〔一六〕。

〔二六〕療積年瘻　本則見《茶經》卷下《七之事》，文略同。惟「擣篩等分」，《茶經》作「等分擣碎」，雖兩通之，但必有一誤。《普濟方》卷二九六《治諸痔·甘草鳳尾草》作「等分擣碎」；《本草綱目》卷二六《附方·咳嗽上氣》則作「擣篩等分」。

〔二七〕巴東别有真香茗　『香茗』，《茶經》卷下《七之事》作『茗茶』。餘詳《茶經》拙校〔二七七〕。

〔二八〕又出白茶狀如梔子其色稍白　『又出』下十字，亦見吴淑《事類賦注·茶賦注》，疑謝書據此，但是否《茶經》原有之文，尚難確定。餘詳《茶經》拙校〔二七八〕。

〔二九〕兩浙之品日注芽爲第一　首四字，『一』上之二字，原無；乃謝氏删削太甚，致文意不完，今據歐陽修《歸田録》卷上補。又，『芽』字，歐書原無。『日注』又作『日鑄』。

〔三〇〕遂爲草茶第一　本則據《歸田録》卷上，又見《文忠集》卷一二六。

〔三一〕歸田録　原誤注出處爲《坡詩注》，據同右引書改。

〔三二〕山實東吴秀　『秀』，原作『地』，據《全芳備祖》後集卷二八引《茶譜》改，原出唐·杜牧《茶山詩》。

〔三三〕毛文錫茶譜　『錫』，原譌作『勝』，據同右《全芳》改。並參見拙輯《茶譜》及校證〔二五〕。

〔三四〕烹之有緑脚垂下　『緑』原作『陸』，音譌。據拙輯《茶譜》改，本則原見吴淑《事類賦注》卷一七《茶賦注》。又，下云『故公淑』等九字，乃謝氏引吴淑賦四字及其説明，故係末之注『同上』，應上移至『垂下』之下、『故』之上。

〔三五〕和茶作之　本則原出《茶譜》無疑，此當據《政和本草》卷一三引蘇頌《圖經本草》録文。餘詳拙輯《茶譜》條三七及校證〔四〇〕。

〔三六〕長城沙泉　『長城』原譌作『長洲』，據《事類賦注》卷一七引《茶譜》改。今考長城縣西晉太康三年（二八二）始析烏程縣西鄉置，隋唐因之，唐初移治今浙江長興縣。五代梁開平二年（九〇八）避梁太祖父朱誠之嫌諱，始改長興縣，屬湖洲，沿襲至今。毛文錫既稱長城縣，乃其《茶譜》成書於九〇八年前之力證。又，長洲縣，乃唐武周萬歲通天元年（六九六）析吴縣東北部始置。自唐至明爲蘇州（平江府）廓縣。民國元年（一九一二）併入吴縣。下『長城』，亦誤『長洲』，從改。『沙泉』，應作『金沙泉』，此乃因標目均四字而删『金』字，條目文中有『金』字，是。

〔三七〕造供御者畢　『造』，原無，據拙輯《茶譜》補。

〔三八〕暘啖之類焉　前四字，似亦《茶譜》佚文，參見拙校〔七〇〕。

〔三九〕商旅……亦甚佳矣　凡二十六字，諸書引《茶譜》皆無，僅見本書；疑亦《茶譜》佚文。詳拙輯《茶譜》校證〔七〇〕。

〔四〇〕山有五頂　『五』，原脱，據拙輯《茶譜》補，參閲拙校〔四一〕、〔四二〕。

〔四一〕人迹稀到矣　方案：本則雖見宋至明清諸書引録，但文字以謝書所録完備且頗勝，尤可貴者，多出諸書所無者百餘字，故拙輯《茶譜》用作底本，且又詳加校證。參閲是條拙校〔四一〕至〔六二〕。今僅據以改補數字，餘皆照録謝書原文，以存其真。

〔四二〕潭邵之間有渠江　『邵』，原形譌作『郡』，據拙輯《茶譜》改。

〔四三〕不過十六七斤　『十六七』，《太平寰宇記》卷一一四引作『十五六』。

〔四四〕烹之無脚　『脚』，疑誤，同右引作『滓』。並參見《茶譜》拙校〔三一〕。

〔四五〕即早春黄茶牙葉相把　『即』，原無，據拙輯《茶譜》補；『黄茶』，樂史書卷七五引作『黄芽』；『牙葉相把」，同上引作「其葉相抱」。

〔四六〕其葉軟薄　「軟」，同上引作「嫩」。並詳《茶譜》拙校〔一〇〕。

〔四七〕須湯浸之方可碾治頭痛　「湯」下，原脱「浸」字；據拙輯《茶譜》補。「治」上，樂史書卷一〇一有「極」字，疑脱，應據補。餘詳《茶譜》拙校〔二四〕。

〔四八〕言其一葉二芽也　「二」，原譌作「三」，據上文「一旗二槍」及《事類賦注》卷一七改。方案：「一旗」，即指「一葉」；「二槍」，即指「二芽」。餘詳拙輯《茶譜》校證〔三六〕。

〔四九〕明日爲郗莒之會　「郗」原脱，據《洛陽伽藍記》卷三及上文補。本則乃節略《伽藍記》文而改寫之。故不再一一出校。謝書大體上與《紺珠集》卷四、《類説》卷六、《事文類聚》續集卷一二略同，必同出一源。

〔五〇〕擣米粉溲之　「溲」，原形譌作「搜」，據上下文義及《格致鏡原》卷二二引文改。此則始見於謝書，「洗甌粥」爲宋代蠶俗。江，指江南路；浙，指兩浙路。正爲宋代種桑養蠶最廣泛的地區，茶葉則爲必不可少之物。本則又被《續茶經》卷下之三援引。

〔五一〕廣陵耆老傳　「陵」，原音譌作「林」，據《茶經》卷下《七之事》改，參閲拙校〔二三〇〕。又，引文中「市人競買」，「競」，原譌作「竟」，據同上改。

〔五二〕負茗而歸　方案：本則原出《搜神後記》，與《茶經》卷下所引又有異同。請參閲《茶經》拙校〔二〇八〕至〔二一二〕。

〔五三〕唐貞元初　『貞』，原避宋仁宗嫌諱改『正』，今回改。下條徑改，不再出校。方案：今考唐茶始税於德宗建中三年（七八二）九月，應户部侍郎趙贊之請。《册府》卷四九三、《御覽》卷八六七等均誤稱貞元中張滂始税茶。今據《玉海》卷一八一、《舊唐書》卷一二等正之。

〔五四〕大中中　下『中』字，原脱，據《元豐類稿》卷四九《茶》補。

〔五五〕元豐類稿　方案：原誤注出處爲《唐書》。本則，謝氏似據《全芳備祖》後集卷二八録文，全同。宋代類書中則始見於《萬花谷》前集卷一五，已注出《南豐録》，或爲《南豐類稿》之别稱或簡稱。今核此實出曾鞏之書卷四九，唯『張滂繼之』下又有『什取其一，以助軍費』八字，餘則全同，故據改。

〔五六〕是歲得錢四十萬貫　本則似從《全芳備祖》後集卷二八録文。宋本文全同，四庫本《全芳》『四十』作『四千』，大誤；又誤注出處爲《漫録》。今從補『貫』字。本書及宋本《全芳》、《古今事文類聚》續集卷一二皆稱出《實録》，疑據《唐德宗實録》録文。惜是書早佚，已無從驗證。

〔五七〕王涯益變茶法　本則與《古今事文類聚》續集卷一二文全同，疑即從祝書轉録。本書注云出『《本傳》』，似史源出《新唐書》卷一七九《鄭注·王涯》兩傳，已作改寫。『益』，《傳》原作『始』，疑本書及祝書均涉下而譌。

〔五八〕更著毁茶論　本則據《全芳》録文，亦誤注出處爲『《語林》』。餘詳拙輯《全芳備祖·茶》校證〔一六〕。

〔五九〕繼茶經茶訣之後　本則可與《全芳備祖》後集卷二八對校。原出《茶譜》，據陸氏自傳《甫里先生傳》節録改寫。

〔六〇〕白樂天事　方案：本則紀事見謝書别集卷六一《甘菊·换六斑茶》：「白樂天方齋，劉禹錫正病酒。禹錫乃饋菊苗虀、蘆菔鮓，换取樂天六斑茶三囊，以自醒酒。」（《蠻甌志》）又，「三囊」，《萬花谷》後集卷三五、《事文類聚》續集卷一二皆引作「二囊」，是。

〔六一〕王濛好茶　本則見於宋代文獻者甚夥。如南宋初《紺珠集》卷四、《類説》卷六、南宋中《萬花谷》卷三五皆不注出處；南宋初《海録碎事》卷六、南宋中《記纂淵海》卷九〇皆注出《世説》；南宋末《全芳備祖》後集卷二八、《事文類聚續集》卷一二及本書等南宋末類書皆作出《伽籃記》。今核無論《世説新語》或《洛陽伽藍記》均無是條。

〔六二〕竹裏煎茶　本則出《茶譜》，參閲拙輯校證〔七一〕至〔七四〕。

〔六三〕年一百三十歲　本則據錢易《南部新書》卷八節略而成。「三十」，錢書及《續茶經》卷下之三作「二十」。

〔六四〕御史臺三院　「臺」，原脱，據唐·趙璘《因話録》卷五補。本則，《因話録》據《御史臺記》删略而記其佚聞，謝書引時又有删節改寫。

〔六五〕其外畫一神　「一」原删，今據李肇《國史補》卷下補。下二「神」字上，皆從補「一」字。又，「蔡伯喈」，「伯」，原譌作「百」，據改。方案：本則注云出《茶録》，其史源固爲《國史補》無疑，但亦有可能謝書轉録自唐·楊曄《膳夫經手録·茶録》。是書可簡稱爲《茶録》，説詳本書拙輯《茶録》提要。

〔六六〕齊林……待客以驚雷莢　「雷」，原脱，據《全芳備祖》後集卷二八補。「齊林」，《全芳》引作「覺林」；

餘詳拙輯《茶譜》校證〔七七〕。

〔六七〕此名斛二瘕　本則原出南朝・劉宋・陶潛《搜神後記》，條目名似原作《斛茗瘕》。唐《北堂書鈔》卷一四四、《封氏聞見記》卷六，宋《太平御覽》卷八六七、《事類賦注》卷一七等皆引之。今人輯校本以李劍國《新輯搜神記・後記》爲善（詳中華書局二〇〇七年版頁四八八）。值得一提的是：南宋初《紺珠集》卷一〇、《類説》卷六、《海録碎事》卷六等三書進行了大幅度的删削改寫，又改篇目名爲《斛二瘕》。南宋末類書如《事文類聚》續集卷一二、《全芳》後集卷二八及謝書等皆轉相傳録，已遠非原本之舊。且《海録》已稱出《續搜神記》（《後記》的别稱），又注轉録自《封氏聞見記》。似南宋初陶潛原書已佚。

〔六八〕陶愧其言　本則注稱出《類苑》，核江少虞書未見。今又見陳元靚《歲時廣記》卷四、《萬花谷》卷二等。《全芳》已録，文略同，據補一『家』字。餘詳《全芳》拙校〔二〇〕。

〔六九〕建州大小龍團　『建』，原譌作『是』；『小』，原脱，據《全芳備祖》後集卷二八、《萬花谷》卷三五改、補。阮閲《詩話總龜》後集卷三〇及《萬花谷》均稱本則出曾慥《高齋詩話》，是。郭紹虞先生《宋詩話輯佚》卷下漏輯是條。謝書及《全芳》注云出《甌集》，《事文類聚》續集卷一二曰出《郡志》（即《建寧府志》），皆非是。

〔七〇〕而崇陽之桑皆已成　『皆』，原無，據朱熹《五朝名臣言行録》卷三《張詠》補。《言行録》注云出《談叢》，則指見於陳師道《後山談叢》卷五，但實始見於《夢溪筆談・續筆談》卷二。餘詳《全芳》拙校〔二一〕、〔二二〕。又，本條末『其爲政，知所先後如此』九字，僅見於《全芳》和《備要》，疑謝氏據陳景沂書轉録。

〔七一〕則日賜小龍團茶一餅　方案：此謝氏臆改，僅見《備要》。《萬花谷》卷三五、《全芳後集》卷二八、《白孔六帖》卷一五、《玉海》卷九〇皆作『日賜成象殿茶』，是。小龍團茶始于宋蔡襄，唐代無此茶。又，《雲仙雜記》卷六『茶』下臆增『果』字，《續茶經》卷下之三誤從之。

〔七二〕作茶述　方案：裴汶《茶述》，請參閲本書上編拙輯提要及校證，不贅。正文已從改。

〔七三〕至貞元末卒　本則大體上據唐·李肇《國史補》卷中删改而成。『稍長』，原作『積長』，據改。參閲本書《茶經》附録《唐才子傳校箋·陸羽》。

〔七四〕發於中孚及李白也　本則全録《李太白文集》卷一六《答族侄僧中孚贈玉泉仙人掌茶（並序）》（本條末注，據補四字），參校宋·楊齊賢集注、元·蕭士贇補注《李太白集分類補注》卷一九。以上存宋元古本，而謝書亦據宋本所録，故文字略同。唯本句有删改，集本和集注本均作『發乎中孚禪子及青蓮居士李白也』。序中又改補各一字，不另出校。

〔七五〕玉泉流不歇　『不』，原譌作『水』，據同右引集本及集注本改。

〔七六〕其名誰得傳　集本及集注本皆作『其名定誰傳』。

〔七七〕予悲其不幸早亡　『悲』，原作『恐』，據本書所收黄儒《品茶要録》附録蘇軾跋改。又，此跋《東坡文集》（四庫本）失收。孔凡禮點校本已收入《蘇軾文集》卷六六（中華書局本）。

〔七八〕序黄道父品茶要録　原題作《書黄道輔〈品茶要録〉後》。『黄』，原形譌作『董』；『品茶』，原譌倒作『茶品』。『序』，應改作『跋』或『書後』。據同上改、乙、補。可參閲李之亮箋注本《蘇軾文集編年箋注》卷六六（巴蜀書社二〇一一年版册九、頁七八至八〇）。

〔七九〕用蜀畫絹之密者投湯中揉洗竹師之　方案：本則是句奪誤已甚。『師』，疑爲『篩』之形譌。本書所收《茶録》之文爲『羅底用蜀東川鵝溪畫絹之密者，投湯中揉洗以冪之』。應據以改、補。參見《茶録》拙校〔一二二〕。又，宋代《茶録》流傳的版本極多，即使蔡襄手書墨本亦有多本。謝書所收，雖錯譌甚夥，然亦不無可據以校補者。今將謝書脱誤字用校勘法處置，不再一一出校，以免煩瑣。

〔八〇〕皆不及也　方案：謝書四庫本下云『闕』，即有奪佚文字。校核《茶録》，所闕者爲：《茶盞》之末，『其青白盞，鬥試家自不用』十字；又脱『《茶匙》』標目及其首三字『茶匙要』，凡十五字。

〔八一〕歐陽公龍茶録後序　序見《文忠集》卷六五。但謝書所録文字則爲蔡襄《茶録》後序或跋之節文。此標目應改爲『蔡襄《茶録》後序』，庶幾無誤。

〔八二〕臣謂論茶之舛謬　蔡氏原跋作：『臣謂論茶雖禁中語，無事於密，造《茶録》二篇上進。……然多舛謬。』方案：此或謝書在轉刻過程中佚脱『論茶』下、『舛謬』上凡五十一字，四庫底本加『之』字以敷衍成句。其下末二十五字則全同《茶録》後序今傳本。所佚五十一字，乃蔡襄追記：《茶録》二篇成後上進，藏稿爲福州掌書記竊去，爲樊紀購得，加以刊布傳世，『然多舛謬』，故蔡襄加以校定，『書之以石，以永其傳』。後序揭示了《茶録》最早刊本的始末，説明了石本傳世的由來。又，《茶録》自書本爲書法精品，蘇軾曾評爲北宋小字第一。蔡襄《茶録》當撰於皇祐三年（一〇五一）十一月；其稿爲蔡知福州時掌書記竊去，事在嘉祐二三年（一〇五七—一〇五八）之際。自書石本則在治平元年（一〇六四）五月，蔡時官給事中。在此十餘年間，蔡襄多次將《茶録》手書後贈人，成爲導致傳世《茶録》異文較多的原因之一。

〔八三〕以永其傳　下有蔡襄自署二十一字，謝書已删未録。今補：『治平元年五月二十六日，三司使、給事中臣蔡襄謹記。』又，參閲《茶録》拙校〔二三〕。

〔八四〕蓋遵舊例　本則乃丁謂佚文，宋代文獻，僅見於此。殊可貴。《廣羣芳譜》卷一九、《續茶經》卷上之一，皆據謝書轉録，文全同。

〔八五〕破睡見茶功　此白居易詩句，見其《白氏長慶集》卷二五《贈東鄰王十三》。下原注『禮』，誤甚，今改『白』。

〔八六〕爲飲滌塵煩　見《韋蘇州集》卷八《喜園中茶生》，又見《文苑英華》卷三二七。

〔八七〕茶嫩乳花圓　此陸游詩，失注出處，見其《劍南詩稿》卷五《慈雲院東閣小憩》。據補出處。『圓』，原作『團』，據改。

〔八八〕紫餅截圓玉　詩見蘇軾《東坡全集》卷三《焦千之求惠山泉詩》。『截』，原音譌作『絶』；『圓』，原作『團』。據改。又，誤注出處爲『歐公』，今改作『東坡』。

〔八九〕共約試新茶　詩見歐陽修《文忠集》卷一《蝦蟆碚》。『新茶』，集本作『春芽』。又，末署『同上』，因上條誤注，故改作『歐公』。參上條拙校。

〔九〇〕香泛乳花輕　此李德裕詩，見其《會昌一品集》別集卷三《故人寄茶》，又見《全唐詩》卷四七五。『泛』，此與《全芳》皆形譌作『泣』，據改。

〔九一〕羅纖撼縹塵　詩見宋祁（謚景文）《景文集》卷一二《通判茹太博惠家園新茗》。

〔九二〕千萬碧玉枝　方案：此聯爲蔡襄詩，見《端明集》卷二《北苑十詠·茶壟》。此將出處《茶壠》原譌作『李瓏』，大誤。據上考改爲『蔡襄』。

〔九三〕夜臼和煙搗　方案：此署『鄭遇』作，《全芳》後集卷二八作『鄭愚』；《萬花谷》卷三五稱『五代鄭愚』《寒爐烹雪》茶詩。據胡仔《漁隱叢話》卷四六引乃父《三山老人語録》云：此爲『五代時鄭遨茶詩』。餘詳下拙校〔一〇六〕。

〔九四〕和露疊龍鱗　此丁謂古詩《北苑焙新茶》中兩聯。序及全詩，始見於《漁隱叢話》後集卷一一，又見《詩話總龜》後集卷二九。

〔九五〕輕甌浮緑乳　詩見徐鉉《騎省集》卷四《和門下殷侍郎新茶二十韻》。『甘薺非予匹』句中，『予匹』，徐集作『予匹』。此詩亦詠茶名作。

〔九六〕清神減夜眠　此亦徐鉉（字鼎臣）同上校記詩中之二聯，唯『減』，集本作『感』。

〔九七〕揀芽分雀舌　詩見《東坡全集》卷一八《怡然以垂雲新茶見餉》，又見《東坡詩集注》卷二四、《施注蘇詩》卷二八等。『揀』，原形譌作『湅』；『分』，原譌作『名』。據上引三書及《事文類聚》續集卷一二、

《全芳》後集卷二八改。

〔九八〕玉尺鋒稜聳　『聳』，原作『取』，據《全芳》後集卷二八改。此張舜民（字芸叟）佚詩二聯，僅見於此和《全芳》。

〔九九〕雲外得天葩　『雲外』，同上校《全芳》作『雨裏』。

〔一〇〇〕寧羨洒如澠　丁謂此佚詩僅見於謝書。《全宋詩·丁謂》亦失收。

〔一〇一〕克日上黼惟烹用龍文鼎　此乃龎籍佚詩，僅見於本書。《全宋詩》卷一六三《龎籍》失收。『烹』上之『惟』字，疑『帷』之形譌。

〔一〇二〕晨朝掇露芽　此唐·柳宗元詩，見宋·童宗説、張敦頤等集注《柳河東集注》卷四二《巽上人以竹間自採新茶見贈酬之以詩》，又見《全唐詩》卷三五一等。『露芽』，《全芳》後集卷二八引同，上引二書作『靈芽』，是，當據改。

〔一〇三〕蒸煙俯石瀨　『石』，原譌作『名』，據同上校三書改。

〔一〇四〕滌慮發其炤　『其炤』，《記纂淵海》卷九〇、《全芳》引作『其照』；《集注》、《全唐詩》作『真照』，似應從改。

〔一〇五〕無爲貴流霞　『流』，原譌作『琉』，據同上校引四書改。

〔一〇六〕夜臼和煙擣　方案：這首著名的茶詩，在今存宋人文獻中，最早見於兩宋之際胡仔之父的《三山老人語録》（見《漁隱叢話》後集卷四六、《詩話總龜》後集卷三〇），稱其作者爲五代鄭遨。其後，

《記纂淵海》卷九〇、《全芳》後集卷二八、《萬花谷》卷三五等類書多節引之，卻又多署作者爲鄭愚（又譌作遇）。謝書此又未署出處。《全唐詩》已兩收之：卷五九七繫於鄭愚名下，所録僅三聯；卷八五五收作鄭遨詩，所收爲全詩。今考宋初釋重顯（九八〇—一〇五二）《祖英集》卷下《送新茶》（二首之二）末句云『鄭都官謂草中英』，所指似即爲此茶詩的作者。而鄭都官，通常指鄭谷（八五一—？），則是詩的作者當爲鄭遨（八六六—九三九）或鄭愚、鄭谷三人中之一。又，鄭谷字宋愚，一作若愚（見《唐才子傳》卷六），有否可能以字行，而脱中間一字而作『鄭愚』，今姑存疑，以俟博洽。『煙』，原形譌作『燈』（標目亦譌），據上引諸書改。『捧雪』，諸書引作『對雪』；『碧粉』，原譌作『碧柳』；『嘗見』，原作『煎覺』；『珍重』，原作『憐處』。均據同上諸書校改。

〔一〇七〕閑對茶經憶故人　此林逋詩，見《林和靖集》卷四。原爲《筆》、《墨》、《茶》七絶三首之三，第一首《筆》有題注：『監郡吴殿丞惠以筆墨建茶，各吟一絶以謝之。』此《茶》詩末又有注云：『陸羽撰《茶經》而不載建溪者，意其頗有遺落耳。』方案：《茶經·八之出》已明言：『嶺南生福州、建州……其思、播、費……福、建、泉、韶、象十二州未詳。往往得之，其味極佳。』可見陸羽並非『遺落』建茶，而是唐時建茶之名遠不如宋代享有盛名，故陸羽未詳而已。又此所引，與集本文字頗有異同。如次句『乳花』，集本作『乳香』；『建茶新』，集本作『建溪春』。三句中『人間』，集本作『世間』；『應』，集本作『人』。因四庫本林集底本已是康熙中吴調元校刊本，而謝書爲據宋本，故出異同校如上。

〔一〇八〕草木英華信有神　詩見曾鞏《元豐類稿》卷八《嘗新茶》，原有題注云：『丁晉公《北苑新茶》詩序云：「茶芽採時，如麰麥之大者。」」

〔一〇九〕研膏焙乳有雅製　「雅」，原形譌作「誰」，據《古逸叢書》影印宋本《范文正公集》卷二《和章岷從事鬥茶歌》改，末署「歐公」，大誤，據改。

〔一一〇〕碧玉甌中素濤起　同上校范集作「紫玉甌心翠濤起」。方案：「素」，范詩原作「翠」，蔡襄崇尚白茶，故改作「素」，又將「緑」改「玉」。其説見《詩話總龜》卷八，《學林》卷八又稱兩字乃沈括所改。

〔一一一〕鬥茶味兮輕醍醐　「茶」，同上集本作「余」，疑形譌。又，下句「茶」亦作「余」。

〔一一二〕通犀銙小圓復窊　「犀」，原形譌作「尾」，據《文忠集》卷七《嘗新茶呈聖俞》改。

〔一一三〕泉甘器潔天色好　「器」，原音譌作「氣」；「色」，原譌作「然」，據同上歐集改。

〔一一四〕可憐俗夫把金鋌　「鋌」原作「錠」，據歐集詩注改。

〔一一五〕塼爐石銚行相隨　「塼」，原形譌作「博」，據《東坡全集》卷三《試院煎茶》、《東坡詩集注》卷七、《施注蘇詩》卷五改。

〔一一六〕中人傳賜夜未央　「賜」原作「勑」，據《山谷集》卷三《謝送碾賜壑源揀芽》、任淵注《山谷內集詩注》卷二改。

〔一一七〕左丞似是李元禮　「左丞」，原作「右丞」，據《山谷集》改。方案：《山谷內集詩注》、《坡門酬唱集》卷二一、《漁隱叢話》後集卷一一、《全芳》後集卷二八、《事文類聚》續集卷一二皆作「右丞」。今考《山谷集·年譜》卷一八有云：「詩中有「橋山事巖庇百局」，及「左丞似是李元禮」之句。「橋山」，謂神宗山陵;「右丞」,謂李清臣邦直。」又考李清臣(一〇三二—一一〇二)字邦直,安陽人,皇祐五年(一〇五三)進士。神宗時,以文詞優渥深得寵信,曾官知制誥、翰林學士。元豐六年(一〇八三),拜尚書右丞;八年三月,神宗卒,哲宗即位,以登極恩擢尚書左丞。此詩既作於神宗卒後,則必爲『左丞』無疑。諸書皆傳寫形近之誤。又,元禮,乃東漢名臣李膺之字,時有『天下模楷』之譽。事詳《後漢書》卷九七《黨錮列傳·李膺傳》。然以李清臣類比李膺,頗失倫緒,兩人人品之高下有天壤之别。

〔一一八〕赤銅茗椀雨斑斑　『雨斑斑』,原譌作『兩班班』,據《山谷集》卷三《以小團龍及半鋌贈無咎并詩用前韻爲戲》及《山谷詩注》卷二改。下之『曲几團蒲』,原譌倒作『蒲團』,今據同上乙正。又,末注山谷詩題誤衍『龍涎』二字,應删。

〔一一九〕天上玉堂森寶書　『書』,原譌作『香』,據《山谷集》卷三《雙井茶送子瞻》及《山谷詩注》卷六改。

〔一二〇〕十年燒穿折脚鼎　『折脚鼎』,原譌作『新脚屏』,據楊萬里《誠齋集》卷一七《謝木韞之舍人分送講筵賜茶》改。

〔一二一〕故人分送玉川子　『子』,原譌『字』,據同右引集本改。又,標目亦誤,同改。

〔一二二〕鍛圭椎壁調冰水　『椎』,原形譌作『樵』,據同右引集本改。

〔一二三〕烹龍炰鳳搜肝髓　『炰』,原作『炮』,據同右引改。

〔一二四〕故人氣味茶操清　『操』,楊集及《事文類聚》續集卷一二、《全芳》後集皆作『樣』,今兩存之。